国家科学技术学术著作出版基金资助出版

玛湖砾岩大油区形成地质理论探索与实践

支东明　唐　勇　匡立春等　著

科学出版社

北　京

内 容 简 介

本书结合国内外砾岩油藏勘探现状，总结了近年来在准噶尔盆地发现的世界最大砾岩油区——玛湖凹陷砾岩大油区形成的创新地质理论及应用。重点论述了玛湖凹陷区大型退覆式浅水扇三角洲砂砾岩沉积模式、砾岩储层特征与成因机理，详细阐述了下二叠统首次发现的古老碱湖优质烃源岩特征及成因；突破传统的构造和岩性油气藏成藏模式与源储一体大面积成藏模式认识，系统介绍了玛湖凹陷源上跨层准连续型砾岩大油区的成藏模式，揭示了砾岩大油区油气成藏主控因素与富集高产规律。

本书对准噶尔盆地油气勘探具有指导意义，也为国内其他盆地乃至世界砾岩油藏勘探提供了成功范例，可供石油勘探科技工作者及大专院校相关师生参考使用。

审图号：GS（2022）2948 号

图书在版编目（CIP）数据

玛湖砾岩大油区形成地质理论探索与实践 / 支东明等著. —北京：科学出版社，2022.9

ISBN 978-7-03-072990-3

Ⅰ. ①玛… Ⅱ. ①支… Ⅲ. ①准噶尔盆地–砾岩–石油天然气地质–研究 Ⅳ. ①P618. 130. 2

中国版本图书馆 CIP 数据核字（2022）第 156895 号

责任编辑：韦 沁 李 静 / 责任校对：何艳萍
责任印制：吴兆东 / 封面设计：北京图阅盛世

科 学 出 版 社 出版

北京东黄城根北街 16 号
邮政编码：100717
http://www.sciencep.com

北京中科印刷有限公司 印刷

科学出版社发行　各地新华书店经销

*

2022 年 9 月第　一　版　　开本：787×1092　1/16
2022 年 9 月第一次印刷　　印张：34 3/4
字数：824 000

定价：478.00 元

（如有印装质量问题，我社负责调换）

作者名单

支东明　唐　勇　匡立春　王小军　雷德文
赵靖洲　宋　永　阿布力米提·依明
郭旭光　曹　剑　吴　涛　郑孟林　秦志军

序

砾岩在沉积盆地中分布广泛，但因其非均质性强，故成功的砾岩油气藏勘探开发在全球范围内并不多，亿吨级的油田（区）更是少之又少，国外仅有英国北海（North Sea）盆地、美国库克湾（Cook Inlet）盆地、巴西塞尔希培–阿拉戈斯（Sergipe- Alagoas）盆地等数例。中国石油工业前期在这一领域曾经做出杰出成绩，早在 1955 年就在准噶尔盆地西北缘克–乌断裂带发现了中华人民共和国成立以来的第一个大油田——克拉玛依油田，随后该油田建成为中国最大，同时也是世界上最大的陆相砾岩油田，其生产的环烷基石油更是一种稀缺战略资源。克拉玛依油田的发现与开发对我国国民经济建设做出了极其重要的贡献。对克拉玛依砾岩油气地质的研究建立了"扇控论"的砾岩油气地质理论，是石油天然气地质学的重要进展。

克拉玛依砾岩油田历经半个多世纪的开采，勘探开发难度日益加大，亟须突破传统理论认识，砾岩油气勘探面临"二次创业"。中国石油新疆油田将毗邻克拉玛依断裂带的玛湖凹陷区作为探索新领域的试验区，开辟全新勘探领域。他们依托国家油气开发科技重大专项，多学科、产–学–研联合攻关，历经十余年艰辛探索，发现了玛湖 10 亿吨级特大型砾岩油田。截至 2019 年底，准噶尔盆地玛湖凹陷新增三级石油地质储量为 $15.4×10^8$ t，是我国石油勘探近十年的最大发现之一，并使得准噶尔盆地西北缘成为目前全球最大的陆相砾岩油区。

玛湖大油区的发现为我国乃至世界凹陷区砾岩油气勘探提供了成功范例，因此及时总结玛湖砾岩大油区地质理论具有十分重要的石油地质理论意义和勘探现实意义。值得庆贺的是，由支东明教授级高级工程师等执笔完成的《玛湖砾岩大油区形成地质理论探索与实践》对玛湖大油区地质理论进行了全面总结，认为玛湖大油区的发现是两大勘探思路转变、三大地质理论创新与三项关键技术突破的结果。两大勘探思路转变即"跳出断裂带、走向斜坡区"与"由构造圈闭找油转向岩性圈闭找油"。三大石油地质理论创新包括：①突破砾岩沿盆缘断裂带分布的传统观念，建立了凹陷区大型退覆式浅水扇三角洲砂砾岩沉积新模式，凹陷区可发育大规模砾岩沉积，前缘相贫泥砾岩呈广覆式分布，勘探领域因而由盆缘拓展至整个凹陷；②首次在下二叠统发现了古老碱湖优质烃源岩，该烃源岩发育独特的绿藻门和蓝细菌生烃母质，生成了稀缺的环烷基原油，重新评价玛湖凹陷石油资源量同比增加 53%；③突破传统的近源大面积成藏模式，创建了源上砾岩跨层远源大面积成藏新模式，揭示了砾岩大油区油气成藏主控因素与富集高产规律，勘探部署由单个岩性圈闭转向整个有利相带。三项关键技术突破即双参数地震预测技术、核磁共振测井表征技术以及细分切割绕砾压裂技术，为玛湖大油区的发现提供了关键技术保障。

总之，该书关于玛湖大油区发现经验和理论技术系列的总结，丰富发展了石油地质学特别是陆相石油地质理论，对准噶尔盆地及世界砾岩油气勘探具有重要参考价值和借鉴意义。我也想借此机会指出，准噶尔盆地玛湖大油区不仅是特大型砾岩油藏，也具有非常规油气——致密砾岩油的特征，希望作者和新疆油田同事们在未来进一步勘探和发展新理论，研发新技术，深化和发展准噶尔盆地深层油气地质理论，推动油气勘探开发取得更大的进步！

中国科学院院士

2022 年 2 月 25 日

前　　言

近年来，我国国内原油增产稳产难度不断加大，石油对外依存度快速攀升，国家能源安全的严峻形势日益加剧。

作为中华人民共和国成立后发现的第一个大油田，新疆油田一直在稳定国家能源安全与推动国民经济及新疆地方经济社会发展方面承担着重要责任。1955 年，在准噶尔盆地西北缘克–乌断裂带所发现了第一个大油田——克拉玛依油田，经过 60 年勘探开发形成了地质储量 15 亿吨级克–乌百里大油区，占全盆地石油地质储量的 65%。其生产的环烷基原油更是一种稀缺资源，此类原油仅占全球原油总储量的 2%～3%，可加工大比重柴油、高凝固点润滑油。

然而，经过半个多世纪的勘探开发，新疆油田所处的准噶尔盆地油气勘探开发难度不断加大，油田可持续发展形势日益严峻。特别是作为长期产油主体的盆地西北缘断裂带，已面临后备资源不足、产能接替困难的窘境，难以满足稀缺原油的持续供给。

鉴此，20 世纪 80 年代末，新疆油田的勘探家们将目光转到了与西北缘断裂带相邻、勘探程度极低的玛湖凹陷，提出了"跳出断裂带、走向斜坡区"的勘探思路，并按照构造油气藏找油思路于 1993 年和 1994 年分别发现了玛北油田和玛 6 井区油藏。但因凹陷区砾岩勘探不仅面临斜坡区正向构造欠发育、储层低渗透、缺乏针对砾岩油藏配套技术而造成已发现油藏难于有效开发等客观问题，同时还存在着"凹陷区砾岩储层不发育、源上砾岩难以规模成藏"等地质认识误区，因而在玛北油田和玛 6 井区油藏（均未能有效动用）发现后，历时二十余载，玛湖凹陷久攻不克。

2007 年以来，中国石油转变勘探理念，"三上斜坡区"，由源边断裂带构造勘探逐步转到源内主体区岩性勘探。在勘探实践中不断构建成藏新模式、探索找油新思路，成藏模式认识由单一岩性圈闭成藏转变为扇控大面积准连续成藏，继而发展到源上砾岩大油区成藏模式，指导部署了由单个岩性圈闭勘探转向整个有利相带勘探，形成了整体布控、直井控面、水平井提产的高效勘探举措，从而快速推进了玛湖凹陷勘探的全面突破。同时，针对制约砾岩油气发现和有效动用的"甜点"预测与增产改造两大难题开展技术攻关，针对扇体砾岩非均质性强与大面积成藏特点，整体部署高密度三维地震，实现了砾岩储层由叠后岩性预测到叠前储层物性及含油性预测，探井成功率由 35% 提高至 63%。储层改造技术由直井常规压裂到二次加砂压裂再到水平井细分切割体积压裂，实现了低渗–致密砾岩由突破工业油流关到解决持续生产问题再到稳产高产，推动了低渗–致密砾岩油藏规模有效动用和快速建产。

随着地质认识的逐步深化和技术进步，勘探领域也随之不断拓展。以风险勘探为引领，外甩与拓展相结合，相继开展玛北斜坡突破、凹陷北部三叠系百口泉组整体推进和南部二叠系上乌尔禾组大油区快速落实三大战役，连续 7 年持续发现。截至 2019 年底，在玛湖凹陷已先后发现了七大油藏群，形成北、南两大油区。北部大油区以下三叠统百口泉组轻质油为主，有利勘探面积为 4200km²，南部大油区以上二叠统上乌尔禾组中质油为主，有利勘探面积为 2600km²。近年来，二叠系下乌尔禾组勘探及主力烃源岩二叠系风城组勘探也取得重大突破，一个个新的大油区正在形成。截至 2019 年底，玛湖凹陷新增三级石油地质储量为 15.4×10⁸t，从而成为继西北缘断裂带之后准噶尔盆地又一个 10 亿吨级大油区，也奠定了其全球最大陆相砾岩油区地位。

玛湖大油区的发现是勘探思路转变、石油地质理论创新与勘探开发技术突破三方面共同发挥作用的结果。可以说，正是由于两大勘探思路转变、三大石油地质理论创新与三项关键技术突破，成就了玛湖大油区的发现。两大勘探思路转变即"跳出断裂带、走向斜坡区"与"由构造圈闭找油转向岩性圈闭找油"。三大石油地质理论创新则包括：①发现了一种新型烃源岩，首次在下二叠统发现了全球最古老碱湖优质烃源岩，该烃源岩发育独特的绿藻门和蓝细菌母质，生成了稀缺的环烷基原油，且生油能力显著大于普通湖相烃源岩，重新评价石油资源量同比增加 53%，从而为玛湖凹陷规模勘探开发提供了科学依据；②突破了砾岩沿盆缘断裂带分布的传统观念，建立了凹陷区大型退覆式浅水扇三角洲砂砾岩沉积新模式，开辟有效勘探面积 6800km²，首次发现在山高源足、盆大水浅、水系稳定、持续湖侵的背景下，凹陷区可发育大型退覆式浅水扇三角洲沉积，其前缘相贫泥砾岩呈广覆式分布，有效储层埋深可延伸至 5000m 以下，勘探领域因而由盆缘拓展至整个凹陷；③突破了传统的构造和岩性油气藏成藏模式与源储一体大面积成藏模式认识，创建了源上砾岩跨层大面积成藏新模式，揭示了砾岩大油区油气成藏主控因素与富集高产规律，指导了玛湖特大油区发现与勘探持续突破；重建构造模型发现了广泛分布的高角度隐蔽通源断裂，其沟通深层碱湖烃源岩使油气垂向跨层运移 2000~4000m 至前缘相砂砾岩储层中，在顶、底板与侧向致密砾岩和泥岩立体封堵下大面积成藏，从而指导勘探部署由单个岩性圈闭转向整个有利相带，探井成功率由 35% 提高到 63%，支撑了玛湖地区勘探持续发现。三项关键技术突破即双参数地震预测技术、核磁共振测井表征技术以及细分切割绕砾压裂技术，其突破为玛湖大油区发现提供了关键技术保障。

玛湖大油区的发现为世界凹陷区砾岩勘探提供了成功范例。因此，及时总结玛湖砾岩大油区形成地质理论，不仅对于玛湖凹陷今后勘探具有十分重要的现实意义，而且可为国内外砾岩油田勘探提供有益启示与借鉴，同时也有助于推动石油地质科学理论的发展。

本书共分为六章，第 1 章由支东明、匡立春主笔；第 2 章由唐勇、赵靖洲主笔；第 3 章由唐勇、王小军、赵靖洲、吴涛主笔；第 4 章由阿布力米提·依明、曹剑主笔；第 5 章由支东明、王小军，雷德文、郭旭光主笔；第 6 章由支东明、唐勇、宋永、郑孟林、秦志军主笔。唐勇、秦志军、吴涛对全书进行了通稿和审核，支东明、唐勇对全书进行了最终通稿和审定。

本书试图就玛湖砾岩大油区形成的相关地质理论认识加以梳理和总结，并就该凹陷勘探前景以及玛湖砾岩大油区地质理论的应用给予展望。由于笔者水平所限，书中不妥之处在所难免，敬请读者指正。

作 者

2020 年 2 月

目　　录

第1章　国内外砾岩油藏勘探现状及玛湖大油区发现

砾岩油藏是指在砾岩为主的储集体中形成的石油聚集。广义的砾岩类包括砾岩（conglomerate）和角砾岩（breccia），是指砾石或角砾石含量大于或等于50%的岩石（李庆昌等，1997；赵澄林，2001）；前者主要由圆状和次圆状砾石级或砾级碎屑颗粒组成，后者主要由棱角状和次棱角状砾级颗粒组成。砾石级或砾级碎屑颗粒是指颗粒直径大于2mm的岩石碎屑。砾岩和角砾岩统称为粗碎屑岩。

与砂岩和碳酸盐岩储层相比，砾岩油气藏目前在国内外发现较少，规模较大的砾岩油田更不多见，这是因为砾岩油藏常形成于冲积扇、扇三角洲、辫状河等近物源储层中，储层分布规模往往较小、品质一般较差。然而，近年来，中国石油勘探工作者们在位于中国西北新疆维吾尔自治区准噶尔盆地西北缘的玛湖凹陷却发现了迄今为止全球最大的陆相砾岩大油区，其地质储量规模达10亿吨级。

为了深入剖析玛湖大油区地质特点及其勘探意义，有必要对国内外砾岩油藏勘探概况加以调研分析，以便将玛湖大油区与之对比，并为今后砾岩油藏勘探提供更多借鉴。

1.1　准噶尔盆地地质背景与砾岩油藏勘探概况

在介绍国内外砾岩油藏勘探现状及玛湖大油区发现之前，首先有必要了解玛湖大油区所在的准噶尔盆地的基本地质特征及其砾岩勘探历史和现状。

1.1.1　准噶尔盆地地质背景

1. 地理位置与构造单元划分

准噶尔盆地是我国西部一个大型叠合复合型含油气盆地，位于新疆维吾尔自治区北部，是新疆境内三大盆地之一。该盆地西倚准噶尔西部山地、东抵青格里底山和克拉美丽山、南抵北天山山脉，是一个外围被古生代褶皱山系环抱的大型山间盆地，呈南宽北窄近三角形，东西长约700km、南北宽约370km，面积约$13.6 \times 10^4 km^2$。盆地内发育中—上石炭统至第四系，最大沉积厚度达15000m。现今沉积岩层南厚北薄，盆地基底向南倾斜。

准噶尔盆地具有6个一级构造单元和44个二级构造单元，由南向北，一级构造单元依次为乌伦古拗陷、陆梁隆起、中央拗陷、西部隆起、东部隆起和北天山山前冲断带（图1.1）。玛湖凹陷位于准噶尔盆地西北缘断裂带东南方，是准噶尔盆地中央拗陷区最北部的一个二级构造单元，面积约$6800km^2$，其西侧为乌夏断裂带及克百断裂带，南侧为中拐凸起和达巴松凸起，东侧为夏盐凸起和英西凹陷，北边为石英滩凸起（图1.1）。

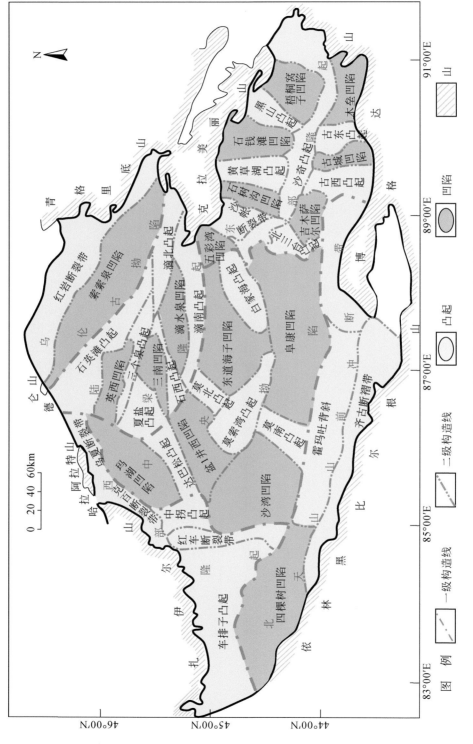

图1.1　准噶尔盆地构造单元划分及玛湖凹陷位置图

2. 大地构造背景

在区域大地构造位置上，准噶尔盆地是欧亚板块组成部分，并隶属于哈萨克斯坦古板块。其北倚西伯利亚板块，西邻哈萨克斯坦板块西部，南接塔里木板块（图 1.2）。盆地西侧北东—北东东向的西准噶尔造山褶皱带是准噶尔地体与哈萨克斯坦板块相互碰撞拼接的缝合带，其间发育巴尔勒克、玛依勒以及达尔布特等岩石圈断裂带，北东向的大断裂带在力学性质上均为左旋挤压扭动性质，明显可以见到花岗岩体及蛇绿岩错动和消失（张凯，1989）。盆地西北缘隐伏的克-乌断裂带属于达尔布特岩石圈断裂带的一个分支断裂，是 A 型俯冲带上的破裂反映（吴庆福，1985；张凯，1989）。西准噶尔造山褶皱带最新地层为下石炭统典型的蛇绿岩建造，泥盆系、石炭系以中酸性火山岩、火山碎屑岩以及陆相、海相碎屑岩建造为特征，上石炭统上部及二叠系为局部磨拉石建造（张凯，1989）。盆地东北面及东面是西伯利亚古板块南缘阿尔泰褶皱造山带及东准噶尔褶皱造山带，自古生代以来经历了复杂的大陆边缘构造演化过程，从而促使大陆岩石圈在此增生（赖世新等，1999；陈新等，2002）。盆地南缘北天山造山褶皱带为准噶尔板块与塔里木板块的缝合带，发育泥盆系、石炭系海相、陆相碎屑岩建造和火山岩建造，石炭系中酸性火山岩十分发育，北天山露头广泛发育上石炭统，主构造线方向近东西向，以北缘断裂与准噶尔盆地分界（赖世新等，1999）。

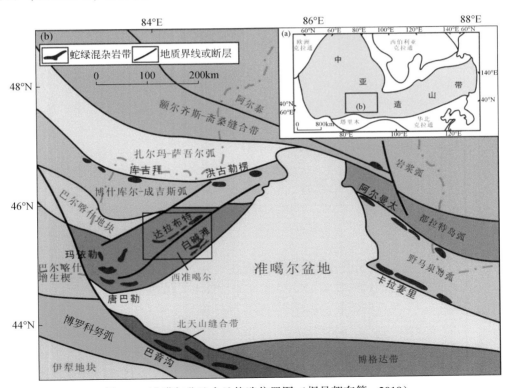

图 1.2 准噶尔盆地大地构造位置图（据吴朝东等，2018）

1.1.2 玛湖凹陷地质概况

1. 地层特征

玛湖凹陷地层发育较全，自下而上主要包括石炭系，下二叠统佳木河组、风城组，中二叠统夏子街组、下乌尔禾组，上二叠统上乌尔禾组，下三叠统百口泉组，中三叠统克拉玛依组，上三叠统白碱滩组，下侏罗统八道湾组、三工河组，中侏罗统西山窑组、头屯河组，以及白垩系。其中，二叠系与三叠系、三叠系与侏罗系、侏罗系与白垩系为区域性不整合接触（图1.3）。

1）石炭系

石炭系以灰褐、褐灰、紫红色泥岩、粉砂质泥岩不等厚互层为主，夹泥质粉砂岩、凝灰质泥岩，一段较厚灰、深灰色凝灰岩及灰、褐灰色橄榄辉绿岩，另含生物碎屑灰岩，厚度为30～700m。

2）二叠系

二叠系自下而上可划分为佳木河组、风城组、夏子街组，以及上乌尔禾组、下乌尔禾组。

佳木河组为海陆交互相和火山岩相杂色砾岩，紫灰、棕红、灰绿色凝灰质碎屑岩及岩浆岩（安山岩及安山玄武岩等），由造山带至盆地方向变薄尖灭，且与下部石炭系呈区域性角度不整合接触，厚度为800～3000m。

风城组为灰黑色泥质、凝灰质白云岩，白云质、凝灰质泥岩夹砂岩、粉砂岩及薄层灰岩，为高盐度闭塞性半干旱湖泊环境沉积，底部为浅红色凝灰质砂岩和厚层灰色安山岩，厚度为400～1400m。

夏子街组为褐、灰绿色砾岩与灰绿、浅灰、棕、褐灰色砂泥岩互层，泥岩总体上以氧化色为主，砂岩颜色也有相似的特征，电测曲线上旋回性不明显，厚度为200～600m。

下乌尔禾组顶部为灰、褐色泥岩，中上部为褐、灰绿色砂砾岩，中下部为泥质粉砂岩、砂砾岩、含砾砂层互层，厚度为600～1600m。根据岩性和电性特征将下乌尔禾组划分为4段，自下而上依次为下乌尔禾组一段（下乌一段，P_2w_1）、下乌尔禾组二段（下乌二段，P_2w_2）、下乌尔禾组三段（下乌三段，P_2w_3）和下乌尔禾组四段（下乌四段，P_2w_4）。下乌一段岩性以灰、灰褐色砂砾岩、泥质细砂岩、含砾泥质细砂岩、细砂岩为主，夹灰、灰褐色含砾泥岩、粉砂质泥岩、砂质泥岩，厚0～1030m。下乌二段以灰褐、褐灰色含砾泥质细砂岩、泥质细砂岩、砂砾岩、中-细砂岩与灰褐色砂质泥岩、含砾泥岩不等厚互层，厚0～470m。下乌三段岩性下部以灰、褐灰色中-细砂岩、泥质细砂岩、砂砾岩为主，夹薄层褐灰、灰褐色砂质泥岩；中部以褐灰色泥质细砂岩与灰褐色砂质泥岩互层；上部以灰、褐灰色砂砾岩为主，夹薄层灰褐色含砾泥岩，厚0～350m。下乌四段以灰、灰褐色含砾泥岩、粉砂质泥岩、砂质泥岩夹灰、灰褐色砂砾岩、泥质细砂岩及粉砂岩，厚0～270m。

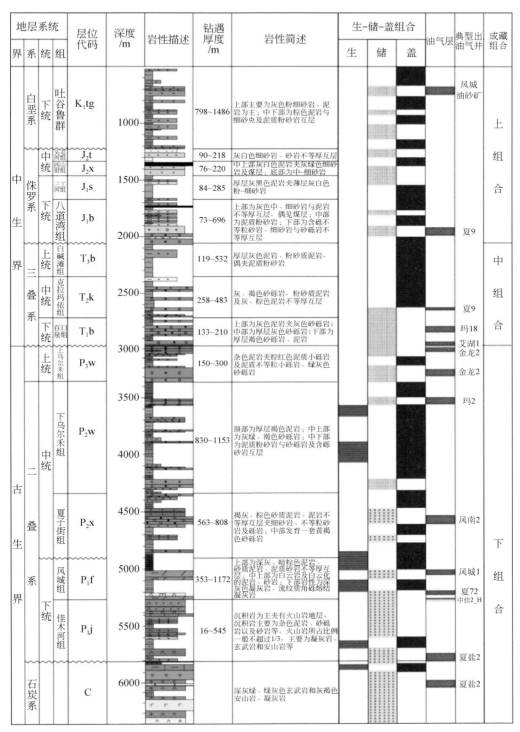

图 1.3　准噶尔盆地玛湖地区地层与油气藏分布示意图（据雷德文等，2017b）

上乌尔禾组岩性为灰绿色不等粒砾岩夹褐红、黑色薄层砂质泥岩或泥岩，为浅水湖侵下的退积沉积，整体表现为向凹陷中心逐渐增厚特点，厚度为 150～300m。根据岩性和电性特征将上乌尔禾组划分为 3 段，自下而上依次为上乌尔禾组一段（上乌一段，P_3w_1）、上乌尔禾组二段（上乌二段，P_3w_2）和上乌尔禾组三段（上乌三段，P_3w_3）。上乌一段岩性主要为灰、绿灰、灰褐色砂砾岩，少量灰、褐、绿灰色（含砾）泥岩，厚 0～130m。上乌二段主要为灰、绿灰色砂砾岩，其次为褐灰、绿灰色含砾泥质细砂岩、含砾不等粒砂岩、含砾泥质砂岩、砂质小砾岩，少量棕褐、褐、绿灰色泥岩，厚 0～80m。上乌一段和上乌二段沉积主要为水下分流河道砂砾岩、含砾砂岩沉积，分布稳定。上乌三段沉积期全区水体变深，形成了一套以泥岩、泥质粉砂岩、粉砂岩为主的滨浅湖沉积，厚 0～70m。上述 3 段沉积具有自下而上逐层超覆特征，上乌一段分布范围最小、上乌二段分布范围居中、上乌三段分布范围最大。

3）三叠系

三叠系自下而上划分为百口泉组、克拉玛依组和白碱滩组。

百口泉组上覆于二叠系-三叠系之间的区域不整合之上，底部为山麓冲积扇和扇三角洲粗粒沉积，以红褐、杂、灰绿色块状中-粗砾岩为主，中上部为棕红、杂色泥岩或砂质泥岩夹灰绿色薄层细砂岩和中细砾岩互层，整体为水进正旋回沉积，厚度为 60～300m。按照岩性、电性、沉积旋回与界面特征，将百口泉组划分为百口泉组一段（百一段，T_1b_1）、百口泉组二段（百二段，T_1b_2）、百口泉组三段（百三段，T_1b_3）。其中百一段厚 30～50m，较为稳定，百二段厚 50～100m，百三段厚 50～100m。西北缘地区百口泉组地层厚度变化较大，总体上由断裂带向斜坡带和凹陷中心逐渐增厚，玛湖凹陷斜坡带地层分布较为稳定，厚度为 130～250m。其中玛西斜坡地层厚度总体由北东向南西方向逐渐减薄，东北侧地层厚度较大，一般为 150～230m；西南侧厚度较小，一般为 60～180m。

克拉玛依组分为克下组与克上组。克下组岩性为灰、灰绿色砂质不等粒砾岩夹含砾不等粒砂岩及棕褐色泥岩。砾石以变质岩屑为主，含长石、石英颗粒，砂泥质胶结，中等致密，厚度为 100～300m。克上组为灰、灰绿色不等粒砂岩、砂岩、泥岩组成的韵律层，砾石成分同克下组，砾岩砂泥质胶结，内部可细为 5 个砂组，厚度为 110～300m。

白碱滩组下部为黑色泥岩夹灰绿色砂岩，泥岩质纯，局部为砾岩；上部为灰、灰绿色砂岩及泥岩互层，局部夹煤线，在断裂上盘构造高部位被剥蚀，在西南部保存完整，而夏子街区和红旗坝地区厚度为 0～100m。

4）侏罗系

侏罗系自下而上划分为八道湾组、三工河组、西山窑组、头屯河组。

八道湾组以明显角度不整合覆于下伏地层之上，为河流-沼泽相含砾砂岩、砂岩与灰色泥岩、砂质泥岩、粉砂岩、碳质泥岩不等厚韵律状互层，可见底砾岩，含多层可采工业煤层，有时夹不规则菱铁矿和凝灰岩，厚度为 30～420m。

三工河组为浅灰黄、浅灰色砂泥岩互层，处于侏罗系最大湖平面时期，以滨湖-浅湖相沉积为主，厚度为 50～140m。

西山窑组为灰白色砾岩、砂岩及灰色泥岩互层，夹碳质泥岩及煤层，为河流-沼泽相沉积，厚度为 40～160m。

头屯河组为灰、灰绿、褐色等杂色砂岩与泥岩互层的河流相沉积，厚度变化大，上部往往被侵蚀，厚度为 0～160m。

5）白垩系

白垩系呈平行或角度不整合覆于侏罗系之上。其中上部主要为灰、浅灰色泥质砂岩、砂质泥岩互层，底部为灰色砂砾岩，厚度为 800～2500m。

2. 构造演化特征

石炭纪时期，现今准噶尔盆地西北缘和东北缘先后形成前陆盆地（赖世新等，1999；吴孔友等，2005）。石炭纪末至二叠纪，准噶尔盆地已具雏形，至三叠纪形成统一的内陆坳陷沉积盆地（陈业全和王伟峰，2004）。早、中侏罗世，沉积范围不断扩大，形成大型泛盆沉积格局（吴孔友等，2005）。中侏罗世以后，博格达地区及准噶尔周边山系进一步隆升，逐渐切断准噶尔盆地与外部联系而形成相对独立的坳陷盆地（陈新等，2002）。新生代以来，准噶尔盆地收缩，其南部地壳受挤不断沉降，从而形成北浅南深的大型类前陆盆地（吴孔友等，2005）。

石炭纪末至二叠纪是准噶尔盆地坳隆构造格局形成、演化的最关键时期。这一时期以断陷和前陆盆地为主，区域地震剖面解释结果显示，初期形成的断陷盆地呈北西西-南东东向，主要分布于中央坳陷等地区，控制了下二叠统海陆交互相砂泥岩夹薄层硅质岩沉积，以及滨浅海砂泥岩夹灰岩沉积，一些地区以火山岩夹灰岩为主。早二叠世晚期—中、晚二叠世，在准噶尔盆地周缘褶皱山系向盆地冲断推覆作用下，深层断陷开始上隆，主要分布于玛湖凹陷—盆1井西凹陷，以陆缘近海湖相砂泥岩沉积为特征。晚二叠世—中三叠世，准噶尔盆地开始进入复合类前陆盆地构造发展阶段，表现为盆地周边山系向盆内逆冲，造成山系前缘岩石圈低幅度挠曲沉降，同时由于盆地内部基底构造控制和影响，盆内表现为多沉降中心同期发育特点。但由于动力源来自西南，因此准噶尔盆地南侧为强挤压逆冲，东北、西北及西侧被动响应，为弱挤压逆冲，表现在盆地沉降上，南侧形成了较深盆地，而西北侧和东北侧形成浅盆。该阶段经历了多幕逆冲挤压作用，每幕弱逆冲期以盆地边缘负载沉降、中部基底上隆为特征，玛湖凹陷成为沉降中心之一。

燕山运动是该区中生代期间最为强烈的构造运动，在盆内表现为西强东弱，盆地西部边缘发生强烈逆冲，玛湖凹陷西斜坡受山前断阶带影响不断抬升。该构造格局最终形成于侏罗纪晚期，构造较为简单，基本表现为东南倾的平缓单斜，局部发育低幅度平台、背斜或鼻状构造。

自二叠纪开始至侏罗纪早期，玛湖凹陷一直是盆地沉降中心之一，长期接受了大量陆源碎屑沉积，形成了巨厚烃源岩，为中央坳陷内最富的生烃凹陷。其在二叠纪以来主要经历了 5 个构造演化阶段（陈新等，2002；吴孔友，2005；雷德文等，2017b，2018）（图 1.4），最终形成了现今构造格局。

（1）玛南前陆坳陷发育期：早二叠世准噶尔盆地总体处于前陆挤压环境，西北缘在下二叠统佳木河组沉积时仍为裂陷环境，玛湖凹陷西部和南部为前陆坳陷沉积期，凹陷沉积中心位于玛南地区［图 1.4（h）］。

（2）玛湖凹陷沉积中心向北迁移期：早、中二叠世玛湖凹陷沉积中心由南向北迁移，表现在沉积厚度高值区逐层北迁 ［图1.4（g）、（f）］。

（3）玛湖凹陷稳定发育期：随着早二叠世西北缘前陆拗陷期结束，中、晚二叠世是玛湖凹陷大规模稳定发育时期 ［图1.4（e）、（d）］。

（4）玛湖凹陷消亡期：三叠纪，独立的玛湖凹陷基本消亡，而演化成一个更大范围的拗陷型盆地，即准噶尔盆地西部大型拗陷，玛湖地区地形平坦，南北厚度差别不大 ［图1.4（c）］。

（5）南北掀斜与凹中凸起发育期：伴随着燕山构造运动，玛湖地区和玛湖南隆起构造开始发育 ［图1.4（b）］，喜马拉雅构造运动使玛湖北部地区明显抬升，且隆起构造特征持续发育 ［图1.4（a）］。

因此，独立的玛湖凹陷主要发育期在中、晚二叠世，三叠纪玛湖凹陷成为准噶尔盆地西部大型拗陷型盆地的一部分（陈新等，2002；匡立春等，2014）。

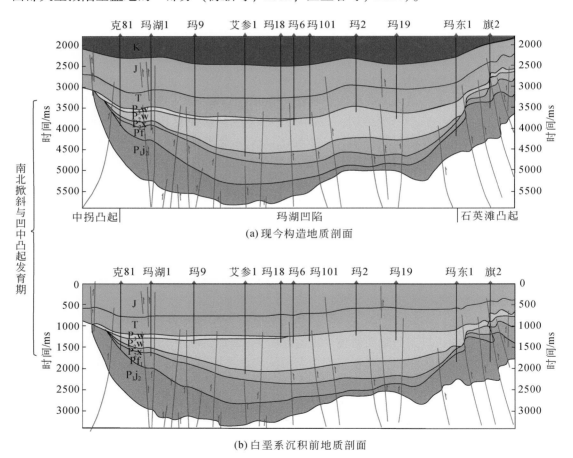

（a）现今构造地质剖面

（b）白垩系沉积前地质剖面

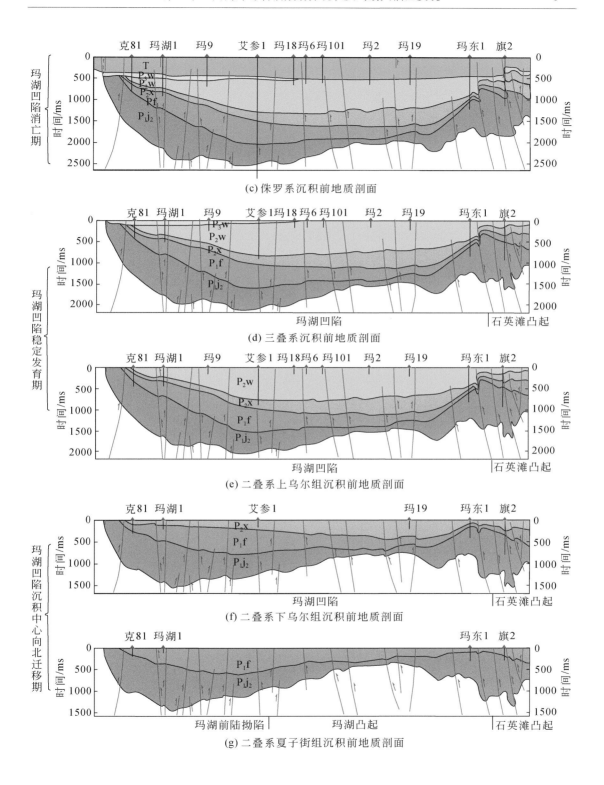

(c) 侏罗系沉积前地质剖面

(d) 三叠系沉积前地质剖面

(e) 二叠系上乌尔组沉积前地质剖面

(f) 二叠系下乌尔组沉积前地质剖面

(g) 二叠系夏子街组沉积前地质剖面

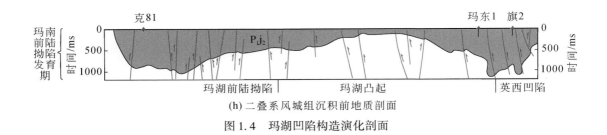

(h) 二叠系风城组沉积前地质剖面

图 1.4 　玛湖凹陷构造演化剖面

3. 生–储–盖组合特征

玛湖凹陷发育 4 套烃源岩，即石炭系、下二叠统佳木河组、下二叠统风城组和中二叠统下乌尔禾组，主力烃源岩为风城组（雷德文等，2017b）。储层自石炭系至白垩系均有不同程度的发育，但主要发育三叠系百口泉组及二叠系上乌尔禾组、下乌尔禾组及佳木河组。盖层在玛湖凹陷发育多套，其中优质区域盖层有 3 套，分别为中—上三叠统克拉玛依组（T_2k）—白碱滩组（T_3b）、中二叠统下乌尔禾组（P_2w）和下二叠统风城组（P_1f），岩性均以厚层泥岩为主，夹薄层砂砾岩、粉砂质泥岩或泥质粉砂岩。中—上三叠统克拉玛依组—白碱滩组泥岩盖层厚度为 500 ~ 900m，中二叠统下乌尔禾组泥岩盖层厚度为 300 ~ 1200m，风城组泥岩盖层厚度为 300 ~ 1000m（雷德文等，2017b）。除 3 套区域盖层外，覆盖在砂砾岩顶部的直接盖层在玛湖地区也非常发育，其对油气成藏和富集亦具有重要的控制作用。

根据含油层系分布特点、主要储层及区域盖层分布，玛湖凹陷纵向上自石炭系到白垩系分为下、中、上 3 个成藏组合（图 1.3）。

1）上组合（侏罗系—白垩系成藏组合）

上组合主要是形成于侏罗系和白垩系的次生油藏组合，由于油藏埋藏浅、储层物性好，是油气勘探的高效领域，已在玛湖凹陷边缘隆起带发现多个油藏。但因玛湖凹陷三叠系巨厚泥质区域盖层分布面积大，且沟通二叠系风城组主力烃源岩的油源断裂大多向上仅断至三叠系百口泉组，缺少沟通风城组烃源岩与侏罗系储层的垂向大规模运移通道，因而玛湖地区侏罗系成藏规模一般不大，仅形成局部分布油藏。

2）中组合（上二叠统—三叠系成藏组合）

中组合以下三叠统百口泉组和上二叠统上乌尔禾组砂砾岩为主要储层，中—上三叠统湖相泥岩为区域盖层，是目前玛湖大油区油气发现的主要成藏组合。

其中三叠系百口泉组主要为扇三角洲沉积体系，扇三角洲前缘水下分流河道砂砾岩为主要储层。平面上砂砾岩叠置连片，厚度为 40 ~ 140m，有利前缘相分布面积达 5000km^2。储层整体表现为低孔–特低渗或低渗–致密特点，为玛湖凹陷主力勘探层之一。有效储层可分为 3 类（雷德文等，2017b）：Ⅰ类储层以灰色含砾粗砂岩、粗砂质细砾岩为主，孔隙度（ϕ）大于 10%，渗透率（K）大于 $5×10^{-3}\ \mu m^2$，直井小规模压裂改造可获较高产量；Ⅱ类储层为灰色砂质中细砾岩，孔隙度 8% ~ 10%，渗透率为 （1 ~ 5）$×10^{-3}\ \mu m^2$，直井大规模压裂改造可获工业油流；Ⅲ类储层以灰色中细砾岩、钙质砂质中细砾岩及灰绿色泥质胶结砂质细砾岩为主，孔隙度为 7% ~ 9%，渗透率为 （0.5 ~ 1.0）$×10^{-3}\ \mu m^2$，需水平井大规模压裂改造可获工业油流。目前,百口泉组已在玛北、玛西、玛东和玛中发现多个油气富集区,是玛湖地区规模建产的主要层系之一。

上二叠统上乌尔禾组主要为冲积扇入湖形成的扇三角洲-湖泊沉积体系,水下分流河道砾岩、砂砾岩和砂岩为主要储层。储层主要分布在玛湖凹陷南部和中拐地区,形成中拐扇、白碱滩扇、夏子街扇和达巴松扇。上乌尔禾组沉积由上乌一段(P_3w_1)到上乌三段(P_3w_3)总体表现为下部以砾岩、砂砾岩为主,向上逐渐过渡为含砾砂岩及滨浅湖沉积的粉细砂岩、粉砂岩和泥岩,储层规模由下向上逐渐变小,而泥岩由薄变厚,形成下储上盖的良好储-盖组合。储层物性总体属于中低孔、低渗-特低渗或低渗透-致密型。以中拐地区为例,上乌二段储层孔隙度主要分布于 5% ~ 17.3%,平均为 12.52%,渗透率分布范围为($0.11 ~ 347.0$)$\times 10^{-3} \mu m^2$,平均为 $1.47 \times 10^{-3} \mu m^2$。目前,玛湖凹陷上二叠统上乌尔禾组已发现玛南和中拐两大油气藏群。

3)下组合(石炭系—中二叠统成藏组合)

下组合包括两套储-盖组合,一套储-盖组合为二叠系风城组致密储层与烃源岩组合,盖层为层内白云质岩、泥岩,以及上覆中二叠统下乌尔禾组湖相泥岩;另一套储-盖组合为石炭系—二叠系碎屑岩、白云质岩和火山岩为储层,二叠系风城组白云质岩和下乌尔禾组泥岩为盖层。该成藏组合目前勘探程度低,但由于二叠系风城组是玛湖地区的主力烃源岩,下乌尔禾组、佳木河组和石炭系也有烃源岩分布,因此勘探潜力较大。

其中砾岩油藏勘探目的层主要为下乌尔禾组,储层岩石类型多为扇三角洲砂砾岩,扇三角洲前缘相带水下分流河道砂砾岩体是良好储层发育带。目前,下乌尔禾组勘探已取得较大突破,油藏纵向上主要分布于下乌三段和下乌四段,区域上主要分布在玛湖凹陷南部、北部和东部,形成 3 个油藏群。

主力烃源岩下二叠统风城组储-盖组合具有"自生自储"性质,是致密油气勘探的主要领域,勘探潜力大。另外,石炭系—二叠系构造圈闭发育、规模大,可能也具有较大勘探潜力。

1.1.3　准噶尔盆地砾岩油藏勘探历史与现状

准噶尔盆地砾岩油藏勘探自 20 世纪 50 年代起由盆地西北缘开始,并于 1955 年发现了中华人民共和国成立后的第一个大油田——克拉玛依油田。该油田位于准噶尔盆地西北缘断裂带,1960 年原油产量达到 $172.8 \times 10^4 t$,占当时全国原油年产量的 40%,在大庆油田全面开放之前,撑起了中国经济建设能源需求的半壁江山,也否定了自 30 年代以来国际社会有关"中国贫油"的论断。其在砾岩储层中发现的环烷基原油属于世界原油中的稀缺资源,以环烷基原油为原料所炼制出的大比重煤油、超低温润滑油是国内独有的,从而打破了国外长期垄断的局面。

克拉玛依油田发现后,按照构造找油思路,准噶尔盆地油气勘探主要围绕盆地边缘的断裂带展开(张国俊,1993),在西北缘陆续发现并探明了百口泉、克拉玛依、红山嘴、乌尔禾、风城、夏子街和车排子油田,这些油田主要围绕西北缘断裂带呈带状分布,反映其形成和分布明显受控断层控制(图 1.5)。但是,在钻探过程中也逐渐发现位于断裂带的砾岩油藏并不完全受构造控制，扇体对油藏分布控制作用更为明显，勘探理念面临着由构造到岩性的重大转变。通过研究，揭示了断裂带冲积扇大面积成藏机理，创立了一扇一体、逐级成藏、沿阶富集的扇控成藏地质理论（图 1.6）。运用该理论，建成沿断裂带分布的砾岩百里大油区。然而自此以后，沿断裂带的勘探再无重大发现，从而导致克拉玛依油田在发现 30 年之后面临着剩余可采储量不足的困境，年产油量在 1992 年达到最高峰 358.6×10^4 t 以后，开始逐年递减。在此严峻形势下，若勘探再无突破，就难以满足国家战略资源的持续供给！

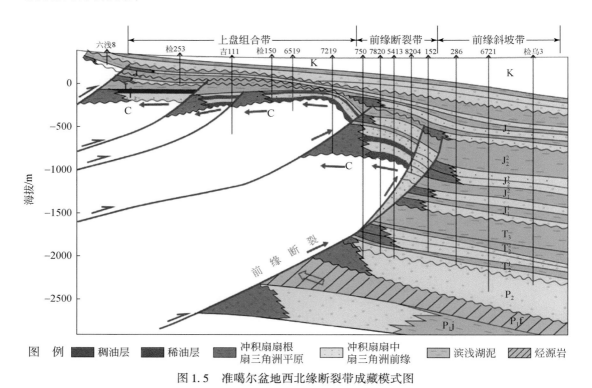

图 1.5　准噶尔盆地西北缘断裂带成藏模式图

就在克拉玛依油田面临后备资源不足、油田可持续发展困难的关键时刻，勘探家们把目光开始转移到与西北缘断裂带毗邻、勘探程度很低的玛湖凹陷广大斜坡地区。事实上，早在 20 世纪 80 年代末期，经过宏观地质研究，新疆油田即创造性提出了"跳出断裂带、走向斜坡区"的勘探思路（唐勇等，2019）。然而，由于西北缘发现的油气藏主要受构造控制，且以往油气勘探也主要以寻找构造圈闭为主，所以在玛湖斜坡区油气勘探初期同样仍以构造勘探思路为指导。在此找油思路的指导下，1992 年在玛湖凹陷北斜坡发现了玛北油田，但由于玛湖凹陷斜坡区正向构造不发育，随后 10 余年勘探"三上三下"斜坡区，仍久攻不克。究其原因，主要是由于以下四大关键问题尚不清楚：玛湖凹陷是否发育规模砾岩储集体？是否具备规模成藏的物质基础？纵向上远离油源的砾岩能否大面积成藏？非均质性极强的低渗砾岩油藏能否实现效益勘探开发？

针对制约玛湖斜坡区勘探的四大关键问题，新疆油田借助国家科技重大专项"准噶尔

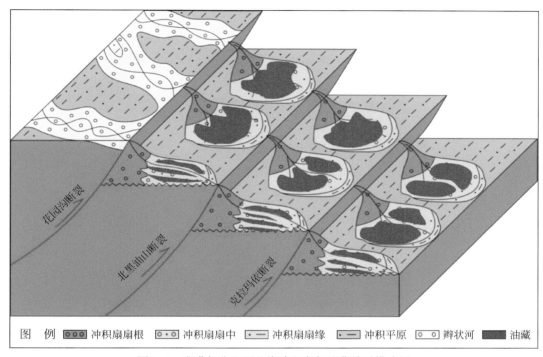

图 1.6　准噶尔盆地西北缘冲积扇与油藏关系模式图

图　例　⊙⊙⊙ 冲积扇扇根　⊙·⊙· 冲积扇扇中　·⊙· 冲积扇扇缘　·⊙· 冲积平原　⊙·⊙ 辫状河　■ 油藏

盆地岩性地层油气藏富集规律与目标评价"、"准噶尔前陆盆地油气富集规律与勘探目标优选"和中石油股份公司重大专项"新疆和吐哈油田油气持续上产勘探开发关键技术研究"等项目，持续 20 多年开展了多学科、产学研联合攻关研究，形成了"砾岩满凹沉积模式、碱湖烃源岩高效生油模式、凹陷区源上砾岩大面积成藏模式"等三项石油地质理论创新和"双参数地震预测技术、核磁共振测井表征技术、细分切割绕砾压裂技术"等三项关键技术突破。依托上述地质理论创新和关键技术突破，终于在玛湖凹陷发现了 10 亿吨级特大型砾岩大油区（支东明，2016；支东明等，2018）。玛湖砾岩大油区的发现，实现了几代人在凹陷区找油的梦想，为我国稀缺环烷基原油持续供给提供了有力保障，同时还为世界砾岩油气勘探创造了成功范例。

截止到 2019 年底，准噶尔盆地西北缘除西部隆起落实三级地质储量为 $24.7 \times 10^8 t$ 并建成了克–乌断裂带百里大油区外，位于西部隆起东南部的玛湖凹陷已先后发现了北、南两大油区和七大岩性油藏群，成为继西北缘断裂带之后又一个 10 亿吨级百里新油区（图 1.7）。其中北部大油区以三叠系百口泉组轻质油为主，有利勘探面积为 $4200 km^2$，南部大油区以二叠系上乌尔禾组中质油为主，有利勘探面积为 $2600 km^2$。新增三级地质储量为 $15.7 \times 10^8 t$，其中探明地质储量为 $5.2 \times 10^8 t$。储层以低孔、低渗–致密砂砾岩为主，非均质性强；油藏类型以岩性油气藏为主，单体规模大；油藏分布基本不受构造控制，无统一油水界面，甚至无明显边底水；油藏纵向上相互叠置，横向上复合连片，属大型岩性油藏群。

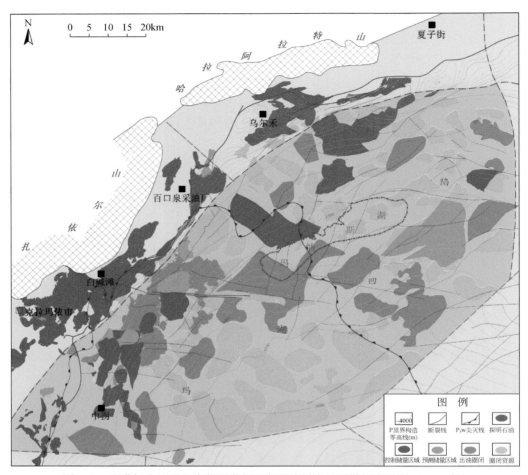

图 1.7　准噶尔盆地西北缘断裂带与玛湖凹陷砾岩油田勘探成果图（2018 年）

目前，玛湖大油区产能建设已全面展开，规模增储与产能建设一体化快速推进，成为国内原油生产新的增长一极。

1.2　国内外砾岩油藏勘探概况及典型油藏地质特征

1.2.1　国外砾岩油藏勘探概况及典型油藏地质特征

1. 国外砾岩油藏勘探概况

目前，国外发现的大型砾岩油藏较少，且主要分布于英国北海盆地及北美洲和南美洲地区，层位上主要分布于三叠系、侏罗系、白垩系和古近系。其中北海盆地砾岩油藏主要分布在南维京地堑上侏罗统布瑞（Brae）组（Turner et al.，2018b）；北美洲发现砾岩油藏的盆地主要有美国库克湾（Cook Inlet）盆地、洛杉矶（Los Angeles）盆地，加拿大西部盆地（Magoon，1994；Peachey，2014）；南美洲主要是阿根廷库约（Cuyo）盆地（Urien and Zambrano，1994）、巴西塞尔希培–阿拉戈斯盆地（Mello et al.，1994）。其中石油储量规模较大的主要有英国的南维京地堑布瑞油区、美国的赫姆沃克（Hemlock）油田和巴西的卡莫普利斯（Carmópolis）油田（图1.8）。

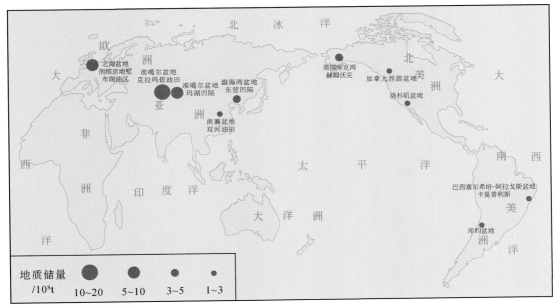

图 1.8　世界主要砾岩油田分布图

早在 20 世纪 30 年代，阿根廷的 YPF 石油公司在门多萨（Mendoza）省进行石油勘探时，便于 1934 年发现了库约盆地首个砂砾岩油田——图蓬加托（Tupungato）油田（表1.1），当年钻探的 T-3 井、T-1 井在钻遇三叠系维克托（Victor）组时发现油层，自喷油约 8.6t/d；该油田随后又钻了 18 口井，至 1937 年获得年产油量约 $1.18×10^4$t，单井最高产油量可达 216～354t/d。1939 年末又发现了巴兰卡斯（Barrancas）组砾岩油田，面积约 5km²，单井产量达 37t/d①。早期砾岩油田发现的意义在于突破了传统储层限制，为后来油气勘探增添了一种新的储层类型和勘探目标。

1948 年，独立生产商 Gabbert 和 Lindas 在美国堪萨斯州帕尼县（Pawnee County）发现了加菲尔德（Garfield）砾岩油田（Rogers，2007）。但这一发现起初并未引起重视，直到 1953～1955 年，希尔顿（Hilton）钻井公司、科罗拉多石油与天然气公司和其他独立公司在该地区进行大量开发井部署后，该砾岩油田的发现才得到全面肯定和认可。加菲尔德油田坐落在堪萨斯州中央隆起西南缘，为地层油气藏，主要储集岩为宾夕法尼亚纪基性砾岩，为一种形成于隐蔽构造凹陷中的非成层性冲积扇沉积，实测储层孔隙度为 8%～25%。该油田在完钻的 350 口井中，从宾夕法尼亚系基性砾岩、密西西比系和奥陶系储层中共采出超过 $137×10^4$t 石油和 $2×10^8$m³ 天然气。

_____

① 吴虹，王章进，刘文华，1992，国外砾岩油田开发历程调研，新疆石油管理局勘探开发研究所，1～71。

表 1.1　国外主要砾岩油气田（藏）地质特征对比表

国家	盆地	油田或油区	发现年份	储层时代及含油层位	沉积相类型	主要岩性	储层物性	油藏类型	含油面积/km²	储量/10⁸t	资料来源
英国	北海盆地	布雷油区	1972~1985	布瑞组（J₃）	海底扇	砾岩和砂岩	平均孔隙度为10%~17%；平均渗透率为（75~300）×10⁻³μm²	构造-地层油气藏	175	6.09~6.25（地质）；2.80~2.85（可采）	Gluyas and Hichens, 2003；Rooksby, 1991
美国	塔萨斯隆起	加菲尔德油田	1948	切诺基组（宾夕法尼亚, C）	曲流河	细砾和中砾	孔隙度为8%~25%	地层油藏			Rogers, 2007
	库克湾盆地	斯旺森河油田	1957	赫姆沃克组（E）	辫状河与曲流河	砾质砂岩	孔隙度为17%（12%~22%）；渗透率为80×10⁻³μm²，范围为（10~360）×10⁻³μm²	背斜油藏		4.55（地质）；	Magoon and Dow, 1994
		麦克阿瑟河油田	1965	赫姆沃克组（E）	辫状河与曲流河	中~小砾岩、砾质砂岩、砂岩	孔隙度为14%；渗透率为（5~300）×10⁻³μm²	背斜油藏	50.2	1.59（可采）	吴虻等, 1992；Magoon and Dow, 1994；李庆昌等, 1997
		普拉德霍湾油田	1968	赛德勒罗契特组（P—T）	河流-三角洲	砂岩和砾岩	孔隙度为16%~25%；渗透率为12×10⁻³μm²	构造油藏			于兴河等, 2018
巴西	塞尔希培-阿拉戈斯盆地	卡莫普利斯油田	1963	穆里贝卡组（Muribeca, K）	冲积扇	砂质砾岩	孔隙度为15%；渗透率为100×10⁻³μm²	构造-地层油藏	142	2.47（地质）	Mello et al., 1994；Mezzomo et al., 2000
阿根廷	库约盆地	门多萨油区	1934及1958年	巴兰卡斯组及维克托托组（J—K）	冲积扇及辫状河	中砾与砂质砾岩	孔隙度为17.5%；渗透率为217×10⁻³μm²	构造油藏	96.0	0.55（地质）	吴虻等, 1992；Urien and Zambrano, 1994；于兴河等, 2018

1951～1958 年，阿根廷又先后在库约盆地侏罗系至白垩系中发现了多个砂砾岩油田，包括巴兰卡斯油田、Punta De Las Bardas 油田以及 Vacas Muertas 油田。3 个油田在平面上相互连片，形成门多萨油区，含油面积为 96km^2，探明石油地质储量为 5495×10^{4}t，储量丰度为 57.24×10^{4}t/km^2。该油区储层沉积相为冲积扇与辫状河，岩性以疏松红色砂砾岩为主，中砾岩与含砾砂岩互层。截至 1965 年底，门多萨油区总日产油量达到 1.12×10^{4}t，年产油量超过 345×10^{4}t，形成当时世界上第一个砂砾岩大油区。截至 1992 年，在该盆地陆续发现了 8 个具有工业价值的砂砾岩油田[①]。

1957 年，美国在阿拉斯加州库克湾盆地古近系发现了斯旺森河油田赫姆洛克砾岩油藏，发现井日产油为 143m^3。1965 年，在麦克阿瑟河（McArthur River）油田发现了另一个规模更大的赫姆洛克砾岩油藏。1957～1972 年，在 6 个商业油区中均发现了规模不等的赫姆洛克油藏，包括部分砂岩在内的石油可采储量为 1.59×10^{8}t，其中赫姆洛克砾岩油藏约占 80%（Debelius，1974）；按照数值模拟预测的最终采收率 35% 计算（Magoon，1994），石油总地质储量为 4.55×10^{8}t（表 1.1）。实际生产数据表明，至 1987 年末，已从 6 个油田和 14 个气田中累计产出了大约 1.49×10^{8}t 原油和 1500.96×10^{8}m^3 天然气（Magoon and Kirschner，1990）。

1963 年，发现巴西卡莫普利斯砾岩大油田，探明石油地质储量为 2.47×10^{8}t，巴西国内大约 84% 的石油产量来自该盆地（Carvalho and Ros，2015）。

1972～1985 年，北海盆地在南维京地堑西缘断裂带附近上侏罗统布瑞组发现了多个砂砾岩油田，合计石油地质储量为（6.09～6.25）×10^{8}t，可采储量约 2.80×10^{8}t，成为当时全球发现最大的陆源砾岩油区。

至此之后的 30 多年，国外再无更大规模的砾岩油田发现。

2. 国外典型砾岩油藏地质特征

1）英国北海盆地布瑞油区地质特征

A. 地理位置及构造特征

布瑞油区位于北海盆地南维京地堑西缘断裂带附近，由一系列沿断裂分布的油气田组成（图 1.9）。南维京地堑为一中侏罗世—晚侏罗世发育的富烃裂谷盆地，裂谷活动自中侏罗世晚期开始，晚侏罗世最为强烈（Turner et al.，2018b），从而形成巨厚的中—上侏罗统沉积。上侏罗统布瑞组极其上覆基莫里奇黏土组（Kimmeridge Clay Formation，挪威称为 Draupne 组）是南维京地堑裂谷活动最盛时期沉积，二者在横向上呈指状交互沉积，最大厚度在地堑最深处达 2100m。强烈的裂谷活动在南维京地堑形成上侏罗统基莫里奇黏土组世界级烃源岩极其丰富的油气资源，整个地堑区存在中侏罗统、上侏罗统、新生界等 3 个主要成藏组合。其中，中侏罗统储层主要为浅海相砂岩，少量浊流沉积砂岩。上侏罗统布瑞成藏组合储层为分布于布瑞组或其相当地层中同裂谷期及后裂谷早期形成的富砾和富砂沉积。新生界成藏组合储层包括古新统和始新统海底扇水道和水下扇沉积的浊积砂岩，圈闭多为低幅度背斜，形成的油气藏包括重油和天然气藏。

---

① 吴虻，王章进，刘文华，1992，国外砾岩油田开发历程调研，新疆石油管理局勘探开发研究所，1～71。

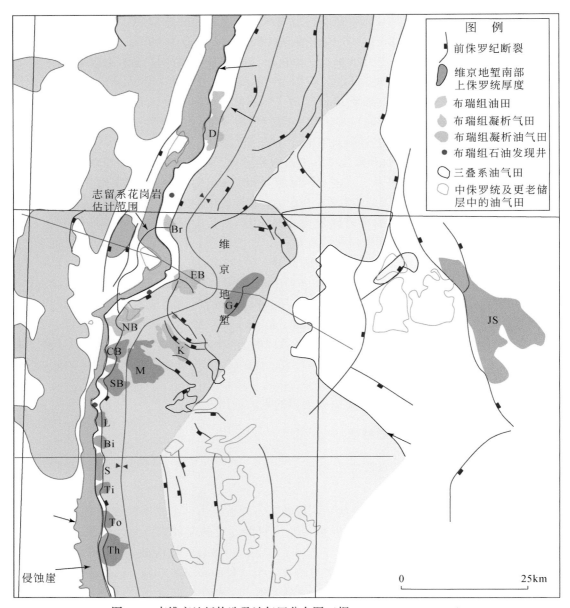

图 1.9　南维京地堑构造及油气田分布图（据 Turner et al.，2018b）

图中油田名称：Bi. Birch；Br. Braemar；CB. Central Brae；D. Devenick；EB. East Brae；G. Gudrun；JS. John Sverdrup；

K. Kingfisher；L. Larch；M. Miller；NB. North Brae；SB. South Brae；S. Sycamore；Th. Thelma；Ti. Tiffany；To. Toni

B. 沉积、储层特征

布瑞油区上侏罗统布瑞组为一套厚度巨大的粗碎屑沉积地层单元，主要由砾岩和砂岩组成，为海底扇沉积。海底扇沉积在南维京地堑西缘断裂带附近十分发育，沿该断裂带形成多个海底扇体沉积（图 1.10），南北延伸长约 100km（Jones et al.，2018）。每个扇体均具有西粗东细、西厚东薄的沉积特点，在靠近物源的断裂附近为厚层砾岩沉积，向下游方向渐变为砂岩为主的浊流沉积和深海泥岩。布瑞组海底扇沉积的岩相包括：砂质支撑砾岩、泥质支撑角砾岩、厚层状砂岩、递变薄层砂岩和泥岩、纹层状泥岩。形成布瑞油气田的储层包括近源富砾海底扇沉积与洋盆富砂沉积，前者形成的油气田包括北部的 Devenick、North Brae 凝析气田与中南部的 Central Brae、South Brae、Larch、Birch、Sycamore、Tiffany、Toni、Thelma 等油田，后者形成的油气田包括北部的 Braemar 和 East Brae 凝析气田与 Gudrun 油田，以及中部的 Kingfisher 油气田和 Miller 油田。扇体形态由简单的锥形砾岩扇到水道发育的扇体、向远离物源方向渐变为盆底扇（Turner et al.，

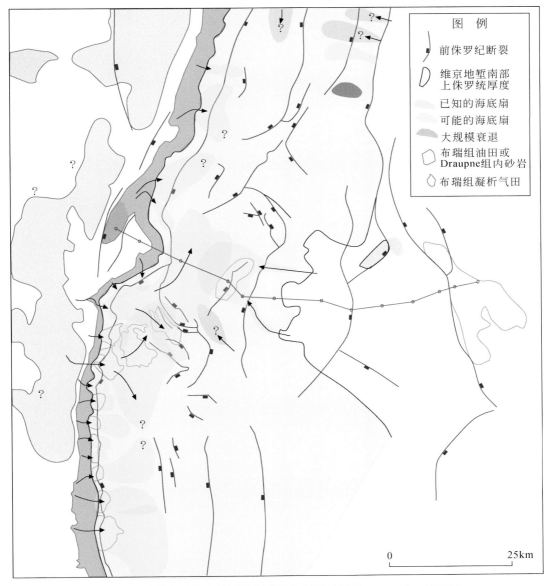

图 1.10　南维京地堑上侏罗统海底扇分布图（据 Turner et al.，2018b）

2018a），如 South Brae 油田和 North Brae 油田布瑞组上部发育砾岩水道系统，而 Miller、Kingfisher 和 East Brae 油气田则形成于该砾岩水道系统向下倾方向相变形成的盆底砂岩扇，后者延伸长达 25km。最发育的水道系统在 South Brae 油田布瑞组上部宽约 1km，水道充填沉积最厚达 244m，主要由厚层砾岩和薄层砂岩组成，水道间为厚层泥岩和薄层砂岩。这些水道向下游方向逐渐变宽直到并入盆底扇系统。与上述油田形成于水道发育扇体不同，Central Brae 油田形成于锥形扇体中，其在最靠近物源位置为巨厚砾岩沉积，向下倾方向相变为延伸较短（约 7km）的厚层砂岩。

布瑞组砂砾岩储层物性较好，但变化较大。各油气田储层平均孔隙度为 10% ~ 17%，平均渗透率为（75 ~ 300）×$10^{-3}\mu m^2$（表 1.2）。

C. 成藏特征与油气分布主控因素

布瑞油区现已发现 13 个上侏罗统布瑞组油气田（Pye，2018），构成沿北海盆地南维京地堑西缘大断裂分布的油气田群，具有北气南油分布特点（图 1.9）。其中北部的 East Brae 和 North Brae 等为凝析气田，Kingfisher 为油气田，中南部普遍为油田，油源均来自同为上侏罗统的基莫里奇黏土组烃源岩。该套烃源岩在南维京地堑最大埋深位于 East Brae 气田东北部（Cornford，2018），可能是造成北部形成凝析气田的主要原因。基莫里奇黏土组泥岩是南维京地堑最主要的烃源岩，其平均有机碳含量达 5.5% ±1.83%（wt，质量百分数），有机质类型为 II 型（Cornford，2018）。

布瑞油区原油性质普遍较好，原油密度为 0.78 ~ 0.86g/cm³，普遍为轻质油。受扇体大小控制，单个油气田规模变化大，面积为 6 ~ 45km²，石油地质储量为（0.07 ~ 1.36）×10^8t。整个油气田群总计含油气面积超过 175km²，石油地质储量为（4.64 ~ 4.71）×10^8t，可采储量约 2×10^8t，天然气地质储量为 1680×10^8m³，可采储量为 915.2×10^8m³，合计油气地质储量超过 6×10^8t 油当量，可采储量超过 2.8×10^8t 油当量，是目前全球发现最大的海相陆源砾岩油区。其中最大砾岩油田 South Brae 油田是英国北海盆地主要油田之一，含油面积为 24.3km²，石油地质储量约 1.28×10^8t；储层为布瑞组砂质支撑砾岩和砂岩，为重力流形成的海底扇近源沉积，粒序向上变细，储层埋深在海底以下 3596m；原油密度为 0.84 ~ 0.86g/cm³（33 ~ 37API，1API=0.99904g/cm³）（表 1.2）。

就圈闭而言，布瑞油区各油气田普遍为构造-地层（岩性）圈闭，其次为地层（岩性）圈闭和构造圈闭。其中南维京地堑西缘断裂与布瑞组扇体分布是形成圈闭的两个最重要因素，扇体西侧的南维京地堑西缘断裂往往构成各扇体油气田的上倾遮挡，扇体上方及周围为主力烃源岩基莫里奇黏土组泥岩遮挡（图 1.11），该泥岩与布瑞组砂砾岩在横向上呈指状交互沉积，从而与布瑞组砂砾岩构成了极好生-储-盖组合。事实上，布瑞组海底扇沉积就是包裹于世界级烃源岩基莫里奇黏土组泥岩中的沉积，后者不仅为布瑞组储层提供了充足烃源，而且提供了良好的封盖条件（Turner et al.，2018a），这也是布瑞油区能够形成的一个重要因素。另外，断裂作为圈闭形成的要素有利于形成油气柱高度较大的油气藏，如 South Brae 油田主体为一南北走向背斜，其西翼较陡且与南维京地堑西缘断层相连，东翼平缓，西侧边界为断裂上升盘泥盆系（？）非渗透性致密砂岩构成遮挡，南北两侧边界为砂砾岩与细粒纹层状泥岩的相变边界及断坡角砾岩，东界为油水边界及储层尖灭线，最大油柱高度为 509m，其中构造闭合形成的油柱高度仅 91m 左右（Fletcher，2003），说明圈闭主要受地层因素控制。

表 1.2　英国北海盆地维京地堑南部布瑞油田群主要油气田简表基本特征简表

油气田名称	发现年份	岩性	孔隙度范围/% (平均)	渗透率范围/10⁻¹³ μm² (平均)	原油密度/(g/cm³)	面积/km²	圈闭类型	石油储量/10⁸ t 地质	石油储量/10⁸ t 可采	天然气储量/10⁸ m³ 地质	天然气储量/10⁸ m³ 可采
East Brae 凝析气田	1980	砂岩	3.4~28.7 (17)	0.04~8490 (84)	0.78~0.83	21.5	构造-地层	0.61	0.49	652	433.0
North Brae 凝析气田	1975	砾岩、砂岩	7~23 (15)	0.3~2000 (300)	0.78~0.83	19.0	背斜-断层	—	0.28	283	226.4
Kingfisher 油气田	1972 (?)	砂岩	10~22	5~800	0.80~0.85	21.0	构造-地层	0.14	0.06	173	79.2
Central Brae 油田	1976	砾岩、砂岩	(11.5)	1~1000 (100)	0.86	7.3	构造-地层	0.44~0.51	0.09~0.10	—	—
Miller 油气田	1983	砂岩	12~23 (16)	11~1200	0.83	45.0	构造-地层	1.36	0.41	538	161.3
South Brae 油田	1977	砾岩、砂岩	(11.5)	1~2100 (131)	0.84~0.86	24.3	构造-地层	1.28	0.42~0.45	—	—
Birch 油田	1985	砾岩	0.8~27.7 (10.5)	0.01~4480 (94.3)	0.81~0.82	4.0	地层	0.10	0.05	34	15.3
Tiffany 油田	1979	砾岩、砂岩	(11)	(75)	0.85	6.2	构造-地层	0.21	0.09~0.10	—	—
Toni 油田	1977	砂岩、砾岩	(11)	(150)	0.85	6.8	构造-地层	0.17	0.07	—	—
Thelma 油田	1976	砾岩、砂岩	(13.5)	(200)	0.83	10.2	构造-地层	0.07	0.02	—	—
SE Thelma 油田	1980	砾岩、砂岩	(12)	0~1000	0.85	10.2	构造-地层	0.26	0.04	—	—
合计	—	—	—	—	—	175.5	—	4.64~4.71	2.01~2.06	1680	915.2

注：①表中 Kingfisher 油气田储层为上侏罗统布端组和中侏罗统 Heather 组，SE Thelma 油田储层为上侏罗统布端组和砂质页岩单元，其余均为上侏罗统布端组；②表中 Miller 油气田资料源自 Rooksby，1991，其中石油地质储量和天然气地质储量系本书据原文提供的可采储量按 30% 采收率计算所得；其余油气田资料据 Gluyas and Hichens，2003 资料汇编。

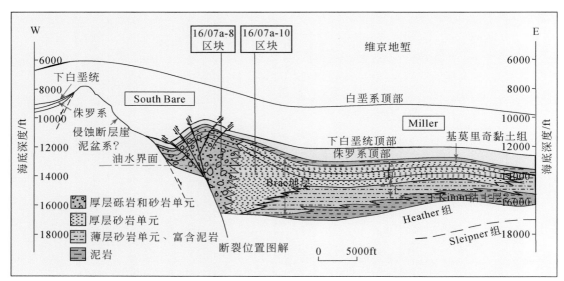

图 1.11　South Brae 油田剖面图（据 Fletcher，2003）

$1\text{ft}=3.048\times10^{-1}\text{m}$

布瑞油区油气田分布主要受海底扇沉积与分布、断层和烃源岩三大因素控制。其中海底扇沉积与分布是最重要控制因素。受海底扇沉积控制，每个扇体构成一个良好生储盖组合体，其与南维京地堑西缘断裂相结合，使得每个扇体成为一个自储自封的圈闭体，从而形成一个扇体往往就是一个油气田（即"一扇一田"）的分布特征（图 1.9、图 1.10）。

D. 开发概况

布瑞油区油田位于北海海域，自 1983 年开始投产，到 2013 年已累计生产原油约 $1.36\times10^8\text{t}$，天然气约 $1981\times10^8\text{m}^3$，1995 年达到产量峰值（图 1.12）。其中 Miller 油田峰值产量为 $660\times10^4\text{t}$（1996 年），South Brae 油田峰值产量为 $585\times10^4\text{t}$（1986 年），South Brae 油田单井最高日产量达 1068t。到 2017 年，仅 Miller 平台停止生产。由于位于海域，油田从发现到投产周期一般较长，其中投产最快的是 South Brae 油田，其在发现 5 年后开始生产。

2）美国麦克阿瑟河油田赫姆洛克砾岩油藏地质特征

A. 地理位置及构造特征

麦克阿瑟河油田位于阿拉斯加州南部库克湾盆地上库克湾地区西部浅海地带（图 1.13），为库克湾盆地所发现最大的近海油田，其储层主要是古近系渐新统上部赫姆洛克砾岩层（李庆昌等，1997）。该油藏地质构造由两个背斜夹一个向斜组成，西北以北东–南西走向的特拉丁湾逆断层为界，断面倾向西北，其余边界根据该油藏油水边界圈定。背斜构造长轴走向为 NE10°，长短轴之比为 2.3∶1，构造翼部倾角从东部的 6°~8°向西增大至 20°。在构造西南部，还有一组走向北西的小型正断层。

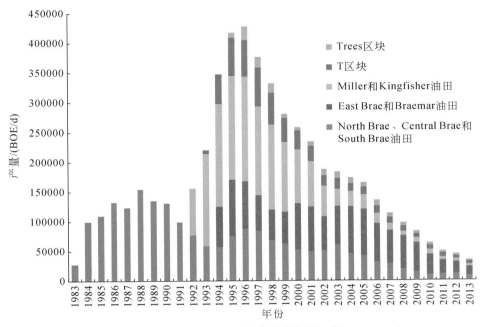

图 1.12　布瑞区带 1983~2013 年产量分布图（据 Pye，2018）

BOE. 桶油当量，bbl oil equivalent，1bbl=0.159m³

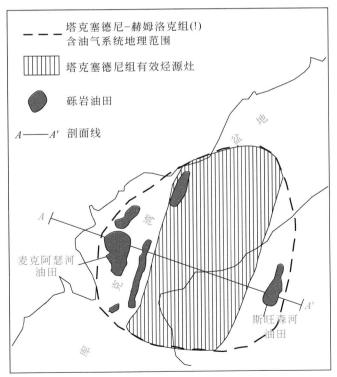

图 1.13　美国麦克阿瑟河油田地理位置及油田分布图（据 Magoon，1994，修改）

B. 沉积、储层特征

赫姆洛克组物源来自盆地西侧阿留申山脉大断裂以西的侵入岩区，储层为一套陆相粗碎屑、低弯度、高能量辫状河和曲流河沉积，由中-小砾岩、砾质砂岩、粗砂岩、中砂岩及少量粉砂岩和煤层组成，为下粗上细的正旋回沉积特征，其中砾岩厚度占该组总沉积厚度的35%以上。横向上，在麦克阿瑟河油田西部、西北部、东部边缘和东南部是砾岩的富集区，砾岩厚度百分数均在35%以上；而油田中部砾岩厚度百分数只有15% ~ 25%（Magoon，1994）。碎屑岩沉积厚度为100 ~ 300m，自上而下分为6段，相当于6个砾岩组，其中上部3段中砂岩百分比较大，下部3段主要为砾岩，各段之间均有不渗透的粉砂岩隔层（图1.14）。

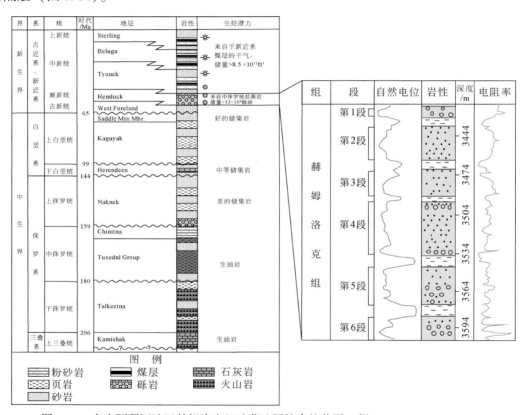

图1.14　麦克阿瑟河油田赫姆洛克组油藏地层综合柱状图（据 Hite and Stone，2013）

$1ft^3 \approx 2.832 \times 10^{-2} m^3$

赫姆洛克组砾岩储层的砾石成分主要为石英，少量长石、变质岩、深成岩、黏土岩及火山碎屑岩岩块；砾石间充填粉砂岩和黏土，含量约16%。主要胶结物有高岭石、蒙脱石和少量伊利石、绿泥石及方解石，胶结物含量一般少于15%[①]（Diver and Hart，1975）。

赫姆洛克油藏砾岩储层经校正后的有效孔隙度为4% ~ 24%，平均为14%。其中较多

---

① 吴虹，王章进，刘文华，1992，国外砾岩油田开发历程调研，新疆石油管理局勘探开发研究所，1 ~ 71。

砾岩储层的平均有效孔隙度为 9.5%，而占有优势的砂岩储层平均有效孔隙度为 12.5%；当小砾岩和中砾岩的砾石之间被疏松物质如砂粒充填时，孔隙度可超过 14%。油层渗透率变化较大，构造高部位储层水平空气渗透率可达（125 ~ 135）×10^{-3} μm^2，而在构造翼部储层水平空气渗透率仅有（20 ~ 25）×10^{-3} μm^2。孔隙类型以次生溶蚀孔为主，主要因黑云母蚀变和斜长石溶解造成。原始含油饱和度为 60% ~ 65%[①]（Diver and Hart，1975）。

C. 运移和聚集特征

赫姆洛克砾岩油藏油源来自中侏罗统塔克塞德尼（Tuxedni）组，未熟烃源岩有机碳含量平均 1.7%，成熟烃源岩分布面积为 1500km^2。大约 80% 可采石油来自赫姆洛克砾岩，在 6 个砾岩油田中，麦克阿瑟河油田规模最大，原始可采储量约 5.7×10^8 BOE，几乎有 5×10^8 BOE 来自赫姆洛克砾岩。盖层为 Tyonek 组粉砂岩和黏土岩（图 1.15）。在距今约 63Ma 时，烃源岩开始成熟，但在赫姆洛克砾岩沉积前（~30Ma）生成并运移的石油由于剥蚀作用而遭到破坏，直到距今约 10Ma 构造圈闭形成时才得以成藏。石油侧向运移的通道为渗透性砂岩和不整合面，经过 West Foreland 组进入广泛分布的赫姆洛克砾岩储层，并在构造圈闭发育处形成聚集（图 1.15）。

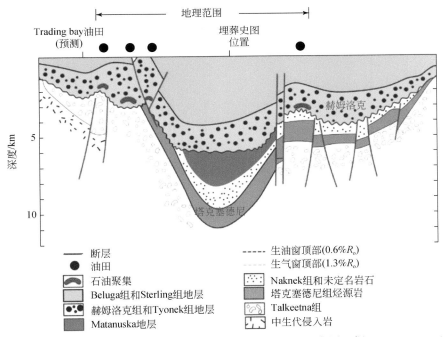

图 1.15　美国库克湾盆地赫姆洛克砾岩油藏运移方向剖面示意图（据 Magoon，1994）

D. 油藏特征

赫姆洛克油藏含油面积为 50.2km^2，有效厚度为 90 ~ 128m，平均为 88m（李庆昌等，1997）。油藏埋深为 2856 ~ 3309m，具有边水，油水界面海拔为 -2974m，整个圈闭属于受

① 吴虻，王章进，刘文华，1992，国外砾岩油田开发历程调研，新疆石油管理局勘探开发研究所，1 ~ 71。

断层遮挡的短轴背斜构造圈闭，闭合高度为 308.4m[①] （姬玉婷和杨洪，1994）。该油藏首批开发井钻在油藏顶部，故大部分井钻遇了油水界面以上的全部油层剖面。较大的油层厚度、较好的渗透率和有利的低黏油性质，使其采油指数高达 5~10m³/（d·MPa），单井初期日产油高达 1272m³。油藏外围虽然存在边水，但由于构造翼部比构造高部位储层差，因而难以形成活跃的天然水驱，属于局部有限弹性水驱类型。尽管油藏具有一定的饱压差（16.9MPa），但原始气油比低（72.0m³/m³）、原油压缩系数低（5.72×10⁻⁸MPa⁻¹），故当油层原始压力降到饱和压力时，单井产量迅速下降（表1.3）。

表 1.3 赫姆洛克油藏基本数据表 （据李庆昌等，1997，修改）

项目	数据	项目	数据
含油面积/km²	50.2	地层原油黏度/（mPa·s）	0.95
地质储量/10⁸t	1.78	油水黏度比	2.71
有效厚度/m	88	原始气油比/（m³/m³）	72.0
孔隙度/%	4~24，平均14	原始地层压力/MPa	29.3
空气渗透率/10⁻³μm²	5~300，平均60	饱和压力/MPa	12.4
含油饱和度/%	60~65	压力系数	0.94
地面原油密度/（g/cm³）	0.850	油层温度/℃	85

3）巴西卡莫普利斯砾岩油田地质特征

A. 地理位置及构造特征

卡莫普利斯砾岩油田位于巴西东北部塞尔希培-阿拉戈斯盆地（图1.16）。该油田于1963年被发现并迅速投入生产，地质储量为 2.47×10⁸t，21世纪初总原油产量为2880m³/d（Mezzomo et al.，2000）。塞尔希培-阿拉戈斯盆地为一裂谷盆地，区域构造高点形成于裂谷期，卡莫普利斯油田位于其中一个高点上［阿拉卡茹（Aracaju）高点］。主要圈闭类型为受断层控制的构造圈闭（图1.17），开始形成于白垩纪末期，在古近纪早期最终形成。对石油运移最重要的断层系统为 N30°E 方向断层。在阿拉卡茹高点西部，前寒武纪基底岩石高度断裂，这些断裂和孔洞是含有油气的（Azambuja Filho et al.，1980）。

B. 生-储-盖特征

卡莫普利斯砾岩油田的烃源岩、储层和盖层均发育在白垩系，烃源岩为蒸发环境沉积的泥灰岩，储层为冲积扇和扇三角洲砾岩沉积，盖层为蒸发岩和页岩。Muribeca组砾岩和砂岩储层平均孔隙度为15%，渗透率高达250×10⁻³μm²（Azambuja Filho et al.，1980）。

C. 地球化学特征与石油运移

塞尔希培-阿拉戈斯盆地钻井取心和油样的详细地球化学研究揭示，卡莫普利斯油田石油源自下白垩统穆里贝卡组 Ibura 钙质黑色页岩。该套页岩平均厚200m，最厚达700m，总有机碳含量高达12%，平均为3.5%，生烃潜力最高超过9mg烃/g岩石；氢指数平均为300mg烃/g TOC，表明有机质为Ⅱ型干酪根；埋藏超过2500m时开始生油（Mello et al.，1994）。油气从有效烃源岩发育区沿不整合面和主断层发生侧向运移的距离最大可达40km以上（图1.18）。

---

① 吴虻，王章进，刘文华，1992，国外砾岩油田开发历程调研，新疆石油管理局勘探开发研究所，1~71。

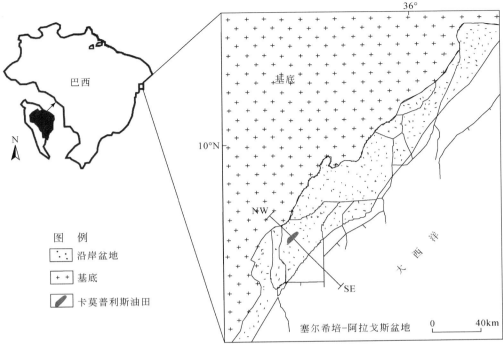

图 1.16　塞尔希培-阿拉戈斯盆地卡莫普利斯油田地理位置（据 Mello et al. , 1994）

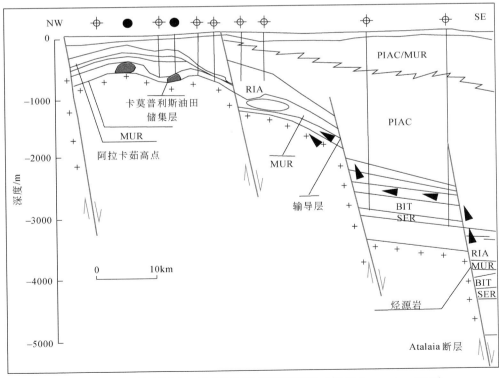

图 1.17　卡莫普利斯油田油藏剖面及运移特征图（据 Mello et al. , 1994）

PIAC. Piacabucu 组；RIA. Riachuelo 组；MUR. Muribeca 组；BIT. Barra de itiuba 组；SER. Serraria 组

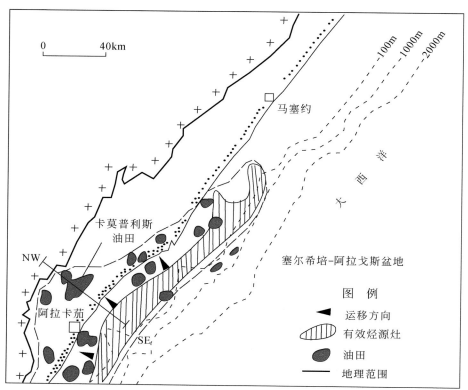

图 1.18　塞尔希培–阿拉戈斯盆地卡莫普利斯砾岩油田平面分布图（据 Mello et al.，1994）

1.2.2　国内砾岩油藏勘探概况及典型油藏地质特征

1. 国内砾岩油藏勘探概况

砾岩油藏在我国主要发现于准噶尔、渤海湾、二连及南襄盆地（李庆昌等，1997；李联五，1997），以准噶尔盆地和渤海湾盆地所发现的砾岩油藏数量和储量最多。准噶尔盆地砾岩油藏数量占其油藏总数 45.6%，砾岩油藏地质储量占总储量 42.7%，可采储量占 49.1%（张爱卿，2004）。渤海湾盆地砾岩油藏探明储量占其总储量 7.63%（袁选俊和谯汉生，2002）。

准噶尔盆地还是我国最早开展砾岩油藏勘探的盆地，并且是我国最大砾岩油田所在地。1955 年 10 月 29 日，位于准噶尔盆地西北缘的克拉玛依 1 号井喷出黑色油流，从而发现了克拉玛依砾岩大油田。该油田含油层位自二叠系佳木河组至侏罗系八道湾组，储层以砾岩、含砾粗砂岩为主，为一套冲积扇相和冲积平原相沉积，含油面积为 290km^2，探明石油地质储量为 18.29×10^{8}t（表 1.4）。克拉玛依油田的发现证实砾岩在前陆盆地边缘广泛分布，造山带的抬升和剥蚀造成大量陆源粗碎屑物在山前堆积，从而形成冲积扇和扇三角洲等近源沉积体系，其分布范围广、油气勘探潜力大，是粗粒沉积油气勘探一个重要方向。

表 1.4 国内主要砾岩油田（藏）地质特征对比表

盆地	油田或油区	发现年份	储层时代及含油层位	沉积相类型	主要岩性	储层物性	主要油藏类型	含油面积/km²	储量/10⁸t	资料来源
准噶尔盆地	克拉玛依油田	1955	八道湾组（J）；白碱滩、百口泉组（T）；乌尔禾、夏子街、风城、佳木河组（P）	冲积扇、扇三角洲、水下扇	砾岩、巨粗砂岩	佳木河组：孔隙度为 4.5%~12.7%，平均为 8.5%；渗透率为（0.001~32.4）×10⁻³μm²，平均为 0.821×10⁻³μm²。克拉玛依组：孔隙度为 11.8%~15.8%；渗透率为（19.7~77.1）×10⁻³μm²	构造油藏、岩性油藏、地层油藏及复合油藏	290	24.7（三级）；18.29（探明）	陈新发等，2014；唐勇等，2018
准噶尔盆地	玛湖油区	2012	百口泉组（T）；上、下乌尔禾组（P）	扇三角洲	砂砾岩	孔隙度 7.0%~13.9%；渗透率为（0.05~139）×10⁻³μm²	岩性油藏	2815	15.7（三级）；5.2（探明）	新疆油田公司，2018①
渤海湾盆地	东营油区	1961	沙三、沙四段（E）	近岸水下扇	砾岩、含砾粗砂岩、含砾砂岩	孔隙度 4%~19.5%；渗透率为（0.49~20）×10⁻³μm²	构造油藏、岩性油藏	147.06	3.5（探明）	潘元林等，2003；宋国奇等，2014
南襄盆地	双河油田	1976	核三段（E）	湖盆陡坡型扇三角洲	砾状砂岩、含砾砂岩	孔隙度为 15%~20.6%；渗透率为（221~1026）×10⁻³μm²	岩性上倾尖灭为主，次为断层-岩性油藏及断鼻	31.5	0.9009（探明）；0.3913（可采）	李联五，1997
二连盆地	蒙古林油田	1985	阿尔善组；阿三段（K）	河流-洪积扇	砂岩和砾岩	孔隙度 12.8%~23.6%；渗透率为（0.7~1211）×10⁻³μm²	构造油藏	7.9	0.1408（探明）	李庆昌等，1997

①新疆油田公司，2018，新疆油田公司 2018 年度新增石油储量报告。

20 世纪 50 年代后期，中国油气勘探从西部转移至东部后，于 1961 年在渤海湾盆地东营凹陷古近系沙河街组三、四段亦发现了砾岩油藏，储层岩性为砾岩和含砾砂岩，具有物性差、非均质性严重等特点。其沉积相为近岸水下扇沉积，从而使勘探家们认识到陆相断陷盆地陡坡带砂砾岩沉积是有利的勘探区带（于兴河等，2018）。1976 年，在南襄盆地泌阳凹陷又发现了双河砂砾岩油田，含油层位于古近系核三段，为近源粗粒沉积，孔隙度及渗透率较好、厚度较大，但非均质性十分严重。该油田油层从扇根砾岩到扇端粉砂岩均有分布，含油面积为 31.5km^2，上报地质储量为 0.9009×10^{8}t（李联五，1997）。按储量规模和储量丰度，双河油田在中国东部陆相盆地中可称得上是"小而肥"的中型油田。随后在二连盆地的蒙古林（1985 年）与哈南（1996 年）、吐哈盆地丘陵-鄯善（1989 年）以及渤海湾盆地盐家（1995 年）陆续发现多个中小型砂砾岩油藏（潘元林等，2003；于兴河等，2018）。这些砂砾岩油藏的发现，说明粗粒沉积在陆相断陷盆地可形成小而富的油藏。

随着 20 世纪 80~90 年代中小型砂砾岩油藏的发现，粗粒沉积逐渐引起我国学者的重视（于兴河等，2018）。21 世纪以来，粗粒沉积的概念及其特征已被国内外大多数学者所接受，并在实际油藏发现与研究中得到广泛应用，如在对早期东营凹陷北部陡坡带砂砾岩沉积与储层分布规律总结的基础上，应用地球物理技术尤其是叠前深度偏移新技术（孔凡仙，2000）等相继在济阳坳陷发现了 91 个不同类型的砂砾岩扇体油藏，已产油 288×10^{4}t（潘元林等，2003），其中仅东营凹陷已提交探明石油地质储量为 3.5×10^{8}t（宋国奇等，2014）。

此后，我国砾岩油藏勘探一直再未取得大的突破，直到玛湖大油区发现（有关玛湖大油区发现历程将在后文详细介绍）。

2. 国内典型砾岩油藏地质特征

1）克拉玛依砾岩油田地质特征

A. 构造位置及特征

准噶尔盆地是在晚古生代古亚洲洋关闭后板内造山与裂陷基础上发展起来的以中生代沉积为主的具有复合叠加特征的大型含油气盆地。盆地自晚古生代至第四纪经历了海西、印支、燕山、喜马拉雅等构造运动。其中，晚海西期是盆地坳隆构造格局形成时期，印支-燕山运动是其进一步叠加改造时期。多旋回构造发展在盆地中形成多期活动、类型多样的构造组合。

克拉玛依砾岩油田位于准噶尔盆地西部隆起（西北缘）。盆地西北缘呈北东-南西走向，全长约 400km（图 1.19），沉积了近万米厚的二叠系、中生界和新生界。该区断裂发育，断层以走滑断层为主，兼有逆冲断层和正断层。走滑断层规模较大，延伸数十至上百千米；逆冲断层规模小，延伸几至十几千米，常与短轴背斜伴生，且与规模较大的走滑断层斜交；正断层主要分布在乌尔禾复背斜枢纽部位，错断三叠系和侏罗系。准噶尔盆地西北缘很少见到延伸很长的逆冲推覆断层和线性背斜，高陡直立走滑断层旁侧发育短轴状倾伏背斜（鼻状构造）和半（断）背斜，褶皱长度几至十几千米，背斜轴与走滑断层斜交，指示断层发生右行走滑。

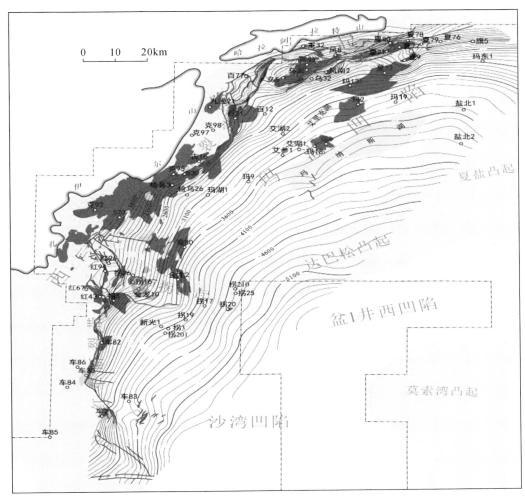

图 1.19　准噶尔盆地西北缘断裂带勘探成果示意图

B. 沉积、储层特征

准噶尔盆地西北缘下二叠统风城组沉积时期为滨-浅海、湖泊沉积环境，中、上二叠统夏子街组、下乌尔禾组和上乌尔禾组为扇三角洲、湖泊相及水下扇沉积；三叠系百口泉组、克拉玛依组、白碱滩组至侏罗系八道湾组和三工河组，沉积相主要为冲积扇、扇三角洲及辫状河三角洲（陈新发等，2014）。二叠纪—侏罗纪各期扇体叠置关系较好，但扇体规模逐渐变小，说明从二叠纪到侏罗纪构造活动逐渐减弱，扇体在平面上有迁移现象，反映不同时期活动的断裂控制了扇体分布。三叠纪—侏罗纪扇体在平面上迁移现象明显，在三叠纪或侏罗纪内部，从早期到晚期扇体均表现出向物源区（西北方向）迁移的特征，为退覆式扇体迁移模式（图 1.20）。

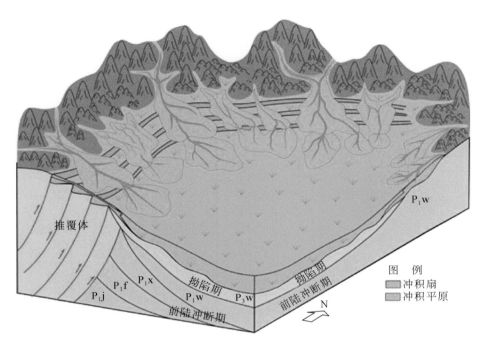

图 1.20 准噶尔盆地三叠系盆缘冲积扇砾岩带状分布模式

准噶尔盆地西北缘砂砾岩储层主要分布在二叠系和三叠系。主力产油层之一的二叠系储层类型为砾岩、砂质不等粒小砾岩和含砾粗砂，其中扇三角洲前缘水下分流河道沉积的储层物性最好。二叠系冲积扇储层物性较差，仅扇中和扇缘部分河道沉积物性较好，砾岩储层孔隙度为 5%～10%，平均为 8.12%；渗透率为（0.01～100）×10^{-3} μm^2，平均为 1.52×10^{-3} μm^2（张顺存等，2015a）。

据陈新发等（2014）对准噶尔盆地西北缘砂砾岩储层物性研究结果：二叠系风城组砂砾岩储层有效孔隙度分布在 6%～12%，平均为 8%，渗透率小于 1×10^{-3} μm^2；夏子街组砂砾岩孔隙度为 0.17%～18.02%，平均为 7.32%，渗透率为（0.01～3338.3）×10^{-3} μm^2，平均为 1.06×10^{-3} μm^2，凝灰质砂砾岩孔隙度为 0.2%～14.1%，平均为 5.74%，渗透率为（0.012～61.6）×10^{-3} μm^2，平均为 0.05×10^{-3} μm^2；下乌尔禾组孔隙度为 9.64%～11.08%，渗透率为（24.61～76.33）×10^{-3} μm^2；上乌尔禾组孔隙度平均为 9.9%，渗透率平均为 61.01×10^{-3} μm^2；三叠系百口泉组孔隙度为 10.54%～15.81%，渗透率为（16.55～77.12）×10^{-3} μm^2；克拉玛依组孔隙度为 11.83%～15.78%，渗透率为（19.71～77.12）×10^{-3} μm^2。总体来看，二叠系风城组、夏子街组以致密砂砾岩为主，而下乌尔禾组、上乌尔禾组、三叠系百口泉组和克拉玛依组以低孔、中–低渗储层为主。纵向上，随着地层时代由老到新、埋藏变浅，储层物性逐渐变好。

C. 运移和成藏特征

准噶尔盆地西北缘在三叠系发现石油储量最多，其次为二叠系和石炭系。原油主要来源于玛湖凹陷、沙湾凹陷和盆 1 井西凹陷二叠系风城组烃源岩。热史模拟及流体包裹体综合确定西北缘油藏存在多期成藏，且北部成藏期早于南部。北部乌夏断裂带最早成藏期为风城组中晚期，克百断裂带油藏主要形成于三叠纪末；南部红-车断裂带和中拐地区第1期成藏在白垩纪、第2期成藏受构造活动影响（陈新发等，2014）。

经过半个多世纪勘探开发和地质研究，已对准噶尔盆地西北缘油气生成、运移、聚集和成藏等取得较深入了解，形成了"源控论""断控论""扇控论""面控论""梁聚论"等成藏认识（陈新发等，2014）。研究表明，准噶尔盆地西北缘处在板块缝合带边缘和盆山转换部位，经历了多期构造-沉积旋回与多期成藏—运聚—破坏—再调整过程，油气藏类型复杂多样。油气运移具有"阶梯式运移"特征，断裂带、储层及不整合面是西北缘断裂带石油运移的重要通道，也是西北缘油藏形成的重要控制因素（图1.5）。但不同构造带油藏分布主控因素存在一定差异（陈新发等，2014）：克百断裂带上盘油藏受断裂和不整合控制，下盘受扇体和不整合控制；乌夏断裂带受幕式叠瓦冲断作用影响，背斜控油明显；斜坡带则主要受扇体分布控制。

克拉玛依油田的发现，为盆地边缘前陆冲断带砾岩油藏勘探提供了一个成功范例。

2）东营凹陷北部陡坡带砾岩油藏群地质特征

A. 构造位置及特征

渤海湾盆地济阳拗陷陡坡带为一油气富集构造带，勘探面积约4000km²。该拗陷包括东营凹陷、惠民凹陷、沾化凹陷、车镇凹陷。其中东营凹陷是发现砾岩油藏储量最多的一个凹陷，共发现砂砾岩油田9个，累计上报探明石油地质储量为3.5×10⁸t（宋国奇等，2014）。

东营凹陷位于济阳拗陷东南部，东西长90km、南北宽65km，面积约5700km²，是中国东部陆相箕状断陷湖盆的一个富油凹陷。东营凹陷东起青坨子凸起，西邻惠民凹陷，南抵广饶凸起和鲁西隆起，北至陈家庄凸起，是一个受区域性拉张作用形成的半地堑型盆地，具有"北断南超、北深南浅"特点（隋风贵，2003；徐守余和李学艳，2005）。凹陷北侧为陡坡带，是由控制该凹陷沉积的边界断裂——陈家庄凸起南侧基岩断裂经后期风化剥蚀等改造而形成的古断剥面。总体上陡坡呈近东西走向，具有坡陡（倾角为15°~30°）、沟梁相间的古地貌特征（图1.21）。

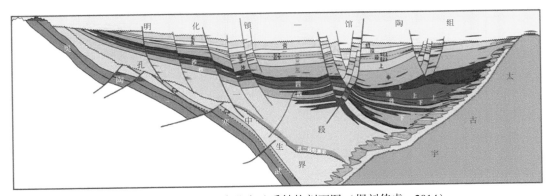

图1.21　东营凹陷近南北向地质结构剖面图（据刘传虎，2014）

B. 沉积、储层特征

东营凹陷古近纪自下而上发育孔店组、沙河街组和东营组。古近纪时，东营凹陷北部陡坡在利津地区、胜坨地区和民丰地区分别发育了不同成因类型的砂砾岩扇体（王永诗等，2016），可划分为近岸水下扇、扇三角洲、陡坡深水浊积扇、冲积扇、辫状河三角洲和滑塌浊积扇等6种成因类型（姜在兴和李华启，1996）（图1.22）。陡坡带不但发育了广泛分布的砂砾岩扇体，而且从凸起至洼陷砂砾岩扇体呈有规律组合、叠置与展布，形成一个上接凸起、下临深洼的楔形超覆带。陡坡带砂砾岩体具有"平面分带、垂向分期、持续后退、继承性强"的分布特征。断裂活动、古地貌及复合基准面控制了断陷湖盆陡坡带中砂砾岩体的空间分布，其特征可概括为盆缘断裂控"型"、构造转换带控"源"、古地貌控"砂"和复合基准面控"层"（鲜本忠等，2007）。

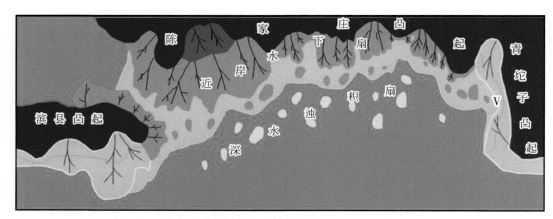

图1.22　东营凹陷北部砂砾岩体沉积模式图（据刘传虎，2014）

C. 运移和成藏特征

东营凹陷从生烃中心到凹陷边缘，油气运移成藏的动力经历了超压系统—过渡系统—常压系统的有序演化（郭小文等，2011）。其中超压环境下油气成藏动力为生烃作用产生的异常高压，压力过渡带成藏动力为压力和浮力联合作用，常压环境下成藏动力以浮力为主（宋国奇等，2014）。

研究表明，该凹陷不同构造单元的砂砾岩体，其储层物性、油藏类型、油气性质、充满程度和含油宽度上均有显著差别（图1.23）。凹陷深层致密砂砾岩体储层物性差，在超压幕式充注下，油气充满度高，含油宽度大，大面积含油，无明显油水界面，且以岩性油藏为主；常压区成藏动力主要为浮力，油气充满度低，含油宽度窄，具有油水界面，含油面积小且主要受构造控制。凹陷内圈闭类型、输导体系、成藏动力等成藏要素分布的有序性，决定了油藏类型分布的有序性。

发育在陡坡带上的各类扇体具有良好的油源条件以及运移和聚集条件。陡坡带由于其具有坡度陡、物源近、古地形起伏变化大及构造强烈等特点，因而形态各异、结构不同，但均与组成的边界断层密切相关，可分为单断型陡坡带和断阶型陡坡带（杜贤樾等，1999），二者具有不同的砂砾岩扇体分布模式，以及不同的主力含油层系、油气藏类型和油气丰度。其中断阶型陡坡带比单断型陡坡带更有利于油气富集（付瑾平，1998）。横向

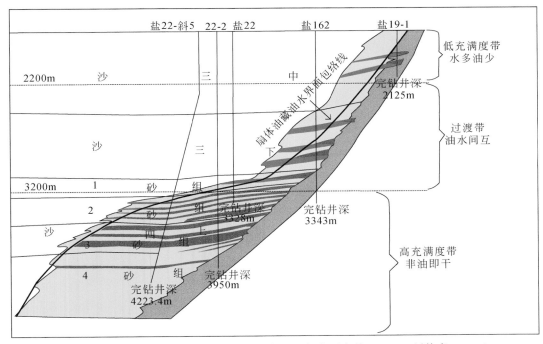

图 1.23 东营凹陷砂砾岩体油气垂向分布图（据宋国奇等，2014；刘传虎，2014）

上，深入生油岩中的扇体成藏条件最好（图 1.24），扇中亚相最有利于储油、超覆带、浊积扇是各类陡坡带常见的油气聚集场所；临近断层的砂砾岩扇体有利于油气聚集。由于陡坡扇在沉积上的有序组合，构成陡坡带复式油气藏特殊的聚集模式（图 1.25）：平面上，由洼陷中心向边缘依次是岩性油气藏、构造油气藏和地层油气藏；剖面上，自下而上则为古潜山油气藏、超覆不整合油气藏、岩性油气藏及构造油气藏（姜素华等，2003）。

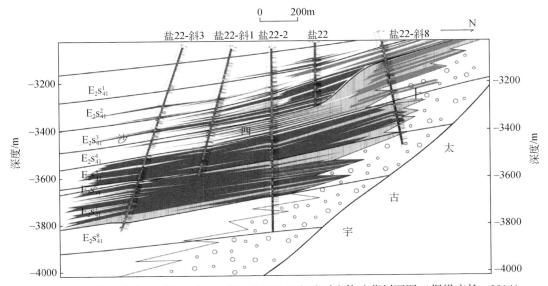

图 1.24 东营凹陷盐 22-斜 3—盐 22 斜 8 沙四上亚段砂砾岩体油藏剖面图（据操应长，2014）

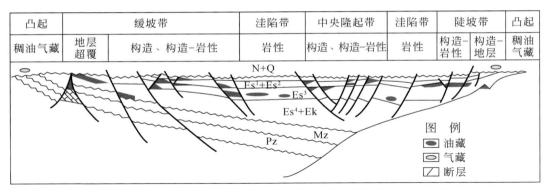

图 1.25　东营凹陷主要圈闭类型分布示意图（据宋国奇等，2014，修改）

研究表明，油源丰富、油气运移动力足、通道多是陡坡带油气富集的主要原因（姜素华等，2003）。陡坡带内侧是箕状断陷盆地下陷最深部位，烃源岩发育，转化条件好；而陡坡带自身具有油气运移动力足、通道多的特点，因而具有良好的生-储-盖配置关系。

1.2.3　玛湖大油区与国内外典型砾岩油藏对比

目前，全球发现的砾岩油田数量很少，规模较大的陆相砾岩油田更少，主要分布在亚洲、北美洲和南美洲，而玛湖大油区是其中地质储量最大的一个。通过对比国内外典型砾岩油田与玛湖砾岩大油区地质特征，发现它们既有相似性，又有显著的差异性（表1.1、表1.4）。

1. 盆地形成构造背景对比

从盆地形成的构造背景来看，美国库克湾盆地赫姆洛克砾岩油藏的形成主要受背斜构造控制，是在挤压构造背景下形成的，其与准噶尔盆地西北缘克拉玛依油田形成的构造背景具有一定可比性。而北海盆地南维京地堑上侏罗统布瑞油区及巴西卡莫普利斯砾岩油田形成的构造背景主要是在拉张条件下，盆地为典型裂谷盆地，这与我国东部渤海湾盆地形成地质条件相似。因此，无论是挤压还是拉张地质环境，均可形成规模砾岩油田。玛湖大油区分布在准噶尔盆地西北缘，总体受控于西北缘逆冲断裂带构造活动控制，在其强烈挤压背景下，前陆冲断带附近形成了山高源足的物源条件，从而为位于冲断带前端断裂下盘位置的玛湖凹陷区提供了充足物源，为玛湖凹陷满凹含砾沉积创造了优越条件。

2. 沉积环境与储层特征对比

在国外已发现的主要砾岩油田中，除北海盆地南维京地堑布瑞油区、巴西卡莫普利斯油田白垩系砾岩储层为海相沉积外，麦克阿瑟河油田和门多萨油区砾岩储层均为陆相沉积环境。我国砾岩油田主要分布在准噶尔盆地西北缘、渤海湾盆地和南襄盆地等陆相盆地。在玛湖大油区发现前，国内已发现的砾岩油田主要均沿盆地边缘断裂带或陡坡带分布，沉积环境主要为冲积扇、扇三角洲、近岸水下扇或辫状河环境，储集体顺物源方向延伸距离短。因此，传统沉积学理论认为，陆相砾岩沉积主要沿盆地边缘断裂带分布，盆地内部凹陷区则难以形成规模砾岩储层，从而将位于湖盆沉积中心的凹陷区视为砾岩油气藏勘探的禁区。然而，玛湖大油区的发现，突破了这一传统认识，证实在山高源足、稳定水系、盆大水浅、持续湖侵的背景下，盆地内部凹陷区照样可以形成大面积砾岩沉积。在准噶尔盆地西北缘特定的地质背景下，玛湖地区形成了满凹分布的大型退覆式浅水扇三角洲沉积，其砂砾岩储集体由湖盆中心逐级跨越坡折向盆地边缘拓展，从而形成纵向相互叠置、侧向搭接连片、大面积广覆式分布的满凹砂砾岩沉积面貌。

从储层物性来看，国外已发现的砾岩油藏储层物性总体较好，平均孔隙度基本为15%，渗透率分布在几十至几百毫达西（表1.1）。国内除双河油田和蒙古林油田储层物性与国外已发现油田具有很好可比性外，东营凹陷北部斜坡带和克拉玛依油田西北缘发现的砾岩油藏储层物性普遍很差，而玛湖凹陷发现的砾岩油藏储层物性更差，总体上为低渗透–致密储层，且以致密储层为主。

3. 油藏特征对比

国内外目前发现的大型砾岩油藏多受构造控制，断裂和背斜等是控制砾岩油藏形成和分布的最重要因素。例如，巴西卡莫普利斯油田、美国麦克阿瑟河赫姆洛克砾岩油藏和阿根廷库约盆地门多萨油区，其形成和分布均主要受构造控制，以构造油藏为主，且单个油藏规模较大，边底水也较普遍，如赫姆洛克油藏仅用10口探井探明含油面积达$50.2km^2$，探明地质储量为$1.76×10^8t$（李庆昌等，1997），平均每口探井探明地质储量为$1760×10^4t$，勘探效益十分显著。国内主要砾岩油藏如准噶尔盆地西北缘克拉玛依油田、渤海湾盆地东营凹陷北部砾岩油藏群和南襄盆地双河油田，其形成和分布也主要受构造因素控制，但地层、岩性等也起较重要作用，因而油藏类型一般比较多样，常常可见一个油田同时存在构造油藏、岩性油藏和构造–岩性复合油藏等多种类型，且单个油藏规模有大有小，数量多，从而既可形成如克拉玛依那样的特大型油田，也可形成像南襄盆地双河油田那样"小而肥"的油田。

但北海盆地南维京地堑布瑞油区油气藏形成和分布主要受海底扇控制，其次受断裂控制，因而油气藏类型以构造–地层（岩性）油气藏为主，其次为地层（岩性）油气藏和构造油气藏。由于海底扇沉积具有自储自封特征，从而形成"一扇一田"的油气田分布特征。

与上述国内外大部分大型砾岩油藏不同，玛湖大油区油藏形成和分布主要受扇三角洲沉积控制，油藏类型主要为岩性油藏，其次为断层–岩性油藏，且具有"一扇一田"特征，这与北海盆地南维京地堑布瑞油区十分相似，所不同的是前者分布面积大，具有满凹分布特征，而后者分布面积较小。

4. 油藏分布及富集规律对比

在油藏分布特征上，国外大型砾岩油藏主要分布于远离有效烃源岩的构造型圈闭中，典型的如麦克阿瑟河油田和卡莫普利斯油田，前者石油侧向运移距离达10km以上，后者石油侧向运移超过40km。在国内，位于西北缘的克拉玛依油田侧向运移距离也达40km以上，其他砾岩油藏则多具近源分布特征。而玛湖凹陷发现的大型砾岩油藏平面上分布于有效烃源岩范围之内，纵向上位于主力烃源岩二叠系风城组之上，油藏分布受烃源岩分布控制明显。

从油藏富集规律来看，由于麦克阿瑟河油田和卡莫普利斯油田主要受构造因素控制，油藏远离烃源岩分布，因此油源条件好坏、油气运移动力大小、油气运移输导条件、圈闭位置及形成时间多种因素控制了油藏分布位置及富集程度。位于西北缘的克拉玛依油田除同样受上述因素控制外，不整合面分布、断裂位置及其开启性对油藏分布和富集也具有重要控制作用。而玛湖凹陷已发现的三叠系百口泉组和二叠系上乌尔禾组、下乌尔禾组主力油藏则主要受扇三角洲沉积与通源断裂分布控制，表现在：一方面，一个扇三角洲体往往就是一个自储自封、封储一体的圈闭体，其中发育多个岩性圈闭，从而形成"一砂一藏、一扇一田"的油藏分布特征；另一方面，由于三叠系和二叠系扇三角洲沉积位于主力烃源岩下二叠统风城组之上，主力储层与烃源岩纵向跨度达 2000m 以上，因此通源断裂及其分布是控制源上油藏形成和分布的另一个关键因素。这与国内外以往发现的大型砾岩油气藏有所不同甚至差异较大。

1.3　玛湖大油区发现历程与关键技术

1.3.1　玛湖大油区发现历程

玛湖大油区的发现经历了一个长期曲折的探索过程。经过近 30 多年不懈努力，特别是在经历了勘探理念转变、地质认识不断深化、地质理论不断创新，以及勘探开发技术不断突破之后，玛湖大油区终于得以展现在世人面前（杜金虎等，2018）。回顾玛湖大油区的发现历程，大体经历了以下 3 个阶段。

1. 1989～2007 年：三上斜坡区，构造思路找油，勘探效果不佳

1）初上斜坡区，构造思路找油，发现玛北油田（1989～1998 年）

20 世纪 80 年代末，作为准噶尔盆地主力油田的克拉玛依油田在经过 30 年规模开发后，开始面临西北缘断裂带后备资源不足的困境。1989 年，新疆油田转变勘探思路，预探领域从断裂带转向低勘探程度的玛湖凹陷斜坡区（匡立春等，2014）。但限于当时技术条件与地质认识，发现的油藏主要为低幅度构造油藏或具有构造背景的岩性油藏。1993 年 5 月，在断裂带东南方向钻探的玛 2 井获工业油流，从而发现了玛北油田。1994 年，玛北油田提交三叠系百口泉组控制石油地质储量为 4378×10^4 t，含油面积为 65.3km^2。同年，玛北油田向西钻探的玛 6 井获得突破，从而发现玛 6 井区百口泉组油藏，预测石油地质储量为 1113×10^4 t，含油面积为 36.0km^2（图 1.26）。

然而，玛湖凹陷接下来外甩勘探的玛 7 井（1993 年 7 月 17 日）、玛 9 井（1994 年 4 月 10 日）、玛 11 井（1994 年 4 月 21 日）相续失利，加之缺乏针对性的储层改造技术，致使已发现的玛北油田单井产量一直较低，且无法连续生产，开发试验平均日产油量不到

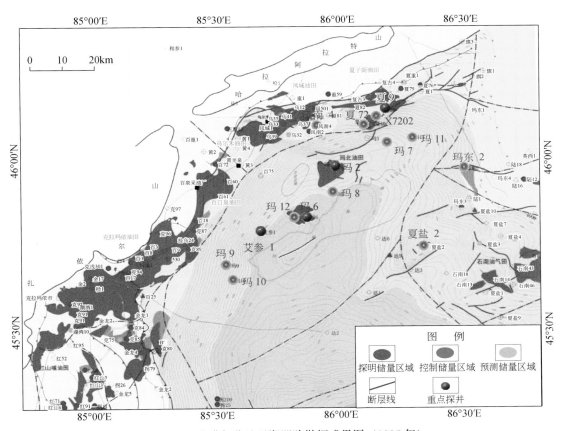

图 1.26　准噶尔盆地玛湖凹陷勘探成果图（2005 年）

2.5t，从而使得已获储量历时 10 年仍无法有效动用。

　　2）再上斜坡区，转战侏罗系，无功而返（1998～2000 年）

　　1998～2000 年，准噶尔盆地腹部中浅层侏罗系勘探不断取得重要发现，从而引发了侏罗系勘探热潮。受此影响，玛湖凹陷斜坡区主攻层系也向上转至侏罗系。然而，受当时地震资料和技术水平所限，2003 年，以岩性异常体为目标相继钻探的玛 8 井、玛 10 井和玛 12 井等侏罗系专探井均未获得成功，斜坡区侏罗系勘探无功而返。

　　3）三上斜坡区，下探二叠系，错失发现（2001～2007 年）

　　2004 年 5 月 3 日，夏 72 井在二叠系风城组获日产油 42.79t、日产气 3230m³ 的高产油气流后，玛湖斜坡区勘探主攻目的层向下转至二叠系。针对二叠系风城组构造目标相继部署了夏 7202 井、风南 4 井等井，虽然经过三叠系百口泉组时见到了油气显示，但受当时地质认识所限，未针对该层试油，从而错失了百口泉组取得突破的机会。

　　4）斜坡区勘探失利原因分析

　　玛湖凹陷历经三上斜坡勘探久攻不克，原因在于一方面地质认识存在三大误区，另一方面缺乏针对砾岩油藏的勘探开发配套技术。

　　认识误区一：受构造油藏勘探思路影响，勘探部署以寻找背斜、断块或断鼻油藏为勘探目标，认为斜坡区为一平缓单斜构造（图1.27），正向构造和断裂不发育，因而认为广大玛湖斜坡区勘探潜力不大。

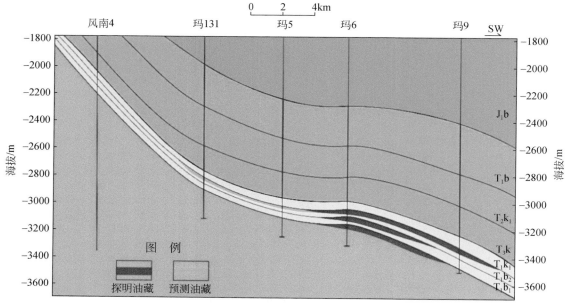

图1.27　玛6井区风南4—玛9井油藏剖面图（北西–南东向）

认识误区二：认为三叠系百口泉组为冲积扇沉积，颗粒大小混杂，物性差，非均质性极强，因此"名声不好"，是"低产低效"的代名词，而且扇体沿盆缘断裂带分布，有利储集层局限分布于扇中附近，广大斜坡区以湖泊细粒沉积为主，缺乏储层。另外，当时研究还认为，砾岩储层有效埋深在3500m"死亡线"以上（图1.28），而广大凹陷区大部埋深超过3500m，因而即使有砾岩，也无储集能力。

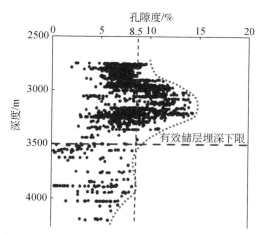

图1.28　百口泉组砾岩储层孔隙度随埋藏深度变化

认识误区三：传统观点认为，大面积成藏的前提是源储一体或源储紧邻，而玛湖凹陷主要目的层三叠系百口泉组和二叠系上乌尔禾组纵向上距二叠系风城组主力烃源岩跨度达2000～4000m，在缺乏断裂沟通条件下，源上百口泉组和上乌尔禾组难以大面积成藏，不具备规模勘探条件。

上述地质认识误区导致玛湖凹陷区油气勘探以构造圈闭为目标，而未意识到岩性油气藏对玛湖斜坡区的重要性。由于构造圈闭在斜坡区不发育，从而导致其勘探前景不被看好。

以下技术上的不足也制约了玛湖凹陷油气勘探突破。

技术制约一：常规测井技术难以评价和识别非均质性极强、孔隙结构复杂的砾岩储层及其含油气性。以玛612井和艾湖13井为例，两井电性、物性相当，常规测井评价含油饱和度较高的玛612井试油却是油水同层，而解释饱和度较低、储层更为致密的艾湖13井却为纯油气层。

技术制约二：大面元三维地震资料难以进行扇体刻画和"甜点"预测。玛湖环带地震资料以断裂带为主要目标区，勘探目标以构造油藏为主。2000年以前，斜坡区以大面元三维和二维地震为主，三维地震面元为40m×80m或50m×100m，覆盖次数仅为24～50次，主频只有20Hz左右，信噪比和分辨率低，不能有效落实勘探目标和预测"甜点"，导致探井成功率较低。

技术制约三：砾岩钻、完井与增产改造难度大，因井筒技术不配套，勘探效益欠佳。已发现的玛北油田多口油井不能长期连续生产，发现20余载亦不能实现有效动用。

2. 2007～2010年：破解认识误区，岩性油藏理论指导找油，勘探再遇挫

1) 重新认识玛湖凹陷勘探潜力，再进凹陷区

2007年，经历了准噶尔盆地西北缘地区精细勘探之后，勘探家们普遍认为，勘探程度极高的断裂带不是预探工作的久留之地，下一个主攻领域位于何处？勘探家们再次将目光聚焦到与断裂带相邻、勘探程度极低的玛湖生烃凹陷。

2010年，针对玛湖凹陷斜坡区地质认识和关键技术组织了新一轮整体研究工作，并在综合研判宏观成藏地质条件后，提出凹陷区具备规模勘探的资源、储层及增产三大有利条件，再上斜坡区时机已经成熟，由此做出了由断裂带走向凹陷区的重大战略转移决定。

2) 优选夏子街鼻状构造带布井，压裂规模小，未获大发现

然而，面对6800km²的广大凹陷区，战略突破口选在哪里？勘探家们将目标聚焦到玛北斜坡夏子街鼻凸上，该鼻凸长期继承发育，是油气运聚有利指向区；上倾北部夏9井区为背斜油藏，下倾南部为玛北油田，推测二者之间的斜坡带是油气必经之地，成藏条件有利，故优选夏子街鼻凸玛2井北断层–岩性圈闭为突破口，并首选百口泉组为斜坡区勘探突破主要目的层。该断层–岩性圈闭埋藏浅、构造、岩相匹配，2010年9月优选该圈闭为突破口部署上钻玛13井。钻探结果，玛13井三叠系百口泉组见荧光显示38m，测井解释油层3层8.1m，含油层1层9.1m，进一步验证了玛北油田上倾斜坡带扇三角洲前缘相带存在及其勘探潜力。但该井试油仅获日产油为1.24～6.29m³、日产气为2010～8640m³的

低产油气流。玛13井未获得预期勘探效果，是地质原因还是工程原因？经过详细分析论证后，勘探家们认为部署玛13井在地质认识上是正确的，之所以未获得预期效果，是因为针对这类低渗透砾岩油藏缺乏适用增产改造技术，只要压裂工艺对路，就有望大幅提产，凹陷区勘探突破仍然可期。

3. 2011~2019年：构建源上扇控砾岩大面积成藏理论，发现"满凹含油"大场面

2011年以来，地质认识与勘探开发配套技术相继取得重要突破，由此带来了玛湖凹陷一系列重大发现，石油勘探以突破玛北为起点，随后经过玛西、玛东、玛中、玛南地区的相继突破，最终发现北部三叠系百口泉组和南部二叠系上乌尔禾组两大油区，以及"满凹含油"大场面。

1）勘探玛北，突破夏子街扇

A. 勘探斜坡三叠系，工艺促发现，拉开斜坡区岩性勘探序幕

通过地质工程一体化综合研究及对长庆油田低渗储层改造工艺调研后认为，三叠系百口泉组应具有较大提产空间。因此，在玛13井下倾部位有利相带部署玛131井，采用二次加砂工艺（图1.29），从而终获油气突破。

玛131井于2011年8月16日开钻，同年10月20日完钻。钻至三叠系百二段时，在井段3186.33~3192.76m取心，获6.43m油斑级岩心，气测解释为油层。完钻后地质综合解释百二段3186~3200m砾岩为油层，有效孔隙度为6.9%~10.2%，渗透率为（0.6~5.8）$\times10^{-3}\mu m^2$。针对储层结构特点，决定采取二次加砂新工艺，通过提高支撑剂在储层上部有效支撑、增加缝宽提高导流能力（图1.29），以提高砾岩储层产量。2012年3月5日进行第一次压裂，总用水基胍胶压裂液351m³，加砂比为13%。随后进行第二次压裂，总用胍胶压裂液363m³，加砂比为14.3%。2012年3月，玛131井获稳产工业油流，日产油11.1m³，试油期间累产油590.4m³（图1.30）。玛131井的突破，证明玛湖凹陷斜坡区岩性圈闭完全具备规模成藏条件，由此拉开了玛湖凹陷斜坡区大规模岩性油藏勘探序幕。

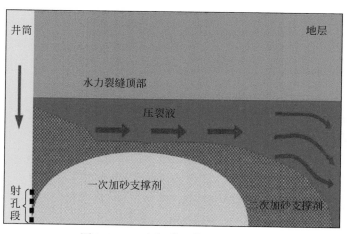

图1.29　二次加砂工艺原理示意图

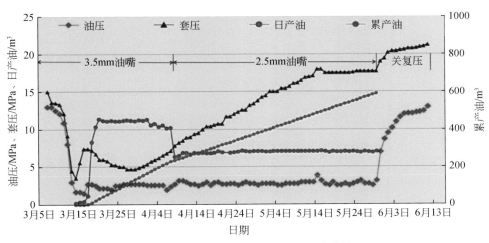

图 1.30　玛 131 井三叠系百二段试产曲线

B. 重新厘定油层标准，开展老井复查，展现大面积含油特点

　　玛 131 井突破后，因该井电阻率明显低于原玛北油田建立的油层标准（图 1.31），因而有必要重新厘定百口泉组油层解释标准。运用厘定后的标准开展大面积老井复查，13口老井重新进行测井解释，均解释出油层，优选具备试油条件的风南 4 井和夏 7202 井恢复试油，均获工业油流，同时甩开部署的夏 89 井、夏 90 井、玛 132 井和玛 133 井等 4 口井也均见良好油气显示，从而初步展现出玛北斜坡三叠系百口泉组大面积含油特点。

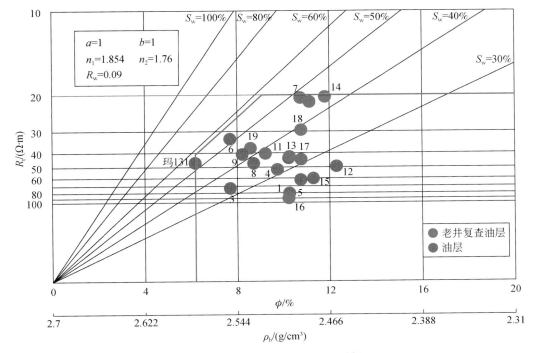

图 1.31　玛 131 井区油层解释图版

S_w. 含水饱和度；R_w. 地层水电阻率；R_t. 原状储层电阻率；ρ_b. 地层密度；ϕ. 孔隙度

C. 构思大面积成藏新模式，勘探思路再转变

以玛131井试获稳产工业油流为契机，老井复试多井见油，新井钻探均钻遇油层。如此大面积含油，难道夏子街扇西翼是一种新的成藏模式？在此背景下，勘探家们大胆构思大面积成藏新模式，勘探思路再次发生重大转变。

通过深入研究，认为玛湖凹陷西环带具备大面积成藏四大有利条件：三面遮挡、良好顶底板、构造平缓和储层低渗透。三面遮挡，即东侧以致密砂砾岩遮挡，西侧以泥岩分隔带遮挡，北侧断裂遮挡（图1.32、图1.33）。良好顶底板，即扇三角洲前缘灰色砂砾岩储层物性好、分布稳定，位于其下的平原相褐色致密砂砾岩物性差，为良好底板，其上百三段湖相泥岩全区发育，为良好顶板。构造平缓（地层倾角为2°～3°）、储层低渗透，有利于大面积成藏。

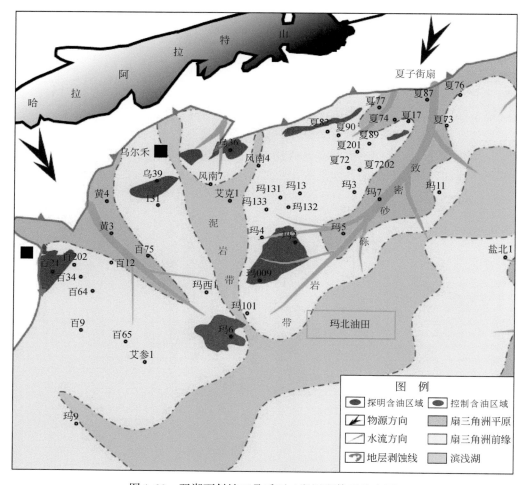

图1.32　玛湖西斜坡三叠系百二段沉积体系分布图

D. 玛北勘探获成功，模式指导再布控

2012年8月，中国石油按照前缘相岩性油藏群区域聚集、集群式分布的地质模式，提出了整体部署思路和方案（图1.34）。首先，实施两块高精度三维地震调查（面积约800km²），

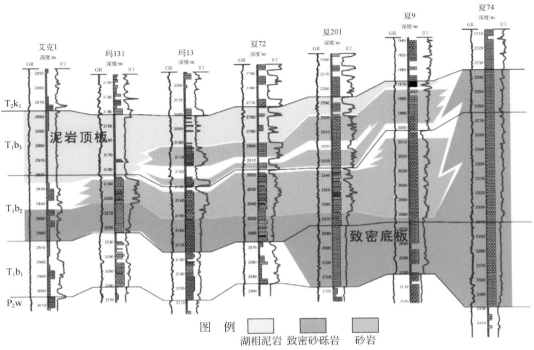

图 1.33　玛湖凹陷北斜坡三叠系百口泉组储盖组合连井对比图

GR. 自然伽马；RT. 地层真电阻率

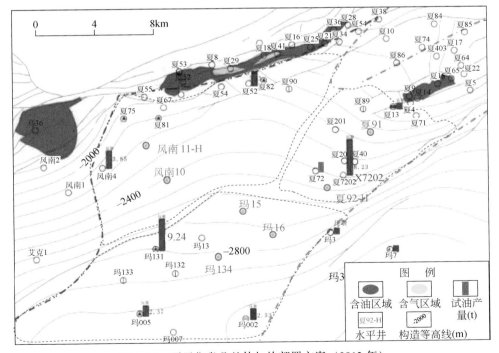

图 1.34　夏子街鼻凸整体加快部署方案（2012 年）

优先在玛131井区实施，为夏子街扇整体油藏评价及储量探明提供资料基础。在此基础上，按照"直井控面，水平井提产"思路，一次性部署预探井8口，其中直井5口快速落实含油面积，并超前部署3口水平井，以便提高单井产量，为储量有效开发提供依据。2012年夏子街扇提交预测储量为$7567×10^4$ t。

按照大面积含油模式，并借助二维地震资料分析，认为三维显示较差区域主要受地表影响，而非地下真实情况反映，由此推测中部应发育前缘相，且物性与含油气性更好。为此，在三维弱振幅区部署玛15井。不出所料，在玛北斜坡部署的该井试油获稳产工业油流，日产油22.23m³、日产气2280m³，从而使夏子街扇油藏实现东西连片，进一步验证了大面积成藏认识。在玛131井区整体探明的同时，上倾方向风南4井区按照前缘相大面积成藏认识整体布控，预探评价一体化拓展顺利。截至2014年，玛北斜坡整体落实探明石油地质储量为$8013.03×10^4$ t。

E. 储备效益开发技术，水平井提产成功

在加快储量整体落实的同时，预探阶段就超前准备有效开发技术。分析相邻玛北油田之所以20多年一直未能有效动用，其中一个重要原因就是油藏埋藏深度大、储层低渗透、非均质极强，用直井开发方式难有效益可言。

玛131井区的开发借鉴致密油开发理念，按照依托水平井提产思路，超前部署玛132-H、夏91-H、夏92-H井等3口水平井，提高单井产量，落实低渗砾岩油藏开发潜力和有效动用方式。

3口水平井通过分段压裂均成功提产，不仅突破了工业油流关，而且实现了相对高产和持续稳产。以玛132-H井为例，该井于2013年3月29日完钻，完钻井深为4333m，钻井过程中在目的层三叠系百口泉组百二段见良好油气显示，取心3筒，见最高含油级别均达到油斑级。其中3257～3264m、3266～3286m见气测异常，气测、电测解释均为油层。2013年9月采用二次加砂+高黏液体系+纤维携砂，水平段长度为788m，12段压裂总用液5659.2m³，加陶粒672.9m³，3.5mm油嘴最高日产油40.5m³。截至2017年，3.5mm油嘴平均日产油15.8m³，油压为3.5MPa，累产为13872t，目前该井仍在自喷（图1.35）。

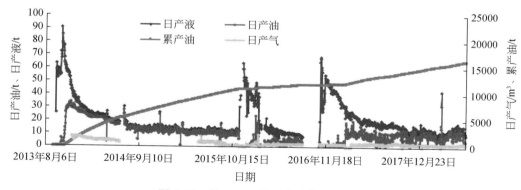

图1.35　玛132-H井区水平井生产曲线

自此，玛北斜坡成为玛湖凹陷斜坡区第一个亿吨级规模储量区，突破夏子街扇也成为了再战玛湖首战告捷的第一战役。玛北斜坡之战，首先解决了目标和方向问题，从构造油藏到岩性油藏，实现了勘探思路转变和勘探方向转移；其次，凹陷区亦可发育规模砾岩储集体；最后，源、储分离同样可以规模成藏，此类低渗透-致密砾岩油藏照样具备有效开发潜力。

2）勘探玛西，突破黄羊泉扇

A. 重新认识黄羊泉扇，风险井初探喜忧参半

玛北斜坡夏子街扇突破后，玛湖凹陷西斜坡的黄羊泉扇成为下一步甩开拓展重要领域。黄羊泉扇自 1957 年百口泉油田发现以来，历经半个世纪无实质性突破。2012 年，借鉴玛北斜坡区前缘相大面积含油地质认识，重新解剖黄羊泉扇，认为其具备与玛北相似的"三面遮挡"成藏背景（图 1.36），以往久攻不克的原因是当时以构造勘探思路将探井主要部署在了百口泉鼻隆轴部，构造、岩相不匹配，所有探井均处于主槽泥石流致密遮挡带，而前缘相带有利区近 600km² 无井钻探，勘探潜力巨大。

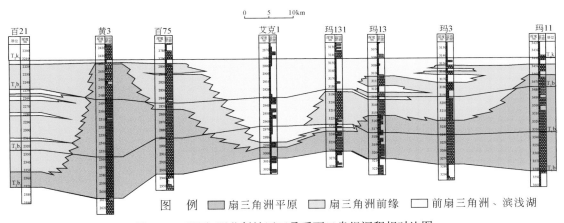

图 1.36　玛西-玛北斜坡区三叠系百口泉组沉积相对比图

在上述认识的指导下，2012 年在黄羊泉扇南翼前缘相带部署玛西 1 风险探井，主探三叠系百口泉组。因欲兼顾二叠系上乌尔禾组四段地层尖灭圈闭，将井点上移至尖灭线附近，致使该井三叠系百口泉组未钻遇前缘有利相带，虽然油气显示活跃，但主要目的层位于过渡相，物性差，有效孔隙度为 3.0% ~ 9.4%，渗透率为 (0.02 ~ 2.9)×10⁻³μm²，因而仅获 0.27t/d 低产油流。尽管如此，玛西 1 井钻探证实该区成藏应不成问题，只要钻遇有利相带优质储层，突破可期。

B. 玛西喜获高压高产，斜坡首见高效油藏

2012 年 11 月 8 日，新疆油田通过玛西 1 井岩相和地震相分析，重新刻画相带边界，优选坡折带之下平台区前缘相带有利区部署了玛 18 井（图 1.37）。该井三叠系百口泉组测井解释油层 9 层，累计厚度为 33.2m，差油层 5 层，累计厚度为 17.7m，油层平均孔隙度为 13.5%，平均渗透率为 6.2×10⁻³μm²（图 1.38）。2013 年 10 月，被勘探家们寄予厚望的玛 18 井终于传来喜讯，三叠系百口泉组压裂最高日产油 58.3m³。玛西斜坡首个高产高效油藏由此诞生。

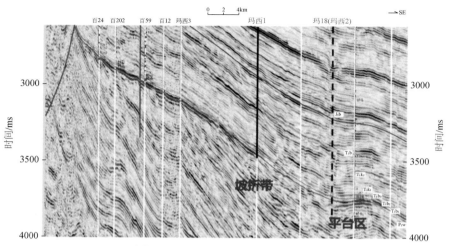

图 1.37　过玛 18 井地震解释剖面

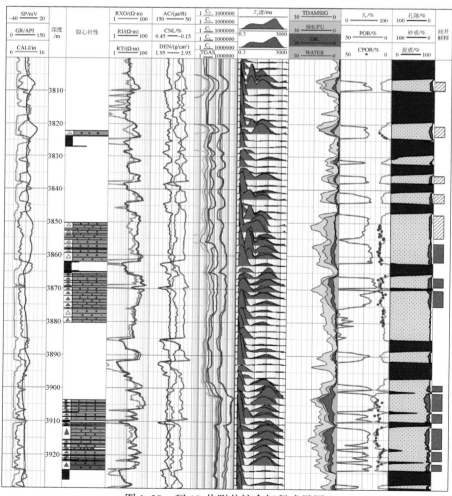

图 1.38　玛 18 井测井综合解释成果图

SP. 自然电位；GR. 自然伽马；CALI. 井径，1in=2.54cm；RXO. 冲洗带电阻率；RI. 侵入带电阻率；RT. 地层真电
　阻率；AC. 声波时差；CNL. 补偿中子；DEN. 密度；C_1—C_5. 井径 1~5；TGAS. 总含气量；TDAMSIG. 泥质束缚；
SHUFU. 毛细管束缚；OIL. 可动流体（油）；WATER. 可动水（自由水）；S_o. 含油饱和度；POR. 孔隙度；CPOR. 微孔隙度；下同

玛 18 井在 3898～3920m 试获高产工业油流，突破了前期认为砾岩储层有效埋深在 3500m 以浅的认识误区，证实了三叠系百口泉组贫泥砾岩发育深埋优质储层。随后的酸溶模拟实验发现在深埋条件下由于地温升高，贫泥砾岩中的长石可大量溶蚀，泥质含量对溶孔发育有明显控制作用（图 1.39）。由于玛湖凹陷斜坡区主体埋深大于 3500m，储层"死亡线"认识的突破，在横向和纵向上都极大拓展了玛湖凹陷有利勘探空间，凹陷区贫泥前缘相带摆脱了有效埋深的桎梏，由此"满凹含油"构想开始萌发。

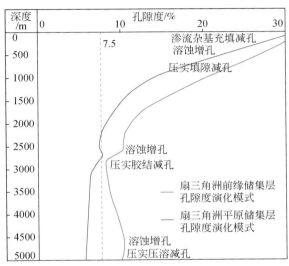

图 1.39　玛湖凹陷扇三角洲前缘和平原储层孔隙演化模式（据唐勇等，2019）

玛 18 井突破之后，为控制坡下玛 18 井区高压高效油藏、探索坡上常压规模领域、快速整体落实规模高效储量，勘探评价一体化整体部署了 14 口井（图 1.40）。其中，坡下 10 口井、坡上 4 口井，实现效益储量区整体快速控制，加快规模储量区建产步伐。

2014 年 10 月，坡下玛 18 井区获工业油流 7 井 9 层，上交控制石油地质储量为 8477×10^4t，含油面积为 99.8km^2；2015 年 12 月上交探明石油地质储量为 5947×10^4t，含油面积为 82.04km^2；2016 年坡上艾湖 2 井区获工业油流 5 井 5 层，上交控制储量为 3128×10^4t，含油面积为 82.6km^2。艾湖油田亿吨级规模储量由此落实。

艾湖油田是玛湖凹陷斜坡区第一个整装高效油田，物性相对较好，孔隙度为 7.0%～15.3%；油层厚度最大达 33m，且分布稳定；油藏压力高，压力系数为 1.55～1.72；单井产量高，试油期间单井最高平均日产 43.2t。截至 2017 年底，艾湖油田共部署开发水平井 94 口，新建产能 75.87×10^4t。

3）勘探玛南，突破克拉玛依扇

位于玛湖凹陷南部的克拉玛依扇，其上倾方向西北缘断裂带已发现八区亿吨级油藏，但凹陷斜坡区多口井探索均未获成功，成为多年久攻不克的地区（图 1.41）。长期以来，以岩性异常体为目标，在玛南地区多口探索井均告失利。通过重新深入系统研究，确定"二台阶"之下二叠系、三叠系发育与八区相似的大型地层超削带，且存在东西向大侏罗

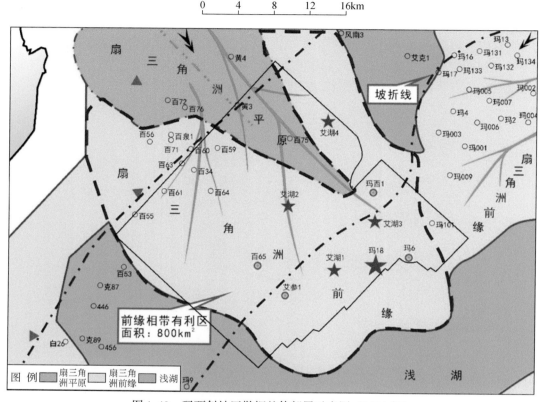

图 1.40　玛西斜坡区勘探整体部署示意图（2014 年）

沟走滑断裂，与南北向超削尖灭线可形成系列断层–地层圈闭，勘探潜力巨大。

A. 风险井玛湖 1 获得高产，拓展井勘探意外受挫

2012 年优选玛南斜坡区沿大侏罗沟断裂二台阶之下地层–岩性目标部署风险探井玛湖 1 井（图 1.42）。2013 年 4 月该井三叠系百口泉组射孔，未经压裂即获日产油 38.64 ~ 58.59m³、日产气 0.205×10⁴m³ 的高产工业油流，成为斜坡区自然产量最高的直井。

玛湖 1 井虽然取得了重大突破，但根据裂缝型储层及大侏罗沟断裂带控藏控储认识，按断层–岩性圈闭思路在其地震显示同一砂体上倾方向部署的玛湖 2 井却油水同出（图 1.43）。拓展勘探意外受挫，反映大面元地震资料难以精确刻画砂体及其与油藏的关系。

B. 整体部署高密度三维，精细刻画扇体目标

根据五大扇体大面积成藏及砾岩非均质性强的特点，为精细刻画扇体边界、岩性目标及落实走滑断裂，整体大面积部署了高密度三维地震（图 1.44）。按照"整体部署，分步实施"原则，先后实施 7 块高密度三维，面积为 1821km²，密度均大于 170 万道/km²，玛 131 井三维首次突破 800 万道/km²。

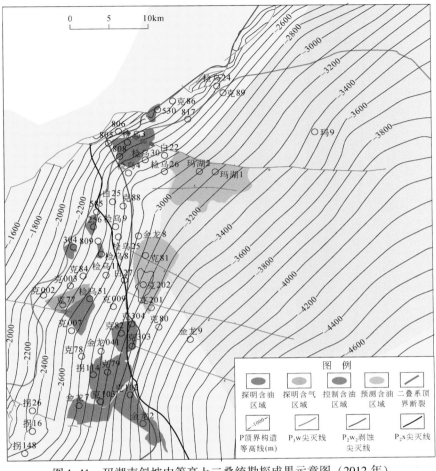

图 1.41　玛湖南斜坡中等高上二叠统勘探成果示意图（2012 年）

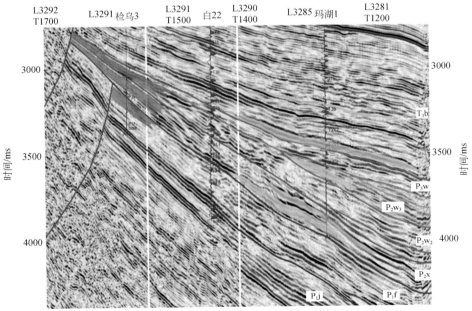

图 1.42　过玛湖 1 井地震地质解释剖面

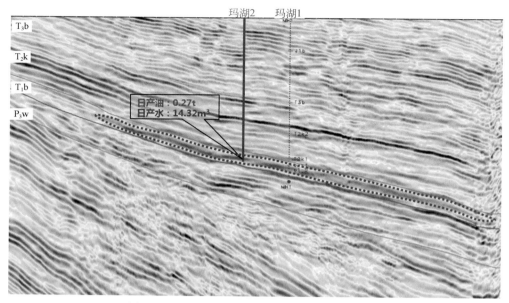

图 1.43 过玛湖 2—玛湖 1 井地震地质解释剖面

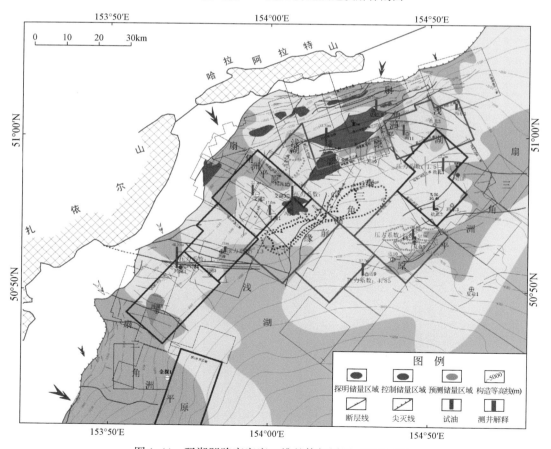

图 1.44 玛湖凹陷高密度三维整体部署图（2013 年）

C. "一砂一藏"新模式，勘探展现新领域，规模储量快速落实

在高密度三维资料支撑下，重新认识油藏，发现克拉玛依扇前缘相多期砂体叠置连片，具"一砂一藏"特征，而非断块-裂缝型油藏。于是，跳出大侏罗沟走滑断裂，在玛湖 1 井下倾部位按照多期砂体控藏思路部署了玛湖 012 井（图 1.45）。

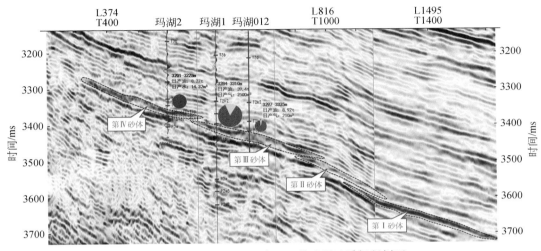

图 1.45　过玛湖 2—玛湖 012 井地震地质解释剖面

2016 年，按照前缘相多期砂体叠置岩性控藏模式部署的玛湖 012 井获重要发现，3mm 油嘴日产油 $16.5m^3$，累产油 $455.8m^3$，油压、产量稳定，证实玛南斜坡区储层受相带控制，而非受裂缝控制。研究发现，玛湖 012 井基质孔发育，核磁有效孔隙度为 9.5%，渗透率为 $10.17\times10^{-3}\mu m^2$。在此认识指导下，玛南斜坡区勘探从围绕大侏罗沟断裂的裂缝型储层和断块目标拓展至广大前缘相带"一砂一藏"叠置连片的岩性油藏规模勘探。

2016 年，玛湖 1 井区 4 井 5 层获工业油流；2017 年，按照"一砂一藏"模式整体部署，预探评价一体化，预探、评价各部署 3 口井，快速落实 3000×10^4t 储量规模，其中大侏罗沟断裂以南落实储量为 2531×10^4t，以北预测储量为 506×10^4t。

4）勘探玛东，突破达巴松扇和夏盐扇

A. 坚持宏观地质判断，风险井探索玛东大型地层新领域

玛东斜坡区一直是勘探饱受争议的地区，特别是玛东 2 井发现之后，20 余年未有突破。针对该区油气地质条件，一直存在两种观点：一种观点认为，玛东斜坡远离主力生烃区，油源条件不足，加之埋藏较深，其勘探潜力不可与玛西斜坡同日而语；另一种观点则认为，玛东斜坡区长期位于油气运聚优势指向区，成藏条件优越，只要明确成藏主控因素，便有望取得重大突破。2012 年，新疆油田通过整体研究，重新认识玛东斜坡区本身存在风城组烃源岩，发育大型地层超削带。为此，优选二叠系下乌尔禾组地层超削带及玛东 2 鼻凸部署盐北 1 风险探井（图 1.46）。

2013 年盐北 1 井在下乌尔禾组见良好油气显示的同时，百口泉组也见良好油气显示，但储层物性较差，试油为油水同层，证实玛东斜坡百口泉组为油气运移有利指向区，同时

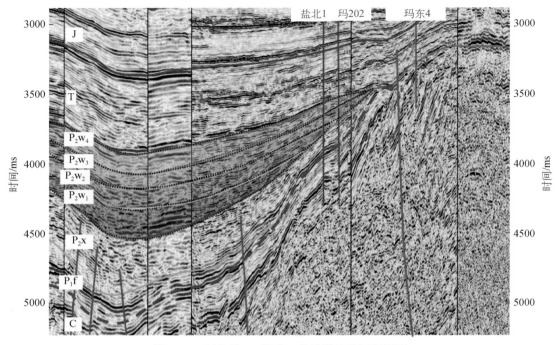

图 1.46　过盐北 1—玛东 4 井地震地质解释剖面

也证实相带控制储层物性与含油气性，因此相带精细刻画成为玛东斜坡勘探的研究重点。

　　B. 过路井盐北 5 发现侧翼致密遮挡带

　　2016 年，针对下乌尔禾组岩性目标上钻盐北 5 井。该井钻揭了百口泉组 60m 褐色块状富泥砾岩，证实玛东斜坡区与玛西斜坡相似，存在沿主槽分布的平原相致密岩性遮挡带（图 1.47），具备三面遮挡、大面积成藏条件，从而指明了在玛东斜坡区寻找大面积岩性油藏的方向和有利地区。

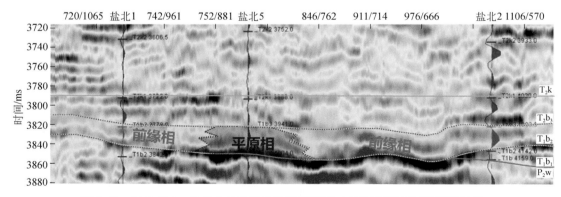

图 1.47　过盐北 1—盐北 2 井地震地质解释剖面（三叠系百口泉组顶界拉平）

　　C. 实施新三维，落实目标区，玛东获突破

　　进一步落实有利相带空间展布范围，按照玛西斜坡部署思路，2014 年在致密遮挡带南

翼前缘相有利区部署达 10 井区高密度三维,落实多个钻探目标。

2016 年以扇控大面积成藏认识为指导,玛东斜坡区新部署的达 13 井在三叠系百口泉组钻遇砂砾岩储层,有效孔隙度为 9.4% ~ 14.1%,渗透率为 (0.2 ~ 6.26)×10⁻³ μm²。压裂后 2mm 油嘴获稳定日产油 15.06t、日产气 3070m³ 的高产工业油流,最高日产油为 40.55m³。至此,几经波折的玛东斜坡勘探终于迎来重大突破。随后北部夏盐扇盐北 4 井也获工业油流,落实三级石油地质储量 1.4×10⁸t,从而初步展现了又一百里新油区 (图 1.48)。

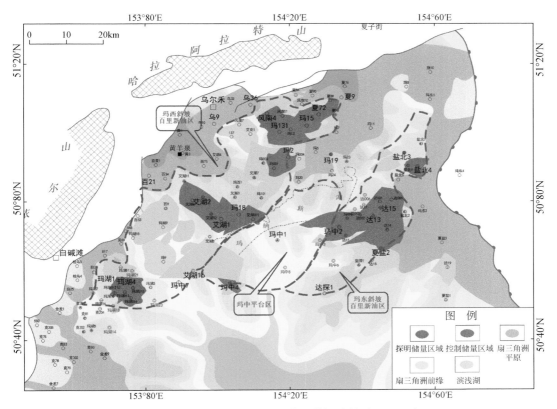

图 1.48　玛湖凹陷三叠系百口泉组勘探成果图 (2017 年)

5) 勘探玛中现多层系立体成藏,"满凹含油" 终于揭示

A. 建立大型退覆式扇三角洲沉积模式,指明玛中地区勘探方向

在玛湖凹陷东、西斜坡百里新油区发现后,突破扇体沿盆缘分布、湖盆中心为细粒沉积的传统认识,建立了退覆式扇三角洲沉积模式,认为在湖侵背景下扇三角洲前缘砂砾岩体由湖盆中心向物源方向多期搭接连片,据此预测玛中地区是寻找早期低位砂体最重要领域 (图 1.49)。

B. 井震结合建模式,满凹含油新构思

在上述认识指导下,优选玛中平台,重新进行相带精细刻画,在主探石炭系下组合大构造的同时,兼探二叠系下乌尔禾组和三叠系百口泉组,为此部署风险井盐探 1。该井在二叠系下乌尔禾组 5000m 之下钻遇孔隙度大于 10% 的有效储层,试油未压裂即获工业油

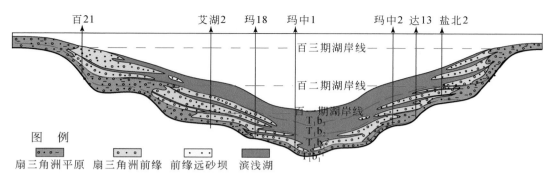

图 1.49　玛湖凹陷三叠系百口泉组多期坡折–湖侵体系有利储集体发育模式图（据唐勇等，2019）

流，兼探层三叠系百口泉组亦获良好油气显示，预示玛中平台区百口泉组勘探潜力巨大，同时也验证了深埋条件下仍发育前缘相相对优质储层，从而进一步坚定了在玛湖中下组合勘探的信心。

　　同时，依据"满凹含砾"和"满凹含油"构想，利用二、三维资料对玛中地区进行整体解剖，发现玛湖凹陷为一"平底锅"，玛中平台区就是相对平缓的"锅底"，是五大扇体的汇聚卸载区，物源充足，规模砂体发育，地层压力高，油质轻，是寻找类似玛18井区高效规模储量的现实领域，为此南、北甩开部署钻探了玛中2、玛中4井（图1.50）。

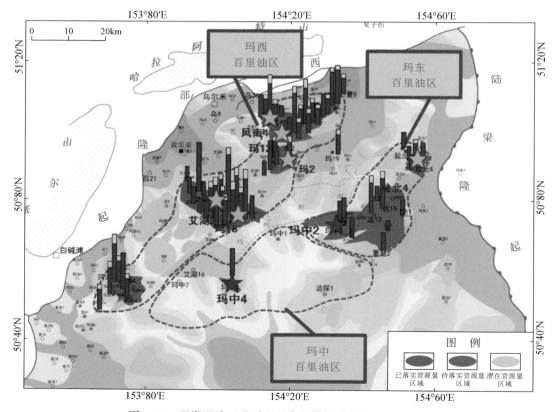

图 1.50　玛湖凹陷三叠系百口泉组勘探成果图（2017 年）

C. 平台区多层系突破，"满凹含油"获验证

2017 年，玛中 2 井二叠系下乌尔禾组试获工业油流，为斜坡区下乌尔禾组勘探首次突破；随后玛中 2 井和玛中 4 井三叠系百口泉组也均试获工业油流（图 1.51）。该两井的突破，初步证实了"东西两大百里油区连片、北部满凹含油"的大场面。

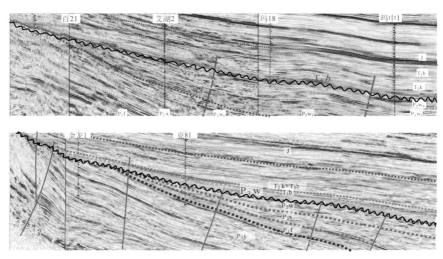

图 1.51　玛湖凹陷北部、南部典型地震特征剖面对比示意图

总之，自 2012 年起，在扇控大面积成藏认识指导下，玛湖凹陷勘探部署由单个圈闭转向整个有利相带，直井控面、水平井提产、勘探开发一体化快速推进玛湖北部整体突破，从而围绕玛湖地区北部五大扇体前缘相带相继发现了 6 个油藏群，形成两个百里新油区（图 1.51）。

6）勘探玛湖凹陷南部，发现上乌尔禾组砾岩大油区

A. 重新认识已知油藏，明确上乌尔禾组油藏勘探潜力

玛湖凹陷北部三叠系百口泉组大油区发现后，下个类似的大油区在何处？类比北部百口泉组宏观成藏背景，认为南部二叠系上乌尔禾组同样具备形成大油区地质条件。一是南部上乌尔禾组与北部百口泉组相似，超覆于下二叠统大型不整合面之上，地层平缓，易于大面积成藏；二是与百口泉组类似，上乌尔禾组在东西两大隆起夹持下，盆地西北部玛湖地区形成浅水湖盆区，湖盆内发育广覆式扇三角洲沉积体系，发育四大扇体，前缘相带面积为 2100km^2，具备形成大油区储集条件；三是南北两层系均发育大型退积式扇三角洲，晚期湖泛泥岩与早期厚层砂砾岩配置良好，为大油区形成创造了优越封盖条件（图 1.51）。

以往对二叠系上乌尔禾组的认识为"砂体连通，构造控藏"，有利区位于上倾方向，构造低部位潜力不大。重新解剖已知油藏后，构建地层背景下退积砂体纵向叠置、横向连片、大面积成藏新模式，认为低部位不同期次砂体同样具备形成岩性油气藏群的潜力，其上乌尔禾组大面积成藏模式具有以下特点：大型地层尖灭带形成上倾方向遮挡；退积型多期砂体叠置连片；不整合侧向输导，断裂垂向调整；两期湖泛泥岩与扇间泥岩立体封堵，前缘相砂砾岩大面积成藏。根据油藏特点和南、北勘探程度差异，提出新老井结合、分两

个层次快速推进的勘探部署:一是南部老区新探,高勘探程度区新老井结合实现油藏连片与拓展;二是新区外甩,探索北部低勘探程度区,开辟含油新领域。

B. "水区"找油,新老井结合,实现油藏连片与拓展

根据二叠系上乌尔禾组大面积成藏新认识,对前期认为的"水区"内油藏进行了重新分析,认为储层厚度大、低渗透、隔夹层发育、油气充注程度低,造成油水分异不明显、含油饱和度低,而非以往认为的存在"油水界面"和"水区"。以克009井为例,累计生产4625天,平均日产油2.83t,累计生产油13290t,平均日产水2.26m³,累计产水12526m³。2016年,在原认为的"水区"内部署玛湖8井试油,获日产油11.8m³、日产气0.745×10⁴m³、日产水10.36m³的工业油气流,证实了此类油藏的存在。

按低饱和油层新认识,开展新一轮老井复查,重新解释复查油层10井层,针对性老井复试8井8层均获工业油流。为实现油藏连片,在已发现油藏之间低勘探程度区新部署金龙42、金龙43井,相继获得高产工业油流。2017年,玛湖8井区二叠系上乌尔禾组上交控制石油地质储量为5616×10⁴t。

C. 老区新探,发现上乌二段新层系规模油藏

20世纪90年代以来,在二叠系上乌尔禾组北部低勘探程度区相续钻探克89、白22、玛湖9井等5口井,油气显示普遍较差,导致北部勘探久攻不克。以前缘相大面积成藏模式重新认识,已钻井均位于平原相带。通过重新刻画相带,预测有利区近1000km²,发现位于前缘相带的玛湖1井钻遇油层,老井复试获得成功。老区新探,新发现上乌二段纯油藏,老井复试4井4层、新井4井4层均获商业油流,2017年落实控制石油地质储量为3988×10⁴t。

D. 新区外甩,发现近千平方千米全新油气富集带

玛湖1井老井复试获得成功后,按照前缘相带整体含油思路,在白碱滩扇西翼整体部署探井8口,完钻井均解释有厚油层,玛湖013井获百吨高产油气流,4.5mm油嘴最高日产油120.3m³,累计产油663.82t。通过系统取心发现一类新型高产储层——支撑砾岩,其特征为几乎不含胶结物,以砾石磨圆较好的中砾岩为主,取心出筒后现分散状,在地层微电阻率扫描成像(formation microscanner image,FMI)上其分布表现为高阻同级颗粒支撑,往往分布于冲刷面附近。其水平渗透率极高,可构成高渗网络。随后玛湖014、玛湖8、玛湖11井等井连获高产,证实此类储层在前缘相可大面积分布。

2017年新区外甩,在白碱滩扇前缘相发现近千平方千米高产高效油气富集带,老井复试1井1层、新井3井3层均获工业油流,提交预测储量为10843×10⁴t。2018年又有16井钻遇油层,进一步扩大了含油面积,区域外甩白碱滩扇东翼玛湖23井钻遇高压油气层,展现近1500km²有利区。至此,继三叠系百口泉组百里大油区之后,又一大油区在玛湖凹陷得以初现,从而形成环玛湖地区以上乌尔禾组尖灭线为界的南、北两大油区。北部大油区主体为三叠系百口泉组轻质油,已落实三级地质储量为5.8×10⁸t;南部大油区主体为二叠系上乌尔禾组中质油,6.4×10⁸t地质储量逐步落实。

1.3.2 玛湖大油区发现的关键技术

玛湖大油区的发现,除了地质理论创新功不可没外,勘探开发技术突破是另一重要保

障。主要突破的关键技术包括以下 4 项。

1. 多元分级扇体刻画技术

扇体刻画是玛湖凹陷油气勘探中所使用的一个关键技术，其发展经历了以下 3 个阶段。

1）"相面法"刻画阶段

玛湖斜坡区岩性圈闭勘探之初，依靠单井沉积相特征标定及地震波组特征变化判断沉积相边界，称为"相面法"，预测符合率相对较低。

2）综合刻画阶段

通过正演与地震相分析、三维体显示等多种技术相结合，综合刻画沉积亚相，预测符合率较"相面法"有所提高，但仍未达到精细岩性勘探要求。

3）"四步法"朵叶体刻画阶段

首先，通过岩石组分分析确定母岩类型与物源方向；其次，通过分级古地貌恢复，复原关键沉积时期地貌高低起伏形态，直观展现地貌特征，落实古地貌对扇体、古凸、主流线控制作用，实现对各大扇体边界的刻画；然后，通过地震相分析技术模拟过井地震剖面特性，确定各个相带地震响应特征，刻画各大扇体内部不同的相带边界；最后，通过砂地比分析技术确定前缘分支水道，刻画扇体内部单个朵叶体空间展布特征。

扇体刻画技术的进步经历了从岩性勘探初期仅根据地震剖面的振幅与能量变化来区分相带边界的"相面法"刻画亚相，到通过连井对比图结合三维融合体属性识别相带边界的"线、面、体"综合分析技术，再到古地貌指导下的"四步法"朵叶体刻画技术 3 个阶段，相带预测符合率从 50% 提高到 83%，实现了多元分级前缘相带朵叶体分布范围的精细刻画。

2. 储层预测技术

储层预测技术的进步经历了从叠后落实块状砂体展布到叠前"甜点"半定量预测技术，再到基于贝叶斯概率运算的叠前流体概率预测技术，探井成功率由 35% 提升至 63%，支撑了玛湖凹陷持续发现。

第一，在国内率先实施连片高密度宽方位三维地震整体部署，创新应用 OVT 域各向异性偏移等关键处理技术，成果资料有效频带比以往拓宽 15 Hz，主频提高 8 ~ 10 Hz，为储层描述提供了高品质叠前地震资料。第二，依据砾岩孔隙类型多样和复模态分布特点，首次建立了基于多级颗粒支撑砂质充填的非均质砾岩岩石物理模型，攻克了砾岩横波速度准确计算难题，预测与实测平均相对误差由 10.2% 降至 2.8%。第三，在横波准确预测基础上，首次建立了纵横波速度比（V_p/V_s）与纵波阻抗（Z_p）双参数五维储层识别图版（图 1.52），可有效综合判识黏土含量、孔隙度、含油饱和度及流体性质。第四，研发出了双参数储层及流体叠前一体化预测技术，不仅实现了贫泥、含泥、富泥 3 类储层有效划分，也有效解决了砾岩物性和含油气性定量预测难题，"甜点"储层钻遇率提高了 33.3%（图 1.53）。

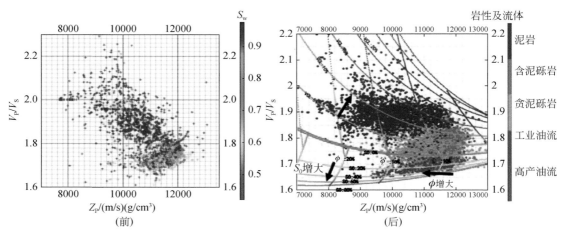

图 1.52 玛湖凹陷斜坡区建模前后纵横波速度比（V_P/V_S）与纵波阻抗（Z_P）交汇图对比

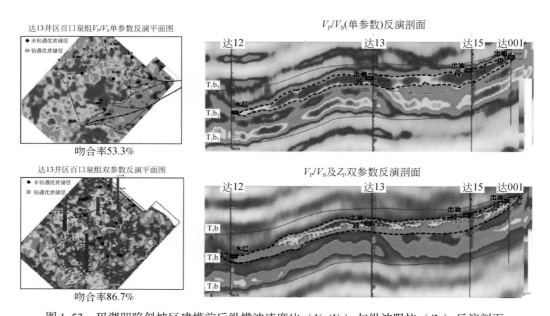

图 1.53 玛湖凹陷斜坡区建模前后纵横波速度比（V_P/V_S）与纵波阻抗（Z_P）反演剖面

3. 砾岩储层核磁测井定量评价系列技术

玛湖凹陷主要含油储层为砾岩和砂砾岩，具有物性差、岩性物性纵横向变化大、非均质性强等特点，因此准确的测井评价是确保试油成功的关键因素之一。为此，发明了砾岩储层核磁测井定量评价系列新技术，实现了黏土含量计算方法从无到有，突破了孔隙度计算不准与流体性质判别难的技术瓶颈，测井解释符合率由 43% 提高到 92%。

1）核磁测井黏土含量定量表征技术

测井通常评价的是反映粒度粗细的泥质含量，还没有成熟的计算黏土含量方法与技

术，砾岩储层评价就更为困难，黏土含量计算是相对有效储层识别及脆性评价无法回避的
技术门槛。

黏土矿物种类复杂且所含结晶水、束缚水情况变化较大，导致黏土对测井响应特征影
响十分复杂。除自然伽马能谱测井外，单独运用其他一种测井方法还难以有效分析岩石黏
土含量。理论认为，地层中黏土含量与黏土含氢孔隙度呈正相关关系，所以计算黏土含量
则可由黏土含氢孔隙度入手。中子探测全部含氢指数，核磁探测不到黏土矿物中的结晶
水，故二者之差代表结晶水含量，结晶水含量越多，反映黏土含量越多。因此黏土含量公
式为

$$V_{clay} = a * (\phi_N - \phi_{cmr}) + c$$

式中，a、c 为回归分析的系数和常数；ϕ_N 为中子孔隙度，%；ϕ_{cmr} 为核磁共振总孔
隙度，%。

本次研究分地区对玛湖凹陷玛西斜坡和玛北斜坡建立了黏土含量和中子与核磁共振总
孔隙度差的关系，经回归分析，得到了黏土含量计算模型（图 1.54）。

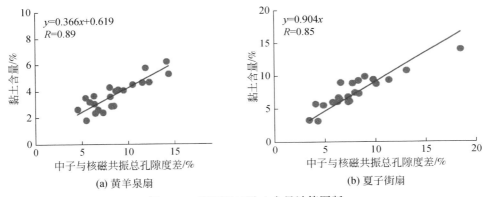

图 1.54　玛西斜坡黏土含量计算图版

对玛西斜坡黄羊泉扇进行全岩分析的玛 18 井、玛 601 井、玛 602 井共计 44 块岩样，
以及对玛北斜坡夏子街扇夏 89 井、玛 137 井、玛 136 井的 25 块岩样进行回判分析，方法
回判率达到 85% 以上，说明该方法与实验分析符合性较好（图 1.55）。

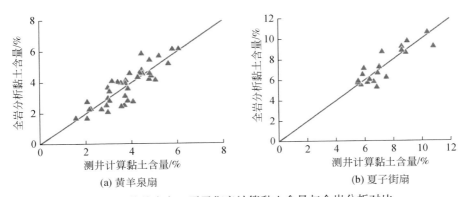

图 1.55　黄羊泉扇、夏子街扇计算黏土含量与全岩分析对比

　　选取玛西斜坡黄羊泉扇玛602井和玛北斜坡夏子街扇夏89井进行黏土含量计算方法处理效果分析。图1.56为玛602常规方法计算黏土含量与核磁计算结果对比图,该井有全岩分析黏土含量的井段为3840~3900m。其两段储层段3842.5~3867.25m、3875~3895.725m分析显示,中子与密度孔隙度差值幅度上窄下宽,说明两段储层黏土含量上部小于下部,全岩分析的黏土含量在两段储层段分布也是上部小于下部,说明中子–密度孔隙度法能较好地反映储层黏土含量。玛602井全岩分析黏土含量在2%~7%,常规方法计算得到的黏土含量与全岩进行对比,符合率达88.7%,且与核磁计算结果一致,说明黄羊泉扇黏土含量计算方法在该区适用性较好。

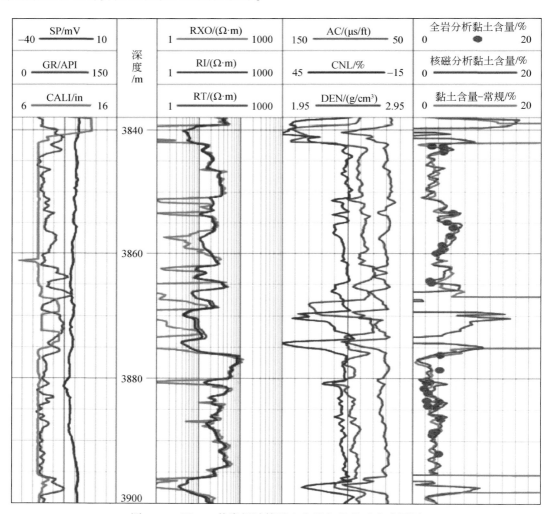

图1.56　玛602井常规计算黏土含量与核磁对比成果图

　　图1.57为夏89井常规方法计算黏土含量与核磁计算结果对比图,中子与密度孔隙度差值幅度较大,且全井段储层段中子与密度孔隙度幅度差值上下变化不大,说明该井储层段黏土含量较高。其全岩分析黏土含量也较高,在6%~10%。常规方法计算得到的黏土

含量与全岩进行对比，符合率达80.3%，且与核磁计算结果一致，说明夏子街扇黏土含量计算方法在该区块适用性较好。

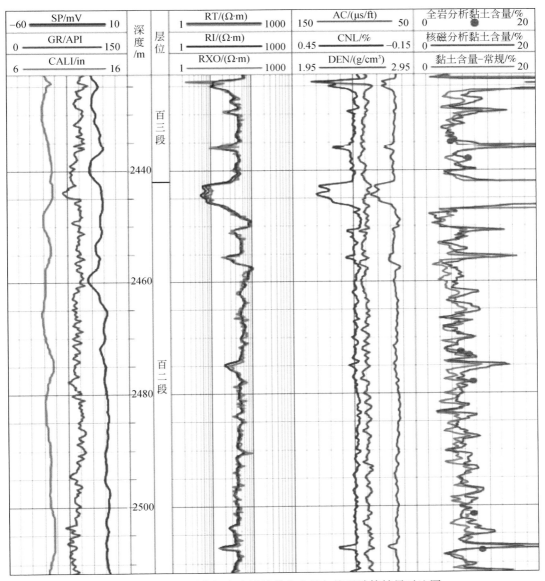

图 1.57　夏 89 井常规方法计算黏土含量与核磁计算结果对比图

基于砾岩中结晶水含量与黏土含量具有强相关性的原理，使用中子孔隙度与核磁总孔隙度之差计算结晶水含量，建立新模型，进而准确求取黏土含量，解释符合率由45.9%提高到93.7%。

2）核磁测井有效孔隙度计算方法

储层中黏土含量越多，黏土束缚水的含量就越多。如果能定量计算黏土束缚水孔隙度，就能解决砾岩储层有效孔隙度计算难题。玛湖凹陷三叠系百口泉组特低渗透–致密砾岩储层微细孔隙与黏土束缚水孔隙重叠，核磁共振 T_2 谱中难以用一个起算时间有效区分。通过实验建立了黏土束缚水孔隙度与黏土含量关系（图 1.58），运用黏土含量、孔隙度联测数据结合核磁共振测井共同确定了黏土束缚水孔隙度大小，据此研发出不依靠起算时间的有效孔隙度（核磁总孔隙度–黏土束缚水孔隙度）核磁计算新方法，计算符合率由 64.6% 提高至 96%（图 1.59）。

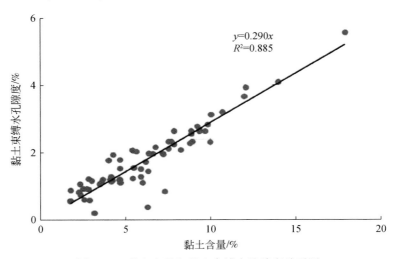

图 1.58　黏土含量与黏土束缚水孔隙度关系图

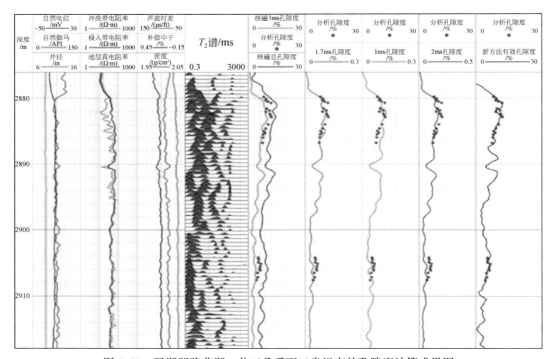

图 1.59　玛湖凹陷艾湖 4 井三叠系百口泉组有效孔隙度计算成果图

3）核磁测井流体性质及饱和度计算方法

对于致密砾岩，基本无滤液侵入，在原油黏度较低的情况下，原油体积弛豫时间大于大孔隙的表面弛豫时间，所以核磁共振测井对流体性质非常敏感。通过对比实际核磁测井数据与实验核磁数据，分析油层的核磁共振测井响应特征，发现了低渗–致密砾岩储层油、水层核磁波谱分布规律，即储层含油后，大孔隙部分的 T_2 时间波谱右移，在 100ms 之后出现波谱，并且 10ms 之后 T_2 几何均值变大，100ms 后的孔隙体积可以反映储层的含油性。对比油层与水层核磁共振 T_2 谱差异，分析原油的核磁共振测井响应特征。应用发现的规律，建立了油水层识别图版，油层判别符合率由 43% 提高到 88.5%（图 1.60）。

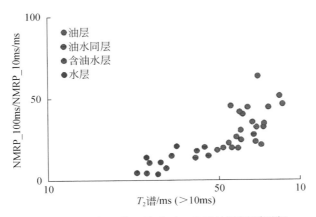

图 1.60　玛湖环带三叠系百口泉组油层识别图版

另外，研发了流体性质识别及饱和度计算新方法。应用密闭取心资料，岩心刻度测井建立了应用核磁共振测井资料计算含油饱和度的数学模型。在岩心取饱和核磁共振实验资料及连续密闭取心资料分析的基础上，建立了确定致密油储层最大注入压力条件下对应的核磁共振横向弛豫最小时间阈值，从而形成了一种应用核磁共振横向弛豫时间波谱直接计算致密油储层含油饱和度的方法。具体步骤如下：

（1）应用核磁共振测井仪器选择适应的采集参数采集数据，经数据处理获得横向弛豫时间 T_2 波谱；

（2）确定饱和度计算对应的核磁共振横向弛豫时间 T_2 阈值；

（3）综合应用确定的阈值和核磁共振 T_2 波谱连续计算致密油储层饱和度。

确定饱和度计算对应的核磁共振横向弛豫时间 T_2 阈值是该方法计算含油饱和度的关键技术。确定该 T_2 阈值有两种方法：一种为岩心样品的无氢减饱和与核磁共振联测法；另一种为密闭取心分析含油饱和度数据与核磁测井 T_2 阈值迭代法。前者适用于无系统密闭取心资料情况，用常规取心即可完成，后者适用于有系统密闭取心情况。两种方法也可同时应用，相互印证，以提高饱和度及 T_2 阈值的确定精度。

实验的核心是保水获得基本无烃条件下的含油样品的核磁共振水谱。致密油储层的特点是以纳米孔隙为主，含油饱和度较高，含油样品中含量较低的水赋存于孔隙直径更小的孔隙空间内，相对较易保存。另外，由于储层样品致密，取心过程中钻井液侵入较浅，极易获得有代表性的样品。

岩心钻取：取心获得的全直径岩心在30℃温度下低温保存，选取有代表性岩心用液氮钻取1in寸样品，去掉两端有一定污染部分，中间4cm样品作为实验样品，测量原始状态下含有油水两相的核磁共振波谱。

保水无氢减饱及核磁共振波谱测量：致密油储层样品渗透率极低，覆压渗透率通常小于0.1mD（1D=0.986923×10^{-12}m^2），用驱替方法减饱和无法实现。采用二氧化碳洗油方法减饱和，先洗去大孔喉中油气，再洗去较小孔喉中油气，在这一过程中对应测量岩心样品的核磁共振波谱，直到基本洗去岩心样品中的烃类，获得基本不含烃类的剩余水谱。

水谱识别与T_2阈值确定：分析剩余水谱的特征，确定含水体积，获取含油饱和度计算的T_2阈值。

密闭取心分析含油饱和度数据与核磁测井T_2阈值迭代法的步骤包括：

（1）饱和度数据的精确归位：首先，用每米不小于3个数据孔隙度分析资料进行饱和度分析数据的联合归位；而后，用微电阻率扫描成像资料进行岩心归位微调，确保归位误差不大于0.1m。

（2）迭代法确定饱和度计算横向弛豫时间T_2阈值：按下列公式进行迭代计算均方误差：

$$AT_2(j) = \sum_{j=1}^{m} \frac{1}{n} \sum_{j=1}^{n} (SO_i - SSO_{ji})^2$$

式中，$AT_2(j)$为第j个迭代T_2阈值的均方计算误差；n为含油饱和度实验数据的个数；SO_i为第i个样点的饱和度测量数据；SSO_{ji}为第j个迭代T_2值的第i个计算饱和度。

计算均方误差最小的T_2值为确定的T_2饱和度计算阈值AT_2。图1.61为一口井密闭取心井段应用不同AT_2值计算的均方误差，均方误差最小时对应的AT_2为10ms，与岩心实验结果完全一致。

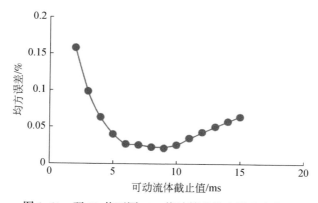

图1.61　玛18井不同AT_2值计算的均方误差变化图

应用确定的AT_2和核磁共振测井获得的连续T_2波谱按下列公式计算每个测点的饱和度：

$$S_o = 1 - \left(\sum_{i=\text{ATS}}^{\text{AT}_2} \phi_i \right) \Big/ \left(\sum_{i=\text{ATS}}^{\text{ATD}} \phi_i \right)$$

式中，S_o 为含油饱和度；ϕ_i 为第 i ms 核磁共振弛豫时间对应的孔隙相对体积；AT_2 为所述横向弛豫时间阈值；ATS 为有效孔隙度的核磁共振横向弛豫起算时间；ATD 为有效孔隙度的核磁共振横向弛豫终止时间。

图 1.62 为玛 601 井常规计算饱和度与岩心分析含水饱和度、核磁分析饱和度对比成果图。玛 601 井主要取心岩心分析段为三叠系百口泉组百二段、百一段，其中百一段含水

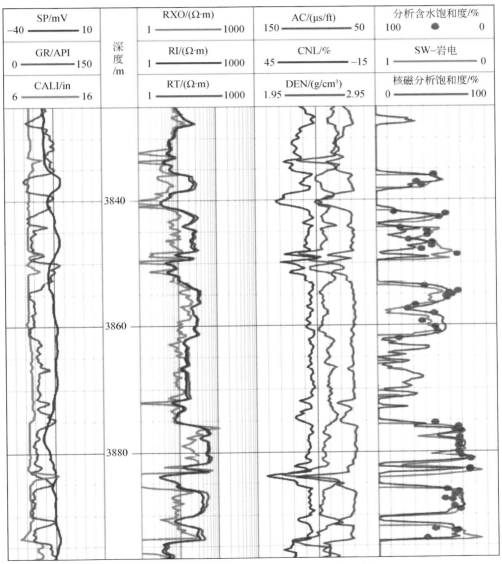

图 1.62　玛 601 井饱和度计算结果与核磁对比成果图

SW. 总含水饱和度；其他同前

饱和度较百二段低，试油结果前者产量高于后者，说明分析化验的饱和度与实际规律相符。百二段电阻率均值为 $25\Omega \cdot m$，中子均值为 17.4%，密度均值为 $2.5g/cm^3$，声波时差均值为 $68.7\mu s/ft$，岩心分析含水饱和度在 $37.9\% \sim 74.8\%$，利用核磁方法计算所得饱和度在 $42.3\% \sim 70.3\%$，计算结果与岩心分析符合性较好。百一段电阻率均值为 $53.1\Omega \cdot m$，中子均值为 19.03%，密度均值为 $2.47g/cm^3$，声波时差均值为 $69\mu s/ft$，岩心分析含水饱和度在 $23.8\% \sim 53\%$，利用核磁方法计算所得饱和度在 $28.1\% \sim 58.6\%$，计算结果与岩心分析符合性亦较好。

4. 储层改造工艺技术

储层改造工艺技术是确保试油成败的另一项关键技术。从初期常规压裂到二次加砂压裂、套管分层压裂，突破了直井商业出油关；水平井从常规大段压裂到细分割体积压裂，实现了低渗-致密砾岩油藏规模有效建产。

1）二次加砂工艺技术

20 世纪 80 ~ 90 年代，缺乏针对致密砾岩储层的改造技术，常规储层改造技术效果不理想，直井产量低，不能连续生产，导致玛北油田及玛 6 井区油藏发现后近 20 年未能有效开发动用。

2011 年三上斜坡区后，针对低渗-致密砾岩储层采用二次加砂工艺，提高支撑剂在储层上部的有效支撑，增加缝宽提高裂缝导流能力，日产油量明显高于邻井一次加砂的日产油量，压裂增产效果明显（图 1.63）。

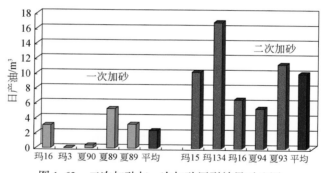

图 1.63　二次加砂与一次加砂压裂效果对比图

2）套管桥塞分层压裂技术

玛湖地区部分井地层压力较高，压力系数为 1.6 ~ 1.74，射孔后即产出油气，但由于储层物性较差，油气产量不高，因此需要压裂改造。由于地层连续产出油气，因此提射孔枪、下压裂管柱需要泥浆压井，这样不仅对油层产生污染，而且下入油管分层压裂封隔器后将无法替出井筒内泥浆，泥浆沉淀后将会导致分层封隔器无法提出，造成工程事故，因此这类储层无法实现油管封隔器分层压裂的改造目的。为此，玛西地区高压储层选用射孔桥塞工具来达到分层压裂目的。

套管桥塞分层压裂工艺原理：井口防喷设备可以实现电缆带压射孔，第一段射孔后若井筒内起压也可提出射孔枪。射孔后对第一段进行压裂改造，压裂结束后带压下入速钻桥塞，对第二段进行射孔，然后进行第二段压裂改造。如此类推，理论上可以实现无数级射孔和压裂改造。桥塞带单流凡尔，压裂结束后可以实现合采。若井筒出砂，可下连续油管钻掉井筒桥塞，以保证井筒内通畅。

确立以分簇射孔套管桥塞分段压裂为主体的压裂技术，优化完善冻胶启缝+滑溜水前置+冻胶携砂逆混合注入工艺，形成"两高三大"的设计参数，进一步提高体积压裂改造效果。

2014 年，在玛西斜坡区艾湖 1、艾湖 011、艾湖 013、艾湖 6 井选用该项分层压裂工具，高效、安全实施了压裂施工作业，压裂后均获高产工业油气流，日产油量远高于邻井玛 6 井（图 1.64）。

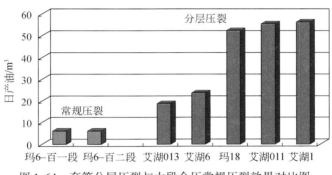

图 1.64 套管分层压裂与大段合压常规压裂效果对比图

3）水平井细分割绕砾体积压裂技术

玛湖凹陷区砾岩储层天然裂缝不发育，岩石脆性不强，两向应力差大，采用常规大间距分段压裂难以形成复杂缝网，增产效果差、费用高。综合物理实验，揭示了砾岩裂缝呈现穿砾、绕砾及遇砾止裂 3 种扩展模式，明确了绕砾扩展有利于次生裂缝形成及砾岩压裂裂缝的复杂化（图 1.65）。基于岩石力学实验与砾岩破裂数值仿真，揭示了胶结强度、粒径大小与地应力差是影响压裂缝扩展的三大主控因素，发现绕砾扩展是形成复杂次生裂缝的主要机制（图 1.66）。

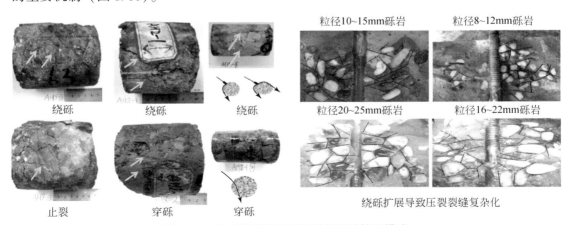

图 1.65 物理模拟实验展示砾岩裂缝扩展模式

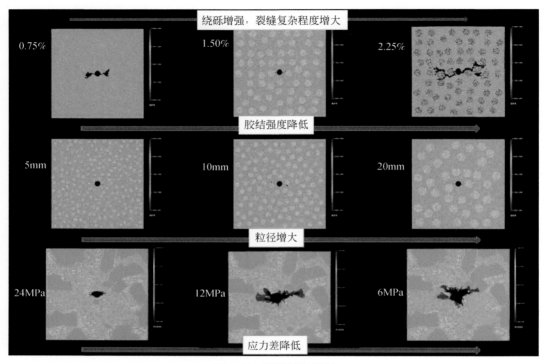

图 1.66　裂缝扩展机制

提出了通过细分切割水平井体积压裂技术思路，攻克了玛湖砾岩油藏天然裂缝不发育、岩石偏塑性、两向应力差大、难形成复杂缝网的难题。可通过细分切割缩短段簇间距，增强应力干扰，强化绕砾扩展程度，实现裂缝沿井轴方向连片成网。针对非均质性极强的砾岩储层，通过每个细分割压裂段的个性化压裂设计，确保每个压裂段都可有效启裂形成纵深大规模延伸扩展压裂主缝。细分切割绕砾压裂技术已成为有效动用的主体技术。

理论分析与模拟分析相结合，综合考虑地质、力学、物性等因素，首建"四参数五区域"裂缝系统评判图版（图 1.67），实施"一井一策、一段一案"个性化压裂设计，实现了水平井由分段压裂向体积改造转变，单井产量较直井提高 7 倍以上。自主研制裸眼封隔器、速钻桥塞和低伤害、低成本压裂液体系，实现了水平井压裂关键技术国产化，单井成本降低 35%。

地质工程相结合，兼顾共性、突出个性，确立分段分簇基本原则，形成压裂优化设计方法；考虑压裂裂缝横向连片，最小平均裂缝间距由大段压裂的 60m 细切割缩短至 30m。井下微地震监测显示出体积动用特征，改造区域裂缝形态以条带状展布，波及带宽覆盖整个压裂井段，有效提高了水平段井轴方向地层动用程度，实现了体积压裂。

勘探评价阶段实施的水平井，缝间距为 55.7~100m，裂缝密度为 1.5 条/100m。2015~2016 年开发试验阶段平均缝间距降至 30m，裂缝密度增至 3 条/100m。2017 年规模建产阶段缝间距最小达 17.3m，裂缝密度最大为 4.5 条/100m（图 1.68）。

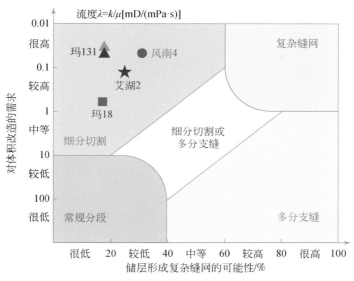

图 1.67　体积压裂裂缝系统评判图版

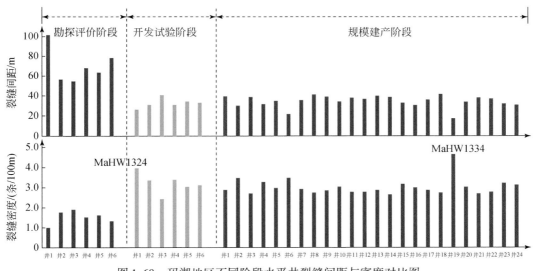

图 1.68　玛湖地区不同阶段水平井裂缝间距与密度对比图

在水平段长不断延伸条件下（平均水平段长由 778m 增加至 1380m，最大为 2012m），平均单井改造段数由 12 段增至 22 段，最大为 30 段；平均单井加砂量由 697m³ 增至 1496m³，最大为 2270m³；平均单井入井液量由 6048m³ 增至 24686m³，最大为 38004m³。

引进国外先进工艺，国内首次成功应用可开关固井滑套分段压裂：MaHW1114 井水平段长 1200m，下入 33 级滑套并顺利完成固完井作业，压裂施工过程滑套正常开启和关闭。总加砂 1285m³，入井液量为 21644.5m³，压后各级滑套全部开启并投入生产。

水平井大段压裂技术的应用，突破了低渗透–致密砂砾岩油藏长期连续生产关，为有效动用明确了井型和方向。水平井细分切割体积压裂突破了低渗砂-致密砾岩油藏长期高产关，实现了有效开发动用（表1.5，图1.69）。目前已建产能137×10⁴t，2018年计划新建产能110.64×10⁴t，2018～2020年计划再建产能363.4×10⁴t。

表1.5　玛湖凹陷三叠系百口泉组水平井压裂施工统计表（截止到2017年9月）

井号	压裂方式	工艺技术	压裂级数	入井液量/m³	入井砂量/m³	日产油/m³	累产油/m³	稳产时间/天
夏91-H	裸眼封隔器	纤维转向	12	5310	657.7	17～27	8528	987
夏92-H	射孔桥塞	多簇射孔压裂	13	6696	658.8	15～27	9129	988
玛132-H	裸眼封隔器	二次加砂	12	5659	672.9	25～40	12785	1145

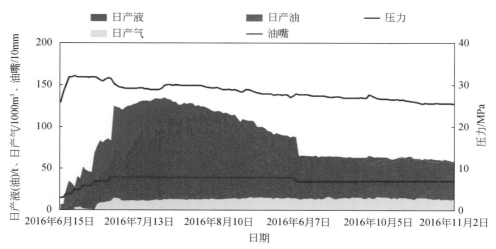

图1.69　玛湖凹陷玛西斜坡区MaHW6004井生产曲线

总之，玛湖大油区的发现是勘探思路转变、石油地质理论创新与关键技术突破3个方面共同努力的结果。玛湖大油区发现突破了原来认为的勘探禁区，打破了许多传统理论认识束缚，创建了一套新的砾岩油藏地质理论与勘探技术，为国内外砾岩油藏勘探开发投下了一道新的曙光，揭开了砾岩油藏勘探的新篇章，因而对于今后准噶尔盆地及国内外其他盆地砾岩油气勘探具有重要意义。

第 2 章　大型退覆式浅水扇三角洲沉积特征

自 1873 年 Drew 提出冲积扇概念以来，许多学者对冲积扇沉积学进行了深入研究，并取得了丰硕的研究成果。至 20 世纪 90 年代，国内外已形成了大量关于冲积扇沉积研究的重要论著，这些论著系统总结了冲积扇的相关研究成果（Bull，1977；Friedman and Sanders，1978；Galloway and Hobday，1983；赵澄林，2001），并被广泛用于指导砂砾岩油气勘探。准噶尔盆地西北缘克拉玛依大油田的发现，就是在冲积扇理论指导下取得的。按照冲积扇沉积理论，粗粒碎屑岩沉积主要沿盆地边缘与造山带接壤处分布，准噶尔盆地西北缘二叠系、三叠系砂砾岩储层就一直被认为是典型的受盆地边缘断裂带控制的冲积扇沉积。在这一沉积理论指导下，准噶尔盆地等国内外许多山前沉积盆地油气勘探均取得了重要进展。然而，受冲积扇沉积理论影响，准噶尔盆地西北缘油气勘探一直主要仅局限于盆底边缘山前一带。随着西北缘山前勘探程度的不断提高和寻找后备资源难度的日益加大，勘探工作者们不得不将目光转向了勘探程度很低的玛湖凹陷区。随后对凹陷区新钻井资料及地震、测井新资料的研究，逐渐认识到玛湖凹陷下三叠统百口泉组、上二叠统上乌尔禾组及中二叠统下乌尔禾组沉积并非传统认为的冲积扇模式，而属于在山高源足、水系稳定、盆大水浅、持续湖侵背景下形成的大型退覆式浅水扇三角洲沉积（邵雨等，2017；唐勇等，2018；雷德文等，2018）。这一成果不仅丰富了对扇三角洲沉积模式的认识，更重要的是为玛湖凹陷油气勘探提供了依据，从而有效指导了玛湖大油区发现，进而大大拓宽了准噶尔盆地西北缘的勘探领域。因此，玛湖大型退覆式浅水扇三角洲沉积的发现与沉积模式的提出不仅具有重要的沉积学理论意义，而且具有十分重要的勘探意义。

2.1　扇三角洲概述

2.1.1　扇三角洲概念及分类

"扇三角洲"（fan delta）最初由 Holmes（1965）提出，原定义为从邻近山地直接推进到稳定水体（湖或海）的冲积扇。早期以 McGowen（1971）和 Galloway（1976）为代表，认为扇三角洲如同冲积扇有旱地扇和湿地扇一样，也有两种气候类型，即干旱气候区的扇三角洲和潮湿气候区的扇三角洲（表 2.1）。由于后者的三角洲平原通常为辫状水系，所以 McGowen（1971）和 Galloway（1976）将扇三角洲定义为由冲积扇和辫状河流注入稳定水体而形成的沉积体系。随着扇三角洲研究的不断深入，"扇三角洲"的类型逐渐丰富，含义也不断被修订和充实。Gilbert（1985）对博纳维尔（Bonneville）湖更新世三角洲沉积物研究时提出扇三角洲具有明显的底积层、前积层和顶积层 3 层结构特征，该模式因此被称为 Gilbert 型扇三角洲，受到广大地质学工作者的认同。然而，Gilbert 型扇三角洲模式实际上主要仅考虑了扇三角洲内部叠置形态，以及沉积时的古构造背景，对物源供给特点、气候等因素重视不足。随后，McPherson 等（1988）指出冲积扇与辫状河流存在明显区别，提出"辫状河三角洲"（braid delta）概念以代表纯粹由辫状冲积平原推进到稳定水体所形成的富砾石三角洲。Orton 则将辫状河三角洲仅限于由单一的辫状河流或低弯曲度河流派生的辫状支流水系所形成的沉积体，而将那些与冲积扇没有直接过渡关系的辫状河冲积平原形成的三角洲用"辫状河平原三角洲"概念来表示。

表 2.1　扇三角洲分类对比

作者	分类标准	类型	实例	特点或局限性
McGowen（1971）；Galloway（1976）	气候条件	干旱型扇三角洲、潮湿型扇三角洲	阿拉斯加东南海岸 Copper 河扇三角洲（Galloway，1976）、牙买加东南海岸的 Yallahs 扇三角洲（Wescot and Ethridge，1980）、中国新疆巴音布鲁克地区扇三角洲都属于"湿扇"；黄骅拗陷枣园油田孔一段扇三角洲（石占中和纪友亮，2002）属于"干扇"	强调气候的控制作用，低估构造、地质背景等其他因素影响
Ethridge 和 Wescott（1984）	不同的构造地理环境	缓坡型（陆架型）、陡坡型（斜坡型）、吉尔伯特型（陡坡型）	墨西哥下加利福尼亚南部地区洛雷托盆地海相吉尔伯特型扇三角洲（Peter and Rebecca，1998）；意大利 Crati 盆地上新世—全新世 Gilbert 型扇三角洲（Colella，1988）	强调构造、地质背景
Galloway 和 Hobday（1983）；薛良清和 Galloway（1991）	陆上沉积过程以及改造控制作用因素	河控型扇三角洲、浪控型扇三角洲、潮控型扇三角洲	牙买加东南部的 Yallahs 浪控扇三角洲；琼东南盆地崖南凹陷海湾扇	强调扇体沉积或改造的主控因素，将扇三角洲进行端元类型划分
Nemec 和 Steel（1988）；李思田（1988）	根据扇三角洲进积的蓄水盆地性质类型进行分类	入湖扇三角洲（浅湖和深湖扇三角洲）、入海扇三角洲（包括以河流、波浪、潮汐改造的扇三角洲）	琼东南盆地崖南凹陷海湾扇（解习农，1996）；美国内华达州中新统霍斯营组湖泊扇三角洲具有深水扇三角洲沉积模式和浅水扇三角洲沉积模式（Brian and James，1996）	强调沉积盆地性质
吴崇筠和薛叔浩（1992）	扇三角洲的发育位置	靠山型扇三角洲、靠扇型扇三角洲、短河流扇三角洲、长河流扇三角洲	赵凹油田安棚区核三下段靠山型扇三角洲复合体（侯国伟等，2001）	强调地理位置

Nemec 和 Steel（1988）综合分析了关于扇三角洲的各种观点，对扇三角洲含义提出了新的解释，认为"扇三角洲"是由冲积扇（包括旱地扇和湿地扇）提供物源、在活动的扇体与稳定水体交界地带沉积的沿岸沉积体系。该沉积体系可以部分或全部沉没于水下，代表含有大量沉积载荷的冲积扇与海或湖相互作用的产物，并根据入水环境将扇三角洲分为湖泊扇三角洲和海洋扇三角洲，后两者又可根据水体深度以及扇三角洲入海（湖）后被改造的主导因素的不同进一步细分为若干次级类型。吴崇筠和薛叔浩（1992）在总结中国中新生代含油气盆地各类砂体沉积的基础上，以地理位置、河流分布以及形态差异特征等将三角洲区分为水下冲积扇、靠山型扇三角洲、靠扇型扇三角洲、短河流扇三角洲和长河

流扇三角洲。其中"水下冲积扇"与 Nemec 和 Steel（1988）所说的全部被水淹没的扇三角洲概念基本一致。

2.1.2　传统扇三角洲沉积模式

1. 陡坡型扇三角洲

陡坡型扇三角洲沉积模式主要是根据牙买加东部耶拉斯扇三角洲沉积特点建立的（图2.1）。理想的陡坡型扇三角洲沉积模式适用于砂体进积到岛坡、陆坡或断陷盆地边缘的扇三角洲。其正常序列（陆上平原—前缘—前扇三角洲）在陆棚边缘坡折处常因坡度突然变陡而截断，代之以峡谷头部和峡谷中的滑塌作用和重力流作用，从而使粗碎屑沉积物可以越过陆棚边缘直接沉积在斜坡上和盆地中，从而使向上变粗的层序复杂化。

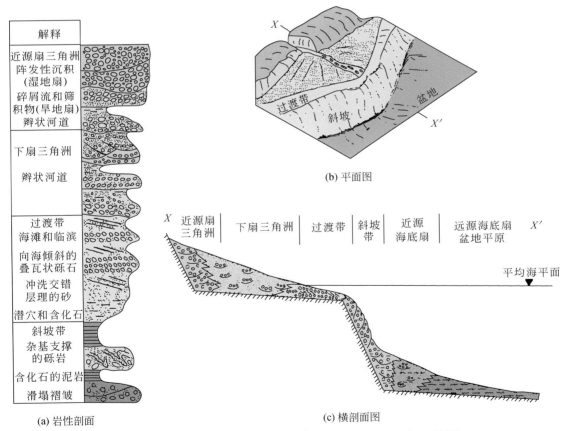

图 2.1　陡坡型扇三角洲沉积模式（据 Wescott and Ethridge，1990）

扇三角洲平原近源部分主要沉积分选较差的块状砂砾岩，为限制性水道中阵发性急流沉积产物，形成砂质砾岩和含砾砂岩互层沉积，具粗糙的平行层理，砾石最大扁平面倾向陆地方向。陆上平原的远端也由辫状河道砂质砾岩和含砾砂岩组成，亦具有粗糙的平行层理和叠瓦状组构，但有少量槽状交错层理发育。受气候影响，在干旱–半干旱地区，近源部分辫状水道不如湿地扇平原发育，而出现较多碎屑流沉积和筛积物夹层。

扇三角洲前缘过渡带发育海滩和临滨带。主要沉积物为分选好的砾岩和砂岩，砂岩具平行层理、冲洗交错层理；砾岩具有向海倾斜的叠瓦状组构。少量细粒的有机质沉积物可能代表孤立的海岸潟湖和局限洼地沉积，含化石和潜穴。斜坡沉积主要由海相泥岩和杂基支撑的砾岩组成，常具有滑塌变形构造。在斜坡带至盆地边缘，沉积物碎屑流、浊流非常活跃，可形成海底扇。

2. 缓坡型扇三角洲

缓坡型扇三角洲发育在坡度低缓而宽阔的陆棚海边缘（图2.2），又称陆棚型扇三角洲。缓坡型扇三角洲模式是根据阿拉斯加东南海岸以科珀河扇三角洲为代表的一些扇三角洲沉积特点建立的。由于陆棚开阔，碎屑供给不会被陡坡所中断，所以沉积体可以向盆地方向推进很长距离。扇三角洲平原、前缘（过渡带）和前扇三角洲分异明显，形成砾—砂—泥连续过渡的进积序列，具有发育良好而清晰的向上变粗层序。

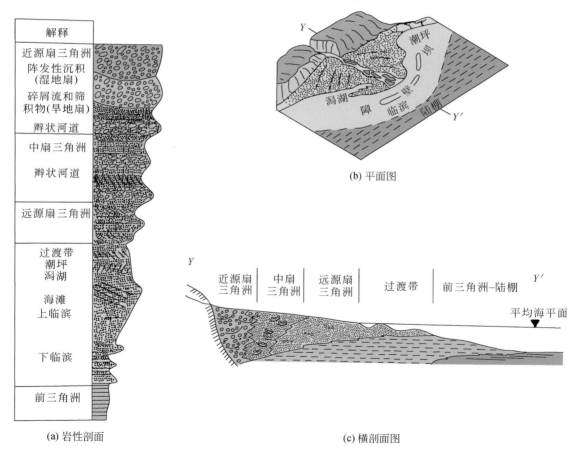

(a) 岩性剖面　　　　　　　　　　　(c) 横剖面图

图 2.2　缓坡型扇三角洲沉积模式（据 Wescott and Ethridge，1990）

扇三角洲陆上平原部分与其他类型扇三角洲一样具有冲积扇和辫状河的沉积特点。而前缘过渡带常受波浪和潮汐作用影响，可发育富砂的海滩和临滨带沉积，或潮坪-潟湖-障壁岛等沉积体系。前扇三角洲则以富含生物化石和生物遗迹的泥质为主，并与陆棚泥过渡。

3. Gilbert 型扇三角洲

Gilbert（1885）对美国邦维尔湖（Lake Bonneville）的湖泊三角洲研究认为，该扇三角洲具有顶积层、前积层和底积层三重结构特征（图 2.3）。此后，Ethridge 和 Wescott 就将此种特点的扇三角洲称为 Gilbert 型扇三角洲。Gilbert 型扇三角洲不仅见于湖泊环境，而且也见于海洋环境，特别是在受保护的低潮差、小波能峡湾背景，常发育 Gilbert 型扇三角洲。

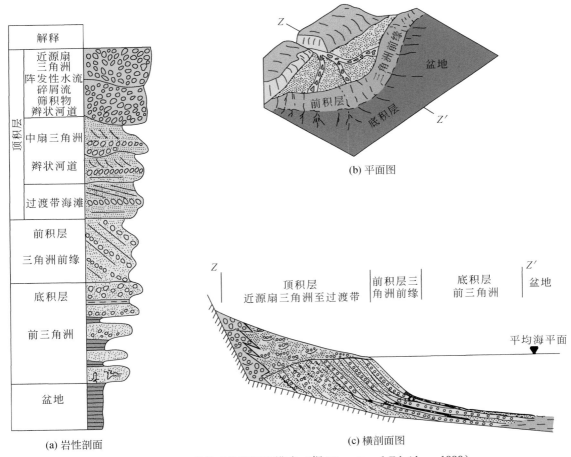

图 2.3　Gilbert 型扇三角洲沉积模式（据 Wescott and Ethridge，1990）

该类型扇三角洲顶积层是由冲积扇下游河道迁移形成的。大量牵引流载荷在河口地区快速堆积，并在重力作用下从坝顶向下崩落，形成粗粒级砾质沉积物组成的陡斜前积层。

前积层在没有外力影响下倾角可达到 35°左右（相当于休止角）。细粒沉积物则以悬浮状态被水流继续向盆地内搬运，并在更远的地方沉积下来形成底积层。由于 Gilbert 型扇三角洲形成的前积层陡坡水深，常引发重力滑动而演变为高密度浊流，因此在细粒底积层中常有碎屑流和浊流沉积夹层与其共生。

典型 Gilbert 型扇三角洲的平面形态一般为扇形，其垂直层序具有明显向上变粗特点。进积到湖盆的 Gilbert 型扇三角洲沉积物粒级范围从粗粒级（砾石）至细粒级（粉砂和泥）都有，因为稳定低能湖水有利于细粒沉积物沉积；而进积到海中或深湖中的 Gilbert 扇三角洲主要为粗碎屑沉积物，因为悬浮的细粒载荷多被波浪和潮汐作用带到距离扇三角洲较远地方才沉积下来。总之，粗粒级、河控型、高建设和迅速进积是 Gilbert 型扇三角洲的共同特点。该类型扇三角洲与其他类型扇三角洲的最重要的区别是存在一个大型的、坡度陡斜的砾质前积层。前积层后端近源部位缺失底积层（Colella，1988），并以高角度不整合下超于基底岩层之上。

准噶尔盆地西北缘玛湖凹陷中、晚二叠世以及三叠纪砂砾岩沉积模式与传统扇三角洲沉积模式具有很多共性，都表现为近源、快速堆积沉积。从发育地理位置、河流分布以及形态差异特征来看，其与"短河流扇三角洲沉积模式"具有一定相似性，然而其辫状河发育区并不能与扇三角洲平原相带严格区分。从纵向可容纳空间变化规律角度考察，玛湖凹陷粗碎屑沉积类似于"水进型扇三角洲沉积模式"与"浅水扇三角洲沉积模式"。但玛湖凹陷区砂砾岩沉积并非完全属于水下沉积体系，其广泛发育的水上沉积环境有别于"水进型扇三角洲沉积模式"的基本定义；多期次退覆式砂体纵向叠置特点也与"斜坡型"、"缓坡型"以及"Gilbert 型"扇三角洲模式形成鲜明对比。

综合分析认为，传统扇三角洲沉积模式并不能完全反映玛湖凹陷砂砾岩沉积模式的独特性，即近源堆积、浅水推进、退覆叠置、广覆式分布，这是玛湖凹陷退覆式浅水扇三角洲沉积模式的重要特征。玛湖退覆式浅水扇三角洲沉积模式的独特性，造就了玛湖凹陷满凹含砾的沉积特点，为该凹陷源上砾岩大油区形成创造了优越条件（详见第 5 章）。

2.2　玛湖凹陷退覆式浅水扇三角洲形成的地质背景

晚古生代以来，准噶尔盆地经历了晚海西期前陆盆地（晚石炭世—二叠纪）、振荡型内陆拗陷盆地（三叠纪—白垩纪）以及类前陆型陆相盆地（古近纪—第四纪）三大演化阶段，最终形成了现今大型复合叠合型盆地构造格局。这种独特的地质背景加上古气候背景等，是玛湖凹陷大型退覆式浅水扇三角洲得以形成的重要条件。

2.2.1　古气候背景

古生代与中生代之交，随着联合古大陆形成和生物大绝灭，地球表层岩石圈、水圈、大气圈、生物圈发生了巨大变化。二叠纪末，西伯利亚火山大规模喷发，排放了大量 SO_2 和 CO_2，导致全球气候长时间持续性变暖（Wignall and Twitchett，1996）。二叠–三叠纪之交，全球古气候特征表现为长期持续的干旱环境与短期爆发性的酸雨气候，典型的暖水生物群向高纬度迁移，高古纬度地区风化速率增加（Retallack and Krull，1999；Michaelsen and Henderson，2000），全球气候在该时期持续升温（Kidder and Worsley，2004；Kiehl and Shields，2005）。准噶尔盆地二叠系上乌尔禾组、下乌尔禾组以及三叠系百口泉组粗碎屑沉积正是在此古气候背景下发生的。

在准噶尔盆地地区，早二叠世佳木河期—风城期古气候为半干旱–半湿润气候；中二叠世夏子街期古气候为炎热、干旱–半干旱气候，以红色泥岩、砂砾岩沉积为主；中二叠世下乌尔禾期古气候为半干旱–半湿润气候；晚二叠世上乌尔禾期古气候为半湿润气候。至早三叠世百口泉期，沉积物主要呈红色基调，并含有丰富的正长石、基性斜长石及黑云母等不稳定矿物，陆地植被贫乏，表明当时为干旱–半干旱气候，属于亚热带干旱气候环境；中三叠世下克拉玛依期古气候为半干旱气候，上克拉玛依期古气候由半干旱转化为半潮湿气候；晚三叠世白碱滩期古气候由半潮湿转化为潮湿气候；中、晚侏罗世属于亚热带–温带气候，气候略偏干旱，早期伴有杂色沉积物，气候较干旱炎热，到晚期渐转温湿，形成含煤沉积。

由此可见，准噶尔盆地西北缘玛湖凹陷一带二叠纪—三叠纪古气候经历了由湿热—半干旱—干旱—潮湿的变化，上乌尔禾组、下乌尔禾组与百口泉组沉积期气候整体表现为半干旱—半湿润—干旱气候。这种气候变化主要造成以下 3 方面影响。

（1）湖泊蒸发量大于注入量，汇水面积小，从湖盆边缘山麓冲积而来的沉积物搬运较长距离到达湖泊卸载区，因而沉积体系平面延伸距离远，且陆上沉积部分面积较广。因而，汇水面积小是沉积期大量发育红褐色砂砾岩的控制因素之一。

（2）植被不发育，基底易被侵蚀，同时，基岩岩石长期在干旱炎热条件下易发生碎裂，为沉积物源提供了大量粗碎屑物质，从而形成了巨量的粗碎屑沉积。

（3）炎热气候时常爆发季节阵发性洪水，为粗碎屑提供了搬运介质，且搬运动力强，是广泛发育重力流沉积的地质基础，其中百口泉组沉积期尤为明显。

2.2.2　物源供给背景

中、晚二叠世准噶尔盆地由前陆盆地性质向三叠纪挤压陆内拗陷型盆地转变，但早期构造活动仍然具有俯冲性质，造成和什托洛盖盆地西北部上三叠统直接覆盖于海西期花岗岩之上，以及西北缘造山带在三叠纪依然处于持续隆升状态，形成了以哈拉阿拉特山与扎伊尔山为主的盆地西北边缘高地。盆地西北缘逆冲断裂带具有同生断裂性质，在持续冲断作用下，断裂上下盘地形高差增大。造山带的持续隆升为玛湖凹陷碎屑沉积提供了大量持续供给的物源，从而为玛湖凹陷区大面积扇三角洲群形成提供了保障。根据碎屑岩重矿物组合、ATi（磷灰石/电气石）–Rzi（TiO$_2$ 矿物/锆石）–MTi（独居石/锆石）–CTj（铬尖晶石/锆石）等重矿物特征指数、锆石–电气石–金红石指数（ZTR 指数）等物源指标（Morton et al.，2005）分析结果，玛湖凹陷三叠系百口泉组粗碎屑沉积中出现的陆源重矿物有 21 种之多（表2.2），总体上以不稳定重矿物为主，反映搬运距离短，为近源堆积。根据重矿物组合特征及稳定系数分析，百口泉组不同区域重矿物组合差异显著，结合古地貌特征分析认为玛湖凹陷从西南到北东存在中拐、克拉玛依、黄羊泉、夏子街、玛东及夏盐 6 个分支物源（图 2.4），物源来自西北部和北部老山。其中，中拐物源的重矿物组合以绿帘石–钛铁矿–褐铁矿为主，克拉玛依物源重矿物组合以锆石–钛铁矿–白钛矿–尖晶石为主，黄羊泉物源重矿物组合以钛铁矿–褐铁矿–绿帘石–白钛矿为主，夏子街物源重矿物组合以绿帘石–钛铁矿–白钛矿–褐铁矿为主（与中拐物源重矿物组合相似），玛东物源重矿物组合以绿帘石–白钛矿–锆石为主，夏盐物源重矿物组合以白钛矿–褐铁矿–锆石为主。重矿物形成环境研究表明，钛铁矿可产于各类火山岩岩体中，在基性岩及酸性岩中分布较广，在变质岩中亦有分布；绿帘石主要分布于变质岩及与热液活动有关的火山岩中；锆石主要分布于酸性火山岩中。由上述 6 个物源的重矿物组成来看，其物源区母岩性质存在一定差异，但总体上以中基性、酸性火山岩为主，变质岩和沉积岩为辅。

表 2.2　玛湖凹陷三叠系百口泉组重矿物种类表

重矿物类型	主要重矿物	次要重矿物
稳定重矿物	白钛矿、锆石、石榴子石、褐铁矿、电气石	榍石、尖晶石、十字石、板钛矿、锐钛矿、刚玉、金红石
不稳定重矿物	钛铁矿、绿帘石、普通辉石、磁铁矿	黑云母、普通角闪石、阳起石、黝帘石、褐帘石

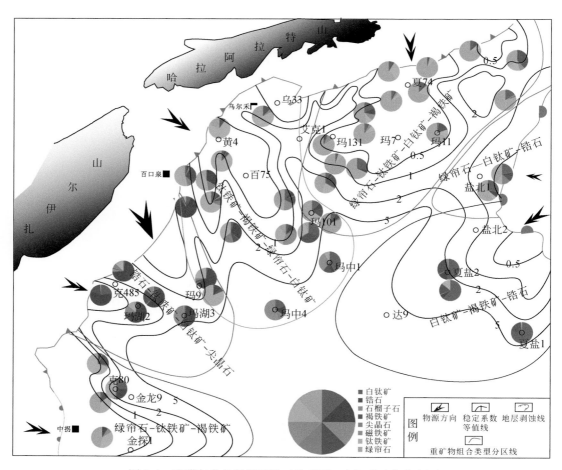

图 2.4　准噶尔盆地玛湖凹陷三叠系百口泉组重矿物分布图

2.2.3　古地貌背景

玛湖凹陷中二叠统下乌尔禾组、上二叠统上乌尔禾组和下三叠统百口泉组沉积期古地貌平坦宽缓，为扇三角洲大规模发育提供了良好条件，局部隆拗错落的格局控制着扇体相带的发育展布。

对三叠系百口泉组沉积期分级古地貌恢复表明，该时期玛湖凹陷存在 4 类一级古地貌单元（图 2.5）。

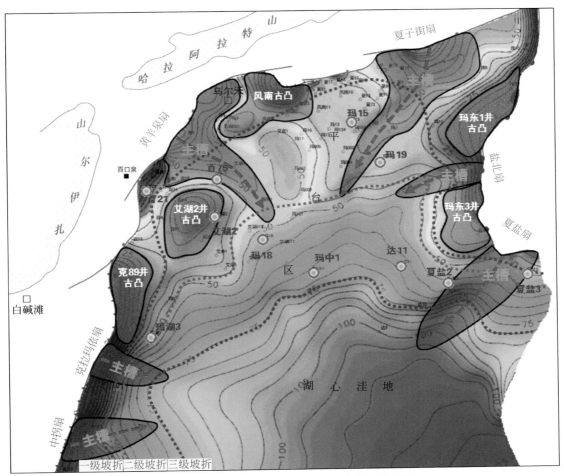

图 2.5　玛湖凹陷三叠系百口泉组沉积前古地貌图

（1）山口、沟槽与古凸。在玛湖凹陷发育中拐、克拉玛依、黄羊泉、夏子街、盐北和夏盐六大山口和主槽，与中拐古凸、克 89 井古凸、艾湖 2 井古凸、风南古凸、玛东 1 井古凸和玛东 3 井古凸等多个古凸形成凹隆相间的格局，为物源区和沉积区提供了连接通道。

（2）平台区。古地貌平台区是除山口、沟槽及古凸以外的广大平缓沉积区域，是沉积卸砂的主要场所，也是有利储集相带的主要发育区。

（3）古坡折。玛湖地区三叠纪古地貌自断裂带向凹陷中心发育三大坡折带（唐勇等，2017；唐勇等，2018）：一级坡折位于断裂带附近，分割断裂带和斜坡区；二级坡折位于斜坡中部，分割上、下斜坡区；三级坡折靠近凹陷中心，分割斜坡区与凹陷深部。三大坡折围绕凹陷沉积沉降中心呈环状向周缘拓展。

（4）湖心洼地。是区域古地貌最低洼地区，终年处于水体之下，是湖盆的沉积中心。

地层残余厚度分析（图2.5）证实，玛湖凹陷百口泉组沉积厚度较大区域主要集中在靠近盆地边缘物源方向夏子街地区夏74井-玛7井-玛004井附近，以及玛湖凹陷南部与盆1井西凹陷附近，地层厚度呈现南厚北薄特点，表明百口泉沉积期玛湖凹陷具有两个沉积中心，一个位于玛湖凹陷北部，主要接受夏子街与玛东北部物源；另一个位于玛湖凹陷东南部，接受黄羊泉、克拉玛依、夏盐物源，而玛湖凹陷斜坡区西北缘及东缘是河道沟槽，为主要砂体输送通道。除一级古地貌单元之外，主槽两翼平台区还具有次级沟谷、次级坡折等二级古地貌，它们共同控制了玛湖凹陷扇三角洲的沉积和相带展布。

2.3　退覆式浅水扇三角洲判识标志与地震识别

2.3.1　岩相组合和碎屑粒度特征

1. 岩相组合与粒度分布特征

1）岩相组合特征

玛湖凹陷晚二叠世—早三叠世退覆式浅水扇三角洲为湖泊背景下的近源粗碎屑沉积，具有碎屑流、洪流及牵引流3种搬运机制，形成了平面上广覆式分布、纵向上多期退覆叠置的砂砾岩沉积。

从流体动力学角度来看，碎屑物质的搬运流体包括牛顿流体和非牛顿流体。牛顿流体服从内摩擦定律，其在一定时间内随流速梯度变化，流体动力黏度系数始终保持为一常数；而非牛顿流体则不然。自然界沉积物搬运过程中的牛顿流体与非牛顿流体之间并非一成不变，而是随着水流强度、流体密度变化，非牛顿流体可转化为牛顿流体。玛湖凹陷浅水扇三角洲搬运流体正是非牛顿流体向牛顿流体转化的产物，形成了由碎屑流向洪流、牵引流搬运沉积而产生的9种岩相组合（图2.6、图2.7）。

A. 泥质基质支撑砾岩相（Gmm）

为高泥质含量的碎屑流沉积，反映扇三角洲端部泥质含量高的碎屑朵体。其典型识别标志为漂浮砾岩，即不同粒径的砾石漂浮于泥质基质中，砾石通常与界面平行顺层排列，偶见直立状，其粒径直方图为多峰态，且物性最差，孔隙度为3.8%～6.19%，渗透率为（0.6～2.13）×$10^{-3}\,\mu m^2$。

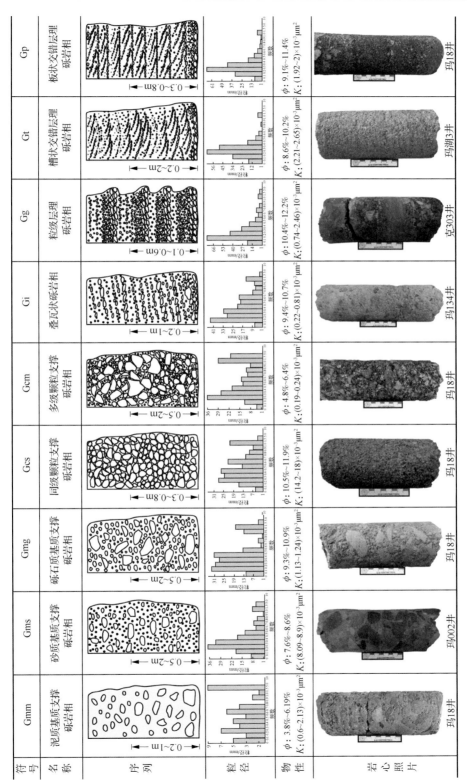

图2.6　玛湖凹陷三叠系百口泉组砂砾岩岩相类型

符号	Gmm	Gms	Gmg	Gcs	Gcm	Gi	Gg	Gt	Gp
名称	泥质基质支撑砾岩相	砂质基质支撑砾岩相	砾石质基质支撑砾岩相	同级颗粒支撑砾岩相	多级颗粒支撑砾岩相	叠瓦状砾岩相	粒级层理砾岩相	槽状交错层理砾岩相	板状交错层理砾岩相
序列	0.2~1m	0.5~2m	0.5~2m	0.3~0.8m	0.5~2m	0.2~1m	0.1~0.6m	0.2~2m	0.3~0.8m
粒径									
物性	ϕ: 3.8%~6.19% K: (0.6~2.13)×10⁻³µm²	ϕ: 7.6%~8.6% K: (8.09~8.9)×10⁻³µm²	ϕ: 9.3%~10.9% K: (1.13~1.24)×10⁻³µm²	ϕ: 10.5%~11.9% K: (14.2~18)×10⁻³µm²	ϕ: 4.8%~6.4% K: (0.19~0.24)×10⁻³µm²	ϕ: 9.4%~10.7% K: (0.22~0.81)×10⁻³µm²	ϕ: 10.4%~12.2% K: (0.74~2.46)×10⁻³µm²	ϕ: 8.6%~10.2% K: (2.21~2.65)×10⁻³µm²	ϕ: 9.1%~11.4% K: (1.92~2)×10⁻³µm²
岩心照片	玛18井	玛002井	玛18井	玛18井	玛18井	玛134井	克303井	玛湖3井	玛18井

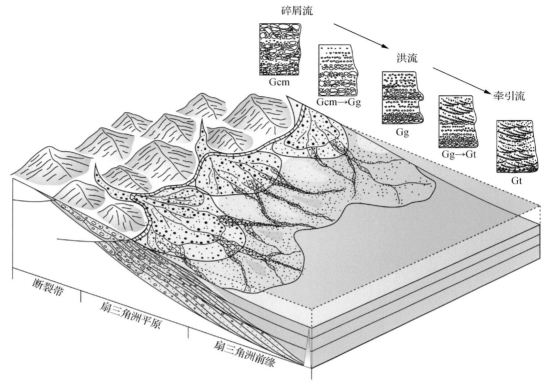

图 2.7　玛湖凹陷三叠系百口泉组砾岩岩相发育特征

B. 砂质基质支撑砾岩相（Gms）

以中、粗砂为填隙物的富砂碎屑流沉积，反映扇三角洲中部碎屑朵体或碎屑水道沉积。碎屑流沉积中当砂质碎屑含量较高时，砾石悬浮于砂质颗粒中，为其典型的识别标志。其主要粒径为砂质粒径与砾石粒径，因而粒度直方图呈双峰态，且砂质含量更多，呈正偏双峰态。颗粒间孔隙空间相对适中，但连通性较好，孔隙度为 7.6% ~ 8.6%，渗透率为（8.09 ~ 8.9）×10^{-3} μm^2。

C. 砾石质基质支撑砾岩相（Gmg）

中粗砾石悬浮于细砾中，属于富砾粗碎屑流沉积，反映扇三角洲根部碎屑流朵体或碎屑水道沉积。当砾石含量较高时，粗砾石被细砾支撑悬移，这是该岩相的识别标志。其主要粒径为细砾石与粗砾石，粒度直方图表现为双峰态。由于粒度较粗，因而又称为高双峰态。颗粒间孔隙空间相对较大，但连通性差，孔隙度为 9.3% ~ 10.9%，渗透率为（1.13 ~ 1.24）×10^{-3} μm^2。

D. 同级颗粒支撑砾岩相（Gcs）

典型区分标志为砾石分选性与磨圆度均较好，且相互接触支撑，沉积构造相对不发育。该岩相为稳定水动力条件下的牵引流沉积，发育于辫状水道、辫状分支水道序列中上部。主要粒径为中细砾岩与细砾岩，粒度直方图呈矮双峰态。颗粒间孔隙空间最大，孔喉连通性较好，为最有利储层，孔隙度为 10.5% ~ 11.9%，渗透率为（14.2 ~ 18）×10^{-3} μm^2。

E. 多级颗粒支撑砾岩相（Gcm）

典型识别标志为碎屑颗粒大小混杂，多级颗粒支撑，砾石分选与磨圆差，粗砾石之间充填中砾、细砾和粗砂，各级别粒度基本均有覆盖，为扇三角洲平原上的洪流沉积，多呈厚层块状出现于水道底部。因各个粒度均有，所以粒度直方图呈多峰态。颗粒间孔隙空间较小，连通性也差，属于储层最差的岩相类型，孔隙度为 4.8% ~ 6.4%，渗透率为（0.19 ~ 0.24）× $10^{-3}\mu m^2$。

F. 叠瓦状砾岩相（Gi）

砾石呈层状、叠瓦状定向排列，是识别该岩相的典型标志，反映水动力条件为较稳定的牵引流，常发育于扇三角洲前缘水下分流河道或辫状分支水道中部。主要粒度范围相对较为集中，粒度直方图呈负偏双峰态，颗粒间孔隙空间相对较大，但连通性较差，孔隙度为 9.4% ~ 10.7%，渗透率为（0.22 ~ 0.81）× $10^{-3}\mu m^2$。

G. 粒级层理砾岩相（Gg）

砾岩多表现为正粒序，且粒序变化频繁，识别特征为多层中厚层状正粒序叠加，反映间歇性洪水沉积，发育于扇三角洲各类水道上部。粒度相对集中，因而粒度直方图呈单峰态，是最有利的储层岩相类型之一，孔隙度为 10.4% ~ 12.2%，渗透率为（0.74 ~ 2.46）× $10^{-3}\mu m^2$。

H. 槽状交错层理砾岩相（Gt）

识别标志在于砾石呈槽状排列，且相互发生侵蚀切割，发育槽状交错层理，反映水动力方向变化的冲刷沉积，位于扇三角洲前缘水道中下部。主要粒度较为集中，多为中细砾岩与细砾岩，孔隙度较好，渗透率中等，孔隙度为 8.6% ~ 10.2%，渗透率为（2.21 ~ 2.65）× $10^{-3}\mu m^2$。

I. 板状交错层理砾岩相（Gp）

识别标志为砾石沿某固定方向倾斜排列，发育板状交错层理，反映顺水流方向的加积作用，位于扇三角洲水道中上部。粒度范围与 Gt 类似，也是单峰态，主要为中细砾岩与细砾岩，孔隙度较好，渗透率一般，孔隙度为 9.1% ~ 11.4%，渗透率为（1.92 ~ 2）× $10^{-3}\mu m^2$。

上述 9 个岩相组合形成于不同的搬运机制和扇三角洲发育的不同阶段（图 2.7、图 2.8）。沉积物搬运早期，在陡坡背景下，由于重力大于陡坡条件下的剪切力，形成重力加速度，导致碎屑物质的骤然卸载，大小不一的碎屑物质与流体形成各种类型的重力流，如碎屑流、颗粒流、液化流、浊流。高密度重力流混合体，属于非牛顿流体，相对密度可达 1.5 ~ 2.0，呈悬移式搬运。其中，碎屑流可细分为黏结性碎屑流和非黏结性碎屑流，非黏结性碎屑流为砂、泥、砾弥散状混合体，在一定坡度产生的重力作用下发生悬浮搬运，具有层流的流动特性，沉积混杂堆积和基质支撑的砂砾岩，内部无沉积构造发育，形成早期非黏结性碎屑流成因砂砾岩 Gcm、Gms、Gmg（图 2.8）。随着水流持续注入，非黏结性碎屑流沉积物密度逐渐降低，向具有相对低密度的砾、砂、泥、水混合物过渡，即从非黏结性碎屑流向洪流过渡。由于洪流具有高切变率，内部形成紊流，随着惯性力消失，沉积物发生重力卸载，形成具有典型下粗上细的递变粒级层理砂砾岩 Gg，在顺水流作用下形成叠瓦状排列砾岩 Gi，因而常形成碎屑流成因与洪流成因的纵向叠加岩性组合样式 Gcm、

Gms→Gg（图 2.7）。随着流体密度降低，洪流逐渐演变为牵引流，沉积物以床砂载荷（推移）形式运移，形成牵引流特有的沉积构造砾岩 Gt、Gp、Gh（图 2.8）。

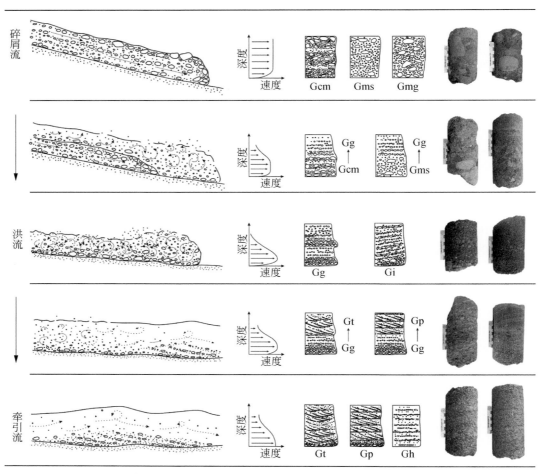

图 2.8　玛湖凹陷三叠系百口泉组砾岩搬运机制与类型（据邵雨等，2017）

　　以玛湖凹陷区玛西黄羊泉扇为例（图 2.9），对顺物源方向的典型岩心特征对比分析表明，在从黄 3 井依次经过艾湖 2、艾湖 013、玛 18、艾湖 011 到玛中 1 井总长约 36km 范围内，最靠近物源方向的黄 3 井粒度较粗，多为粗砾岩，普遍发育多级颗粒支撑砾岩相和砾石质基质支撑砾岩相。顺物源往南，艾湖 2 井粒度相对变细，以粗砾岩和大中砾岩为主，砾岩颜色也由红褐色逐渐向灰绿色过渡，砾岩岩相类型为多级颗粒支撑向粒级层理过渡。艾湖 013 井位于艾湖 2 井南约 9km，主要发育灰绿色粒级层理和叠瓦状排列小中砾岩，为高浓度沉积物逐渐卸载产物。随着沉积物与搬运水介质进一步混合，沉积物浓度逐渐降低。玛 18 井以小中砾岩为主，且发育粒级层理向槽状交错层理过渡，沉积层理逐渐清晰。艾湖 011 井岩心中见槽状交错层理与板状交错层理，层理成层性较好，反映了牵引流沉积作用特点。玛中 1 井岩心中仍发育槽状与板状交错层理，但岩石粒度多以中粗砂岩为主。

　　通过玛西黄羊泉扇等同一物源条件下顺物源方向典型岩心沉积特征对比不难发现，随

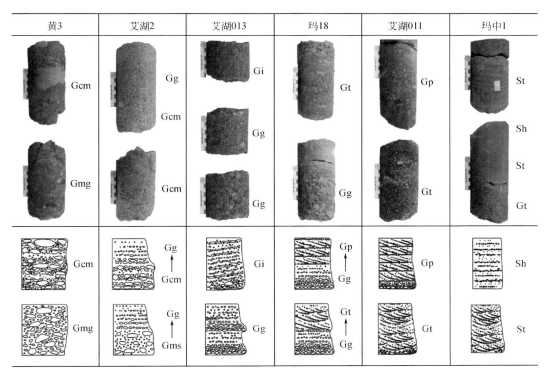

图 2.9　玛湖凹陷玛西黄羊泉扇三叠系百口泉组顺物源岩相特征对比（据邵雨等，2017）

着沉积物从物源区向卸载区逐步搬运，反映在岩心上的沉积特征发生了明显变化，且这种变化具有流变学规律，体现了搬运机制的变化过程。从混杂堆积、块状粗砾沉积物，到均质程度高、层理发育的细砾岩或含砾砂岩，呈现了由重力流搬运向牵引流主导的沉积物搬运机制的变化过程。玛湖凹陷斜坡区三叠系百口泉组与二叠系上乌尔禾组、下乌尔禾组砂砾岩中常见牵引流搬运沉积的砾岩 Gt、Gp、Gh，砾石定向排列，且具有一定分选性、磨圆度和较好的成层性；同时也可见到部分砾岩中砾石分选很差，呈多级颗粒支撑，并含有较多泥质杂基，反映重力流搬运的 Gmg、Gcm。可见，百口泉组和上乌尔禾组、下乌尔禾组砾岩具有牵引流与重力流共同搬运的沉积特点。

2）粒度概率累积曲线特征

由于碎屑岩的平均粒径是由其沉积时的水动力强度决定的，而标准偏差则反映了碎屑岩沉积时水动力条件的稳定性，因此可以通过对碎屑岩平均粒径（φ）×标准偏差（σ）与其孔隙度关系分析确定沉积物的搬运机制（图 2.10）。可以看出，玛湖凹陷区三叠系百口泉组和二叠系上乌尔禾组、下乌尔禾组碎屑岩沉积存在牵引流和重力流双重搬运机制。

对百口泉组和上乌尔禾组、下乌尔禾组砂砾岩粒度概率累积曲线分析，百口泉组存在3 种粒度概率累积曲线类型：

（1）一段式［图 2.11（a）］：说明岩石粒级分布广、斜率小、分选差、截点不明显，属典型的强水动力条件下的重力流沉积。

（2）三段式［图 2.11（b）、（c）］：曲线具有跳跃、滚动和悬浮 3 段式，分选性中

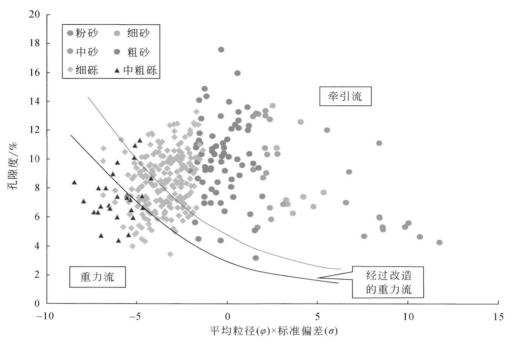

图 2.10　玛湖凹陷北斜坡百口泉组砂砾岩搬运机制判识图（据雷德文等，2018）

等，具有牵引流的典型特征，为扇三角洲平原辫状河道和扇三角洲前缘分流河道和远砂坝等河道沉积，水动力持续稳定。

（3）两段式 ［图 2.11 （d） ~ （f）］：具明显河道沉积特点，以跳跃总体为主，含量为 50% ~ 70% ，粒径分布范围在 0.5φ ~ 4φ （ $\varphi = -\log_2 D$ ， D 为颗粒直径），斜率为 60° ~ 65°，分选中等，跳跃和悬浮总体的截点变化较大，悬浮总体含量较少，有时可高达 30% 左右，反映较强和中等水动力条件下的河道沉积，表明沉积物为牵引流作用下的跳跃式搬运特点。

综上分析可知，玛湖凹陷区二叠系上乌尔禾组、下乌尔禾组与三叠系百口泉组为牵引流与重力流共同作用的沉积。晚二叠世至早三叠世，气候干旱炎热，准噶尔盆地西北缘造山带持续推覆隆升，成为玛湖凹陷的主要物源供给区，盆缘陡坡为沉积物重力流提供了动力，形成盆地边缘近物源区大量碎屑流沉积，对应凹陷边缘主要发育扇三角洲平原亚相。远离物源区进入湖盆，搬运机制随之变化，平原相带向扇三角洲前缘过渡，搬运机制由碎屑流向牵引流过渡，期间形成洪流沉积，平面上形成稳定分布的辫状水道，称为扇三角洲前缘内带；而扇三角洲前缘外带则以牵引流搬运机制为主，形成广泛分布的水下分流河道沉积，伴随发育特征的牵引流成因构造。因此，从搬运机制角度分析，玛湖凹陷二叠系上乌尔禾组、下乌尔禾组与三叠系百口泉组砂砾岩沉积可分为 3 类：碎屑流砂砾岩、洪流砂砾岩及牵引流砂砾岩。不同搬运机制形成的砂砾岩在分布和储层发育条件等方面存在明显差异。

就粒度对储层物性的影响而言，对三叠系百口泉组碎屑岩平均粒径与孔隙度关系分析表明（图 2.12），粗砂岩的平均孔隙度最高，其次为中细粒砂岩，再次为细砾岩，最差的是中粗砾岩和粉砂岩，可见碎屑岩的粒度对其原始孔隙度影响较大。

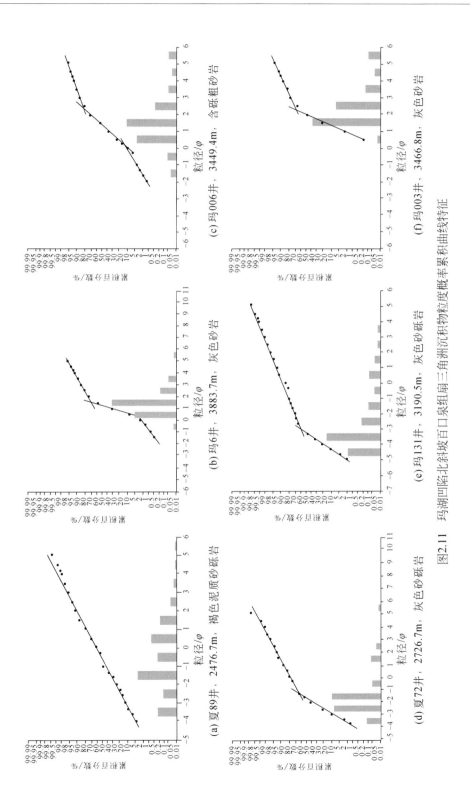

图2.11　玛湖凹陷北斜坡百口泉组扇三角洲沉积物粒度概率累积曲线特征

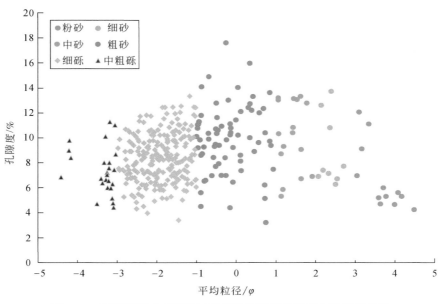

图 2.12　玛湖凹陷北斜坡百口泉组砂砾岩平均粒径与孔隙度关系

2. 碎屑流成因砂砾岩

1）岩石学特征

碎屑流成因砂砾岩为陆上近物源快速混杂堆积成因，以灰褐、红褐色中-粗砾岩为主，砾石粒径粗，具多层韵律叠加，沉积构造不发育，多为厚层块状（图 2.13）。其主要岩相类型为多级颗粒支撑砾岩相、砾石质基质支撑砾岩相及砂质基质支撑砾岩相。多级颗粒支

图 2.13　玛湖凹陷玛北斜坡夏 89 井百口泉组碎屑流砾岩岩心宏观特征

撑砾岩颗粒间为点线接触，砾石骨架的孔隙空间全部或部分被砂级或砾石级颗粒充填，而充填的砂砾石之间又被黏土颗粒充填，填隙物主要为泥质与粉砂质，基质支撑砾岩颗粒呈漂浮状，中–粗砾石之间相互不接触。

2）沉积序列

碎屑流砂砾岩发育在扇三角洲平原相带，包括碎屑朵体与碎屑水道两种沉积微相类型，以中–粗砾岩为主，发育的岩相类型为 Gcm、Gmg、Gms 等；砾石粒径较粗，单层韵律厚度中等，但整体叠加厚度大；在砂砾岩沉积底部偶见反粒序层，且底面形态较为平整，可见孤立漂浮状与直立粗砾石（图 2.14）。

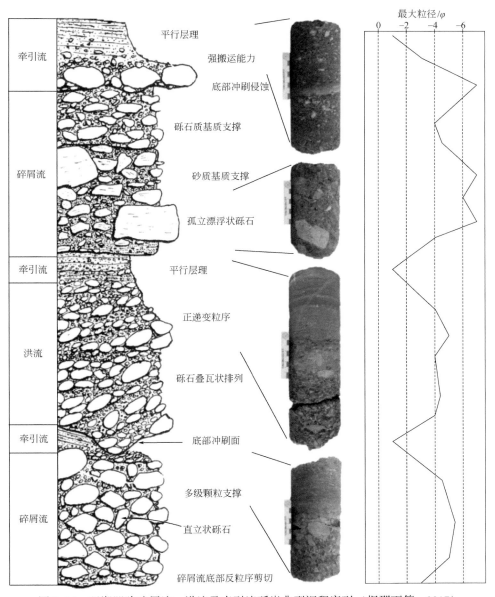

图 2.14　玛湖凹陷碎屑流、洪流及牵引流砾岩典型沉积序列（据邵雨等，2017）

3）基质含量

岩石颗粒支撑形式可分为基质支撑与颗粒支撑，由于砾岩粒度较粗，基质填隙物粒径也相应提高，中、粗砾石可呈漂浮状分布于中、粗砂级（0.5～1mm）与细砾级（2～8mm）颗粒中，因而可将砾岩的基质细分为泥质基质、砂质基质和砾石质基质。不同成因砾岩由于不同的搬运方式，其基质含量具有明显差异。

通过岩心观察可大致统计出相应取心段砾岩的基质含量，但未取心段基质含量无法获得。对于砂砾岩储层而言，利用中子测井和伽马测井对泥质含量进行评价是较为有效的方法，进而可类比进行基质含量计算。

伽马测井的泥质含量计算公式为

$$V_{sh} = \frac{2^{C\Delta GR} - 1}{2^C - 1}$$

$$\Delta GR = \frac{GR - GR_{min}}{GR_{max} - GR_{min}}$$

式中，GR_{max} 为纯泥岩的中子–伽马值，API；GR_{min} 为纯砾岩的中子–伽马值，API；其中，GR_{max} 与 GR_{min} 均在各井三叠系百口泉组内取值；C 为基质经验系数，可根据百口泉组岩心观察基质含量与自然伽马值按指数关系拟合确定 $C=1.46$（图2.15）；V_{sh} 为泥质含量。

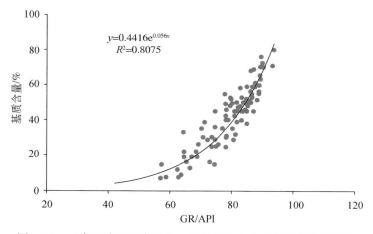

图2.15　玛湖凹陷百口泉组岩心观察基质含量与伽马拟合关系图

中子测井的泥质含量的计算公式为

$$V_{sh} = \frac{\phi_N - \phi}{\phi_{Nsh}}$$

式中，ϕ_N 为中子测井孔隙度；ϕ 为岩石有效孔隙度；ϕ_{Nsh} 为泥岩的视中子孔隙度。岩石的有效孔隙度可以从核磁共振测井数据中获得，因而通过中子孔隙度与核磁共振孔隙度可计算得到泥质含量，进而类比计算出砾岩的基质含量。

统计分析表明，通过中子测井对玛北地区砾岩基质含量的计算较为准确，而通过伽马测井对玛湖凹陷西斜坡与南斜坡区砾岩基质含量的计算较符合实际，因而分地区建立了不同基质含量的定量计算方法。将计算得到的基质含量与取心井段进行对比，表明通过中子–伽马计算得到的基质含量具有较高的准确性（图2.16）。

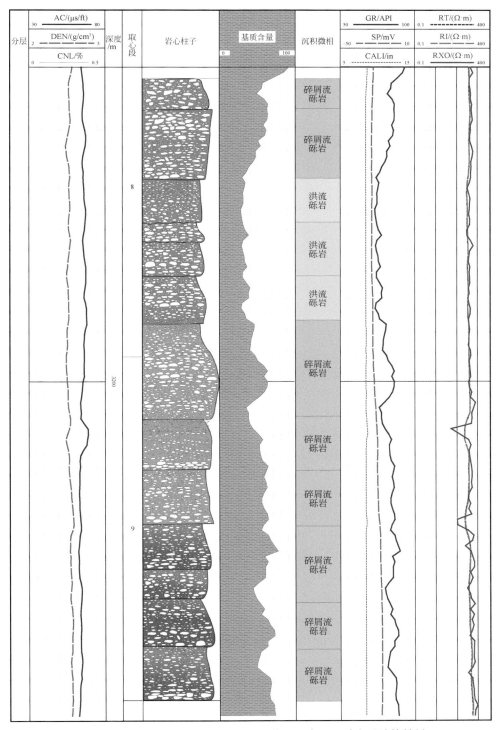

图 2.16　玛湖凹陷玛北斜坡区玛 152 井百口泉组基质含量计算结果

不同成因砾岩由于沉积流态与搬运方式不同，其基质含量也具一定差异，碎屑流砾岩中砾石以悬浮搬运为主，基质支撑是最主要的颗粒支撑形式，统计表明其基质含量在35%以上。

4）MPS/BTh

在研究砾岩沉积时，常会对砾岩段内最大粒径（MPS）与单层厚度（BTh）进行统计分析，二者的比值关系能反映出不同沉积搬运过程（Nemec and Stell，1988）。

玛湖凹陷三叠系百口泉组大量取心为统计最大粒径与单层厚度奠定了基础，为定量识别搬运机制提供了条件。统计表明，不同成因砾岩的 MPS/BTh 具有明显差异（图 2.17）。碎屑流砾岩的 MPS/BTh 线形拟合关系得到 MPS/BTh＝0.14，MPS 平均值为 8.5cm，BTh 平均值为 54cm，反映了单层较薄、粒度较粗的碎屑流沉积特征。

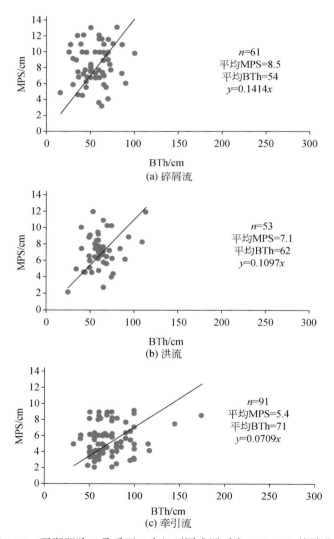

图 2.17　玛湖凹陷三叠系百口泉组不同成因砾岩 MPS/BTh 统计分布

5）粒度特征

砂砾岩的粒度分布受控于沉积时的流体动力条件，而流体动力条件主要包括搬运介质类型（冰川、水、风）、搬运介质特性（流速、流量、密度），以及搬运方式（滚动、跳跃、悬浮）。目前，Visher（1969）提出的粒度概率累积曲线已被广泛应用于沉积学各项研究中。

通过对三叠系百口泉组粒度数据进行统计做图可知，不同成因砾岩具有不同形态的粒度概率累积曲线。碎屑流砾岩粒度概率累积曲线呈简单一段悬浮式，斜率为 0.22 ~ 0.27，悬浮总体占 90% 以上，其中 32mm 以上的砾石即可发生悬浮搬运，反映碎屑流搬运介质密度高、以悬浮层流为主要搬运机制的特点（图 2.18）。

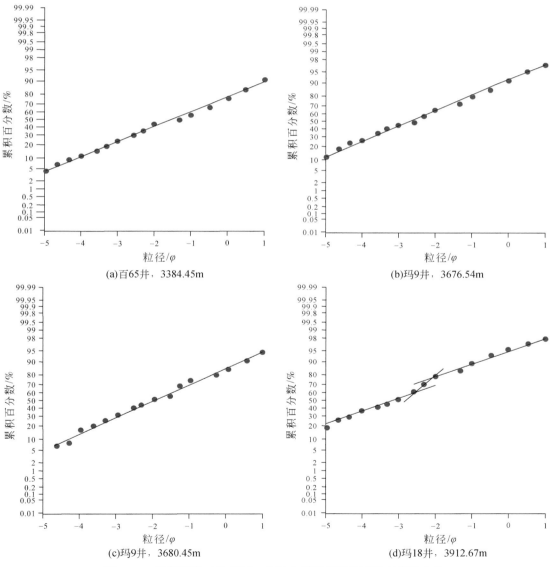

图 2.18　玛湖凹陷三叠系百口泉组碎屑流砾岩粒度概率累积曲线

粒度概率累积曲线表明绝大多数颗粒粒径大于 -2.5φ，平均粒径为 -3.36φ，标准偏差为 2.987，偏度为 0.108，峰度为 0.8 ［图 2.18（a）］，反映碎屑水道沉积整体为悬浮搬运，粒度范围分布广、平均粒径大、分选差、大小混杂、水介质能量极强，碎屑物质卸载快速，呈现动荡环境中能量不稳定的重力流沉积特征。

碎屑流砾岩的 C-M 图像呈平行于 $C=M$ 线的长条带状，样点主要集中在 Ⅱ 区，Ⅲ、Ⅳ区分布较少，沉积物粒度整体较粗，含细粒组分。最大粒径为 1 ~ 100mm，粒径中值为 0.2 ~ 24mm，C/M=6.1，碎屑物质整体分选较差，局部分选相对较好 ［图 2.19（a）］，反映沉积物整体呈递变悬浮搬运，具有典型的重力流沉积特征。

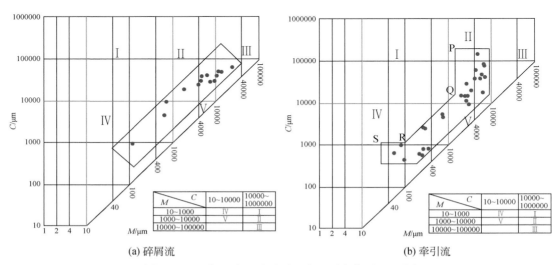

(a) 碎屑流　　　　　　　　　　　　　　　　　　(b) 牵引流

图 2.19　玛湖凹陷三叠系百口泉组砾岩典型 C-M 图

3. 洪流成因砂砾岩

1）岩石学特征

洪流成因砂砾岩通常呈现白灰色，具粒级层理构造，是高密度沉积物搬运过程中重力分异的结果，主要沉积岩相类型为叠瓦状砾岩相和粒级层理砾岩相，分选性好于碎屑流成因砂砾岩，砾石以次棱角状–次圆状为主（图 2.20）。

2）沉积序列

洪流成因砂砾岩主要沉积于扇三角洲前缘内带的辫状分支水道，与碎屑流砂砾岩相似，具有多旋回叠加，单次厚度薄、整体厚度大的特点（图 2.14）。

3）基质含量

洪流成因砂砾岩是碎屑流向牵引流过渡的阶段性产物，与牵引流相比，其沉积物密度相对较高，随着重力作用在搬运过程中减弱，在重力流的前端卸载区发生沉积，因而基质含量介于碎屑流和牵引流成因砂砾岩之间。统计表明，玛湖凹陷斜坡区洪流成因砂砾岩基质含量为 15% ~ 35%（图 2.15）。

图 2.20　玛湖凹陷风南地区风南 11 井百口泉组洪流砾岩岩心宏观特征

4）MPS/BTh

洪流砾岩的 MPS/BTh 线形拟合关系得到 MPS/BTh = 0.10，BTh 平均值为 62cm，MPS 平均值为 7.1cm，厚度较碎屑流砾岩大［图 2.17（b）］。

5）粒度特征

洪流成因砂砾岩碎屑颗粒搬运方式以跳跃和悬浮式为主。与碎屑流成因砂砾岩的单一悬浮式搬运相比，洪流砂砾岩中开始出现跳跃次总体，粒度概率累积曲线表现为两段式。玛湖凹陷斜坡区二叠系下乌尔禾组、上乌尔禾组与三叠系百口泉组砂砾岩跳跃次总体占 40% ～75%，斜率为 0.6～0.65；悬浮次总体占 25% ～60%，斜率为 0.20～0.25，代表发生悬浮搬运碎屑颗粒粒度的细截点（S 截点）为 -4φ ～ -2.5φ（图 2.21）。

粒度概率累积曲线呈单峰式，粒径主要分布在 -5φ ～ -2.0φ，平均粒径为 -2.071φ，标准偏差为 2.19，偏度为 0.39，峰度为 1.15［图 2.22（b）］。

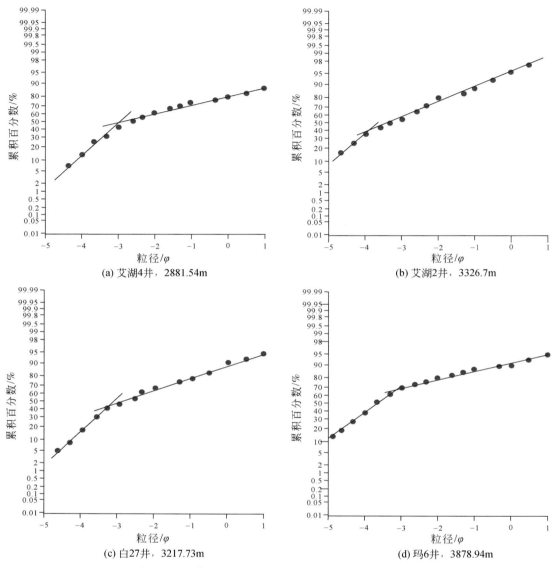

(a) 艾湖4井，2881.54m

(b) 艾湖2井，3326.7m

(c) 白27井，3217.73m

(d) 玛6井，3878.94m

图2.21 玛湖凹陷百口泉组洪流砾岩粒度概率累积曲线

4. 牵引流成因砂砾岩

1) 岩石学特征

牵引流砂砾岩通常呈浅灰绿色，发育典型槽状交错层理、板状交错层理以及平行层理等沉积构造，主要形成的砂砾岩岩相为 Gt、Gp、Gh，具有砾石分选好、磨圆度与结构成熟度均较高的特点，体现了水流搬运过程中经历的长期分选与磨圆作用。与碎屑流成因以及洪流成因相比，具有较高的成分成熟度，其石英碎屑颗粒含量普遍较高，偶见水道冲刷泥砾。该类型砂砾岩具有基质含量低、孔隙发育度高的特点，是有利的油气储层（图2.23）。

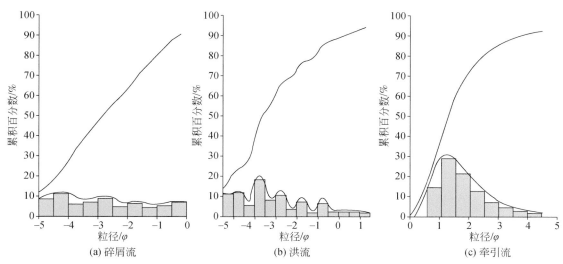

图 2.22　玛湖凹陷三叠系百口泉组砾岩粒度频率累积曲线

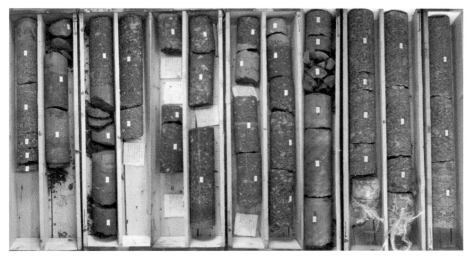

图 2.23　玛湖凹陷艾湖 6 井牵引流砾岩岩心宏观特征

2）沉积序列

牵引流砂砾岩主要沉积于扇三角洲前缘外带辫状分支水道以及水下分流河道微相中，表现为以中−细砾岩为主，具有单韵律层厚度大，常与灰绿色粉砂质泥岩互层的特点。此外，还有小部分牵引流砂砾岩沉积于碎屑流与洪流上部，形成于重力流沉积末期向牵引流转化过程中。正粒序与反粒序均可见，广泛发育成层性较好的牵引流沉积构造，砾石颗粒顺层理面排列。

3）基质含量

由于受牵引流搬运机制影响，沉积期沉积流体密度小，且水流搬运介质淘洗作用强烈，牵引流成因砂砾岩中基质含量较低，统计表明其含量小于15%（图2.15）。

4）MPS/BTh

牵引流砾岩的 MPS/BTh 线形拟合关系得到 MPS/BTh=0.07，即最大粒径与单层厚度比值在0.07，可作为判断牵引流砾岩的识别依据。MPS 平均值为5.4cm，BTh 平均值为71cm，反映其最大粒径较细、单层厚度较厚的特点，可与其他砾岩区分开［图2.17（c）］。

5）粒度特征

牵引流成因砂砾岩粒度概率累积曲线为典型的三段式，滚动、跳跃、悬浮次总体均有发育，对玛湖凹陷二叠系下乌尔禾组、上乌尔禾组与三叠系百口泉组分析认为

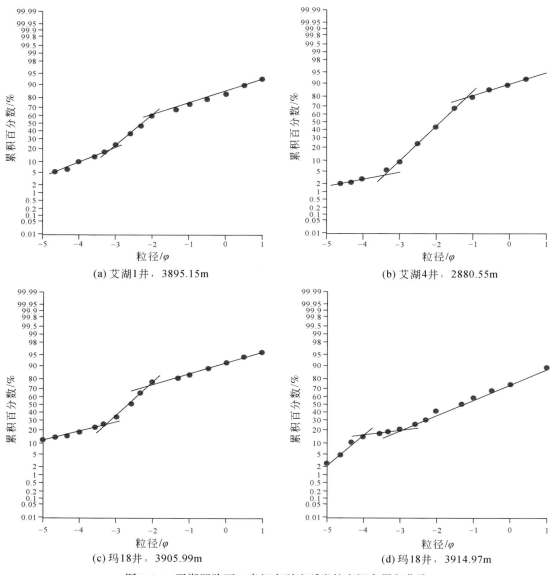

(a) 艾湖1井，3895.15m　　　　　　　(b) 艾湖4井，2880.55m

(c) 玛18井，3905.99m　　　　　　　(d) 玛18井，3914.97m

图2.24　玛湖凹陷百口泉组牵引流砾岩粒度概率累积曲线

（图 2.24），其牵引流成因砂砾岩中滚动次总体占 10%～15%、斜率为 0.23～0.25，跳跃次总体占 60%～65%、斜率为 0.88～0.9，悬浮总体占 20%～25%、斜率为 0.28～0.31，S 截点粒径为 -1.1φ～1.3φ，粗截点（T 截点）粒径为 -2.6φ～-2.4φ。粒度概率累积曲线呈单峰式，粒径主要分布在 -2.5φ～1φ，平均粒径为 -1.23φ，标准偏差为 1.855，偏度为 0.202，尖度为 1.092，反映辫状分支水道入湖后形成的水下分流河道微相水介质能量有所降低，沉积物平均粒径减小，分选变好。

牵引流沉积砂砾岩 C-M 图主要发育 PQ、QR 段，RS 段次之［图 2.19（b）］，反映以滚动和跳跃搬运为主，悬浮搬运次之，主要发育于扇三角洲前缘。样点主要分布在 Ⅱ、Ⅳ 区，粒度发育范围广；图形较窄，分布相对较为集中，沉积物分选相对较好。底部扰动相对较大，水体能量持续性好，递变悬浮区间相对不发育。

2.3.2　沉积相组合特征

扇三角洲是碎屑沉积物随搬运流体推进至稳定水体中的冲积扇，因其成因的特殊性而得名，而并非源于其形状似扇形的缘故。扇三角洲是三角洲沉积中的特殊类型，具有陆上、水陆过渡区及水下 3 个部分。

玛湖凹陷二叠系—三叠系主要为扇三角洲沉积，广泛发育扇三角洲平原、扇三角洲前缘及前扇三角洲亚相沉积，形成复杂的岩性-岩相组合。以玛湖凹陷斜坡区三叠系百口泉组为例，综合沉积物颜色、粒度、沉积构造、沉积微相，以及沉积物经历的成岩作用等特征，将百口泉组复杂的岩性组合特征划分为 11 种岩相类型（图 2.25）。其中扇三角洲平原亚相发育 3 种岩相：水上泥石流砾岩相、辫状河道砂砾岩相和平原河道间砂泥岩相；扇三角洲前缘亚相发育 6 种岩相：水下主河道砾岩相、水下河道砂砾岩相、水下河道间砂泥岩相、水下泥石流砂砾岩相、水下河道末端砂岩相和河口坝-远砂坝砂岩相；前扇三角洲亚相发育两种岩相：前扇三角洲粉砂岩相和前扇三角洲泥岩相（张顺存等，2015b）。

1. 扇三角洲平原亚相

扇三角洲平原亚相为陆上扇三角洲部分与洪-冲积扇连接地带，与冲积扇扇中-扇缘带沉积特征相似，多为近源砾质辫状河沉积，除发育分流河道、分流河道间、漫滩沼泽微相外，还可见以重力流搬运机制为主的泥石流沉积，前者主要沉积砂砾岩及砂岩、泥岩，后者主要是砾岩，多呈厚层块状、具不明显平行层理或交错层理，分选差，砂质或泥质基质广布，砂砾比向上增加。可以说高度河道化、持续深切水流和良好的侧向连续性，是该亚相的典型特征。

与常规冲积扇扇体相比，扇三角洲平原亚相沉积受湖盆水体影响较明显，主要具有以下特征：

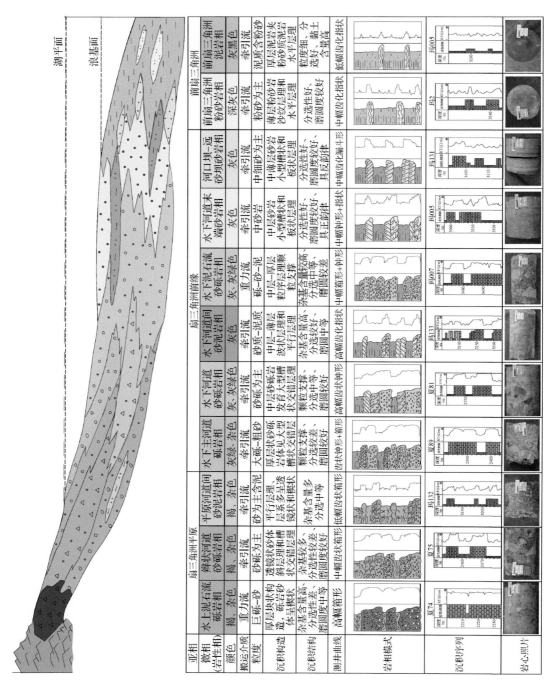

图2.25 玛湖凹陷区扇三角洲沉积序列及沉积微相-岩相模式（据雷德文等，2018）

首先，扇三角洲平原由于近物源、高坡度入湖特点，导致其很少发育大面积片流沉积。其次，扇三角洲平原的发育范围很大程度上受控于湖盆滨线位置，而不像冲积扇那样扇体发育较为自由。再次，扇三角洲平原沉积受大气降水旋回影响，一般不会过于干旱。最后，扇三角洲平原展布受主辫状水道控制，随着湖平面变化，这些水道以及所导致的沉积建造将发生相应变化。

1）扇三角洲平原水上泥石流砾岩相

扇三角洲平原水上泥石流砾岩相（图 2.26）是扇三角洲的水上部分，其结构和构造具有冲积扇的沉积特征，包括洪水期重力流和泥石流沉积特征。其最重要的标志是共生的砾岩、砂砾岩及泥岩多为氧化色（如褐、棕色及杂色）。发育冲刷充填构造、高角度斜层理及砾岩呈楔状厚层块状构造。（砂）砾岩在垂向上以块状韵律层叠置为特征，底部见冲刷构造。平原水上泥石流砾岩相粒度较粗，沉积物无规律排列、分选性差，粒度概率累积曲线为悬浮一段式，具有密度流沉积性质，反映了动荡环境中能量不稳定的重力流特点。岩石杂基含量高，电性曲线特征为高幅箱型，反映当时沉积能量较高。从压汞曲线可知，排驱压力较高，孔喉半径很小，退汞压力较差。泥石流沉积具有大小混杂、快速沉积、砾石磨圆分选不一的特点，具备发育储集岩的条件（图 2.26）。

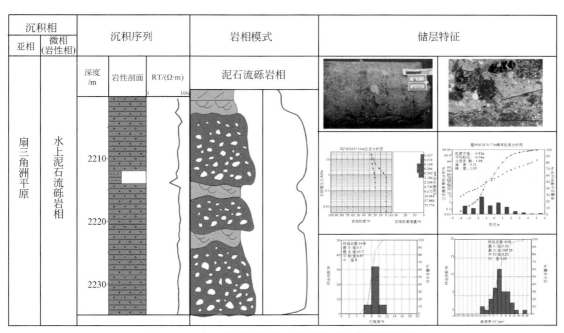

图 2.26　扇三角洲平原水上泥石流砾岩相沉积特征
图中岩相模式列的曲线为 RT 曲线模式，下同

2）扇三角洲平原辫状河道砂砾岩相

扇三角洲平原辫状河道砂砾岩相（图 2.27）主要由褐、杂色砂砾岩、砂质砾岩和砾状砂岩构成。砾石成分复杂，大小不等，杂乱分布，呈次圆状-次棱角，分选差。砾岩多为碎屑支撑，砾石间多为混合杂基充填，发育透镜状砂体斜层理、槽状交错层理、块状构

造、递变层理及高角度斜层理。此外，辫状河道砂砾岩中发育冲刷面，反映洪水的频繁冲刷和充填过程。在水体能量最强处，细杂基被冲刷掉，往往形成同级颗粒支撑砾岩。在测井曲线上表现为正旋回特征，单个旋回为齿化或弱齿化箱形，曲线组合形态为多个箱形垂向叠加。其粒度分布表现为粒级分布广、斜率小、截点不明显等特征；粒度概率累积曲线主要为斜率较小的两段式。压汞曲线可以看出属于歪孔细喉，退汞效率相对较好，孔喉半径部分大于4μm。孔隙度和渗透率较高，反映扇三角洲平原辫状河道砂砾岩具备良好的储集性能，可成为较为有利的储集岩相。

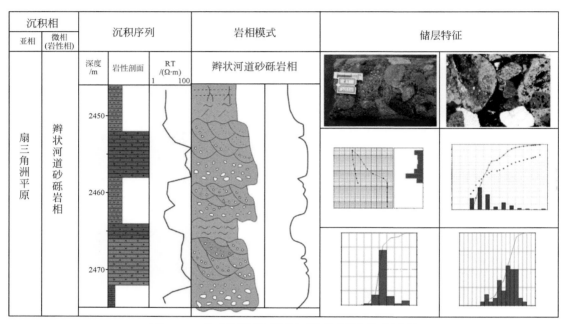

图 2.27　扇三角洲平原辫状河道砂砾岩相沉积特征

3) 扇三角洲平原河道间砂泥岩相

扇三角洲平原河道间砂泥岩相（图 2.28）是洪水溢出辫状河道后在河道侧缘沉积而成的。岩性主要为褐、棕褐、杂色泥岩夹泥质粉砂岩及粉砂岩，所夹的砂砾质沉积多系洪水季节河床漫溢沉积结果，常为黏土夹层或薄透镜状。此套沉积在垂向上和平面上夹于辫状河道之间，杂基含量多，分选中等，发育平行层理，层系多呈透镜状和楔状；粒度曲线为不典型的两段式，粒度截点较大，反映粒度较细。在测井曲线响应上表现为低幅齿化箱型，反映水流冲刷弱，水动力条件不强，沉积物以细粒为主。压汞分析退汞效率极差，孔喉属于微孔，孔渗条件也较差，几乎不具备储集性能。

2. 扇三角洲前缘亚相

扇三角洲前缘（也称为过渡带）以较陡的前积相为特征，与扇三角洲平原的本质区别是牵引流构造很发育，常见大、中型交错层理，向下方渐变为前扇三角洲沉积，以不规则分布的泥、砂和砾石的透镜状层为特点。扇三角洲前缘亚相主要沉积于滨湖带，是扇三角

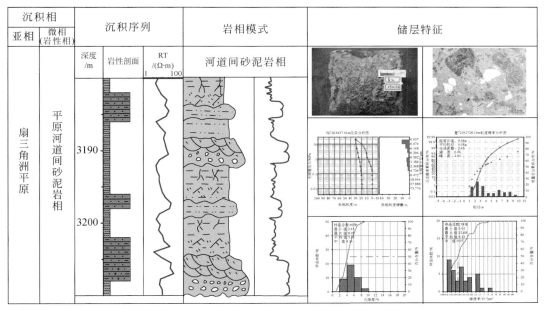

图 2.28　扇三角洲平原河道间砂泥岩相沉积特征

洲最活跃的沉积中心。由于受河流、波浪反复作用，砂泥经冲刷、簸扬和再分布，形成分选较好、质地较纯的砂质和分选好的沉积物集中带。岩性以浅灰色砂砾岩、砂质砾岩为主，夹少量泥质粉砂岩和粉砂质泥岩，常见波痕，发育大型前积层理、小型楔状层理，以及波状层理、滑塌变形构造等，并含植物等化石碎片。扇三角洲前缘亚相是高能沉积环境的产物，具有分选性良好、泥质含量低的沉积特征，是优质储层的主要发育相带。

1）扇三角洲前缘水下主河道砾岩相

扇三角洲前缘水下主河道砾岩相（图 2.29）是扇三角洲沉积主体，也是砂体最发育部位，分布范围最大。沉积物主要为灰绿、杂色砾岩、砂砾岩和粗砂岩，分选较差，磨圆较好，呈次圆状−次棱角，以颗粒支撑为主，厚层状砂砾岩体中可见大型槽状交错层和斜层理。电阻曲线主要为齿状钟形+箱形复合型。粒度概率累积曲线具有典型牵引流沉积特征，为典型的两段式，分选系数为 1.75，分选较差。从压汞曲线可看出退汞效率较好，属于中孔细喉，孔隙度较好，渗透率变化较大，储层空间变化较大，非均质性较强。

2）扇三角洲前缘水下河道砂砾岩相

扇三角洲前缘水下河道砂砾岩相（图 2.30）是随着平原亚相辫状河道向湖推进、河道变宽变浅、分叉增多而形成的水下分流河道，随水流能量降低，常发生淤塞而改道。沉积物主要为灰、灰绿色砾状砂岩、含砾砂岩和砂岩，砾岩量少，以颗粒支撑为主，磨圆较好。中层砂砾岩发育大型槽状交错层理，局部见砾石定向排列及小型冲刷面和滞留砾石、泥砾。粒度概率累积曲线为典型两段式，具明显河道沉积特点，且斜率较低，分选不好。电阻曲线主要为高幅齿状钟形，也可因水道退缩形成钟形+箱形复合型。从压汞曲线和孔渗直方图可以看出，扇三角洲前缘水下河道砂砾岩相是优质储集岩相，退汞效率高，孔喉半径均值较高，物性相对较好。

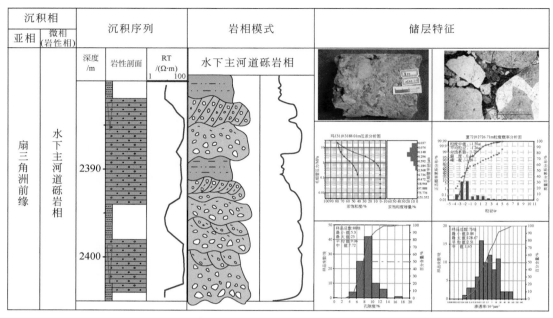

图 2.29 扇三角洲前缘水下主河道砾岩相沉积特征

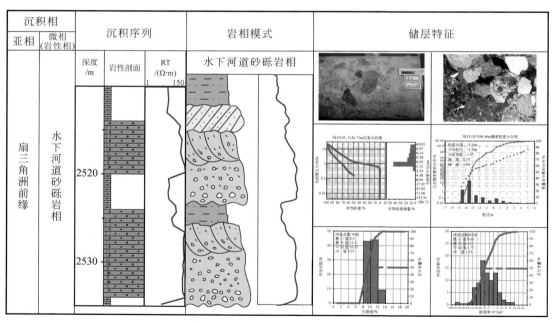

图 2.30 扇三角洲前缘水下河道砂砾岩相沉积特征

3) 扇三角洲前缘水下河道间砂泥岩相

　　扇三角洲前缘水下河道间缺乏稳定的泥岩沉积,主要为灰绿色至灰色块状或具水平层理的砂质、粉砂质泥岩夹薄层或透镜状砂岩 (图2.31)。在垂向相序上介于水下分流河道之间,由于水下分流河道冲刷力强,改道频繁,一旦发生改道,这些沉积物将被冲刷变薄甚至全部缺失。其粒度概率累积曲线为悬浮一段式,粒径中值为 3.63φ,分选系数为 2.65,说明分选较好。电阻率曲线多为齿状、指状或齿化指状。从压汞曲线和孔渗条件看,扇三角洲前缘水下河道间砂泥岩相物性条件极差,不具备储集性能。

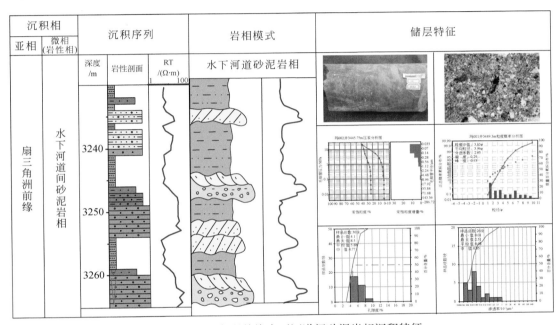

图 2.31　扇三角洲前缘水下河道间砂泥岩相沉积特征

4) 扇三角洲前缘水下泥石流砂砾岩相

　　扇三角洲前缘水下泥石流砂砾岩相 (图2.32) 主要由灰、灰绿色砾岩、砂砾岩、砂岩、泥岩混合沉积,中层–厚层粒序层理,颗粒支撑,杂基含量高,分选相对较差,磨圆中等。粒度概率累积曲线为宽缓上供式,曲线呈略向上凸弧形,跳跃总体和悬浮总体缓慢过渡而无明显转折点,颗粒粒度区间为 $-5\varphi \sim 5\varphi$,变化范围大,物质混杂,水体密度大,表现为重力流特征。测井曲线为中幅箱形+钟形的复合型。从压汞曲线可知,孔喉半径相对较小,退汞效率较差。孔渗相对较好,说明水下泥石流砂砾岩沉积物具有一定储集性能。

5) 扇三角洲前缘水下河道末端砂岩相

　　扇三角洲前缘水下河道末端砂岩相 (图2.33) 是扇三角洲水下分流河道末端的细粒沉积,主要由灰色中粗砂岩组成,其中也常夹有含砾砂岩,中层砂岩中见小型槽状和板状层理,分选性好,磨圆度较好,具正韵律。测井曲线为中幅钟形+指状。粒度概率累积曲

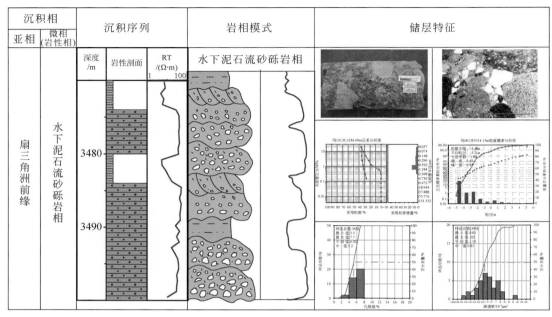

图 2.32　扇三角洲前缘水下泥石流砂砾岩相沉积特征

线为一跳一悬加过渡式,反映了平水期水流进入湖盆后能量降低的水动力特征。压汞曲线排驱压力较低,退汞效率较好。孔渗条件较好,说明河道末端砂经过了稳定水动力条件冲刷,沉积物经过充分淘洗,杂基含量低,是良好的储集岩。

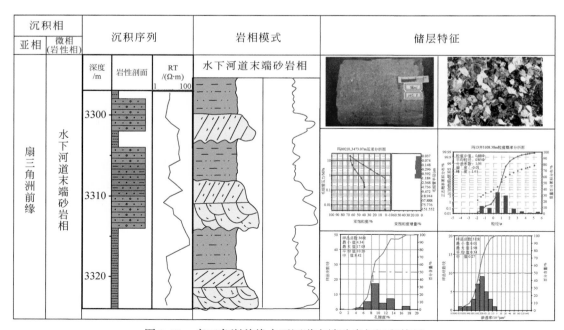

图 2.33　扇三角洲前缘水下河道末端砂岩相沉积特征

6）扇三角洲前缘河口坝–远砂坝砂岩相

扇三角洲前缘河口坝–远砂坝砂岩相（图 2.34）是水下分流河道向盆地方向的延伸。沉积物粒度变细，由油浸中细砂岩、粉砂岩或含油斑的含砾细砂岩组成。岩心可见清晰交错层理和板状层理，冲刷面少见，上部常见波状交错层理和波状层理。岩石杂基含量低，分选性好，磨圆度较好，在岩性剖面及电性上均表现为由下向上变粗的反韵律旋回。粒度概率累积曲线为典型三段式，斜率较高，说明分选好，具有明显的牵引流特征。电阻率曲线为中幅齿化漏斗形，反映河道冲刷作用减弱。压汞曲线表现为中孔中喉，退汞效率高，平均孔喉半径较大。孔隙度和渗透率一般较高，是该区较为有利储集岩相，且由于三叠纪沉积期准噶尔盆地西北缘为退积沉积序列，波浪作用较弱，因此该类砂体在研究区较为发育是勘探的一个重要目标。

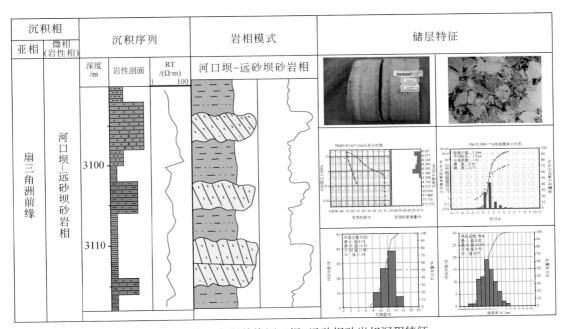

图 2.34　扇三角洲前缘河口坝–远砂坝砂岩相沉积特征

3. 前扇三角洲亚相

前扇三角洲位于扇三角洲前缘亚相的前方，是扇三角洲体系中分布最广、沉积最厚区，主要发育两种岩相类型。

1）前扇三角洲粉砂岩相

前扇三角洲粉砂岩相（图 2.35）沉积构造不发育，见沙纹层理和水平层理。粉砂岩磨圆和分选均较好，粒度概率累积曲线为典型两段式，且跳跃成分斜率较高，分选较好且有持续稳定水动力条件。其电阻率测井曲线为中幅齿化指状。压汞曲线中可见孔喉较差，排驱压力高，退汞效率差，孔渗条件差，较难成为储集岩。若扇三角洲前缘沉积速度快，可形成滑塌成因的浊积砂砾岩体包裹在前扇三角洲或深水盆地泥质沉积中。

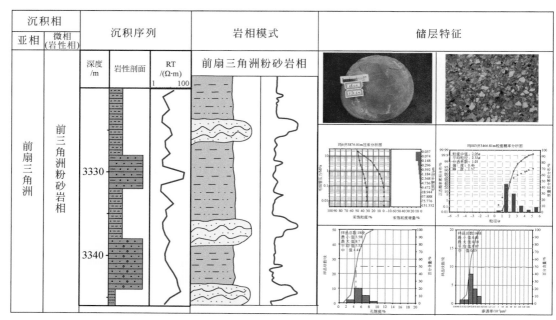

图 2.35　前扇三角洲粉砂岩相沉积特征

2）前扇三角洲泥岩相

前扇三角洲泥岩相（图 2.36）位于扇三角洲最前缘并与湖泊相过渡。岩性为灰色泥岩夹薄层泥质粉砂岩和细砂岩互层，具水平层理。粒度细、分选好、黏土含量高，粒度概率累积曲线为两段式，说明前扇三角洲水动力条件较为稳定。电阻率曲线呈指状或齿状，压汞曲线显示前扇三角洲泥岩相根本不具储集性能，但在适当沉积背景下可作为良好的生油岩层和盖层。

2.3.3　沉积相展布特征

玛湖凹陷三叠系百口泉组与二叠系上乌尔禾组、下乌尔禾组表现为多期退覆式砂体纵向叠置、横向搭接连片特点，为该区油气成藏提供了重要的储层条件。

1. 百口泉组沉积相展布特征

玛湖凹陷三叠系百口泉组自下而上分为百一、百二和百三段共 3 个岩性段，从物源方向到湖盆沉积中心，其沉积物表现出明显的规律性变化。其中百口泉组下部（百一段为主）沉积物以扇三角洲平原分流河道砾岩沉积为主，向湖盆逐渐变为砂砾岩、扇三角洲前缘水下分流河道砂砾岩。百口泉组中上部沉积物变化较复杂：从下到上近物源区为平原河道砾岩→前缘水下分流河道砾岩→前缘水下分流河道砂砾岩→前缘水下分流河道间砂泥岩沉积；随着距物源区距离增加，平原分流河道和前缘水下分流河道砾岩厚度变

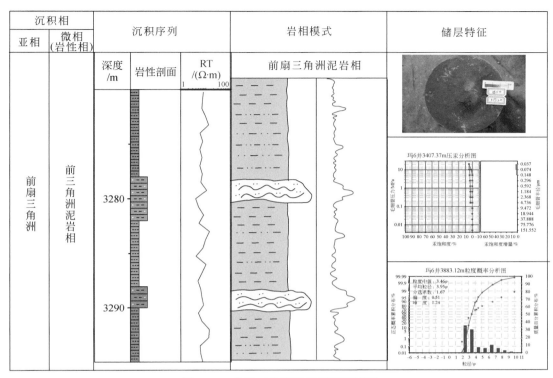

图 2.36　前扇三角洲泥岩相沉积特征

薄，在前缘水下分流河道砂砾岩之上，还发育前缘水下分流河道末端砂岩；离物源区更远处平原和前缘砾岩均不发育，厚度变薄直至消失，而平原分流河道砂砾岩、前缘水下分流河道砂砾岩厚度增加，其上的前缘水下分流河道砂岩厚度增加，局部还发育有前缘席状砂沉积，前缘水下分流河道间砂泥岩、前扇三角洲–滨浅湖泥岩沉积物厚度和范围均增大。

　　垂直物源区方向，以金龙 2—克 81—玛湖 1—玛 9—百 65—艾湖 2 井剖面为例（图2.37），金龙 2 井百一段主要为平原分流河道砾岩沉积，百二段主要为平原分流河道砂砾岩沉积，顶部为前缘水下分流河道间沉积夹薄层席状砂沉积，百三段主要为前扇三角洲–浅湖沉积。剖面上其他各井沉积微相及岩性相都很相似，百一段主要为前缘水下分流河道砂砾岩（百 65 井和艾湖 2 井为前缘水下分流河道末端砂岩）夹前缘水下分流河道间沉积；百二段主要为前缘水下分流河道末端砂岩（百 65 井和艾湖 2 井还可见到前缘水下分流河道砂砾岩）夹前缘水下分流河道间沉积（玛 9 井夹有河口坝和席状砂）；百三段主要为前缘水下分流河道间沉积夹薄层前缘水下分流河道末端砂岩（图 2.37）。该剖面横向上切过多个扇体，沉积物粒度变化较大，总体显示纵向上水体逐渐加深，沉积物粒度变细。

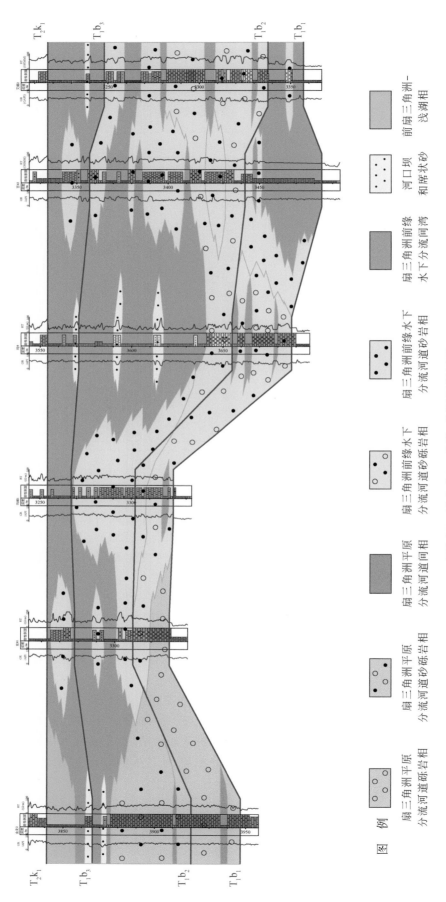

图2.37 过金龙2—艾湖2井沉积相相剖面

图例

扇三角洲平原
分流河道砾岩相

扇三角洲平原
分流河道砂砾岩相

扇三角洲平原
分流河道间相

扇三角洲前缘水下
分流河道砂砾岩相

扇三角洲前缘水下
分流河道砂岩相

扇三角洲前缘
水下分流河道间湾

河口坝
和席状砂

前扇三角洲–
浅湖相

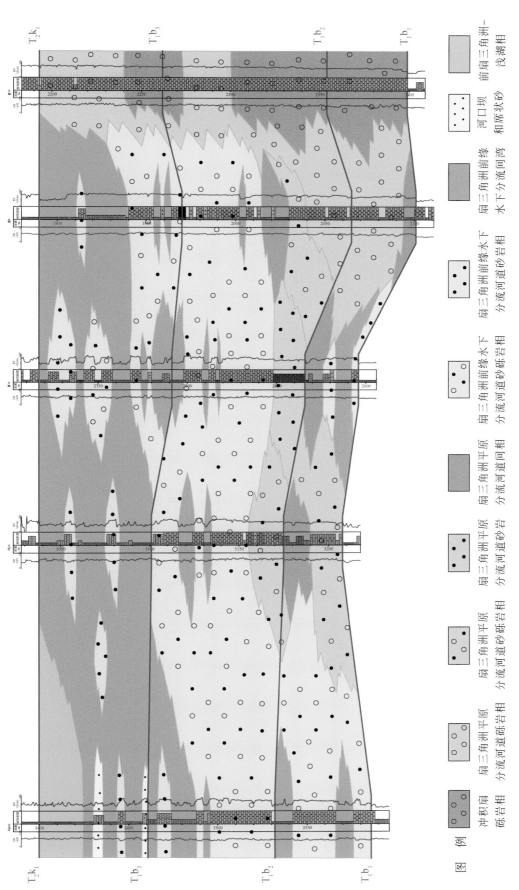

图 2.38 过玛 003—夏 74 井沉积相剖面

图 例

| | 冲积扇扇砾岩相 | 扇三角洲平原分流河道砾岩相 | 扇三角洲平原分流河道砂砾岩相 | 扇三角洲平原分流河道砂岩相 | 扇三角洲前缘水下分流河道砂砾岩相 | 扇三角洲前缘水下分流河道砂岩相 |

| | 扇三角洲前缘水下分流间湾 | 河口坝和席状砂 | 前扇三角洲-浅湖相 |

平行物源区方向，以玛003—玛13—夏72—夏9—夏74井剖面为例（图2.38），其沉积物物源来自夏74井区方向，往玛003井方向靠近沉积中心，因此沉积物粒度在该剖面上变化较明显，总体上同一层段由西南端玛003井到东北端的夏74井，沉积物粒度变粗，说明距离物源更近。百一段沉积期，玛003井主要发育前缘水下分流河道砂砾岩夹前缘水下分流河道间沉积；玛13井主要发育平原分流河道砂砾岩夹平原分流河道间沉积；夏72井粒度较细，主要发育前缘水下分流河道末端砂岩夹前缘水下分流河道间沉积，上部发育平原分流河道间沉积物；夏9井和夏74井主要发育砾岩，前者属于平原分流河道砾岩，后者属于冲积扇砾岩。百二段沉积期，剖面西南端玛003井依然发育前缘水下分流河道砂砾岩，顶部为前缘水下分流河道间沉积夹薄层前缘水下分流河道末端砂岩；剖面东北端夏74井发育冲积扇砾岩与前缘水下分流河道砾岩互层；其余3口井底部主要发育平原分流河道沉积物，从玛13井到夏72井，再到夏9井，依次为平原分流河道砂砾岩、平原分流河道砂岩、平原分流河道砾岩夹平原分流河道砂砾岩，中上部主要发育前缘水下分流河道砂砾岩夹薄层前缘水下分流河道间沉积。百三段沉积期，剖面西南端玛003井下部主要发育前缘水下分流河道间沉积夹河口坝、席状砂沉积，上部为前扇三角洲-浅湖沉积；剖面东北端夏74井底部发育冲积扇砾岩，中上部发育平原分流河道砂砾岩，玛13井主要发育前缘水下分流河道间沉积夹透镜状前缘水下分流河道末端砂岩，其余2口井下部主要发育前缘水下分流河道砂砾岩，中上部发育前缘水下分流河道间沉积夹透镜状前缘水下分流河道末端砂岩。总体上，该剖面沉积物分布特征及分布规律反映了沉积物向上粒度变细，横向上从物源方向向湖盆方向过渡，沉积环境由水上平原向水下前缘过渡，沉积物粒度也由砾岩为主过渡到砂砾岩为主，再过渡到砂泥岩（前缘水下分流河道间沉积为主）的变化规律。

1）百一段沉积相平面分布特征

玛湖地区在百一段沉积期，主要发育四大冲积扇群，从南到北、从西到东依次是：中拐扇群、黄羊泉扇群、夏子街扇群和夏盐扇群；其物源主要方向依次是：金龙2-金龙9井附近西部物源、黄4-黄3井附近西北部物源、夏74-夏9井附近东北部物源、夏盐3-夏盐2井附近东部物源。该时期全区主要发育扇三角洲平原、扇三角洲前缘、前扇三角洲-浅湖沉积亚相（图2.39）。在夏74井附近还可见到小范围的冲积扇扇缘亚相。

其中扇三角洲平原亚相主要发育平原分流河道砾岩和平原分流河道砂砾岩，仅在乌尔禾地区见少量平原分流河道砂岩；平原亚相分布区域与4个方向物源关系密切，分布在玛湖凹陷区西南角、西北部、东北部和东部4个区域，靠近物源为平原分流河道砾岩，外围为平原分流河道砂岩，后者分布范围大于前者。前扇三角洲-浅湖沉积亚相主要分布在研究区中部到南部位置，在艾克1井附近也有发育，在该相与平原亚相之间分布着大范围的前缘亚相；从平原分流河道砂砾岩向湖盆中心，依次发育前缘水下分流河道砂砾岩、前缘水下分流河道末端砂岩，二者在平面上范围大致接近，前者在平面上环绕平原分流河道砂砾岩分布，后者在平面上连片分布且在物源之间发育小范围前缘水下分流河道间沉积。

总体上，百一段沉积期，平原亚相、前缘亚相沉积范围都较大，前扇三角洲-浅湖沉积亚相沉积范围相对较小，平原分流河道砾岩分布范围较广，反映该时期水动力条件较强，物源供给较丰富的沉积环境。

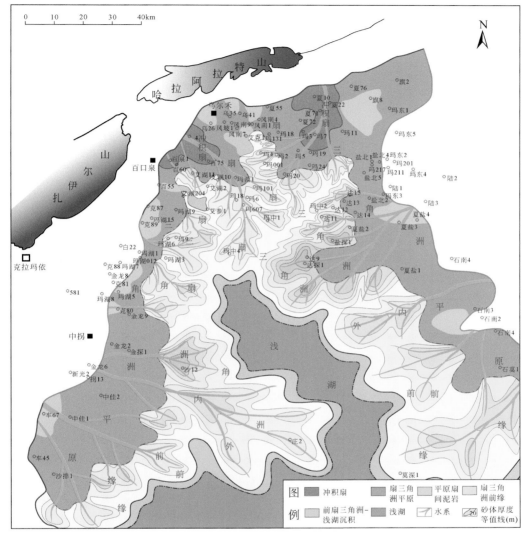

图 2.39　玛湖凹陷百口泉组一段沉积相平面图

2) 百二段沉积相平面分布特征

百二段沉积期，玛湖凹陷区基本上继承了百一段沉积期特征，在中拐扇和黄羊泉扇之间增加了一个克拉玛依扇，物源相应变为 5 个（增加了西部克 86-克 89 井一带西北部物源）。该时期扇三角洲平原沉积范围比百一段有所减小，除克 86-克 89 井一带发育平原分流河道砂砾岩外，依然由平原分流河道砾岩、砂砾岩组成，平原分流河道砂岩不发育。扇三角洲前缘沉积范围与百一段相比有所缩小，总体向物源方向退缩，前缘水下分流河道砂砾岩在平面上略呈连片分布，前缘水下分流河道末端砂岩继续呈连片分布。前扇三角洲-浅湖相沉积范围较百一段有了较明显增加（图 2.40）。总体上百口泉组二段沉积期，继承了一段沉积期的特征，与百一段相比，水体逐渐加深，沉积物粒度略微变细，物源供给量略有减少（东北部物源与东部物源变化不明显）。

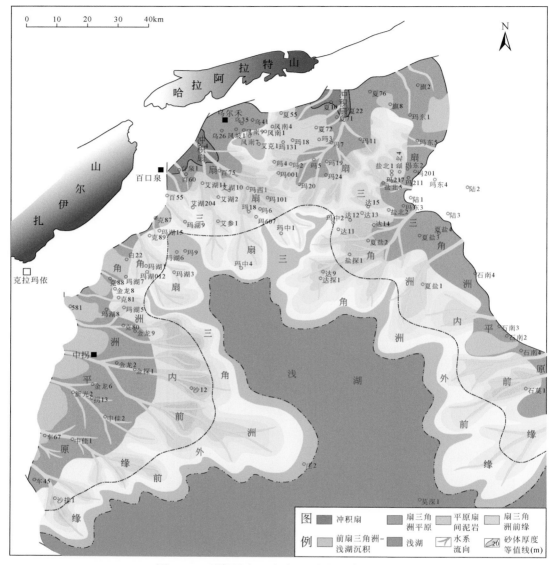

图 2.40　玛湖凹陷三叠系百二段沉积相平面图

3）百三段沉积相平面分布特征

与百二段相比，百三段沉积期玛湖凹陷区水体加深明显，克拉玛依扇物源基本消失，中拐扇和夏盐扇所控制物源表现为前缘亚相较发育，平原亚相退缩消失。该沉积期玛湖凹陷大范围为前扇三角洲-浅湖沉积亚相，扇三角洲沉积范围大幅缩小。其中，中拐扇控制的西部物源在金龙8-金龙9井一带发育小范围前缘水下分流河道末端砂岩、前缘水下分流河道砂砾岩。黄羊泉扇控制的西北部物源和夏子街扇控制的东北部物源在研究区东北部均发育小范围平原分流河道砾岩和砂砾岩、前缘水下分流河道砂砾岩，同时发育范围较广的前缘水下分流河道末端砂岩。夏盐扇控制的东部物源在夏盐3-夏盐2井一带发育小范围前

缘水下分流河道砾岩及范围较广的前缘水下分流河道砂砾岩、前缘水下分流河道末端砂岩
（图 2.41）。

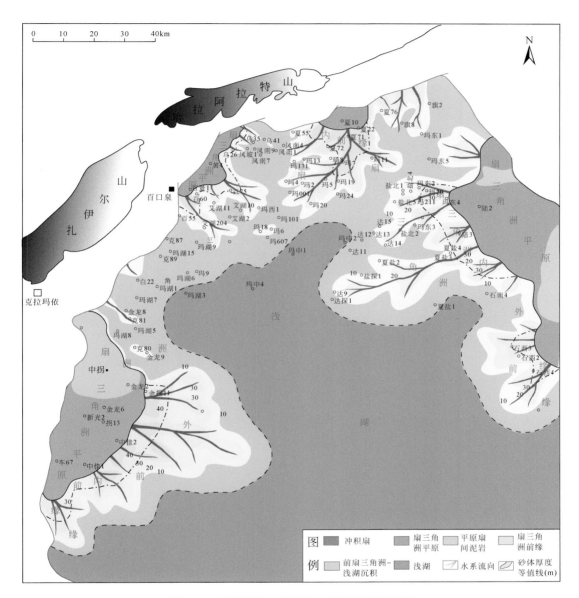

图 2.41　玛湖凹陷三叠系百三段沉积相平面图

　　总体来看，从百一段到百二段，玛湖凹陷区水体逐渐加深，沉积物粒度略有变细；扇
三角洲平原亚相沉积范围减小，并向物源区退缩；扇三角洲前缘亚相沉积范围也略有减
小；而前扇三角洲–浅湖沉积亚相范围增大。从百二段到百三段，水体加深明显，沉积物
粒度变细；扇三角洲平原亚相沉积范围缩小明显，仅在北西和北东发育非常小范围沉积；
前缘亚相沉积范围也有明显缩小，并向物源方向退缩；前扇三角洲–浅湖沉积亚相在玛湖

凹陷区内广泛分布。沉积相的这种演化规律使百一段和百二段主要发育优质油气储层，百三段则主要发育区域盖层，二者构成了玛湖凹陷有利的油气储盖组合。

2. 上乌尔禾组沉积相展布特征

玛湖凹陷上二叠统上乌尔禾组主要为冲积扇入湖形成的扇三角洲–湖泊沉积体系，发育扇三角洲平原、扇三角洲前缘、前扇三角洲及滨浅湖亚相，发育有分流间湾、水下分流河道、河口砂坝及滩坝等沉积微相（表2.3）。钻井揭示上乌尔禾组储层主要为分流间弯和水下分流河道沉积。

表 2.3 玛湖凹陷南斜坡区二叠系上乌尔禾组沉积相类划分表

沉积相	亚相	微相	分布层位
扇三角洲	扇三角洲平原	辫状河道、分流间湾	P_3w_2、P_3w_1
	扇三角洲前缘	水下分流河道、分流间湾、河口砂坝	P_3w_3、P_3w_2、P_3w_1
湖泊	滨浅湖	滩坝、滨湖泥	P_3w_3、P_3w_2

上乌尔禾组自下而上分为上乌一段、上乌二段和上乌三段共3个岩性段。从顺物源方向沉积相和相应地震相剖面看（图2.42、图2.43），上乌一段沉积时，玛湖凹陷为湖进、水体逐渐变深环境，550–白255井区附近由于盆地边缘离物源区不远，物源供应充足，阵发性、季节性水流携带大小混杂的碎屑颗粒形成了典型扇三角洲平原沉积。向盆地中心方向，沉积了以砂砾岩、含砾砂岩为主的扇三角洲前缘水下分流河道砂体，且砂体厚度大，分布稳定。上乌一段沉积末期，水体上升，全区沉积了一套滨浅湖泥岩、泥质粉砂岩，但厚度较薄。上乌二段沉积时，水体范围继续扩大，同样沉积了一套扇三角洲前缘水下分流河道砂体；上乌二段沉积末期，水体再次变深，沉积了一套全区稳定分布的上乌二段顶部与上乌三段湖泛泥岩标志层。上乌三段沉积时，全区再一次水体加深，沉积环境演变为滨浅湖沉积，形成了一套以泥岩、泥质粉砂岩、粉砂岩为主的滨浅湖沉积体系。

1）上乌一段沉积相平面分布特征

上乌一段主要为扇三角洲前缘沉积，微相类型主要为水下分流河道沉积。物源位于玛湖凹陷西北部、西部和南西方向，共有两支主河道发育区（图2.44），3个规模不大的河道区。两支主河道发育区都位于研究区中部，一支位于西北方向白255–金龙31–玛湖8–金龙2井一带；另一支位于检乌27–克88–玛湖16–克204井一带，这两支河道砂体构成玛湖凹陷区上乌尔禾组主力储集体，其厚度多大于60m，砂地比在70%以上。其余3支河道主要发育在玛湖15–玛湖1、玛湖9–玛湖6–玛湖3井、艾参1井一带，物源位于研究区北部，河道呈近南北向分布，砂体厚度多小于40m，砂地比为30%～50%。中部金201井一带由于佳木河组古潜山的存在，造成该区带上乌一段缺失。

2）上乌二段沉积相平面分布特征

上乌二段沉积继承了上乌一段沉积格局，玛湖凹陷南斜坡–中拐地区为扇三角洲–湖泊

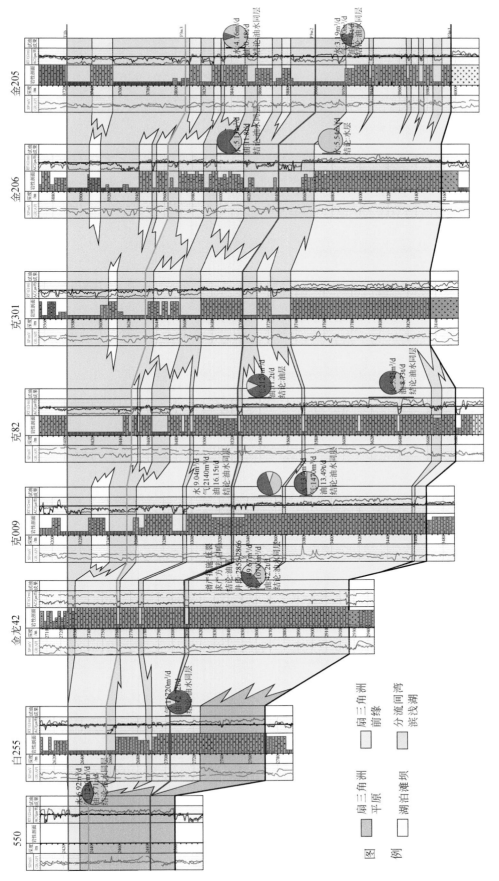

图2.42　过550—金205井二叠系上乌尔禾组沉积相措剖面

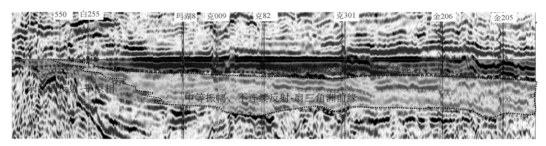

图 2.43　过 550—金 205 井二叠系上乌尔禾组地震相剖面图

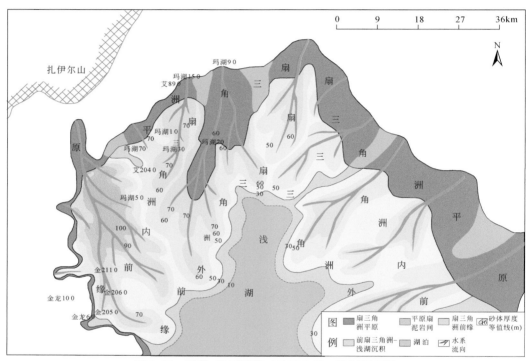

图 2.44　玛湖-沙湾凹陷二叠系上乌一段沉积相图

相沉积，物源位于凹陷区西北部、西部和北部方向（图 2.45），形成 5 个扇群。河道发育区为多条扇三角洲前缘水下分流河道频繁改道区域，其中白 259-金龙 31-玛湖 8-克 304-金 215 井一带砂体最为发育，砂体厚度大，一般大于 60m，最厚可达 100m，分布范围相对较广，是上乌二段油层段主力砂体。研究区中部的河道发育区在白 25-玛湖 16 井一带，其砂体厚度 15～35m。此外，玛湖凹陷北部玛 9-玛湖 6-玛湖 3 井一带的近南北方向扇体砂体厚度 50～70m，构成了另一个扇体。总体上，上乌二段沉积在玛湖凹陷以扇三角洲平原和前缘的分流河道为主，河口坝、滨浅湖主要分布在东南部金 204 井一带。

3）上乌三段沉积相平面分布特征

上乌三段沉积时期湖平面进一步扩大（图 2.46），水体变得更深，以滨浅湖泥岩沉积为主。在中拐地区发育大套厚层灰、褐色泥岩，局部地区发育薄层砂岩、砂砾岩。

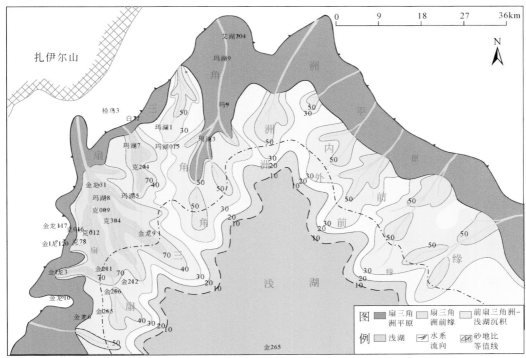

图 2.45　玛湖–沙湾凹陷二叠系上乌二段沉积相图

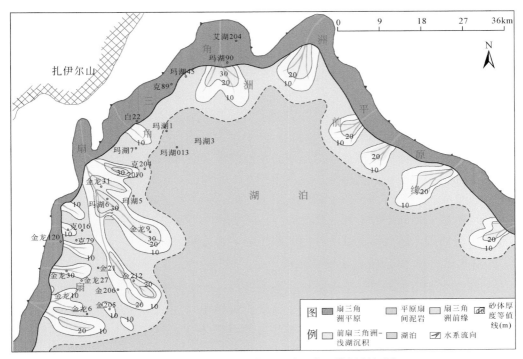

图 2.46　玛湖–沙湾凹陷二叠系上乌三段沉积相图

总体上看，玛湖凹陷上乌尔禾组是一个持续水进的沉积过程。由上乌一段扇三角洲前缘水下碎屑流和水下分流河道沉积过渡为上乌二段、上乌三段扇三角洲前缘水下分流河道沉积及滨浅湖沉积，砂体由下部以砾岩、砂砾岩为主逐渐过渡为砂砾岩、含砾砂岩及滨浅湖粉细砂岩、粉砂岩、泥岩，而砂体规模也由下到上逐步减弱，泥岩则由薄变厚。这种分布特征正好形成了一套下储上盖的良好储盖组合。

3. 下乌尔禾组沉积相展布特征

中二叠统下乌尔禾组在玛湖凹陷自下而上分为下乌一、下乌二、下乌三、下乌四段共4个岩性段。该组沉积时期是准噶尔盆地由前陆盆地向拗陷盆地的转化期，总体处于一个湖侵过程，玛湖凹陷在盆地持续沉降背景下，湖面不断扩大，导致下乌尔禾组沉积向物源区超覆。由于玛湖凹陷位于西北缘断裂带附近，构造高差相对较大，沉积物进入玛湖凹陷后快速沉积，形成一系列扇三角洲扇群。下乌一至四段是湖盆扩大、超覆沉积过程，其中下乌一段湖盆水体范围较小且较浅，至下乌二、三段逐渐扩大，而下乌四段地层在凹陷边缘被后期剥蚀。目前勘探主要集中于下乌三、四段，故以下仅就该两段沉积相平面分布特征加以分析。

1）下乌三段沉积相平面分布特征

下乌三段沉积时期，湖盆水体范围在下乌一、二段基础上进一步扩大，东、西边界在后期构造运动中被抬升削截。下乌三段基本继承了下乌一、二段沉积格局，该时期玛湖凹陷可简单划分为西部沉积体系和东部沉积体系，两沉积体系均为扇三角洲-湖泊沉积环境。该时期西部沉积体系主要分支物源分别是乌夏、黄羊泉、克拉玛依和中拐物源区，其中乌夏、黄羊泉物源影响范围较大，广泛发育扇三角洲沉积，沉积规模最大，砂体厚度范围广，岩性粗，发育优质储层；乌夏地区扇三角洲分布范围小于下乌二段，而克拉玛依扇三角洲砂体展布较下乌二段有所扩大，总体上下乌三段西部沉积体系砂体延伸范围小于下乌二段沉积期，表现为湖进沉积特征。东部沉积体系包括3个主要物源分支，分别为玛东、夏盐，以及进入盆1井西凹陷的石西物源；其中玛东扇体较接近物源区，岩性较粗；夏盐扇体整体岩性较细，砂体厚度也较薄，扇三角洲前缘远端沉积较为发育，因此扇体主要发育于盐探1井以东地区；石西扇体主要分布于盆1井西凹陷东北部，目前有盆东1井钻遇该地层，主要发育扇三角洲平原亚相分流河道与河道间沉积微相。各扇体在凹陷边缘均发育不同范围的扇三角洲平原亚相（图2.47），向凹陷中心逐渐过渡为扇三角洲前缘亚相及湖泊相沉积，玛湖凹陷南部及盆1井西凹陷中心主要为湖泊相沉积。

2）下乌四段沉积相平面分布特征

下乌四段为下乌尔禾组最上部地层，受构造抬升作用影响，在盆地边界附近地层大量剥蚀，东西边界均被抬升削截，地层分布范围有所缩小（图2.48）。下乌四段继承了下乌三段沉积格局，且同样发育西部沉积体系和东部沉积体系，两沉积体系均为扇三角洲-湖盆沉积体系。各扇体前缘相带范围与下乌三段基本一致，沉积相带也基本类似，部分扇体发生了迁移改道。沉积规模较大的扇体有乌夏扇、黄羊泉扇，以及玛东、夏盐扇、石西扇。

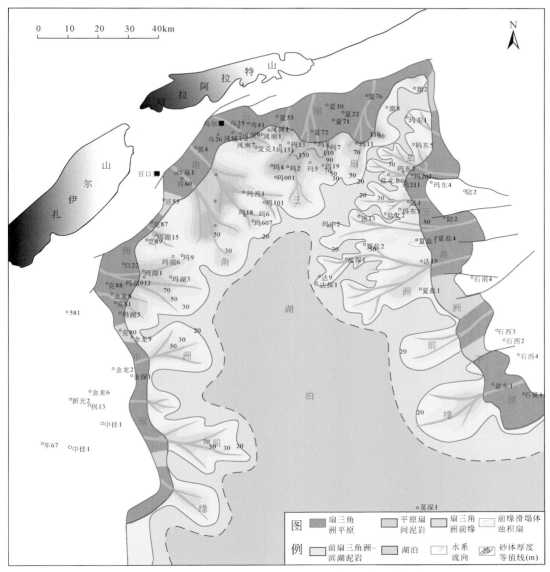

图 2.47　玛湖–盆 1 井西凹陷二叠系下乌三段沉积相图

　　总体上，整个下乌尔禾组沉积时表现为下超上削地层结构，形成一个退积型沉积序列。其中各扇体前缘相带沟槽内水下分流河道砂体为良好储层发育相带。目前，下乌尔禾组油气发现主要集中于下乌四段，包括乌夏扇体玛 2 井区、玛东扇体盐北 2 井区等都取得工业油流级发现，其油气主要集中于水下分流河道砂体中。但由于下乌尔禾组紧邻烃源岩层，来自烃源岩丰富的油气也可通过断裂进入薄层砂体成藏，如玛中 2 井下乌四段厚层泥岩所夹薄层砂体已获得工业油流。

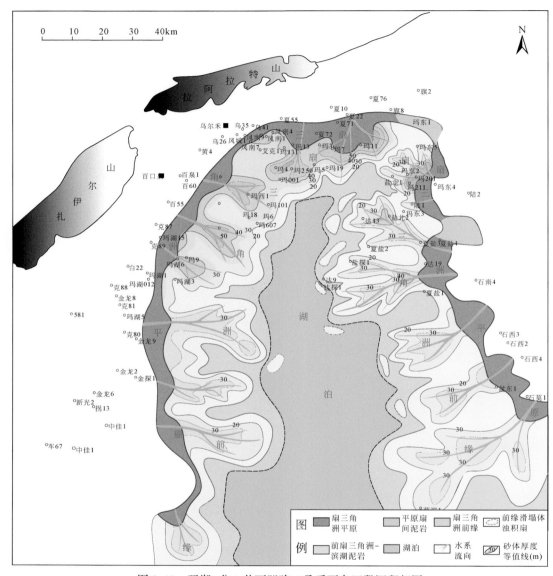

图 2.48　玛湖-盆 1 井西凹陷二叠系下乌四段沉积相图

2.3.4　地震扇体识别与扇体展布特征

1. 地震相识别与扇体刻画

　　地震相分析是钻前和钻后井间地下沉积相分析和储层预测的重要手段。常规的地震相划分是以相面法为主，手动划分不同地震响应单元，随意性大、精度较低；而其中基于波形分类的神经网络地震相技术由于对振幅绝对值变化和噪声不敏感，能更好地反映储层沉积变化规律，可更直观、更方便地对地震反射特征进行刻画。

利用地震相分析技术刻画扇三角洲沉积相带，首先须建立地质-地震响应关系，将不同地震波形响应赋予地质含义。通过已钻井沉积相带、岩石类型及电性特征识别，选取各个相带典型井，通过正演模拟和过井地震剖面特征分析，确定各个相带地震响应特征。玛湖凹陷三叠系百口泉组地质-地震综合响应关系分析表明（表 2.4），以黄 4 井为代表的扇三角洲平原相地震响应特征为弱振幅、低连续、杂乱或空白反射，以玛 18 井为代表的扇三角洲前缘相地震响应特征为中-强振幅、中-高频、中连续、平行-亚平行反射，以艾克 1 井为代表的滨浅湖相泥岩地震响应特征为高频、中连续、平行-亚平行反射（图 2.49）。

表 2.4　玛湖凹陷西斜坡三叠系百口泉组地质-地震综合反映特征表

相	扇三角洲		湖泊
亚相	平原	前缘	滨浅湖
微相	辫状河道、河道间、冲积平原	水下分流河道、河道间、河口砂坝、席状砂	浅湖泥、浅湖粉砂、前扇三角洲粉砂
岩石类型	褐、黄色块状砂砾岩、砾岩夹薄层紫红色泥岩和砂质泥岩	灰、灰绿色砂岩、粗砂岩、含砾砂岩夹灰色泥岩及砂质泥岩	深灰色泥岩、粉砂质泥岩夹薄层粉砂岩
电性特征	块状平直高阻，高密度、低时差，孔隙度曲线呈致密平直状；一定幅度自然电位异常	块状高阻，较高密度、较低时差，自然电位较大幅度异常	锯齿状电阻率，平直低密度、高时差
典型井	 黄4	 玛18	 艾克1
地震反射特征	弱振幅、低连续、杂乱或空白反射	中-强振幅、中-高频、中连续、平行-亚平行反射	高频、中连续、平行-亚平行反射
地震相特征			

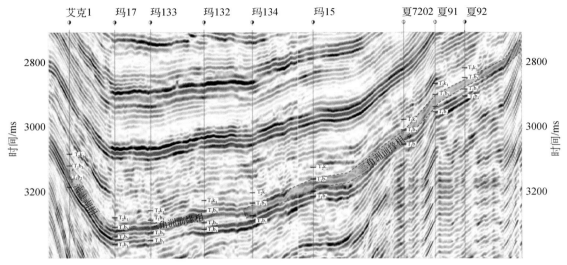

图 2.49 过艾克 1—夏 92 井地震剖面（据邵雨等，2017）

玛湖凹陷三叠系百口泉组地震相划分采用分级分段波形分类方法。首先对整个玛湖凹陷百一段、百二段逐层刻画，统一认识，采用的方法为自动分类统计与井控波形修正相结合。通过区域三维连片实现全区地震相统一刻画，结合玛湖凹陷古地貌恢复和砾石、矿物成分分析研究，准确识别各大扇体边界。以玛湖凹陷百一段、百二段波形分类地震相研究为例，可见各大扇体与泥岩分割界线清楚，扇体相互搭接部位界线不明显，叠置连片；整个玛湖凹陷斜坡区大面积发育扇三角洲沉积，两扇体之间存在泥岩分隔带，界线清楚；百一段、百二段扇体具有继承性发育特点。

对玛西斜坡百一段、百二段进行精细井控地震波形分类表明，为了使地震相分类能直观准确反映不同沉积相带，关键是分析不同沉积相带地震响应差异，寻找合理波形分类数。在相关性、频率交汇及散点交汇等质控监督下，采用"数据组分优化，已知井控制，分类合并"方式，将百一段、百二段地震响应波形形态均划分为 11 类，以表征扇三角洲沉积的 3 类沉积环境（图 2.50～图 2.52）。其中 5～11 类（绿色—红色）为扇三角洲前缘亚相，在剖面上地震相为中-变振幅、连续亚平行反射楔状-席状地震相；3～4 类（蓝色）为滨浅湖相，在剖面上表现为弱反射、较连续亚平行反射席状相；1～2 类（蓝色—紫色）为扇三角洲平原亚相，在剖面上表现为中弱-变振幅、断续-低连续充填-板状地震相。

2. 扇体展布特征

受各时期不同构造断裂活动控制，玛湖凹陷扇体发育与分布存在显著差异，不同时期扇体迁移与断裂活动密切相关（匡立春等，2005）。早二叠世开始，扇体面积不断扩大，从盆缘向盆地中心推进；至上二叠统上乌尔禾组沉积期，扇体逐渐从湖盆中心向物源区后撤，主要发育三大扇群，即中拐扇群、白碱滩扇群和达巴松扇群。三叠纪，准噶尔盆地由前陆盆地向陆内拗陷盆地过渡，开始接收广泛碎屑供给，沉积厚层砂砾岩。由于各断裂构

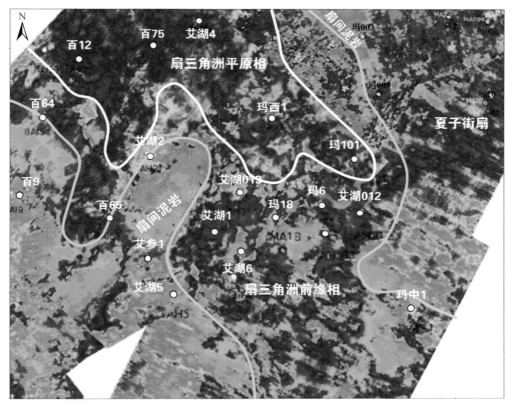

图 2.50　玛湖凹陷西斜坡三叠系百一段地震相图

造带构造活动强度差异，扇体发育情况明显不同。其中乌夏断裂带冲断推覆活动最为强烈，活动持续时间最长，形成的扇体规模也最大。其次为克-乌断裂带，表现为脉冲式冲断推覆活动，形成扇体规模相对较小。车拐地区冲断推覆活动性最弱，扇体仅零星发育（何登发等，2004b）。

从平面分布和纵向叠置关系看，玛湖凹陷三叠系扇体总体具有退覆式叠置迁移特点，下三叠统百口泉组至上三叠统白碱滩组，扇体由盆内向盆缘退缩，扇体规模逐渐变小，从西南到东北依次发育夏子街扇、黄羊泉扇、克拉玛依扇、中拐扇、玛东扇、夏盐扇六大扇体（图 2.53）。

1）夏子街扇

位于玛湖凹陷北部，扇体展布面积为 1370km²。该扇体可细分为夏子街主扇与风南分支扇体，两个扇体均呈南北向展布，其间为扇间洼地。夏子街主扇沿夏 74—夏 15—玛 7—玛 19 井进入湖盆，出现多级坡折控制的扇体，包括夏 9 井区、夏 72 井区、玛 13 井区、玛 131 井区，其中在玛 13 井区又分出玛 19 井扇体。风南扇主要沿夏 77—夏 21—夏 90—风南 10 井一线进入湖盆，包括风南 11 井区和风南 4 井区。这一系列扇体组成了夏子街扇群。夏子街扇体沉积核心区在夏 10 井附近，向西与夏 11 井、向东与夏 19 井小扇体相连成扇裙。

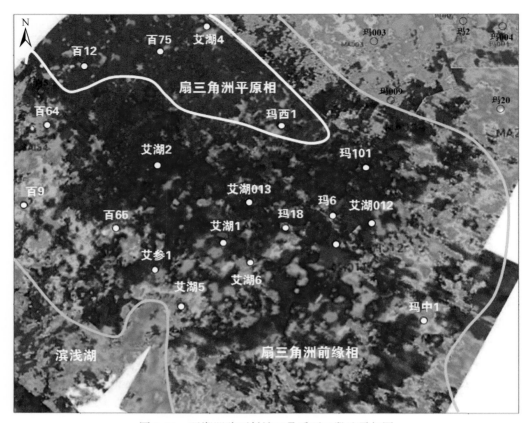

图2.51　玛湖凹陷西斜坡三叠系百二段地震相图

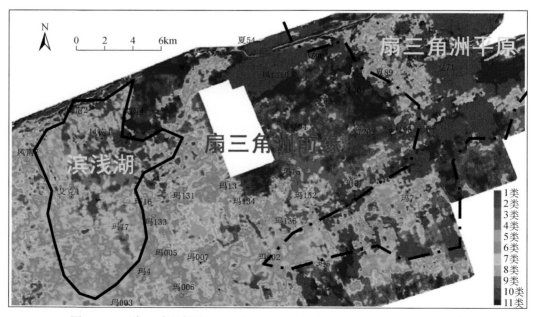

图2.52　玛湖凹陷北斜坡区三叠系百二段地震相平面图（据邵雨等，2017）

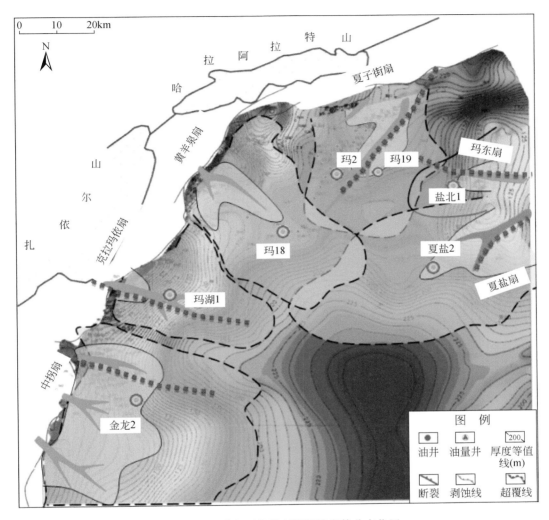

图 2.53　准噶尔西北缘玛湖凹陷扇体分布位置

扇体北部于风南 10—夏 9—夏 71—夏 73 井以北南延伸至玛 7—玛 5 井一线，东部延伸至玛 11 井一带。风南扇体延伸至风南 4 井一带，向西延伸至玛 17—玛 003 井一线，向南延伸至玛 101 井与黄羊泉扇体交汇，向东与玛东扇体在凹陷北部中心交汇。

2）黄羊泉扇

位于玛湖凹陷北部，北起乌尔禾、南至艾参 1 井方向。该扇体主体位于黄 4—黄 3—百 75—玛西 1 井一线，扇体规模较大，呈北西向展布，东至艾克 1 井区扇间浅湖区，南部与克拉玛依扇体在玛 9 井处交汇，进入玛湖凹陷腹部可能与东部玛东夏盐扇体交汇。夏子街和黄羊泉两个扇体均大致呈南北向展布，其间的风南地区至艾克 1 井区为扇间洼地，向南为两扇体交汇区。

3）克拉玛依扇

位于玛湖凹陷西部克百推覆带之前，主要分布于金龙 9 井至金探 1 井以西的中拐凸起、斜坡地区及玛湖凹陷西南部。该扇体无大型断裂物源通道，沉积物通过小沟槽搬运至湖盆内，扇体规模较小。西起车排子，东到庄 2 井或更远，主水流方向为沿克 77—克 80 井一线的北西-南东向。该扇体北部有一小分支物源，即克拉玛依物源，主要为克 81—克 80 井地区。

4）中拐扇

位于玛湖凹陷西南部，是由西向东和由北向南两支主要水流入湖汇合而形成的冲积扇-扇三角洲沉积体系。核心在拐 202 井附近，向东推进至沙 1 井区，扇体长 30 ~ 40km，分布面积约 600km^2，规模较大，一直延伸至玛湖凹陷以南凹陷中心区。

5）玛东扇、夏盐扇

形成于玛湖凹陷东斜坡区的陆梁隆起边缘，物源通道是早期断裂形成的沟槽，物源供应相对不足，地层厚度薄，单砂体厚度小，但扇体分布范围较大，主体分布在夏盐 3-夏盐 1-达 9 井一带。与西部物源扇体相比，岩性粒度细，其中砂砾岩所占比例及分布面积明显小于西部物源扇体。主要分布于达 9 井以北、盐 001 井以西、夏盐 1 井以东地区，南至达巴松凸起，向西入玛湖凹陷中心与黄羊泉扇体、夏子街扇体交汇。

2.4　退覆式浅水扇三角洲形成主控因素

玛湖凹陷中二叠世—早三叠世大型退覆式浅水扇三角洲的形成主要受控于物源供给、盆地构造、水体深度、湖水进退等因素影响。研究表明，山高源足、稳定水系、盆大水浅、持续湖侵是玛湖凹陷大型退覆式浅水扇三角洲形成的主要控制因素。

2.4.1　山高源足，粗粒为主

玛湖凹陷形成于石炭纪—二叠纪哈萨克板块、西伯利亚板块以及塔里木板块的碰撞活动中。晚二叠世，冲断带碰撞活动达到顶峰，前陆盆地开始缩减，形成了二叠系上乌尔禾组与下伏地层角度不整合接触。二叠纪末，玛湖凹陷构造环境转为板内挤压阶段。三叠纪早期仍以挤压推覆为主，盆地内基底断裂与盆地边缘断裂开始逐渐稳定，活动逐渐变弱，形成了玛湖拗陷型盆地。由于处于断拗转换期的西北缘边界老山周期性隆升，形成了凹陷西北缘较陡，而凹陷内部较为平缓的古地貌特征（图 2.54、图 2.55）。而且，二叠纪—三叠纪，准噶尔盆地西北缘一带持续处于干旱、半干旱-半湿润气候条件，造成盆地边缘老山风化剥蚀加剧。这种因盆地边缘挤压隆升造成的较大地形落差和因气候条件造成的强烈风化剥蚀背景，为玛湖凹陷区提供了充足物源，且由于盆边坡角较大，搬运势差较强，碎屑物搬运进入盆内具有较大动能，从而为沉积物在盆内远距离搬运提供了较强的动力条件。

另外，干旱的气候条件使得隆升的盆缘老山以物理风化剥蚀为主，从而形成富砾物源，造成玛湖凹陷扇三角洲沉积普遍较粗。

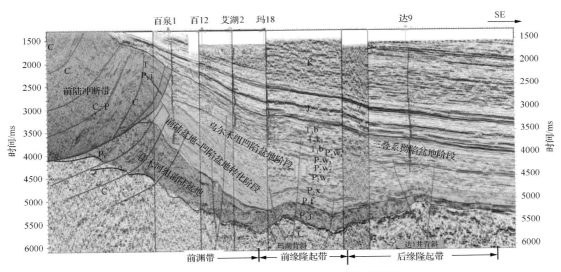

图 2.54 过百泉 1—达 9 井地震地质解释剖面

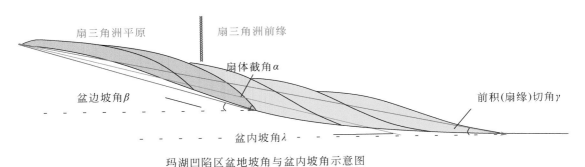

玛湖凹陷区盆地坡角与盆内坡角示意图

图 2.55 玛湖凹陷区盆边坡角与盆内坡角示意图

玛湖凹陷退覆式浅水扇三角洲沉积期具有大盆边坡角与小盆内坡角的特点,高盆边坡角为碎屑物注入沉积水体提供了较大的势能差背景,为砂体在沉积水体中的较长距离搬运提供了重要条件,而低盆内坡角的特点使得砂体更容易大面积分布

2.4.2 稳定水系,持续沉积

古地貌恢复及物源分析表明,一方面,中、晚二叠世及早三叠世,玛湖凹陷周边存在6 个主要山口,为老山区风化剥蚀产物向盆内搬运提供了稳定通道,其中有些山口一直延续至今(图 2.56)。另一方面,二叠纪—三叠纪,准噶尔盆地西北缘一带除以干旱、半干旱气候为主外,还存在半湿润–湿润气候条件,加之干旱背景下存在阵发性降雨条件,从而为盆缘老山风化剥蚀产物向湖盆搬运提供了较充沛的水源和良好的搬运条件。

稳定的山口、较充沛的水源,为沉积物搬运创造了稳定的水系条件,从而确保了盆缘老山区物源向玛湖凹陷持续供给。稳定的水系条件和源源不断的物源供给,使得玛湖凹陷得以形成自中二叠统下乌尔禾组一直到下三叠统百口泉组长期巨厚而广泛的扇三角洲沉积,形成了中拐扇、克拉玛依扇、黄羊泉扇、夏子街扇、盐北扇、夏盐扇等六大扇体。

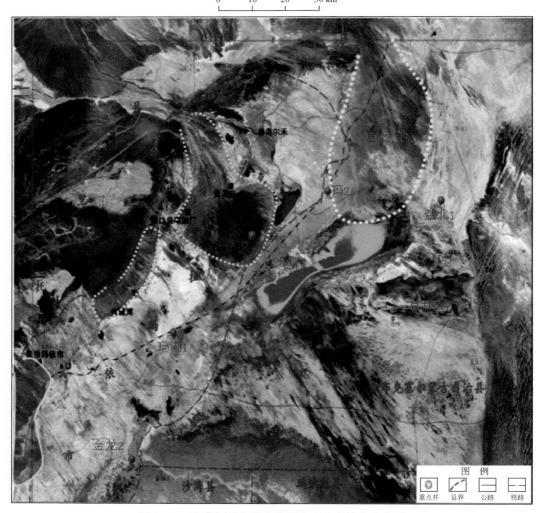

图 2.56　准噶尔西北缘玛湖凹陷现今扇体分布位置

2.4.3　盆大水浅，满盆成储

一方面，中、晚二叠世到早三叠世，准噶尔盆地为一大型拗陷盆地，沉积面积达 $60km^2$，而其西北缘玛湖凹陷面积也近达 $20km^2$。而且，玛湖凹陷中、晚二叠世到早三叠世沉积时凹陷底床一直比较平缓，早三叠世沉积时坡角仅为 $1°\sim3°$（图 2.55）。以三叠纪百口泉组沉积为例，运用地震资料及钻井资料对玛湖凹陷六大扇体沉积区进行坡角测算（图 2.57），结果表明玛湖凹陷百口泉组沉积坡角为 $1°\sim3°$，最陡的夏盐扇体坡度为 $2.86°$，最缓的克拉玛依扇体坡度仅 $0.84°$，目前取得高产油气流的黄羊泉扇体坡度为 $1.15°$，反映各大扇体沉积时坡度普遍较为平缓。

另一方面，运用 Pr/Ph 参数对泥岩沉积时所处沉积环境的研究表明，玛湖凹陷三叠系

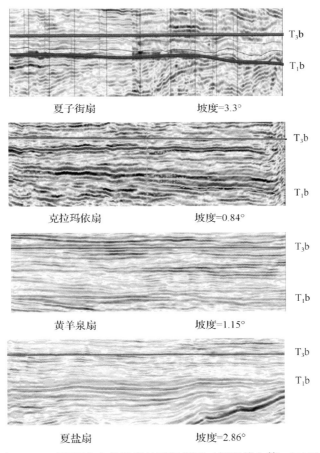

图 2.57　玛湖凹陷扇体坡度地震解释图（据雷德文等，2018）

百口泉组和二叠系上乌尔禾组、下乌尔禾组主要为滨浅湖或浅水沉积。一般来说，浅水环境下沉积水动力强，河流携带沉积物搬运距离远；而在深水环境下，河流搬运动力易受到深水水体缓冲而骤然衰减，从而使得所携带粗粒和中等粒度沉积物进入深水区后迅速发生沉积。因此，深水环境中很少见到粗粒和中等粒度碎屑沉积，而主要为粉砂特别是泥质沉积。

由于盆大水浅、盆底平缓，造成河流进入玛湖凹陷后发生长距离搬运沉积，加之浅水条件下波浪作用相对较强，导致沉积物容易受到强烈改造，从而形成满凹分布的扇三角洲砂砾岩沉积，为大面积成藏创造了优越的储层条件。

2.4.4　持续湖侵，退覆叠置

二叠纪—三叠纪，准噶尔盆地西北缘一带构造活动的总体特点是：盆缘造山带周期性隆升、盆内凹陷区周期性沉降，表现在玛湖凹陷中二叠统下乌尔禾组至下三叠统百口泉组各组沉积期间凹陷以沉降为主，而每个组沉积期后以区域性抬升为主，从而形成各组之间以不整合接触为主。这种周期性构造运动造成玛湖凹陷二叠纪至三叠纪沉积发生了周期性湖侵作用，形成了下乌尔禾组、上乌尔禾组及百口泉组退覆扇三角洲沉积旋回，最终形成玛湖凹陷大型退覆式浅水扇三角洲群。

　　另一方面，由盆缘断裂带向凹陷中心，玛湖凹陷中、晚二叠世至三叠纪发育三大坡折带，3 级古坡折的发育与湖平面升降控制着扇体横向展布和纵向发育。古地貌恢复研究表明，3 级坡折控制着低位湖岸线展布，1 级坡折控制着高位湖岸线展布，从而控制着扇三角洲沉积相带展布。纵向上各组沉积期，随湖平面上升，扇体自下而上逐级跨越坡折向盆地周缘拓展，造成扇三角洲平原、扇三角洲前缘、前扇三角洲–浅湖沉积依次向盆缘退缩，从而形成各相带退覆叠置。另外，持续湖侵造成沉积作用逐渐由凹陷中心向湖盆边缘后撤，从而使得早期沉积砂体得以保存，形成砂体纵向上退覆叠置、横向上搭接连片、大面积连续分布的特点，进而形成满凹含砂、满凹成储的优越储层条件。相反，若发生持续湖退作用，早期沉积在斜坡中的砂体就容易被后期侵蚀而向湖盆中心搬运，因而不利于砂体大面积沉积分布。因此，湖侵背景更利于砂体在湖盆中大面积沉积展布。

　　以玛北地区三叠系百口泉组古地貌三维可视化图为例（图 2.58），其沉积时由西向东发育面积较大、坡度较缓的两大坡折带，影响着扇体展布和相带分布。其中鼻状凸起背景下发育的低缓沟槽控制着牵引流水系展布，北东向物源区沟谷为主要的砂体运载通道，坡折平台区是砂体主要的卸载区，东西向次级断裂控制着扇体的朵体分布。钻探表明，位于两个坡折带之间的井位（玛 131 井、玛 15 井、玛 132 井等）往往为高产井区，说明断裂坡折带具有明显的控砂作用，决定了入盆砂体的平面展布。

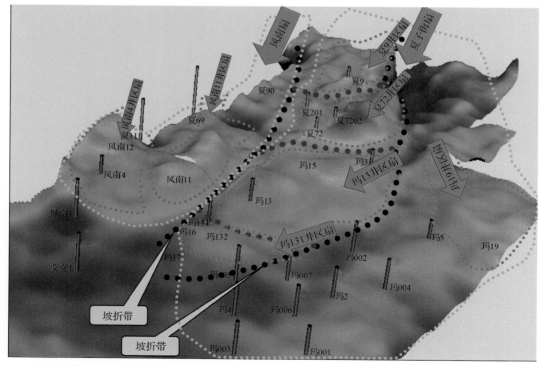

图 2.58　玛北地区三叠系百口泉组古地貌三维可视化图（据雷德文等，2018）

2.5　退覆式浅水扇三角洲实验模拟

沉积物理模拟实验是在对沉积背景分析、明确地质历史时期沉积特点的基础上首先构建沉积原型模型，然后通过对沉积过程的再现，以搞清沉积体系的发育特点、成因和控制因素（曹耀华等，1990）。沉积模拟最初是基于小规模水槽实验，对河床底形进行观察研究（Bridge，1981；Keevil et al.，2006），尔后逐渐应用于不同沉积体系成因过程分析（Cazanacli et al.，2002；Kyle et al.，2013；Pierre et al.，2014）。目前，国外主要针对单一地质因素进行研究较多（Baas et al.，2004；Fedele and Garcia，2009；Kane et al.，2010），而国内则更多地针对特定的盆地进行模拟，以便为砂体预测和储层内部结构分析提供直接指导（赖志云和周维，1994；马晋文等，2012）。本书旨在通过沉积水槽模拟实验（唐勇等，2017），探讨大型缓坡扇三角洲发育的地质因素和沉积动力过程，为分析砂砾岩体分布特征和成因模式、构建扇三角洲沉积模式、预测砂砾岩体发育及其内部结构提供参考。

2.5.1　模拟目标与模拟方案

1. 模拟目标

本次模拟希望实现的目标是弄清大型扇三角洲的叠覆机制。不同于传统发育于盆地陡坡、水体较深、规模较小的扇三角洲沉积体系，玛湖凹陷二叠系上乌尔禾组、下乌尔禾组与三叠系百口泉组扇三角洲是一种坡度相对较缓、水体相对较浅、面积较大的沉积体系。这种体系不像传统扇三角洲由近源大量沉积直接推入深凹陷中而形成扇三角洲沉积，而是由高山沉积物经过较长距离搬运后，进入临近浅水湖盆而形成的一种扇体。该扇体也不同于一般的辫状河三角洲，其在朵体中发育有大量的泥石流沉积，沉积构成具有牵引流与重力流机制共同作用沉积特征。对玛湖凹陷扇三角洲解剖表明，扇体一般延伸可达数十千米，面积达上千平方千米，如夏盐扇、克拉玛依扇、盐北扇、黄羊泉扇等，这与传统扇三角洲具有明显的差别。这种大规模扇体是如何形成的，其重力流（泥石流）是如何搬运的？扇内部结构与传统扇三角洲有何不同，应采用哪种模式来描述和预测扇体特征，均是目前摆在地质学家和勘探家面前需要解决的问题，也是扩大勘探成果、实现勘探目标转换为产量的关键。以下以三叠系百口泉组扇三角洲沉积为例，通过水槽模拟实验，以查明扇体形成机制（特别是重力流长距离搬运机制）及扇体内部不同成因沉积体的相互关系，为油气勘探提供模式指导。

2. 模拟思路

模拟实验以验证为主，通过设计相应的实验，验证对沉积过程和机制的推测，从而构建沉积模式。在实验前，针对本区沉积体解剖成果，获取沉积基本参数，按照相关参数，设计实验基本条件，包括地形、水位、沉积物构成、水量等参数，以最大限度地逼近沉积原始条件，从而再现沉积过程。通过沉积过程和沉积结果对照分析，明确沉积控制因素，为构建沉积模式提供理论指导。

3. 实验设备

实验在长江大学"中石油湖盆沉积模拟实验装置"完成（图2.59）。该实验装置长16m、宽6m、深0.82m，距地平面高2.2m，湖盆前部设进（出）水口1个，两侧各设进（出）水口2个，用于模拟复合沉积体系，尾部设出（进）水口一个。整个湖盆采用混凝土浇筑，以保证不渗不漏，并能够保证实验过程不受天气变化影响且有利于采光。湖盆四周设环形水道。实验水槽主要由活动底板及控制系统、检测桥驱动定位系统、流速流量测量系统、实验过程视频采集与分析系统和计算机制图分析系统等构成。实验中针对不同的情况，可对实验过程进行个性化设计和监测。

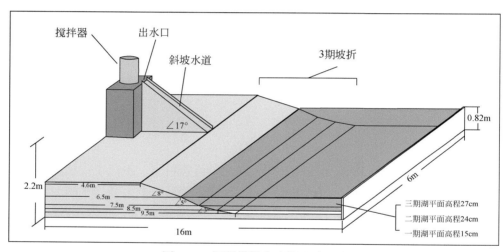

图2.59　沉积模拟实验装置平面图

4. 实验方案

模拟中为了实现高能水流作用，对进水装置进行改造，将出水口由水槽提升到水槽之上约90cm位置，同时设计了斜坡水道，将模拟水流由水道连接到沉积底形上。为了实现高密度流体，还在进水口设置了搅拌器，能形成具有较大沉积物含量的流体。

针对模拟目标与主要沉积机制，在全面分析的基础上，提取出主要的地质因素，进行概念简设计实验方案。

模拟实验主要解决大面积砂体的叠覆机制问题，基于区域研究认识，前人认为湖平面、地形（坡度）、能量等是大面积扇体形成的主要机制。此次模拟主要通过对坡折、湖平面、流量的控制，再现沉积过程。本区发育有6个大型扇三角洲体系，为更好地突出扇体发育过程，研究中以单一扇三角洲朵体为对象进行模拟，而不是对整个湖盆沉积进行模拟。不同于前人针对盆地模拟的思路，实验旨在机制分析，通过对不同扇体的特征分析，提取出各扇体之间的共性特点，设置条件进行模拟。该方法优点在于突出单一因素的控制作用，能更清晰揭示不同控制因素的作用特点。不足之处在于该模拟方法不能反映不同扇体间的相互作用，也不能对单一扇体展布情况进行预测分析。

结合区域沉积地质特点，模拟条件设置如下。

1）模拟底形

实验设置 4 个坡度的分段底形，分别代表不同时期沉积坡度特征。底形采用平板式底形，即垂直于流向剖面上，没有地貌变化，而顺流各剖面设置不同的地形坡度（唐勇等，2017；图 2.59）。不同地形坡度特征如表 2.5 所示。

表 2.5　不同地形坡度特征

斜坡位置	坡度/(°)	长度/m	宽度/m	对应起始沉积层位	对应高程/cm	起始位置/m
底部	0	6	6	T_1b_1	8	$Y=9.5$
近底部	3	1	6	T_1b_1	13	$Y=8.5$
中部	5	1	4	T_1b_2	21.7	$Y=7.5$
近通道	8	1	4	T_1b_3	35.7	$Y=6.5$
通道	17	2.95	0.3	沉积物路过通道	82	$Y=4.6$

2）水动力过程设计

考虑到沉积过程特点，采用两个流量进行模拟实验：一是洪水期的重力流；二是平水期的牵引流。洪水期重力流流量约 2.3L/s（流速约 1.86m/s），流体中混入大量泥砂等沉积物，含量约 30%，主要由分选较差的砂级颗粒组成，含有少量砾石和泥级成分，其中泥的含量小于 10%，砾含量不大于 5%。平水期流量较小，流量约 0.8L/s（流速约为 1.0m/s）。洪水期放水总量为 195.5L，持续时间为 1 分 25 秒；平水期持续时间为 30 秒，放水量约 24L。平水期流水为清水，不加泥砂。洪水期提供所有沉积物，而平水期则主要对洪水期所形成的沉积物进行改造（图 2.60）。

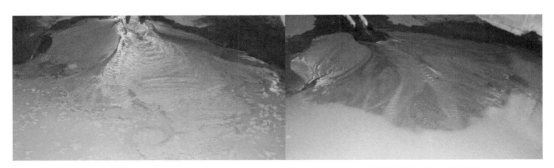

(a) 重力流机制下发生的沉积作用　　　　　　　　(b) 牵引流作用下的改造过程

图 2.60　不同沉积机制下的沉积过程及其响应特点

3）湖平面波动设计

基于玛湖地区整体沉积特征，设计了 3 期主要的湖平面波动。初期湖平面处于较低位置，大致对应于三叠纪百一段期沉积，其后湖平面又有两次较明显上升，分别对应于百二段和百三段沉积期湖平面。模拟实验中针对此特点将湖平面总体设计为上升，其中在初期湖平面高程为 15.6cm，大致在位置 $Y=9.5m$，对应于第 1 期沉积。其后上升到 24cm，湖岸线大致在 $Y=7.5m$，沉积第 2 期沉积物。最后湖平面上升到 27cm，湖岸线大致在 $Y=6.8m$，沉积第 3 期沉积物。

2.5.2　大型浅水扇三角洲模拟结果

1. 平面沉积形态特征

从整体上看，沉积大致可以分为两个区域：一是最靠近湖中心区域的泥质沉积，厚度较小，明显小于朵体沉积；二是近岸的朵体沉积区，具显著的 3 期朵体退覆沉积。3 期朵体叠置形成一个整体退积样式，每期朵体外缘形成不规则形态，其外部形态在不同部位差别较大。每一个突出部位对应于一个小型朵体，而不同朵体之间界限难于区分和确定，但从扇体表面可较清晰地看到相应朵体形成时的沟道运输通道（图 2.61）。

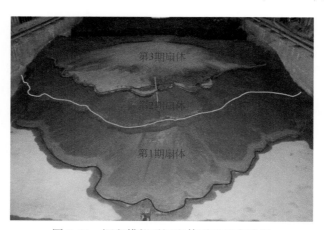

图 2.61　沉积模拟后沉积体平面展布特征
3 期沉积明显可辨，逐步退积在沉积斜坡之上，注意中间一期沉积体现为两个次级旋回

不同时期的扇表面形态不同。下部扇体表面相对起伏较大，而最上部扇体表面最为平整。最下部沉积朵体表面被后期泥质沉积所覆盖，形成一层稳定泥质沉积，基本上覆盖了整个扇体表面。第 2 期扇体表面泥岩发育较差，仅在部分区域有泥岩覆盖，大部分区域直接是砂质沉积。第 3 期朵体其表面基本上为砂质沉积，没有发现有泥岩覆盖现象。

3 期扇的前缘都具有较大沉积坡度，其坡度近于沉积休止角。前缘的坡面上可见其沉积物主要是粗粒沉积，以砂、砾为主，其沉积明显较扇面上沉积物总体偏粗。由于坡度较陡，扇前缘的斜坡区分布范围非常窄小，可能表明其前缘相带相发育时相对较窄。不同朵体之间的朵间部位，由于没有砂砾岩堆积，与朵体之间显示出较大沉积厚度差异，这些部位可能后期会被其他朵体所充填，也可能后期废弃后被泥质所充填，前者可能会形成不同时期朵体在侧向上相互叠置从而形成更大的复合朵体，后者则可能因泥岩封堵而形成局部渗透隔挡。

砾石分布变化较大，不同扇体有所差别。在扇体前缘可清晰地看到砾岩相对较为集中分布。而在扇体表面，砾石分布变化较大。从其排列情况上看，总体上具有平行于扇轴线、放射状的分布特点，特别是在最后一期扇体上和第 2 期扇面上更为明显。最下部扇体上，扇面多被泥质所覆盖，因而砾石分布形态不太清晰，但在其前缘部位较为清晰、集中，局部负向地貌前端终止位置（槽道末端）也相对较为发育，而在扇面上分布零散，主要发育于正地貌单元之上，在负向地貌上也有零散发育。中部扇体的砾石较为发育，特别是其上部次级扇体左侧，基本上铺满整个扇表面，而且可清楚看出其分布于扇中的槽道或河道侧面部位，呈放射性垂直于扇面展布。上部扇由于扇面较为平坦，其砾石分布散于扇表面之上，呈"漂浮状"。根部砾石相对较少，零星分布；而在靠扇中部和前缘部位，砾石相对较多，呈放射状展布。

扇面上具有明显河道的流线特征，但河道规模均较小，深度不大，宽度也不是很大。但相对于单个扇体来说，有的扇面上河道宽度较大，其宽度可能达到扇体最终表面 1/3 以上。从河道体系看，具有明显分流体系的扇体较少，特别是下部复合扇体中，大部分单个扇体只发育单一河道。然而在上部两个扇体中，则可看到较清楚的分流河道，如第 2 期扇复合体左侧，发育有一大型分流体系。而上部扇体上，河道形态不很清晰，但从表面上的砾石看，应发育有由小规模分流河道组成的分流体系。从朵体规模看，单一河道形成的朵体规模相对较小，而具有分流体系的扇体规模相对较大。

扇前局部可发育小型次生浊积扇体，如在第 3 期扇体中部，发育两个浊积扇形态非常清晰。特别是左侧扇体，尽管规模较小，但外部形态完整，清晰可辨，呈现出"鸭梨"形，根部较小，向外缘部位变宽，长/宽约为 3。其在中部右侧的浊积体，由于后期水流改造而被破坏，形貌不是很完整（图 2.61）。

2. 剖面沉积特征

由于不同时期采用不同颜色的砂体进行模拟，整个剖面上 3 期沉积界面清晰可辨。从垂直岸线的剖面形态上看，3 期沉积依次上超于沉积底形上，形成了一套明显上超层序。每期内部由不同时期朵体相互叠置而成复合朵体。第 1 期沉积是下部黄色砂砾沉积，其沉积体发育相对较小，厚度相对较为均匀，厚度中心在本套沉积中部，最厚处达 7cm。在沉积中部位置，可见一层较薄泥质段将沉积靠湖部分分为上下两部分，其中泥质层下部沉积较上部粗，但在泥质向岸尖灭部位，上部粒度又呈现出明显加粗特征（图 2.62）。

第 2 期沉积由两个次亚期构成，其中下部亚期所用沉积物为颜色偏黑的沉积物，而上部则用的是颜色偏黄的砂砾质沉积物。相对第 1 期沉积，本期沉积的内部结构差异相对较小，特别是在其近岸部分，多表现出均质特点，这或许是砂砾本身差别较小，抑或是沉积堆积较快。在下部旋回靠湖侧，可见其具有多期叠置的内部结构，但没有清晰的前积结构特征。在上部次旋回内部近湖方向，有明显的前积结构和层次结构特征，基本上体现为从

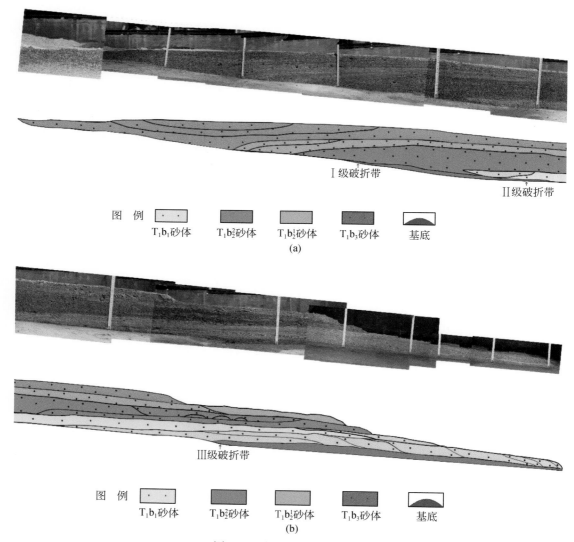

图 2.62　模拟扇体剖面特征

（a）水槽实验中向陆方向的Ⅰ级坡折和Ⅱ级坡折带附近扇体沉积特征；（b）水槽实验向湖中心方向Ⅲ级坡折带附近的扇体沉积特征图，扇三角洲沉积的 3 期朵体由Ⅲ级坡折带向Ⅱ级坡折带和Ⅰ级坡折带逐渐退覆，沉积中心整体向陆迁移

岸向湖由层次结构转换为前积特征，这种结构出现了两次，可能是湖平面下降时造成岸线迁移后沉积迁移的结果。而在更靠近岸方向，上部次旋回内部更多体现为层次结构，层间发育有暗色稳定泥质隔层，内部可大致分为两期沉积。

第 3 期沉积也采用了暗色的砂、砾作为沉积物，整体上旋回内部结构较为模糊，基本上在近岸方向呈现出均一结构，特别是其上超于基底部分，而随着沉积体向湖方向延伸，则逐渐展现出层次状结构特征，在其末端有约 30cm 宽沉积呈现出进积结构（图 2.63）。

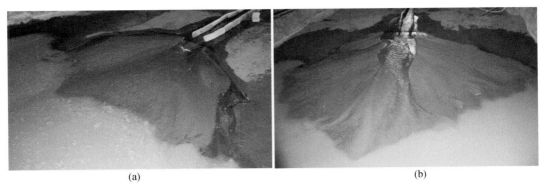

(a)　　　　　　　　　　　　　　　　　　　　(b)

图 2.63　湖平面下降时的大型扇三角洲沉积响应特征

2.5.3　水槽实验模拟结果讨论

1. 关于大型扇三角洲朵体的内部结构

总体上层状结构特征明显。这一结构从垂向上、平面上都有清晰反映。在平面上表现为不同时期沉积终止部位的上超，体现了不同扇体的发育区间差异，同时不同扇体由于其前缘终止部位与下部扇体存在明显厚度差异，因而能够清楚区分不同时期扇体的发育区间和叠置区间。然而从复合扇体内部看，其单个扇体难于区分，常形成砂砾连片特点，难于确定单一扇边界，因而复合扇内部结构区分极为困难。而单个扇的内部结构，一般也有两种类型：一种是具有明显分流体系的扇体；另一种则是由单一河道形成的扇体。尽管两者都有发育，但发育位置和条件不同。前者多发育于较高的湖平面位置，此时河道相对较浅，分流体系内各河道均有水流，将原沉积改造形成较大规模扇体。而后者则发育于较低湖平面位置，经过长期河流改造，原来高水位期分流体系中大多河道已被废弃，只有个别河道是活动河道，且活动河道相对较宽且深，使得水流集中，仅在河道前缘形成朵体，此类朵体相对较小。

造成这一结构的原因与其形成过程紧密相关。不同时期的复合扇体发育和叠置可能主要受控于湖平面位置，当湖平面上升或下降时，总会使得沉积堆积主体部位发生迁移，进而使得沉积扇体发育位置变迁，而连续的湖平面波动最终将形成具有不同分布区间的扇体在垂向上的相互叠置。而复合扇内部，则由不同时期洪水所形成的扇体构成，这些扇体本身由砂、砾、泥混合的重力流机制所携带，不同时期其构成差别不是很大，因而其堆积的沉积物差别也较小，故而在扇面上尽管可看到不同时期扇体的发育，但其边界并不很清楚。而在前缘，其堆积的主要是河流所改造后形成的较纯净砂、砾岩，不同扇体间界限也难于识别。只有当扇上有明显的槽道废弃被后期重力流或其他沉积所充填，才能较好地区分不同期沉积，但这区分的是垂向上的叠置，而非平面上的扇边界。

平面上可见扇前缘、平原很难区分，而且不同扇体之间也难于区分，似乎整个扇体为一均质堆积体，说明不同扇之间在成分和构成上差异并不明显，因而试图通过相带分析或区分不同朵体来进行扇的进一步解剖，难度很大。然而我们也注意到，扇的不同部位其沉积类型还是有差异的，扇平原部位主要由重力流直接堆积而成，其重力槽道中后期的水流改造可形成局部河流沉积，而扇缘部位最主要的是河道改造之后所形成的前积体，包括部分次生的重力流沉积，这部分沉积与平原沉积应有明显差异，尚可以区分（图 2.63）。因此，要进行扇内部结构细分，可能还应从重力流沉积分布角度考虑。

2. 关于大型扇三角洲的控制因素

现代层序地层学认为，控制沉积物的是可容纳空间与沉积物供给之间的相互关系（A/S），在不同沉积物供给与不同可容纳空间情况下，可形成不同沉积层序特征。随着 A/S 增大，沉积物可容纳空间向岸迁移，形成向上变细的沉积层序，而在 A/S 减小的过程中，沉积可容纳空间的减小造成沉积物向湖推进，形成向上变粗或水体变浅的沉积层序。

实验中扇三角洲沉积场所主要有两个位置：一是处于扇体中部的重力流沉积和相关漫流沉积；二是前缘部位经河道改造所形成的砂砾岩沉积。前者随着重力流能量变化在扇表面不同位置发生迁移、沉积，而后者则随河流堆积于河口部位。主要体现在以下 4 个方面。

1）湖平面位置大致决定了层序中扇前缘沉积的中心位置

实验模拟表明，在沉积过程中，前缘位置沉积物的迁移，决定了扇体分布面积及向前推进位置。尽管在平原上也有大量沉积物堆积，但其沉积数量及其位置对前缘沉积不产生直接影响。河流流经此部位时主要是改造其沉积物内部构成，并将一部分沉积物搬运到前缘堆积，而河道本身的沉积作用不占主导地位。由于前缘位置受控于湖平面波动，或处于湖平面附近，因而随着湖平面波动，岸线发生迁移，从而造成沉积前缘发生迁移，造成扇前缘沉积主体部位发生变化。

当湖平面下降时，岸线向湖心迁移，在原来的前缘部位，可容纳空间大量减少，沉积物难于堆积或快速堆满剩余可容纳空间，沉积物不断向湖方向迁移，使得扇体前移或形成新的扇体，造成整个扇复合体前移，不断向湖方向下超。同时，湖平面下降使得河流下切作用增强，河道变深、变窄，可能会对洪水期的重力流搬运起到一定影响（图 2.63）。

当湖平面上升时，岸线向岸方向迁移，在原来不具有可容纳空间的部位产生了新的可容纳空间，沉积物得以在更靠近物源的方向堆积，从而造成沉积物的退积。从水动力学上看，由于湖平面上涨，导致入湖岸线后退，水流进入湖泊的位置后退，而在后退之后的岸线部位，湖泊水体的顶托，使得前缘部位沉积物直接在入湖部位沉积下来，而非顺着原定的河道向前进一步推进，从而使沉积中心向岸迁移（图 2.64）。

当湖平面相对稳定时，岸线基本保持不变，可容纳空间变化受控于沉积物堆积。在原来的扇前缘部位沉积物堆积后，原来的可容纳空间消失，造成沉积物堆积向湖方向缓慢迁移。在扇体向湖延伸较远时，扇体突出于湖底之上，在扇体周边会形成更大的可容纳空间和更有利于沉积堆积的条件，当洪水或水流增大时可能会冲决原来河道或扇的边缘，而在原扇体边缘发育新的扇体。同时在扇体的近物源方向，由于长期的流水改造和上部沉积物填充，也可能会由于沉积物堆积而导致河道淤塞改道，使得原扇体停止发育，在远离前期扇体的岸线其他部位形成新的扇体，使整个扇体横向扩展（图 2.65）。

玛湖地区扇三角洲发育与湖平面波动具有明显关系。研究表明，从百口泉组一段到三

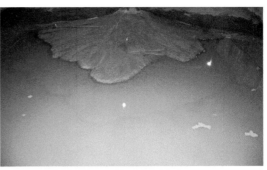

(a) 湖平面上升前　　　　　　　　　　　　　　　(b) 湖平面上升后

图 2.64　湖平面上升时的大型扇三角洲沉积响应特征

(a) 湖平面相对稳定期早期　　　　　　　　　　　(b) 湖平面相对稳定期晚期

图 2.65　湖平面相对稳定时大型扇三角洲沉积响应特征

段，湖平面发生了两次阶段性上升，使得湖岸线明显后退，而在岸线后退后，沉积物随之呈现出一种退积样式。模拟实验中设置了两次大的湖进过程，从百口泉组一段到二段，湖平面高程上升了，从而使得沉积扇体的前缘后退了 0.7m。而从百口泉组二段到三段，湖平面从 0.24m 上升到 0.27m，沉积物前缘后退了 0.5m。正是这种阶段性湖平面波动，造成了不同时期朵体相互叠置，形成目前的朵体分布样式（图 2.66、图 2.67）。

　　2）坡度或沉积水体能量是控制沉积物发育的另一个重要因素

　　随着沉积水体能量增大，沉积物具有更大动能，可被搬运到更远的位置，从而可有效扩大沉积体分布范围。实验中，通过模拟设置不同沉积物源高程，观察到沉积具有明显差别。当供源高程较小时，携带沉积物的重力流能量较小，沉积物一出谷口便堆积下来，形成近源的重力流沉积随着供源位置提升，水流初始能量增大，洪水流速增大，重力流堆积部位向湖方向有明显推进，其沉积重心也向湖方向迁移。同时，随着水流能量增大，重力流在其前期沉积部位也具有一定侵蚀能力，对原始沟槽具有一定改造作用，这使得重力堆积体积更为庞大，造成更为广泛的重力流分布。另外，我们也注意到，随着供源高程增大，平水期河流的侵蚀能力也加强，这使得原来的重力流槽道更深、更局限，重力流在搬运过程中不易越出槽道堆积，从而导致重力流搬运得更远（图 2.68）。

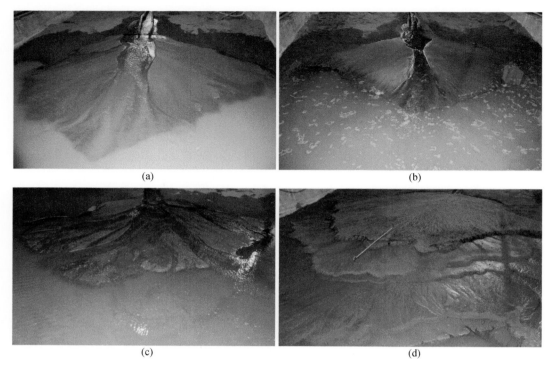

图 2.66　水槽实验湖平面阶段上升后扇体沉积特征

（a）～（c）湖平面 2 次阶段性上升，平原面积逐渐减小，河流带来的沉积物在较大范围内沉积；

（d）扇体退覆式沉积，沉积范围逐渐向物源区靠近

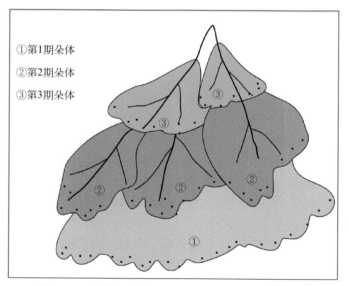

图 2.67　水槽实验湖平面阶段上升的扇体叠加模型

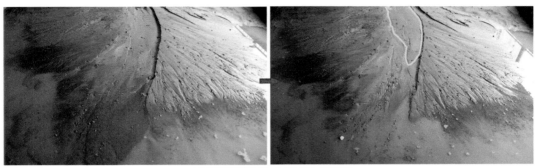

(a) 初始高程0.65m时的重力流堆积

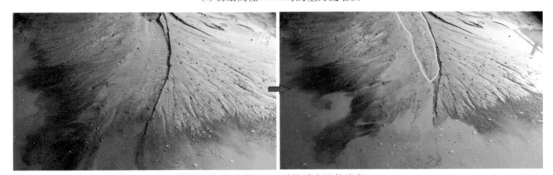

(b) 初始高程0.94m时的重力流的堆积

图 2.68　不同初始高程下重力流堆积的差异

　　模拟中发现当供源水流初始高程较低时，重力流往往易于越出槽道，在整个扇面上或围绕槽道形成扇形重力流沉积，而当其供源初始高程较大时，重力流堆积则多局限在河槽内部，形成受限的长条形重力流沉积。这种结果直接影响了扇体内部不同部位的结构特点及其储层物性，以及后续的油藏开发（表 2.6）。

表 2.6　不同的初始高程下重力流分布差异

河道宽度/cm	X/cm	Y/cm	Z/cm	H/cm
28	3.1	8	12.5	14.5
31	3.1	8.5	14	16.2
40	3.1	9	14.5	16.1
47	3.2	9.5	15.5	16.1
60	3.3	10	11.6	11.7
93	3.5	10.5	10.7	10.8
130	3.6	11	9.5	9.7

初始高程 2（H_2）= 94.5cm，流量（Q）= 1355.75cm³/s，浓度 = 20.3%（3 桶泥 + 8 桶砂），水深（y）= 7.1cm

河道宽度/cm	X/cm	Y/cm	Z/cm	H/cm
42	3.1	8	11.9	17.8
40	3.1	8.5	13.8	17.6
50	3.1	9	14.5	16.4
67	3.1	9.5	11.5	11.6
76	3.3	10	11.5	11.3
97	3.5	10.5	10.5	10.2
140	3.8	11	10.5	10.2

初始高程 1（H_1）= 65cm，Q = 1355.75cm^3/s，浓度 = 20.3%（3 桶泥+8 桶砂），水深（y）= 7.1cm

同时，在模拟过程中也发现，当流体以很大速度从陡坡下冲到达坡折部位时，常会出现一种倒卷现象，即水流直接冲蚀前期地层，形成明显的冲坑，同时由于流体下冲造成前期地层形成一个明显向前突出的陡坎，在陡坎部位，水流受其影响而产生一种加旋特点，使沉积物在此部位大量堆积（图 2.69）。这种现象还不曾报道，其形成机制或许类似于河床中的逆向沙丘，但不同的是由于整体流量较大，可能在水流中只有部分砂、砾受回旋作用沉积在冲坑之前，而大量沉积物则超过冲坑堆积于陡坎之后，而且陡坎消耗了大量能

图 2.69　水流的回旋作用及回旋作用下的重力流堆积

量，使得其搬运距离大大减小，不能形成更远的重力流堆积。实验中没有进一步观察不同坡度和坡度差异对造成这种水流回旋的影响，但观察到随着水流能量增大，回旋作用更为明显。这种回旋作用是不是也预示着高山陡坡的扇平原根部，可能一直是重力流堆积的优选部位？

沉积物可被搬运到湖岸线附近堆积，甚至可以在湖水中向前推进一段距离后而堆积。同时不同的能量下重力槽道的发育并不相同。在高能情况下，重力槽道可进一步改造，在远端形成重力流沉积，而在低能情况下，重力沟道很快被堵塞，造成沉积物的就近堆积。

玛湖地区三叠纪时，西部隆升强烈，造成高山地貌，沉积物从高山顶上向下搬运，数百米的高程造成了巨大的势能，从而形成了沉积的巨大能量。这使得沉积物有可能推进到较远的部位。从已解剖的情况看重力流不仅在扇三角洲平原发育，而且在前缘部位也有发育，这主要与沉积时的重大高程差有关。模拟实验中随着高程的变化，槽道中的沉积的变化非常明显。

3）坡折对碎屑沉积作用的影响

坡折带的发育情况对沉积中心具有明显的控制作用，主要原因在于不同坡折部位具有不同的可容纳空间或可容纳空间变化规律。从实验来看，在不同的坡折部位，其沉积特征有所变化，但变化并不很明显。实验中设计了 3 个坡折，即百口泉组一段沉积中的坡折、百口泉组二段中的坡折和由高山下来到盆地的坡折。在最下部坡折部位前后沉积物并没有明显变化，这或许与坡折上下低开的角度差别较小相关。而在上面另外两个坡折部位，沉积物产生较明显的沉积中心，这可能与坡折有关，或许没有关系。同时，下部坡折前后沉积物的堆积形态没有明显变化，而在上部坡折后面沉积物出现了下部层序加厚现象，这可能是坡折造成的结果，也可能是由于沉积时湖岸线变化造成的结果。从整个沉积上看，无论是在坡折部位或其附近，或是斜坡上，其沉积的总体厚度变化不明显，也没有明显沉积特征差异。这或许是本实验中所设计的坡折带过于窄小，不足以表现出不同坡折带之间的差异。

不同坡降部位观察到底形保存情况有所差异，这可能预示着不同地区的坡降对沉积物堆积有所影响。在湖区坡度极小地区，沉积底形上的松散沉积物得以保留，说明在此部位流体侵蚀作用较弱。而从其沉积结构看，此处的沉积前积结构清晰，主要是前缘的堆积，沉积体呈现出明显的进积特征。而在第二个坡折部位，也有明显的底形保留情况，说明在此处流体剥蚀能力也较弱。相对应地在其他部位，沉积体中并没有明显底形保留下来，说明其已被流体冲蚀改造。从下部第一旋回特征看，剥蚀部位前后沉积体内部结构特征差别明显，在底形未被保留区，沉积体体现出一种较清晰层状结构，而在保留区基本上是一种前积结构，这种结构差异表明沉积方式产生了变化，也是可容纳空间变化的一种表现。在近岸方向的层状结构中，可能主要是以重力流堆积为主，也可能是重力流之后被流水改造而成的河流相沉积。这一地区重力流或河流作用过程中，由于可容纳空间相对较小，对原来底形产生了明显侵蚀作用。而在保留好底形的近湖部位，可容纳空间快速增加区，充足的可容纳空间使得沉积物能够快速堆积，随着堆积的进一步发展，可容纳空间向湖迁移，造成沉积物不断前积（图 2.69）。

　　深入考察此转换点也不难发现，在坡折点向陆方向，其与下伏基底呈现出侵蚀作用。将这一坡折转换位置与沉积时湖平面对比，可以看出在此处岸线大致与其前积位置相一致，岸线上与其下沉积不同。而在更近湖岸的第二个底形保留区，发现沉积近岸线的沉积直接叠覆在底形上，而不仅仅是如第一旋回中的前积沉积叠覆在底形上，说明此处尽管是水流冲蚀区，但也具有充足空间保存沉积物，说明坡折在沉积物堆积中还是具有重要作用的。事实上我们对其结构考察发现，在坡折部位常常出现一种局部高地，从而造成坡折部位为后期层序发育提供了很好的可容纳空间。例如，在第二旋回第 1 期沉积时，在第二坡折部位靠湖方向沉积，形成一个正向地貌，在其前面形成一种低地，而此期后续沉积则在坡折部位处形成了较厚堆积。同样，此期堆积在此形成正地貌，在其近岸侧形成负地形，使得第二旋回的第 2 期沉积形成较厚沉积，而这种堆积可能是后期第三层层序厚度集中的原因。当然这种坡折造成的局部正地形及其近岸方向的负地形，是由于坡折本身所形成还是与湖岸线具有一定关系，还需要进一步考察，但后期沉积中心处于前期更近湖堆积所造成的正向地貌和负向地貌处，则是实验中一种常见的现象。

　　玛湖地区几个重要扇体都有多级坡折，在实际扇体解剖中，也观察不同扇体沉积受坡折影响，主要是不同坡折部位形成了不同扇体堆积中心，从而形成了面积更为广阔的扇体，这与我们观察到的坡折前后沉积现象和地貌相一致。

　　4）重力流构成对沉积的影响

　　沉积物构成对沉积物堆积具有重要影响。实验中固定初始高程（0.65m）、流量（1355.75cm³/s）和湖平面（水深为7.1cm），改变泥砂配比浓度时，不同沉积物浓度（设置43.10%、23.28%、14.24%和5.17%4个浓度）下沉积物搬运距离明显不同。当浓度最大时，搬运距离约2.1m。沉积物体现为沟槽内快速堆积、阻塞河道，形成近源沉积且沉积物分选较差、粗细混合堆积的特征。随着浓度减小，沉积物搬运距离增加，当沉积物浓度为降到5.17%时，搬运距离达到3.6m，由于所携带沉积物较少，沉积物堆积可持续到平原前端（图2.70）。

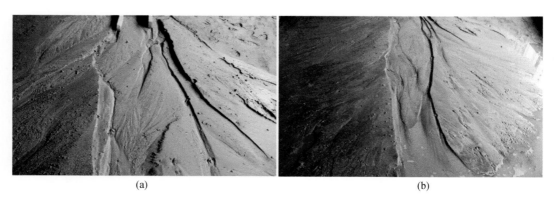

(a)　　　　　　　　　　　　　　　　　　(b)

图 2.70　不同流量下沉积物的搬运和堆积

（a）沉积物浓度43.10%时，搬运距离较近，主要分布于沉积物入口附近；（b）沉积物浓度5.17%时，搬运距离较远

2.5.4　退覆式浅水扇三角洲沉积的油气勘探意义

　　根据钻探结果、地震相分析、大型水槽模拟实验等综合研究表明，准噶尔盆地玛湖凹陷及其周缘地区三叠系百口泉组及二叠系上乌尔禾组、下乌尔禾组主要为大型退覆式浅水扇三角洲沉积，具有满凹含砾特点。这一认识突破了关于砾岩等粗粒碎屑岩主要为冲积扇沉积及扇三角洲沉积主要仅发育在盆地边缘近物源附近的传统观念，证明在山高远足、稳定水系、盆大水浅、持续湖侵条件下，远离物源的凹陷区内同样可形成扇三角洲沉积，而且其分布面积远较传统认识的扇三角洲规模大。因此，玛湖凹陷大型退覆式浅水扇三角洲沉积不仅具有重要的沉积学理论意义，而且具有极其重要的油气勘探意义。

　　一方面，玛湖凹陷大型退覆式浅水扇三角洲沉积的发现及其沉积模式建立，大大拓展了准噶尔盆地西北缘的勘探范围，指导勘探领域由盆缘拓展到凹陷区内，开辟有效勘探面积 $6800km^2$。

　　另一方面，研究表明，玛湖凹陷大型退覆式浅水扇三角洲沉积具有自储自封、封储一体的特点（图 2.71）。其中扇三角洲前缘沉积是储集体发育的最有利相带，具有储集条件好、分布面积大、岩性以砂砾岩和砂岩为主的特点，构成玛湖凹陷最重要的储集体。其下及靠近物源的上倾方向主要为扇三角洲平原沉积的致密砾岩，分选不好、物性差，难以成为有效储层，但却具有较强遮挡能力，从而构成扇三角洲前缘储层的底板和上倾遮挡条件。在扇三角洲前缘沉积的上方及其前端和两侧，多为湖相沉积的厚层泥岩，构成扇三角洲储集体的良好顶板和侧向封堵条件。因此，玛湖凹陷扇三角洲沉积具有优越的储集和封盖条件，每一个扇三角洲体就是一个自储自封、封储一体的圈闭体，每一个圈闭体又发育多个岩性圈闭，从而使得每一个大型扇三角洲体就是一个大型岩性圈闭群。因此，玛湖凹陷大型退覆式浅水扇三角洲沉积具备十分优越的成藏条件，是寻找大面积岩性油气藏极其有利的领域。

　　在大型退覆式浅水扇三角洲沉积模式等新理论的指导下，玛湖凹陷油气勘探取得重大突破，发现了三叠系百口泉组玛北油藏群、黄羊泉油藏群、玛南油藏群、玛东油藏群、玛中油藏群以及二叠系上乌尔禾组玛南油气藏群和中拐扇油气藏群等 7 个油气藏群，以及其组成的玛湖 10 亿吨级大油区。近年来，在这一模式持续指导下，玛湖地区油气勘探不断取得新的进展。可以预计，该模式对准噶尔盆地其他地区油气勘探也将发挥重要的指导作用，同时对国内外其他类似盆地油气勘探也具有重要的借鉴意义。

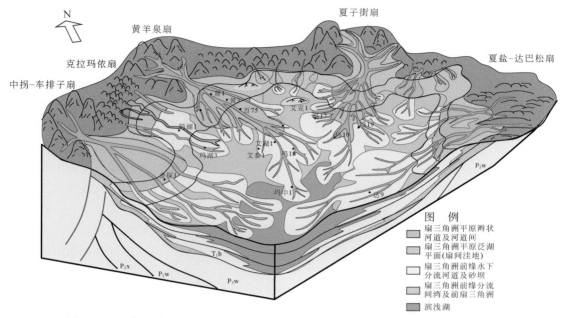

图 2.71　玛湖凹陷区大型退覆式浅水扇三角洲沉积模式（据唐勇等，2018，修改）

第3章　浅水扇三角洲砂砾岩储层特征与评价

中二叠世至早三叠世，玛湖凹陷大型退覆式浅水扇三角洲沉积形成了多套有效砂砾岩储层，其中下三叠统百口泉组、上二叠统上乌尔禾组、中二叠统下乌尔禾组是目前已经有大量油气藏发现的储层，尤以百口泉组和上乌尔禾组已发现油气储量为最多，是玛湖大油区的主力储层。探讨这些储层的基本特征、储集性能及成因机理等对于玛湖凹陷乃至整个准噶尔盆地油气勘探具有重要意义。

3.1　储层基本特征

3.1.1　岩石学特征

1. 百口泉组岩性特征

玛湖凹陷三叠系百口泉组自下而上分为百一、百二、百三段3个岩性段。储层以砂质砾岩和含砾中粗砂岩为主，多属于岩屑砂砾岩（图3.1）。砂砾岩整体分选、磨圆均较差，含砾中粗砂岩分选和磨圆相对较好。以泥质杂基为主要填隙物，含量为1%~10%，方解石胶结物含量次之，平均为0~3%，不均匀分布于前缘相砂砾岩中，个别厚层泥岩顶部砂砾岩样品中含量可达10%~20%。由于沉积相整体退覆的特点，百口泉组自下而上颜色从褐、棕褐色为主，逐渐向灰、灰绿色过渡。

研究表明，由于物源区不同，玛湖凹陷不同地区百口泉组砾石成分存在差异。其中玛北斜坡区砾石成分以凝灰岩+安山岩+流纹/霏细岩为主，玛西斜坡区砾石成分为花岗岩+沉积岩+凝灰岩+变砂（泥）岩，玛南斜坡区砾石成分以花岗岩+凝灰岩+沉积岩为主，玛东斜坡区砾石成分以凝灰岩+花岗岩+流纹/霏细岩+安山岩为主（图3.2）。对比不同斜坡区各成分碎屑含量显示，玛西斜坡区和玛南斜坡区物源中花岗岩成分含量较高，玛东斜坡次之，玛北斜坡中酸性喷出岩含量较高。

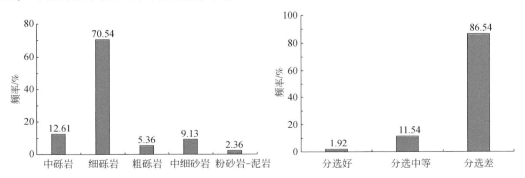

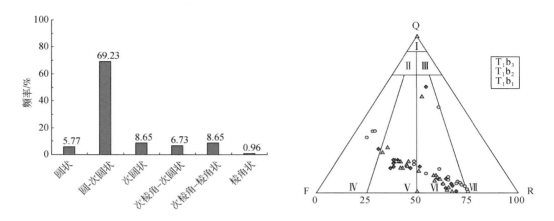

图 3.1 玛湖凹陷斜坡区三叠系百口泉组岩石学特征

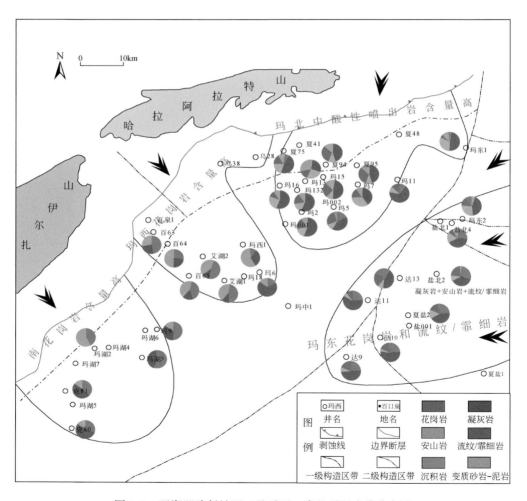

图 3.2 玛湖凹陷斜坡区三叠系百口泉组砾石成分分布图

就砂质的组分而言，各地区亦存在差异。具体而言，玛西斜坡和玛南斜坡各扇体中石英、长石和花岗岩含量最高，玛东斜坡扇体次之，玛北斜坡扇体最低，这和物源成分分析结果是一致的。其中玛西斜坡各扇体砂质中石英平均含量为20%、长石平均含量为22%、花岗岩岩屑平均含量为17%；玛南斜坡各扇体砂质的石英平均含量为21%、长石平均含量为20%，花岗岩岩屑平均含量为13%；玛东斜坡扇体砂质的石英平均含量为18%、长石平均含量为16%、花岗岩岩屑平均含量为8%；玛北斜坡扇体砂质石英平均含量为11%、长石平均含量为9%、花岗岩岩屑平均含量为4%（图3.3）。

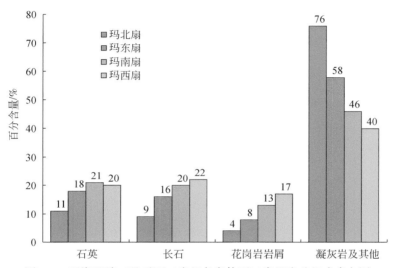

图3.3　玛湖凹陷三叠系百口泉组各扇体百口泉组岩矿组成直方图

2. 上乌尔禾组、下乌尔禾组岩性特征

1）上乌尔禾组

玛湖凹陷上二叠统上乌尔禾组自下而上分为上乌一、上乌二、上乌三段3个岩性段。油气发现目前主要集中于上乌一段和上乌二段。

上乌一段岩性以砂砾岩和砾岩为主，其次为中砂岩，细砂岩再次；上乌二段主要为中砂岩、粗中砂岩、含砾中砂岩和中细砂岩，其次为砂砾岩，含少量粗砂岩和细砂岩（图3.4）。总体上，由上乌一段至上乌三段，碎屑由粗变细，反映了退覆式砂体沉积特点。

上乌尔禾组砂岩成分成熟度较低，以岩屑砂岩为主，少量长石岩屑砂岩。砂级碎屑颗粒成分以岩屑为主，长石、石英次之。其中岩屑含量为65%~100%，石英含量为5%~25%，长石含量小于20%（图3.5、图3.6）。岩屑成分主要为凝灰岩、安山岩及中酸性喷出岩，其次为千枚岩，颗粒分选中-好，磨圆度以次圆-次棱角状为主，碎屑颗粒以点状、线状接触为主，胶结类型主要为孔隙式、镶嵌式胶结。纵向上上乌一段与上乌二段和上乌三段差异较大，上乌一段岩性粗，主要以岩屑砂砾岩、砾岩为主，上乌二段和上乌三段差异不大，长石和石英平均含量基本相当，皆小于25%，平面上由西北向东南，成分成熟度和结构成熟度增高，岩屑砂岩占比减少。

上乌尔禾组碎屑岩中杂基为泥质和絮凝粒，并以泥质为主，上乌一段和上乌二段平均泥质含量分别为2.6%和1.2%（图3.7）。胶结物类型主要为浊沸石、方解石和硅质，含少量片沸石、黄铁矿、硅质和绿泥石。胶结物中绿泥石多呈薄膜状围绕颗粒边缘出现；浊沸石主要以充填粒间孔隙形式出现，部分发生溶蚀而呈现不规则港湾状，其含量在上乌二段和上乌一段较高，平均分别为5.6%和5.0%。方解石胶结物多呈斑状充填于孔隙中，3个层段中上乌一段和上乌二段平均含量分别为0.1%和0.3%，差异不大。总体上，研究区填隙物含量不高，均小于8.0%。

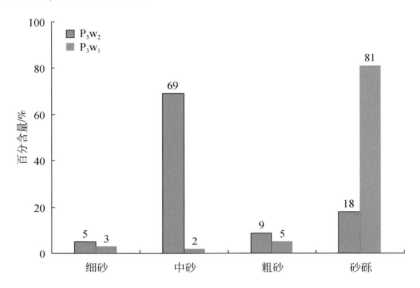

图3.4　中拐地区二叠系上乌尔禾组砂砾岩粒级分布直方图

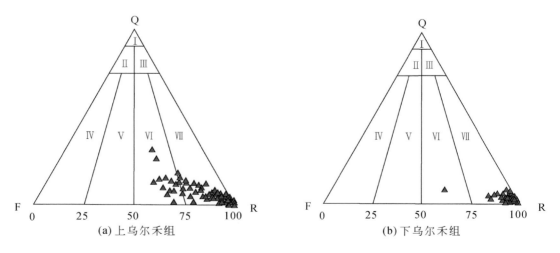

图3.5　玛湖凹陷东斜坡区二叠系上乌尔禾组、下乌尔禾组储层岩性三角图

Q. 石英；F. 长石；R. 岩屑

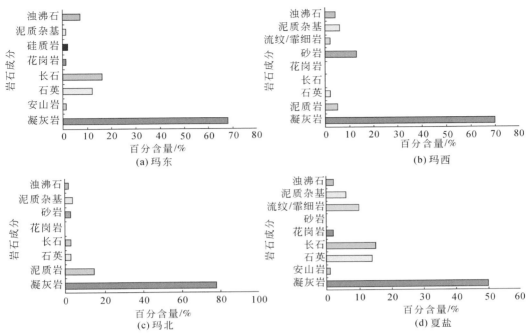

图 3.6　玛湖凹陷斜坡区二叠系下乌尔禾组储层岩石成分直方图

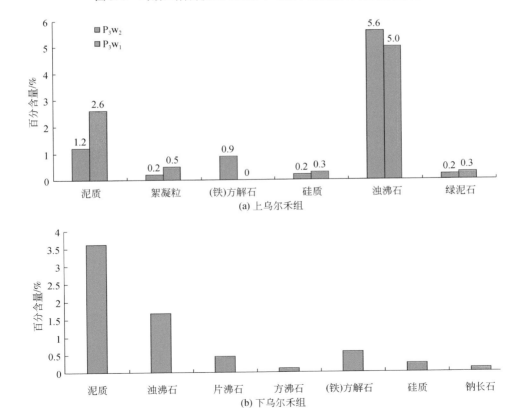

图 3.7　中拐地区上乌尔禾组、下乌尔禾组碎屑岩填隙物成分直方图

2）下乌尔禾组

玛湖凹陷中二叠统下乌尔禾组自下而上分为下乌一、下乌二、下乌三、下乌四段 4 个岩性段。

下乌尔禾组储层岩性主要为灰、绿灰色砂砾岩，其次为小砾岩，碎屑颗粒粒径为 1 ~ 4cm，多为次圆状，分选差。岩石类型按成分分类几乎均为岩屑砂砾岩（图 3.5）。其中砾石成分以凝灰岩为主（平均含量为 91.4%），其次为安山岩岩屑及变质岩岩屑（平均含量分别为 4.0% 和 4.6%）；砾石砾径为 2 ~ 40cm，多为次圆状，分选差。砂质成分中，石英平均含量为 4.8%，长石平均含量为 2.2%，凝灰岩岩屑平均含量为 82.1%，安山岩岩屑平均含量为 6.9%，流纹/霏细岩岩屑平均含量为 2.4%，花岗岩岩屑平均含量为 1.6%（图 3.6）。储层填隙物主要为泥质（占 80%），另有少量浊沸石（占 15%）和方解石（占 5%），泥质部分发生水云母化。储层黏土矿物以不规则伊/蒙混层为主（平均为 47.21%），其次为绿泥石（平均为 35.55%），少量高岭石（平均为 8.91%）和伊利石（平均为 8.33%）。因储层绿泥石含量较高，储层具有潜在的酸敏性。由于物源区不同，各斜坡区砂砾岩成分具有一定差异。

3.1.2　孔隙结构特征

储层的孔隙结构是指岩石孔隙和喉道的几何形状、大小、分布及其相互连通关系。需要指出的是，随着对常规砂岩储层孔隙结构特征的研究不断深入，提出了一系列表征砂岩储层孔隙结构特征的方法，并取得了较好的应用效果。但对于复杂砂砾岩储层，由于其物源组分多样、沉积成因特殊、成岩机理复杂，导致其微观孔隙结构难以表征，控制因素难以查明，目前还没有一套较为满意的专门针对复杂砂砾岩储层结构的评价方法。

1. 孔隙喉道类型

储层中的孔隙一般是指未被固体物质充填的较大空间，而喉道是连接相邻孔隙的狭窄空间。百口泉组砾岩孔隙类型主要为次生溶蚀孔，并以粒内溶孔为主，粒间溶孔较少，其次为微裂隙、残余粒间孔、晶间孔，局部见少量杂基内微孔。上乌尔禾组储集空间以残余粒间孔为主，其次为原生粒间孔、粒内溶孔和浊沸石溶孔，局部可见颗粒破裂形成的微裂缝（图 3.8）。

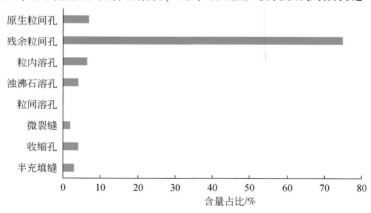

图 3.8　金龙 2 井区上乌尔禾组油层储集空间类型及百分含量图

1）粒内溶孔

粒内溶孔表现为长石、火山岩岩屑及云母类矿物的溶蚀［图3.9（a）］，溶孔多为长条状、蜂窝状，部分为窗格状。溶蚀强烈者形成铸模孔或与粒间孔连通，使孔渗性得到较大改善。该区储层岩石粒内溶孔孔径较小，平均为16μm，但分布很广，并常与粒间孔隙、微裂隙相伴生［图3.9（e）］。

2）残余粒间孔

残余粒间孔是未被陆源杂基和自生胶结物充填的粒间残余孔隙［图3.9（b）］，多分布在杂基含量低、岩屑颗粒含量少、分选磨圆较好的石英粗砂岩、石英细砾岩中，并常与粒间溶孔、成岩收缩缝伴生形成孔隙组合［图3.9（f）］。虽然研究区残余粒间孔数量较少，但孔径较大，为40~100μm，且孔隙形态规则，多呈近三角形和四边形，是重要的储集空间。

(a) 玛131井，3192.12m，T_1b，灰色砂砾岩，原生粒间孔及微裂缝发育

(b) 玛004井，3419.97m，T_1b_3，细中粒长石岩屑砂岩，粒间孔，面孔率2%，ϕ=13.71%，K=0.48×10^{-3}μm^2

(c) 夏89井，2477.27m，T_1b_3，粗中砂岩，硅质析出，粒间孔，黏土收缩孔，ϕ=11.9%，K=1.49×10^{-3}μm^2

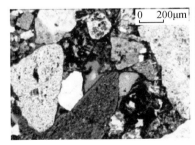
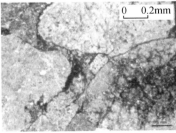
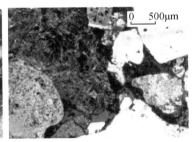

(d) 玛13井，3108.38m，T_1b，砾质不等粒岩屑砂岩，剩余粒间孔及溶孔较发育，孔隙边上残余有沥青质，ϕ=12.6%，K=0.131×10^{-3}μm^2

(e) 玛006井，3418.69m，T_1b，砾质，磨圆度较好，砾间缝和接口孔发育

(f) 达9井，4675.81m，T_1b，砂砾岩，剩余粒间孔和粒内溶孔发育，安山岩岩屑

图 3.9　玛湖凹陷浅水扇三角洲砂砾岩储层孔隙喉道类型

3）微裂隙

微裂隙主要包括构造缝和成岩收缩缝，是由于构造应力和成岩岩石收缩而发育的缝隙。构造缝能将相对较孤立分布的孔隙连通起来，从而提高砂砾岩的渗透性［图3.9（d）］。成岩收缩缝围绕颗粒形成微裂隙网络，裂隙宽度大，能将其他类型孔隙连接起来形成孔隙组

合 ［图 3.9 （e）］，既是重要的储集空间类型，也是油气渗流的重要通道。

4）晶间孔

主要发育在孔隙充填的不规则片状绿泥石 ［图 3.9 （c）］ 和散片状高岭石晶体之间，孔径较小，需在扫描电镜下识别。晶间孔对储集性能贡献相对较小，但由于其往往具有较好的连通性，对储层的储渗能力有一定改善作用。

5）喉道

喉道是指岩石颗粒间连通孔隙的狭窄空间，喉道大小、分布及其几何形态对油气在储层中的渗流起主要控制作用。根据喉道大小与形态特征，主要分为 4 种类型：缩颈喉道、点状喉道、（弯）片状喉道和管束状喉道。以百口泉组为例，其储层压实作用较强，缩颈喉道不发育，喉道类型以片状喉道为主，此类喉道半径较小，属于中细喉道，主要起残余粒间孔与粒间溶孔相互连通作用。骨架颗粒由于抗压实能力较强，溶蚀作用普遍，连通粒内溶蚀孔的喉道中点状喉道亦较常见。点状喉道半径较大，属于中粗喉道。管束状喉道半径小，属于微细喉道，主要起连通晶间孔隙的作用。

2. 孔隙结构参数

压汞实验可以为表征孔隙结构特征提供定量参数。以玛湖凹陷区百口泉组为例，对砂砾岩样品进行压汞测试，分析其毛细管压力曲线孔隙结构参数，拟合最大喉道半径、中值喉道半径、排驱压力、中值压力、退汞效率、孔喉体积比、分选系数等特征参数与岩石物性的关系，并进行对比分析 （表 3.1）。可以看出，百口泉组砾岩储层孔隙度与孔隙结构参数相关性整体较差，而排驱压力、中值压力、变异系数、分选系数、均值、平均喉道半径、中值喉道半径、最大喉道半径等孔隙结构参数与渗透率均具有较好相关性，表明百口泉组储层孔隙结构好坏主要控制岩石渗流能力，而对储集能力影响较小。

表 3.1　百口泉组储层物性与孔隙结构参数关系

特征参数	上限值	下限值	特征参数与孔隙度相关性	特征参数与渗透率相关性
最大喉道半径/μm	27.02	0.44	$y=0.1122x^2-1.6266x+8.8066$ $R^2=0.0985$	$y=-0.0043x^2+0.5615x+1.6369$ $R^2=0.7189$
中值喉道半径/μm	2.67	0.04	$y=0.0366x^2-0.6349x+2.7885$ $R^2=0.552$	$y=0.0003x^2+0.0159x+0.0799$ $R^2=0.9003$
平均喉道半径/μm	5.87	0.14	$y=0.0492x^2-0.7941x+3.9183$ $R^2=0.2049$	$y=-0.0005x^2+0.1113x+0.4985$ $R^2=0.8077$
均值/μm	12.63	8.39	$y=-0.0528x^2+0.9087x+7.7924$ $R^2=0.364$	$y=11.734E-0.005x$ $R^2=0.7609$
分选系数	3.5	1.36	$y=0.0146x^2-0.2644x+3.387$ $R^2=0.0544$	$y=0.2242\ln(x)+2.195$ $R^2=0.5919$
偏度	0.66	−1	$y=0.0169x^2-0.2514x+0.3421$ $R^2=0.3531$	$y=-6\times10^{-5}x^2+0.0208x-0.5492$ $R^2=0.3498$

特征参数	上限值	下限值	特征参数与孔隙度相关性	特征参数与渗透率相关性
峰度	2.56	1.4	$y = 0.0068x^2 - 0.1709x + 2.8656$ $R^2 = 0.0625$	$y = 0.0003x^2 - 0.0185x + 1.9186$ $R^2 = 0.091$
变异系数	0.35	0.11	$y = 0.0025x^2 - 0.0445x + 0.3826$ $R^2 = 0.1514$	$y = 0.0277\ln(x) + 0.1927$ $R^2 = 0.6732$
中值压力/MPa	20.47	0.27	$y = 89.034e^{-0.272x}$ $R^2 = 0.3343$	$y = 8.8675e^{-0.056x}$ $R^2 = 0.5682$
排驱压力/MPa	1.65	0.03	$y = 0.9996e^{-0.125x}$ $R^2 = 0.0722$	$y = 0.3406x - 0.466$ $R^2 = 0.6713$
退汞效率/%	42.52	10.65	$y = -0.5021x^2 + 9.7158x - 18.652$ $R^2 = 0.1495$	$y = 0.0075x^2 - 0.7432x + 29.107$ $R^2 = 0.3126$
孔喉体积比	8.39	1.35	$y = 0.1162x^2 - 2.1606x + 12.831$ $R^2 = 0.2332$	$y = 0.077x + 2.8363$ $R^2 = 0.3429$
均质系数	0.34	0.09	$y = 0.1115e^{0.0379x}$ $R^2 = 0.0723$	$y = 0.1637x - 0.062$ $R^2 = 0.1295$
非饱和体积比例/%	50	12.12	$y = -0.2361x^2 + 2.6205x + 34.605$ $R^2 = 0.2712$	$y = 38.415e^{-0.014x}$ $R^2 = 0.3495$

　　孔隙结构参数中，中值喉道半径与孔隙度具有一定正相关性，相关系数 R^2 为 0.552 [图 3.10（a）]，表明半径较大且分布较均匀的喉道对储层渗流能力贡献较大。不同于常规砂岩储层，砾岩储层渗透率与中值喉道半径相关性最好，相关系数 R^2 达到 0.9003 [图 3.10（b）]，而最大喉道半径与渗透率相关性相对较差，相关系数 R^2 为 0.7189 [图 3.10（c）]。这表明百口泉组储层非均质性较强，粗喉道数量较少，对储层渗流能力并不能起决定性作用。而半径大小中等、分布较广的喉道控制着储层的渗透性。同时，退汞效率与孔喉体积比相关性极好，呈幂指数关系，相关系数达到 0.9965 [图 3.10（d）]。

　　然而，虽然表征孔隙特征的参数众多，但缺少一个可以综合反映孔喉结构与储层岩石渗流能力关系的参数。通过对百口泉组储层压汞特征参数与物性关系分析，发现渗透率与中值孔喉半径相关性最好，表明中值孔喉半径对研究区储层岩石渗透率贡献大 [图 3.10（b）]；孔喉体积比反映孔隙与喉道分布情况，孔喉体积比越大，孔隙结构越好，而研究区退汞效率由于和孔喉体积比有极好负相关关系，因此能够反映孔隙喉道结构特征 [图 3.10（d）]；渗透率是流体渗流能力的综合体现，主要与喉道大小、迂曲度有关。为了表征孔喉结构对流体渗流能力影响，以玛湖凹陷西斜坡为例，拟定了适应于表征该地区百口泉组砂砾岩孔隙结构的结构渗流系数：

$$\varepsilon = R_{\mathrm{m}} \sqrt{\frac{100K}{W_{\mathrm{e}}}}$$

式中，ε 为结构渗流系数，$\mu\mathrm{m}^2$；R_{m} 为中值喉道半径，$\mu\mathrm{m}$；K 为渗透率，$10^{-3}\,\mu\mathrm{m}^2$；W_{e} 为退汞效率，%。

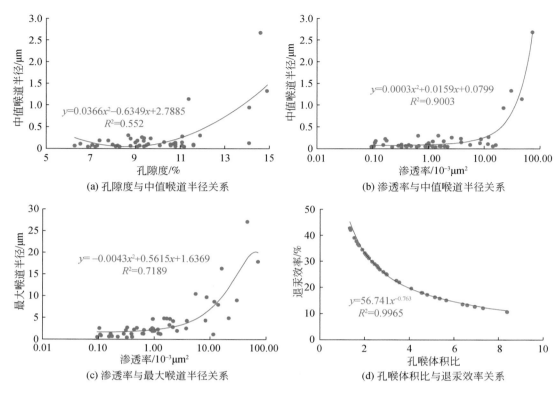

图 3.10　三叠系百口泉组储层孔隙结构参数与物性关系

　　玛湖凹陷西斜坡区百口泉组砂砾岩储层岩石结构渗流系数为 $0.03 \sim 63.92 \mu m^2$，与渗透率有很好的二次多项式关系，相关系数达 0.9533，结构渗流系数随渗透率的增大而增大（图 3.11）。百口泉组储层孔隙度与结构渗流系数也有一定正相关关系，对应于一定结构渗流系数的渗透率范围较窄，而孔隙度分布范围较宽（图 3.11），表明结构渗流系数是综合反映砂砾岩储层孔隙结构好坏的有效参数。

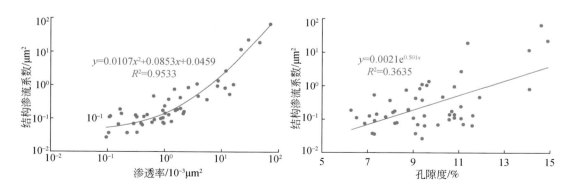

图 3.11　玛西斜坡区三叠系百口泉组储层结构渗流系数与孔渗关系

3. 孔隙结构类型

压汞曲线形态和参数可在一定程度上直观表征孔喉粗细及分选性，是储层孔隙结构特征和渗流能力的直接反映。根据压汞曲线形态和定量参数分布特征，可对玛湖凹陷区三叠系百口泉组和二叠系上乌尔禾组、下乌尔禾组进行孔隙结构类型划分。

1) 百口泉组

与上乌尔禾组、下乌尔禾组压汞曲线相比，百口泉组普遍发育平缓的压汞曲线平台。结合结构渗流系数、岩心观察和铸体薄片分析，将玛湖凹陷百口泉组储层孔隙结构分为 3 类（表 3.2）。

表 3.2　玛湖凹陷三叠系百口泉组储层孔隙结构类型及特征

类型	压汞曲线歪度	岩性	孔隙类型	喉道类型	结构渗流系数 /μm^2	中值喉道半径 /μm	孔隙度 /%	渗透率 /$10^{-3}\ \mu m^2$
I	粗	砂质细砾岩、含砾粗砂岩	残余粒间孔、微裂隙	片状、点状喉道	0.74 ~ 63.92	0.13 ~ 2.67	8.7 ~ 16.8	1.53 ~ 787
II	较细	中砾岩、细砾岩	粒内溶孔	点状、管束状喉道	0.02 ~ 0.94	0.04 ~ 0.18	4.7 ~ 11.2	0.10 ~ 4.5
III	细	中砾岩、中细砂岩	晶间孔	管束状喉道	<0.30	<0.04	<4.7	<0.12

I 类孔隙结构：压汞曲线中间平缓段长、位置靠下、粗歪度，孔喉分选好、半径大，为 I 类曲线 [图 3.12 (a)]；平均结构渗流系数为 14.19 μm^2；岩性以砂质细砾岩、含砾粗砂岩为主；溶孔发育，孔隙类型以残余粒间孔和粒内溶孔为主，可见微裂隙；喉道类型以片状喉道、点状喉道为主；平均最大孔喉半径为 21.01 μm，平均中值喉道半径为 0.60 μm，属粗喉道型；物性好，平均孔隙度为 11.94%，平均渗透率为 159.29 × 10^{-3} μm^2；此类孔隙结构广泛发育于各类牵引流成因砂砾岩，砂质颗粒支撑砾岩相中亦有分布。

II 类孔隙结构：压汞曲线中间平缓段较短、位置略靠上、较细歪度，孔喉分选较差、半径较小，为 II 类曲线 [图 3.12 (b)]；平均结构渗流系数为 0.19 μm^2；岩性以中砾岩、细砾岩为主；溶孔不太发育，孔隙类型以粒内溶孔为主；喉道类型以点状喉道、管束状喉道为主；平均最大孔喉半径为 0.20 μm，平均中值喉道半径为 0.09 μm，属细喉道型；物性中等，平均孔隙度为 9.16%，平均渗透率为 1.25 × 10^{-3} μm^2。该类孔隙结构主要见于洪流成因砂砾岩中。

III 类孔隙结构：压汞曲线中间平缓段短、位置靠上、细歪度，孔喉分选差、喉道半径小，为 III 类曲线 [图 3.12 (c)]；平均结构渗流系数为 0.002 μm^2；岩性以小中砾岩、中细砂岩为主；溶孔不发育，局部可见晶间孔、粒内溶孔；喉道类型以管束状喉道为主；平均最大孔喉半径为 0.72 μm，属微喉道型；物性较差，平均孔隙度为 6.95%，平均渗透率为 1.06 × 10^{-3} μm^2；主要见于基质支撑和多级颗粒支撑的碎屑流砂砾岩中，牵引流成因砂砾岩相中欠发育。

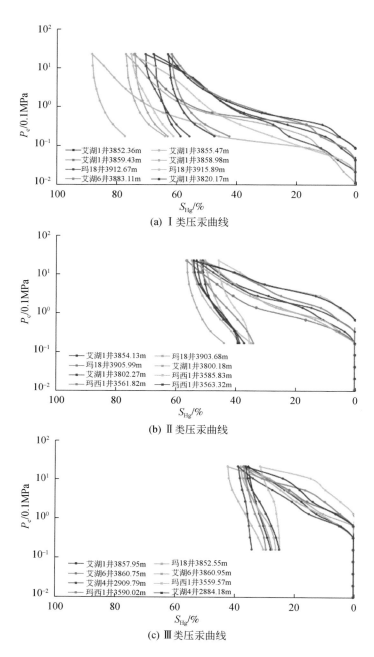

图 3.12　三叠系百口泉组储层压汞曲线特征

2）上乌尔禾组、下乌尔禾组

以金龙 2 井区上乌尔禾组为例，砂砾岩储层孔喉以微喉、细喉为主。最大孔喉半径上乌一段、上乌二段和上乌三段分别为 2.2μm、2.8μm 和 3.0μm，平均毛细管半径为 0.7μm，孔喉发育程度自下而上逐渐变好；排驱压力依次为 1.6MPa、0.5MPa 和 0.3MPa，中值压力依次为 3.4MPa、7.3MPa 和 6.2MPa，表明喉道发育程度亦呈由下向上逐渐变好趋势。非饱和孔隙体积均值均在 40%，退汞效率均小于 32%，表明研究区上乌尔禾组储层孔喉半径小，分选中等-差，退汞效率低，孔喉结构差，以细喉和微喉为主，压汞曲线无明显平台（图 3.13）。根据压汞曲线与孔喉分布特征将上乌尔禾组砂砾岩储层细分为 4 类(表 3.3)。

Ⅰ类孔隙结构：单峰正偏态细孔喉型 ［图 3.13（a）］。孔喉分布呈双峰且以细喉为主，优势孔喉半径一般为 10～0.5μm，排驱压力一般小于 0.08MPa。此类型主要分布于泥杂基含量少（小于 5%）、粒级粗、分选较好的砂岩中，以扇三角洲水下分流河道为主，储层表现为中低孔-中低渗特征，渗透率一般大于 $10×10^{-3}μm^2$。

Ⅱ类孔隙结构：单峰正偏态或微负偏态细-微孔喉型 ［图 3.13（b）］。孔喉分布呈单峰且偏向微孔喉一侧，优势孔喉半径一般在 5～0.28μm，排驱压力多小于 0.3MPa。此类储层主要分布于河道中上部和扇三角洲前缘水下碎屑流砂体中，表现为低孔-低渗-特低渗储层特征，渗透率一般大于 $0.1×10^{-3}μm^2$。

表 3.3　金龙 2 井区二叠系上乌尔禾组碎屑岩压汞参数统计表

层位	井名	孔隙度 /%	渗透率 /$10^{-3}μm^2$	中值压力/MPa	中值半径/μm	排驱压力/MPa	最大孔喉半径 /μm	退汞效率 /%	孔喉体积比 /%	平均毛细管半径 /μm	非饱和孔隙体积百分比/%	样品数 /个
P$_3$w$_3$	金龙 2	8.8	14.3	—	—	0.2	1.6	20.1	4.2	0.4	60	6
	克 101	8.1	10.8			0.3	2.3	43.9	1.3	0.6	54.4	1
	金 202	13.1	1.3	14.6	0.1	0.3	2.6	23.7	3.2	0.7	46.8	1
	金 204	10.6	8.4	8.2		0.3	6.7	41.4	1.8	1.4	33.5	6
	金 205	17.8	62.3	6.2	0.2	0.3	6.3	42	1.4	1.5	24.6	15
	金 206	9.7	3.7	9.5	0.1	0.5	1.5	32.2	2.2	0.5	45.9	18
	金 208	8.6	0.6	4.6	—	0.1	0.8	19.2	4.6	0.2	60.5	3
	金 210	10.9	3	6.3		0.5	2	31.1	2.8	0.5	48.1	6
	平均值	11	13	8.2	0.1	0.3	3	31.7	2.6	0.7	46.7	—
P$_3$w$_2$	金龙 2	3.5	0.4			1.7	0.5	31.7	2.2	0.1	61.2	6
	金龙 4	8.7	8.4	5.7	0.1	0.5	5.1	20.6	4.6	1.3	40.8	10
	金龙 7	9.3	14.3	6.8	0.1	0.5	2.4	28.2	3.1	0.7	47.3	10
	克 017	12.8	2.2	13.3	0.1	0.3	3.9	32.7	2.1	0.6	42.4	2
	克 101	13	3.6	5.7	0.1	0.3	2.6	35.1	2.1	0.6	37.5	1
	克 102	13.4	2.1	18.6	0.1	0.7	1.6	33.5	2.1	0.5	47.5	2
	克 303	6.2	14.3	3.3	0.3	0.3	3.4	14.9	6.2	1.1	40.2	5
	JL2001	11.7	1.4	10.1	0.1	0.5	2	32.7	2.2	0.5	41.8	35
	JL2002	12.2	2.3	7.8	0.1	0.4	2.3	37.3	2	0.6	41	18
	金 201	14.8	4.1	5.1	0.1	0.2	2.9	49.5	1	0.6	25.5	14
	金 202	12.5	1.9	9.9	0.1	0.7	1.8	27.9	2.8	0.5	42.6	22
	金 204	12.4	165.8	9.6	0.1	0.4	6.8	41.8	1.4	1.2	31.7	2

续表

层位	井名	孔隙度/%	渗透率/$10^{-3}\mu m^2$	中值压力/MPa	中值半径/μm	排驱压力/MPa	最大孔喉半径/μm	退汞效率/%	孔喉体积比/%	平均毛细管半径/μm	非饱和孔隙体积百分比/%	样品数/个
P₃w₂	金206	13.6	4.6	7.1	0.1	0.4	2.8	36.1	1.8	0.8	33.9	8
	金208	12.7	1.5	10	0.1	0.5	2	22.2	3.8	0.5	40.3	14
	拐10	12.9	0.6	—			—	461	1.2	—	55.7	1
	拐26	12.5	1.5	3		1.4	0.5	29.5	2.5	0.2	49.7	11
	金210	11.1	36.3	7.6	0.6	0.3	6.4	20.1	4.6	2.2	40.3	10
	平均值	11.4	15.6	8.2	0.1	0.5	3	31.8	2.7	0.8	42.3	—
P₃w₁	克103	10.7	2.1	12.7	0.1	0.5	2	28	3.1	0.6	48	10
	金龙2	8.3	4.9	—		2.2	0.3	27.4	2.7	0.1	51.3	1
	金龙4	10.9	12.6	5	0.3	0.7	3.6	21.3	3.9	1.1	38.6	4
	克017	11.4	14.7	4.4	0.3	0.1	6.6	22.2	3.6	1.5	32.2	8
	克78	13.2	110.6	1	2.6	0.2	8.8	30.4	6.1	3.8	32.5	6
	克101	5.5	0.2	—		8.2	0.1	39.9	1.5	0.1	67.4	1
	克102	9.5	0.4	—		2.7	0.3	26.5	2.8	0.1	62.5	3
	克303	5.8	2.9	4.1		1.7	1.4	18.9	5.1	0.4	57.5	11
	JL2001	6.5	1.9	—		1.3	0.6	27.7	2.7	0.2	60.5	3
	JL2002	6.9	1.1	1.7		0.5	1.1	23	3.7	0.3	54.9	9
	金202	6.4	—			2.1	0.4	31.6	2.2	0.1	62.3	2
	金205	14	2.1	5.8	0.2	0.5	1.8	41	1.5	0.6	28.5	2
	金206	8.9	2.6	7.3	0.2	0.6	2.8	26.8	3.3	0.9	39	13
	金208	8.8	0.6	5.9		0.9	0.6	30.2	2.4	0.1	57.9	5
	平均值	9.1	12	5.3	0.6	1.6	2.2	28.2	3.2	0.7	49.5	—

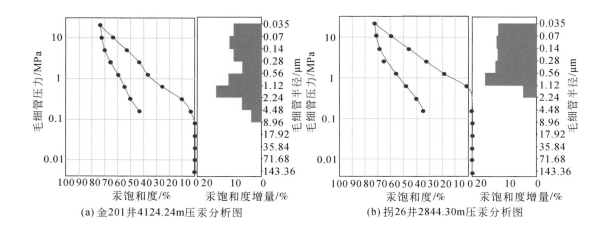

(a) 金201井4124.24m压汞分析图　　　　　　(b) 拐26井2844.30m压汞分析图

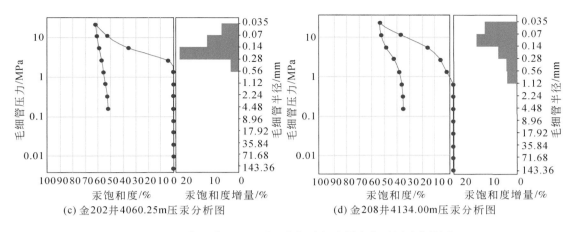

(c) 金202井4060.25m压汞分析图　　　(d) 金208井4134.00m压汞分析图

图 3.13　金龙 2 井区二叠系上乌尔禾组碎屑岩典型压汞曲线图

Ⅲ类孔隙结构：单峰负偏态微孔喉型 ［图 3.13（c）］。孔喉分布呈单峰且偏向微孔喉一侧，优势孔喉半径一般为 1.2 ~ 0.1μm，排驱压力一般小于 1.0MPa。此类型主要分布于河口坝砂体及泥质含量较高、分选较差的河道砂体。砂岩孔隙度较低，渗透性较差，渗透率一般为（0.1 ~ 10）×10^{-3}μm^2。

Ⅳ类孔隙结构：单峰负偏态微孔–极细微孔喉型 ［图 3.13（d）］。孔喉半径一般小于0.2μm，砂岩渗透性极差。主要分布于远砂坝砂体，或泥质含量高、分选差的河道间砂体，渗透率一般小于 0.5×10^{-3}μm^2。

3.1.3　物性特征

根据现有物性资料（表3.4、图3.14），玛湖凹陷三叠系百口泉组和二叠系上乌尔禾组、下乌尔禾组砂砾岩储层总体具有低孔–特低渗特点。参考国内外储层划分习惯，赵靖舟等（2012，2017a）从成藏角度将储层按渗透率划分为 3 类：渗透率大于 10×10^{-3}μm^2 为常规储层，渗透率为（1 ~ 10）×10^{-3}μm^2 为低渗储层，渗透率小于 1×10^{-3}μm^2 为致密储层。从孔隙度角度一般将孔隙度小于12%的储层看作致密储层。据此标准，玛湖凹陷三叠系百口泉组和二叠系上乌尔禾组、下乌尔禾组砂砾岩主要为低渗–致密储层。

表 3.4　玛湖凹陷区退覆式浅水扇三角洲砂砾岩储层物性特征

地区	层位	岩性	渗透率范围 /10^{-3}μm^2	渗透率中值 /10^{-3}μm^2	平均渗透率 /10^{-3}μm^2	孔隙度范围 /%	孔隙度中值 /%	平均孔隙度 /%
玛南斜坡	T$_1$b	砂砾岩	0.01 ~ 307	1.29	1.97	3 ~ 21.8	6.85	8.2
	P$_3$w$_2$	不等粒砂岩、含砾泥质砂岩、砂质小砾岩	0.43 ~ 211.12	0.81	6.31	3.20 ~ 14.63	6.4	6.50
	P$_3$w$_1$	砂砾岩	0.02 ~ 508	1.0	6.91	3.21 ~ 24.61	8.6	8.56
	P$_2$w	砂砾岩	0.02 ~ 116	0.8	2.45	0.3 ~ 16.14	8.1	8.25

续表

地区	层位	岩性	渗透率范围/$10^{-3}\mu m^2$	渗透率中值/$10^{-3}\mu m^2$	平均渗透率/$10^{-3}\mu m^2$	孔隙度范围/%	孔隙度中值/%	平均孔隙度/%
玛西斜坡	P_2w	砂砾岩	0.024~85.29	0.72	8.97	2.9~13.38	7.9	11.69
	T_1b	砂砾岩	0.01~1049	1.65	2.26	1.3~22.3	8.68	10.23
玛北斜坡	T_1b_3	砂质细砾岩、含砾泥质砂岩	0.01~553.45	0.56	0.92	2.28~17.61	8.26	9.44
	T_1b_2	砂砾岩	0.01~396.28	0.77	1.04	1.17~23	6.83	8.03
	P_2w	砂砾岩	0.01~76.26		5.50	1.36~23.80		8.38
玛东斜坡	T_1b	砂砾岩	0.01~45.35	0.2	0.29	1.4~13.2	7.82	8.77
	P_2w	砂砾岩	0.02~283	0.79	0.74	3.49~11.58	8.1	12.3

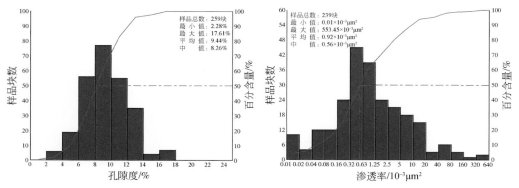

图 3.14　玛湖凹陷北斜坡三叠系百三段储层物性

研究表明，玛湖凹陷三叠系百口泉组和二叠系储层非均质性较强，纵横向变化较大。

1. 百口泉组物性特征

玛北斜坡百三段（T_1b_3）孔隙度为 2.38%~17.61%，平均为 9.44%，平均渗透率为 0.92×$10^{-3}\mu m^2$（图 3.14）；百二段（T_1b_2）孔隙度为 1.17%~23%，平均为 8.03%，平均渗透率为 1.04×$10^{-3}\mu m^2$（图 3.15）；百一段（T_1b_1）孔隙度为 4%~10%，平均为 7.22%，平均渗透率为 1.39×$10^{-3}\mu m^2$；其中玛北斜坡玛 13 井区百口泉组储集层孔隙度为 5%~13.9%，平均为 7.63%，渗透率为（0.02~19.4）×$10^{-3}\mu m^2$，平均为 1.33×$10^{-3}\mu m^2$。玛东斜坡达 13 井区百口泉组储层孔隙度为 5.3%~15.8%，平均为 10.48%，渗透率为（0.03~15.9）×$10^{-3}\mu m^2$，平均为 0.52×$10^{-3}\mu m^2$。玛西斜坡玛 18 井区百口泉组储层孔隙度为 4%~15.3%，平均为 9.09%，渗透率为（0.05~98.1）×$10^{-3}\mu m^2$，平均为 3.93×$10^{-3}\mu m^2$。玛南斜坡玛湖 1 井区百口泉组储层孔隙度为 5%~16.8%，平均为 9.35%，渗透率为（0.02~75.9）×$10^{-3}\mu m^2$，平均为 2.52×$10^{-3}\mu m^2$。

从孔隙度平面分布来看，百一段和百二段孔隙度高值区分布范围大致相同，孔隙度高值区主要分布于玛东斜坡达 13 井区、达 9 井区，玛西斜坡艾湖 1-玛 18 井区，玛南斜坡玛湖 1 井区（图 3.16、图 3.17）。

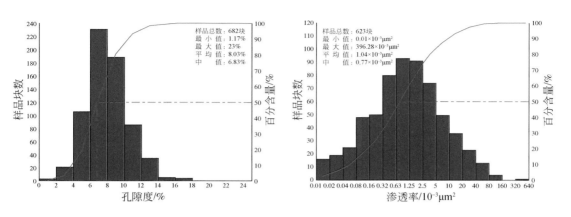

图 3.15　玛湖凹陷北斜坡三叠系百二段储层物性

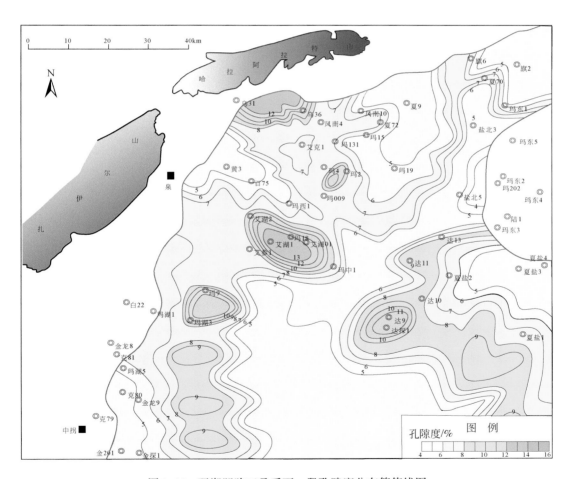

图 3.16　玛湖凹陷三叠系百一段孔隙度分布等值线图

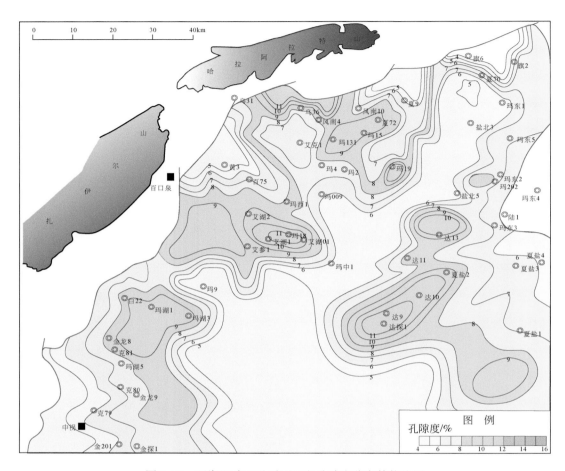

图 3.17　玛湖凹陷三叠系百二段孔隙度分布等值线图

2. 上乌尔禾组、下乌尔禾组物性特征

1）上乌尔禾组

玛湖凹陷地区上乌尔禾组储层物性具有强非均质性特点，玛湖南斜坡区上乌一段孔隙度为 3.21%～24.61%，平均为 8.56%，渗透率为 （0.02～508）×10^{-3} μm²，平均为 6.91×10^{-3} μm²（表 3.4），属于特低孔、低渗储层，物性条件较上乌二段好。上乌二段主要岩性为灰、绿灰色砂砾岩，其次为褐灰、绿灰色含砾泥质细砂岩、含砾不等粒砂岩、含砾泥质砂岩、砂质小砾岩，少量棕褐、褐、绿灰色泥岩。孔隙度为 3.20%～14.63%，平均为 6.50%；渗透率为 （0.43～211.12）×10^{-3} μm²，平均为 6.31×10^{-3} μm²。

中拐地区上乌尔禾组上乌一段、上乌二段储层物性总体属于中低孔、低渗-特低渗型储层（图 3.18、图 3.19）。据岩心物性分析，金龙 2 井区上乌二段储层孔隙度为 5%～17.3%，平均为 12.52%，渗透率为 （0.11～347.0）×10^{-3} μm²，平均为 1.47×10^{-3} μm²。上乌一段储层孔隙度为 5%～14.06%，平均为 8.14%，渗透率为 （0.11～860）×10^{-3} μm²，

平均为 $1.72 \times 10^{-3} \mu m^2$。上乌一段与上乌二段相比，后者储层物性明显好于前者。

2）下乌尔禾组

下乌尔禾组在玛湖凹陷不同区域孔隙度和渗透率均较低（表 3.4），相比之下，物性最好的是乌尔禾地区和玛东、夏盐地区，属于低孔–低渗储层夹中孔–中渗储层。其中乌尔禾地区平均孔隙度为 11.69%，最大孔隙度为 20.76%；玛东地区平均孔隙度为 12.3%，这与该地区火山碎屑溶孔大量发育有很大关系。玛南斜坡区物性最差，孔隙度多小于 10%，均值为 8.25%。

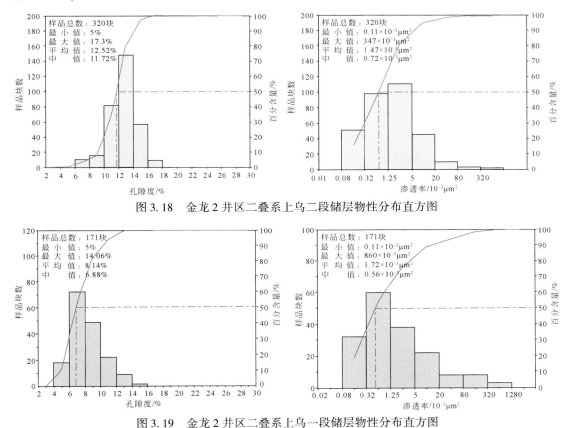

图 3.18　金龙 2 井区二叠系上乌二段储层物性分布直方图

图 3.19　金龙 2 井区二叠系上乌一段储层物性分布直方图

3.2　成岩作用及成岩演化特征

3.2.1　成岩作用特征

1. 压实作用

玛湖凹陷斜坡区三叠系百口泉组埋藏深度变化大，一般为 2000 ~ 4000m。由于百口泉组埋藏时间长、埋藏深度大，加之其砂岩和砂砾岩成分成熟度和结构成熟度低，因此玛湖凹陷斜坡区三叠系百口泉组储层大都经历了较强成岩作用。其中玛北斜坡区三叠系百口泉组储层埋藏深度为 2200～3800m，砂砾岩储层成分成熟度低，含大量凝灰岩等半塑性火山岩屑，泥质杂基含量高，因此压实作用是研究区储层物性下降的主要成岩作用之一。压实作用包括机械压实和化学压实作用（压溶作用）（Pittman and Lareser，1991）。当研究区埋藏深度大于 3500m 时，压实作用主要表现为半塑性、塑性的火山岩屑变形，碎屑颗粒呈线接触或凹凸接触，甚至出现假杂基现象，粒间孔隙急剧减少，造成孔隙度不可逆降低，少量刚性碎屑见压裂现象（图 3.20）。

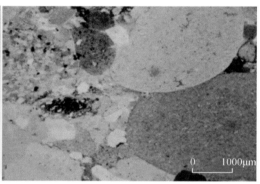

(a) 玛006井，3417.33m，T₁b，砂砾岩中压实作用　　　　(b) 玛001井，3452.30m，T₁b，砂砾岩中压实作用
　　　较强，塑性砾石变形　　　　　　　　　　　　　　　　较强，出现假杂基

(c) 玛006井，3422.67m，T₁b，灰色砂砾岩中压实作用　　(d) 玛006井，3407.37m，T₁b，砂砾岩中压实作用
　　　较强，塑性砾石变形，呈凹凸接触　　　　　　　　　较强，塑性砾石变形，甚至出现假杂基

图 3.20　玛湖凹陷北斜坡三叠系百口泉组压实作用特征

通过对砂砾岩薄片显微观察和镜下估算、结合砂砾岩储层物性分析得知，压实作用造成玛北斜坡区三叠系砂砾岩储层孔隙损失量可达 50%～70%，部分埋藏深度大于 3500m 的砂砾岩储层孔隙度损失量甚至超过 75%。可见，分选性较差、泥质杂基含量较高、碳酸盐胶结物含量较低的砂砾岩储层物性受到压实作用较大破坏，由于砂砾岩颗粒比砂岩粗，其压实效应因而比砂岩弱。研究区除了重力流成因的泥石流砂砾岩为杂基支撑结构外，大多数砂砾岩为碎屑颗粒支撑结构，其砾石在压实作用过程中会发生一定程度转动，以至于扭

曲变形或破裂，镜下可见局部微裂缝较为发育。压溶作用是一种物理、化学成岩作用，主要表现为砂砾岩中砾石凹凸接触，形成压入坑构造，或者石英颗粒横向增生，多表现为酸性火山岩岩屑或者长石等碎屑矿物在纵向上的压溶。

研究表明，玛湖凹陷砂砾岩储层的压实作用除了受埋藏深度影响外，形成砂砾岩的沉积环境是一个重要因素。通常，扇三角洲平原沉积的砂砾岩由于为水上沉积，距离物源较近，未经湖水淘洗，杂基含量一般偏高，岩石压实强烈，从而造成储层比较致密；而扇三角洲前缘相砂砾岩距离物源适中，为水下沉积，储层受到湖水多次冲刷和改造，导致杂基含量减少，压实强度相对低于扇三角洲平原相砂砾岩，因而储层物性相对较好（图3.21）。当然，当砂砾岩埋藏较浅时，压实作用通常较弱，平原分支河道砂砾岩与前缘水下分流河道相砂砾岩储层物性相差不大；只有当埋藏较深时，随着压实作用的增强，前缘水道砂体由于泥质含量少，抗压能力强，物性明显好于平原河道砂体。

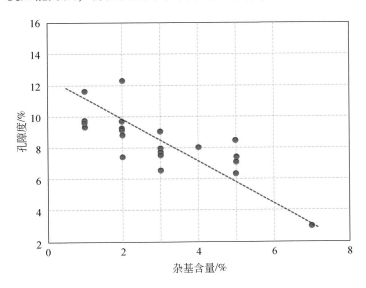

图 3.21　玛湖凹陷北斜坡孔隙度与杂基含量关系图

2. 胶结作用

玛湖凹陷斜坡区三叠系百口泉组与二叠系上乌尔禾组、下乌尔禾组砂砾岩主要胶结物类型包括：碳酸盐类（方解石、铁方解石、含铁白云石和菱铁矿等），硅质、方沸石（图3.22），自生黏土矿物（高岭石、绿泥石、伊利石和伊/蒙混层）（图3.23）。胶结物含量与组合类型在不同层段差异明显，一般随埋藏深度加大，伊/蒙混层含量增加、绿泥石含量降低。

百口泉组砂砾岩中方解石胶结物广泛发育［图3.24（a）、（b）］，主要充填或胶结原生粒间孔、碎屑颗粒溶孔和长石溶孔，多形成于早成岩阶段。该类型胶结物大量存在对早期岩石抗压能力具有增强作用，从而在一定程度上抑制了早期压实作用对原生孔隙结构的破坏。同时，碳酸盐类胶结物在后期烃源岩生烃排酸过程中很容易被酸性流体溶蚀，形成

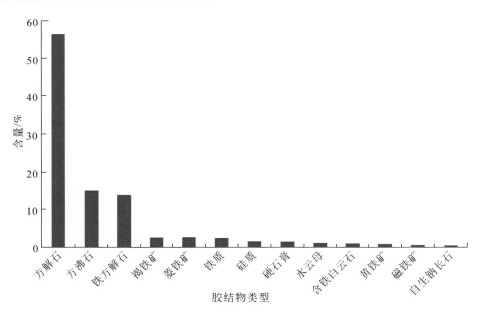

图 3.22　玛湖凹陷北斜坡三叠系百口泉组储层胶结物类型分布直方图

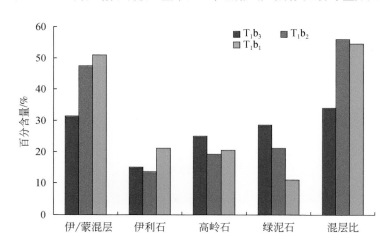

图 3.23　玛湖凹陷北斜坡三叠系百口泉组储层黏土矿物分布图（据雷德文等，2018）

次生溶孔。然而，方解石对储层物性的破坏效应似乎更大，原因在于方解石多呈现镶嵌状胶结，原生粒间孔多被完全胶结，从而严重阻碍后期有机酸在孔隙中的运移以及溶蚀物质的交换。

　　百口泉组砂砾岩中硅质胶结物含量较低，多以自形石英晶体颗粒产出于碎屑颗粒边缘、粒间孔壁或次生溶孔中［图 3.24（c）、（d）］。除此之外，沸石类胶结物也时有发育，常呈晶粒状、板状、纤维状及束状产出于粒间孔隙中［图 3.24（f）］，以方沸石为主，主要形成于中成岩作用阶段，成分与长石相似。沸石类胶结物常与方解石或自生黏土矿物共生于粒间孔中，堵塞孔隙，但其成岩后期易遭受溶蚀形成次生孔隙，从而提高储集性能。

(a) 玛001井，3642.44m，T_1b_2，砂岩，
方解石胶结，占据粒间孔隙

(b) 玛6井，3809.19m，T_1b，砂砾岩，
粒间发育自形方解石胶结物，并见有机质充填

(c) 玛603井，3832.5m，T_1b，含砾粗砂岩，
粒间高岭石，见少量溶蚀

(d) 图(c)粒间高岭石放大，见少量溶蚀

(e) 玛13井，3107.6m，T_1b，含砾粗砂岩，
粒间自生石英充填

(f) 达11井，4294.4m，T_1b，含砾粗砂岩，
粒间自生沸石类

图 3.24　玛湖凹陷三叠系百口泉组储层胶结作用特征

　　百口泉组见多种黏土矿物充填粒间孔，主要包括蒙脱石、高岭石、伊利石、伊/蒙混层和绿泥石（图3.25）。

（1）蒙脱石：主要分布在火山碎屑物质较多的砂砾岩中，充填于粒间孔隙或黏附于颗粒外表，呈棉絮状、鳞片状及不规则厚层波状。

（2）高岭石：呈书页状或蠕虫状集合体形态赋存于原生粒间孔和长石等碎屑颗粒次生溶孔中，造成孔隙堵塞（图3.25）。由于其成因差异，呈现两种样式，致密状或松散状，致密状高岭石主要来源于早期蒙脱石原地转化，而松散状叶片高岭石具有大量晶间孔隙，为长石等易溶矿物溶蚀后形成的自生高岭石。

(a) 玛16井，3213.7m，粒间蠕虫状高岭石　　　　(b) 夏032井，2495.8m，粒间蠕虫状高岭石

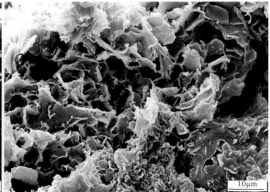

(c) 玛13井，3109m，粒表叶片状绿泥石　　　　(d) 玛603井，3873m，粒表不规则状伊/蒙混层

图3.25　玛湖凹陷北斜坡三叠系百口泉组储层黏土矿物微观特征

（3）伊/蒙混层：在研究区较为发育，其形态介于蒙脱石和伊利石之间，多以孔隙垫衬或充填形式出现。

（4）伊利石：分布于各种不同成分的砂砾岩中，常呈片状、蜂窝状、丝缕状等形态出现，通常呈颗粒薄膜或孔隙衬边出现，有时呈网状分布于孔隙中。

（5）绿泥石：单体形态为针叶片状，集合体形态为鳞片状、玫瑰花朵状及绒球状。针叶片状绿泥石多以孔隙衬垫式包裹在颗粒外部，而玫瑰花朵状及绒球状绿泥石则常充填颗粒间孔隙，并常与自生石英共生。砂砾岩中绿泥石的主要赋存状态是沿孔隙边缘产出的半自形片状绿泥石。

3. 溶蚀作用

百口泉组与上乌尔禾组、下乌尔禾组储集岩中（特别是物性条件好，具有油气显示的储层中）常发育较强的溶蚀作用，主要为火山岩屑、碳酸盐类、沸石类以及黏土类溶蚀。通过对玛湖凹陷斜坡区砂砾岩的显微观察和扫描电镜分析发现，其溶蚀作用既有碎屑颗粒（如火山岩岩屑、长石颗粒、石英颗粒）的溶蚀，又有沸石、方解石等胶结物以及部分杂基的溶蚀（图 3.26），从而产生大量溶蚀孔隙，显著提高了砂砾岩储层的储集性能，同时在溶蚀过程中伴随有绿泥石、水云母、高岭石等生成，造成孔隙喉道堵塞，从而对储层物性产生一定程度的破坏。

(a) 玛中 4 井，4393.5m，T_1b_2，长石粒内溶孔　　　(b) 玛中 5 井，4161.5m，T_1b_2，长石粒内溶孔

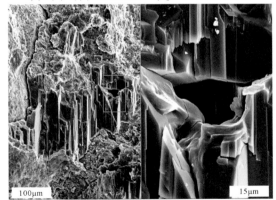
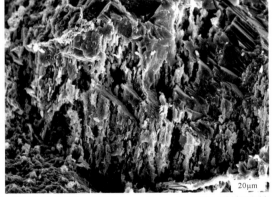

(c) 玛湖 016 井，3749.7m，P_2w，粒间浊沸石胶结物溶孔　(d) 玛湖 017 井，3497.3m，P_3w，长石碎屑颗粒溶蚀

图 3.26　玛湖凹陷北斜坡三叠系百口泉组储层溶蚀作用特征

统计分析发现，玛湖凹陷斜坡区三叠系百口泉组黏土矿物类型及含量对储层物性具有较明显影响，表现在伊/蒙混层矿物和伊利石含量与砂砾岩储层物性具有一定负相关性，其含量越多储层物性越差；而高岭石和绿泥石含量与储层物性具有较明显正相关关系，储层孔隙度随其含量增加而呈增大之势（图 3.27）。

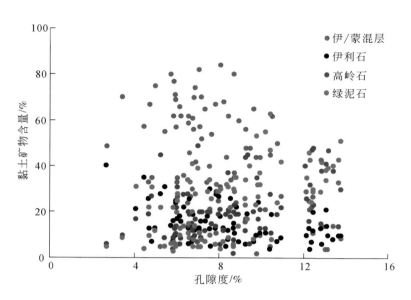

图 3.27　玛湖凹陷北斜坡三叠系百口泉组储层孔隙度与黏土矿物关系图

　　值得注意的是，以往大都认为，玛湖凹陷砂砾岩储层随着埋深加大储层物性逐渐变差，尤其是在埋深 3500m 以下，很难存在有效储层。然而，随着勘探工作的不断深入，逐渐发现深埋状态下的玛湖凹陷浅水扇三角洲砂砾岩仍然存在较好储层。对玛北斜坡三叠系百口泉组储层物性与埋深关系分析表明，砂砾岩储层孔隙度随埋藏深度加大先表现为逐渐减小，后至 3500m 以下又出现明显改善，如玛 003 井、玛 009 井、玛 5 井、玛 002 井和玛 7 井等 10 余口井均在埋深 3500m 附近出现次生孔隙发育带（图 3.28）。这说明深埋状态下同样存在优质储层，原因就在于当埋深增大到一定程度后会造成长石等高温下易溶矿物的溶蚀，从而使得储层得到改善。这一认识改变了传统的勘探禁区，大大拓宽了勘探领域，使得玛湖凹陷油气勘探发现由斜坡区向凹陷内部得以大大延伸，从而推动了玛湖大油区的发现。

3.2.2　成岩相及成岩演化特征

　　碎屑岩成岩过程可以划分为若干个不同阶段，其中碎屑岩的结构特征、颗粒接触关系及孔隙类型是成岩演化最直接的反映，自生黏土矿物的成分、形态、产状、生成顺序和组合特征，是划分成岩阶段的主要岩石学依据。

　　以玛北斜坡三叠系百口泉组为例，其埋藏深度 2000～3800m。根据大量岩石薄片、扫描电镜等观察分析，结合区域热演化史等研究认为，该区百口泉组储层成岩演化达到中成岩 A 期，局部储层达到中成岩 B 期（图 3.29）。主要依据有两点：①百口泉组自生黏土矿物由伊/蒙混层、高岭石、伊利石和绿泥石组成，具较高含量伊/蒙混层，较低含量高岭石，见少量自生钠长石，粒间充填自生方沸石、片沸石等矿物；②百口泉组砂砾岩中碎屑颗粒多呈线接触，部分凹凸接触，发育次生孔隙和微裂缝。

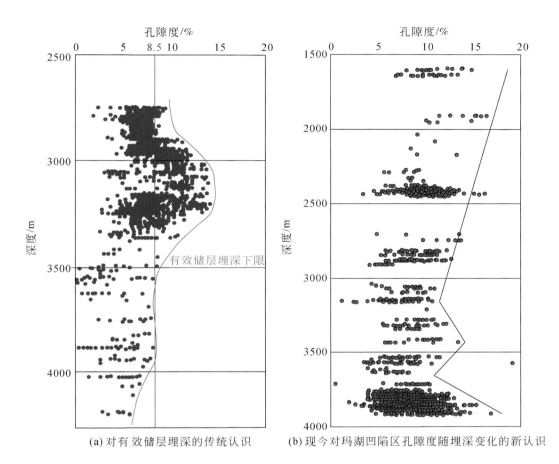

(a) 对有效储层埋深的传统认识　　(b) 现今对玛湖凹陷区孔隙度随埋深变化的新认识

图 3.28　玛湖凹陷北斜坡三叠系百口泉组孔隙度与深度关系图

成岩相是沉积物在特定沉积物理、化学环境中，经历一定成岩作用形成的特殊岩石成分、胶结物类型、孔洞缝体系等现象的综合表征（邹才能等，2008；赖锦等，2013）。因此，成岩相是不同成岩环境、成岩作用和成岩矿物的组合特征，可按照控制成岩相特征的主要成岩作用、成岩环境等优势相或特殊相来命名，并对各个成岩相的形成地质条件、成岩特征、成岩环境、成岩演化序列与孔隙演化等进行归纳总结。

根据三叠系百口泉组沉积背景、扇三角洲沉积特征及沉积体系演化，结合大量取心井岩心和薄片分析，确定了百口泉组砂砾岩储层的主要储集空间类型及物性影响因素，在此基础上对玛湖凹陷北斜坡区百口泉组砂砾岩的成岩相进行划分。需要指出的是，由于沉积环境控制了砂砾岩储层的原始物性条件，不同沉积环境下形成的砂砾岩其磨圆度、分选性和杂基含量不同，使得砂砾岩原生孔隙度具有明显差异，尤其是杂基含量对压实、胶结和溶蚀等成岩作用影响较大。因此，在划分玛湖凹陷砂砾岩储层成岩相时，杂基含量是一个主要考虑因素。具体成岩相划分原则为：①以杂基含量 5% 为界，将砂砾岩划分为高成熟和低成熟两类；②根据碎屑颗粒接触关系和火山岩岩屑变形程度将压实作用分为强压实和弱压实两类，一般经受强压实的砂砾岩，通常胶结作用较弱，因此对强压实砂砾岩再不区

成岩阶段	R_o/%	成岩温度/℃	泥质岩		机械压实作用	压溶作用	碎屑颗粒变形	自生矿物							溶蚀作用			孔隙类型	颗粒接触类型	次生孔隙生成	油气生成
			混层类型	S/%				高岭石	绿泥石	方解石	白云石	硫酸盐盐矿物	石英长石加大	沸石	碳酸盐类	长石及岩屑	沸石类				
早成岩 A	0.4	<70	分散状蒙脱石	<70	较强	—	塑性碎屑变形	自生高岭石	栉壳状	泥晶方解石		石膏						原生孔隙	点状为主	—	甲烷生成
早成岩 B	0.7	90	无序混层带	50	较弱	—		晶型完好的高岭石增多	绒球状		泥晶白云石	硬石膏	较弱	方沸石	弱	弱		原生孔隙为主		次生孔隙形成	初期生油
中成岩 A	1.3	130	有序混层带	20	弱	弱			片状	亮晶方解石	自形亮晶白云石	片钠铝石	较强(自生钠长石发育)	片沸石	强	强	较弱	次生孔隙发育	点-线状	次生孔隙大量发育	大量油气生成
中成岩 B	2.0	170	伊利石-绿泥石带	<20	较弱	较弱	半塑性火山岩岩屑发生塑性变形	高岭石向伊利石转化		亮晶含铁方解石	亮晶含铁白云石		较弱	浊沸石	较弱	较弱	较强	次生孔隙较发育			湿气
晚成岩 A	>2.0	>170		0	较强	较强			片状-针状			重晶石	—			—		偶见裂缝	线状-凹凸状	裂隙裂缝发育	干气

图 3.29　玛湖凹陷北斜坡碎屑岩储层成岩阶段划分标志

分其胶结作用强弱；③根据胶结作用发育程度可分为强胶结和中胶结；④因为溶蚀作用是研究区主要的建设性成岩作用，即使微弱溶蚀作用，对储层物性都具有积极贡献。另外，由于低成熟砂砾岩颗粒之间孔隙大多被泥质杂基充填，微孔细喉，即使压实程度不强烈，其砂粒间孔中流体运动也会受限，故低成熟砂砾岩一般很少发育溶蚀成岩相；而高成熟砂砾岩可根据溶蚀作用分为强、中等和弱溶蚀。综合以上因素，将玛湖凹陷玛北斜坡三叠系百口泉组划分为 6 种成岩相（图 3.30）。

1. 高成熟强溶蚀相

　　该类成岩相主要形成于扇三角洲前缘水动力较强的砂砾岩及粗砂岩沉积，储层物性中等至较好，平均孔隙度为 10%~16%，平均渗透率为（0.5~5.0）×10^{-3} μm^2，属致密–低渗透储层，储集性能最好，为最优质储层。

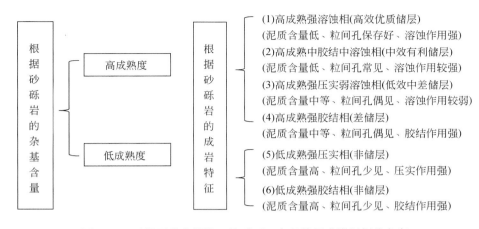

图 3.30　玛湖凹陷北斜坡三叠系百口泉组储层成岩相划分方案

　　高成熟强溶蚀相砂砾岩储层杂基含量小于 5%，储层成分成熟度和结构成熟度较高，溶蚀作用较强。该成岩相主要发育于扇三角洲前缘分流河道牵引流沉积的砂砾岩或粗砂岩等粗粒碎屑岩，其储层碎屑颗粒经过充分淘洗，杂基含量低，分选和磨圆较好，粒间孔较发育；早期碳酸盐、沸石类胶结物比较发育，晚期胶结作用弱，溶蚀作用较强，可见火山碎屑及长石等不稳定矿物发生溶蚀，颗粒边缘存在残余沥青，暗示早期烃类充注。该类成岩相原生孔隙和次生孔隙（粒内溶孔和粒间溶孔）均较发育、孔隙喉道较粗，连通性较好，溶蚀物质和自生黏土矿物沉淀较少。典型代表井为玛 601 井、玛 133 井、达 9 井及艾湖 1 井等（图 3.31）。

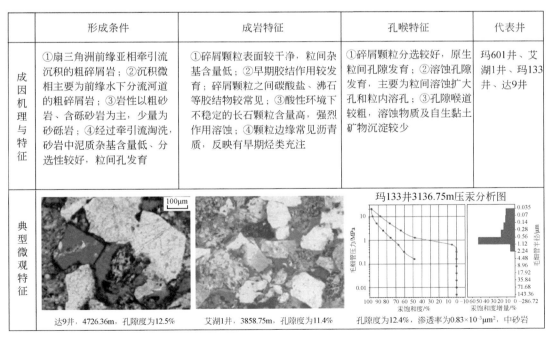

	形成条件	成岩特征	孔喉特征	代表井
成因机理与特征	①扇三角洲前缘亚相牵引流沉积的粗碎屑岩；②沉积微相主要为前缘水下分流河道的粗碎屑岩；③岩性以粗砂岩、含砾砂岩为主，少量为砂砾岩；④经过牵引流淘洗，砂岩中泥质杂基含量低、分选性较好，粒间孔发育	①碎屑颗粒表面较干净，粒间杂基含量低；②早期胶结作用较发育；碎屑颗粒之间碳酸盐、沸石等胶结物较常见；③酸性环境下不稳定的长石颗粒含量高，强烈作用溶蚀；④颗粒边缘常见沥青质，反映有早期烃类充注	①碎屑颗粒分选较好，原生粒间孔隙发育；②溶蚀孔发育，主要为粒间溶蚀扩大孔和粒内溶孔；③孔隙喉道较粗，溶蚀物质及自生黏土矿物沉淀较少	玛601井、艾湖1井、玛133井、达9井
典型微观特征	达9井，4726.36m，孔隙度为12.5%	艾湖1井，3858.75m，孔隙度为11.4%	玛133井3136.75m压汞分析图 孔隙度为12.4%，渗透率为0.83×10⁻³μm²，中砂岩	

图 3.31　玛湖凹陷北斜坡三叠系百口泉组高成熟强溶蚀成岩相特征

　　高成熟强溶蚀相的成岩序列为少量黏土杂基胶结→机械压实→少量硅质、钙质或沸石类胶结→酸性流体侵入→大量成熟油侵入→进一步机械压实→大量高成熟油气侵入→长石颗粒、沸石等强烈溶蚀与溶蚀产物胶结→少量方解石胶结（图 3.31、图 3.32）。早成岩阶段压实作用比较强烈，其次为胶结作用，主要是大量沸石类胶结物析出以及少量早期碳酸盐岩胶结作用，造成原生孔隙经早成岩阶段后大量降低；早期碱性水介质对碎屑颗粒中火山岩岩屑进行溶蚀，但增孔作用有限。至早成岩晚期，玛湖凹陷二叠系风城组烃源岩开始成熟，有机酸、二氧化碳及氮等组分开始同成熟油相继大量进入储层，导致孔隙水由弱碱性变为弱酸性，使部分易溶组分在酸性环境下发育溶蚀，形成次生孔隙，但由于此期油气、有机酸等是凹陷向西北缘断裂带运移的过路流体，因而溶蚀作用不强，孔隙度增大有限。到了中成岩 A 期早期，进一步的压实作用导致储层基本实现致密化，此时玛湖凹陷二叠系烃源岩达到高成熟，大量轻质油开始充注并成藏，同时长石等易溶组分发生大量溶蚀，但由于此时成岩环境已处于封闭–半封闭状态，因而溶蚀产物（黏土矿物）大多就近胶结，导致溶蚀增孔幅度不大。到中成岩 B 期，少量含铁方解石和白云石等胶结物充填，导致储层孔隙度再次降低，从而接近现今储层状态［平均孔隙度为 10%～16%，平均渗透率为（0.5～5.0）×$10^{-3}\mu m^2$］（图 3.32、图 3.33）。

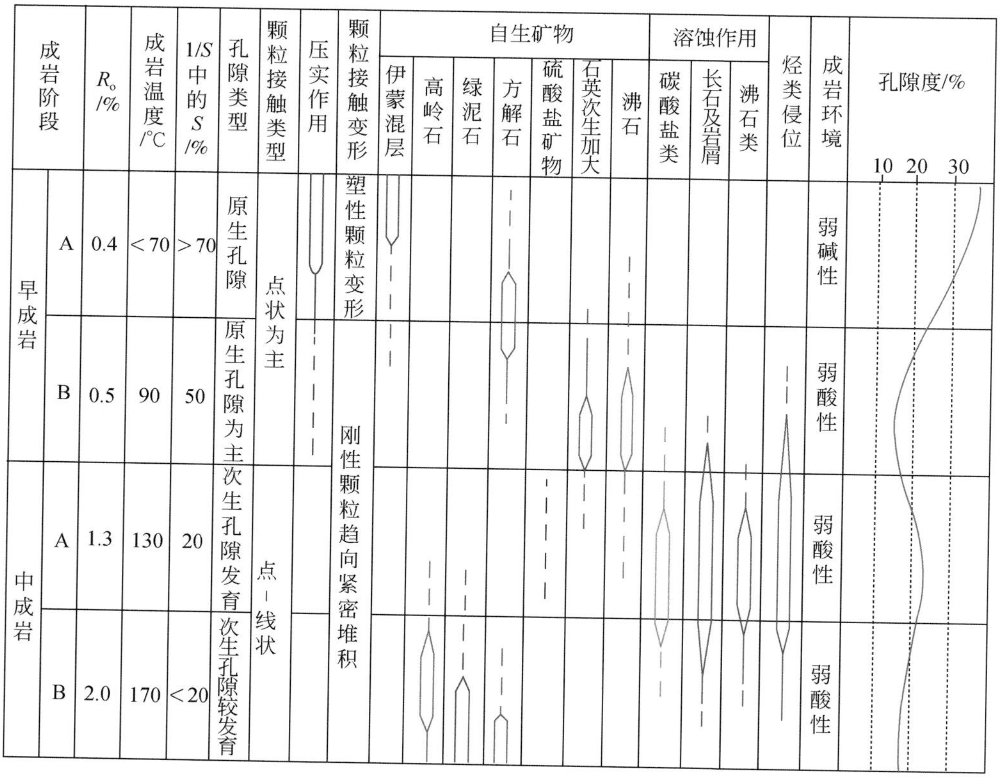

成岩阶段		R_o/%	成岩温度/℃	1/S中的S/%	孔隙类型	颗粒接触类型	压实作用	颗粒接触变形	自生矿物							溶蚀作用			烃类侵位	成岩环境	孔隙度/%		
									伊蒙混层	高岭石	绿泥石	方解石	硫酸盐矿物	石英次生加大	沸石	碳酸盐类	长石及岩屑	沸石类			10	20	30
早成岩	A	0.4	<70	>70	原生孔隙	点状为主		塑性颗粒变形												弱碱性			
	B	0.5	90	50	原生孔隙为主															弱酸性			
中成岩	A	1.3	130	20	次生孔隙发育	点-线状		刚性颗粒趋向紧密堆积												弱酸性			
	B	2.0	170	<20	次生孔隙较发育															弱酸性			

图 3.32　玛北地区三叠系百口泉组高成熟强溶蚀相成岩序列特征

高成熟强溶蚀成岩相储层的储集空间主要由残余粒间孔、次生溶蚀孔以及微孔隙组成，次生孔隙占 30% 左右。压实作用是影响储层物性最主要的成岩作用，压实作用造成的原始孔隙损失率达 60% 以上。由于后期溶蚀作用发育，该类成岩相在中成岩 A 期早期储层物性还相对较好，在成岩晚期由于碳酸盐及黏土矿物胶结，孔隙度有所降低（图 3.33）。

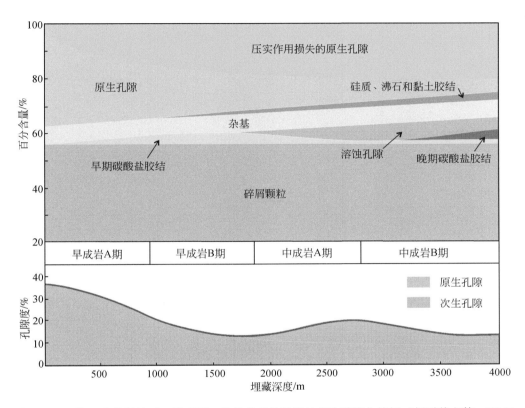

图 3.33 玛湖凹陷北斜坡区三叠系百口泉组高成熟强溶蚀相孔隙演化特征（据雷德文等，2018）

可见，高成熟强溶蚀相储层在玛湖凹陷第 1 期油气（主要为二叠系烃源岩生成的成熟油）充注时尚未致密，但此时充注的油气多为过路油气，在凹陷区普遍未成藏。至第 2 期油气（高成熟油气）充注时（即三叠系和二叠系储层中成岩 A 期早期），储层已总体达到致密化，即致密化时间主体早于第 2 期油气大量充注时间。由于第 2 期油气充注是玛湖凹陷主要成藏时期，因而源上储层具有"先致密后成藏"特点。但该成岩相储层在油气大量充注时的物性总体好于其他成岩相。

2. 高成熟中胶结中溶蚀相

该类成岩相主要形成于扇三角洲前缘水动力相对较强的砂砾岩沉积，砂砾岩储层物性中等至较好，平均孔隙度为 8%~12%，平均渗透率为 $(0.3~2.0)\times10^{-3}\ \mu m^2$，属低渗透-致密储层，是较好储层发育带。

　　高成熟中胶结中溶蚀相砂砾岩储层杂基含量小于5%，成分成熟度和结构成熟度相对较高，胶结作用和溶蚀作用中等。该成岩相主要发育于扇三角洲前缘分流河道牵引流沉积的砂砾岩或粗砂岩，储层碎屑颗粒经过一定淘洗，杂基含量相对较低，分选性和磨圆度也较好，粒间孔常见，粒间溶孔和粒内溶孔较发育；早期碳酸盐、沸石类胶结物也较发育，晚期胶结作用中等，溶蚀作用较发育。常见火山碎屑及长石等不稳定矿物发生明显溶蚀，溶蚀作用较强。该类成岩相原生孔隙较少，但次生孔隙（粒内溶孔和粒间溶孔）较发育、孔隙喉道中等，粒间孔及粒内孔中常见自生黏土矿物沉淀。典型的代表井为玛13井、玛601井及玛002井等（图3.34）。

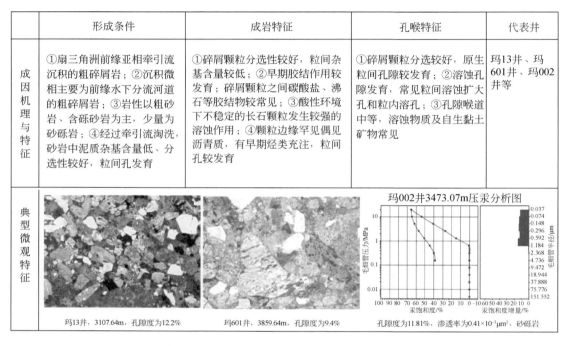

		形成条件	成岩特征	孔喉特征	代表井
成因机理与特征		①扇三角洲前缘亚相牵引流沉积的粗碎屑岩；②沉积微相主要为前缘水下分流河道的粗碎屑岩；③岩性以粗砂岩、含砾砂岩为主，少量为砂砾岩；④经过牵引流淘洗，砂岩中泥质杂基含量低、分选性较好，粒间孔发育	①碎屑颗粒分选性较好，粒间杂基含量较低；②早期胶结作用较发育；碎屑颗粒之间碳酸盐、沸石等胶结物较常见；③酸性环境下不稳定的长石颗粒发生较强的溶蚀作用；④颗粒边缘罕见偶见沥青质，有早期烃类充注，粒间孔较发育	①碎屑颗粒分选较好，原生粒间孔隙较发育；②溶蚀孔隙发育，常见粒间溶蚀扩大孔和粒内溶孔；③孔隙喉道中等，溶蚀物质及自生黏土矿物常见	玛13井、玛601井、玛002井等
典型微观特征		玛13井，3107.64m，孔隙度为12.2%	玛601井，3859.64m，孔隙度为9.4%	玛002井3473.07m压汞分析图　孔隙度为11.81%，渗透率为0.41×10⁻³μm²，砂砾岩	

図3.34　玛湖凹陷北斜坡三叠系百口泉组高成熟中胶结中溶蚀相特征

　　高成熟中胶结中溶蚀相的成岩序列为黏土杂基胶结→机械压实→少量硅质、钙质或沸石类胶结→酸性流体侵入→大量成熟油侵入→进一步机械压实→较多高成熟油气侵入→少量长石颗粒及沸石发生溶蚀与溶蚀产物胶结→少量–中等方解石胶结（图3.34、图3.35）。该成岩相泥质杂基含量相对较低，储层原生孔隙常见，次生溶孔较发育，早成岩阶段压实作用较强烈，碳酸盐胶结较弱，常见碎屑岩火山岩岩屑和长石颗粒发生溶蚀，在早成岩中期钙质胶结物或硅质胶结较为发育，由于压实和胶结作用，成岩早期原生孔隙损失较大，仅剩余部分粒间孔，至早成岩B期储层已接近致密化。到中成岩A期早期，进一步的压实作用导致储层已基本完全实现致密化，此时玛湖凹陷二叠系烃源岩进入高成熟阶段，生成的有机酸同高成熟油气几乎同时进入储层，导致沸石类、长石等易溶组分在酸性环境下发育溶蚀，但由于此时成岩环境已处于封闭–半封闭状态，因而溶蚀产物（黏土矿物）大多就近胶结，导致孔隙度增加幅度不大。中成岩B期，少量含铁方解石和白云石等胶结物充填，造成孔隙度再次降低，从而接近现今储层状态［平均孔隙度为 8%~12%，平均渗透率为（0.3~2.0）$\times 10^{-3} \mu m^2$］（图 3.35、图 3.36）。

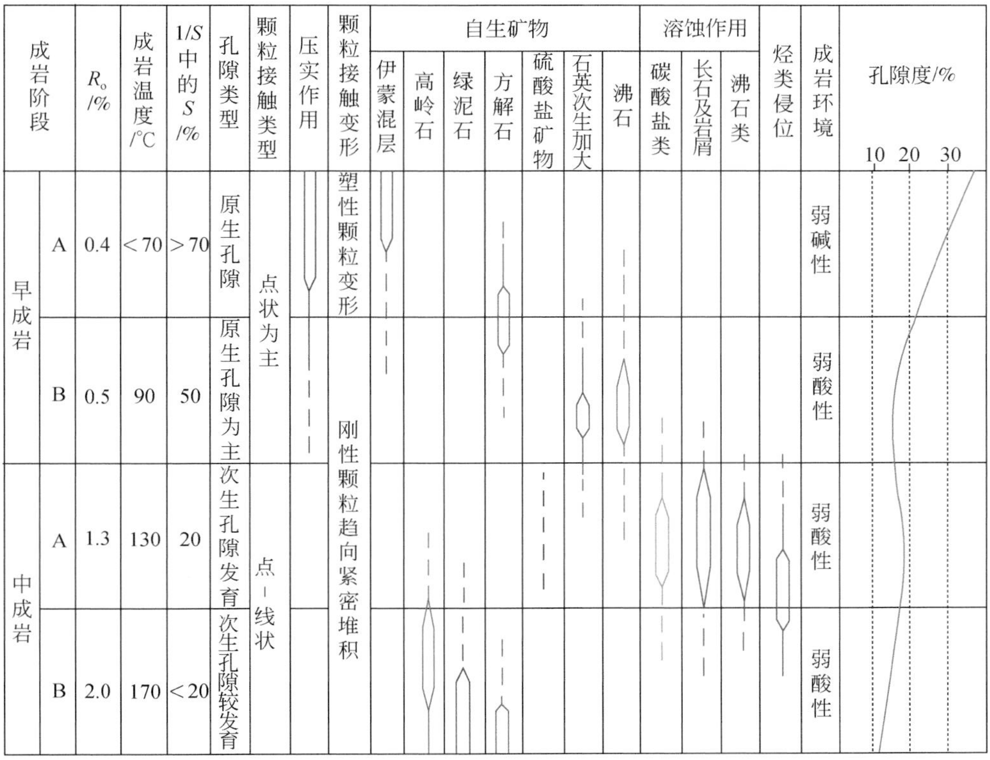

成岩阶段		R_o/%	成岩温度/℃	1/S中的S/%	孔隙类型	颗粒接触类型	压实作用	颗粒接触变形	伊蒙混层	高岭石	绿泥石	方解石	硫酸盐矿物	石英次生加大	沸石	碳酸盐盐类	长石及岩屑	沸石类	烃类侵位	成岩环境	孔隙度/%
早成岩	A	0.4	<70	>70	原生孔隙	点状为主		塑性颗粒变形												弱碱性	
	B	0.5	90	50	原生孔隙为主	点状为主		刚性颗粒趋向紧密堆积												弱酸性	
中成岩	A	1.3	130	20	次生孔隙发育	点—线状														弱酸性	
	B	2.0	170	<20	次生孔隙较发育	点—线状														弱酸性	

图 3.35　玛湖凹陷北斜坡三叠系百口泉组高成熟中胶结中溶蚀相成岩序列特征

高成熟中胶结中溶蚀相储层的储集空间主要由次生溶蚀孔及微孔隙组成，原生粒间孔较少。次生孔隙所占比例在 30% 以上；压实作用造成原始孔隙损失率达 50% 以上，由于后期溶蚀作用，该类成岩相储层在中成岩 A 期和中成岩 B 期早期有所改善，但在成岩晚期由于碳酸盐及黏土矿物胶结而导致孔隙度有所降低，但其孔隙度仍可达 10% 左右（图 3.36）。

可见，高成熟中胶结中溶蚀相储层经历早成岩作用后已基本致密化，到中成岩早期已基本上完全致密化，因而具有 "先致密后成藏" 的特点，但仍然较有利于油气大面积成藏。

3. 高成熟强压实弱溶蚀相

该类成岩相形成于埋藏较深、杂基含量偏高的平原辫状河道或前缘水下分流河道砂砾岩沉积，物性中等至较差，平均孔隙度为 6%~8%，平均渗透率为（0.1~0.5）$\times 10^{-3} \mu m^2$，完全为致密储层，在研究区属中等储层。

高成熟强压实弱溶蚀相储层杂基含量一般小于 5%，成分成熟度和结构成熟度相对略

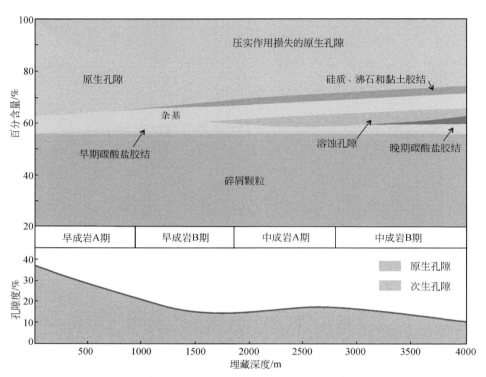

图 3.36　玛湖凹陷北斜坡三叠系百口泉组高成熟中胶结中溶蚀相孔隙演化特征

高，储层经历了较强压实作用，同时发育一定溶蚀作用。主要发育于扇三角洲平原及前缘亚相，为经牵引流冲刷淘洗的重力流砾岩、砂砾岩沉积，泥质杂基含量较低，分选较差，粒间孔不发育；早期泥质胶结较为发育，而碳酸盐、硅质及沸石类胶结物分布较少，机械压实作用强，储层中可见火山岩屑及长石等不稳定矿物发生一些溶蚀。该类成岩相原生粒间孔隙发育较少，但常见溶蚀孔隙，主要为长石颗粒粒内溶蚀孔和少量粒间溶孔。孔隙喉道较细，连通性较差，溶蚀孔隙边缘常见自生黏土矿物沉淀。典型代表井为夏 82 井及玛西 1 井等（图 3.37）。

高成熟强压实弱溶蚀相的成岩序列为黏土杂基胶结→较强的机械压实→少量硅质和钙质胶结→少量酸性流体侵入→油气侵入→进一步机械压实→高成熟油气侵入→少量长石颗粒及沸石发生溶蚀与溶蚀产物胶结→少量方解石胶结（图 3.37、图 3.38）。该成岩相碎屑颗粒分选较差，粒间杂基含量中等。早成岩阶段泥质胶结发育，机械压实较强烈，早期强烈压实作用使原生孔隙大量丧失，到早成岩 B 期储层孔隙度约为 10%，即储层基本实现完全致密化。到中成岩 A 期早期，进一步压实作用导致储层物性变得更差，此时玛湖凹陷二叠系烃源岩进入高成熟阶段，生成的有机酸同高成熟油气几乎同时进入储层，导致沸石类、长石等易溶组分在酸性环境下发育溶蚀，但由于此时成岩环境已处于封闭-半封闭状态，因而仅部分长石颗粒在酸性环境下发生溶蚀，且溶蚀产物（黏土矿物）大多就近胶结，导致储层物性仅有限改善。在中成岩 B 期由于黏土矿物及少量含铁方解石胶结，储层孔隙度急剧降低，大部分储层孔隙度小于 8%，从而接近现今储层状态［平均孔隙度为 6% ~ 8%，平均渗透率为（0.1 ~ 0.5）× 10^{-3} μm^2］（图 3.38、图 3.39）。

	形成条件	成岩特征	孔喉特征	代表井
成因机理与特征	①扇三角洲平原及前缘亚相的粗碎屑岩为主；②为平原河道及前缘水下分流河道的粗碎屑岩；③岩性以含砾砂岩及砂砾岩为主，少量砾岩；④以重力流搬运的沉积物经过牵引流淘洗，泥质杂基含量有所降低、分选性较差，粒间孔不发育	①碎屑颗粒分选较差，粒间杂基含量中等；②早期泥质胶结作用较发育，碎屑颗粒之间的碳酸盐类、硅质及沸石等化学胶结物罕见；③机械压实作用较强，常见长石颗粒发生溶蚀；④颗粒边缘沥青质罕见	①碎屑颗粒分选中等，原生粒间孔隙较少；②溶蚀孔隙常见，主要为长石颗粒的粒内溶蚀和少量粒间溶孔；③孔隙喉道较细，溶蚀孔隙边缘自生黏土矿物沉淀常见	夏82井、玛西1井
典型微观特征	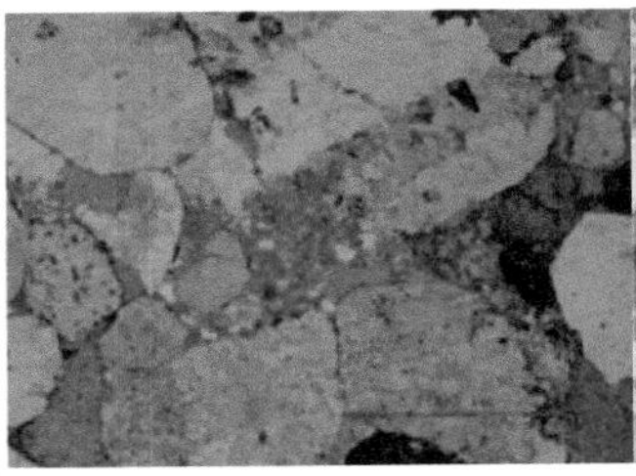 夏82井，2338.58m，孔隙度为9.7%	 玛西1井，3556.27m，孔隙度为6.1%	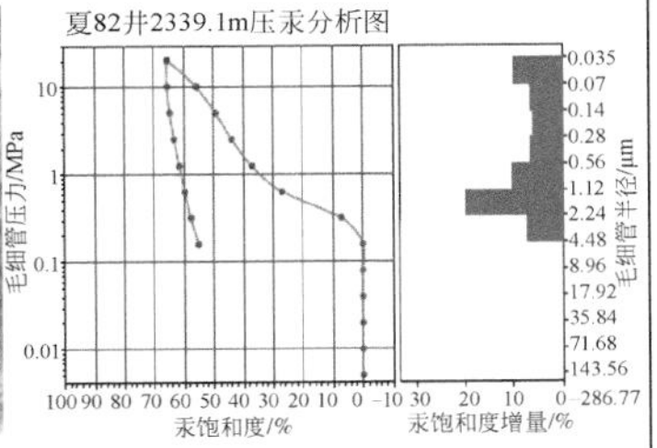 夏82井2339.1m压汞分析图 孔隙度为10.7%，渗透率为5.12×10⁻³μm²，砂砾岩	

图 3.37 玛湖凹陷北斜坡三叠系百口泉组高成熟强压实弱溶蚀成岩相特征

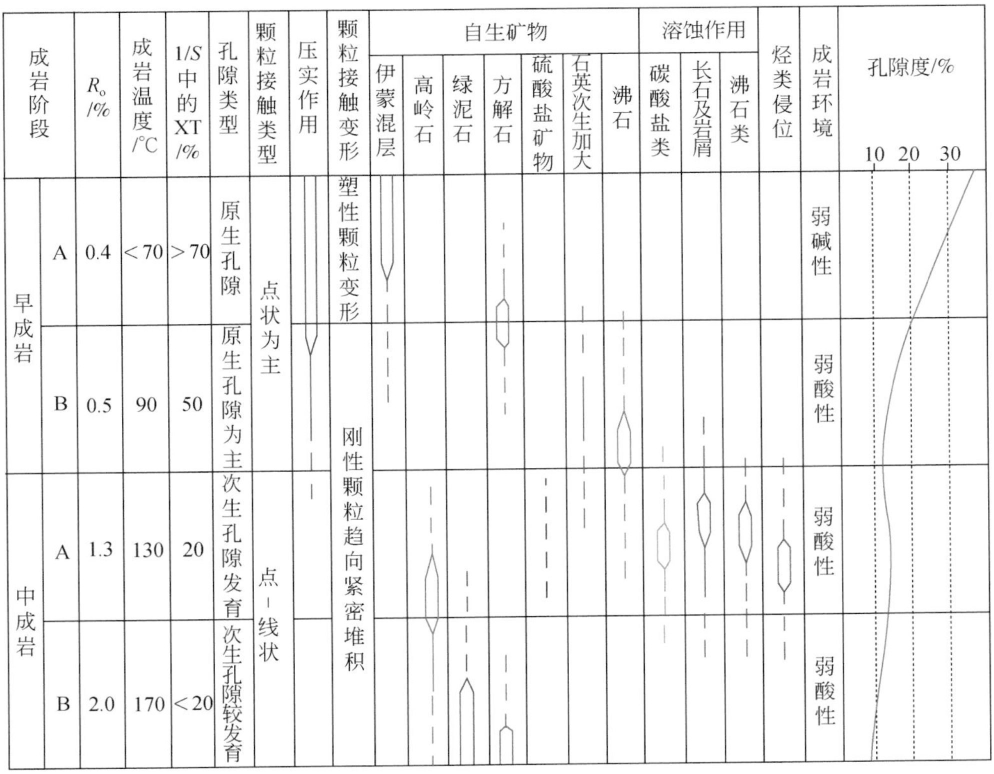

孔隙度为10.7%，渗透率为 $5.12 \times 10^{-3} \mu m^2$，砂砾岩

成岩阶段		R_o/%	成岩温度/℃	1/S中的XT/%	孔隙类型	颗粒接触类型	压实作用	颗粒接触变形	伊蒙混层	高岭石	绿泥石	方解石	硫酸盐矿物	石英次生加大	沸石	碳酸盐类	长石及岩屑	沸石类	烃类侵位	成岩环境	孔隙度/% 10 20 30
							自生矿物					溶蚀作用								
早成岩	A	0.4	<70	>70	原生孔隙		点状为主	塑性颗粒变形												弱碱性	
	B	0.5	90	50	原生孔隙为主															弱酸性	
中成岩	A	1.3	130	20	次生孔隙发育		点—线状	刚性颗粒趋向紧密堆积												弱酸性	
	B	2.0	170	<20	次生孔隙较发育															弱酸性	

图 3.38 玛湖凹陷北斜坡三叠系百口泉组高成熟强压实弱溶蚀相成岩序列特征

　　高成熟强压实弱溶蚀成岩相储层物性较差，储集空间主要由残余粒间孔、粒内溶蚀孔及微孔隙组成。压实作用造成原始孔隙损失率达70%~80%，由于碳酸盐、沸石类及硅质胶结作用不发育，后期溶蚀作用对储层物性有一定改善作用，但贡献较小。同时由于后期黏土矿物、含铁方解石等胶结充填，加剧了该类成岩相储层物性降低（图3.39）。

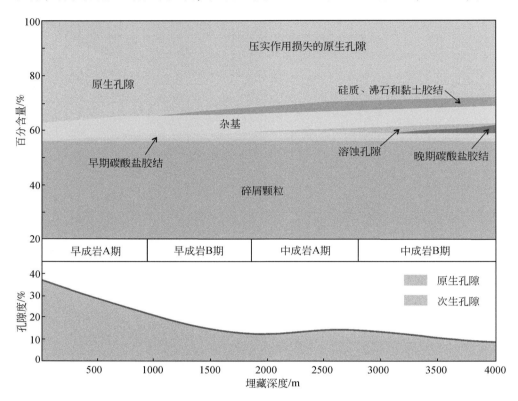

图3.39　玛湖凹陷北斜坡三叠系百口泉组高成熟强压实弱溶蚀相孔隙演化特征

　　可见，高成熟强压实弱溶蚀成岩相储层经历早成岩作用后已完全致密化，属于典型的"先致密后成藏"。但由于储层物性较差、非均质性较强，可能仅有利于轻质油在局部规模成藏。

4. 高成熟强胶结相

　　该类成岩相形成于埋藏较深、分选较差的扇三角洲前缘水下分流河道末端或河道间的不等粒砂岩或细砂岩沉积，储层物性很差，平均孔隙度为3%~6%，平均渗透率为（0.1~0.3）×10^{-3} μm^2，属致密差储层。

　　高成熟强胶结相储层杂基含量一般小于5%，成分成熟度和结构成熟度相对略高，储层经历的压实作用虽不很强烈，但胶结作用强烈，可见大量碳酸盐类胶结物充填孔隙。主要发育于扇三角洲前缘亚相，为重力流搬运后经过牵引流冲刷淘洗而沉积的砾岩或砂砾岩，泥质杂基含量并不高，分选性和磨圆度较差，粒间孔和粒内孔均不发育；早期发育有一定钙质胶结，机械压实作用并不很强，储层中火山岩屑及长石等不稳定矿物溶蚀作用较为罕见，有大量晚期方解石等胶结物充填。该类成岩相原生孔隙和次生孔隙均不发育，孔隙喉道细，连通性差。典型代表井为玛 002 井、玛 131 井及玛 4 井等（图 3.40）。

	形成条件	成岩特征	孔喉特征	代表井
成因机理与特征	①扇三角洲前缘亚相牵引流沉积的砂岩及粗砂岩为主；②沉积微相主要为前缘水下分流河道及河口坝中粗碎屑岩；③岩性以粗砂岩和砂岩；④经过牵引流淘洗，砂岩中泥质杂基含量低、分选性较好，粒间孔发育	①碎屑颗粒表面较干净，粒间杂基含量较低；②早期胶结作用较发育；碎屑颗粒之间碳酸盐胶结物较常见；③溶蚀作用不发育，溶蚀孔隙罕见；④颗粒边缘罕见沥青质，反映出富含烃类流体少	①碎屑颗粒分选较好，原生粒间孔隙发育；②溶蚀孔隙发育，残余原生粒间溶蚀大多被方解石等胶结物充填；③储层物性较差，岩石致密，碳酸盐胶结物含量高，自生黏土矿物含量少	玛002井、玛131井、玛4井
典型微观特征	 玛002井，3473.44m，孔隙度为6.98%	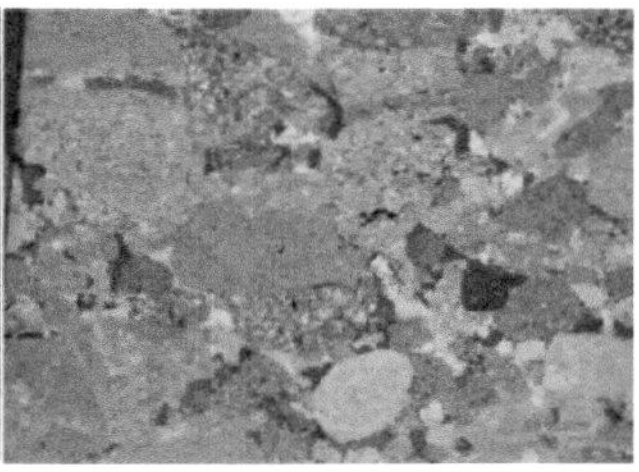 玛4井，3616.36m，孔隙度为3.27%	玛131井3188.01m压汞分析图 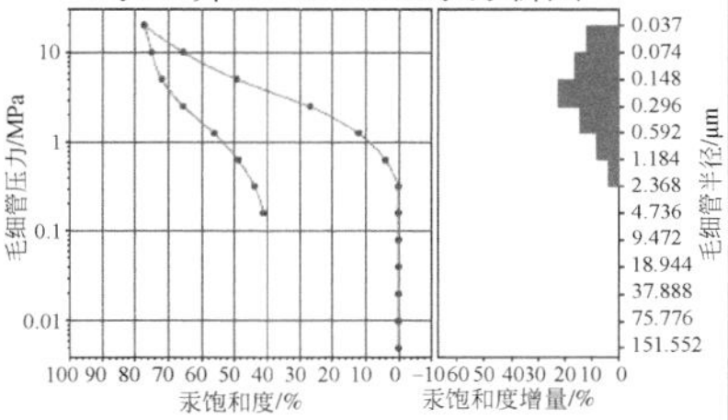 孔隙度为8.2%，渗透率为0.959×10⁻³μm²，砂砾岩	

图 3.40　玛湖凹陷北斜坡三叠系百口泉组高成熟强胶结成岩相特征

高成熟强胶结相成岩序列为少量黏土杂基胶结→机械压实→少量硅质和钙质胶结→少量方解石胶结（图 3.40、图 3.41）。该成岩相碎屑颗粒分选中等–较差，粒间杂基含量不高，早成岩阶段有一定泥质胶结和钙质胶结，机械压实不强，早成岩作用阶段储层物性条件较好，储层孔隙度在 10% 左右。到中成岩 A 期由于有机溶液进入较少，罕见次生溶蚀孔隙。到中成岩 B 期随着大量方解石胶结充填，储层孔隙度急剧降低，大部分储层孔隙度小于 6%，现今储层平均孔隙度为 3%~6%，平均渗透率为 $(0.1~0.3)×10^{-3}\,\mu m^2$，达到高度致密（图 3.41、图 3.42）。

高成熟强胶结成岩相储层物性较差，储集空间主要由残余粒内孔隙及微孔隙组成。压实作用虽对物性有较大影响，但主要是在成岩早期造成储层粒间孔隙大量减少，溶蚀孔隙罕见。然而真正对储层物性产生致命影响的是成岩晚期强烈的碳酸盐胶结作用，使储层孔隙丧失殆尽。

5. 低成熟强压实相

该岩相通常为平原或前缘重力流形成的泥质杂基含量高的砾岩及砂砾岩沉积，储层物性差，平均孔隙度为 4%~6%，平均渗透率为 $(0.01~0.2)×10^{-3}\,\mu m^2$，一般为非储层。

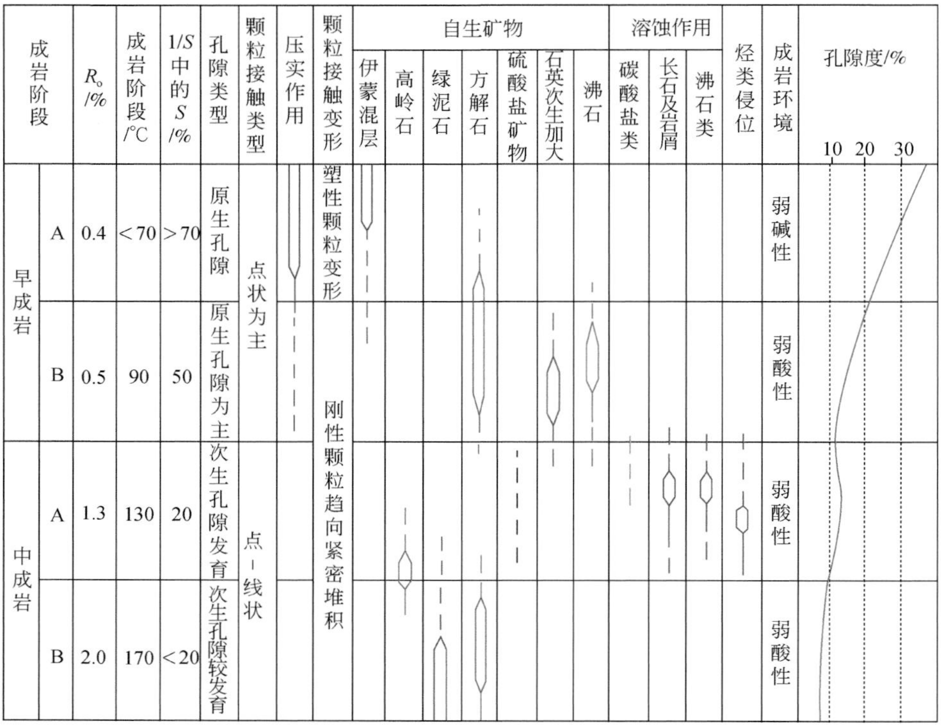

成岩阶段		R_o/%	成岩阶段/℃	1/S中的S/%	孔隙类型	颗粒接触类型	压实作用	颗粒接触变形	自生矿物							溶蚀作用			烃类侵位	成岩环境	孔隙度/%
									伊蒙混层	高岭石	绿泥石	方解石	硫酸盐矿物	石英次生加大	沸石	碳酸盐类	长石及岩屑	沸石类			10 20 30
早成岩	A	0.4	<70	>70	原生孔隙	点状为主		塑性颗粒变形												弱碱性	
	B	0.5	90	50	原生孔隙为主			刚性颗粒趋向紧密堆积												弱酸性	
中成岩	A	1.3	130	20	次生孔隙发育	点—线状														弱酸性	
	B	2.0	170	<20	次生孔隙较发育															弱酸性	

图 3.41　玛湖凹陷北斜坡三叠系百口泉组高成熟强胶结成岩相成岩序列特征

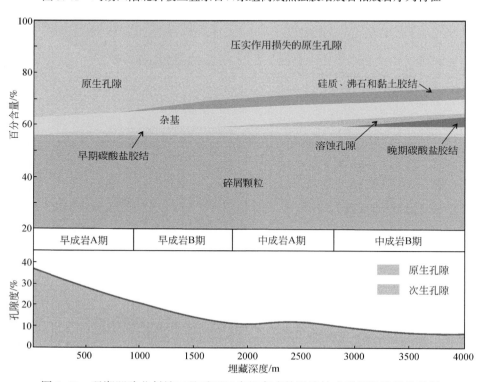

图 3.42　玛湖凹陷北斜坡三叠系百口泉组高成熟强胶结成岩相孔隙演化特征

低成熟强压实相储层中杂基含量大于5%，碎屑颗粒分选较差，粒间杂基含量较高，成分成熟度和结构成熟度较低。该类储层主要发育于扇三角洲平原及前缘亚相，为重力流沉积的砾岩、砂砾岩等，因而早期胶结作用发育，主要为泥质胶结，而碳酸盐、沸石类胶结物发育较少，机械压实作用较强，部分半塑性火山岩岩屑或者长石颗粒经受强烈压实作用呈线性甚至凹凸接触，颗粒间多为泥质杂基充填，烃类充注鲜见。该类成岩相原生粒间孔隙罕见，次生溶蚀孔隙也不发育，孔隙喉道极细，连通性很差。典型代表井为靠近断裂坡折带和近物源的井位，如夏301井、夏75井、夏89井（图3.43）。

	形成条件	成岩特征	孔喉特征	代表井
成因机理与特征	①以扇三角洲平原为主及少量前缘亚相的砾岩为主；②沉积微相主要为平原及前缘重力流搬运砾岩；③岩性以砾岩、砂砾岩等为主；④以重力流搬运的沉积的砾岩或砂砾岩，泥质杂基含量较高，分选性差	①碎屑颗粒分选差，粒间杂基含量较高；②早期胶结作用较发育，碳酸盐、沸石等胶结物较罕见；③机械压实作用强烈，部分长石颗粒经受强烈压实呈线性接触、甚至凹凸接触；④颗粒间多为泥质杂基充填，没有早期烃类充注痕迹	①碎屑颗粒分选差，原生粒间孔隙不发育；②溶蚀孔隙不发育，粒间孔大多被泥质杂基充填；③孔隙喉道细，进汞压力大，储层物性差	夏89井、夏75井、夏74井、夏301井等
典型微观特征				

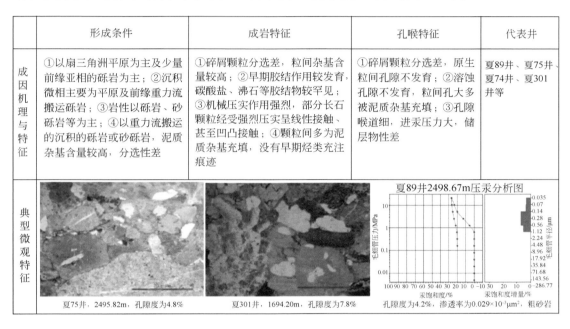

夏75井，2495.82m，孔隙度为4.8%　　夏301井，1694.20m，孔隙度为7.8%　　夏89井2498.67m压汞分析图　　孔隙度为4.2%，渗透率为0.029×10⁻³μm²，粗砂岩

图 3.43　玛湖凹陷北斜坡三叠系百口泉组低成熟强压实成岩相特征

低成熟强压实相的成岩序列为大量的黏土杂基胶结→强烈的机械压实→黏土胶结物重结晶作用→少量方解石胶结（图3.43、图3.44）。由于该成岩相碎屑颗粒分选较差，粒间杂基含量高，早成岩阶段泥质胶结作用十分发育，并伴有强烈机械压实使得原生粒间孔丧失殆尽，致使早成岩 B 期储层孔隙度小于10%。到中成岩 A 期，由于溶蚀作用不发育，次生孔隙较少，但强烈压实作用导致出现压裂缝或砾间缝。在中成岩 B 期由于少量黏土矿物重结晶作用和少量含铁方解石胶结充填，储层孔隙度进一步降低至5%以下，现今储层平均孔隙度为4%～6%，平均渗透率为 $(0.01 \sim 0.2) \times 10^{-3} \mu m^2$（图3.44、图3.45）。

低成熟强压实相储层物性差，储集空间主要由残余粒间孔和微孔隙组成，压实作用是影响储层物性最主要的成岩作用，其造成的原始孔隙损失率达75%～85%，微裂缝较发育。

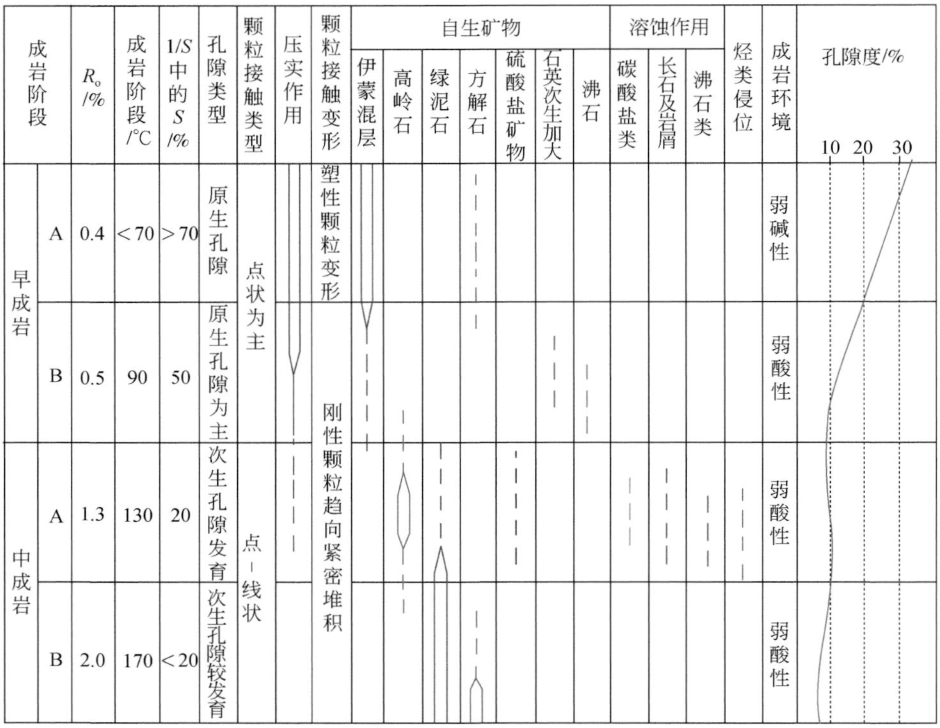

成岩阶段		R_o /%	成岩阶段 /℃	$1/S$ 中的 S /%	孔隙类型	颗粒接触类型	压实作用	颗粒接触变形	自生矿物							溶蚀作用			烃类侵位	成岩环境	孔隙度/%
									伊蒙混层	高岭石	绿泥石	方解石	硫酸盐矿物	石英次生加大	沸石	碳酸盐类	长石及岩屑	沸石类			10 20 30
早成岩	A	0.4	<70	>70	原生孔隙	点状为主		塑性颗粒变形													弱碱性	
	B	0.5	90	50	原生孔隙为主			刚性颗粒趋向紧密堆积													弱酸性	
中成岩	A	1.3	130	20	次生孔隙发育	点—线状															弱酸性	
	B	2.0	170	<20	次生孔隙较发育																弱酸性	

图 3.44 玛湖凹陷北斜坡三叠系百口泉组低成熟强压实相成岩序列特征

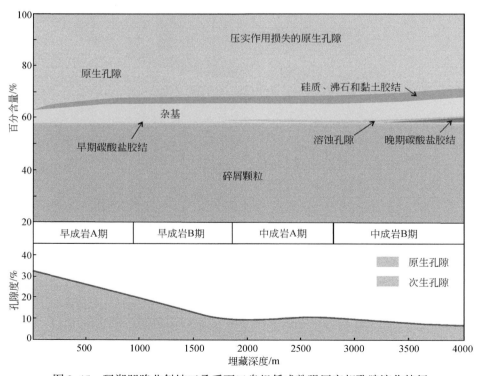

图 3.45 玛湖凹陷北斜坡三叠系百口泉组低成熟强压实相孔隙演化特征

6. 低成熟强胶结相

该岩相主要分布于扇三角洲平原或前缘，为牵引流改造的重力流沉积，通常为泥质杂基含量偏高的砾岩及砂砾岩，储层物性差，平均孔隙度为 4%~7%，平均渗透率为（0.02~0.3）×10⁻³μm²，一般为非储层。

低成熟强胶结相杂基含量大于 5%，碎屑颗粒分选差，颗粒间杂基含量较高，具较低成分成熟度和结构成熟度。该类成岩相主要发育于扇三角洲平原亚相或前缘相，表现为重力流搬运后经牵引流改造的砾岩或砂砾岩，因而早期胶结作用发育，主要为泥质胶结和碳酸盐类胶结，机械压实作用强烈，部分半塑性火山岩岩屑或长石颗粒经受强烈压实作用呈线性、甚至凹凸接触，颗粒间多为泥质杂基或方解石充填，早期烃类充注鲜见。原生粒间孔隙罕见，次生溶蚀孔隙也不发育，孔隙喉道微细，连通性很差。典型的代表井为靠近断裂带和近物源的井位，如夏 75 井、夏 82 井、玛 131 井等（图 3.46）。

	形成条件	成岩特征	孔喉特征	代表井
成因机理与特征	①扇三角洲平原为主及少量前缘亚相的砾岩为主；②沉积微相主要为平原及前缘重力流搬运砾岩；③以砾岩、砂砾岩为主；④重力流搬运沉积的砾岩或砂砾岩，经过牵引流改选，泥质杂基含量中等(有所降低)，分选性差	①碎屑颗粒分选性较差，粒间杂基含量中等；②早期胶结作用较发育；为部分泥质胶结及碳酸盐胶结；③机械压实作用较强，晚期碳酸盐胶结物大量充填粒间孔；④颗粒间多为碳酸盐胶结物充填，早期烃类充注痕迹罕见	①碎屑颗粒分选较差，原生粒间孔隙较少；②溶蚀孔隙不发育，粒间溶蚀孔大多被碳酸盐胶结物充填；③孔隙喉道细，进汞压力大，储层物性差	夏75井、夏82井、玛131井
典型微观特征	 夏75井，2414.02m，孔隙度为6.3%	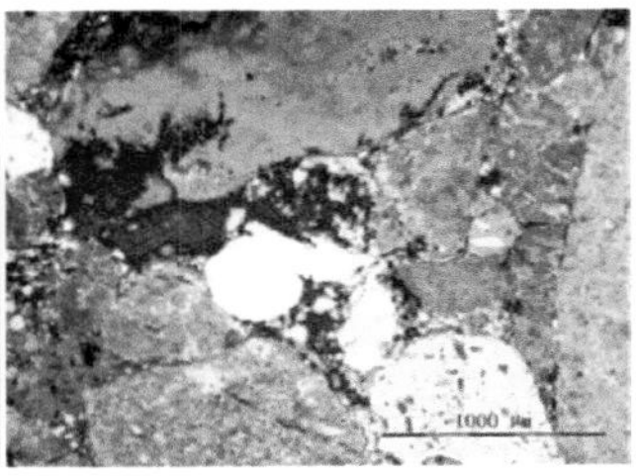 夏82井，2323.13m，孔隙度为7.4%	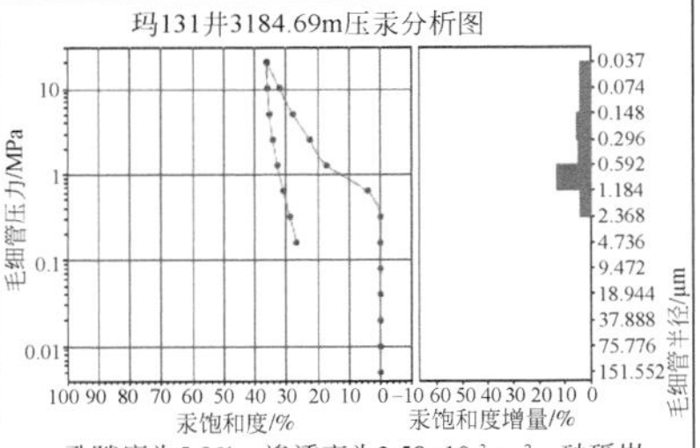 玛131井3184.69m压汞分析图 孔隙度为5.9%，渗透率为3.58×10⁻³μm²，砂砾岩	

图 3.46　玛湖凹陷北斜坡三叠系百口泉组低成熟强胶结成岩相特征

低成熟强胶结相的成岩序列为黏土杂基胶结→机械压实→少量硅质和钙质胶结→大量方解石胶结（图 3.46、图 3.47）。由于该成岩相碎屑颗粒分选较差，粒间杂基含量偏高，早成岩阶段泥质胶结作用十分发育，并伴有较强机械压实作用使得原生粒间孔大量减少，致使早成岩 B 期储层孔隙度降为 10% 左右。到中成岩 A 期，由于溶蚀作用不发育，次生孔隙较少，之后被大量方解石胶结物充填，储层孔隙度进一步降低至 5% 左右，现今储层平均孔隙度为 4%~7%，平均渗透率为（0.02~0.3）×10⁻³μm²（图 3.47、图 3.48）。

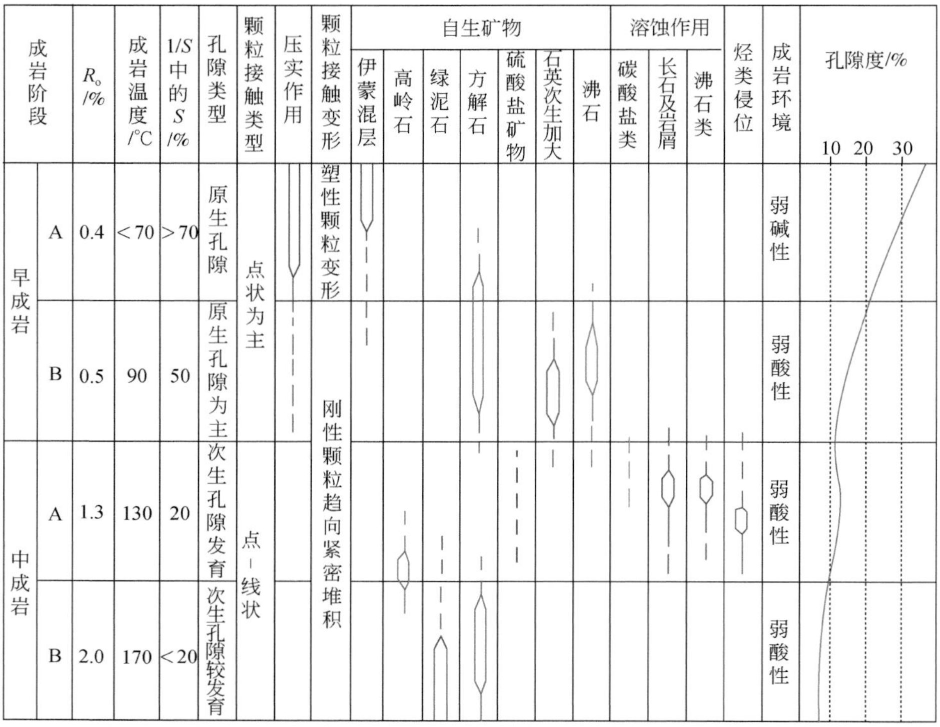

成岩阶段		R_o /%	成岩温度 /℃	I/S 中的 S /%	孔隙类型	颗粒接触类型	压实作用	颗粒接触变形	自生矿物						溶蚀作用			烃类侵位	成岩环境	孔隙度/%
									伊蒙混层	高岭石	绿泥石	方解石	硫酸盐矿物	石英次生加大	沸石	碳酸盐类	长石及岩屑	沸石类			10　20　30
早成岩	A	0.4	<70	>70	原生孔隙	点状为主		塑性颗粒变形												弱碱性	
	B	0.5	90	50	原生孔隙为主			刚性颗粒趋向紧密堆积												弱酸性	
中成岩	A	1.3	130	20	次生孔隙发育	点-线状														弱酸性	
	B	2.0	170	<20	次生孔隙较发育															弱酸性	

图 3.47　玛湖凹陷北斜坡三叠系百口泉组低成熟强胶结相成岩序列特征

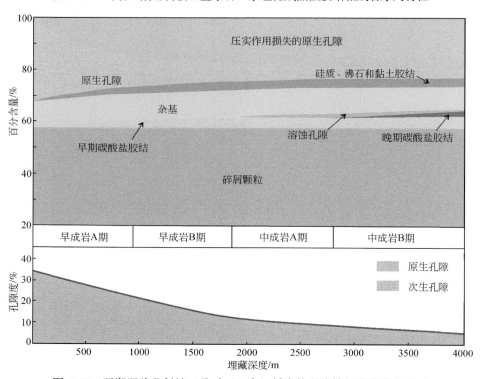

图 3.48　玛湖凹陷北斜坡三叠系百口泉组低成熟强胶结相孔隙演化特征

低成熟强胶结相储层物性差，储集空间主要由残余粒间孔和微孔隙组成；压实作用造成原始孔隙损失率达 60%，胶结作用造成孔隙损失率为 40% 左右；次生孔隙不发育，微裂缝罕见。

综上分析，玛湖凹陷三叠系百口泉组与二叠系上乌尔禾组、下乌尔禾组均主要为低渗透-致密储层，且以致密储层为主体。其有效储层成岩相包括 4 类，以高成熟强溶蚀相储集条件最好，其次为高成熟中胶结中溶蚀相，再次为高成熟强压实弱溶蚀相，而高成熟强胶结相较差。成岩演化史研究表明，三叠系和二叠系扇三角洲储层普遍具有"先致密后成藏"特征。根据对国内外大量致密油气藏形成和分布规律研究结果，"先致密后成藏"是致密储层大面积成藏的一个重要条件（赵靖舟等，2016；Zhao et al., 2019a，2019b）。因此，"先致密后成藏"的储层为玛湖凹陷大面积油气藏形成创造了有利条件，也正是由于储层"先致密后成藏"，才使得玛湖源上大油区得以形成。

3.3　优质储层主控因素

玛湖凹陷区三叠系百口泉组与二叠系上乌尔禾组、下乌尔禾组储层品质总体处于中等至较差水平，岩性以砂砾岩、砾岩或含砾砂岩为主，其储层物性主要受沉积环境（沉积相）、黏土矿物含量与成岩作用 3 方面因素控制。

3.3.1　沉积环境对储层的控制作用

沉积环境是影响储层物性最重要的因素，也是决定储层质量优越的根本性因素。在玛湖凹陷，一个普遍观察到的现象是，褐色砂砾岩物性普遍差于灰绿色砂砾岩，其原因就在于褐色砂砾岩多形成于扇三角洲平原，为砾、砂、泥混杂堆积，杂基含量普遍较高；而灰色及灰绿色砂砾岩多形成于扇三角洲前缘相，粒度适中，杂基含量较少，因而物性相对较好，说明沉积环境对储层物性影响较大。

研究表明，影响玛湖凹陷三叠系和二叠系扇三角洲储层的主要沉积环境包括沉积相带、碎屑粒度等因素。

1. 沉积相带对储层物性的影响

玛湖凹陷三叠系和二叠系浅水扇三角洲沉积相带对砂砾岩储层发育的控制作用主要具有以下特征（图 3.49 ~ 图 3.51）。

（1）优质储集岩主要发育于扇三角洲前缘及平原亚相，以退覆式扇三角洲中厚层砂砾岩为主，具有储层厚度变化快、碎屑粒度范围广、储层非均质性强的特点。

（2）储集砂体主要表现为 3 种岩性：褐色砂砾岩，沉积于扇三角洲平原分流河道微相；灰色砂砾岩，沉积于扇三角洲前缘水下分流河道微相沉积；灰色砂岩，形成于扇三角洲前缘河口坝或远砂坝。其中，优质储集岩发育于水动力条件强且稳定的沉积环境，碎屑颗粒为滚动或跳跃式搬运为主。

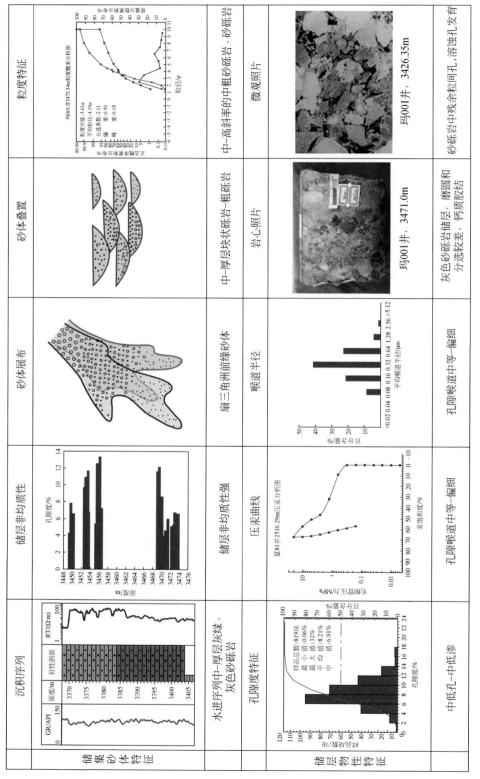

图3.49　玛湖凹陷北斜坡三叠系百口泉组扇三角洲前缘集储砂体综合特征

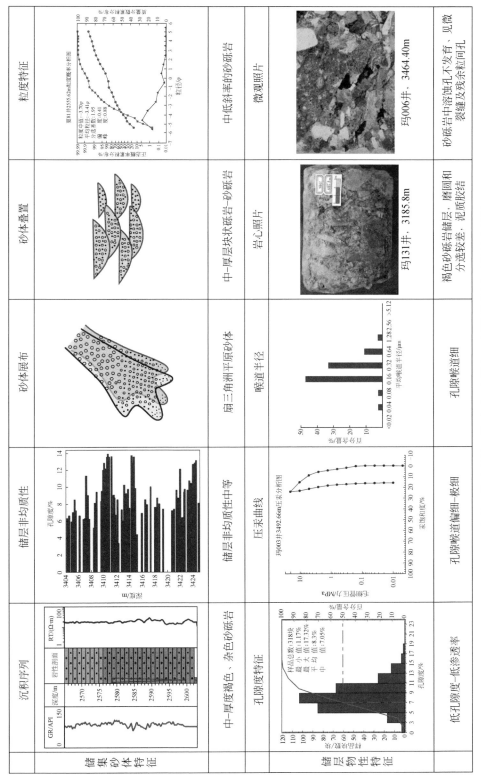

图3.50　玛湖凹陷北斜坡三叠系百口泉组扇三角洲平原储集砂体综合特征

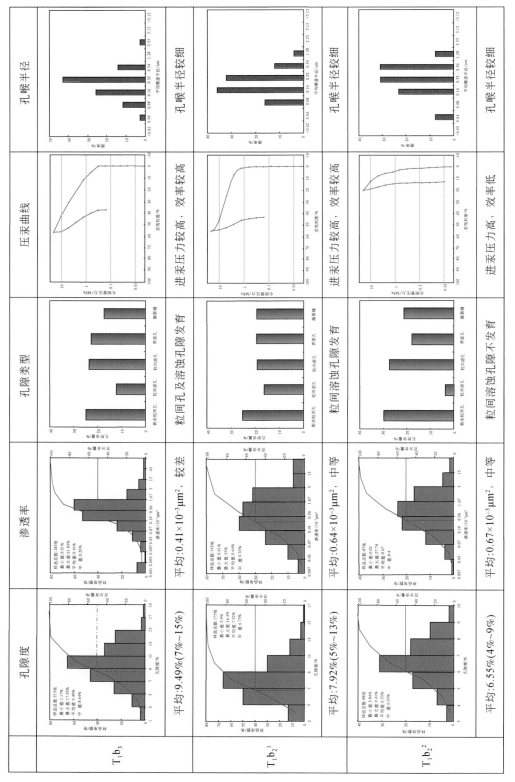

图3.51　玛湖凹陷北斜坡百口泉组各岩性段储层物性及孔喉特征对比图

（3）玛湖凹陷浅水扇三角洲储集岩物性条件差，以百口泉组为例，其平均孔隙度为 7%~10%，平均渗透率为（0.5~2.0）×10⁻³μm²。其中扇三角洲前缘砂砾岩储层物性相对较好，平均孔隙度为 9%~10%，平均渗透率为（0.5~2）×10⁻³μm²；扇三角洲平原砂砾岩储层物性稍差，平均孔隙度为 7%~8%，平均渗透率为（0.5~1）×10⁻³μm²。

（4）玛湖凹陷浅水扇三角洲储集岩孔隙喉道偏细，进汞压力较高、退汞效率差。就储集岩孔隙类型而言，扇三角洲前缘砂砾岩以残余粒间孔隙和次生溶蚀孔隙为主，扇三角洲平原砂砾岩以残余粒间孔隙和微裂缝为主。

以玛湖凹陷北斜坡为例，其三叠系百口泉组储层主要是灰色砂砾岩，其次为灰色中粗砂岩，但其物性存在差异。对不同颜色砂砾岩及中粗砂岩孔渗相关性分析认为，百口泉组储集岩孔隙度与渗透率相关性不是很好，表明储集岩孔隙与喉道匹配性较差，储层的储集空间既有原生孔隙，也有次生孔隙，储层物性受到沉积环境和成岩作用双重影响。就沉积相带而言，百口泉组储层主要发育于扇三角洲前缘及平原，前者主要有灰色泥质砂砾岩、泥质砾岩、砂砾岩（泥质含量低，主要是钙质胶结）、砾岩，后者主要有褐色泥质砂砾岩、泥质砾岩、砂砾岩（泥质含量较高）、砾岩。从砾岩和砂砾岩孔渗相关性分析可见（图 3.52），褐色泥质砂砾岩与砂砾岩、灰色泥质砂砾岩与砂砾岩之间物性差别较小，总体上褐色泥质砂砾岩、灰色泥质砂砾岩物性略差。与砾岩类似，褐色泥质砂砾岩与灰色泥质砂砾岩、褐色砂砾岩与灰色砂砾岩物性差别不明显，说明除沉积相带因素外，还有其他因素对储层物性具有重要影响，其中较重要的是砂砾岩泥质含量。由于褐色砂砾岩及灰色砂砾岩主要发育于扇三角洲平原分流河道及扇三角洲前缘水下分流河道，沉积时的水动力条件较强，受河水（前者）及湖水（后者）不间断淘洗作用，泥质含量往往较低，因而在成岩作用过程中压实作用对储层物性破坏相对较弱，储层物性较好。

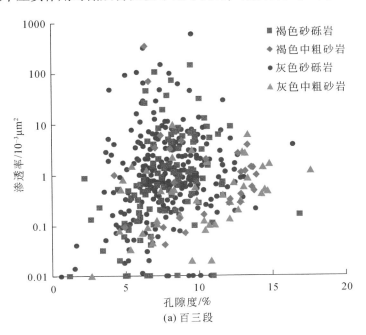

(a) 百三段

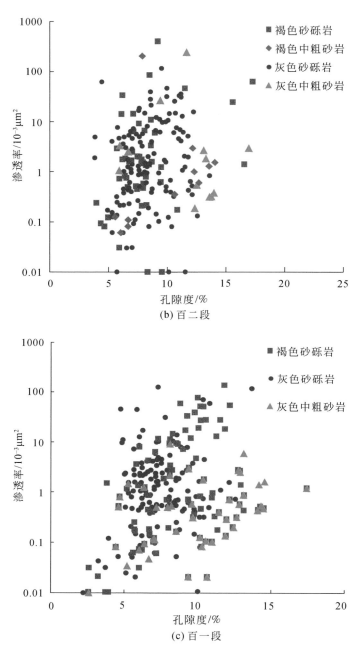

图 3.52　玛湖凹陷北斜坡百口泉组不同颜色、不同岩性储层物性对比图

　　从油气分布看，玛北斜坡区含油气储层主要发育于百二段上部（高阻段）和百三段。对百二段和百三段储层物性分析数据统计表明，百二段上部高阻段孔隙度为 5%~13%，平均孔隙度为 8%；百二段下部低阻段孔隙度为 4%~9%，平均孔隙度为 6.5%，但渗透率变化不是很大；百二段上部高阻段储层物性明显好于百二段下部低阻段。百三段孔隙度为

7%~15%，平均孔隙度为 9.5%，略好于百二段上部高阻段。

2. 碎屑粒度对储层物性的影响

反映沉积环境对储层物性影响的另一个重要指标是碎屑粒度，它是水动力强度和搬运距离的函数。

玛湖凹陷三叠系百口泉组储层岩性主要为灰、灰绿色砂岩及砾岩，录井及现场岩心描述一般统称为砂砾岩，而非储层岩性主要为泥岩及褐色砂砾岩，储层与非储层主要以相带、颜色划分，命名统称为砂砾岩，既不规范，也无法确定优势岩性，从而难以进行定量表征及物性控因分析。因此，为了准确确定储层岩性，克服肉眼识别定名岩性误差，需要通过岩石图像粒度分析技术来对岩性进行二次校正，使定命更加科学准确。岩石薄片粒度分析是沉积学研究的基础。在取得岩石样品后，一般通过经验进行判断，结果往往因人而异，缺乏可靠数据证明，或者通过实验进行分析和测量，但需要较长时间，或者是在岩石薄片上手动测量各个颗粒直径，再统计薄片颗粒分布，工作烦琐。因此，提出了一种基于岩石图像空间自相关系数法的粒度分析方法。其原理为采用椭圆随机生成的方法，在 10mm×10mm 范围内模拟了不同粒径的岩石薄片图像 [图 3.53（a）~（c）]，岩石颗粒的灰度值为 255（白色），填充物或泥质的灰度值为 0（黑色）。对 3 种粒径 0.5~1.0mm、1.0~1.5mm 和 1.5~2.0mm 进行粒度分布定量计算。取最大偏移距离（k）为 100，分别计算得到 3 种粒径颗粒模拟薄片图像的空间自相关系数 [图 3.53（d）]。根据空间自相关系数，采用带约束条件的最小二乘法计算得到这 3 种粒径颗粒占比分别为 55.8%、24.6% 和 20.2%，3 种粒径的实际占比分别为 61.3%、32.3% 和 6.5%。计算结果与实际值接近，总体变化趋势与实际一致。

实际识别过程中，将岩心扫描图像经过预处理后形成灰度图像，分析其空间自相关系数与颗粒粒径关系，利用带约束条件的最小二乘法求解空间自相关系数方程组，从而定量计算得到不同粒径颗粒占比。图 3.54 中将该段岩性综合定名为含细砾小中砾质、大中砾岩。

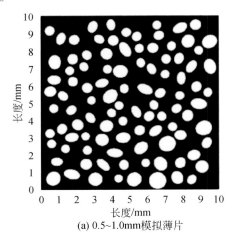

(a) 0.5~1.0mm模拟薄片

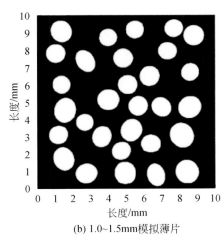

(b) 1.0~1.5mm模拟薄片

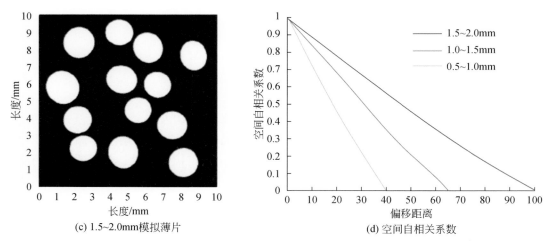

(c) 1.5~2.0mm模拟薄片　　　　　　　　　(d) 空间自相关系数

图 3.53　计算粗砂岩岩石薄片粒度分布

(a) 岩心扫描图像　　　　　　　　　　(b) 预处理后灰度图像

(c) 空间自相关系数　　　　　　　　　　(d) 粒度分布

图 3.54　计算岩心扫描图像粒度分布

　　通过上述两种关键技术支持，完成了 61 口井 1253m 岩心描述，结合化验分析数据，发现玛湖凹陷三叠系百口泉组岩性储层粒度为 0.5 ~ 8mm，从岩性上看从粗砂岩至中砾岩均有发育。如果按照 1998 年国家发布的碎屑岩粒级划分标准来看，中砾岩粒径为 4 ~

32mm，一半粒径中砾岩为非储层，中砾岩范围标准对玛湖地区偏大，不太适合该区砂砾岩研究。因此，通过岩心观察结合物性分析资料，在1998年碎屑岩分类基础上将中砾岩细分为了小中砾岩及大中砾岩，建立了符合玛湖地区的岩性划分标准（表3.5）。

表3.5　玛湖凹陷百口泉组碎屑岩分类命名方案

自然粒级标准/mm	φ值粒级标准/φ	陆源碎屑名称	
>128	<−7	砾岩	巨砾岩
32 ~ 128	−7 ~ −5		粗砾岩
16 ~ 32	−5 ~ −4		大中砾岩
8 ~ 12	−4 ~ −3		小中砾岩
2 ~ 8	−3 ~ −1		细砾岩
0.5 ~ 2	−1 ~ 1	砂岩	粗砂岩
0.25 ~ 0.5	1 ~ 2		中砂岩
0.06 ~ 0.25	2 ~ 4		细砂岩
0.03 ~ 0.06	4 ~ 5	粉砂、泥岩	粗粉砂
<0.06	>5		细粉砂、泥岩

结合新的岩性分类方案，通过岩性物性分析发现，玛湖凹陷三叠系百口泉组储层物性随粒度增大具有先变好再变差特征，即储层孔隙度和渗透率从细砂岩向粗砂岩及细砾岩变大后再向大中砾岩及粗砾岩变小，这与前期认识一致。其中孔隙度和渗透率最高、物性最好的岩性依次为粗砂岩、细砾岩、小中砾岩，其次为中砂岩和细砂岩，最差的是粗砾岩，次为大中砾岩（图3.55）。另外，从粒度分析数据模态来看，单峰且适度的粒径是形成

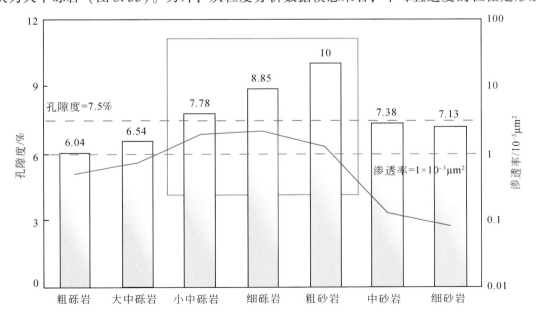

图3.55　玛湖凹陷三叠系百口泉组不同岩性物性统计直方图

优质储层的关键，即细砾岩及粗砂岩物性最好，如艾湖 1 井粒径主要集中在粗砂岩及细砾岩（图 3.56），其对应的孔渗度均较好，而玛 152 井显示出双峰特征，且粒度分布从小中砾岩到大中砾岩均有发育，对应的孔渗明显较差。

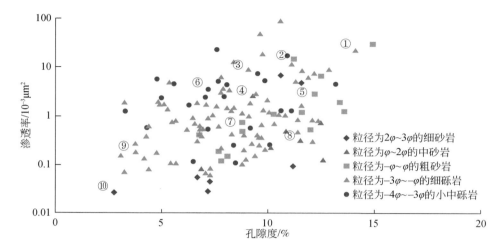

图 3.56　玛湖凹陷三叠系百口泉组不同粒度模态下物性统计图

就岩心录井观察到的油气显示情况看，百口泉组主要含油级别为油浸、油斑、油迹和荧光，以油斑、油迹和荧光为最多。其中粒度对含油性控制明显，油气显示主要集中在细砾岩及小中砾岩，其次为粗砂岩和大中砾岩；显示最差的是粗砾岩，其次为中细砂岩，但二者亦可见到油斑乃至油浸级别显示（图 3.57）。

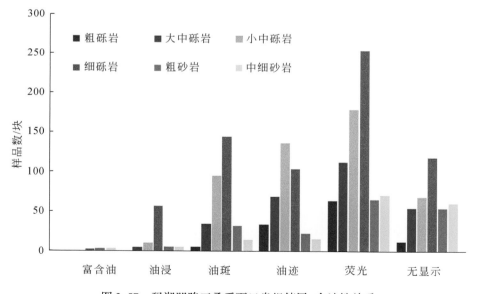

图 3.57　玛湖凹陷三叠系百口泉组储层–含油性关系

3.3.2　黏土矿物含量对储层物性的控制作用

对玛湖凹陷三叠系百口泉组与二叠系上乌尔禾组、下乌尔禾组储层物性影响因素分析表明，黏土矿物含量及类型是影响储层物性的另一重要因素。由于碎屑岩储层中黏土矿物在成因上包括机械沉积的杂基与化学成因的自生黏土矿物两类，二者一般难以区别，故将其作为单独一个储层物性影响因素进行分析。

对玛湖凹陷扇三叠系和二叠系三角洲沉积砂砾岩分析表明，其黏土矿物以杂基为主，其中褐色砂砾岩由于多形成于扇三角洲平原环境，杂基含量普遍较高，而灰色及灰绿色前缘相砂砾岩杂基含量较少。铸体薄片显示，同样为细砾岩，泥质杂基含量低的孔隙较发育，而杂基含量高的孔隙基本不发育，储层物性明显较差（图 3.58）。薄片定量分析可知，玛湖凹陷杂基主要为泥质，因此可用黏土含量代替杂基含量对其进行定量分析。

(a) 灰色含砾中粗砂岩，发育剩余粒间孔，泥质杂基含量低，$\phi=13.6\%$，$K=1.23\times10^{-3}\mu m^2$（Ⅰ类），玛13井，3108.38m，(-)，蓝色铸体，×50

(b) 灰色细砾岩，发育剩余粒间孔，及粒内溶孔，泥质杂基含量低，$\phi=9.2\%$，$K=2.37\times10^{-3}\mu m^2$（Ⅰ类），玛131井，3192.26m，(-)，蓝色铸体，×50

(c) 灰色砾岩，淘洗充分，泥质杂基含量低，$\phi=7.2\%$，$K=4.89\times10^{-3}\mu m^2$（Ⅱ类），玛133井，3301.48m，(+)，岩石薄片，×25

(d) 灰绿色含砾砂岩，粒间被渗流泥质充填，$\phi=8.3\%$，$K=0.258\times10^{-3}\mu m^2$（Ⅲ类），玛133井，3300.35m，(-)，岩石薄片，×25

图 3.58　储层杂基含量与物性关系

对砂砾岩全岩定量分析数据中黏土含量与孔隙度及渗透率相关性研究表明，在不同搬运机制下，随着黏土含量增加，孔隙度及渗透率均呈现明显下降趋势，特别是储层渗透性表现更为明显，基本上呈指数级递减，反映黏土含量对物性影响较大（图3.59、图3.60）。以玛湖凹陷南斜坡为例（图3.60），其泥质杂基和物性呈明显负相关关系，故而可以根据泥质含量多少将三叠系百口泉组砂砾岩划分为贫泥砂砾岩相、含泥砂砾岩相以及富泥砂砾岩相；其中工业油流储层泥质杂基含量一般小于3%，主要发育在贫泥砾岩相带，低产油流储层泥质杂基含量为3%~5%，泥质杂基含量超过5%，储层变差，显孔基本不发育。

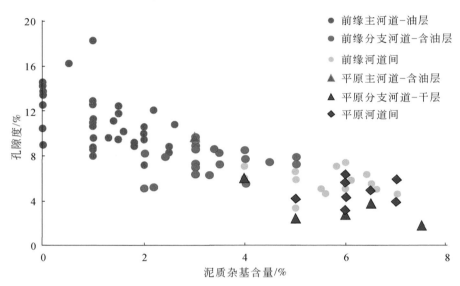

图3.59　玛湖凹陷南斜坡区二叠系上乌尔禾组泥质杂基含量与孔隙度交会图

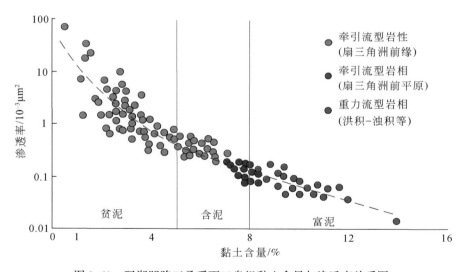

图3.60　玛湖凹陷三叠系百口泉组黏土含量与渗透率关系图

1. 贫泥砂砾岩相

该岩相对三叠系百口泉组砂砾岩储层而言指泥质含量小于5%，对二叠系上乌尔禾组砂砾岩储层来说指泥质含量小于3%。根据砂质和砾石相对含量可将贫泥砂砾岩分为砂质填隙砾岩相和砂质支撑砾岩相。其中砂质填隙砾岩相为砾石支撑，根据水动力大小及其稳定性分为同级与多级砾石支撑，砾石间充填砂质，粗砾石间充填细砾石也属此类岩相，粗、中、细砾岩均有分布，其成因是水流相对稳定的牵引流形成的扇三角洲前缘辫状水道砂体，此类岩相多分布于单期河道中部。砂质支撑砾岩相为砂质支撑，砾石之间不接触或少接触，砂质多为中粗砂岩，粗、中、细砾岩均有此类岩相。

根据胶结物以及杂基含量可将贫泥砂砾岩进一步分为3类（图3.61）：一类支撑砾岩无胶结、无杂基充填，物性最好；二类支撑砾岩以砂级颗粒支撑为主，物性中等；三类支撑砾岩贫泥，含少量砂级碎屑颗粒支撑。支撑砾岩是水动力时强时弱过程中形成的，其中砾石为强水动力时期搬运沉积，砂质为水动力变弱时期搬运沉积。此类岩相为洪水期向间洪期转变时形成的，多分布于单期河道中上部。

(a) 一类支撑砾岩

(b) 二类支撑砾岩

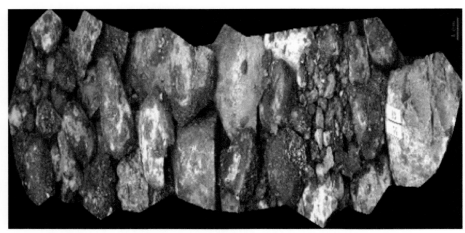

(c) 三类支撑砾岩

图 3.61　玛湖凹陷不同类型支撑砾岩电成像特征

2. 含泥砂砾岩相

百口泉组砂砾岩储层中泥质含量为 5%~8%，上乌尔禾组砂砾岩储层中泥质含量为 3%~5%，为含泥砂砾岩相。与贫泥砾岩相成因基本相似，岩石为砾石支撑或含泥砂质支撑，砾石间充填砂泥质，有一定泥质含量，与洪水早期泥质含量、水动力变弱后水中悬浮泥质沉淀，以及母岩高泥质含量有关。此类岩相分布于单期河道中下部或顶部。

3. 富泥砂砾岩相

百口泉组砂砾岩储层中泥质含量大于 8%，上乌尔禾组砂砾岩储层中泥质含量大于 5%。与泥砂填隙砾岩相成因基本相似，只是其泥质含量更高。此类岩相主要分布于单期河道底部，纵向上分布较少，主要为重力流或洪流成因，河道间湾微相以及平原分流河道发育较多。

综合分析认为，泥质含量是控制储层物性的主要因素，表现为泥质含量低，则储层孔隙结构好，物性亦好，特别是局部发育高渗透支撑砾岩储层，是储层达到高产的重要因素之一。而高泥质含量使喉道分割成（超）微细喉道，平均孔喉半径减小、束缚水增多、渗流能力显著降低，从而阻滞油气渗流运移。

3.3.3　成岩作用对储层的控制作用

研究表明，影响玛湖凹陷浅水扇三角洲砂砾岩储层的主要成岩作用为压实作用、胶结作用和溶蚀作用。

1. 压实作用对储层物性的影响

压实作用为物理成岩作用，是碎屑沉积物沉积后在上覆地层压力作用下或者构造变形应力作用下，发生水分排出、孔隙度降低、体积减小的作用类型。压实作用期间，可能发生碎屑颗粒的位移、滑动、转动、变形或者破裂，造成颗粒重新排列或形成特殊结构构造。早成岩阶段压实作用效果最为强烈，是玛湖凹陷浅水扇三角洲砂砾岩储层物性影响最大的成岩作用类型。

首先，玛湖凹陷浅水扇三角洲砂砾岩结构成熟度较低，泥质杂基含量较高，以褐色泥质砂砾岩和砾岩、灰色泥质砂砾岩和砾岩最为突出。泥质杂基含量是影响储层物性的主要因素之一，也是影响压实作用的一个重要主要因素。当泥质杂基含量较少时，压实作用对储层物性影响较弱，而当泥质杂基含量较高时，对压实作用的影响便大大增强。其原因在于：一方面，大量泥质杂基能够抑制碳酸盐类等早期胶结作用发育。在成岩早期，沉积物缺少了碳酸盐类等早期胶结物的支撑，使得压实作用更易破坏沉积物的原生孔隙，造成原生孔隙度下降。另一方面，由于结构成熟度较低，颗粒大小混杂，加上泥质杂基具有良好润滑作用，造成机械压实作用对储层物性破坏力增强。这与玛湖凹陷区浅水扇三角洲褐色砂砾岩和砾岩、灰色砂砾岩和砾岩物性好于褐色泥质砂砾岩和砾岩、灰色泥质砂砾岩和砾岩的特征相符合。

其次，玛湖凹陷区浅水扇三角洲砂砾岩成分成熟度较低，含有较多半塑性颗粒。其中凝灰岩等半塑性颗粒在研究区砂砾岩中较为普遍（图3.62），这些半塑性颗粒在埋藏深度达到3000m以下时，很易受压变形，导致砂砾岩储层物性急剧变差，进一步加大了压实作用对储层物性的破坏。根据对三叠系百口泉组砂砾岩储层显微观测结果，结合砂砾岩储层物性分析数据，压实作用导致玛湖凹陷北斜坡区三叠系砂砾岩储层孔隙度损失量为10%~15%，对部分埋藏深度3500m以上砂砾岩储层造成的孔隙度损失量可达15%。

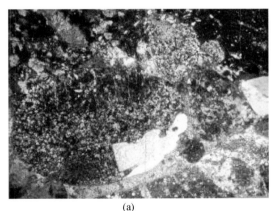

(a)　　　　　　　　　　　　　　　　(b)

图 3.62　玛湖凹陷北斜坡砂砾岩中砾石的微观特征

（a）玛152井，3161.45m，含灰质砂质砾岩，砾石为火山岩岩屑，压实作用中等，出现方解石交代碎屑颗粒现象；
（b）玛152井，T_1b_2，3245.70m，砂质砾岩，砾石为火山岩岩屑，受压变形较明显

从玛北斜坡区三叠系百口泉组孔隙度与埋藏深度相关性可以看出，其储层孔隙度与埋藏深度在3350m上、下明显不同（图3.63）。在3350m以上，孔隙度随埋藏深度增加而减小，说明随着埋藏深度增加，砂砾岩中凝灰岩等半塑性岩屑受压后发生塑性变形而造成储

层物性变差，因而该阶段压实作用对储层物性有较明显的破坏作用。而在 3350m 以下，孔隙度又有所增大，说明在该深度段发生了显著的溶蚀作用，造成储层物性变好。

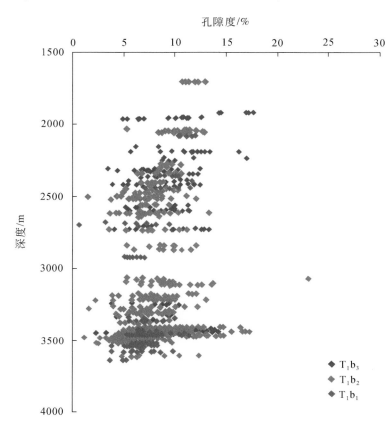

图 3.63　玛湖凹陷北斜坡三叠系百口泉组储层孔隙度与埋藏深度关系

2. 胶结作用对储层物性的影响

胶结作用是指从孔隙溶液中沉淀出的矿物质（胶结物）将松散沉积物固结起来的作用。胶结作用是沉积物转变成沉积岩的重要作用，也是沉积层物孔隙度和渗透率降低的主要原因之一，它发生在成岩作用的各个时期。通过孔隙溶液沉淀出的胶结物种类很多，但就数量而言，主要有二氧化硅、碳酸盐和黏土矿物 3 类。其他可见到的胶结物有氧化铁、石膏和硬石膏、重晶石、磷灰石、萤石、沸石、黄铁矿、白铁矿等，但含量通常很少。

玛湖凹陷三叠系和二叠系浅水扇三角洲沉积的砂砾岩储层中的胶结物类型多样，常见的有沸石类（主要为方沸石和片沸石）、碳酸盐类（包括方解石和白云石）、硅质（包括石英增生）、自生黏土矿物（常见伊/蒙混层、高岭石、绿泥石和伊利石）等。这些胶结物对玛湖凹陷扇三角洲储层物性构成了重要影响：一方面在沉积物埋藏初期，适当含量的化学胶结物可以起到支撑碎屑颗粒骨架作用，抵御压实作用影响，且一些早期化学胶结物也是砂砾岩中的主要易溶组分，当埋藏至一定深度后，在合适孔隙流体、环境介质及成岩温度作用下，这些胶结物将发生溶蚀，使得储层次生孔缝增加，从而改善了储层物性；但另一方面，大量胶结物的存在又使得储层质量受到严重破坏，孔隙度大大降低，从而成为造成玛湖凹陷扇三角洲储层变差的另一重要因素。

3. 溶蚀作用对储层物性的影响

溶蚀作用是玛湖凹陷浅水扇三角洲砂砾岩次生孔隙发育的主要原因。在成岩作用过程中，部分碎屑颗粒、杂基、胶结物或自生矿物在特定成岩环境中发生选择性溶解，从而形成广泛发育的次生孔隙。

薄片观察表明，玛湖凹陷三叠系和二叠系砂砾岩储层溶孔比较发育（图 3.64、图 3.65），对储层物性改善起了重要作用。

玛湖凹陷三叠系和二叠系扇三角洲储层之所以存在较发育的溶蚀作用，主要与以下 4 种因素有关。

剩余粒间孔、粒内溶孔
艾湖1井，T_1b_1，3859.75m，砂质细砾岩
$\phi=14.0\%$，$K=94.8\times10^{-3}\mu m^2$，蓝色铸体，×100

剩余粒间孔、粒内溶孔
艾湖1井，T_1b_1，3860.17m，砂质细砾岩
$\phi=14.9\%$，$K=30.3\times10^{-3}\mu m^2$，蓝色铸体，×100

粒间溶孔(杂基溶蚀)及溶缝
玛15井，T_1b_2，3088.2m，砂质细砾岩
$\phi=10.5\%$，$K=0.613\times10^{-3}\mu m^2$，蓝色铸体，×100

粒内溶孔及粒间溶孔(泥质杂基溶蚀)
夏93井，T_1b_2，2730.52m，砂质细砾岩
$\phi=9.4\%$，$K=0.809\times10^{-3}\mu m^2$，蓝色铸体，×100

图 3.64　玛湖凹陷三叠系百口泉组部分井铸体薄片

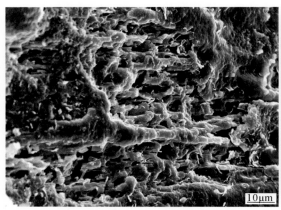

(a) 玛湖11井，3371.8m，长石碎屑粒内溶蚀孔　　　(b) 玛湖4井，3299.8m，方解石胶结物溶孔

图 3.65　玛湖凹陷北斜坡三叠系百口泉组储集岩的溶蚀作用特征

1）玛湖凹陷浅水扇三角洲砂砾岩储层中有较多易溶组分

玛湖凹陷三叠系百口泉组与二叠系上乌尔禾组、下乌尔禾组砂砾岩储层中所含有的易溶组分主要有碎屑颗粒（如火山岩岩屑、长石碎屑等颗粒）、易溶胶结物（如沸石类胶结物、碳酸盐类胶结物等）、易溶杂基等。这些组分在合适条件下，都会发生一定溶蚀作用，从而在储层中形成次生孔隙，后者又可以将原来没有连通的孔缝连通起来，从而使储层物性得到不同程度的改善（图 3.66）。

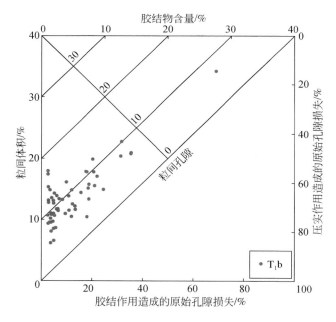

图 3.66　玛湖凹陷北斜坡三叠系百口泉组储层碳酸盐胶结物与孔隙度关系

　　值得注意的是，由于物源区母岩性质及易溶组分含量差异（表 3.6），不同地区溶蚀作用的强度存在较大区别。在合适温度、压力、介质环境条件下，砂砾岩储层中的火山岩岩屑、长石颗粒、石英颗粒，以及沸石、方解石等胶结物发生选择性溶蚀作用。其中在成岩作用早期，玛湖凹陷浅水扇三角洲砂砾岩易形成碳酸盐、沸石类胶结，部分胶结物抵御了早期成岩作用影响，但也为后期溶蚀作用发育提供了物质基础。事实上，溶蚀作用的主要发生期是在沉积物深埋阶段（详见后文）。

表 3.6　玛湖凹陷斜坡区三叠系百口泉组碎屑岩成分含量统计表

区块	井号	石英/%	长石/%	岩屑/%								
				安山岩	英安岩	流纹岩	花岗岩	凝灰岩	泥质板岩	石英岩	泥质砂岩	硅质岩
玛北斜坡	玛13	14.65	11.25	5.75	—	11.75	3.25	21	17.75	1.33	7.75	0.25
	玛131	1.63	0.61	2.2	7	44.6	3.8	17.8	13.6	—	6.4	0.4
玛东斜坡	盐北2	3.16	1.05	—	—	23	3	27	22		16	—
	夏盐2	11.57	8.20	7.81	—	28.94	5.44	13.88	11.94		5	0.44
玛西斜坡	艾湖1	8.89	6.91	—	—	2.22	27.67	9.11	26.67		8	0.67
	艾湖2	7.92	3.17	1	—	1.5	42	5.5	20.5		13.5	
玛湖南斜坡	玛湖2	17.85	15.56	—	—	—	36.33		9		11	2
	玛9	13.74	7.43	—	—	5.82	26	14.64	21.55	1.18	5.64	0.36

2）成岩期具有酸性流体运移的良好条件

　　溶蚀作用的发育除了要有大量可溶组分外，还需要有大量酸性流体的注入和运移。玛湖凹陷三叠系百口泉组与二叠系上乌尔禾组、下乌尔禾组砂砾岩溶蚀作用主要发育于深埋成岩阶段，发生大规模溶蚀作用的孔隙流体主要为酸性流体，其来源是有机质热演化产生的有机酸和伴生的 CO_2 酸性流体等，大部分源于主力烃源岩二叠系风城组。烃源岩中的孔隙水和黏土矿物转化时脱水所释放的水成为有机酸的载体，在压实驱动力作用下，这些酸性流体沿着断层向上运移，在运移过程中不断与碱性矿物进行化学反应，从而为大量次生孔隙形成创造了有利条件。

3）沉积环境有利于溶蚀作用发育

　　玛湖凹陷浅水扇三角洲储层形成环境既有扇三角洲平原亚相，也有扇三角洲前缘亚相，储集体形成时水动力条件变化较大，造成砂砾岩体厚度、颜色、粒度、分选性及泥质含量多变。其中泥质含量多寡对溶蚀作用影响尤为明显（图 3.67）。

　　根据泥质含量差异，玛湖凹陷三叠系百口泉组砂砾岩可分为贫泥砂砾岩（泥质含量小于5%）、含泥砂砾岩（泥质含量为5%~8%）、富泥砂砾岩（泥质含量大于8%）。对比玛湖凹陷不同深度、不同泥质含量砂砾岩溶蚀孔隙发育情况可见，埋深在 3300～4500m 存在广泛发育的次生溶孔增孔带，其中富泥砂砾岩在 2500m 以下孔隙度基本小于10%，而贫泥砂砾岩在 4000m 以下孔隙度依然达到并超过10%。就溶蚀增孔量而言，不同类型砂砾

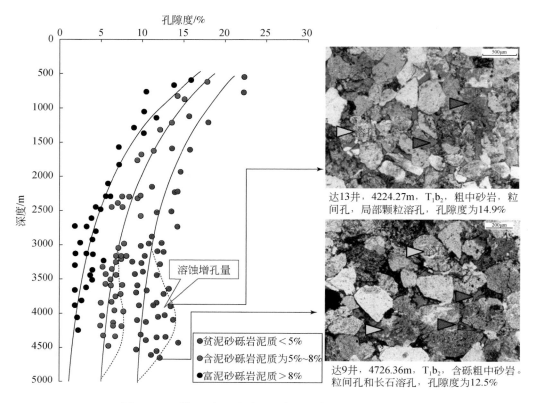

达13井，4224.27m，T₁b₂，粗中砂岩，粒间孔，局部颗粒溶孔，孔隙度为14.9%

达9井，4726.36m，T₁b₂，含砾粗中砂岩。粒间孔和长石溶孔，孔隙度为12.5%

图3.67　玛湖凹陷三叠系百口泉组3类砂砾岩孔-深关系

不同沉积环境导致砂砾岩储层中泥质含量差异显著，从而影响了压实作用对原生孔隙结构的破坏程度，导致孔隙结构之间的连通性差异，进而影响后期溶蚀作用的发育程度。浅水扇三角洲前缘水下分流河道贫泥砂砾岩孔隙连通性较好，易于后期溶蚀作用的发生

岩存在明显差异，其中贫泥砂砾岩原始渗流能力较好，溶蚀增孔量最大可达5%，而含泥砂砾岩原始渗流能力差，溶蚀增孔量为1%~3%。

4）深埋条件下有利于溶蚀作用发育

传统观点认为，玛湖凹陷扇三角洲储层物性表现为随埋藏深度加大而逐渐变差，其商业油气聚集存在一个深度下限，在3000~3500m。

然而，随着勘探开发的逐渐深入，发现玛湖凹陷区3500m以下仍然存在较好储层。为了进一步确认玛湖凹陷深埋区储层品质，开展了溶蚀作用成岩模拟实验，即采用高温高压溶蚀模拟系统，模拟在玛湖深埋高温高压条件下储层的溶蚀作用发育情况。实验使用的反应流体为乙酸溶液（2%，pH = 2.238）；温压条件分别设置为：80℃，10MPa；100℃，10MPa；120℃，10MPa；140℃，10MPa。流速为1mL/min；反应时间：每个温压点反应1h。模拟实验表明，泥质含量影响长石溶蚀量，泥质含量越高，溶蚀量越小，泥质含量越低，溶蚀量越大，且贫泥砂砾岩储层在高温高压条件下溶蚀增孔效应显著，样品孔隙度增加1.66%，渗透率增加$5.4 \times 10^{-3} \mu m^2$（表3.7）。由此证明玛湖凹陷3500m以下优质储层的出现并非偶然，而是深埋溶蚀的结果。

表 3.7　储层高温高压溶蚀模拟实验参数表

参数		溶蚀前	溶蚀后
样品	分辨率/μm	8	8
	长（x）μm，宽（y）μm，高（z）μm	700，700，420	700，700，420
	孔隙度/%	0.68	1.2
	连通体积比例/%	37.82	41.97
孔隙	数量	1945	3642
	体积/μm^3	$5.601×10^8$	$9.272×10^8$
	半径/μm	平均：18.6 最小：3.708 最大：46.76	平均：19.15 最小：3.36 最大：57.63
喉道	数量	1721	3516
	体积/μm^3	$6.327×10^8$	$3.41553×10^8$
	半径/μm	平均：12.58 最小：2.666 最大：35.43	平均：13 最小：3.274 最大：41.49

事实上，玛湖凹陷三叠系和二叠系储层深埋区由于同时也是主力烃源岩二叠系风城组烃源岩的高成熟区，因而深埋区储层更易捕获到烃源岩成熟时产生的大量有机酸，从而造成广泛溶蚀作用。深埋储层中反映油气充注的大量黑色沥青残留（图 3.64）及伴随的储层广泛溶蚀现象就是深埋区有机酸大量注入储层产生溶蚀的有力证据。

深埋区溶蚀优质储层的发现突破了传统认识对勘探的束缚，使得玛湖凹陷油气勘探由盆缘向凹陷中心大大拓展，从而发现了玛湖大油区。

综上分析可见，沉积环境、黏土矿物含量、成岩作用共同控制了玛湖凹陷三叠系和二叠系扇三角洲储层发育，优质储层主要发育在扇三角洲前缘沉积的贫泥砂砾岩中。但沉积相带的多变性与成岩作用的复杂性又造成了优质储层分布的复杂性及其较强的非均质性。因此，玛湖凹陷扇三角洲储层评价及预测须对有关影响因素进行全面研究。

3.4　优质储层评价及预测

3.4.1　砂砾岩储层评价方法

1. 储层品质指数参数

储层品质指数（reservoir quality index，RQI）用来判别一定区域内具有相似孔隙结构、岩石物理特征相对均质、流体渗流能力相当、在空间上连续分布的储集体，其概念来源于储层流动单元，主要表征储层的非均质性，旨在更加精细划分储层和预测储集体分布。因此，储层品质指数是反映微观孔隙结构变化的特征参数，可有效用于划分储层类型。

利用 Kozeny-Carman（Rodriguez and Maraven，1993；Amaefule et al.，1993）方程可求出地层流动带指数（flow zone index，FZI）与储层品质指数。张龙海等通过 FZI 和 RQI 对松辽盆地大情字井地区和鄂尔多斯盆地姬塬地区典型低孔低渗储层研究认为，RQI 比 FZI 能更准确地反映储层孔隙结构和岩石物理性质变化。通过对比研究发现，应用 RQI 定量识别和划分储集层较为理想，若储层品质指数越大，储层孔隙结构就越好，孔喉匹配性就较强。

$$RQI = 0.0314(K/\phi_e)^{1/2}$$

式中，K 为渗透率，$10^{-3}\,\mu m^2$；ϕ_e 为有效孔隙度，小数。

通过对玛湖凹陷北斜坡三叠系百口泉组 RQI 计算可知，RQI 值变化较大，且与孔隙度无相关性，而与渗透率呈良好正相关。通过渗透率与 RQI 关系分析可知（图 3.68）：RQI 集中分布于 0.07 ~ 0.5，当 RQI>0.5 时，渗透率大于 $20 \times 10^{-3}\,\mu m^2$，储层储集性最优；0.5>RQI>0.24，渗透率为 $(6 ~ 20) \times 10^{-3}\,\mu m^2$，储层储集性较优；当 0.24>RQI>0.07 时，渗透率为 $(0.5 ~ 6) \times 10^{-3}\,\mu m^2$，储集性能较差；RQI<0.07，渗透率小于 $0.5 \times 10^{-3}\,\mu m^2$，储层几乎没有储集性能。

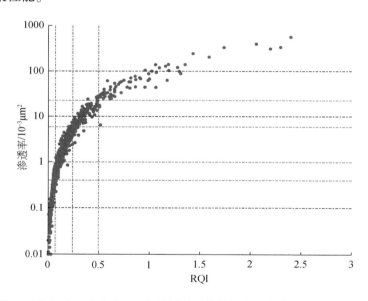

图 3.68　玛湖凹陷北斜坡三叠系百口泉组储层品质指数与渗透率关系图（据雷德文等，2018）

2. 贫泥砂砾岩地震地质综合预测技术

储层物性主控因素研究认为，玛湖凹陷区退覆式浅水扇三角洲砂砾岩中，泥质含量是影响储层物性的一个重要因素，且该值与沉积环境关系密切，与成岩作用亦存在一定关系。故以测井解释泥质含量为出发点，井震结合，利用地震波形指示反演区域泥质含量，是区域储层预测的一种可行方法。

1）贫泥砂砾岩储层划分依据

随着砂砾岩厚度增大，纵向上物性变化大，非均质性增强，钻井、测井、岩性及物性实验统计数据研究表明，含泥砂砾岩孔隙度较贫泥砂砾岩孔隙度低。以玛湖凹陷南斜坡二叠系上乌尔禾组为例，泥质含量大于7%，泥质含量与孔隙度和渗透率变化关系不明显；泥质含量小于7%时，泥质含量与孔隙度、渗透率变化相关性显著，表现为泥质含量低，则储层渗透率高、孔隙结构保存良好。而高泥质含量状态下，喉道被分隔为微细喉道，平均孔喉半径减小，束缚水增多，渗流能力降低。因此，对贫泥砂砾岩储层的预测是寻找优质储层的关键。

　　以玛湖凹陷南斜坡区二叠系上乌尔禾组为例，将泥质含量7%作为贫泥和富泥界限值。采用中子孔隙度-声波孔隙度差值计算储层泥质含量（公式如下），由于泥岩对测井曲线测量可能会造成一定影响，因此采用探测半径较远的 CNL 和 AC 以减少因泥岩造成井况不佳所带来的影响，同时利用薄片值进行校正，以更好反映储层泥质含量（图 3.69）。

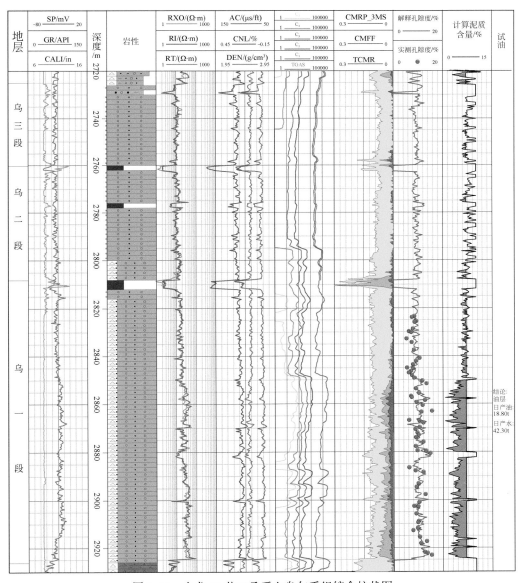

图 3.69　金龙 42 井二叠系上乌尔禾组综合柱状图

$$V_{sh} = CNL - a\frac{AC - AC_{ma}}{AC_f - AC_{ma}} + b$$

式中，CNL 为中子测井值（小数）；AC 为目的层声波时差，AC_{ma} 为岩石骨架声波时差，取 $56\mu s/ft$；AC_f 为地层流体声波时差，取 $190\mu s/ft$；a，b 为常数，根据薄片值进行校正。

2）井震结合预测泥质含量

岩石物理敏感参数分析认为，波阻抗参数对岩性区分尤其是区分砂砾岩储层中贫泥和富泥非常弱，而利用中子孔隙度减去声波孔隙度差值计算泥质含量能有效预测储层泥质含量，从而使富泥和贫泥识别可实现定量化预测。因此，开展基于泥质含量预测的波形指示协模拟反演，能在三维空间内预测泥质含量分布状态。以玛湖凹陷南斜坡二叠系为例，反演结果表明，二叠系上乌尔禾组一段、二段泥质含量明显低于三段，储层主要集中在贫泥的一段和二段，这与沉积认识相吻合。

3. "甜点"储层地质–地震综合预测技术

随着勘探的逐步深入，玛湖凹陷油气勘探思路已经发生了转变，从早期以寻找构造油气藏为主转向了以寻找隐蔽油气藏为主，地层–岩性类圈闭已成为主要勘探对象。然而，由于低渗透砂砾岩地层岩性油气藏在地震剖面上不易分辨，油藏纵横向变化快，非均质性强，给勘探及评价造成了很大难度。因此，结合勘探区域地质情况，制定了在地质成因指导下采用逐级控制研究思路的地质–地震综合预测技术，以预测优质储层分布（图 3.70）。

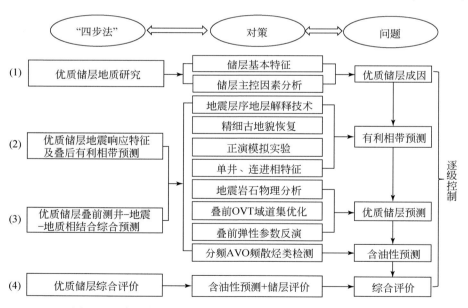

图 3.70　扇三角洲砂砾岩储层地质–地震综合预测技术流程图

1）建立储层发育模式

玛湖凹陷三叠系和二叠系扇三角洲储层总体比较致密，"甜点"预测是寻找优质储层的关键。致密储层"甜点"一般可分为 4 种类型：原生孔隙型"甜点"、溶蚀孔隙型"甜点"、裂缝型"甜点"、复合型"甜点"。根据"甜点"储层类型及储层主控因素，首先建立"甜点"储层发育模式（图 3.71），初步确定其分布范围。原生孔隙型"甜点"主要分布在埋深 3000m 以上且发育水下分流主河道地区，溶蚀型"甜点"主要分布在埋深 3000m 以下且发育水下分流主河道地区，裂缝型"甜点"主要分布在构造应力较集中、断裂较发育地区。

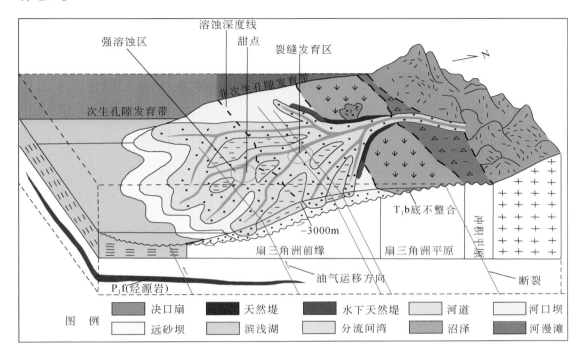

图 3.71　扇三角洲砂砾岩储层"甜点"储层发育模式

储层地质研究表明，扇三角洲前缘相带预测、主河道预测以及物性预测是"甜点"储层预测的关键，采用全局自动地震层序地层解释技术，恢复沉积期古地貌，精细刻画亚相边界；采用基于模型正演地震属性定量化分析技术，精细预测主河道砂体分布；采用叠前地震物相反演技术预测物性分布范围。

2）全局自动地震层序地层解释技术

全局自动地震层序地层解释技术是基于地震数据相似性及地质一致性的价值函数，用最优化分析思想对地震数据体进行空间解构。该方法最大亮点在于改变了人们进行层序地层学研究的传统方式。一般进行层序地层学研究都是先进行全区域层位解释，得到层位后再建立地质模型，而该方法是通过数学算法，直接从整个地震数据体中计算得到地质模型，然后从地质模型中提取层位，进行古地貌恢复、属性分析等工作，从而避免了地震资料质量及地质环境因素等带来的局限性，也减少了解释人员的人为误差。

以三叠系百口泉组为例，通过精细标定，确定百口泉组顶、底，以百口泉组顶、低为约束层，用最优化分析思想对地震数据体进行空间解构，得到三维地层模型；再从三维地层模型中抽取百一段、百二段、百三段底界及百口泉组顶界层位，然后恢复目的层（百二段）古地貌，通过精细的古地貌恢复可以预测前缘相带与平原相带的边界及河道展布规律（图3.72）。

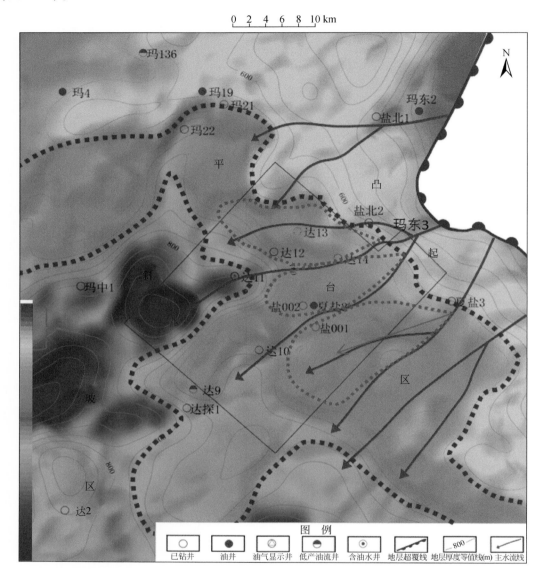

图3.72　玛湖凹陷北斜坡区三叠系百二段沉积期古地貌图

蓝色虚线为古地形区分界线，红色实线为主水流方向线，粉色虚线为主水流线对应朵叶体分布范围

　　以达10井区为例，根据古地形高低将目标区分为凸起区、平台区和斜坡区3个古地形区。从图3.72中可以看出，达10井区百口泉组发育3个物源供给体系自北向南分别是：盐北1井物源、盐北2-夏盐2-达9南物源、夏盐3井南物源，"甜点"储层主要发育在平台区内三大物源主水流线对应的朵叶体范围内。

3) 基于模型正演的地震属性定量化分析技术

前文已述，水下分流主河道砂砾岩相与河口坝砂岩相物性较好，因此有必要对主河道进行定量化预测。首先明确主河道的地震响应特征，通过合成地震记录精细标定，厚砂体地震响应特征为强振幅、中–高频、较连续反射，薄砂体地震响应特征为弱振幅、中频、连续性较差。利用实际钻井资料以及野外采集参数，建立楔状体正演模型（图 3.73、图 3.74），采用波动方程正演模拟方法进行正演，验证砂体薄厚和振幅强弱相关性，表明在调谐厚度内，随着砂体厚度增加振幅值增强。

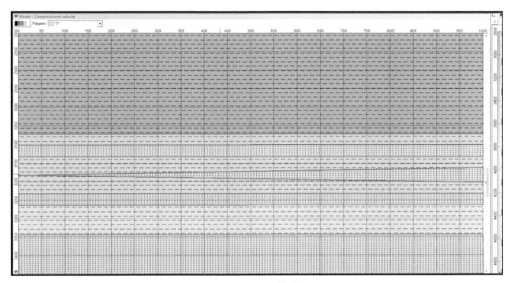

图 3.73　楔状体模型

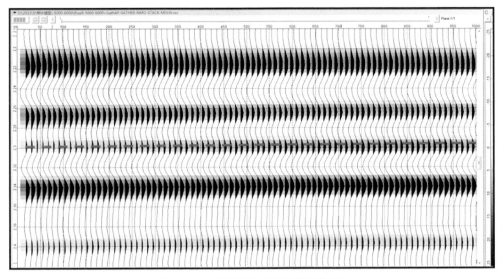

图 3.74　楔状体模型正演偏移剖面

4）测井曲线标准化技术

在施工过程中，由于测井仪器不同、井壁垮塌、含气等，测井数据会出现一些非正常值，这些非正常值在建模和反演过程中会造成单井异常，影响反演准确度，因此，需要对测井曲线进行标准化处理（图3.75）。标准化前 GR 表现为双峰特征，而经过标准化后 GR 分布呈正态特点，符合地质规律。

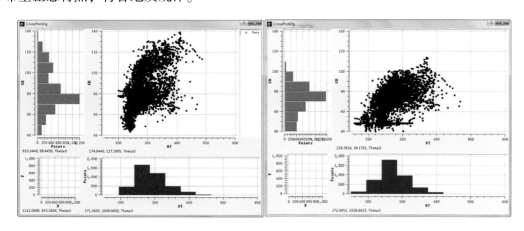

图 3.75　标准化前后对比

5）横波预测岩石物理模型构建

岩石物理建模首先需要根据研究区地下温度、压力、地层水矿化度等参数，构建地下岩层所处环境。然后通过岩石泥质含量、孔隙度来构建岩石骨架特征，并通过含水饱和度来估算岩石中流体特征，进而估算出地下环境中含流体岩石密度、体积模量、剪切模量等弹性参数，并最终计算出纵波速度、横波速度和其他弹性参数。

对于本区尚不明确的岩石物理参数，我们参考了相邻区块成果，有关泥质含量、孔隙度和含水饱和度等参数则采用经验公式予以计算，具体如下：

A. 泥质含量计算

泥质含量通过自然伽马泥质含量公式计算，每口井根据自然伽马曲线幅值范围，取不同泥岩和砂岩基线，保证计算结果准确：

$$SHI = \frac{GR - GR_{min}}{GR_{max} - GR_{min}}$$

式中，GR_{max} 为纯泥岩的自然伽马读数，$V_{sh} = 100\%$；GR_{min} 为纯砂岩的自然伽马读数，$V_{sh} = 0\%$；GR 为解释层的自然伽马读数。

B. 孔隙度计算

计算孔隙度方法为泥岩校正的威里（Wyllie）时间公式，通过对泥岩孔隙度校正，避免了泥岩孔隙度偏大问题：

$$\phi = \frac{DT - DT_{ma}}{DT_f - DT_{ma}} \cdot \frac{1}{C_p} - V_{sh} \cdot \frac{DT_{sh} - DT_{ma}}{DT_f - DT_{ma}}$$

式中，DT_{ma} 为岩石骨架声波时差；DT_{sh} 为泥质声波时差；DT_f 为岩石孔隙流体声波时差；

DT 为测井声波时差；C_p 为压实系数经验公式，$C_p = 1.68 - 0.0002D$；V_{sh} 为泥质含量。

C. 含水饱和度计算

利用测井资料，采用阿尔奇公式求取含油饱和度，计算参数参考新疆油田测井综合解释采用的参数：

$$S_{wi} = \sqrt{\frac{a \times b \times R_w}{\phi^m \times R_t}}$$

式中，ϕ 为测井解释孔隙度；R_t 为测井电阻率。

D. 横波预测

在上述模型构建基础上，结合各井已有的 GR、DT 等测井信息，对目标区其余无实测横波资料井进行纵、横波曲线预测。

以达 10 井地区为例，研究区有实测横波资料井的只有达 10 井和达 9 井，其中达 10 井和达 9 井试油均获得油气，但均试油出水，因此选择达 10、达 9 井进行含油气敏感参数分析，并对其余井进行横波预测。

本书采用 Xu-White 模型进行横波预测，通过对达 10 井横波预测并与实测结果对比，发现两者吻合性较好，吻合度达 97.1%（图 3.76），因此，可采用 Xu-White 模型对其余井进行进一步横波预测。

6）叠前地震物相反演技术

储层评价一般由测井资料按孔隙度变化区间来划分为不同级别（类别）。所谓的"甜点"就是低孔渗储层中的相对优质（孔隙度较大）储层。不同地区控制储层孔隙发育的主因各不相同，但储层孔隙演化无非受沉积（粒度、分选）和成岩（压实、胶结、溶蚀）两大因素控制。为此，可以借助地震物相概念。地震物相是指地震物性相，即与储层物性相关的、地震弹性参数可分辨的属性类别。通过将岩石物理研究和岩相关联，筛选出能识别地震物相的敏感弹性参数，通过预测地震物相，半定量解决储层物性预测问题，达到"甜点"预测目的。

叠前地震反演是根据振幅随炮间距或入射角变化规律所反映的地下岩性和孔隙流体性质来直接预测油气和估计地层岩性参数的一项技术。叠前反演技术主要包括叠前振幅随炮检距变化（amplitude versus offset，AVO）反演和弹性阻抗反演。将 AVO 分析和叠后地震反演思路有机结合的叠前地震弹性阻抗反演，既充分利用叠前地震信息，又可以得到直接反映地下岩层信息的资料，是目前地震研究领域的一个热点。叠前地震弹性阻抗反演充分利用振幅随偏移距变化信息，以叠前入射角道集为基础，束之以纵波、横波、密度等测井资料，联合反演出与地下岩层信息及流体直接相关的多种弹性参数，进而进行储层物性及含油气性综合判定。

地震物相的研究尺度应建立在地震分辨率的基础上。要求叠前地震资料具有高保真度、高信噪比、高分辨率和宽角度。首先分析叠前共反射点（common reflection point，CRP）道集质量，根据资料情况进行 CRP 道集优化处理，基于岩性预测的 CRP 道集优化处理内容包括 5 个方面：与炮检距有关的吸收补偿、动校拉伸校正、纺锤状反射校正、道集不平校正，以及去噪和提频处理。在基于岩性预测的 CRP 道集优化处理中，重点内容是与炮检距有关的吸收补偿（针对保真度）和大角度道集的剩余时差校正（针对宽角度）处理，而基础内容是提高信噪比和分辨率的处理。典型的基于岩性预测的 CRP 道集优化

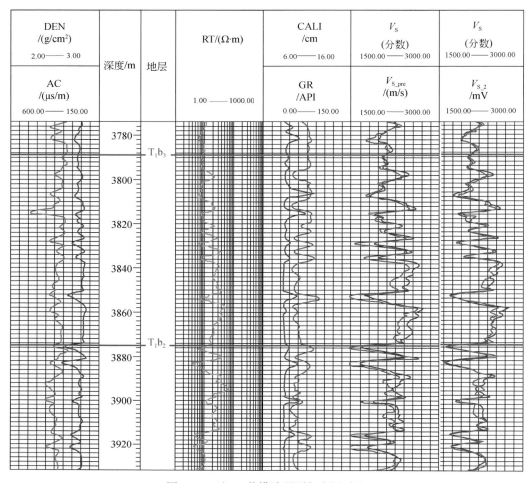

图 3.76　达 10 井横波预测与实际对比

处理流程是"去噪—吸收补偿—提频—拉平校正"。以达 13 井为例（图 3.77），由正演道集、原始道集和处理后道集的对比效果来看，优化处理后 CRP 道集质量明显提升，信噪比得到明显提高，能量关系与正演道集有较好对比性。

从反演得到不同入射角下的弹性阻抗体出发，便可计算出纵、横波速度和密度等基本岩性参数。最后根据各岩性参数间相互关系，即可计算得到拉梅常数、剪切模量、泊松比等能直接反映岩性特征的参数。

岩石物理模板技术是通过目标勘探区局部条件标定后用于指导岩性和油气预测的示范性图表，最先是由 Degaard 等提出，可以指导叠前弹性参数反演结果的定量解释。岩石物理量板建立的主要思路是：首先建立一口虚拟井，该虚拟井具有一系列不同泥质含量（0~1）、孔隙度（0~0.25）和含水饱和度（0~1）；然后固定其中两个变量，而改变 1 个变量，将 3 条曲线输入 Xu-White 模型，并采用优化后的骨架参数，模拟得到不同泥质含量、孔隙度及含水饱和度下的纵波速度（V_P）、横波速度（V_S）以及密度（ρ）。以达 10 井为例，建立纵波阻抗与纵横波速度比的岩石物理解释量板（图 3.78），散点为实际井资

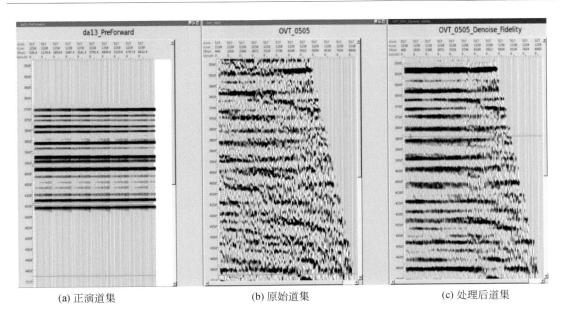

(a) 正演道集　　　　　　　　　　(b) 原始道集　　　　　　　　　　(c) 处理后道集

图 3.77　达 13 井正演道集、原始道集和处理后道集对比

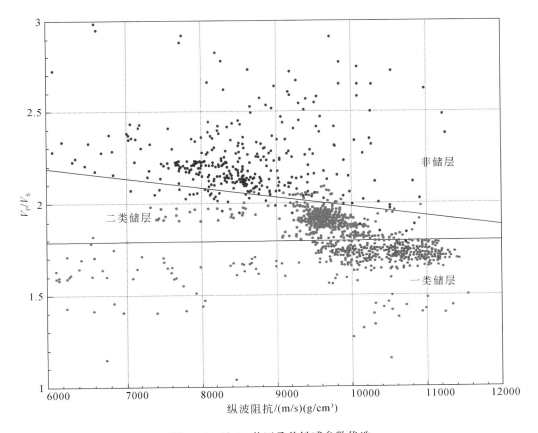

图 3.78　达 10 井区叠前敏感参数优选

料点，用井资料标定模板准确与否，两者相近的规律性说明该岩石物理模板准确可行。将弹性参数与孔隙度做交会图，经分析和优选，纵横波速度比（V_P/V_S）与"甜点"储层相关性较好，因此选定 V_P/V_S 为"甜点"储层的敏感属性。

应用岩石物理定量解释模板中的有效储层检测窗口对叠前反演结果进行交会解释，划分出"甜点"储层分布区。在达 10 井区建立过达 11—夏盐 2 井和过达 10—夏盐 2—达 13 井 V_P/V_S 叠前反演连井剖面（图 3.79 ~ 图 3.81），利用模板对叠前反演进行了解释，反演结果解释的"甜点"储层分布范围（图中红色部分）与实钻结果较为吻合，且横向变化比较自然。

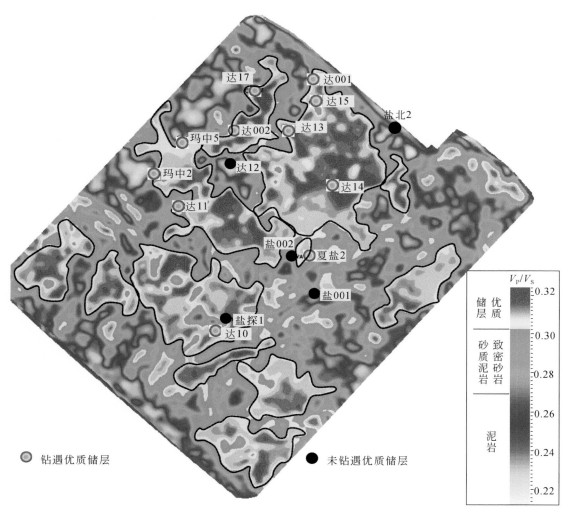

图 3.79　达 10 井区三叠系百口泉组二段叠前弹性参数反演 V_P/V_S 平面图

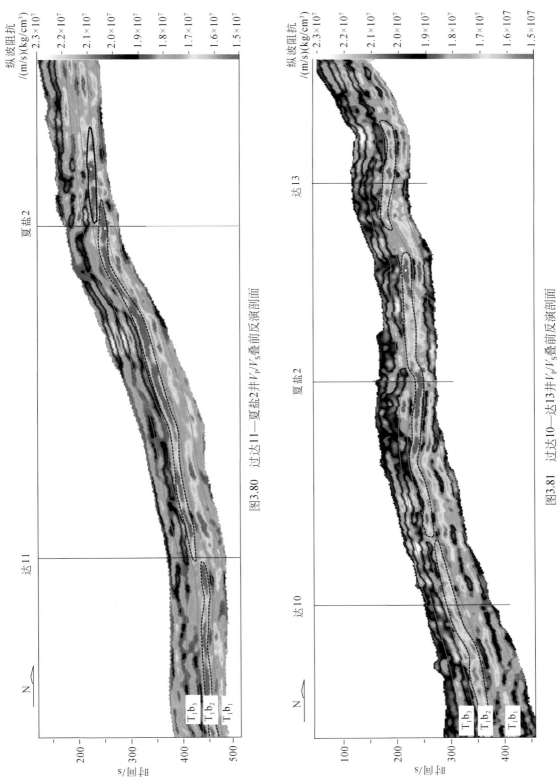

图3.80　过达11—夏盐2井 V_P/V_S 叠前反演剖面

图3.81　过达10—达13井 V_P/V_S 叠前反演剖面

叠前弹性参数反演是叠后约束稀疏脉冲反演的扩展，根据选择的弹性参数配置，对不同角度或者偏移距叠加后的多个地震数据体同时进行联立求解，通过最小化合成地震记录与实际地震记录之间差异（同时受控于值域范围约束），反演出纵波阻抗、横波阻抗等弹性参数。叠前弹性参数反演除可提供具有真实物理意义的参数外，还能消除子波调谐以及减小反演算子范围之外的噪声。标准的叠前弹性参数反演工作流程相似，主要包括 3 部分：子波提取、低频趋势模型建立、反演参数优选及数据反演。反演流程的第一步就是子波提取。子波估计是通过井点实际测井资料计算的反射系数序列和井旁地震道幅度包络进行对比，并通过滤波器设计和迭代方式进行，根据井旁实际地震道与合成记录之间匹配程度来判断最优子波。优化处理后提取的子波形态、频谱和相位趋于一致，特别是远偏移距叠加体的子波，相位更加合理，稳定性得到恢复。达 10 井区 V_P/V_S 叠前反演平面检测结果如图 3.81 所示，其中红黄色为应用图中岩石物理定量解释模板中有效储层检测窗口解释的"甜点"储层发育区。从图中可以看出，研究区西北部为下一步井位部署的接替区域。

4. 储层测井评价技术

前已述及，由于玛湖凹陷北斜坡区三叠系百口泉组砂砾岩储层的特殊性，常规测井中利用电阻率曲线（RT）来划分砂砾岩相，RT 曲线的形态和幅度分别对应不同沉积环境和水动力条件下沉积的砂砾岩，具有不同储集性能。

1）核磁共振测井

核磁共振测井由于直接测量储层中的流体，测量结果几乎不受岩石骨架矿物影响，能提供反映孔喉特征的 T_2 分布和各种组分孔隙度、渗透率等参数，在识别储层和参数计算方面具有常规测井无法比拟的优越性。根据核磁共振理论分析，T_2 截止值将岩石孔隙中的流体分为自由流体和束缚流体，在 T_2 截止值选取合理的情况下，核磁共振测井提供的有效孔隙度、束缚流体孔隙度和自由流体孔隙度可直观判别储层和非储层。通过对比分析研究区 MRIL-P 型和 CMR 两种核磁测井方法所获得 T_2 谱图，取 30ms 为 T_2 截止值，大于 30ms 的 T_2 谱积分面积为自由流体体积，小于 30ms 的部分面积为束缚水体积，据此确定核磁总孔隙度（TCMR）、核磁有效孔隙度（CMRP）及自由流体体积百分数（CMFF），然后利用 SDR 和 Coates 模型计算核磁渗透率。

图 3.82 为玛 19 井 MRIL-P 型核磁测井综合解释图，其中 T_2 谱（绿色为短 T_2 谱，红色为长 T_2 谱）在含油段多为双峰结构，总孔隙度（TDAMSIG）小于 15%，核磁孔隙度（SUFU、OIL）为 8.4%~11.5%，平均 9.89%，气测 TG 为 0.09%~7.62%，含油饱和度大于 20% 的是主要含油层，岩心显示为灰色荧光砂砾岩。可见，核磁测井能有效识别储层与非储层。

在核磁测井有效识别储层基础上，利用常规测井（反映储层宏观因素）和核磁测井（反映储层微观因素），采用多元算法建立储层分类模型，构建品质因子，实现砂砾岩储层分类连续测井表征。具体为利用常规电阻率测井、波阻抗（AI）、核磁孔隙度（CMRP）进行拟合建立品质因子对储层进行分类。其中波阻抗反演一般以声波时差和密度之间的差异程度为基础和依据（付建伟等，2014）。但电阻率参数与储层物性响应特征好，所

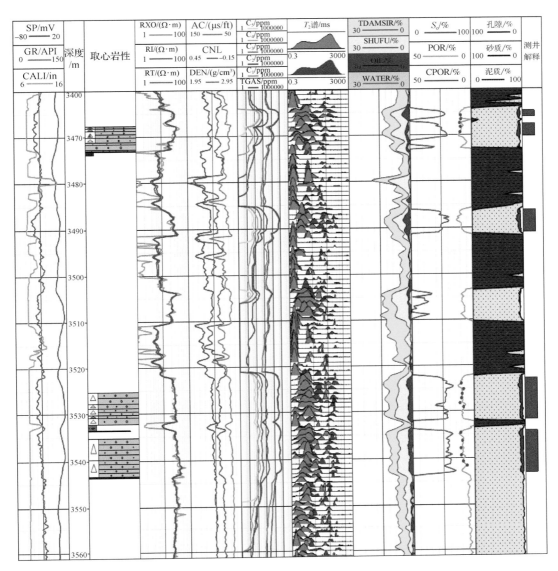

图 3.82　玛湖凹陷北斜坡玛 19 井三叠系百口泉组测井综合解释图

以利用电阻率和波阻抗作为储层评价参数，可有效消除砂泥岩薄互层对储层孔隙度影响（图 3.83）。其中根据品质因子 $=f_x$（RT，AI，CMRP）多元算法拟合得到：品质因子 $=A\times(B\times RT-C\times AI)\times CMRP$，式中，RT 为电阻率；AI 为阻抗；CMRP 为核磁孔隙度。

根据核磁品质因子以 1 和 2 为界将研究区有效储层分为 3 类：在有效厚度范围内，品质因子>2 为 I 类储层；1<品质因子<2 为 II 类储层；品质因子<2 为 III 类储层，进而实现砂砾岩储层分类对比。各种评价指标中，品质因子可有效划分储层类型，具有较大优越性和可行性（图 3.84、图 3.85）。

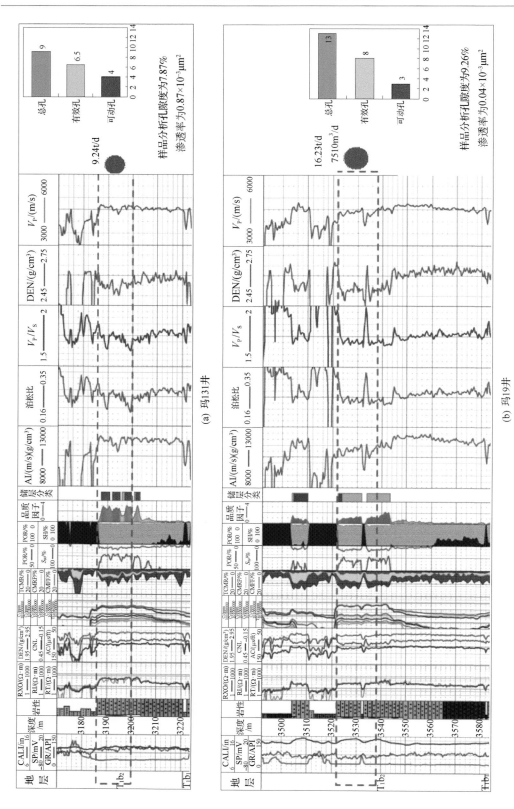

(a) 玛131井

(b) 玛19井

图3.83　玛湖凹陷北斜坡玛131井(a)和玛19井(b)三叠系百口泉组核磁拟合因子分析图

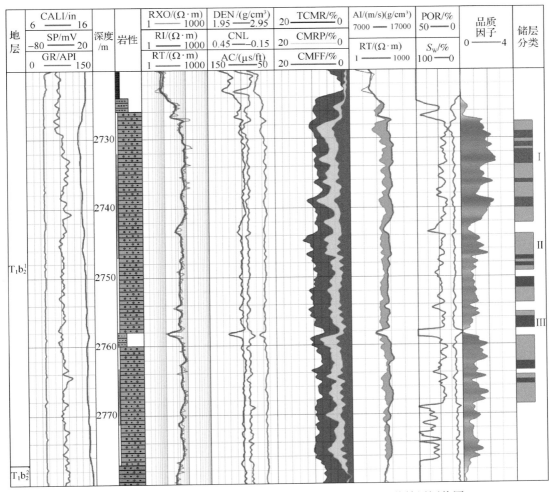

图 3.84　玛湖凹陷北斜坡夏 93 井三叠系百口泉组核磁测井储层评价图

2）FMI 测井

地层微电阻率扫描成像（FMI）测井与常规测井相比，分辨率高，可较好地响应岩石沉积结构和构造特征。利用 FMI 图像亮度、形状及其组合特征可识别出不同的岩石类型，电阻率差异导致 FMI 图像亮暗色背景差异，高阻充填物（如砂砾质）成像上多为亮色斑状，低阻充填物（如泥质）在成像上多为暗色，FMI 图像上亮斑形状能够很好地反映砾石形状轮廓，进而判断砾石磨圆和分选；研究区砂砾岩或河口坝砂岩中常发育碳酸盐和钙质胶结，FMI 图像以高亮背景或高亮块状模式为特征。同时 FMI 图像上可直观显现沉积构造，一般厚层块状砂砾岩体发育冲刷构造，表现为亮暗截切模式；大型块状构造，为斑状组合模式、块状模式或递变模式；水平层理、交错层理和波状层理，为组合线状或条带状模式；突发性事件引起的滑塌变形构造及揉皱变形等构造，则为不规则条纹模式。通过对玛北地区三叠系百口泉组储层大量岩心观察，以及 FMI 测井和常规测井精细刻度，建立玛湖凹陷不同成因类型砂砾岩相的 FMI 成像特征及模式（图 3.86，表 3.8），作为储层评价的关键依据。

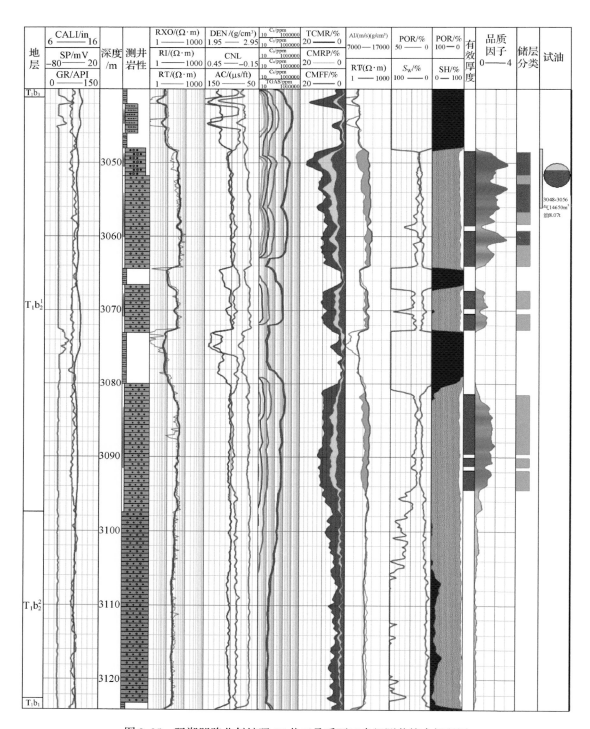

图 3.85　玛湖凹陷北斜坡玛 15 井三叠系百口泉组测井综合解释图

表 3.8　典型岩相成像特征模式表

岩相	沉积构造	FMI 特征
砂砾岩-砾岩相	块状构造、杂基支撑	暗块背景下不规则组合亮斑模式
	块状构造、颗粒支撑	组合斑状模式、亮块背景下组合斑状模式
	板状交错层理	规则组合斑状模式、组合线状模式
	（复合）正粒序	下亮上暗正递变模式、下粗上细组合斑状模式
砂岩相	厚层块状构造	单一亮块模式、暗块背景下亮条带模式
	水平层理、砾级纹层	亮块背景下规则组合线状、条带状模式
	板状交错层理	亮块背景下组合线状模式
泥岩-粉砂岩相	波状层理	亮暗相间条带模式
	平行层理	暗块背景下规则组合现状模式
	块状构造	单一暗块模式、亮块背景下暗条带模式
	（复合）反粒序	下暗上亮（复合）反递变模式
	滑塌变形	不规则条纹模式、暗块模式

3.4.2　储层分类评价标准

在玛湖凹陷浅水扇三角洲砂砾岩储层特征分析基础上，结合测井资料建立了玛湖凹陷浅水扇三角洲砂砾岩储层分类评价标准。以三叠系百口泉组砂砾岩储层为例，可将储层划分为三大类（Ⅰ、Ⅱ、Ⅲ）8 个亚类（图 3.86）。

1. Ⅰ 类储层

Ⅰ 类储层为优质储层，为贫泥砂砾岩，泥质含量<5%，孔隙度大于 12%，渗透率大于 $6\times10^{-3}\ \mu m^2$，RQI 大于 0.5，品质因子大于 2，包括扇三角洲前缘水下分流河道砂砾岩（Ⅰ-1）和平原辫状河道砂砾岩（Ⅰ-2）两个亚类。

Ⅰ-1 亚类：主要发育于扇三角洲前缘水下分流河道微相，由厚层块状灰色和灰绿色砂砾岩、含砾砂岩、砂质砾岩和粗砂岩组成，测井曲线（RT）呈高幅齿化钟形，代表持续稳定的水动力条件，核磁孔隙度为 10%~15%，可动自由流体为 2%~8%，储层品质可达 5 左右。FMI 图像表现为亮色斑状规则组合模式，表示泥质杂基含量少，可识别出块状层理以及砾级纹层。孔隙以粒间孔和粒间溶孔为主。

Ⅰ-2 亚类：主要发育于扇三角洲平原辫状河道间，由褐、杂色砂砾岩、砂质砾岩和砾状砂岩构成，RT 为齿化或弱齿化箱形，核磁孔隙度为 10%~12%，自由流体为 2%~7%，储层品质大致为 4 左右。FMI 图像表现为亮暗块状或不规则斑状组合，代表泥质含量较多，可见明暗截切状，代表辫状河道底部，发育下粗上细粒序层理，成像上为下亮上暗正递变模式以及块状层理、交错层理等。孔隙以粒间孔为主。

2. Ⅱ 类储层

Ⅱ 类储层为有利储层，为含泥砂砾岩相，泥质含量为 5%~8%，孔隙度为 9%~12%，渗

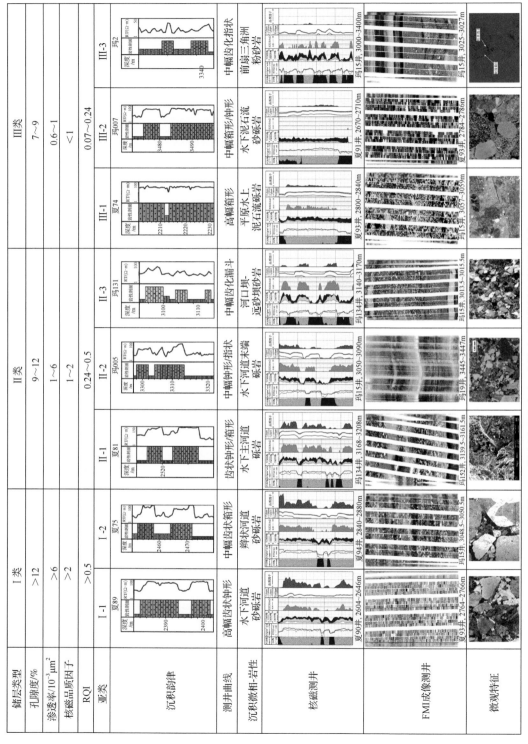

图3.86　研究区三叠系百口泉组砂砾岩储层分类评价综合

Ⅰ类储层对应盆泥砂砾岩，泥质含量<5%；Ⅱ类储层对应含泥砂砾岩，泥质含量为5%~8%；Ⅲ类储层对应富泥砂砾岩，泥质含量>8%

透率为 $(1\sim6)\times10^{-3}\mu m^2$，RQI 为 0.24~0.5，品质因子为 1~2，包括前缘水下主河道砾岩（Ⅱ-1）、水下河道末端砂岩（Ⅱ-2）和河口坝–远砂坝砂岩（Ⅱ-3）3 个亚类。

Ⅱ-1 亚类：由厚层灰绿、杂色砾岩、砂砾岩和粗砂岩组成，RT 为高幅齿状钟形与箱形组合，水动力条件较强，核磁孔隙度可达 8 左右，自由流体体积百分数约为 5%，核磁渗透率较高，品质因子为 1~2，部分可高达 4。FMI 图像表现为亮暗块状或不规则斑状组合，可见明暗截切状和下亮上暗正递变模式，代表底冲刷和粒序层理构造。孔隙以溶蚀孔为主，扫描电镜上可见长石溶蚀孔发育。

Ⅱ-2 和Ⅱ-3 亚类：主要发育于扇三角洲前缘水下分流河道末端和河道向湖盆延伸部分，多由灰色中粗细砂岩组成，夹杂砾质砂岩和粉砂岩等，水下河道末端砂岩 RT 为中幅钟形与指状组合，河口坝–远砂坝砂岩 RT 为中幅齿状漏斗形，代表沉积时期水动力较强或者湖浪等淘洗作用较好。核磁总孔隙度大体为 9% 左右，核磁渗透率约 $0.9\times10^{-3}\mu m^2$，略低于常规实测孔隙度，主要是由于水动力条件稳定、泥质杂基淘洗较为充分，但碳酸盐胶结物较为发育，导致渗透率相对较低。FMI 图像表现为亮色背景上少量暗色条纹带或者不规则小斑块，代表泥质含量低，发育水平层理和波纹层理及夹杂部分亮色不规则斑状砂质砾岩。发育粒间溶孔和粒内溶孔。由于受沉积环境影响，Ⅱ-2 和Ⅱ-3 分布范围有限，发育相对较少。

3. Ⅲ类储层

Ⅲ类储层物性最差，是较差储层或非储层，为富泥砂砾岩相，泥质含量>8%，部分Ⅲ类储层经改造后可获低产油流，但大部分为非储层。该类储层孔隙度为 7%~9%，渗透率为 $(1\sim6)\times10^{-3}\mu m^2$，RQI 为 0.07~0.24，核磁品质因子小于 1，包括平原水上泥石流砾岩（Ⅲ-1）、水下泥石流砂砾岩（Ⅲ-2）和前扇三角洲粉砂岩（Ⅲ-3）3 个亚类。

Ⅲ-1 和Ⅲ-2 亚类：是研究区较为特殊的一类储层，是重力流成因厚层块状混杂沉积体，FMI 成像上明显反映出沉积物无规律排列、砾砂泥质混杂堆积的亮暗不规则组合，杂基含量高、粒径差别较大，储层致密，测井曲线代表强水动力的中高幅箱形或箱形–钟形组合，核磁总孔隙度较大，可达 10%，但核磁有效孔隙度和自由流体体积百分数很低，大都小于 1%，核磁渗透率多小于 $0.1\times10^{-3}\mu m^2$，说明储层非均质性很强。平原水上泥石流砾岩和水下泥石流砂砾岩发育于三叠系百口泉组百二段底部，水下泥石流砂砾岩是平原泥石流砾岩相的继承性发育，原生孔隙不发育，偶见微裂缝。

Ⅲ-3：发育于扇三角洲前缘向浅湖区或深湖区过渡的斜坡带，主要沉积灰、深灰色粉砂岩和泥岩夹粉砂质泥岩，RT 为中幅齿化指状，FMI 成像为明暗交替的规则线性组合，暗色块状模式代表湖泊泥岩，亮色代表粉砂岩，可清晰识别出波纹层理、水平层理，发育粒内微孔和粒缘微缝，具有一定储集性能。

3.4.3　优质储层预测

1. 优质储层形成条件

通过对玛湖凹陷浅水扇三角洲砂砾岩储层物性影响因素深入分析，认为优质储层具备以下三点形成条件。

1）强水动力条件和稳定的沉积相带有利于优质储层发育

扇三角洲前缘水下分流河道、扇三角洲平原分流河道微相的砂砾岩储层结构成熟度较高、泥质杂基含量较少，是最主要的优质储层发育相带，该微相的砂砾岩储层主要分布于扇三角洲平原分流河道和扇三角洲前缘水下分流河道。

2）泥质含量低有利于优质储层形成

发育于扇三角洲平原分流河道的褐色砂砾岩、褐色砾岩及发育于扇三角洲前缘水下分流河道的灰色砂砾岩、砾岩，由于沉积时水动力条件较强，导致泥质杂基含量较低，后期成岩压实作用对储层物性破坏有限。而发育于扇三角洲平原分流河道间褐色泥质砂砾岩、泥质砾岩，以及发育于扇三角洲前缘水下分流河道间灰色泥质砂砾岩、泥质砾岩，由于沉积时水动力条件较弱，河水及湖水不间断淘洗作用较弱，泥质杂基含量较高，在成岩压实过程中，泥质杂基的润滑作用导致储层物性受压实作用影响明显。

3）压实作用导致储层物性不可逆降低，溶蚀作用有利于优质储层形成

玛湖凹陷浅水扇三角洲砂砾岩储层埋藏深度大，压实作用对储层物性破坏显著。尤其是扇三角洲平原分流河道沉积的褐色泥质砂砾岩，以及扇三角前缘水下分流河道间沉积的灰色泥质砂砾岩，水流淘洗作用弱，砂砾岩结构成熟度低，成分成熟度亦低，含有大量泥质杂基。这些泥质杂基在成岩作用早期抑制了碳酸盐类、沸石类等胶结物发育，导致这类砂砾岩在成岩作用早期胶结物不发育，胶结物起不到支撑颗粒骨架作用；再加上泥质杂基的润滑作用，在成岩过程中压实作用对储层具有不可逆的破坏作用。相比之下，褐色砂砾岩及灰色砂砾岩由于发育于扇三角洲平原分流河道及扇三角洲前缘水下分流河道，水动力条件较强，河水及湖水淘洗作用较强，泥质杂基含量较少，在成岩作用早期易形成碳酸盐类、沸石类胶结，这些胶结物在成岩压实过程中往往起到支撑骨架颗粒作用，抵御了部分压实作用对储层的破坏。同时，这些胶结物在后期的溶蚀过程中，可以成为易溶组分，其溶蚀孔隙将大大改善储层储集性能及连通性能。因此，玛湖凹陷浅水扇三角洲砂砾岩储层以褐色砂砾岩、灰色砂砾岩为最优质储层，而褐色泥质砂砾岩、灰色泥质砂砾岩储层物性相对较差。

2. 优质储层预测

根据储集岩沉积相、岩性、成岩作用、孔隙结构及物性等综合分析，重点对玛湖凹陷北斜坡三叠系百二段和百三段主要储层进行了评价预测。

百二段二砂组扇三角洲平原相带主要分布于夏 32 井、夏 13 井、夏 40 井、玛 004 井以东，前缘相带北部延伸至风南 7 井，南部覆盖范围广，储层主要为分布于扇三角洲平原（主河道）和扇三角洲前缘亚相（水下分流河道）相的褐色和灰色砂砾岩。优质储层主要为分布于夏 72 井、夏 7202 井、夏 202 井一带和玛 13 井、玛 131 井、玛 132 井至玛 7 井一带的扇三角洲前缘亚相砂砾岩，以及玛 133 井、玛 003 井至玛 009 井一带的扇三角洲前缘河口坝微相中细粒砂岩（图 3.87）。

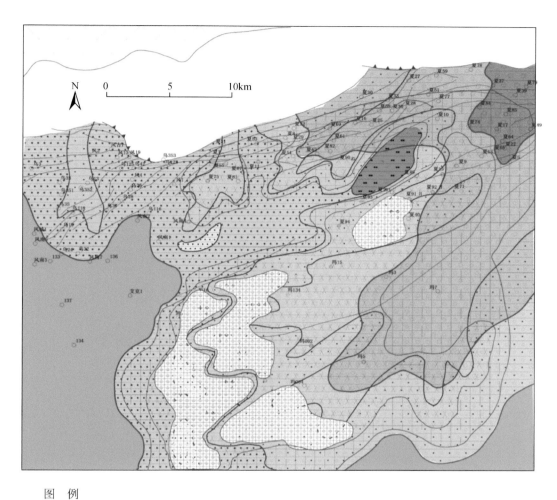

图 例

扇三角洲平原亚相

分流河道主河道　　分流河道　　　　分流河道　　　　分流河道间　　　冲积扇　　　　滨浅湖
（砾岩相）　　　（砂砾岩相）　　（砂岩相）　　　　　　　　　　　（砾岩相）

扇三角洲前缘亚相

水下分流河道主河道　水下分流河道　　水下分流河道　　水下分流河道间　　河口坝
（砾岩相）　　　（砂砾岩相）　　（砂岩相）

储层类型

Ⅰ类储层　　　　Ⅱ类储层　　　　Ⅲ类储层

图 3.87　玛湖凹陷北斜坡三叠系百二段二砂组有利储层分布预测平面图

　　百二段一砂组低孔低渗砂砾岩储层区域上物性变化较大。研究表明，该段砂岩储层靠近物源方向埋藏深度较浅，储层非均质性较弱，平均孔隙度与最大孔隙度差别不大，但优质储层所占比例较低。而在扇三角洲前缘地带，储层非均质性较强，由于埋藏深度相对较大，平均孔隙度并不高，但优质储层所占比例较高，是优质储层发育地带。优质储层主要分布于前缘砂砾岩和粗砂岩发育带。在扇三角洲平原相带，储层平均孔隙度较低，但由于埋藏较浅，在主河道也发育有少量优质储层。储层垂向上非均质性也较强，主要表现在扇三角洲平原不同类型砂砾岩储层孔隙度为 8%~11%，平均渗透率为 $(0.5~100)×10^{-3}\,\mu m^2$，扇三角洲前缘孔隙度为 7%~15%，渗透率为 $(0.5~100)×10^{-3}\,\mu m^2$，且前缘相带储层次生孔隙较平原相带砂砾岩储层发育，是研究区主要储集岩。其中最有利储层主要为分布于夏 9–夏 91–夏 72 一带和玛 15–玛 132 井一带的扇三角洲前缘亚相砂砾岩，以及玛 13–玛 131–玛 132 井一带和玛 006 井以南的扇三角洲前缘亚相河口坝微相中细粒砂岩（图 3.88）。

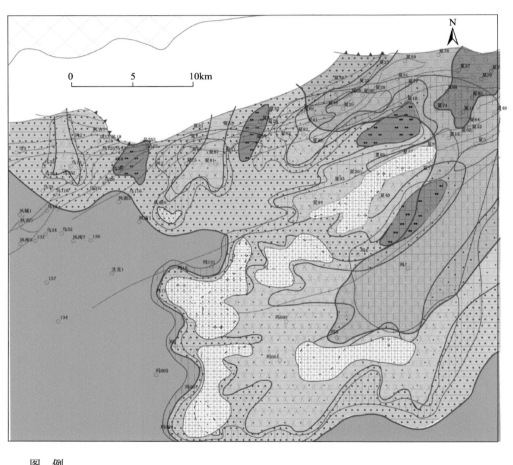

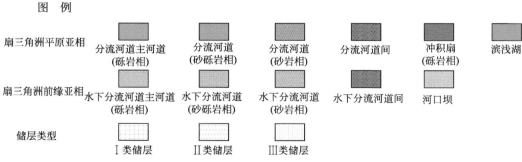

图 3.88　玛湖凹陷北斜坡三叠系百二段一砂组有利储层分布预测平面图

　　百三段较百二段整体向岸退覆，扇三角洲相带收窄，扇三角洲平原亚相主要分布于夏6 井、夏 9 井、夏 71 井、玛 003 井以东，扇三角洲前缘亚相主要分布于乌 19 井、风南 1井以北，玛 131 井、玛 17 井、玛 009 井以东。该段有利储层分布区域已明显向东部退缩，分布面积也有所减小。其中最有利储层主要分布于夏 9–夏 201–夏 72 井一带和玛 5 井以南的扇三角洲前缘亚相砂砾岩，以及夏 94 井、玛 131–玛 002 井和玛 004 井以南的扇三角洲前缘亚相河口坝微相中细粒砂岩（图 3.89）。

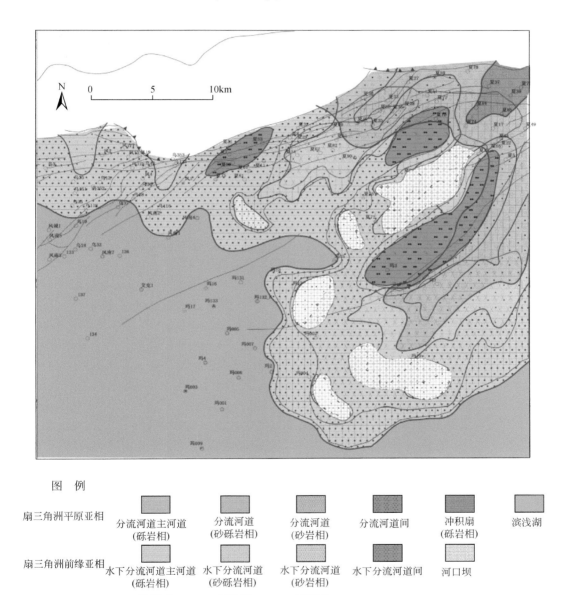

图 例

扇三角洲平原亚相　　分流河道主河道　　　分流河道　　　　　分流河道　　　分流河道间　　冲积扇　　　　滨浅湖
　　　　　　　　　　（砾岩相）　　　　（砂砾岩相）　　　（砂岩相）　　　　　　　　　　　（砾岩相）

扇三角洲前缘亚相　水下分流河道主河道　水下分流河道　　水下分流河道　水下分流河道间　河口坝
　　　　　　　　　　（砾岩相）　　　　（砂砾岩相）　　　（砂岩相）

储层类型　　　　　　Ⅰ类储层　　　　Ⅱ类储层　　　Ⅲ类储层

图 3.89　玛湖凹陷北斜坡三叠系百三段有利储层分布预测平面图

3.5　勘探意义

　　玛湖凹陷下三叠统百口泉组、上二叠统上乌尔禾组和中二叠统下乌尔禾组砂砾岩主要为低渗-致密储层，以致密储层为主，沉积环境、泥质（黏土）含量、成岩作用是影响储层质量的三大因素。特别是泥质含量，由于既反映了沉积环境，又对成岩作用具有重要影响，因而是影响玛湖凹陷砂砾岩储层质量的一个极重要因素，据此将玛湖凹陷砂砾岩储层分为贫泥砂砾岩、含泥砂砾岩、富泥砂砾岩 3 类。其中贫泥砂砾岩主要分布在扇三角洲前缘沉积中，富泥砂砾岩主要分布在扇三角洲平原沉积中，而含泥砂砾岩在两相带均有分布。贫泥砂砾岩储层由于主要形成于扇三角洲前缘环境，碎屑颗粒分选和磨圆相对较好，泥质含量相对较高，因而抗压实能力相对较强，后期溶蚀也相对较发育，所以储集性能相对较好，是玛湖凹陷三叠系和二叠系扇三角洲沉积的优质储层和主要含油储层；而富泥砂砾岩储层由于主要形成于近物源的扇三角洲平原环境，碎屑颗粒分选和磨圆均较差、泥质含量相对较高，因而抗压实能力较弱，后期溶蚀也不发育，所以储集性能总体差于扇三角洲前缘储层。就储层成岩演化与成藏的关系看，玛湖凹陷无论是富泥砂砾岩还是贫泥砂砾岩，其在早侏罗世准噶尔盆地西北缘成藏时均未致密，因而位于凹陷上倾方向的扇三角洲平原相砂砾岩沉积无法对向构造高部位运移的油气构成侧向遮挡，从而使得来自玛湖凹陷二叠系风城组主力烃源岩所生成的成熟油得以沿三叠系和二叠系砂砾岩向盆地西北缘断裂带大规模运移，形成克拉玛依大油田。而到了早白垩世玛湖凹陷主要成藏时期，凹陷内平原相富泥砂砾岩和前缘相贫泥砂砾岩均已达致密化，只不过前者比后者致密时间更早、致密程度更强，因而物性更差，从而形成扇三角洲前缘砂砾岩为主要储层，扇三角洲平原砂砾岩构成侧向遮挡的成藏组合，对晚期高成熟油气在玛湖凹陷成藏十分有利。此时，由于扇三角洲平原砂砾岩已成为油气向上倾方向运移的有效遮挡，因而来自玛湖凹陷晚期生成的大量高成熟轻质油未能在西北缘断裂带成藏，而主要聚集于玛湖凹陷内，这也是玛湖大油区得以形成的一个重要原因。因此，玛湖凹陷三叠系和二叠系扇三角洲储层沉积相带与成岩演化规律及其与成藏关系的揭示，对于包括玛湖凹陷在内的整个准噶尔盆地西北缘成藏规律认识与勘探方向确定具有重要意义。

　　一方面，由于三叠系和二叠系扇三角洲在玛湖凹陷呈退覆式沉积，加之后期构造运动影响，因而扇三角洲前缘砂砾岩储层在凹陷内埋藏深度由边缘斜坡区向凹陷中心不断增大，以至于凹陷中心区三叠系和二叠系埋深为 3300 ~ 4800m。按照传统认识，玛湖凹陷扇三角洲储层物性随埋深而变差，其商业深度下限在 3500m 左右。按照这一认识，玛湖凹陷中心区三叠系和二叠系砂砾岩储层勘探意义不大，是勘探的禁区。然而，随着勘探逐渐深入，大量研究证实，玛湖凹陷下三叠统百口泉组、上二叠统上乌尔禾组、中二叠统下乌尔禾组砂砾岩在深埋状态下照样存在优质储层，原因是深埋区虽然可能会造成压实作用强度较大，但高温高压成岩环境更有利于储层溶蚀作用发育和孔隙保存。这是由于玛湖凹陷深埋区同时也是主力烃源岩二叠系风城组的高成熟区，因而深埋区储层更易捕获到烃源岩成熟时产生的大量有机酸，从而造成广泛的溶蚀作用。另一方面，深埋区超压发育，对储层保护可能比较有利。因此，玛湖凹陷深埋区同样具备形成优质储层的条件。这一认识打破了储层埋深下限的束缚，使得玛湖凹陷油气勘探由盆缘向凹陷中心大大拓展，从而显著扩大了勘探领域。目前，玛湖凹陷油气勘探已向全凹陷展开，勘探成果不断扩大。

第4章　碱湖烃源岩特征与玛湖油气成因

准噶尔盆地玛湖凹陷存在石炭系（C）、下二叠统佳木河组（P_1j）、下二叠统风城组（P_1w）及中二叠统下乌尔禾组（P_2w）共4套烃源岩。其中下二叠统风城组烃源岩是准噶尔盆地西北缘大油区形成的主要油源，也是迄今所知全球最古老的一套优质碱湖烃源岩。其以生成国防稀缺的环烷基原油为特色，从而不同于主要以形成石蜡基原油为主的陆相淡水湖烃源岩及非碱湖咸水湖烃源岩。那么，为何会在准噶尔盆地玛湖凹陷形成碱湖优质烃源岩？碱湖的形成需要什么地质条件？其判识标志是什么？碱湖烃源岩有哪些特征及如何评价？碱湖烃源岩的生烃机理、生烃模式与传统湖相烃源岩是否存在差异？为了搞清以上问题，本章在对国内外碱湖烃源岩调研的基础上，首先分析了风城组碱湖形成的地质背景及判识标志，然后分析了风城组碱湖烃源岩的沉积特征，继而通过多种地球化学方法分析和评价了风城组碱湖烃源岩的生烃潜力，最后结合烃源岩热演化历史与生烃机理研究建立了风城组碱湖烃源岩生烃模式。另外，在重点剖析下二叠统风城组主力烃源岩同时，本章还对石炭系、下二叠统佳木河组以及中二叠统下乌尔禾组3套烃源岩做了简要分析。在烃源岩研究的基础上，最后对玛湖凹陷油气来源进行了分析。

4.1　国内外碱湖烃源岩地质特征

4.1.1　碱湖形成的地质条件

碱湖是指湖水的水化学类型为碳酸盐的咸水湖。湖水含盐量直接影响湖泊沉积物及生物的种类和数量，因此通常按含盐量把湖泊分成淡水湖和咸水湖两种基本类型（孙镇城等，1997）。孙镇城等（1997）依据水体盐度将湖泊划分为淡水湖（盐度<0.5‰）、半咸水湖（盐度为0.5‰~35‰）、咸水湖（盐度为35‰~50‰）和盐湖（盐度>50‰）。按咸水湖卤水的化学成分，可分为氯化物型、硫酸盐型、碳酸盐型；按主要盐类沉积物，可分为石盐湖、芒硝湖、碱湖、硼酸盐盐湖、钾镁盐盐湖（张彭熹，2000）。本书综合了吴萍和杨振强（1979）、于昇松（1984）、黄杏珍等（1993）、孙镇城等（1997）、郑绵平（2001）等依据水体盐度对湖泊的分类（表4.1），将湖泊水体划分为淡水（盐度<1‰）、微（半）咸水（盐度为1‰~10‰）、咸水（盐度为10‰~35‰）和盐水（盐度>35‰）四大类，后3类统称为咸化湖水。

碱湖湖水的主要阴离子为HCO_3^-、CO_3^{2-}，其化学沉积产物主要为碳酸盐类，以碳酸钠盐和碳酸氢钠盐为主，如$Na_2CO_3 \cdot 10H_2O$（苏打）、$Na_2CO_3 \cdot NaHCO_3 \cdot 2H_2O$（天然碱）、$Na_2CO_3 \cdot CaCO_3 \cdot 5H_2O$（单斜钠钙石）等，可能伴有不同数量的石膏和石盐。与淡水湖盆形成条件不同，碱湖的形成需要具备特殊的地质条件，包括相对封闭及稳定的构造条件、干旱及半干旱古气候条件、足够数量的盐类物质供给等，这些条件控制着碱湖形成、发展及消亡的整个过程。

表 4.1 湖泊水体盐度分类

盐度/‰	0~0.5	0.5~1	1~10	10~18	18~30	30~35	35~50	50~60	>60	资料来源
湖泊类型	淡水		微（半）咸水		咸水		盐水			吴萍和杨振强，1979
	淡水		半咸水				咸水	盐水		于昇松，1984
	淡水	微咸水	半咸水				咸水		盐水	黄杏珍等，1993
	淡水		半咸水				咸水	盐水		孙镇城等，1997
	淡水		半咸水		咸水		盐水			本书

1. 构造条件

碱湖湖盆的成因类型目前最常见和最重要的基本都是构造湖（杨清堂，1996；郑绵平，2001）。封闭或半封闭的湖盆或汇水洼地为热液卤水及随水迁移的岩层风化淋滤成碱成盐物质的汇集创造了必要条件（张彭熹，2000）。世界最重要的两大碱湖带东非大裂谷碱湖带和北美西部碱湖带的碱湖，均为构造湖。其中东非地区沿东非大裂谷东支发育一串依构造线排列的构造湖群，是目前世界上最发育的碱湖带，最著名的碱湖有马加迪湖、纳特龙湖等，均为断陷湖盆（Eugster，1980）。北美地区的碱湖主要发育在美国西部，大致呈北西南东向分布，是全球著名的碱湖带和碱矿床发育带，以断陷-凹陷为主，主要的如阿伯特湖、欧文斯湖、西尔斯湖等（Spencer et al.，1984；Kowalewska and Cohen，1998）。青藏高原碱湖带和内蒙古高原碱湖带是我国两大碱湖带，大部分也是构造湖或在构造湖基础上被改造的碱湖（郑绵平等，1983；杨清堂，1996）。由于受强烈隆升影响，青藏高原断陷作用发育，湖泊长轴与区域构造线方向吻合，高原上大部分碱湖为构造湖，如马日错、懂错、蓬错等（郑绵平等，1983）；内蒙古高原碱湖带中断陷和拗陷湖盆均有发育，前者如查干诺尔等，后者如大布苏湖等（杨清堂，1996）。除构造湖外，也有碱湖为火山口湖和风成湖，火山口湖主要发育在东非大裂谷，而风成湖在内蒙古高原碱湖群中有一定发育，主要是一些风蚀洼地（杨清堂，1996）。

2. 古气候条件

古气候条件是各种沉积作用和矿产资源形成的另一重要控制因素，对碱湖沉积亦是如此。半干旱（季节性的潮湿环境与干旱季节相交替）气候环境、蒸发量大于补给量，是形成碱湖所需要的古气候条件。古气候条件不仅控制碱湖的形成过程，而且也控制着湖盆生物的种属和分布，进而影响湖盆古生产力的大小。干湿交替的古气候、封闭性高盐度水体、水介质呈弱碱性-碱性的强还原环境，是陆相碱湖沉积中油气形成和保存的重要条件（雷德文等，2017a）。郑绵平（2001）讨论了中国盐湖的水化学类型和空间分布特征，指出中国盐湖包括氯化物型、硫酸镁亚型、硫酸钠亚型、碳酸盐类型和硝酸盐型等，各类型盐湖的分布具有明显规律性，大致可分成 3 个带，以柴达木-塔里木盆地为第四纪干燥中心，向外依次有氯化物-硫酸盐带或含硝酸盐型硫酸镁亚型带——含氯化物硫酸镁亚型带或硫酸钠亚带——碳酸盐型和硫酸钠亚型带或高盐度碳酸盐带、低矿化度碳酸盐带。此分布规律恰与中国盐湖带中不同亚区成盐地质历史和古今气候差异性相一致。

3. 盐类物质来源

湖盆供水区的岩石含有丰富的钠、钙、镁等物质来源，是碱湖演化过程中起决定性的因素之一。天然矿床中的碳酸钠来源，被归因于几种过程，包括火山的爆发活动，各种含碳酸钠矿泉与硫酸钠之间的反应，含钠土壤的离子交换等（魏东岩，1999），许多重要碱矿与碱性火山岩有关。由于湖水中藻类和细菌的作用，CO_2 不断产生，这有助于晶碱石单一矿床的沉积（杨江海等，2014）。湖盆供水区的岩石含有丰富的钠、钙、镁等物源，它们可以由多种富钠的火成岩、变质岩经长期风化淋滤使钠、钙、镁等可溶组分汇集于湖盆中，也可由火山活动提供 CO_2 气体或与深断裂相关联的温泉水直接补给。

大量及持续的 CO_2 和 HCO_3^- 供给，使得水体长期保持碳酸型水环境。在持续蒸发沉积过程中，阴离子相对含量中碳酸根离子始终远高于硫酸根和氯离子含量（杨江海等，2014）。此外，碱湖的形成还常与碱性热泉、原始碱的继承性有关（Horsfield et al.，1994）。在还原环境中，厌氧化硫还原菌的催化会造成有机物还原硫酸盐矿物（如芒硝）而形成碱类物质，这是产生土地盐碱化及形成碱湖的另一重要原因（孙镇城等，1997；杨江海等，2014）。

4.1.2 国内外碱湖与非碱湖烃源岩特征对比

1. 碱湖烃源岩具有高的初始生产力

碱湖烃源岩具有高的湖盆初始生产力。高盐度环境下生物种属虽然很少，但其数量往往十分可观，具有不寻常的生物产率，这可从现代盐湖中得到验证。Melack 和 Peter（1974）统计东非大裂谷附近多个碱湖生物产率发现，碱湖的生物产率是河流和淡水湖的 2.0～12.6 倍。郑绵平等（1983）在西藏扎布耶盐湖研究中发现嗜盐菌和藻类在卤水中广泛发育，大面积分布，其死亡之后形成 1～2cm 厚的细菌、藻类富集层。

浮游生物包括浮游植物和浮游动物两大类，但繁殖最快且能进行光合作用的是浮游植物中的藻类和具有制碳能力的光合细菌，它们因此成为湖泊水生植物生产有机质的主要贡献者。咸化湖泊含有丰富的藻类和光合细菌，这正是咸化湖泊生产高丰度有机质的物质基础（孙镇城等，1997）。

除初始生产力外，也可按营养元素磷和氮的丰度、藻类数量和初始生产力数量变化范围划分水体营养水平，随着盐度增加，生产力范围和营养水平均具有增大趋势（Kelts，1988）。在咸化湖泊中，碱性湖泊比中性湖泊更有利于有机质生产，因为高 pH 的水可对大气 CO_2 更加开放并能储存更多无机碳，还能溶解更多磷和其他营养剂。现代湖泊研究中，国外典型的阿朗瓜迪湖、纳特龙湖和纳古路湖均是碱性湖，含磷量分别高达 3～7mg/L、3mg/L 和 11mg/L（Kelts，1988）；我国青海湖也是碱性湖，湖水 pH 为 9.1～9.4，同样具有较高有机质产率（孙镇城等，1997）。表4.2所列几个低生产力和营养水平的现代湖泊均为淡水湖，与之相比碱湖营养水平均达到超养。可见，现代碱湖水体环境具有超高的初始生产力。现在是认识过去的钥匙，因此有理由相信古碱湖也具有超高生产力。

表4.2　现代湖泊营养水平对比

湖泊名称	湖泊类型	面积 /km²	藻类 /(g/cm³)	总磷 /(mg/m³)	总氮 /(mg/m³)	初始生产力 /[g C/(m²·a)]	营养水平	备注
安大略湖	淡水湖	19500	<0.8	<5	<300	<30	贫养	—
苏黎世湖	淡水湖	88.5	0.3~1.9	5~20	300~500	25~60	中养	—
坦噶尼喀湖	淡水湖	32900	1.2~2.5	20~100	350~600	40~200	富养	—
纳古路湖	半咸水湖	1758	—	—	—	900~1200	超养	碱湖
阿朗瓜迪湖	盐水湖	60	—	—	—	3000~6000	超养	碱湖
纳特龙湖	盐水湖	600	—	—	—	900~1200	超养	碱湖
大盐湖	盐水湖	2460~6200	2.1~20.0	>100	>1000	130~600	超养	碱湖

资料来源：Kelts，1988。

Hite和Anders（1991）研究表明：低盐度环境（盐度为35‰~200‰）中生物量的主要贡献者是绿藻和蓝细菌，而高盐度环境（盐度为200‰~350‰）生态系统则以嗜盐菌为主，有机质初始生产力随盐度增加而增加。高盐环境下原始有机质生产率高的原因在于（Douglas et al.，1981；Evans and Kirkland，1988；朱光有等，2004；李国山等，2014）：①咸化湖盆水体不断蒸发和补充，具有高浓缩和持续补给的营养物质元素（如氮和磷）得到富集，营养物增加促进了浮游生物繁殖；②生物种属随盐度增高而减少，高盐环境下生存物种减少有利于对营养和生存空间等的竞争；③高盐环境可抑制捕食生物和寄生生物生长，有利于藻类勃发，形成较高的生产力。

2. 碱湖烃源岩有机质保存条件好

湖泊具有高的初始生产力，并不等于其沉积物中有机质丰度高，从湖水所含有机质转换为沉积物有机质，要经历沉积—消耗—聚集—保存的过程（孙镇城等，1997）。湖泊水动力条件、湖水深度、沉积速率、水体分层和盐度等均对有机质保存产生影响。碱湖沉积环境有利于有机质富集和保存，如含盐度为12.5‰的青海湖底质中，高能带有机碳含量小于1%，低能带有机碳含量一般大于2%，湖浪较弱的静水区有机质更为富集（中国科学院兰州地质研究所，1979年）。

1）咸水湖盆水体分层有利于有机质保存

湖水分层情况对有机质保存具有重要影响。湖泊咸化后，水体盐度增高使底层水密度增大，为稳定的化学分层创造了条件，这对有机质保存极为有利。与此同时，盐度增加造成的生物扰动和水渗入减少，也使得有机质碎屑易于保存，因而咸化湖盆有机质保存条件明显高于淡水湖盆（孙镇城等，1997）。在存在盐度分层的湖盆中，表层水体相对富养，可为部分浮游生物季节性勃发创造条件；盐跃层段盐度变化大，氧化还原条件多变，泥页岩中有机质含量低；而湖盆底部水体盐度和密度大，为缺氧或贫氧环境，富集硫化氢，泥页岩中有机质含量高，为优质烃源岩发育区（金强等，2008；李国山等，2014）（图4.1）。除有利于有机质保存，水体盐度分层还促进了厌氧细菌对有机质的分解和再富集（李国山等，2014）。

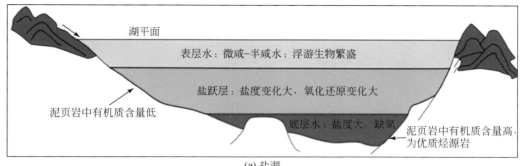

(a) 盐湖

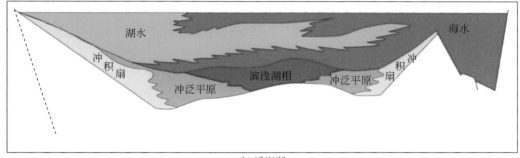

(b) 近海湖

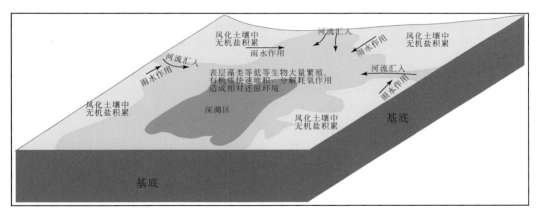

(c)淡水湖

图 4.1　传统 3 类湖相优质烃源岩的发育模式［图（a）据金强等，2008；图（b）、（c）据曹剑资料①］

　　相比之下，湖水不分层或分层性较差的湖泊有机碳含量低。对比图尔卡纳湖和维多利亚湖发现（表 4.3），前者虽然有高达 $300 \sim 1500 \mathrm{g}\ \mathrm{C}/(\mathrm{m}^2 \cdot \mathrm{a})$ 的生产力，其沉积物中保存的有机碳平均仅为 0.6%；而生产力仅为 $680 \mathrm{g}\ \mathrm{C}/(\mathrm{m}^2 \cdot \mathrm{a})$ 的维多利亚湖，沉积物中有机

　　① 曹剑，2017，玛湖凹陷风城组生烃研究新认识——全球最古老碱湖云质混积烃源岩的发现及其"两段式"高效生油，新疆油田勘探开发研究院内部报告。

碳平均含量却高达11.2%。两湖深度和盐度接近，差别在于图尔卡纳湖是完全混合，而维多利亚湖是年周期混合，可见湖水分层对有机质保存的重要性。研究表明，玛湖凹陷二叠系风城组二段沉积时期水体分层明显，盐度高，有利于有机质保存（张志杰等，2018）。

表 4.3　图尔卡纳湖和维多利亚湖沉积物中的有机碳对比

湖泊	水体盐度 /‰	湖泊 类型	湖泊营养 水平	湖泊生产力 /[g C/(m² · a)]	沉积物中 有机碳/%	湖水分层	水深/m
图尔卡纳湖	2.5	半咸水	超养	300~1500	0.6	完全混合	73
维多利亚湖	0.093	淡水	富养	680	11.2	年周期混合	78

资料来源：Kelts，1988。

2）碱湖环境有利于有机质的保存

咸水湖泊常见的类型主要为硫酸盐型和碳酸盐型（碱湖），在盐跃层之下的还原性水体中，有机质主要受硫酸盐还原菌分解和破坏。由于硫酸盐氧化有机物的能力较强，底质中有机物将受到和微生物降解作用一样的破坏，如美国大盐湖虽然具有 145~1800g C/(m² · a) 的高生产力，但保存下来的有机质含量并不高，其全新世沉积物中的有机碳含量大部分小于1%，与湖水中硫酸盐浓度高达16%有关（Kelts，1988）。相比较而言，碱湖环境对有机质保存更为有利。

3. 碱湖烃源岩母质类型好、转化率高、生烃潜力大

1）烃源岩有机质主要源于藻类和细菌，母质类型好

国内外典型的古碱湖沉积烃源岩并不多见。在国外，典型的碱湖烃源岩为美国古近系绿河组页岩，主要分布在皮申思、尤因塔（Uinta）、绿河和瓦沙基4个盆地。在国内，典型的碱湖为南襄盆地古近系核桃园组和准噶尔盆地二叠系风城组。然而，值得注意的是，这3个盆地碱湖烃源岩的生烃母质类型均以腐泥型为主，次为混合型，母质类型好，从而不同于淡水湖盆烃源岩以混合型和腐殖型母质为主的特点。研究表明，咸化湖泊中聚集的有机质主要来源于浮游植物，特别是藻类（黄第藩等，1984；Kelts，1988），然而，不同门类的藻类对生油贡献亦有差异，进而影响和控制生油岩有机质类型，特别是沟鞭藻，可能是沉积物中类脂物的主要来源。东营凹陷沙三段中部沟鞭藻含量高值区与同一层段有机碳高值区具有很好的一致性，可提供佐证。

除藻类外，细菌等微生物是对生油起重要贡献的又一生物门类。长期以来，人们对细菌在湖泊生产力方面的贡献一直缺乏足够重视，仅限于对有机质改造和降解作用的研究。张厚福在讨论油气成因时已明确指出低等微生物是其主要的原始物质；Kelts（1988）提出硫细菌年产碳能力远高于浮游植物；黄杏珍等（1993）对柴达木盆地古近系、新近系烃源岩的生源进行系统研究后认为：低等水生生物菌、藻类是微咸水–半咸水湖盆重要生油母质，特别是盐度高的地区和层位。因此，半咸水–咸水阶段沟鞭藻类巨大产碳能力和盐水阶段细菌对生油母质的巨大贡献，是咸化湖相烃源岩有机质类型好、丰度较高的重要原因（孙镇城等，1997）。例如，绿河组页岩有机质类型为 I 型，有机质主要来源于蓝绿藻、黄绿藻和绿藻（Katz，1988）；准噶尔盆地风城组碱湖烃源岩生烃母质主要以藻类和细菌为

主（曹剑等，2015；王小军等，2018），有机质类型好。

2）烃源岩有机质转化率高，生烃潜力大

以尤因塔盆地绿河组页岩为例，其烃源岩岩性为钙质泥岩、泥灰岩和油页岩，有机碳含量分布范围为 0.2%~29.6%，众数值为 3%~5%（Katz，1988）。虽然尚未达到大量生成石油的成熟演化阶段，但该组烃源岩总沥青产量高达 11.4~42.0g/kg，其中约 30% 是烃类，总有机质抽提物与有机碳含量比值高达 20%~40%（Katz，1988），生成了约 $5×10^8$ 桶的未熟–低熟油（Ruble，2001）。然而，形成绿河组页岩的古湖泊原始生产力并不高，约为 270g C/$(m^2 \cdot a)$，其高有机质丰度和总沥青产量可能主要与半咸水–盐水的碱湖环境有关。

在国内，南襄盆地泌阳凹陷古近系核桃园组亦为碱湖沉积，其有机碳含量为 1.6%~2.2%，氯仿沥青"A"平均为 0.393%，总烃含量高达 $2273.38×10^{-6}$（朱水安等，1981；胡见义和黄第藩，1991；董田等，2013；李水福等，2016），有机质类型为 I 型和 II_1 型，达到成熟演化阶段，为优质烃源岩。其中高盐度的核桃园组下段烃转化率为 6.2%~8.5%，高于低盐度的核桃园组上段（2.0%），随着湖泊盐度增加，其烃转化率增高特征明显。准噶尔盆地风城组烃源岩同样为碱湖沉积，其有机碳平均为 1.13%，氯仿沥青"A"平均为 0.264%，总烃高达 $2567.06×10^{-6}$（雷德文等，2017a），烃转化率高达 22.7%，是普通淡水及咸水非碱湖相烃源岩的 2 倍（表 4.4）。由上述尤因塔盆地绿河组页岩、南襄盆地核桃园组、准噶尔盆地风城组碱湖烃源岩特征可以看出，它们均具有较高的生烃转化率，这可能是碱湖烃源岩与普通湖相烃源岩的一个重大区别。高转化率可以弥补有机质丰度相对较低的不足，从而使得碱湖烃源岩在有机质丰度并不是很高的情况下照样可成为优质烃源岩。

表 4.4　中国陆相湖盆淡水–咸水湖盆烃源岩有机质转化

盆地	凹陷/坳陷	层位	古湖盆盐度	转化率/%		资料来源
				氯仿沥青"A"/TOC	HC/TOC	
渤海湾	东濮凹陷	沙三段	淡水–半咸水	7.2	—	陈洁等，2012
			半咸水	17.9	—	陈洁等，2012
			咸水	11.8	—	陈洁等，2012
	东营凹陷	沙三段	半咸水	21.6	8.7	孙镇城等，1997
		沙四段	咸水–盐水	10.6	8.7	孙镇城等，1997
苏北		阜四段	半咸水–盐水	13.9	4.5	孙镇城等，1997
南襄	泌阳凹陷	核桃园组上段	淡水–半咸水	2.1	2.0	孙镇城等，1997
		核桃园组中段	半咸水	9.1	7.0	孙镇城等，1997
		核桃园组下段	半咸水–盐水（碱湖）	10.9~12.4	6.2~8.5	孙镇城等，1997
江汉	潜江凹陷	潜三段	咸水–盐水	48.4	17.6	江继纲，1981
		潜四段	咸水–盐水	34.9	21.6	江继纲，1981
准噶尔	玛湖凹陷	风城组	咸水–盐水（碱湖）	32.9	30.5	本书

盆地	凹陷/拗陷	层位	古湖盆盐度	转化率/%		资料来源
				氯仿沥青"A"/TOC	HC/TOC	
尤因塔		绿河组	半咸水–盐水（碱湖）	20~30	—	孙镇城等，1997
鄂尔多斯	陕北斜坡	延长组长7段	半咸水–淡水	3.1~9.8	1.9~5.8	杨华和张文正，2005；付金华等，2018
松辽	三肇凹陷	青一段	半咸水–淡水	19.9	13.7	侯启军等，2009

3）咸水湖泊随盐度升高，有机质丰度增大，类型变好

除碱湖沉积外，我国非碱湖相咸水湖盆沉积的多数烃源岩有机质丰度指标也都达到好烃源岩或优质烃源岩标准（表4.5）。其中渤海湾盆地东营凹陷和东濮凹陷中烃源岩有机碳平均含量在部分层段（沙三段、阜四段、阜二段、核桃园组）均超过1.5%，为非常好的泥质生油岩，其母质类型以偏腐泥型的II_1型干酪根为主。研究表明，咸水湖盆有机质丰度随着盐度增高而变大的趋势明显，如东营凹陷半咸水–盐水湖相沉积的沙四段–沙三段下，盐度最高超过40‰，有机碳含量也最高（1%~13%）；反之，沙二段古盐度为10.5‰，有机碳平均含量仅1.05%（孙镇城等，1997）。同一层段在平面上变化具有随湖水盐度增高、有机质丰度增大特征，如东濮凹陷沙三段–沙四段上沉积期，北部湖水盐度高，有机碳含量也高，总烃含量为480~800mg/kg；南部湖水淡，有机碳含量低，总烃含量仅为210~260mg/kg（孙镇城等，1997）。另外，烃源岩的母质类型也与湖水咸化程度有关，随着湖水含盐量增加，有机质类型变好，这可能与"腐泥化"现象有关，进入咸化湖盆中的植物碎屑在细菌等微生物作用下，被改造成无定形母质（姚益民等，1994），但咸水湖中藻类的富集可能是最重要的原因。

4.2　玛湖凹陷风城组碱湖形成的地质背景

4.2.1　盆地类型与古地貌

玛湖凹陷二叠系风城组总沉积厚度为800~1800m，总体表现为西厚东薄的楔状分布（图4.2），反映其沉积时盆地为西陡东缓的不对称箕状凹陷，属于挤压背景下形成的前陆盆地（图4.3），具备发育"高山深盆"封闭型湖盆的构造背景条件。前陆盆地层序及其建造特征主要受幕式逆冲挠曲构造运动控制，在玛湖凹陷可能形成3种同沉积构造坡折：逆冲断裂挠曲坡折、逆断裂坡折和隐伏断裂挠曲坡折，发育多级同沉积逆冲断裂挠曲坡折带和逆断裂坡折带，构造坡折对沉积体系控制同地貌坡折类似（冯有良等，2013）。另外，在风城组沉积的早期存在数个火山群（图4.4），从喷发特征看，主要为爆发式喷发形成的层状火山，显示在玛湖凹陷分布数个火山高地。

表 4.5　国内外典型淡水-咸水沉积烃源岩地质及地球化学特征对比

盆地或凹陷-拗陷	层位	湖泊类型	岩性	TOC/%	总烃/10^{-6}	氯仿沥青"A"/%	生烃潜量/(mg/g)	干酪根类型	R_o/%	资料来源
准噶尔玛湖凹陷	风城组	咸水-盐水（碱湖）	泥岩、白云质泥岩、凝灰岩	0.84	2567.06	0.276	4.08	II_1	0.5~1.5	雷德文等, 2017
柴达木茫崖拗陷	下干柴沟组	咸水-盐水	灰质泥岩	0.6~1.0	531	0.129	2.1~17.0	I、II、III	0.4~1.3	孙镇城等, 1997; 付锁堂等, 2016; 张斌等, 2017; 刘成林等, 2018
江汉潜江凹陷	潜江组	咸水-盐水	泥岩、泥灰岩、云质泥岩	0.63	900~1380	0.246	22.24	I、II_1	0.3~1.6	江继纲, 1981; 孙镇城等, 1997; 陶国亮等, 2019
渤海湾东濮凹陷	沙河街组三段	咸水	油页岩、暗色泥岩	1.54	480~800	0.182	6.44	II_1、II_2	0.7~1.6	孙镇城等, 1997; 陈洁等, 2012
渤海湾东营凹陷	沙河街组四段	半咸水-盐水	泥灰岩、油页岩、泥岩	2.23	1060	0.344	21.7~48.2	I、II_1	0.5~1.5	江继纲, 1981; 金强等, 2008; 李水福等, 2016
南襄泌阳凹陷	核桃园组三段	半咸水-盐水（碱湖）	泥岩、泥质白云岩	1.6~2.2	2273.38	0.393	6.83~11.69	I、II_1	0.5~1.4	朱水安等, 1981; 胡见义等, 1991; 董田等, 2013; 李水福等, 2016
鄂尔多斯	延长组长7_3段	半咸水-淡水	油页岩	6~14	1833~3503	0.454	26.97	I、II_1	0.6~1.2	何自新, 2003; 杨华等, 2005; 白玉彬等, 2012; 付金华等, 2018
松辽三肇凹陷	青一段	半咸水-淡水	泥岩、页岩	3.14	4290	0.626	29.27	II_1~I	0.5~1.2	侯启军等, 2009; 冯子辉等, 2015
尤因塔	绿河组	半咸水-盐水（碱湖）	钙质页岩、泥灰岩、油页岩	0.2~29.6 主频3~5	—	—	—	I	0.3~0.7	Katz, 1988, 1995; Vandenbroucke and Largeau, 2007; 单玄龙等, 2011

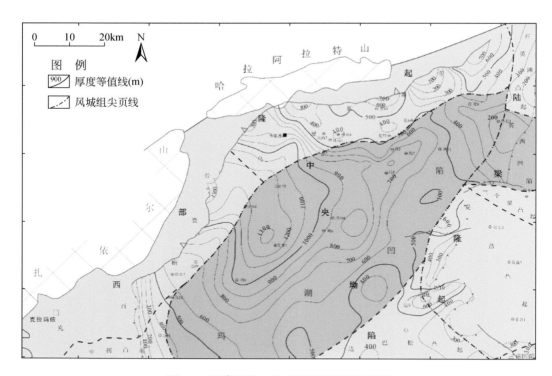

图 4.2　玛湖凹陷二叠系风城组厚度分布图

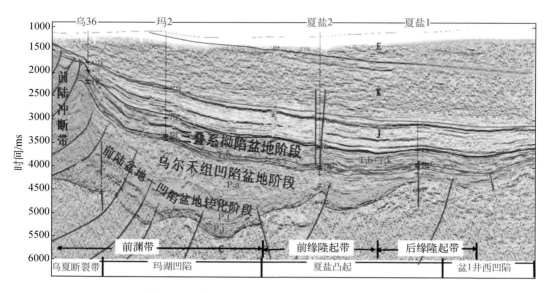

图 4.3　玛湖地区北西-南东向地震格架解释剖面

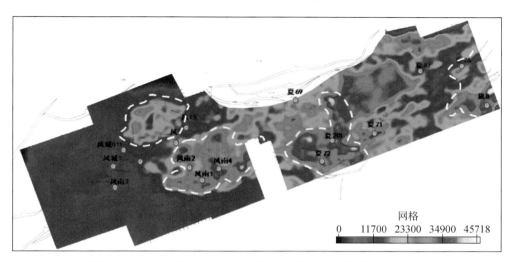

图 4.4　二叠系风城组一段火山群在分频均方根振幅图上的反映

总体来说，玛湖凹陷二叠系风城组的古构造特征为西陡东缓的不对称箕状前陆凹陷，为一闭塞型湖泊，其主要地貌单元为中央凹陷、火山高地、构造坡折、中央拗陷西部的相对陡斜坡、东部的宽缓斜坡及大小不等的湖湾。这种构造环境易于形成闭塞湖盆，而不利于湖水循环，这对于优质烃源岩的形成十分有利。

4.2.2　古气候

盐湖沉积系由淡水湖-咸水湖演变而来，是特定自然地理和地质环境的产物，其发展各个阶段都详尽保存着周围环境变化的信息，包括一般湖沼相所缺乏的咸化阶段古气候等地质记录。

对玛湖凹陷二叠系风城组沉积时的古气候研究表明，植物化石是重要的依据之一。从古植物特征看，玛湖凹陷风城组孢粉组合为具肋双气囊花粉和肋纹花粉（詹家祯和甘振波，1998），这些花粉的母体植物适应生活于较干旱的炎热环境（詹家祯等，2007），反映风城组为干旱炎热环境沉积。

自生碳酸盐矿物的碳氧同位素分析显示（图 4.5），风城组自生碳酸盐矿物 $\delta^{13}C_{PDB}$ 基本为正值，$\delta^{18}O_{PDB}$ 正负均有，其投点大多在第 Ⅰ、Ⅱ 象限，这种特点与现今世界上最大的碱湖纳特龙-马加迪湖和著名的美国大盐湖分布区域一致，表明风城组沉积时的气候环境与东非的纳特龙-马加迪湖相似。

另外，玛湖凹陷风城组发现典型碱性矿物的层段在风城组二段，碱性矿物层常与暗色泥岩、暗色白云质泥岩组成厚度不等的韵律。与在相对干旱时期形成的含碱层不同，暗色泥岩和深灰色白云质泥岩形成于相对湿润时期，风城组一段下部和风城组三段上部也是气候相对湿润时期的沉积产物。风城组沉积组合特征亦表明，古气候可能是在以干旱为主的前提下伴随有交替出现的相对湿润气候，特征矿物反映当时气温较高。

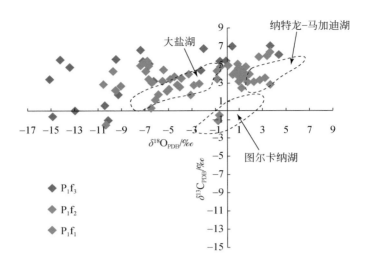

图 4.5　玛湖凹陷二叠系风城组自生碳酸盐沉积物碳氧同位素分布图

4.2.3　古水体盐度

古水体盐度指沉积水体介质中所有可溶盐的质量分数，是指示地质历史时期中沉积环境变化的一个重要参数。以下通过矿物学和地球化学方法就玛湖凹陷二叠系风城组古水体盐度特征加以分析。

1. 自生蒸发岩矿物

玛湖凹陷风城组发育丰富的蒸发岩矿物，主要发育在风城组二段，而风城组三段下部和风城组一段上部也有少量分布，平面上在凹陷中心地带发育面积约 $300km^2$、厚达数百米的含碱层段。蒸发岩矿物的存在表明风城组沉积时水体盐度很高，为盐湖沉积。

2. 微量元素含量

沉积物中的锶元素含量可指示沉积水体盐度。通常认为古代白云岩中的锶元素含量一般不超过 200×10^{-6}，如埋藏白云岩的锶含量为 $(60 \sim 170) \times 10^{-6}$，混合带白云岩的锶含量通常为 $(70 \sim 250) \times 10^{-6}$。但与蒸发岩关的超盐水白云岩锶含量较高，可达 550×10^{-6}（Land，1985）。研究表明，玛湖凹陷风城组白云质岩类中 Sr 含量较高（平均为 447×10^{-6}），说明形成环境可能以盐水为主，与盐水湖环境沉积有关（史基安等，2013）。

黏土中的硼元素含量亦可指示其形成时的古水体盐度。玛湖凹陷风城组泥岩硼含量为 $(43 \sim 325) \times 10^{-6}$，平均为 220×10^{-6}，远大于一般海相泥岩硼含量（100×10^{-6}）。此外，由于风城组岩石中黏土矿物含量很低，而硼元素主要被黏土矿物吸附，所以风城组沉积时的古水体盐度可能比硼含量所反映的盐度还要高。风城组硼含量较高的另一个表现是自生碱性蒸发岩矿物硅硼钠石分布普遍，是风城组常见的自生矿物，特别在风城组二段，显示当时湖水中具有很高的硼含量，且主要以硅硼钠石自生矿物形式存在，指示高盐度水介质特征。

另外，沉积物中的一些微量元素比值也可以反映沉积水体盐度特征，如当 Sr/Ba>1、B/Ga>7、Th/U<2，稀土元素 δCe<1 反映为盐水（相当海水或盐度更高）和还原沉积环境。表 4.6 为风城组部分探井微量元素比值，其中 Sr/Ba 均大于 1，平均为 2.99；B/Ga 远大于 7，平均为 52.55；Th/U 除一个数据大于 2 外，其余均小于 2，平均为 1.17；δCe 除一个值大于 1 外，其余均小于 1，平均为 0.97。

表 4.6 玛湖凹陷二叠系风城组微量元素比值

井号	深度/m	层位	岩性	Sr/Ba	B/Ga	Th/U	δCe
风 20	3152.4	P_1f_3	沉凝灰岩	4.3	22	0.42	1.06
风 23	3443.3	P_1f_3	沉凝灰岩	2.52	12.91	1.16	0.92
风南 4	4228.1	P_1f_3	沉凝灰岩	1.87	17.69	1.68	0.97
乌 353	3120.2	P_1f_3	沉凝灰岩	1.4	20.82	0.8	0.96
风南 2	4102.5	P_1f_2	沉凝灰岩	7.79	76	0.99	0.98
风南 3	4125.2	P_1f_2	沉凝灰岩	3.77	170.72	2.07	0.99
乌 351	3302.5	P_1f_2	沉凝灰岩	1.13	11.15	1.07	0.99
风城 011	3861.6	P_1f_2	沉凝灰岩	3.03	108.38	1.36	0.94
风城 1	4274.6	P_1f_1	沉凝灰岩	1.11	33.27	0.97	0.93
平均				2.99	52.55	1.17	0.97

以上微量元素分析表明，玛湖凹陷风城组沉积环境主要为盐水沉积，并大致在风二段沉积时期盐度达到最高。

3. 碳酸盐岩碳氧同位素

沉积岩碳氧同位素是判断沉积古水体盐度的一个重要指标，淡水灰岩的 δ^{13}C 为 $-15‰ \sim -5‰$，而海相灰岩的 δ^{13}C 则为 $-5‰ \sim 5‰$（Degens，1984）。根据二叠系风城组 79 个碳酸盐岩样品分析结果（图 4.4），δ^{13}C 为 $-1.6‰ \sim 7.1‰$，显示其沉积水介质以盐水为主。

Keith 和 Weber（1964）通过分析数百个侏罗纪以来沉积的海相灰岩和淡水灰岩同位素测定结果，提出了一个同位素系数（Z）经验公式：$Z=2.048\times(\delta^{13}C+50)+0.498\times(\delta^{18}O+50)$（其中 δ^{13}C 和 δ^{18}O 均为 PDB 标准），认为同位素系数大于 120 时为海相灰岩，小于 120 时为淡水灰岩（湖相碳酸岩）。对风城组 79 个碳酸盐岩样品的计算表明，所有样品的 Z 值均为 120 ~ 144.98，平均为 134.35。其中风城组一段 Z 值均为 120.14 ~ 135.17，平均为 130.23；风城组二段 Z 值均为 128.01 ~ 143.54，平均为 135.69；风城组三段 Z 值均为 120 ~ 144.98，平均为 134.08（表 4.7）。据此推断玛湖凹陷风城组主要为盐水沉积，且风城组二段古水体盐度大于风城组三段和风城组一段，这与自生蒸发岩矿物分析结果一致，反映风城组二段为碱湖演化鼎盛时期。

表 4.7　玛湖凹陷二叠系风城组碳氧同位素系数统计表（据秦志军等，2016）

层位	同位素系数		
	最小值	最大值	平均值
风城组三段	120.00	144.98	134.08
风城组二段	128.01	143.54	135.69
风城组一段	120.14	135.17	130.23

4.2.4　古水温

　　古水体温度是指示沉积水体特征的一个重要参数，一般采用矿物包裹体、特征矿物相似环境对比等方法来进行研究。在碱性盐湖沉积中，有些自生矿物具有特定结晶温度，是研究湖盆沉积水体温度的良好指示。碱类矿物的沉积，主要受温度和二氧化碳分压（溶解在溶液中的 CO_2 产生的压力）控制，天然碱矿物是在溶液中二氧化碳分压和大气中二氧化碳分压大致相等条件下、温度高于 20℃ 时形成的；泡碱的形成温度一般低于 20℃，水碱易在高温和二氧化碳分压较低条件下形成，碳酸氢钠是快速蒸发条件下的结晶矿物（Eugster，1980），其形成条件是二氧化碳分压一般要高于大气 10 倍。

　　玛湖凹陷风城组含碱层段发育的碳氢钠石和碳钠镁石（图 4.6）就是典型的高温矿物。碳氢钠石（$Na_2CO_3 \cdot 3NaHCO_3$）是一种无水碱金属碳酸盐矿物，较天然碱和重碳钠盐更易溶于水，最初发现于美国绿河盆地，1987 年在河南省泌阳凹陷首次发现（杨清堂，1987）。这类矿物晶体呈板状，无色透明，主要产于重碳钠盐组成的碱矿层中，反映二者形成条件类似。

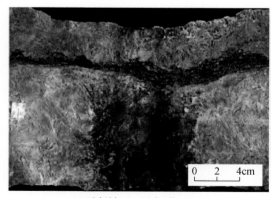

(a) 碳氢钠石，风南5井，$P_1f_2^2$　　　　　　　　　　(b) 碳钠镁石，风26井，$P_1f_2^2$

图 4.6　玛湖凹陷二叠系风城组碳氢钠石和碳钠镁石特征

　　在古水体温度的指相盐类矿物中，与碱性蒸发岩矿物有关的一般是典型暖相和偏暖相天然碱层，普遍形成于亚热带–热带和赤道半干旱或干旱区以及其他干热区（郑绵平等，1998）。玛湖凹陷风城组蒸发岩矿物组成主要为暖相和广温相矿物，基本不含冷相盐类矿物。因此，风城组沉积时的水体温度可能较高，相当于暖相–偏暖相环境，这与史基安等（2013）根据碳氧稳定同位素计算的白云岩形成温度（平均温度为 25℃，大部分在 20℃ 以下）接近。

4.2.5　古水深

玛湖凹陷二叠系风城组烃源岩主要为暗色细粒沉积，在不少层段常见水平纹层构造，为白云质泥岩，岩石中常见细粒星点状黄铁矿分布，依据传统地质理论，可认为是深湖相停滞静水沉积，但实际情况可能并非完全如此。暗色细粒沉积通常指示相对静止水体和还原环境，但与水深并无必然联系。根据"将今论古"的地质学原理，绝大部分现代碱湖为浅湖，即便在洪水期，水深一般也仅数米（杨清堂，1996），据此推测形成风城组暗色细粒沉积物的环境并不一定都是深水。证据包括以下 5 点。

1. 风一段沉积期发育火山群

火山群分布区为地貌高地，沉积水体可能相对较浅。在风城组一段沉积时期发育数个火山群，火山岩岩相以爆发相为主，溢流相分布局限，且为喷发与溢流之间过渡性的喷溢相，尤其是爆发相中占优势的热碎屑流亚相是火山喷发的重要特征，主要岩石类型为熔结凝灰岩，发育在紧邻玛湖凹陷北东翼的乌尔禾–夏子街地区。熔结凝灰岩大部分为水上沉积，所以在火山群分布区（乌尔禾–夏子街）及其周缘（玛湖凹陷）不大可能是深水沉积。

2. 风城组各段均见有粗碎屑岩

除玛湖凹陷西部边缘外，其他地区常见砂岩或砂砾岩分布，如风南 1–风南 4 井一带的风城组一段和三段主体为泥岩，夹有不等粒砂岩；艾克 1 井风城组三段为泥岩夹含砾砂岩，风城组二段见角砾岩，角砾主要为含碳钠钙石白云质泥岩。这些相对粗碎屑岩的大量发现指示区域非深水沉积。

3. 风城组各段均发育有蒸发岩

风城组二段、风城组一段顶部和风城组三段底部发育大量碱性蒸发岩，岩层厚度变化较大，从几毫米至几米，一般层厚数厘米，与深灰色富含星点状黄铁矿的含白云石泥岩、白云质凝灰岩、白云质粉砂岩、粉砂质泥岩等互层，呈韵律出现。盐类矿物结晶粗大，为浅水快速结晶产物（图 4.7）。

4. 频繁出现鸟眼构造

鸟眼构造是浅水沉积的指征性沉积构造（薛耀松等，1984）。玛湖凹陷风城组二段是相对盐度较高的层段，大量发育鸟眼构造，有孤立型、蠕虫状、条纹状和不规则状等多种类型，其中又以孤立型和蠕虫状相对较为发育（图 4.8）。一般认为，孤立类型鸟眼构造

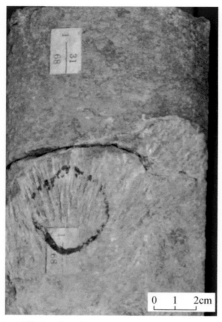 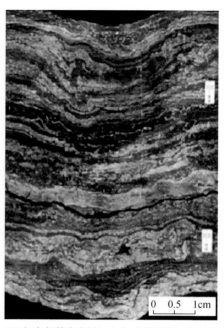

(a) 天然碱，尖头朝上紧密联结的玫瑰花形态，与上覆含白云石泥岩和碳钠钙石质泥岩呈突变接触，风南5井，$P_1f_2^2$

(b) 灰白色蒸发岩层与含白云石泥岩和碳钠钙石质泥岩不等厚互层，层厚0.1～1.0cm，呈厚度不等的韵律，岩层具波状构造，风城011井，$P_1f_2^2$

图 4.7　玛湖凹陷二叠系风城组中的蒸发岩

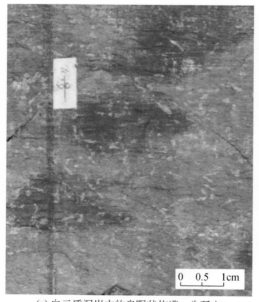 

(a) 白云质泥岩中的鸟眼状构造，为孤立类型，被白云石充填，风南1井，$P_1f_2^2$

(b) 白云质泥岩中的呈蠕虫状和脉状鸟眼构造，被碳钠钙石充填，风南5井，$P_1f_2^2$

图 4.8　玛湖凹陷二叠系风城组中的鸟眼构造

是由沉积物中有机质分解产生的气体聚集而成，而蠕虫状鸟眼构造是干燥成因的一种水平收缩孔，一般发生在横向上结合力强、垂向上结合力弱的沉积物中，两者都反映了浅水沉积环境（薛耀松等，1984）。此外，在不同相区和层段，鸟眼构造的充填物不同，主要有碳钠钙石、硅硼钠石、白云石或方解石等，也反映了浅水流体的成岩环境。

5. 微生物诱发的沉积构造

微生物成因构造是由微生物作用导致的原生沉积构造，一般形成于海相环境中的潮间带和潮上带，或者湖相环境中的浅水带（Noffke et al.，2001）。微生物成因构造在风城组普遍发育，如风南5井和风南3井风城组二段含碱层段的夹层，常与鸟眼构造伴生（图4.9），反映为浅水沉积。

(a) 含白云石碳钠钙石质泥岩，由被碳钠钙石充填形成的纺锤状脱水痕，风南5井，$P_1f_2^2$　　(b) 含白云石泥岩，似网状脱水痕，风南3井，$P_1f_2^2$　　(c) 含白云石泥岩，枝状脱水痕，风南3井，$P_1f_2^2$

图 4.9　玛湖凹陷二叠系风城组微生物诱发沉积构造

4.3　玛湖凹陷风城组碱湖烃源岩沉积特征

4.3.1　碱湖判识标志

碱湖沉积除了具备与常见硫酸盐类盐湖类似的一些常见特征外，还具有自身独有的一些特征，它们均在玛湖凹陷二叠系风城组烃源岩系中有所发现，由此判断为玛湖凹陷风城组烃源岩属碱湖沉积。其证据包括完整的碱湖演化序列、碱类矿物组合、嗜碱微生物及生物标志物以及碱性环境下黏土矿物转化率低等4个方面。

1. 完整的碱湖演化序列

国内外碱类矿床研究表明，碱湖的发育演化通常包括一个完整序列：成碱预备、初成碱、强成碱、弱成碱、终止演化（郑绵平，2001）。该演化序列在准噶尔盆地风城组已经发现（图4.10）。

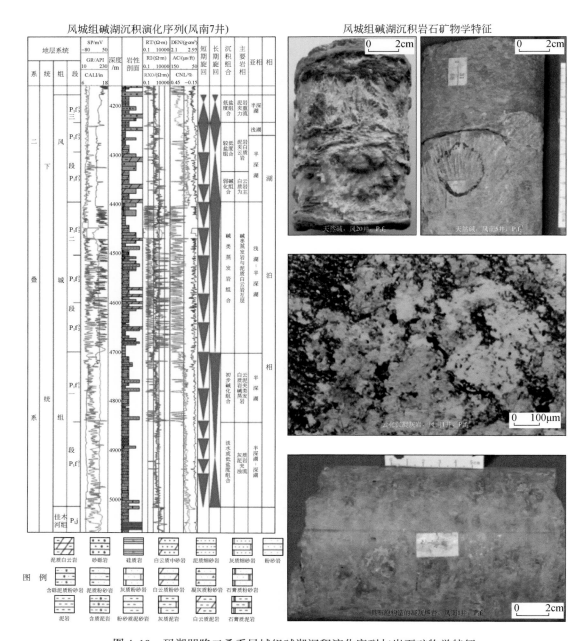

图 4.10　玛湖凹陷二叠系风城组碱湖沉积演化序列与岩石矿物学特征

　　风城组在玛湖凹陷垂向上分为 3 段，包括两个湖进-湖退沉积旋回，下部旋回由风城组一段（风一段）和风城组二段（风二段）组成，上部旋回由风城组三段（风三段）组成。成碱预备阶段属于淡水及较低盐度沉积-湖进组合，主要分布于风一段下部和风三段中部和上部，该时期火山活动较强烈，出现火山矿物或岩类，如风南 1 井 4408～4524m。初成碱阶段位于湖进高位晚期和湖退早期，主要分布于风一段上部和风三段下部，岩石类型包括泥质白云岩、白云质泥岩、凝灰质白云岩和白云质凝灰岩，该阶段的重要特征是反映水体逐渐盐（碱）化的白云质岩类含量相对较高，且局部已开始见少量碱类矿物沉积，如风南 1 井 4130～4179m。至强成碱阶段，以蒸发岩类以及大量碱性矿物出现为特征，主要见于风二段，如风南 5 井 3704～3916m。至最终的弱成碱阶段，出现湖进–碱类矿物消失组合，沉积水体盐（碱）化程度逐渐降低，白云质岩和碱类矿物含量逐渐减少，主要分布于风三段上部。在平面展布上，水体盐化程度最高的区域分布在沉积中心风城和西南斜坡地区。

2. 碱类矿物组合

岩心和显微镜下薄片观测发现，玛湖凹陷风城组存在典型的碱性矿物组合。如图 4.11 所示，岩心观察中发现了季节性纹层（风南 1 井），反映了相对浅水碱性环境和相对深水还原环境的交替；显微镜下观测发现了天然碱（风 20 井、风南 5 井），包括典型的碱性矿物苏打石（风南 5 井）和碳酸钠钙石（艾克 1 井）。现有钻井显示，越靠近玛湖凹陷中央，碱性矿物越发育，推测凹陷中央为碱性矿物富集区（张志杰等，2018）。大量碱性矿物的发现证实玛湖凹陷风城组为碱湖沉积环境。

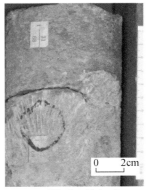

(a) 季节性纹层泥岩，风南1井　　　(b) 天然碱，风20井　　　(c) 天然碱，风南5井

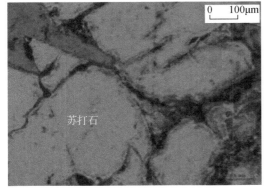
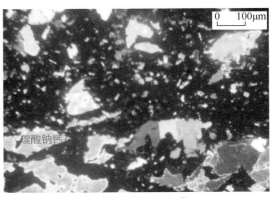

(d) 苏打石岩，风南5井　　　　　　　(e) 盐质泥岩，艾克1井

图 4.11　玛湖凹陷二叠系风城组烃源岩系中发现的碱性矿物

　　进一步观察发现，碱性矿物层主要可分为浅色层和暗色层，具体宏观形态呈浅色层和暗色层互层状态（图4.12、图4.13）。含碱性矿物层段根据宏观形态分类有溶蚀晶洞状、斑点状、纹层状、纹层+斑点状、薄纹层状、白色纯碱状等类型（图4.12）。但本质上均为浅色的含碱性矿物层和暗色矿物层互层关系，只是互层方式、形态、层厚度以及矿物类型有所不同。

图 4.12　含碱性矿物层岩心标本宏观形态特征

（a）~（c）溶蚀晶洞状；（d）、（h）薄纹层状；（e）纹层状；（f）、（g）纹层+云朵状；
（i）云朵状；（j）纹层状，出现褶皱变形；（k）~（l）斑点状［（l）为截面］；
（m）~（p）纯碱层+纹层状，水洗后变白

图 4.13　含碱性矿物层样品及对应显微照片

（a）～（c）薄纹层状碱性矿物层，浅色含碱性矿物层和暗色凝灰质层互层，可见切穿层的碱性矿物脉体，艾克 1 井，5668.5m；（d）～（f）纹层状含碱性矿物层，浅色含碱性矿物层矿物主要为硅硼钠石和水硅硼钠石，暗色层主要矿物为白云石，风南 1 井，4183.5m；（g）、（j）、（k）斑点状含碱性矿物层，暗色部位主要矿物为微晶颗粒状白云石，浅色部位则为硅硼钠石，呈斑点状，风南 1 井，4197m；（h）、（l）、（m）纹层状含碱性矿物层，浅色层和暗色层互层，浅色矿物层为晶形较好的硅硼钠石集合体，在硅硼钠石晶体间可见凝灰质，暗色层为微晶颗粒状白云石，风南 1 井，4209m；（i）、（n）斑点状含碱性矿物层，浅色矿物层主要矿物为硅硼钠石和碳钠钙石，暗色层则为凝灰质，并在凝灰质内部具有较好的成层性，风南 5 井，4066.5m. Dol. 白云石；Eitelite. 碳镁钠石；Ree. 硅硼钠石；Shortite. 碳钠钙石；Tuf. 凝灰质，下同

　　溶蚀晶洞状含碱性矿物层中浅色含碱性矿物层如晶洞穿插分布在暗色凝灰质层中［图 4.12（a）、（b）］；斑点状含碱性矿物层中浅色含碱性矿物层如斑点般分布在暗色层

中［图4.12（k），图4.13（i）、（n）］；云朵状含碱性矿物层中浅色含碱性矿物层如云朵状般分布在暗色层中［图4.12（i）］；纹层状含碱性矿物层中浅色含碱性矿物层与暗色层形成互层，规模一般在厘米级以上［图4.12（e），图4.13（h）、（l）、（m）］；薄纹层状含碱性矿物层中浅色含碱性矿物层与暗色层形成互层，规模一般为毫米级［图4.12（d）］；白色纯碱状含碱性矿物层可见较大板柱状碳氢钠石集合体，呈不透明白色。

　　浅色含碱性矿物层中主要碱性矿物有硅硼钠石（reedmergnerite）、氯碳钠镁石（northupite）、碳酸钠钙石（shortite）、水硅硼钠石（searlesite）、碳镁钠石（eitelite）、碳氢钠石等（图4.14）。暗色层主要由凝灰质，由石英、钠长石、黏土类矿物、磁黄铁矿、黄铁矿等矿物组成（图4.12）。此外，还观察到少数暗色层由白云石、铁白云石、硅硼钠石等矿物组成。

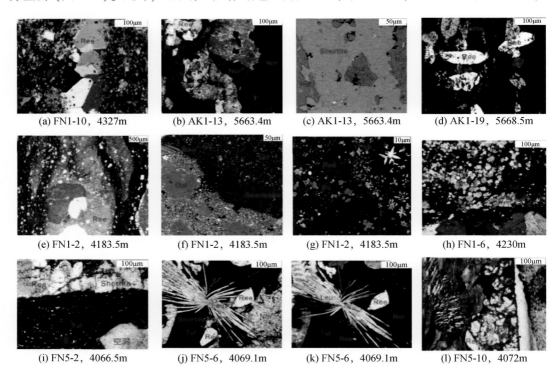

(a) FN1-10，4327m　　(b) AK1-13，5663.4m　　(c) AK1-13，5663.4m　　(d) AK1-19，5668.5m

(e) FN1-2，4183.5m　　(f) FN1-2，4183.5m　　(g) FN1-2，4183.5m　　(h) FN1-6，4230m

(i) FN5-2，4066.5m　　(j) FN5-6，4069.1m　　(k) FN5-6，4069.1m　　(l) FN5-10，4072m

图4.14　风城组典型碱类矿物显微照片

Hl. 石盐；Leu. 淡钡钛石；Lou. 丝硅镁石；Nor. 氯碳钠镁石；Po. 磁黄铁矿

3. 嗜碱微生物及生物标志物

　　丰富的微生物及其形成的一些典型伴生成岩矿物是碱湖区别于常见硫酸盐盐湖的另一个重要特征。由图4.15可见，风城组中除了发现典型形成于碱湖环境中的碳酸盐矿物白云石外，还发现了众多球状微生物和草莓状黄铁矿。随着碱性增强，微生物活动性也加强，并将结构藻类体改造成无定形体（图4.16），这是碱湖生烃母质类型区别于其他湖相烃源岩生烃母质类型的最根本特征（王小军等，2018）。

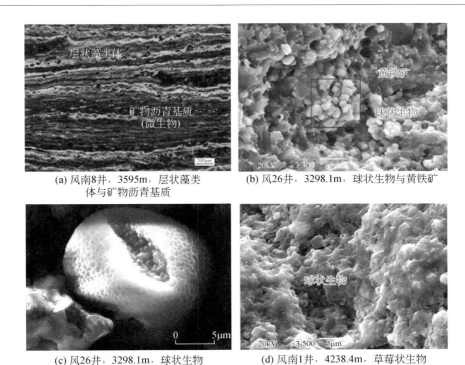

(a) 风南8井，3595m，层状藻类　　　　　(b) 风26井，3298.1m，球状生物与黄铁矿
体与矿物沥青基质

(c) 风26井，3298.1m，球状生物　　　　　(d) 风南1井，4238.4m，草莓状生物

图 4.15　玛湖凹陷二叠系风城组烃源岩系中发现的微生物

沉积环境碱性越强，结构藻类体含量越低，无定形体含量越高　　　　　　　　　碱性增强

(a) 风12井，3070m，P_1f，藻类残片　(b) 风南7井，4595m，P_1f_2，藻类残片　(c) 夏72井，4765m，P_1f_2，网状交织结
构有机质残片

沉积环境碱性越强，结构藻类体含量越低，无定形体含量越高　　　　　　　　　碱性增强

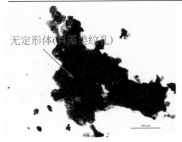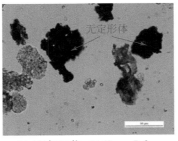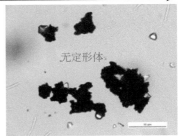

(d) 风城011井，3162.4m，P_1f_3，　(e) 风城011井，3163m，P_1f_3，　(f) 乌35井，3393m，P_1f_3，无定形体
具纹孔有机质残片　　　　　　　　具纹孔有机质残片

图 4.16　玛湖凹陷二叠系风城组烃源岩系中微生物随碱性环境变化

4. 碱性环境下黏土矿物转化率低

黏土矿物是盐湖碎屑沉积物的重要组成部分，是高矿化度卤水环境沉积演化的产物，其矿物组合受控于气候条件和环境介质（叶爱娟和朱杨明，2006），如伊利石和绿泥石存在于缺氧、碱性沉积环境中，而高岭石存在于酸性介质中。我国盐湖黏土矿物以伊利石-绿泥石组合为特征，蒙脱石含量高低不一，有时接近绿泥石，高岭石一般很少（徐昶，1993）。

玛湖凹陷二叠系风城组岩矿组成具有黏土组分含量低、长石矿物含量高、自生碳酸盐类发育、碱湖白云质混积岩发育特点（图 4.17）。黄铁矿普遍出现指示高盐度还原环境，高含量方解石和白云石矿物出现标志着碱性环境。因此，岩矿组成也反映风城组具有典型的碱湖沉积特征。

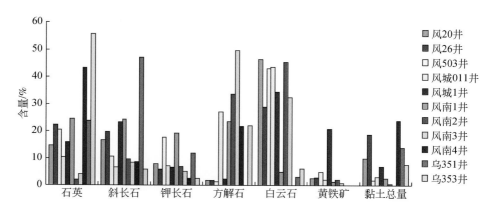

图 4.17　玛湖凹陷二叠系风城组全岩矿物分布特征

4.3.2　碱湖环境生物标志物特征

烃源岩中的生物标志物组成特征含有母质来源、沉积环境、水体盐度等多方面沉积环境信息。为了选取有效样品，本次研究剔除了有机碳含量低于 1%、干酪根碳同位素/氯仿沥青"A"碳同位素差值大于 3‰ 的可能受污染样品。

地球化学分析发现，玛湖凹陷二叠系风城组烃源岩和储层抽提物的生物标志物具有呈碱湖沉积的强还原和高盐度特征（图 4.18），典型指标表现为姥鲛烷/植烷（姥植比，Pr/Ph）普遍小于 1.0，高丰度胡萝卜烷系列，伽马蜡烷指数（伽马蜡烷/C_{30}霍烷）普遍大于 0.3，最高可近 2.0，C_{20}、C_{21}、C_{23} 三环萜烷呈上升型（妥进才等，1993；Horsfield et al.，1994）。此外，丰富的霍烷类化合物检出指示了大量微生物存在，其 C_{31}—C_{35} 霍烷不存在"翘尾巴"的分布模式，这与常见盐湖（硫酸盐湖）优质烃源岩特征有些不同（C_{35}霍烷>C_{34}霍烷>C_{33}霍烷）（朱杨明等，2003；叶爱娟和朱杨明，2006），反映了微生物属种的不同，不属于传统的硫酸盐湖。

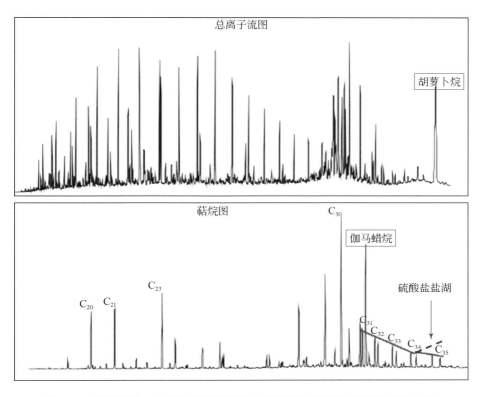

图 4.18 玛湖凹陷二叠系风城组烃源岩典型生物标志物组成特征（风 5 井）

1. 正构烷烃

沉积有机质中正构烷烃分布特征蕴含了丰富的母源信息，其分布形式受母质类型、成熟度、生物降解等多种因素影响，具有重要地球化学指示意义。玛湖凹陷石炭系—二叠系 4 套烃源岩正构烷烃碳数集中分布在 C_{10}—C_{35}，主峰碳范围较广，在 nC_{15}—nC_{29} 基本均有分布。由图 4.19 可见，nC_{21-}/nC_{22+} 和 $(nC_{21}+nC_{22})/(nC_{28}+nC_{29})$ 分别为 0.3 ~ 10.7 和 0.2 ~ 16.0，表明既有中分子量正构烷烃含量高的样品，也有高分子量正构烷烃含量高的样品，且大部分样品具奇碳优势（CPI>1，OEP>1），指示存在陆相高等植物与海相/湖相藻类双重母质贡献。值得注意的是，部分 P_1f 烃源岩具有偶碳优势（CPI<1），偶碳优势常发现于碳酸盐岩及蒸发岩系中。

2. 无环类异戊二烯烃与 β-胡萝卜烷

玛湖凹陷石炭系—二叠系 4 套烃源岩姥鲛烷（Pr）、植烷（Ph）非常丰富，Pr/nC_{17} 和 Ph/nC_{18} 分别为 0.3 ~ 3.2 和 0.2 ~ 4，且 Pr/nC_{17} 和 Ph/nC_{18} 之间保持了良好线性正相关关系 [图 4.20（a）]。但不同层位烃源岩的 Pr/nC_{17} 和 Ph/nC_{18} 特征存在差异，由 Pr/nC_{17} 和 Ph/nC_{18} 判识版图可以看出，P_2w 烃源岩形成于较为氧化的沉积环境，指示陆相母质特征，而 C、P_1j、P_1f 烃源岩则表现出海相、盐湖相沉积特点，其中部分 P_2w 烃源岩表现出混合

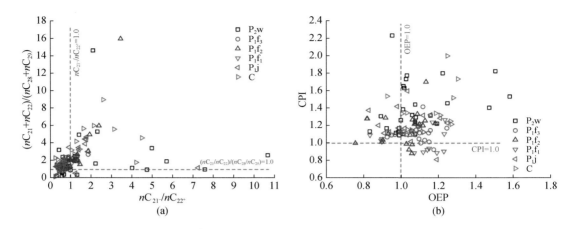

图 4.19 玛湖凹陷石炭系—二叠系 4 套烃源岩 nC_{21-}/nC_{22+}-$(nC_{21}+nC_{22})/(nC_{28}+nC_{29})$ （a）
和 OEP-CPI 相关关系图 （b）

相特点。4 套烃源岩在时间上的变化特点反映了石炭系—二叠系沉积环境由海相向陆相逐
渐转化的过程。

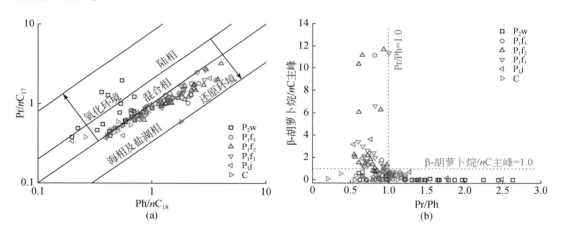

图 4.20 玛湖凹陷石炭系—二叠系 4 套烃源岩 Pr/nC_{17}-Ph/nC_{18} （a） 和 Pr/Ph-
β-胡萝卜烷/nC 主峰相关关系图 （b）

Pr/Ph 与 β-胡萝卜烷相对含量在一定程度上也能够反映母质沉积环境特点。由
图 4.20 （b） 可见，玛湖凹陷石炭系—二叠系 4 套烃源岩 Pr/Ph 和 β-胡萝卜烷/正构烷烃
（nC） 主峰分别为 0.2～2.7 和 0～12.8。不同层位间表现出的差异与图 4.20 （a） 类似，
P_2w 烃源岩 Pr/Ph 较大，为 1.2～2.7，且这类烃源岩基本不含 β-胡萝卜烷，两项指标均指
示一种陆相母质来源的氧化沉积环境；相对而言，P_1f 烃源岩 Pr/Ph 大都小于 1.0，为
0.5～1.0，且具有极高含量 β-胡萝卜烷，普遍大于正构烷烃主峰，指示高盐度缺氧沉积环
境特点。此外，在 P_1f 3 个段中，P_1f_2 烃源岩 β-胡萝卜烷/正构烷烃主峰普遍大于 P_1f_1 和
P_1f_3，可能表明 P_1f_2 是盐度最高时期。而 P_1j 烃源岩与 P_2w 烃源岩类似，Pr/Ph 也较高，最

高值达 2.5，但 β-胡萝卜烷含量较后者高。石炭系 Pr/Ph 大于 P_1f 烃源岩，但低于 P_1j 烃源岩与 P_2w 烃源岩，为 0.2~1.3，含 β-胡萝卜烷但相对丰度整体低于 P_1f 烃源岩和 P_1j 烃源岩，而与 P_2w 烃源岩相近，反映石炭系烃源岩为还原–弱氧化沉积环境沉积，但盐度应低于 P_1f 沉积时期。可见，就水体盐度而言，上述指标反映 P_1f 烃源岩最高，其次为 P_1j 烃源岩，但后者仍明显低于前者，而石炭系和 P_2w 烃源岩则更低；就氧化–还原性相比，同样以 P_1f 烃源岩为最优，为典型还原环境沉积，其次为石炭系烃源岩，P_2w 烃源岩和 P_1f 烃源岩最差。

3. 萜烷类

沉积有机质中三环类、四环类、五环类萜烷蕴含丰富的沉积环境与有机质输入信息，常用于判识烃类与烃源岩相关关系（Seifert et al.，1980）。玛湖凹陷石炭系—二叠系 4 套烃源岩中 C_{19} 三环萜烷（TT）相对丰度 [$C_{19}TT\% = C_{19}TT/(C_{19}TT+C_{20}TT+C_{21}TT+C_{23}TT) \times 100\%$] 分布在 1.2~31.6，不同层位间 $C_{19}TT\%$ 存在差异，P_2w、P_1f、P_1j、C 烃源岩的 $C_{19}TT\%$ 平均值分布为 9.89%、5.39%、5.99% 和 6.59%。相对较高含量的 C_{19} 三环萜烷丰度被认为与高等植物母质输入有关，据此可见 4 套烃源岩中，P_2w 陆源有机质输入量相对最高，其次为石炭系烃源岩，而 P_1f 陆源有机质输入量相对最低。

C_{22}/C_{21} 三环萜烷和 C_{24}/C_{23} 三环萜烷值有助于识别烃源岩岩性及其沉积环境特征，C_{22}/C_{21} 三环萜烷和 C_{24}/C_{23} 三环萜烷图版系根据全球 500 多个确定来源及成因的原油样品分析结果总结所得（Peters et al.，2005）（图 4.21）。然而，玛湖凹陷石炭系—二叠系 4 套烃源岩中却有一些样品 C_{22}/C_{21} 三环萜烷和 C_{24}/C_{23} 三环萜烷值有异于该版图所标定的烃类成因来源特征，体现在三环萜烷分布中 C_{22}、C_{24} 丰度很低而 C_{20}、C_{21}、C_{23} 丰度较高，可能代表一种少见的烃源岩成因模式。由图 4.21 可见，大部分样品都表现出一种海陆交互相沉积特征，而 P_1f 烃源岩许多样品分布在图版外，结合 β-胡萝卜烷特点，推测 P_1f 烃源岩沉积于一种极高盐度的碱湖沉积环境中，从而造就了这种独特表现。

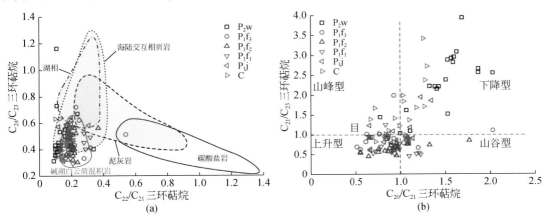

图 4.21　玛湖凹陷石炭系—二叠系 4 套烃源岩 C_{22}/C_{21} 三环萜烷–C_{24}/C_{23} 三环萜烷（a）
和 C_{20}/C_{21} 三环萜烷–C_{21}/C_{23} 三环萜烷（b）相关图

沉积有机质中四环萜烷对沉积环境也具有一定指示意义，虽然该系列化合物被认为主要来源于五环三萜烷降解，但在实际样品研究中发现丰富的 C_{24} 四环萜烷似乎与陆源母质贡献有关（Connan et al.，1986；Peters et al.，1993）。C_{24} 四环萜烷/C_{26} 三环萜烷与 C_{19} 三环萜烷/C_{23} 三环萜烷相关关系可以反映有机质来源类型，这两个参数越大，反映陆源有机质贡献越大。由图 4.22（a）可见，玛湖凹陷石炭系—二叠系 4 套烃源岩中唯有 P_2w 烃源岩普遍含有较高的 C_{24} 四环萜烷/C_{26} 三环萜烷与 C_{19} 三环萜烷/C_{23} 三环萜烷值，平均值分别为 1.86 和 0.88，指示陆源母质贡献特点，与上文 Pr/nC_{17} 和 Ph/nC_{18} 反映特征一致。

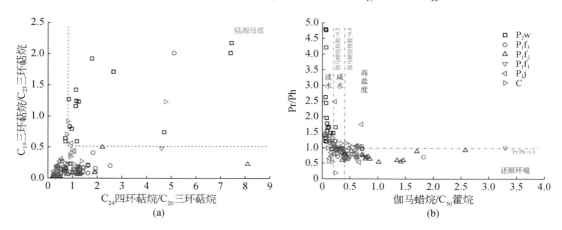

图 4.22　玛湖凹陷石炭系—二叠系 4 套烃源岩 C_{24} 四环萜烷/C_{26} 三环萜烷-C_{19} 三环萜烷/C_{23} 三环萜烷相关关系图（a）和伽马蜡烷/C_{30} 藿烷-Pr/Ph 相关关系图（b）

藿烷类的伽马蜡烷指数（伽马蜡烷/C_{30} 藿烷）对判识有机质沉积水体盐度有很强的专属性，高伽马蜡烷含量通常与水柱分层（通常为高盐度所致）有关（Sinninghe et al.，1995；Moldowan et al.，1985）。在研究区石炭系—二叠系烃源岩中，伽马蜡烷指数与 Pr/Ph 表现出较好的负相关性，可以共同反映出烃源岩沉积时的氧化还原环境。由图 4.22（b）可见，P_1f 烃源岩的伽马蜡烷指数基本大于 0.2，为 0.2～3.3，反映盐度较高沉积环境特点，其中 P_1f_2 烃源岩伽马蜡烷指数整体高于 P_1f_1 与 P_1f_3，表明 P_1f_2 沉积时期水体盐度最大，与 β-胡萝卜烷所反映特征一致，同时 P_1f 烃源岩 Pr/Ph 基本小于 1.0，也反映出还原沉积环境；P_2w 烃源岩伽马蜡烷指数较低，在 0～0.3，大部分小于 0.2，反映为淡水沉积环境特征，且这部分样品拥有较高 Pr/Ph，为 1.2～4.8，指示氧化沉积环境特点；相比而言，C、P_1j 烃源岩具有较高的伽马蜡烷指数，为 0.2～0.7，也反映出较高盐度沉积水体环境，但盐度整体低于 P_1f 烃源岩。

C_{29}/C_{30} 藿烷和 $C_{35}S/C_{34}S$ 藿烷值可用于确定原油的烃源岩沉积相特征（Peters et al.，2005），$C_{35}S/C_{34}S$ 藿烷值为避免干扰采用 22S 异构型。许多煤/树脂生成的烃类具有较低的 $C_{35}S/C_{34}S$ 藿烷值（<0.6），这与较为氧化的沉积条件一致，而泥页岩往往具有较低的 C_{29}/C_{30} 藿烷值（<0.6）；相比之下，碳酸盐岩和泥灰质烃源岩通常具有 C_{29}/C_{30} 藿烷值高（>0.6）以及 $C_{35}S/C_{34}S$ 藿烷值高的特点（>0.8）（Sinninghe et al.，1995；Peters et al.，2005）。由图 4.23 可见，大部分烃源岩样品表现为泥/页岩烃源特征，而部分 P_1f 烃源岩和

P_1j 烃源岩有泥灰岩烃源特点，此外，所有 P_2w 烃源岩都在煤/树脂母质特征的区域内，但这部分区域与泥/页岩重叠，说明判识沉积相还需要更多佐证。

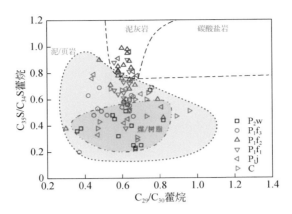

图 4.23　玛湖凹陷石炭系—二叠系 4 套烃源岩 C_{29}/C_{30} 藿烷–$C_{35}S/C_{34}S$ 藿烷相关图

4. 甾烷类

甾烷类是具有重要地球化学意义的生物标志物，其中规则甾烷是常用来反映有机质母源输入的指标参数，C_{27}—C_{29} 规则甾烷相对组成可用来划分母质类型，水生浮游生物以富含 C_{27} 胆甾烷为特征，而陆生高等植物中的甾烷则主要以 C_{29} 豆甾烷为主，C_{28} 甾烷相对含量高低可能指示特殊类型湖相藻类（如硅藻）贡献的强弱程度（Huang and Meinshein，1979；Czochanska et al.，1988；Peters et al.，2005）。如图 4.24 所示，研究区石炭系—二叠系 4 套烃源岩 C_{27} 甾烷相对丰度不具备太大差异，且相对丰度在 C_{27}—C_{29} 规则甾烷 3 者中最低，为 2.2%~31.3%，平均为 12.3%，表明 4 套烃源岩水生浮游生物贡献很低。有意义的是，C_{28} 甾烷相对丰度在不同层位烃源岩之间存在差异，P_2w 烃源岩 $\alpha\alpha\alpha C_{28}20R$ 最小，为 11.3%~41.3%，平均为 23.4%；C、P_1j 烃源岩次之，$\alpha\alpha\alpha C_{28}20R$ 为 21.0%~36.1%，

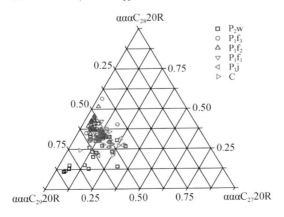

图 4.24　玛湖凹陷石炭系—二叠系 4 套烃源岩规则甾烷组成三元图

平均为 29.5%；P_1f 烃源岩 C_{28} 甾烷相对丰度最高，$\alpha\alpha\alpha C_{28}20R$ 为 30.4%~56.9%，平均为 38.3%，表明某种特殊类型的湖相藻类母质对 P_1f 烃源岩贡献最大。C_{29} 甾烷相对丰度在 P_2w 烃源岩与 P_1f、C、P_1j 烃源岩之间存在差异，P_2w 烃源岩 $\alpha\alpha\alpha C_{29}20R$ 普遍高于其他 3 套烃源岩，为 43.8%~84.4%，平均为 62.2%；而 P_1f、C、P_1j 烃源岩 $\alpha\alpha\alpha C_{29}20R$ 差异不大，总体在 40.9%~69.1%，平均为 53.4%，反映陆相高等植物对 P_2w 烃源岩贡献较大。

4.3.3 碱湖烃源岩岩石学特征

玛湖凹陷二叠系风城组烃源岩粒度较细，一般为粉砂级以下，颜色以深灰、灰黑色为主，属于典型的湖相暗色细粒沉积（秦志军等，2016）。但风城组暗色细粒岩石还有许多独特的特点，如泥岩中黏土矿物含量低，而长英质矿物特别是长石含量较高；细粒沉积物中页理不发育，岩石密度大，以块状构造为主，即便发育纹层状构造，其劈开性也很差；岩石中自生碳酸盐类矿物含量较高，特别是存在不同类型和期次的白云石，因此被不少学者称为"白云质岩"（冯有良等，2011；陈磊等，2012；朱世发等，2014）；岩石中夹有不少碱性蒸发岩矿物。如此种种，均说明风城组岩石类型的独特性和复杂性。

以岩心观察为基础，综合各种微观测试结果，在风城组烃源岩中共识别出泥质岩、泥质白云岩、凝灰岩和混积岩等 4 种主要岩石类型（王小军等，2018），其中以混积岩为主（图 4.25）。

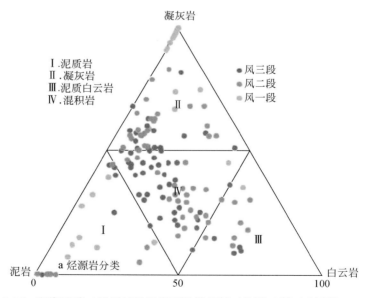

图 4.25 玛湖凹陷二叠系风城组岩石学类特征三角图（据王小军等，2018）

1. 泥质岩

细粒的粉砂-泥质岩类含量最多、分布最广，是风城组最主要的岩石类型之一。而且，岩石中含数量不等的凝灰质成分，以玛东斜坡和玛北斜坡区（风城—夏子街区）最为突出。大部分细粒级岩石也含有数量不等、类型和成因不同的白云石，构成含白云石或白云质岩，岩石中碎屑颗粒多以不同类型长石出现，黏土矿物含量较低，可能是火山岩类经物理风化为主形成的。由于此类岩石数量多、分布广，常被作为风城组的代表性岩类，主要包括含白云石或白云质粉砂岩、含白云石或白云质泥岩、白云石化沉凝灰岩等，有的白云质岩类岩石中含有一定量的盐类矿物（图 4.26）。

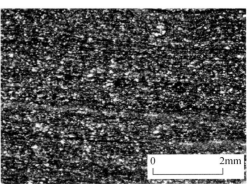

图 4.26　玛湖凹陷风南 1 井二叠系风城组富有机质白云质泥岩特征（P_1f，4362m）（据张志杰等，2018）

2. 白云岩

该类岩石主要由白云石组成，部分样品中含有特殊的碱类矿物。其中，泥质白云岩和凝灰质白云岩是风城组白云岩类的主要岩石类型，一般为灰、深灰色，白云石含量大于50%，晶粒大小为 0.1~0.25mm，和泥质混生或夹有凝灰质、粉砂质条带及硅质条带，并有微量有机质分布（图 4.27）。原生沉积形成的白云石颗粒细小均匀，部分样品受后期作用影响，白云石部分或全部发生重结晶作用，形成大颗粒碳酸盐矿物。

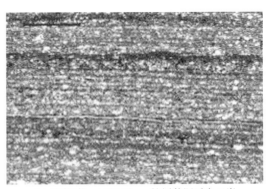

(a) 夏40井，4567.70m，P_1f，×40，
凝灰质粉晶灰岩(去白云白化)　　　　(b) 风南1井，4423.62m，纹层状泥质白云岩

图 4.27　玛湖凹陷二叠系风城组泥质白云岩类特征

3. 凝灰岩

该类岩石主要由凝灰质组分构成，含有一定量的陆源碎屑和碳酸盐矿物（图4.28）。多为沉积凝灰岩，深灰、灰黑色火山灰、火山尘，常与白云石、富含有机质的黏土混生，是火山碎屑岩与正常沉积岩之间的过渡岩石类型，有时就是凝灰岩、火山尘凝灰岩、白云石与富含有机质泥岩组成的韵律层。其中火山灰、火山尘主要由火山岩屑、长石为主的晶屑和玻屑组成，长英质的岩屑、晶屑和玻屑（及暗色矿物）最易发生蒙脱石化、绿泥石化、沸石化、方解石化、次生钠长石化等一系列蚀变作用，特别是新生黏土矿物，有利于有机质富集和保存。已见玻屑多已脱玻蚀变。常见火山岩屑被白云石交代现象，交代形成的白云石一般自形程度较高，多呈分散状产出，当其含量高时可称凝灰质白云岩。

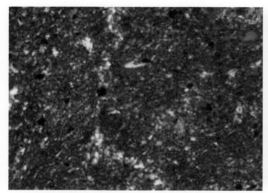

(a) 风南4井，4608.0m，P_1f，流纹质熔结凝灰岩　　　　(b) 风城011井，3861.83m，P_1f_1，沉积凝灰岩

图4.28　玛湖凹陷二叠系风城组凝灰岩类特征

4. 混积岩

在玛湖凹陷，分布最广的其实不是上述3类岩石，而是由以上3类端元岩石类型以不同方式和比例混合沉积形成的混积岩（图4.29、图4.30）。进一步分析发现，风城组的混积岩有两种类型。其中在风城组分布最广的一种是上述不同源区物质以不同比例混合沉积而成的混积岩，即狭义的混积岩，如含粉砂白云质泥岩，岩石主要由陆屑为主的泥质成分及粉砂-泥级大小的长英质成分组成，其次为内生的草莓状白云石、黄铁矿（图4.29）。再如白云质沉凝灰岩（图4.30），由火山碎屑和内源的白云石和方解石以不同比例混合沉积。大部分所谓的白云质岩，其岩石较致密、坚硬，常夹有多层硅质条带或砂质条带，以及凝灰质条带，具水平层理、微细层理，有些见缝合线构造，有些则见裂缝发育，大部分被白云石、方解石、硅质、片沸石、方沸石充填。硅质条带最厚处可达6mm，最薄只有0.2mm。

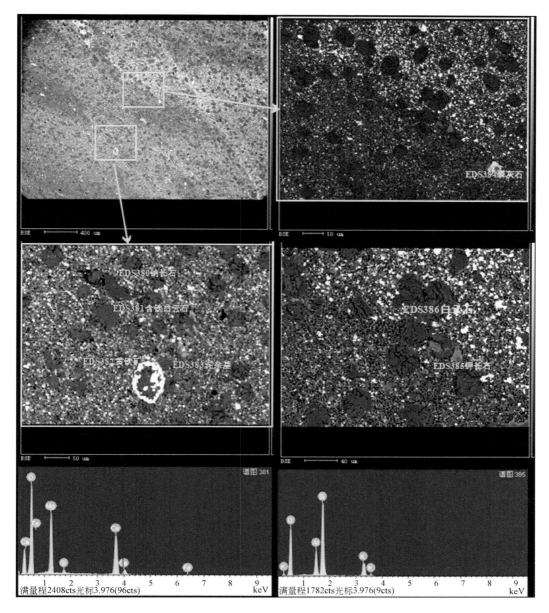

图 4.29　深灰色白云质泥岩、含藻球粒白云石和草莓状黄铁矿（风南 1 井，4124.53m）

　　一种是陆源碎屑岩与碳酸盐岩岩层之间频繁交替形成的地层剖面上的互层和夹层现象，被认为是广义的混合沉积的范畴（沙庆安，2001）。已有研究者将这种互层和夹层组合命名为"混积层系"（郭福生等，2003），混积层系和混积岩一起构成了广义的混合沉积，在风城组这种混积层系较为发育，常见的是白云质泥岩或凝灰质泥岩与碳酸盐岩、碳钠钙石岩天然碱的互层（图 4.31）。另一种为火山尘脱玻化或蚀变而形成的黏土矿物，多伴随有凝灰质晶屑，白云石常和粉砂条带、凝灰质条带呈互层，粉砂成分主要是长石、石英、火山岩块和泥质粉砂团块，凝灰质条带呈灰黑色，晶屑为长石和石英。

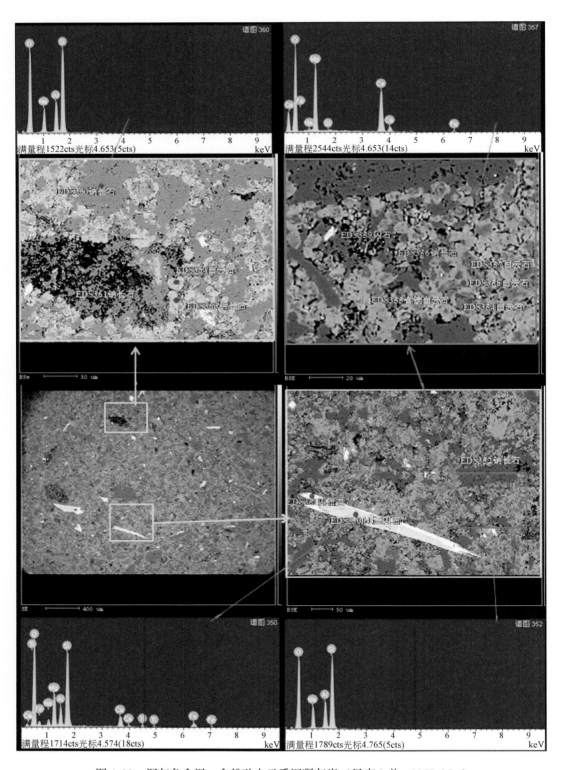

图 4.30　深灰色含泥、含粉砂白云质沉凝灰岩（风南 3 井，3957.35m）

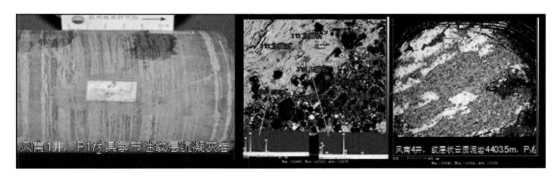

图 4. 31　两种或两种以上岩石以纹层或不等厚互层方式出现的混积层系

4.3.4　碱湖烃源岩沉积相特征与发育模式

1. 沉积相类型与特征

1）浅湖亚相

浅湖沉积位于滨湖亚相内侧至浪基面以上地带，沉积物受湖浪作用影响较强。岩石类型以黏土岩和粉砂岩为主，可夹有少量化学岩薄层或透镜体。陆源碎屑供应充分时，可出现较多细砂岩，砂岩胶结物以泥质、钙质为主，分选和磨圆较好。层理类型多以水平、波状层理为主，水动力强度较大的浅湖区具小型交错层理，砂泥岩交互沉积时可形成透镜状层理。有时层面可见对称浪成波痕。生物化石丰富，保存完好，以薄壳的腹足类、双壳类等底栖生物为主，亦出现介形虫和鱼类等化石，少见菱铁矿、鲕绿泥石等弱还原条件下的自生矿物。

该亚相在玛湖凹陷二叠系风城组 3 个段均有发育，岩相有陆源碎屑岩类、火山岩类、内源沉积岩类。主要微相类型有浅湖滩坝、浅湖碳酸盐岩、浅湖泥质岩类等。在实际沉积相划分中，发现浅湖亚相和半深湖亚相往往是间互出现，因此可以把浅湖亚相和半深湖亚相划在一起，称为浅湖–半深湖亚相。

研究区发育的浅湖沉积很有特色，以风南 7 井 $P_1f_2^2$ 为例，发育深灰色泥质白云岩、白云质泥岩或沉凝灰岩，见大量盐类矿物，盐类矿物为碳钠钙石、碳酸钠石（天然碱）、苏打石、硅硼钠石、白云石、方解石等［图 4. 32（a）］。

2）半深湖和深湖亚相（半深湖–深湖亚相）

半深湖和深湖亚相位于正常浪基面以下水体较深部位，为缺氧的弱还原–还原环境；岩性以灰黑–深灰、灰褐色泥页岩为特征，常见油页岩、薄层泥灰岩或白云岩夹层；发育水平层理及细波状层理，化石较丰富，以浮游生物为主，保存较好，底栖生物不发育，可见菱铁矿和黄铁矿等自生矿物；岩性横向分布稳定，垂向上常具有连续的完整韵律，沉积厚度大。在实际工作中，半深湖与深湖亚相常难以区分，故将其统称为半深湖–深湖亚相。相对来说，半深湖亚相泥岩颜色的暗度和岩性纯度稍次，可见少量底栖生物和含少量粉砂。

(a) 风南7井，$P_1f_2^2$，深灰色泥质白云岩、　　　　　　(b) 风南1井，$P_1f_2^3$，深灰、灰黑色泥质
白云质泥岩或沉凝灰岩，含有大量盐类矿物　　　　　　白云岩、白云质泥岩或沉凝灰岩，具季节性纹层

图4.32　玛湖凹陷二叠系风城组湖泊相典型岩心特征

玛湖凹陷二叠系风城组主要发育浅湖–半深湖亚相沉积，岩相主要是内源沉积岩类，如风南1井$P_1f_2^3$，岩性为深灰、灰黑色泥质白云岩、白云质泥岩或沉凝灰岩，具季节性纹层，纹层为各种盐类矿物，类型有碳钠钙石、碳酸钠石（天然碱）、苏打石、硅硼钠石、白云石、方解石等［图4.32（b）］。

2. 沉积组合类型与特征

如前所析，玛湖凹陷二叠系风城组为咸水–盐湖沉积，根据沉积特点及其与沉积介质盐度相关的化学沉积矿物类型与含量，将风城组复杂的、不同类型的岩石类型综合划分为4种主要沉积组合类型或沉积充填单元。

1）盐度相对较低沉积组合

该类沉积组合包括的岩石类型很多，风城组很多岩石类型均在该组合中出现，但以粉砂–泥质岩类等细粒岩石为主，火山岩（或火山碎屑岩）在该组合中相对较发育，不同地区岩性变化大。在该组合中，岩石的粒度和成分可能有很大变化，但其共同特点是基本不含自生化学沉积矿物［图4.33（a）］，表明盐度相对较低，是风城组最低的组合。该组合主要分布于风城组一段下部和三段中部和上部，风城组一段沉积时期火山活动较强，是盆地快速沉降时期，大致相当于湖进期沉积组合。

2）咸化沉积组合

岩石类型主要为泥质白云岩、白云质泥岩、凝灰质白云岩和白云质凝灰岩、含白云石或白云质粉砂岩等，为含自生碳酸盐岩类沉积组合，前期以方解石沉积为主，后期主要为白云石沉积，局部或成岩裂缝内含少量碱类矿物沉积，该组合出现的标志为具季节性纹层的深灰、黑色泥页岩［图4.33（b）］，代表深水沉积，也表示湖水已初步浓缩至方解石饱和的沉积，再进一步浓缩，即出现白云石和碱类矿物。作为蒸发过程的产物，该组合岩石中白云石含量相对较高，即白云质岩相对发育，是白云质岩发育的主要沉积组合，但不同相区分布有一定差异。咸化沉积组合在玛湖凹陷中心区主要分布于及风城组一段上部和三段下部，在风城组二段以夹层出现；过渡区主要分布在风城组二段、风城组三段下部及风城组一段上部；在受陆源碎屑影响较小的湖泊边缘及湾区，整个风城组均富含白云质岩。

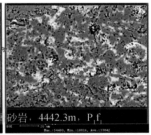

(a) 盐度相对较低沉积组合，基本不含自生化学沉积矿物

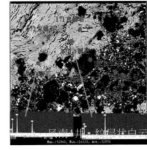
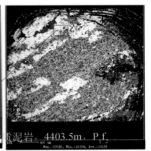

(b) 咸化沉积组合，自生矿物以方解石和白云石为主

(c) 富含蒸发盐沉积组合，富含苏打石、碳酸钠钙石等蒸发盐类矿物

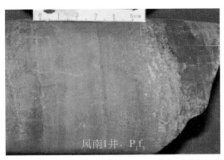
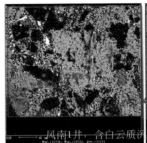
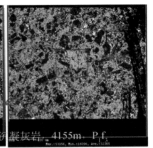

(d) 咸化减弱沉积组合，自生矿物以方解石和白云石为主

图 4.33　玛湖凹陷二叠系风城组不同类型沉积组合基本特征

3）富含蒸发盐沉积组合

这是以碱类蒸发盐矿物沉积为主的组合［图4.33（c）］。主要岩石类型为含白云质硅硼钠石质碳钠钙石岩、灰色碳钠钙石岩、灰色苏打石岩、硅硼钠石质岩石，含硅硼钠石白云石化粉砂岩、深灰色碳钠钙石白云质泥岩，主要为化学沉积产物。平面上主要分布于凹陷中部，厚度变化大，从中心向外逐渐减薄，主要发育在风城组二段蒸发盐发育区，常与咸化沉积组合相间出现而构成韵律层理或互层出现，是盐度相对最高的沉积组合。该组合沉积时玛湖凹陷为还原环境，盐度很高，菌类非常丰富，湖盆水体可能有分层现象。

4）咸化减弱沉积组合

气候变化等原因导致的再次湖进，使得湖水盐度变低、自生蒸发盐类矿物逐步消失，形成类似咸化沉积组合的岩石序列，但自生矿物形成顺序大致与第2组合（咸化沉积）相反，代表再次湖进的开始，或湖盆演化结束，也可称为碱类矿物消失组合［图4.33（d）］，该组合岩石中白云石的含量相对较高，方解石也相对发育，主要分布于风城组三段下部和上部。

3. 沉积演化特征及模式

1）垂向演化特征

玛湖凹陷二叠系风城组沉积演化存在区域差异性，表现为不同岩相区（沉积中心区、过渡区、鼻隆区）具有不同沉积特征。

A. 沉积中心区

根据艾克1井风城组一段二砂组（$P_1f_1^2$）、风南7井风城组一段一砂组、二段三砂组和二段二砂组（$P_1f_1^1$、$P_1f_2^3$、$P_1f_2^2$）、风南3井风城组二段一砂组（$P_1f_2^1$）、风城011井风城组三段三砂组（$P_1f_3^3$）、风南3井风城组三段二砂组（$P_1f_3^2$）和三段一砂组（$P_1f_3^1$）等编制的风城组沉积演化柱状图（图4.34）可见，玛湖西斜坡中心区风城组自下而上存在5个沉积组合，分别为较低盐度沉积组合、初步咸化沉积组合、碱类蒸发岩沉积组合、弱咸化沉积组合、较低盐度沉积组合或低盐度沉积组合（图4.34）。其中低盐度沉积组合相当于早期湖进沉积组合，初步咸化沉积组合相当于湖进沉积组合，碱类蒸发岩沉积组合相当于高位晚期和湖退早期沉积组合，弱咸化沉积组合相当于湖退沉积组合，碱类矿物逐步消失，顺序大致与初步咸化沉积组合相反，而较低盐度沉积组合或低盐度沉积组合则代表再次湖进开始或湖盆演化结束。

B. 过渡区

根据风南4井风城组一段二砂组（$P_1f_1^2$）、风南1井风城组一段一砂组（$P_1f_1^1$）、二段3个砂组（$P_1f_2^3$、$P_1f_2^2$、$P_1f_2^1$）、风城组三段三砂组（$P_1f_3^3$）和二砂组（$P_1f_3^2$）、风南4井风城组三段一砂组（$P_1f_3^1$）等编制的风城组沉积演化柱状图（图4.35）可见，玛湖西斜坡过渡区风城组自下而上各砂组存在4个沉积组合，分别为低盐度沉积组合、碱化沉积组合、淡化沉积组合和低盐度沉积组合。

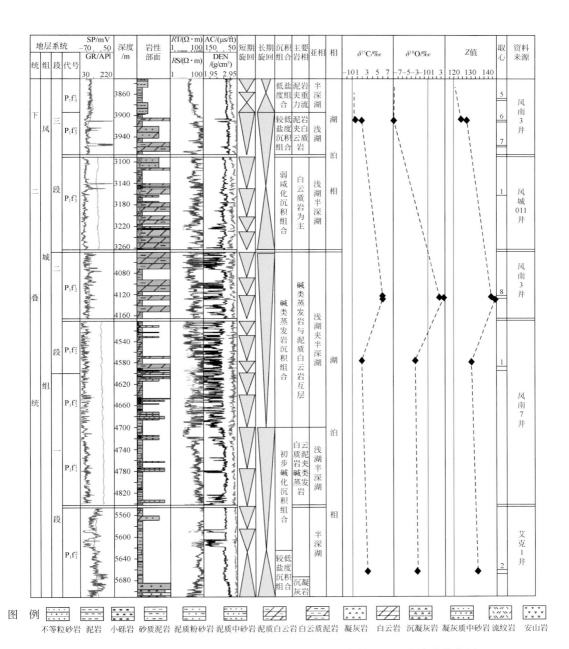

图 4.34　玛湖凹陷中心区二叠系风城组沉积组合发育特征及沉积演化柱状图

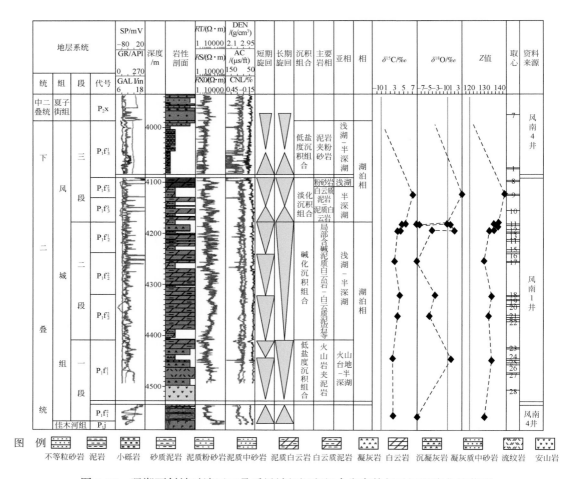

图 4.35　玛湖西斜坡过渡区二叠系风城组沉积组合发育特征及沉积演化柱状图

低盐度沉积组合相当于早期湖进沉积组合，由 $P_1f_1^2$ 和 $P_1f_1^1$ 两个砂组组成，岩性为绿灰、灰色沉凝灰岩、凝灰质砂岩、流纹岩等，特征是基本不含盐类矿物。

碱化沉积组合相当于高位晚期和湖退早期沉积组合，由整个风城组二段组成，岩性主要为灰、绿灰色泥质白云岩、白云质泥岩等，见大量白色盐类矿物，不同层段盐类矿物发育程度不同，盐类矿物呈透镜状、团块状、似层状分布。

淡化沉积组合也就是咸化减弱沉积组合，碱类矿物逐步消失，顺序大致与咸化沉积组合相反，由 $P_1f_3^1$ 和 $P_1f_3^2$ 两个砂组组成，岩性为绿灰色白云质泥岩、泥质白云岩夹灰色泥质白云岩等，可见白色盐类矿物明显比风城组二段各砂组少，呈条带状分布。

低盐度沉积组合代表再次湖进开始或湖盆演化结束，由 $P_1f_3^3$ 砂组组成，岩性为深灰色白云质泥岩、白云质粉砂岩夹棕褐色白云质泥岩等，少见雪花状盐类矿物。

　　C. 鼻隆区

根据风城 011 井风城组一段二砂组（$P_1f_1^2$），风 5 井风城组一段一砂组、二段三砂组、二段二砂组、二段一砂组和三段三砂组（$P_1f_1^1$、$P_1f_2^3$、$P_1f_2^2$、$P_1f_2^1$、$P_1f_3^3$），风 20 井风城组三段二砂组（$P_1f_3^2$）及风 7 井风城组三段一砂组（$P_1f_3^1$）等编制的风城组沉积演化柱状图（图4.36）可见，玛湖西斜坡鼻隆区自下而上各砂组组成 4 个沉积组合，分别为低盐度沉积组合、碱化沉积组合、淡化沉积组合和低盐度沉积组合。

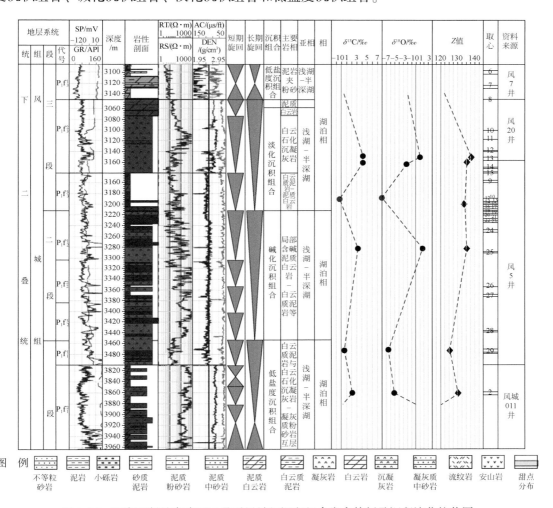

图 4.36　玛湖西斜坡鼻隆区二叠系风城组沉积组合发育特征及沉积演化柱状图

综上可知，不同相区存在着不同的沉积组合单元发育程度和叠置关系。在凹陷沉积（碱类蒸发盐发育区）中心，上述 4 套沉积组合发育齐全，依次叠置，其他相区缺乏蒸发岩沉积单元。白云质岩分布受沉积旋回和沉积组合类型控制，不同相区白云质岩分布的位置不同，在碱类等蒸发矿物发育区，白云质岩主要分布于碱类沉积发育段的顶底部，过渡区主要分布于风城组二段、三段下部及一段上部，在受陆源碎屑影响较小的湖泊边缘及湾区，整个风城组均富含白云质岩。

2）平面沉积模式

玛湖凹陷二叠系风城组存在白云质岩、碎屑岩和火山岩类多种岩石类型，表明风城组是由陆源碎屑岩、爆发相火山岩（外源）与湖盆内化学沉积的碳酸盐岩（内源）叠合组成的混合沉积，其中碎屑岩、碳酸盐岩和火山岩3者比例变化较大，呈现相互消长关系（图4.37）。

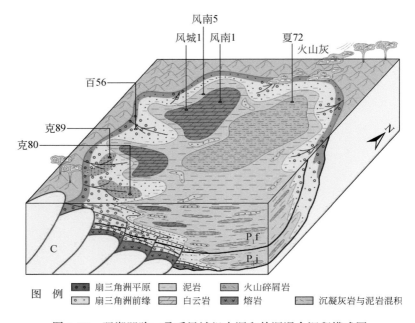

图 4.37　玛湖凹陷二叠系风城组内源和外源混合沉积模式图

特别是对于白云质岩，其分布明显受古地貌控制，范围主要受物源体控制，在扇三角洲发育处白云质岩发育明显受到抑制。这是由于在扇三角洲发育处水动力条件较强，陆源碎屑物质输入充分，水体大部分时间都处于非静止状态，碎屑岩含量较高，故白云质岩的发育明显受到抑制，其发育程度随砂砾岩等粗碎屑含量增加而减少。

研究表明，风城组白云质岩主要分布于潟湖主体部位，平面上受扇体物源影响离湖岸有一定距离，以化学沉积作用为主。区域上白云质岩类厚度变化较大，与湖相泥岩发育关系较为密切，横向对比性差，与泥岩发育状况呈正相关，与砂砾岩发育程度呈负相关关系。乌夏断裂带风城组自下而上沉积具粗—细—粗的岩性变化规律，电性具高阻—相对低阻—高阻测井响应，总体上反映出由于构造抬升—沉降—抬升的构造演化，风城组湖平面发生下降—上升—下降的变化，垂向上为退积-进积沉积充填序列，沉积早期伴有火山活动。因此，风城组白云质岩类与碎屑岩和火山岩常呈互层分布，白云质岩类的发育贯穿风城组整个沉积过程。总体上看。白云质岩类储层厚度及所占地层比例变化较大，为5%~70%。

4.4　玛湖凹陷烃源岩地球化学特征

4.4.1　烃源岩类型及分布特征

　　玛湖凹陷发育石炭系、下二叠统佳木河组、下二叠统风城组和中二叠统下乌尔禾组 4 套烃源岩（图 4.38）。其中下二叠统风城组烃源岩是玛湖凹陷主力烃源岩（陈刚强等，2014；雷德文等，2017a；任江玲等，2017），厚度为 50 ~ 400m（匡立春等，2014）。岩心、薄片及全岩 X-衍射分析表明（任江玲等，2017），风城组烃源岩岩性较为复杂，可细分为泥质岩、白云岩、凝灰岩和混积岩 4 类，其中泥质岩和白云岩是风城组主力烃源岩。垂向上不同层段岩性存在差异，风一段岩性以凝灰岩、凝灰质白云岩为主，风二段以泥质白云岩和混积岩为主，风三段以凝灰岩、泥质白云岩和泥岩为主。

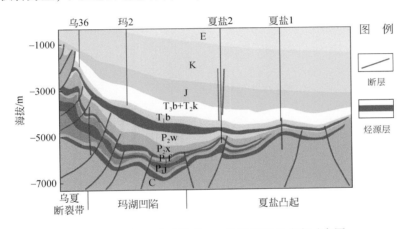

图 4.38　玛湖凹陷石炭系—二叠系烃源岩分布示意图

　　上述 4 套烃源岩在玛湖凹陷分布均比较稳定。从厚度来看，风城组和下乌尔禾组烃源岩厚度最大。平面分布上各套烃源岩在靠近西北缘断裂带的凹陷边缘厚度普遍最大，石炭系和佳木河组烃源岩自西北缘断裂带下盘厚度最大处向东南方向逐渐变薄，而风城组和下乌尔禾组向东南方向还发育一个次级沉积中心（图 4.39 ~ 图 4.41）。

4.4.2　有机质丰度

　　烃源岩的有机质丰度是油气生成的物质基础，常见判识指标参数包括总有机碳（TOC）含量、岩石热解中的生烃潜量（$PG = S_1 + S_2$）、氯仿沥青“A”含量、总烃含量（HC）等。实际研究中，不同指标之间有时会出现矛盾，高的 TOC 并不总代表烃源岩生烃潜力好，如高等植物通常具有高的 TOC 含量，但其有机质类型通常较差，因而生烃潜力并不一定高。另外，当有机质演化热演化程度较高时，也会出现 TOC 高而生烃潜力较低的情况。因此在实际工作中，烃源岩的有机质丰度评价需要多指标综合判析。

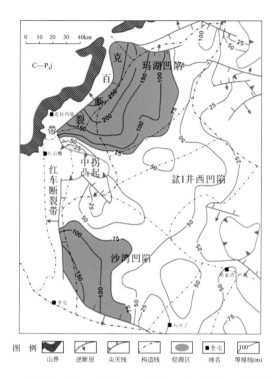

图 4.39　玛湖凹陷石炭系—二叠系佳木河组烃源岩系等厚图

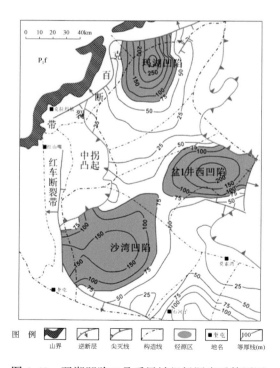

图 4.40　玛湖凹陷二叠系风城组烃源岩系等厚图

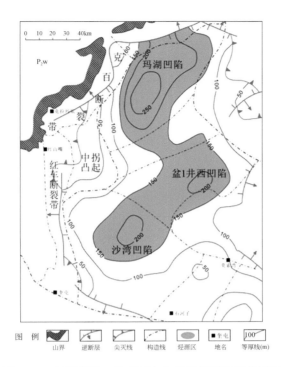

图 4.41　玛湖凹陷二叠系下乌尔禾组烃源岩系等厚图

按照国内常用的陆相烃源岩有机质丰度评价标准（表 4.8），由表 4.9 和图 4.42 可见，玛湖凹陷石炭系达到好烃源岩标准（TOC 大于 1.0%）的样品占 54%；佳木河组达到好烃源岩标准的样品占 64%，但其样品总量较少，且多数含凝灰质；风城组达到好烃源岩标准的样品占 64%，且样品数量最多；下乌尔禾组达到好烃源岩标准的样品比例最低，仅为 39%。4 套潜在烃源岩有机质丰度平均值高低顺序依次为石炭系、佳木河组、风城组、下乌尔禾组，但达到好质量烃源岩的比例由高到低则依次为风城组、佳木河组、石炭系、下乌尔禾组。

表 4.8　陆相烃源岩有机质丰度评价指标*

指标	盆湖水体类型	非生油岩	生油岩类型			
			差	中等	好	最好
TOC/%	淡水–半咸水	<0.4	0.4~0.6	0.6~1.0	1.0~2.0	>2.0
	咸水–超咸水	<0.2	0.2~0.4	0.4~0.6	0.6~0.8	>0.8
氯仿沥青"A"/%	—	<0.015	0.015~0.050	0.050~0.100	0.100~0.200	>0.200
HC/10^{-6}	—	<100	100~200	200~500	500~1000	>1000
(S_1+S_2)/（mg/g）	—	—	<2	2~6	6~20	>20

* 据中国石油天然气总公司，1995，陆相烃源岩地球化学评价方法（SY/T 5735—1995）。

注：表中评价指标适用于烃源岩（生油岩）成熟度较低（R_o = 0.5%~0.7%）阶段的评价，当烃源岩热演化程度高时，由于油气大量排出以及排烃程度不同，导致上列有机质丰度指标失真，应进行恢复后评价。

表 4.9 玛湖凹陷石炭系—二叠系 4 套潜在烃源岩基础有机地球化学特征

地球化学参数		下乌尔禾组 (P_2w)	风城组 (P_1f)	佳木河组 (P_1j)	石炭系 (C)
TOC/%	分布范围 (样品数)	0.51 ~ 3.28 (28)	0.51 ~ 3.58 (97)	0.50 ~ 2.19 (21)	0.52 ~ 4.94 (50)
	平均值	1.09	1.13	1.19	1.42
PG/(mg/g)	分布范围 (样品数)	0.06 ~ 12.57 (23)	0.50 ~ 24.50 (97)	0.06 ~ 1.11 (20)	0.07 ~ 6.40 (50)
	平均值	1.57	5.59	0.51	0.72
氯仿沥青 "A" /%	分布范围 (样品数)	0.0045 ~ 0.1279 (10)	0.002 ~ 1.540 (134)	0.0019 ~ 0.1807 (16)	0.0035 ~ 0.1676 (39)
	平均值	0.0259	0.264	0.0231	0.00218
$HC/10^{-6}$	分布范围 (样品数)	23.66 ~ 1050.31 (6)	400.45 ~ 6016.11 (16)	6.40 ~ 1305.19 (9)	23.80 ~ 418.18 (8)
	平均值	256.37	2567.06	176.07	141.0306
$\delta^{13}C/‰$	分布范围 (样品数)	−25.5 ~ −20.2 (13)	−27.9 ~ −24.2 (37)	−23.1 ~ −21.1 (12)	−24.6 ~ −20.8 (2)
	平均值	−22.5	−26.0	−22.1	−22.3
H/C	分布范围 (样品数)	0.51 ~ 0.55 (3)	0.86 ~ 1.49 (30)	80.33 ~ 0.6 (14)	0.43 ~ 0.98 (30)
	平均值	0.53	1.19	0.55	0.66
O/C	分布范围 (样品数)	0.05 ~ 0.06 (3)	0.02 ~ 0.22 (30)	0.03 ~ 0.21 (14)	0.04 ~ 0.45 (30)
	平均值	0.05	0.07	0.08	0.11
HI/(mg/g)	分布范围 (样品数)	7.89 ~ 468.42 (22)	20.48 ~ 848.98 (165)	1.35 ~ 97.17 (20)	0.63 ~ 144.14 (50)
	平均值	91.84	309.87	37.15	38.35
$R_o/\%$	分布范围 (样品数)	0.79 ~ 1.40 (14)	0.56 ~ 1.14 (12)	0.59 ~ 1.63 (14)	0.54 ~ 1.38 (8)
	平均值	0.98	0.80	0.93	0.90
$T_{max}/℃$	分布范围 (样品数)	402 ~ 494 (23)	391 ~ 488 (208)	408 ~ 453 (20)	384 ~ 506 (48)
	平均值	440	435	443	451
C_{29}甾烷 20S/(20S+20R)	分布范围 (样品数)	0.27 ~ 0.57 (9)	0.14 ~ 0.48 (18)	0.30 ~ 0.44 (14)	0.12 ~ 0.50 (34)
	平均值	0.41	0.43	0.35	0.38
C_{29}甾烷 $\beta\beta/(\alpha\alpha+\beta\beta)$	分布范围 (样品数)	0.22 ~ 0.58 (9)	0.15 ~ 0.61 (18)	0.34 ~ 0.49 (14)	0.20 ~ 0.54 (34)
	平均值	0.41	0.49	0.41	0.39

注：风城组样品主要取自玛湖凹陷西部斜坡区。

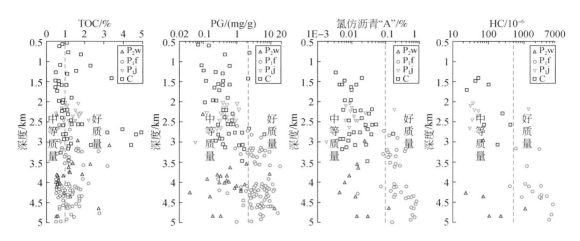

图 4.42　玛湖凹陷石炭系—二叠系 4 套潜在烃源岩有机质丰度基础地球化学柱状图

相比而言，PG、氯仿沥青"A"、HC 等参数与 TOC 判识存在一定差异（表 4.9，图 4.42）。其中风城组 PG 达到好烃源岩标准（大于 6.0mg/g）的样品占 32%，其余 3 套潜在烃源岩达到好质量标准的样品占比均在 10% 以下。氯仿沥青"A"、HC 与 PG 判识相似。氯仿沥青"A"仍以风城组达到好烃源岩标准（大于 0.1%）的样品比例最高，占 66.4%，石炭系、佳木河组、下乌尔禾组达到好烃源岩的样品均未超过 10%。在 HC 含量上，风城组达到好烃源岩标准（大于 500ppm）的占 94%，其余 3 套潜在烃源岩达到好质量标准的均占其样品 10% 以下。

由图 4.43 可见，风城组氯仿沥青"A"、HC、PG 与 TOC 相关性最好，而石炭系、佳木河组、下乌尔禾组 3 套潜在烃源岩的 PG、氯仿沥青"A"、HC 与 TOC 相关性较差，反映这 3 套烃源岩有机质类型较差或者热演化程度较高（黄第藩和李晋超，1982；陈建平等，2014）。

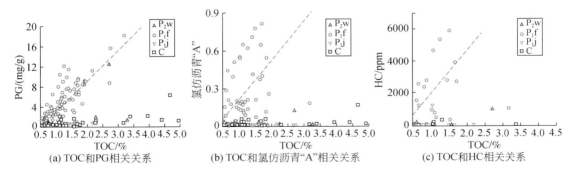

图 4.43　玛湖凹陷石炭系—二叠系 4 套潜在烃源岩有机质类型分布图

综上，研究区 4 套烃源岩系泥岩均具备较高有机质丰度，尤以风城组为最佳，这为生烃奠定了良好的物质基础。而其他 3 套潜在烃源岩有机质类型可能较差或有机质成熟度过高。

在 TOC 平面分布上，以数据较多的风城组和下乌尔禾组为例（图4.44），风城组有机碳含量在玛湖凹陷中央达到最大值，下乌尔禾组有机碳含量在玛湖地区最大值亦在玛湖凹陷中央，且两者之间有着共同变化规律，即有机碳含量向北至凹陷边缘变低，烃源岩厚度也存在类似变化趋势（图4.39）。因此，玛湖凹陷烃源岩从有机质丰度及厚度综合评价，以风城组为最佳，其次为佳木河组和石炭系，下乌尔禾组相对较差。

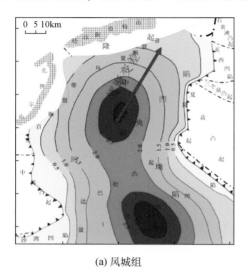
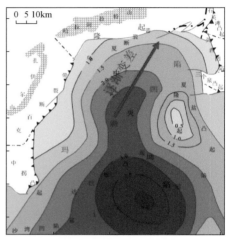

(a) 风城组　　　　　　　　　　　　　　　　　(b) 下乌尔禾组

图4.44　玛湖凹陷风城组和下乌尔禾组潜在烃源岩系有机碳含量等厚图（单位:%）

4.4.3　有机质类型

烃源岩的有机岩石学特征、氢指数、碳同位素、干酪根氢碳原子比与氧碳原子比、生物标态物特征是评价有机质类型的主要地球化学参数。

1. 有机岩石学特征

根据有机岩石学特征，可将研究区石炭系—二叠系4套潜在烃源岩总体分为两类（图4.45）。其中，第1类为风城组烃源岩，其有机质来源以菌藻类为主，类型偏腐泥型，因此以生油为主；第2类为石炭系、佳木河组与下乌尔禾组潜在烃源岩，属于双源母质输入，反映当时可能受环境影响，有大量陆源高等植物输入，因此有机质类型偏混合型，故既可生油也可生气。

2. 氢指数

由表4.9与图4.46可见，玛湖凹陷石炭系烃源岩样品按氢指数（HI）划分，其有机质属III$_1$型（100~150mg/g）样品占6%、III$_2$型（小于100mg/g）样品占94%；佳木河组样品按氢指数（HI）划分均属于III$_2$型（小于100mg/g）；风城组样品按氢指数（HI）划分II$_1$型（400~700mg/g）样品占14%、II$_2$型（150~400mg/g）样品占68%、III$_1$型

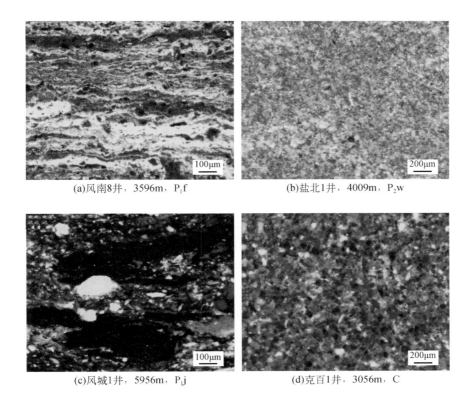

(a)风南8井，3596m，P_1f　　　　　　(b)盐北1井，4009m，P_2w

(c)风城1井，5956m，P_1j　　　　　　(d)克百1井，3056m，C

图 4.45　玛湖凹陷石炭系—二叠系 4 套潜在烃源岩系泥岩有机岩石学照片

（100~150mg/g）样品占 12%、III_2 型（小于 100mg/g）样品占 6%；下乌尔禾组样品按氢指数（HI）划分 II_1 型（400~700mg/g）样品占 5%、II_2 型（150~400mg/g）样品占 9%、III_1 型（100~150mg/g）样品占 9%、III_2 型（小于 100mg/g）样品占 77%。需要指出的是，由于受热演化程度等影响，单纯依据 HI 判识有机质类型并不准确，需结合 T_{max} 综合考虑。据此，由图 4.47 可以看出，风城组有机质类型主要为 II 型，少量为 III 型与 I 型，表现为倾油特征，石炭系、佳木河组、下乌尔禾组主要为 III 型，仅少量下乌尔禾组与石炭系样品为 II 型。

3. 碳同位素

有机质稳定碳同位素主要取决于其母质来源，而受热演化影响较小，因此干酪根碳同位素在成烃演化阶段尤其是高演化阶段，是反映烃源岩有机质类型的一个重要参数。由表 4.8 与图 4.47 可见，依据干酪根碳同位素划分有机质类型，玛湖凹陷石炭系与佳木河组烃源岩均以 III_2 型（大于 -23‰）为主，含少量 III_1 型（-25‰~-23‰）；风城组烃源岩以 II_2 型（-27‰~-25‰）为主，含少量 II_1 型（-30‰~-27‰）与 III_1 型（-25‰~-23‰），由于风城组发育碱湖沉积，碳同位素整体偏重，因此实际有机质类型要比依据碳同位素判识结果好；下乌尔禾组烃源岩以 III_2 型（大于 -23‰）为主，含少量 III_1 型（-25‰~-23‰）与 II_2 型（-27‰~-25‰）。

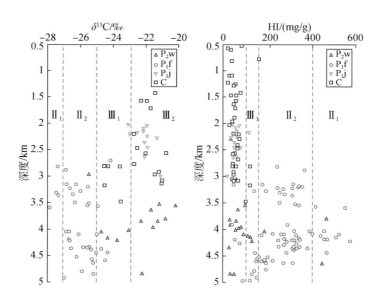

图 4.46 玛湖凹陷石炭系—二叠系 4 套潜在烃源岩有机质类型基础地球化学柱状图

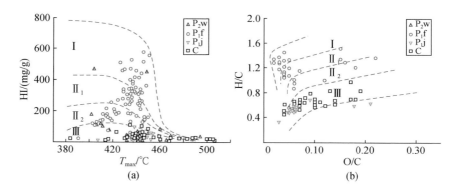

图 4.47 玛湖凹陷石炭系—二叠系 4 套潜在烃源岩有机质类型分布图

4. 干酪根氢碳原子比与氧碳原子比

干酪根氢碳原子比与氧碳原子比反映了干酪根的化学性质。根据氢碳原子比与氧碳原子比相关性，玛湖凹陷二叠系风城组有机质类型以Ⅰ型和Ⅱ型为主，少量样品落入Ⅲ型区域；石炭系、佳木河组、下乌尔禾组有机质类型主要为Ⅲ型，但有少量石炭系样品落入Ⅱ型区域（图 4.47）。

5. 生物标志物特征

生物标志物多用于判断有机质来源及生成环境。准噶尔盆地玛湖地区石炭系—二叠纪暗色泥岩中检测出了丰富的链烷烃和甾萜烷系列（表 4.10）。

表 4.10　玛湖凹陷石炭系—二叠系 4 套烃源岩生物标志物指标分析数据表

井号	样品深度/m	层位	岩性	1	2	3	4	5	6	7	8	9	10
夏盐 2	4849.23	P_2w	灰色粉砂质泥岩	—	—	—	—	—	0.51	0.57	28.3	24.63	46.98
玛 9	3845	P_2w	深灰色粉砂质泥岩	—	—	—	—	—	0.46	0.23	32.5	24.42	43.09
夏盐 2	4849.2	P_2w	灰黑色泥岩	23	0.83	3.20	1.12	1.19	0.47	0.58	27.2	35.24	37.56
克 76	2964.6	P_2w	深灰色泥岩	—	1.38	2.12	1.08	—	—	—	—	—	—
艾参 1	4252	P_2w	灰黑色泥岩	20	1.38	5.92	1.03	0.27	0.38	0.42	18.4	33.88	47.72
金探 1	4656.73	P_2w	深灰色泥岩	21	1.55	0.75	1.16	0.14	0.57	0.54	23.5	30.49	46.05
艾参 1	4355.6	P_2w	深灰色泥岩	20	1.67	10.69	0.95	0.45	0.41	0.48	22.9	30.72	46.39
玛 2	3530	P_2w	深灰色泥岩	—	1.87	4.18	0.89	—	—	—	—	—	—
玛 005	3552.8	P_2w	灰色砂质泥岩	20	1.99	1.18	1.01	0.12	0.27	0.22	16.8	12.90	70.34
玛 004	3635.14	P_2w	灰色砂质泥岩	21	2.23	0.99	1.03	0.17	0.36	0.34	31.3	14.21	54.53
盐北 1	4008.01	P_2w_3	深灰色泥岩	21	0.88	1.16	1.10	0.13	0.27	0.34	1.4	38.86	59.69
克 80	4448	P_1f	岩屑	—	—	—	—	0.09	0.43	0.51	6.5	36.36	57.17
风南 7	4616	P_1f	荧光灰色白云质泥岩	23	0.60	—	—	0.42	0.46	0.60	11.5	35.87	52.62
风南 1	4231.8	P_1f	白云质泥岩	21	0.62	2.24	0.78	—	—	—	—	—	—
风南 8	3595.34	P_1f	深灰色白云质泥岩	23	0.66	0.91	1.18	0.47	0.41	0.26	6.4	42.80	50.82
风南 7	4920	P_1f	深灰色灰质泥岩	23	0.66	0.45	1.23	2.35	0.45	0.59	11.6	33.11	55.25
风南 7	4634	P_1f	荧光灰色白云质泥岩	23	0.68	—	—	0.50	0.44	0.57	10.4	37.84	51.74
风南 7	4796	P_1f	灰色灰质泥岩	23	0.71	—	—	1.43	0.45	0.60	12.5	35.27	52.24
风南 7	4848	P_1f	深灰色灰质泥岩	23	0.72	—	—	2.80	0.48	0.61	14.4	34.28	51.33
风 5	3190.37	P_1f	灰色白云质泥岩	29	0.72	0.33	—	0.06	0.14	0.15	2.2	56.86	40.91
风南 7	4526	P_1f	荧光深灰色白云质泥岩	23	0.72	—	—	0.64	0.45	0.60	11.8	35.34	52.89
风南 7	4354	P_1f	深灰色白云质泥岩	23	0.73	—	—	0.20	0.46	0.48	7.6	37.50	54.93
风南 2	4040.85	P_1f	白云质泥岩	23	0.74	0.79	0.83	—	—	—	—	—	—
风南 2	4101.1	P_1f	白云质泥岩	23	0.74	0.87	0.82	—	—	—	—	—	—
风南 1	4336.96	P_1f	白云质泥岩	23	0.78	0.67	1.17	—	—	—	—	—	—
风南 7	4986	P_1f	灰色白云质泥岩	23	0.79	0.71	0.88	2.48	0.45	0.59	12.4	34.57	53.02
风南 1	4357.51	P_1f	白云质泥岩	23	0.79	1.38	0.90	—	—	—	—	—	—
风南 2	4099.58	P_1f	灰色白云质泥岩	23	0.80	0.84	0.00	0.21	0.43	0.41	6.00	39.26	54.74
风南 7	4446	P_1f	深灰色白云质泥岩	23	0.83	—	—	0.35	0.45	0.58	10.7	34.41	54.85
风南 2	4037.84	P_1f	灰色白云质泥岩	23	0.85	1.33	1.14	0.21	0.45	0.35	5.77	40.96	53.27
风南 7	4266	P_1f	深灰色泥岩	21	0.85	0.52	1.20	0.39	0.45	0.54	10.58	34.44	54.98
风南 7	4336	P_1f	深灰色白云质泥岩	21	0.90	0.52	1.12	0.27	0.46	0.47	7.66	37.26	55.08

续表

井号	样品深度/m	层位	岩性	1	2	3	4	5	6	7	8	9	10
风7	3151.86	P_1f	黑灰色泥岩	21	0.91	1.08	0.85	—	—	—	—	—	—
风南1	4194.27	P_1f	白云质泥岩	23	0.92	1.31	1.10	—	—	—	—	—	—
风南7	4384	P_1f	深灰色白云质泥岩	23	0.94	—	—	0.30	0.45	0.51	8.61	35.69	55.71
风南1	4369.43	P_1f	白云质泥岩	21	0.95	0.76	1.17	—	—	—	—	—	—
风南7	4292	P_1f	深灰色白云质泥岩	21	0.96	0.54	1.07	0.13	0.46	0.47	4.76	38.25	57.00
风南1	4095.17	P_1f	白云质泥岩	23	1.12	0.87	1.08	/	—	—	—	—	—
风城1	5956.12	P_1j	碳质泥岩	23	0.67	0.30	1.21	0.32	0.43	0.48	20.78	26.30	52.92
红山4	2180	P_1j	深灰色凝灰岩	28	0.71	1.74	0.31	0.04	0.44	0.49	15.62	25.23	59.15
车202	2644.8	P_1j	灰黑色泥岩	23	0.87	0.34	1.03	0.17	0.36	0.40	30.13	29.05	40.83
车202	2236.51	P_1j	灰黑色泥岩	21	1.04	2.10	1.14	0.23	0.30	0.36	28.38	23.75	47.87
车202	2025.12	P_1j	灰色凝灰岩	20	1.10	2.00	1.20	0.77	0.37	0.47	28.55	33.44	38.01
车202	2206.29	P_1j	灰黑色泥岩	23	1.12	0.48	1.11	0.24	0.31	0.38	30.93	27.33	41.74
车202	2084.94	P_1j	深灰色泥岩	23	1.22	0.65	1.11	0.26	0.33	0.43	33.11	27.62	39.28
车202	2361.36	P_1j	灰黑色泥岩	23	1.22	0.50	1.24	0.15	0.31	0.34	27.28	25.33	47.39
车202	2043.85	P_1j	深灰色砂质泥岩	23	1.29	0.56	1.13	0.22	0.32	0.43	31.69	28.40	39.90
红山4	2150	P_1j	深灰色凝灰岩	23	1.33	0.57	1.16	0.06	0.32	0.39	19.86	17.16	62.98
车202	2457.38	P_1j	黑色泥岩	23	1.36	0.47	1.21	0.11	0.32	0.36	27.17	26.13	46.70
车202	2459.2	P_1j	深灰色凝灰岩	20	1.56	3.36	1.01	0.72	0.37	0.36	15.25	24.64	60.11
车25	2273.5	P_1j	黑色色凝灰岩	20	2.06	14.55	1.16	0.56	0.42	0.43	30.78	19.92	49.30
车202	2457.08	P_1j	灰色凝灰岩	23	2.19	1.21	0.98	0.13	0.38	0.42	21.96	25.57	52.47
车25	2273.4	P_1j	深灰色凝灰岩	20	2.25	14.08	1.18	3.00	0.35	0.43	11.60	27.47	60.92
车峰7	1266.93	C	深灰色凝灰岩	—	—	—	—	0.46	0.29	0.42	21.58	14.97	63.45
车峰4	1420.4	C	深灰色凝灰岩	26	0.56	0.16	1.56	0.05	0.12	0.35	14.48	19.41	66.11
红60	2578.7	C	黑灰色砂质凝灰岩		0.79	1.85	0.95	—	—	—	—	—	—
红山6	1570.13	C	深灰色沉凝灰岩	23	0.80	0.48	1.17	0.11	0.39	0.26	17.89	14.48	67.64
红山4	2300	C	深灰色凝灰岩	23	0.86	0.54	1.20	0.15	0.44	0.50	13.83	35.55	50.62
车浅3	1969	C	黑灰色凝灰岩	20	0.89	12.12	1.34	2.60	0.49	0.47	29.05	26.96	43.99
红山4	2215.17	C	黑灰色凝灰岩	23	0.90	0.44	1.16	0.22	0.36	0.43	13.96	31.83	54.21
拐16	2810.17	C	凝灰质泥岩	21	0.95	1.06	1.06	0.80	0.43	0.40	16.39	36.13	47.48
拐148	3071.6	C	黑色砂质泥岩	21	0.96	1.47	1.12	0.34	0.43	0.47	15.94	40.85	43.21
红山4	2217.05	C	黑灰色凝灰岩	23	1.00	0.38	1.43	0.07	0.23	0.28	25.41	12.24	62.35
红山6	1568.46	C	深灰色沉凝灰岩	23	1.00	0.50	1.19	0.11	0.32	0.26	21.18	13.15	65.67

续表

井号	样品深度/m	层位	岩性	1	2	3	4	5	6	7	8	9	10
红山 4	2200	C	深灰色凝灰岩	28	1.00	0.62	1.17	0.06	0.39	0.51	17.05	24.25	58.69
拐 150	2919.1	C	黑色凝灰岩	21	1.00	1.65	1.21	0.27	0.37	0.37	21.20	28.23	50.57
拐 150	2919.3	C	黑色凝灰岩	21	1.00	2.40	1.25	0.28	0.40	0.38	21.76	28.31	49.94
拐 150	3126.95	C	深灰色凝灰岩	20	1.00	2.61	1.27	0.39	0.39	0.36	16.78	22.49	60.73
拐 16	2810.17	C	凝灰质泥岩	23	1.09	0.74	1.05	0.30	0.42	0.41	16.08	33.62	50.30
拐 16	2810.1	C	凝灰质泥岩	20	1.12	4.22	1.27	9.96	0.44	0.47	28.64	27.76	43.59
红山 6	1566.85	C	黑灰色沉凝灰岩	23	1.13	0.45	1.19	0.05	0.29	0.20	15.30	11.89	72.81
车 29	2766	C	灰黑色含粉砂泥岩	21	1.13	0.44	0.90	—	—	—	—	—	—
车浅 3	1968.1	C	黑灰色凝灰岩	20	1.16	3.86	1.31	6.87	0.47	0.48	24.59	29.56	45.86
拐 150	2962.87	C	深灰色凝灰岩	20	1.22	0.26	1.12	0.18	0.41	0.42	20.99	26.22	52.78
拐 150	3174.94	C	深灰色凝灰岩	20	1.33	1.29	1.01	0.18	0.30	0.28	25.36	21.17	53.46
车浅 3	1969.9	C	黑灰色凝灰岩	20	1.41	1.45	1.22	3.37	0.47	0.47	20.05	31.64	48.31
车浅 3	1645.65	C	黑灰色凝灰岩	20	1.43	2.60	1.18	5.35	0.47	0.49	22.44	31.58	45.98
拐 150	3078	C	深灰色凝灰岩	20	1.44	2.16	1.19	0.21	0.44	0.36	15.53	21.94	62.53
红 71	1486	C	油迹凝灰岩	23	1.46	0.73	1.28	0.08	0.31	0.33	8.68	29.36	61.96
车 25	2567.5	C	黑色泥岩	20	1.51	11.80	1.14	0.85	0.50	0.44	39.78	20.26	39.96
红浅 1	512.94	C	灰色凝灰岩	23	1.67	2.46	1.17	0.68	0.50	0.54	17.37	39.01	43.62
车 29	2676.9	C	深灰色凝灰岩	20	1.71	5.08	0.97	1.28	0.47	0.33	17.69	24.67	57.63
车 29	2766.5	C	深灰色凝灰岩	20	1.75	9.30	0.99	4.33	0.32	0.39	31.09	21.54	47.37
红 71	1575.4	C	深灰色凝灰岩	23	1.80	1.55	1.11	0.24	0.44	0.37	21.69	22.27	56.05
红山 4	2464.14	C	深灰色凝灰岩	28	1.86	0.34	1.20	0.03	0.36	0.31	16.63	18.95	64.42
红浅 1	576.25	C	灰色凝灰岩	20	1.86	19.62	1.01	0.73	0.43	0.49	24.57	31.43	43.99
红山 4	2400	C	深灰色凝灰岩	29	2.00	0.63	1.25	0.04	0.38	0.51	23.71	24.67	51.62
车 25	2567.32	C	黑灰色泥岩	20	2.25	26.67	1.19	2.97	0.19	0.30	33.51	16.59	49.90
车 25	2566.92	C	黑灰色泥岩	20	2.26	5.03	1.23	6.55	0.21	0.34	27.02	18.69	54.22

注：1. 主峰碳；2. Pr/Ph；3. $\sum C_{21-}/\sum C_{22+}$；4. OEP；5. 三环萜烷主峰/五环三萜烷主峰；6. $C_{29}-20S/(20S+20R)$；7. $C_{29}-\beta\beta/(\alpha\alpha+\beta\beta)$；8. C_{27} 规则甾烷（%）；9. C_{28} 规则甾烷（%）；10. C_{29} 规则甾烷（%）。

正构烷烃的碳数分布、峰型、主峰碳位置、$\sum C_{21-}/\sum C_{22+}$ 值、OEP 值变化等可提供有机质的母质类型、演化程度及其是否遭受过细菌微生物降解等重要信息。玛湖凹陷二叠系风城组暗色泥岩正构烷烃多分布在 C_{21}—C_{23}，主峰碳主要为 C_{21}、C_{23}，仅一组数据主峰碳为 C_{29}，且三环萜烷主峰/C_{30} 藿烷多数大于 1，少数小于 1，反映有机质主要来源于湖盆内大型水生植物，且水体较深，少量来自陆生高等植物（Peters et al., 2005）。石炭系正构烷烃多分布在 C_{20}—C_{29}，主峰碳主要是 C_{20}、C_{21}、C_{23}、C_{26}、C_{28}、C_{29}，以 C_{20} 为最多，三环萜烷主峰/C_{30}藿烷多数远小于 1，少部分大于 1，反映其来源较复杂，既有水生植物来源，亦有陆生高等植物来源，以陆生高等植物来源为主。佳木河组暗色泥岩正构烷烃多分布在 C_{20}—C_{23}，主峰碳主要是 C_{20}、C_{21}、C_{23}、C_{28}，以 C_{20} 为主峰碳更多，三环萜烷主峰/C_{30}藿烷基本小于 1，仅一组数据大于 1，反映有机质主要来源于陆生高等植物，少量来自水生生物。下乌尔禾组暗色泥岩正构烷烃多分布在 C_{20}—C_{23}，主峰碳主要是 C_{20}、C_{21}、C_{23}，三环萜烷主峰/C_{30}藿烷仅 1 组数据大于 1，其余均远小于 1，亦反映有机质主要来源于陆生高等植物，少量来自于水生生物。

姥植比（Pr/Ph）是判识有机质古环境为还原环境或者氧化环境的一个重要参数。通常，该值越高反映其成烃古环境氧化程度越高，水体相对越浅（如沼泽、湿地、海陆交互相等）（姥鲛烷优势）；反之则成烃古环境还原程度越强，水体相对较深（如淡水、咸水湖相和海相），此即为植烷优势。由表 4.10 与图 4.48（a）可见，石炭系烃源岩 Pr/Ph>1.0 的样品占 77%，佳木河组烃源岩 Pr/Ph>1.0 的样品占 80%，下乌尔禾组烃源岩 Pr/Ph>1.0 的样品占 78%，而风城组烃源岩 Pr/Ph>1.0 的样品仅占 4%。另外，图 4.48（b）中 Pr/nC_{17} 与 Ph/nC_{18} 可以用于判识有机质中正构烷烃是否存在降解，一般未遭受降解影响的有机质中 Pr/nC_{17} 和 Ph/nC_{18} 很低（0.1～0.5）。当有机质遭到较强热作用或细菌微生物降解作用时，由于类异戊二烯烷烃比正构烷烃稳定，因而正构烷烃先受到降解而类异戊二烯烷烃能较好保留下来。尤其是演化程度较低的有机质，当受到细菌微生物作用时，会出现异常高 Pr/nC_{17} 和 Ph/nC_{18} 值。据此，可以推测，风城组成烃古环境处于较强还原环境，水体较深，水生生物贡献大，具明显的降解过程；而石炭系、佳木河组、下乌尔禾组成烃古环境主要为偏氧化环境，水体较浅，陆生生物（尤其是高等植物）输入丰富，并这 3 套潜在烃源岩相对风城组降解程度较低，反映微生物生源贡献相对较小。

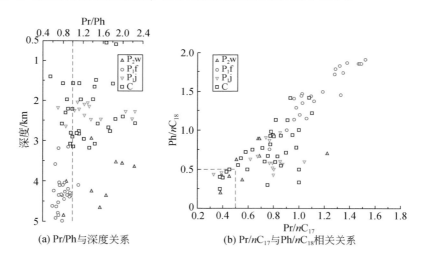

(a) Pr/Ph 与深度关系　　(b) Pr/nC_{17} 与 Ph/nC_{18} 相关关系

图 4.48　玛湖凹陷深层石炭系—二叠系 4 套潜在烃源岩姥鲛烷与植烷关系图

综合上述，玛湖凹陷二叠系风城组烃源岩有机质类型以 Ⅱ 型为主，Ⅲ 型少量，且成岩古环境偏还原，水体较深，故以成油为主；石炭系、佳木河组、下乌尔禾组有机质类型主要为Ⅲ型，主体生气，成岩古环境偏氧化环境，水体较浅，仅下乌尔禾组存在少量Ⅱ型有机质。

4.4.4　有机质成熟度

有机质丰度高、类型好的烃源岩只有在合适热演化条件下才可转化为烃类，因此有机质成熟度是评价烃源岩的另一重要参数。常用的成熟度指标包括镜质组反射率（R_o）、岩石热解峰温（T_{max}）以及生物标志物 C_{29} 甾烷 20S/（20S+20R）与 C_{29} 甾烷 ββ/（αα+ββ）等参数（黄第藩和李晋超，1982）。此外，考虑到实测样品经常取自构造高部位，而真正高效优质的烃源岩应在凹陷深埋区更为发育，因此在实测数据分析的基础上，还需进行凹陷区烃源岩埋藏–热演化史模拟分析（黄第藩和李晋超，1982）。

1. 实测数据

由表 4.9 与图 4.49 可知，玛湖凹陷不同层系、不同深度烃源层的成熟度存在一定甚至较大差异。以 R_o 为例，石炭系大部分样品的 R_o 为 0.50%~0.80%，处于成熟演化阶段，仅车浅 3 井有 1 件样品进入高成熟演化阶段（1.38%）。佳木河组大部分样品 R_o 为 0.80%~1.30%，也处于成熟演化阶段，仅车 25 井两个样品以及 581 井两个样品分别落在低成熟和高成熟演化阶段。风城组样品的 R_o 为 0.56%~1.14%，平均值为 0.80%，为成熟演化。下乌尔禾组样品的 R_o 为 0.79%~1.40%，平均值为 0.96%，也处于成熟演化阶段，仅玛东 2 井有 1 件样品（R_o=1.40%）处于高成熟演化。

就岩石热解峰温（T_{max}）参数而言（表 4.8、图 4.49），玛湖凹陷石炭系、佳木河组、风城组、下乌尔禾组烃源岩的 T_{max} 平均值分别为 451℃、443℃、435℃、440℃，反映 4 套烃源岩总体进入成熟演化阶段，仅石炭系与下乌尔禾组少量样品进入高成熟演化阶段，这与上述 R_o 判识结果基本相同。

生物标志物参数 C_{29} 甾烷 20S/（20S+20R）与 C_{29} 甾烷 ββ/（αα+ββ）以及 OEP 亦是反映有机质成熟度常用的生物标志物参数。由表 4.9、表 4.10 与图 4.49 可知，玛湖凹陷 4 套潜在烃源岩这两个参数的平均值均在 0.40 左右，反映有机质基本处于成熟演化阶段。对于 OEP 值，一般认为该值 1.0~1.2 为成熟有机质，1.2~1.4 为低熟有机质，>1.4 为未成熟有机质，该值越大成熟度越低，该值越接近 1.0，有机质成熟度越高，有些特殊样品（如热模拟或微生物降解样品等）会出现 OEP<1.0 的情况。玛湖凹陷 4 套潜在烃源岩样品的 OEP 值为 1.0~1.2（表 4.9），且最接近 1.0 的样品来自石炭系、佳木河组与下乌尔禾组烃源岩，而 OEP<1.0 的样品主要是风城组烃源岩，另有少量石炭系与下乌尔禾组烃源岩样品，OEP>1.2 的样品则主要来自石炭系，这与前述通过其他地球化学研究得到的认识一致。

综上分析，玛湖凹陷 4 套潜在烃源岩实测样品的有机质整体处于成熟演化阶段，仅个别样品达到高成熟阶段。由于目前获得的烃源岩样品主要来自玛湖凹陷斜坡带埋藏相对较浅区，凹陷内部深埋区尚无样品控制，因而上述样品测得的成熟度并不代表 4 套烃源岩在玛湖凹陷的最大热演化程度。由图 4.49 所显示的烃源岩镜质组反射率随埋藏深度增大而呈逐渐升高趋势推测，玛湖凹陷深埋区烃源岩应具有更高成熟度。

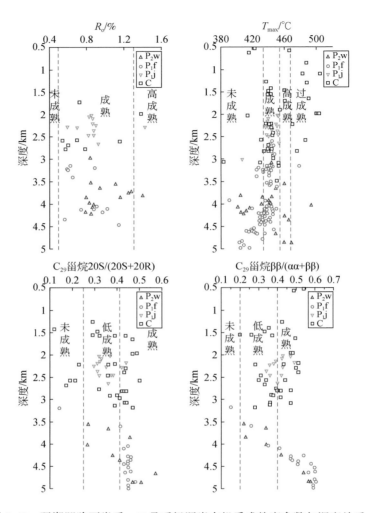

图 4.49　玛湖凹陷石炭系—二叠系烃源岩有机质成熟度参数与深度关系图

2. 热模拟

如上所述，玛湖凹陷目前获得的烃源岩样品由于埋深相对较浅（小于 4500m），因而多数处于成熟演化阶段（R_o 小于 1.3%）。为确定 4 套潜在烃源岩在凹陷区深层的热演化程度和历史，综合前人对区域地温分布（邱楠生等，2001，2002）研究结果，选取了玛湖凹陷沉积中心进行了数值模拟（图 4.50）。结果表明：凹陷中心石炭系烃源岩总体在石炭纪末进入生烃门限，目前处于过成熟演化阶段（大于 5000m）；佳木河组烃源岩在中二叠世进入生烃门限，目前处于高-过成熟演化阶段（大于 5000m）；风城组在二叠纪末期进入生烃门限，在三叠纪末期进入生油高峰期，目前处于高成熟演化阶段（大于 5000m）；下乌尔禾组在三叠纪中期进入生烃门限，目前处于成熟演化阶段（大于 4000m）。从成熟度平面分布来看（图 4.51），自西北断裂带到东南玛湖凹陷沉积中心方向，随着风城组烃源岩埋藏深度增大，其镜质组反射率逐渐增大，最大可达 1.6%。

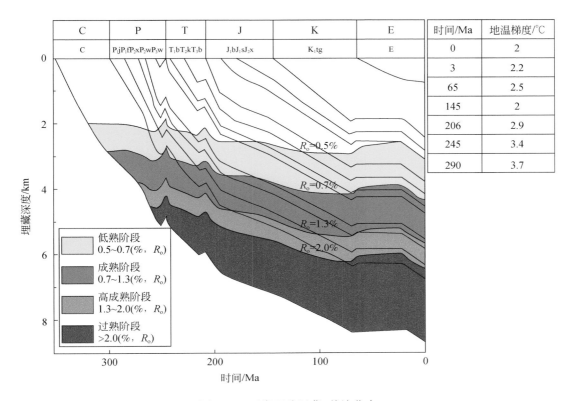

图 4.50　玛湖凹陷埋藏–热演化史

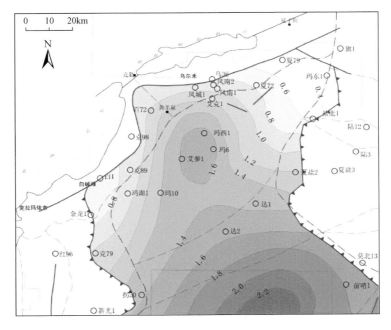

图 4.51　玛湖凹陷二叠系风城组烃源岩 R_o 等值线图（据中国石油勘探开发研究院，2014 年）

4.4.5 烃源岩综合评价

1. 碱湖烃源岩评价标准

有关碱湖烃源岩的评价，目前尚未见有专门标准。现有的陆相烃源岩有机质丰度地球化学评价指标[①]（胡见义等，1991），主要针对淡水-半咸水湖相烃源岩，且其岩石类型以泥岩或页岩为主（表4.8）。碳酸盐岩烃源岩有机质丰度比泥页岩平均低一个数量级，因此对泥质岩和碳酸盐岩采用不同的评价标准。

准噶尔盆地玛湖凹陷二叠系风城组碱湖烃源岩岩石类型复杂，既非纯泥质岩，也非纯碳酸盐岩，而是介于二者之间的一套含白云质混合沉积，包括泥质岩、白云岩、凝灰岩和混积岩，其中泥质岩和白云岩是主力烃源岩（任江玲等，2017a），但均含有不同数量的白云岩（雷德文等，2017a）。同时，玛湖凹陷风城组为典型咸水碱湖湖盆沉积，有机质丰度较低，已有的陆相淡水-半咸水及咸水-超咸水湖盆泥质烃源岩评价标准并不能全面准确评价其生烃潜力。因此，有必要建立适用于碱湖烃源岩的评价标准，以便更客观地评价玛湖凹陷风城组烃源岩的生烃能力。

1）咸水湖盆烃源岩评价研究现状

相比于淡水-半咸水湖相烃源岩，一般盐湖相生油岩沉积时水体中生物发育受到一定抑制，加之碳酸盐岩含量较高，因而造成盐湖盆地沉积有机质丰度偏低（江继纲和张谦，1982；胡见义和黄第藩，1991）。例如，江汉盆地始新统和柴达木盆地渐新统两套盐湖生油岩有机碳平均值均为0.6%（胡见义和黄第藩，1991）。因此，在陆相咸水-超咸水湖相烃源岩评价标准中，将TOC大于0.6%作为好烃源岩（表4.8），TOC含量小于0.2%时作为非烃源岩，即相同级别的烃源岩咸水-超咸水湖盆TOC评价标准显著低于淡水-半咸水湖盆烃源岩评价标准。然而，随着勘探不断深入，湖盆沉积中心优质烃源岩不断发现，如济阳拗陷古近系沙四上亚段烃源岩有机碳主要分布在2%~3%，最大达10%（张林晔等，2003）；柴达木盆地古近系咸化湖相烃源岩TOC平均值为0.99%，最大达4%（张斌等，2017）。可见，即使是咸化湖盆同样存在高TOC含量的优质烃源岩。但如何准确评价咸水湖盆特别是碱湖烃源岩的质量，尚无相关讨论。

2）碱湖烃源岩评价标准

传统认为咸水湖盆烃源岩TOC虽然含量较低，但成油转化率高，较低的TOC同样具有较高的可溶有机质含量，是咸水湖盆烃源岩一个重要特点（胡见义和黄第藩，1991）。玛湖凹陷二叠系风城组碱湖烃源岩亦具此特征，其TOC值虽然不高（平均1.2%），但产率指数 $S_1/(S_1+S_2)$ 平均达25.9%，最高可达78.4%（图4.52）。研究发现，可溶有机质氯仿沥青"A"含量随TOC增加表现为先增大而后减小，当TOC值约1.4%时，可溶有机质含量达到最高，而后随TOC增加开始快速减小，当TOC值小于0.5%时，可溶有机质平

---

① 中国石油天然气总公司，1995，陆相烃源岩地球化学评价方法（SY/T 5735—1995）。

均含量仅 0.047% （图 4.53）。

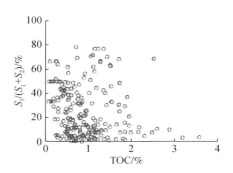

图 4.52　风城组烃源岩 TOC 与产率指数 $S_1/(S_1+S_2)$ 关系图

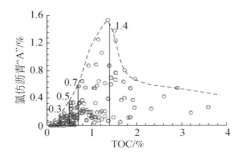

图 4.53　风城组烃源岩 TOC 与氯仿沥青 "A" 关系图

需要指出的是，一套有效的烃源岩不仅能生成油气，而且还能排出油气。如果仅能生油而不能排出油气，则不是有效的烃源岩。理论上，烃源岩生成的油气首先需满足自身吸附及孔隙充满，多余油气才可大量排出。当烃源岩母质类型及热演化程度变化不大时，在排烃之前，烃源岩中总有机质含量越高，则生成的油气就越多（高岗等，2012a，2017）。当有机质含量达到某一临界值后，油气大量排出烃源岩，这时随着烃源岩有机碳含量增大，其残留烃类含量反而会偏离正常变化趋势而降低。该临界值即为烃源岩大量排烃的界限值，可作为优质烃源岩下限。通常用氯仿沥青 "A" 代表岩石中可溶有机质的质量分数，TOC 含量代表岩石中有机质的质量分数，根据二者关系图即可确定玛湖凹陷风城组很好烃源岩有机碳下限值为 1.4% （图 4.53）。

根据图 4.47（a）风城组烃源岩最高热解峰温与氢指数的关系，最高热解峰温对应的主峰 440℃时，不同类型的有机质与氢指数对应关系如下：Ⅰ型有机质氢指数大于 400mg/g，Ⅱ₁型有机质氢指数为 200～400mg/g，Ⅱ₁型有机质氢指数为 100～200mg/g，Ⅲ型有机质氢 2 指数小于 100mg/g。在有机碳与氢指数关系图 ［图 4.54（a）］ 中，根据有机质类型氢指数划分界限可划分为 5 段，当有机碳含量小于 1% 时，氢指数和有机碳具有正相关关系，取每个氢指数区间内相应有机碳含量的平均值作为不同级别有机碳界限，据此确定有机碳界限值非烃源岩为 0.3%，差烃源岩为 0.3%～0.5%，中等烃源岩为 0.5%～0.7%。当有机碳含量大于 1.4% 时，为最优的Ⅰ型有机质，构成很好烃源岩，而将 0.7%～1.4%

区间划分为好烃源岩，二者（很好与好烃源岩）构成优质烃源岩。随后根据 TOC 与生烃潜量 ［图4.54（b）］、TOC 与氯仿沥青"A"（图4.53）、TOC 与氯仿沥青"A"/TOC ［图4.54（c）］、氯仿沥青"A"与总烃 ［图4.54（d）］等系列关系图，建立了碱湖烃源岩有机质丰度评价标准（表4.11）。

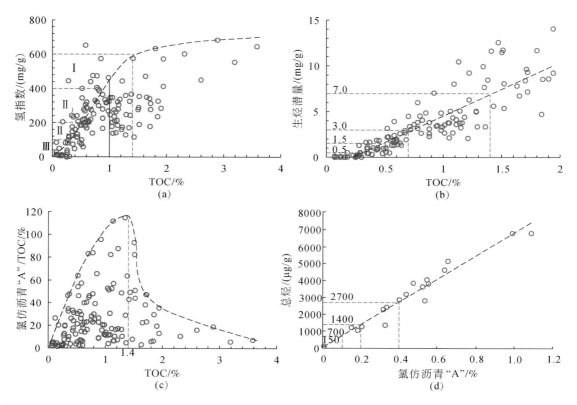

图4.54　玛湖凹陷风城组烃源岩评价指标图版

表4.11　陆相碱湖烃源岩有机质丰度评价标准

指标	非烃源岩	差	中等	好	很好
TOC/%	<0.3	0.3~0.5	0.5~0.7	0.7~1.4	>1.4
$(S_1+S_2)/(mg/g)$	<0.5	0.5~1.5	1.5~3.0	3.0~7	>7
氯仿沥青"A"/%	<0.015	0.015~0.1	0.1~0.2	0.2~0.4	—
总烃/10^{-6}	<150	150~700	700~1400	1400~2700	—
有机质转化率（氯仿沥青"A"/TOC）/%	<8	8~20	20~30	30~35	—

与传统陆相淡水-半咸水烃源岩有机碳评价指标（表4.8）对比发现，碱湖烃源岩有机碳不同级别含量界限显著低于淡水-半咸水标准，级别越高，二者差距越大。与咸水-超咸水烃源岩有机碳评价指标（表4.8）对比发现，碱湖烃源岩标准在非-中等级别略高于咸水-超咸水有机碳指标；而在好-很好烃源岩级别，碱湖烃源岩标准约是咸水-超咸水有机碳指标的2倍。由此也反映出，在陆相咸水湖盆烃源岩中，碱湖烃源岩的有机质丰度高

于非碱湖烃源岩。除有机碳指标外，其他反映烃源岩有机质丰度的指标如氯仿沥青"A"、总烃和生烃潜量，在陆相烃源岩地球化学评价方法（SY/T 5735—1995）中共用一套标准，与碱湖烃源岩指标对比发现，氯仿沥青"A"和总烃指标碱湖为非碱湖的 2 倍左右，而生烃潜量碱湖烃源岩约为非碱湖的一半。碱湖烃源岩具有较高的有机质转化率，本次新标准中也将其加入作为辅助指标参与烃源岩的评价。

2. 烃源岩综合评价

综合烃源岩沉积特征、类型、分布特征及地球化学特征，对石炭系、下二叠统佳木河组、下二叠统风城组和中二叠统下乌尔禾组 4 套烃源岩进行了评价。

根据新建立的碱湖烃源岩有机质丰度评价标准，一方面，玛湖凹陷风城组烃源岩以优质为主，占样品总数的 55.5%，其中很好烃源岩占比 16.1%；好烃源岩占比 39.4%；中等烃源岩占样品总数的 20.6%；其余为差烃源岩和非烃源岩（占比 23.9%）。若按传统咸水湖相烃源岩评价标准，则风城组烃源岩好–很好烃源岩占比 64.7%，其中很好烃源岩占比 48.6%。与传统咸水湖相标准相比，碱湖烃源岩评价新标准在优质烃源岩级别标定上更侧重其排烃特征，在有机碳含量大于 1.4% 后，氯仿沥青"A"含量急剧降低，说明发生了大规模快速排烃，因此在烃源岩评价中对这部分占比相对较小的优质烃源岩要格外重视。此外，在非碱湖咸水湖盆油气勘探中，在湖盆中心常常发现高有机质丰度烃源岩，也证实了这些咸水湖盆烃源岩有机质丰度并非像以往认识的普遍很低。因此，本标准不仅适用于陆相碱湖烃源岩的分类评价，对非碱湖咸水湖盆烃源岩的评价也具有参考价值。

另一方面，玛湖凹陷其他 3 套烃源岩（石炭系、佳木河组、下乌尔禾组）为非碱湖沉积，按陆相淡水–半咸水烃源岩评价标准有机质丰度大部分都达到中等–好质量。因此，对玛湖凹陷油藏形成而言，风城组无疑是最大的贡献者，而其他 3 套烃源岩由于有机质类型较差以生气为主。

需要注意的是，由于玛湖凹陷沉积中心未取得烃源岩测试样品，现有样品绝大部分来自凹陷边缘断裂带周围构造相对高部位，因此凹陷中心烃源岩特征并不很清楚，推测凹陷中心有机质丰度更高、类型更好且成熟度也更高。

4.5　玛湖凹陷烃源岩生烃模式与机理

4.5.1　风城组碱湖烃源岩生烃模式

准噶尔盆地玛湖凹陷风城组碱湖烃源岩生烃模式的研究，主要从正演和反演两个角度展开，通过自然剖面（烃源岩钻井地球化学剖面）、人工剖面（烃源岩热模拟）、油气标定（油气地球化学特征与成因）3 方面进行系统对比分析，建立了风城组碱湖泥–白云质混积烃源岩的"两段式"双峰高效生油模式。

1. 自然剖面

玛湖凹陷风城组烃源岩自然剖面的建立，从前期的综合剖面走向分区精细对比。如

图 4.55 所示，风城组岩性组合复杂，主要包括碳酸盐组分、蒸发盐组分、硅质组分和火山组分，这些复杂岩性组分在平面上也有一定分布规律，可以分为碎屑岩区、盐岩区、白云质岩区、火山岩区。如图 4.55 所示，火山岩-泥岩区（B26、BQ1、X40、X76）远离凹陷的沉积中心，在研究区的西南和东北边缘，主要为砂砾岩和火山岩，与少量白云质泥岩互层。中心区（F20、FN5、FN7、AK1），是凹陷内含蒸发岩的主要区域。白云质岩区（FN1、FN14、F5）是沉积中心区到边缘区之间的过渡相带，主要发育互层的白云质泥岩和泥质白云岩。

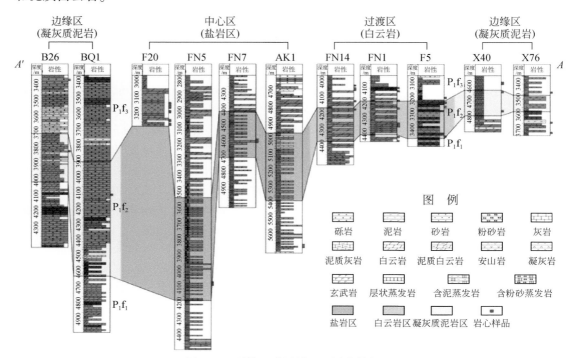

图 4.55　玛湖凹陷风城组地层学特征图

前期通过对自由烃 S_1 与有机碳含量的关系的分析，建立了 S_1/有机碳含量的烃源岩综合自然剖面（图 4.56）。结果发现，风城组烃源岩大致存在 3 期生油高峰：第一次在埋深3500m 左右，产烃量达到 470mg/g TOC；第二次高峰在埋深 4500m 左右，产烃量达到800mg/g TOC；第三次在埋深 5700m 附近，产烃量达到 200mg/g TOC；分别对应于成熟、高熟两期生油峰和一期生气峰（曹剑等，2015；Cao et al.，2020）。本次研究分别建立了中心区、过渡区和边缘区的自然剖面（图 4.56），结论与前期建立的综合剖面相一致，但更精细更准确。

中心区剖面趋势显著，以白云质岩生烃为主，含少量泥质烃源，有完整的 3 个峰，分别出现在 3250m、4750m 和 5500m 处。3250m 处产烃率达到 160mg/g TOC，其对应深度样品的生物标志物表现出姥植比（Pr/Ph）相对较高，伽马蜡烷/C_{30} 藿烷相对低的特征，甾烷/藿烷低于深部地层，是一期较低的泥质烃源生油峰，其沉积环境还原性较弱，水体分层较弱，生烃母质以菌类原核生物为主（Didyk et al.，1978；Peters et al.，2005；Brocks et al., 2017；Zumberge et al., 2019）。4750m 左右出现第二期油高峰，产烃率达到 600mg/g TOC，Pr/Ph 较低，伽马蜡烷指数和甾藿比较高，表现出碳酸盐烃源生烃特点，沉积环境还原性强，水体分层强，生烃母质以藻类为主（Didyk et al., 1978；Peters et al., 2005；Brocks et al., 2017）。5500m 左右出现第三次产烃高峰，由于成熟度较高生物标志物特征受到成熟度影响无法反映原始沉积特征（Peters et al., 2005），产烃率达到 200mg/g TOC，结合下文热模拟实验特征，为一期生气峰（图 4.56）。

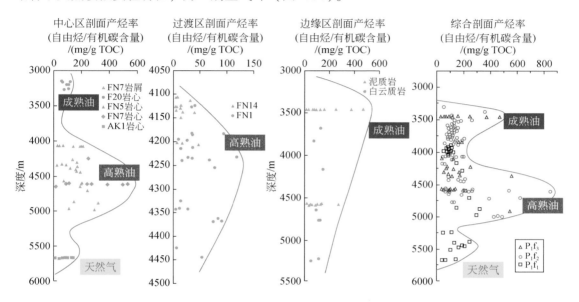

图 4.56　玛湖凹陷风城组三大分区及综合剖面

过渡区以白云质岩生烃为主，但产烃率急剧降低，主体呈现一期生油高峰，峰值为 130mg/g TOC，出现在深度 4230m 左右（图 4.56）。根据生物标志物特征，过渡区浅部（4170m 以上）烃为主，姥植比相对较高，伽马蜡烷/C_{30}藿烷相对低，甾烷/藿烷相对低，表现出泥质烃源特征，菌类生烃母质特点，生油量较低；深部（4170m 以下）姥植比降低，伽马蜡烷指数升高，甾藿比升高，表现为富藻类白云质烃源特征，生油量相对同区泥质烃源高，但远低于中心区（Didyk et al., 1978；Peters et al., 2005；Brocks et al., 2017；Zumberge et al., 2019）。

边缘区剖面以泥质烃源生烃为主，产烃率不低，但仍低于中心区白云质烃源产烃率，在埋深 3500m 左右出现一期泥质烃源生油峰，产烃率达到 500mg/g TOC，姥植比高，伽马蜡烷指数低（图 4.56）。白云质岩较少，且未见生烃峰。边缘区甾藿比相对中心区、过渡区低，菌藻比高（Didyk et al., 1978；Peters et al., 2005；Brocks et al., 2017；Zumberge et al., 2019）。

总之，通过对中心区、过渡区、边缘区自然剖面的精细刻画，总体结论与前期认识相符。分区研究发现，综合剖面中的两期生油峰，第一期（3500m 左右）主要来自泥质烃源贡献，第二期（5700m 左右）主要来自碳酸盐烃源贡献，深化了对风城组生烃特征的认识。

2. 人工剖面

烃源岩生排烃热模拟实验室查明其成烃演化特征的有效手段，本次研究选取风城组的两块样品，以及玛湖凹陷内其他三套烃源岩系（石炭系、佳木河组、下乌尔禾组）的样品各一块开展热模拟研究。

1）风城组样品精细分析

风城组热模拟样品基本特征如图 4.57 所示，样品 1 来自乌 351 井（3316m），样品 2 来自风南 1 井（4096.8m），二者均为白云质泥岩，岩性、矿物组合类似，生烃母质类型相近，不同的是，样品 1 中的无定形体含量更高，样品 2 碳酸盐含量更高。在地球化学特征上，有机质丰度样品 1（TOC = 2.37%）小于样品 2（TOC = 3.05%）；成熟度样品 1（T_{max} = 436℃）低于样品 2（T_{max} = 446℃）；氢指数（HI）接近，样品 1 为 608mg/g TOC，样品 2 为 604mg/g TOC；碳酸盐含量样品 1 约 12%，样品 2 约 25%。

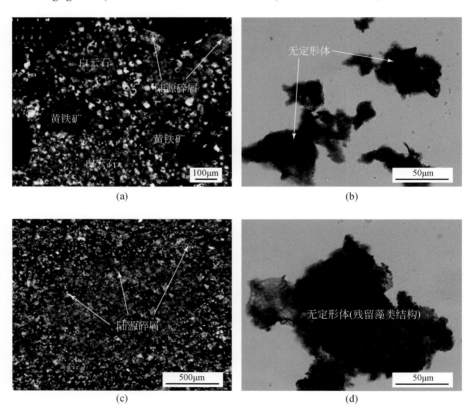

图 4.57 风城组热模拟样品基本特征

（a）、（b）样品 1；（c）、（d）样品 2

根据两块样品的油产率曲线（图 4.58），发现样品 1 在 350℃时达到总油产率和残留油产率的高峰，峰值分别为 539.59kg/t TOC 和 439.74kg/t TOC，在 375℃时，排出油产率达到峰值，为 232.23kg/t TOC；样品 2 也在 350℃时达到总油产率和残留油产率的高峰，峰值分别为 424. 37kg/t TOC 和 361. 86kg/t TOC，在 400℃时，排出油产率达到峰值，峰值为 149. 30kg/t TOC。总的来看，风城组烃源岩的油产率大，最高可达 539. 59kg/t TOC；并且相比而言，样品 1 的油产率更高，两样品的排出油高峰存在差异，样品 1 更早。

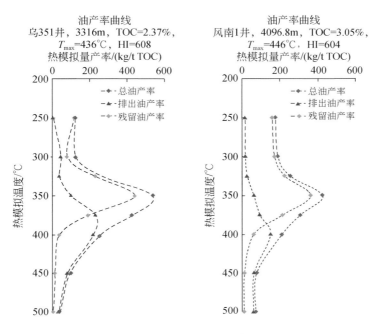

图 4.58 　风城组样品油产率曲线图

对比两块样品的烃产率曲线（图 4.59），发现两个样品的特征类似，主体产油，生气

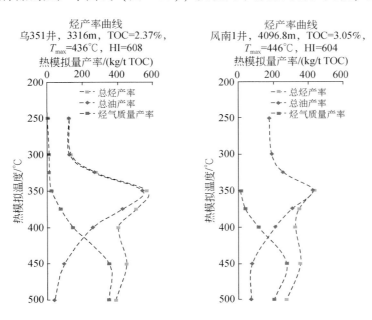

图 4.59 　风城组样品烃产率曲线图

量小，表现出典型的油多气少特征；产烃量大，最高接近 600kg/t TOC，几乎 1.5 倍于传统的湖相烃源岩（400kg/t TOC）。以样品 2 为例，其在 350℃时达到总烃产率和油产率的高峰，峰值分别为 433.66kg/t TOC 和 424.37kg/t TOC，在 450℃时，烃气产率达到峰值，为 276.38kg/t TOC。尽量样品 1 TOC 更低，HI 与样品 2 接近，但样品 1 总产烃率更高，可能具有独特的生烃机理。

2）玛湖凹陷多组烃源岩热模拟特征对比

将玛湖凹陷石炭系、佳木河组、风城组、下乌尔禾组的典型样品进行热模拟实验后（图 4.60、图 4.61），风城组烃源岩样品（乌 351 井，3316m）在 350℃时达到产烃率的高峰，峰值为 563.37kg/t TOC，此时也是产油率的高峰，峰值为 539.59kg/t TOC，450℃时达到产气率的峰值（351.20kg/t TOC）；石炭系烃源岩在 375℃时达到产烃率的高峰，峰值为 145.63kg/t TOC，同时也达到产油率的高峰，峰值为 114.59kg/t TOC，450℃时达到产气率的峰值（80.26kg/t TOC）；佳木河组烃源岩在 400℃时达到产烃率的高峰，峰值为 88.80kg/t TOC，375℃时产油率达到峰值，为 54.88g/t TOC，总产气率一直呈上升趋势，实验结束即 500℃时为 66.02kg/t TOC；下乌尔禾组烃源岩在 450℃时达到产烃率的高峰，峰值为 371.26kg/t TOC，375℃时产油率达到峰值，为 280.51g/t TOC，总产气率一直呈上升趋势，实验结束即 500℃时为 293.35kg/t TOC。

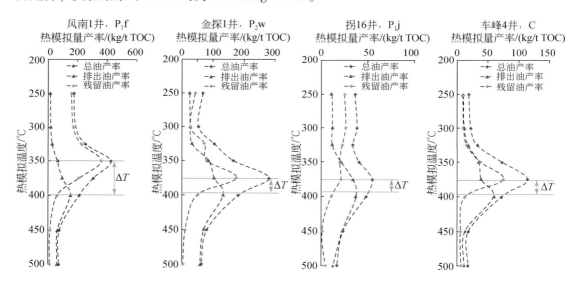

图 4.60　玛湖凹陷石炭系—二叠系烃源岩油产率曲线图

对比发现，风城组烃源岩产烃率显著高于其他 3 组，四组烃源岩产烃率由高到低依次为风城组、下乌尔禾组、石炭系、佳木河组。产油气比也不相同，风城组为典型的油多气少，佳木河组和下乌尔禾组为气多油少，石炭系介于两者之间。

将本次研究的风城组热模拟（半封闭）结果与自然剖面（开放），以及黄金管热模拟（封闭）结果相对比，发现风城组烃源岩大致存在 3 期生烃高峰：第一次在埋深 3500m 左右，镜质组反射率 R_o 约 0.8%，产烃率约为 400mg/g TOC，成熟油峰；第二次高峰在埋深

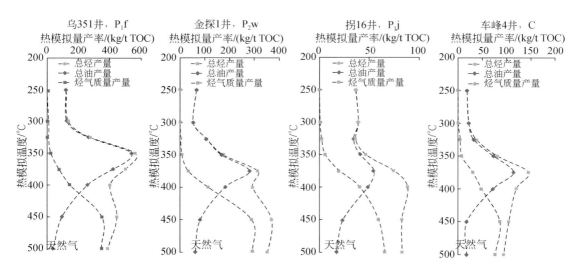

图 4.61　玛湖凹陷石炭系—二叠系烃源岩烃产率曲线图

4500m 左右，R_o 约 1.3%，产烃量达到 600mg/g TOC（自然剖面中高达 800mg/g TOC），高熟油峰；第三次在埋深 5700 m 附近，R_o 约 2.0%，产烃量达到 200mg/g TOC，天然气峰。

3. 油气标定

风城组两期油、一期气的生烃特征与实际产油气的勘探发现相对应。油气标定表明，玛湖凹陷内部存在多期成藏，成熟–高成熟油气连续运聚（图 4.62；曹剑等，2015；支东明等，2016；王小军等，2018；Tao et al.，2019）。储集层中抽提出两种不同性质的原油，一种为黑色，油质较重；另一种为黄褐色，油质较轻，分别对应着早、晚 2 期原油充注（图 4.62；曹剑等，2015；支东明等，2016；王小军等，2018）。此外，对储集层显微观测也发现，蓝光激发下的薄片可以观察到两种不同的荧光色的有机质，分别偏黄绿色和亮黄色，第一期成熟油，油质较重，颜色比深荧光较弱；第二期高熟油，油质轻，颜色浅，荧光强。储集层连续抽提所得包裹体烃和游离烃性质不同，包裹体烃油质较重，五环三萜烷（藿烷）类化合物含量高，成熟度低；游离烃油质较轻，藿烷类化合物含量急剧降低，已经达到高成熟阶段；结合储集层包裹体均一温度分析，发现高成熟和成熟油气充注主要是在白垩纪和三叠纪末（邱楠生等，2002）。这一油气连续充注特征与烃源岩的多期生烃相吻合。

根据目前的勘探现状，准噶尔盆地玛湖凹陷发现的常规油气油多气少特征明显（曹剑等，2015；支东明等，2016；王小军等，2018），这与前述烃源岩自然剖面及人工热模拟的实验结果吻合。凹陷中心区，烃源岩镜质组反射率已超过 1.5%，但仍然以生油为主，生油窗长，与传统湖相生油理论不相符。玛湖凹陷区现今发现了多种性质的原油，包括密度小于为 0.80g/cm³ 的凝析–轻质原油、密度为 0.80 ~ 0.84g/cm³ 的轻质原油、密度为 0.84 ~ 0.87g/cm³ 的轻质原油，以及密度大于 0.87g/cm³ 的中质原油，这反映生油窗长，这些结果都与烃源岩自然剖面和人工热模拟的实验结果吻合。

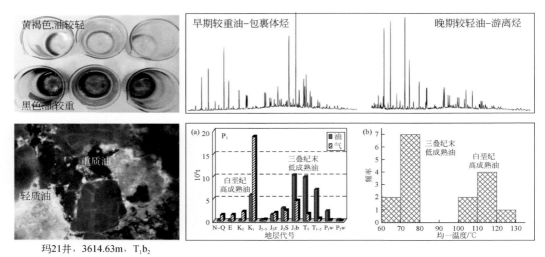

图 4.62 玛湖凹陷储层、抽提物及包裹体特征

风城组中的致密油密度和含蜡量变化范围较大，密度分布范围在 $0.81\sim0.93\mathrm{g/cm^3}$，含蜡量在 2%~11%（wt）（匡立春等，2012；雷德文等，2017a）。致密油性质与烃源岩沉积环境存在一定相关关系。根据原油中的 β- 胡萝卜烷/n C 主峰与密度、含蜡量的相关关系，随着烃源岩沉积环境盐度变高，对应生成原油密度值整体越大；随着烃源岩沉积环境盐度变高，对应生成原油含蜡量整体越低，即碳酸盐烃源所生原油比泥质岩烃源生油密度大、含蜡量低。但在演化阶段，碳酸盐烃源因耐盐藻类的发育，使得可以释放出蜡质组分，含蜡量升高。

原油中的金刚烷相关参数：单金刚烷指数（MAI）、二甲基金刚烷指数-1（DMAI-1）、乙基金刚烷指数（EAI-1），是指示高熟原油成熟度的有效指标（Li et al.，2000，2012b）。乌夏断裂带风城组原油成熟度较低（<1.0%），其与金刚烷指标无相关关系；玛北斜坡和玛西斜坡三叠系中的风城组来源油成熟度较高，其 DMAI-1-MAI 以及 EAI-MAI 呈线性相关，金刚烷指数指示玛北和玛西成熟度分别为约 1.3%（R_o）与 1.3%~1.5%（R_o）（图 4.63）。原油金刚烷指标表明，风城组烃源岩在高演化阶段仍然以生油为主。

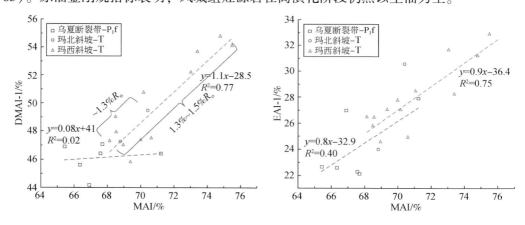

图 4.63 玛湖凹陷原油金刚烷指标

4. 碱湖烃源岩生烃模式

根据以上通过烃源岩自然剖面、人工剖面、油气特征标定 3 方面的分析，风城组碱湖泥-白云质混积烃源岩的生烃表现出油多气少、多期生烃、连续生烃、产烃量大等独特特征，这些都有别于传统的湖相烃源岩。与传统湖相烃源岩相比，首先是主体产油，生气量较小；其次为存在成熟、高成熟两个产油峰，产烃（油）量很大；再次，连续生烃，自低成熟至高成熟演化阶段，一直在持续生烃；最后，产油量大，最高可至 800mg/g TOC。

据此建立了碱湖泥-白云质混积烃源岩的 "两段式" 高效生油模式，其生烃过程大致分为三个阶段（图 4.64）：第一阶段发生在镜质组反射率在 0.8% 左右的时候，为一期成熟油；第二阶段发生在 R_o 在 1.3% 左右的时候，为一期高熟油；第三阶段发生在 R_o 在 2.0% 左右的时候，为一期天然气。

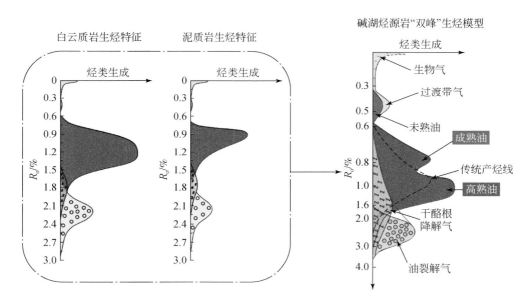

图 4.64　风城组不同有机相叠加形成 "双峰式" 生油模型

4.5.2　碱湖烃源岩生烃机理

如前所述，玛湖凹陷二叠系风城组碱湖白云质烃源岩有别于普通湖相优质烃源岩，具有鲜明的成烃演化特征，这种特性本质上取决于烃源岩生烃母质和无机矿物组成特征。

1. 生烃母质生烃能力的初始差异

风城组烃源岩的生烃母质总体特征是以藻菌类为主，多种生烃母质在生烃能力和生烃特征上，存在差异。

风城组中心区的生烃母质以藻类为主，发现了大量疑似杜氏藻化石，其形态与现代杜氏藻十分相似。直径为 10 ~ 200μm，单偏光镜为褐、黑色，荧光下发黄绿色荧光，横截面为圆形，纵截面为梨形 ［图 4.65 （a）］。现代杜氏藻脂类含量高，被广泛用于生物炼制生产生物油（Minowa et al.，1995；Ahmed et al.，2017）。用现代杜氏藻进行热解实验发现，杜氏藻产生物油的最高峰出现在 600℃，产油率达到 47%（Francavilla et al.，2015），与葡萄球藻的产烃能力相当（25%~40%，最高达 76%；王修垣，1997）。

图 4.65　风城疑似杜氏藻、色球藻目蓝细菌和细菌状化石显微照片

风城组的蓝细菌化石主体在边缘区发现。化石球状细胞清晰，胶鞘保存完好 ［图 4.65 （b）］，形态特征与现代及陡山沱组发现的色球藻目蓝藻吻合（Shang et al.，2018）。现代碱湖中常见的节旋藻未有发现（Krienitz and Schagerl，2016）。现代蓝细菌也具有产生物油气的能力。吴庆余等（1990）通过热模拟，指出现代蓝细菌在 352℃ 产油量最大（20%）；Li 等（2014）用太湖蓝细菌进行热模拟实验，在 400℃ 产油量最大（25%）。蓝细菌产烃最大量温度低于杜氏藻，产烃量低于杜氏藻。

风城组碱湖中发育丰富的球状和丝状细菌状化石，还发育了一种球状且化学组成为 C—O—Si 的特殊细菌状化石 ［图 4.65 （c）］，与早寒武系牛蹄塘组中发现的 C—O—Si 细菌状化石很相似（谢小敏等，2013）。细菌是否生烃仍然存在争议，Sinninghe Damsté 和 Schouten （1997） 认为细菌对沉积有机碳无贡献；Harvey 和 Macko （1997） 提出细菌能产生细菌脂肪酸对有机碳有贡献；王铁冠（1995）提出细菌对有机质具有改造作用，促进低熟油生成。

风城组烃源岩中多种类型藻菌类生烃母质的初始分异，对其独特生烃模式具有重要意义。绿藻（杜氏藻）生烃能力最强，生烃晚；蓝藻（色球藻）生烃能力尚可，生烃早；细菌是否生烃仍然存在争议。

2. 泥质烃源岩早期生烃

风城组泥质烃源甾烷/藿烷低（图 4.66），蓝藻、细菌等原核生物含量高（Peters et al.，2005；Rohrssen et al.，2013），原始有机质经过细菌等微生物降解作用后，形成大量无定形体。蓝藻（色球藻）生烃能力较强且生烃早；无定形体主要由细菌的类脂化合物和原始物质的类脂化合物组成，这类有机质多为富氢组分，生油潜力大，且生烃活化能低，利于早期生烃（Kragel et al.，1990）。

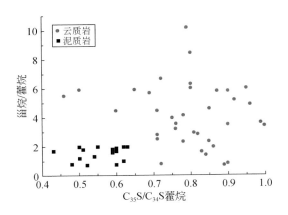

图 4.66　风城组烃源岩 $C_{35}S/C_{34}S$ 藿烷与甾烷/藿烷相关关系图

无定形体对于高效生烃的贡献得到热模拟实验的验证。风城组两件热模拟选样（样品 1、样品 2）总体特征接近，样品 1 TOC 略低于样品 2，HI 与样品 2 接近，样品 1 无定形体含量更高，且产油率更高，反映无定形体有利于生烃。

火山矿物/火山作用对早期烃类的生成具有催化作用。在火山岩发育的烃源层中，火山矿物蚀变形成沸石、绿泥石等矿物对其周围的烃源岩生烃有显著的催化作用，能够促使烃源岩低熟和早期生烃。这是由于火山矿物的蚀变过程释放出氢气和甲烷，而烃类的形成是一个耗氢的反应过程，氢气和甲烷的生成促使烃源岩加大、加速排烃量（黄瑞芳等，2016）。

3. 白云质烃源晚期生烃

白云质烃源甾烷/藿烷远高于泥质烃源（图 4.66），藻类贡献大于细菌。其中以在中心区发现的杜氏藻为典型代表。杜氏藻生烃过程中，脂肪烃 C—C 键断裂能量需求高，生烃量大但生烃高峰出现较晚。

同等热演化程度下，风城组泥质烃源所生油正构烷烃为前峰型，且含量相对生物标志物高；白云质烃源生油正构烷烃钱峰不突出，且相对生物标志物无明显含量优势。美国西部古近纪绿河组碱湖烃源岩也表现出类似的特征（French et al., 2020）。据此，在同等热演化条件下，白云质岩中所形成滞留的原油重质组分更多。

在生烃早期，碱类矿物能够一定程度上促进干酪根的缩合脱氢作用，增加液态烃的产率。而碱类白云质矿物亲油，原油中的重质组分易于被矿物吸附，因此一方面排出油轻质，另一方面对生烃也起到了延滞作用，油窗拉长；大量的原油聚集，形成超压，延滞生烃，出现第二个生烃高峰。

风城组两件热模拟样品排出油高峰存在明显差异，样品 1（乌 351）早而样品 2（风南 1）晚，而样品 2 的碳酸盐含量高于（两倍于）样品 1，可能是由于样品 2 中碳酸盐含量高，碳酸盐矿物对原油的吸附作用，延滞排烃。在凹陷其他烃源岩系的热模拟结果时发现，风城组产油率大，产油高峰和排出油高峰的温度差（ΔT）远大于其他层位（图 4.60），反映由于碳酸盐矿物吸附作用，导致大量滞留的原油，形成超压，进一步延滞生烃，形成第二个生油高峰（曹慧缇等，1990）。烃源岩热模拟结果，提供了碳酸盐矿物吸附作用，形成超压延滞生烃的实证。

此外，在不同矿物对干酪根热解的催化作用中，催化活性：碳酸盐<高岭石<石膏<蒙脱石（李术元等，2002）。碱类碳酸盐矿物的催化作用最弱，且倾向于对形成的自由态烃类原位吸附，因此烃类排除所需要的能量相对更高，为碳酸盐矿物延滞生烃提供旁证。

由此，根据风城组两种不同类型的烃源岩中有机与无机相互作用，形成两段式生油模式（图4.64）：泥质烃源岩，生烃母质以蓝藻和无定形体为主，生烃早，进一步受到火山矿物的催化，形成早期生油峰；白云质烃源岩，生烃母质以杜氏藻为代表的绿藻为主，生烃量大且生烃晚，受碳酸盐矿物延滞，形成晚期生油峰；两种烃源岩，两期生油峰相互叠加，形成了风城组碱湖泥-白云质混积岩"双峰式"生油模式。

4. 差异埋藏-热演化促使多阶生烃

研究区的差异埋藏-热演化使得风城组碱湖烃源岩的演化没有呈现单调的线性特征，而是差异演化。具体而言，玛湖凹陷西侧的断裂带及中拐凸起地区由于早期构造抬升，地层整体埋深较浅导致其热演化程度相对较低［图4.67（a）］；相比而言，玛湖凹陷及其东侧构造单元的地层埋深普遍较大而热演化程度较高［图4.67（b）］。这种差异热演化，叠加上如前所述的复杂生烃母质组成，共同形成了多阶的"双峰"生油特征。也即是说，烃源岩的生烃并不是简单的有机质生烃动力学过程，而是在一个地质过程约束下的复杂有机-无机相互作用过程。

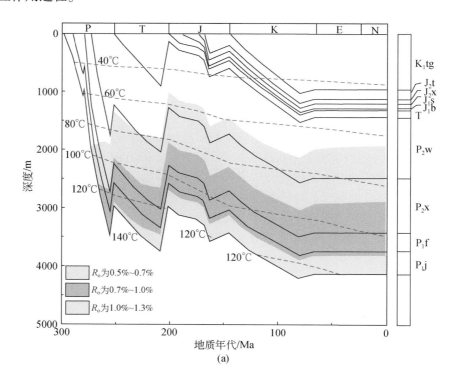

(a)

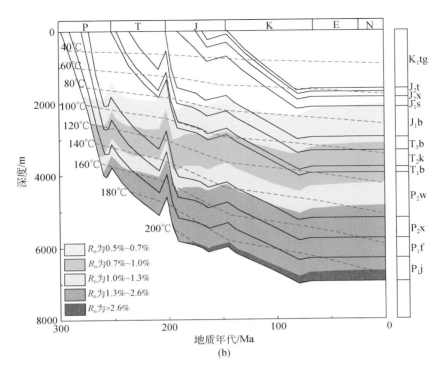

图 4.67　准噶尔盆地西北缘地层埋藏-热演化史模拟

（a）断裂带抬升地区（模拟井夏 76 井）；（b）玛湖凹陷深埋地区（模拟井玛 18 井）

5. 天然气启动晚

　　风城组和下乌尔禾组是玛湖凹陷天然气的主要烃源层，风城组有机质类型为 I 型- II 型，干酪根生气潜力弱；下乌尔禾组有机质类型为 III 型，具较好生气潜力。从热模拟结果来看（图 4.68），风城组生烃虽然以油多气少为特征，但天然气的生成量绝对值不低，结合有机质类型特点，风城组所生天然气以油裂解气为主，因此生气启动较晚；而下乌尔禾组，气多油少，与其 III 型的有机质类型相符，以干酪根裂解气为主。

　　风城地区埋深相对浅，对应与成熟度较低的早期阶段，未达油裂解生气阶段，天然气形成极少，充注量低，AOM（甲烷的微生物厌氧氧化）起到的甲烷消耗不占主要地位，碳氧同位素较正玛西玛北地区，埋深较大，达到大量生气阶段，后期（早白垩世）的 TOM（甲烷的热化学氧化）是该区消耗甲烷的主要因素，关键是富高价铁锰的红层，甲烷氧化后以碳酸盐的形式重新沉积，形成了玛 18 井极负的碳同位素（图 4.69）。玛湖凹陷碳酸盐碳氧同位素的分布特征（图 4.69），可作为风城组天然气启动晚的佐证。

　　风城组所生天然气以油裂解气为主，启动晚，仅在凹陷中心达到过成熟演化（生气）阶段，其余地区均未达到。中浅层由于普遍的生物降解对天然气有一定损耗，但凹陷中深层仍具有天然气勘探潜力（图 4.68）。

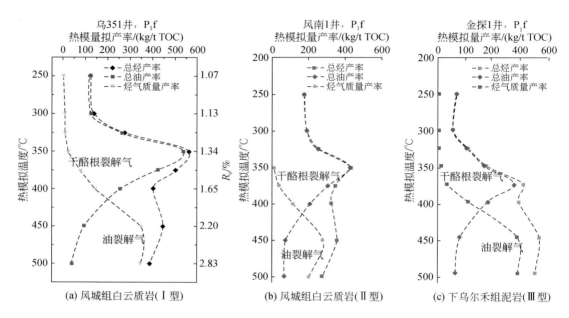

图 4.68　玛湖凹陷风城组和下乌尔禾组天然气生成特征

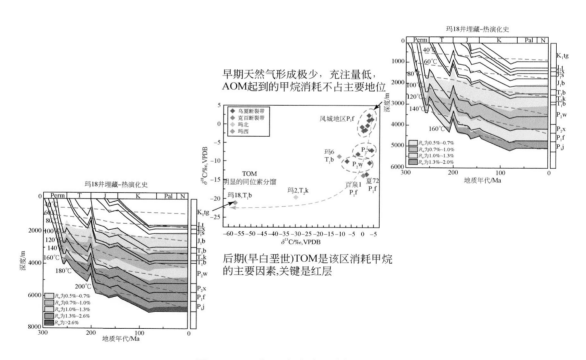

图 4.69　玛湖凹陷碳酸盐碳氧同位素

　　总之，玛湖凹陷风城组碱湖烃源岩具有特别的生烃特征和机理，这是研究区克-乌和玛湖两大百里大油区得以形成的根本原因。其生烃主要分为 3 个阶段。

第一阶段发生在成岩作用中期，烃源岩镜质组反射率在 0.8% 左右达到生烃高峰，有机质达到成熟阶段。泥质烃源中蓝藻来源的干酪根，受到火山矿物催化，在热力的作用下，开始大量降解，生成大量成熟油。此时烃源岩埋深达到 3500m 左右，形成第一期的生油高峰，大量生油持续到 R_o 为 1.1% 左右。

第二阶段发生在成岩作用晚期，烃源岩镜质组反射率在 1.3% 左右，高熟油开始形成。根据传统的碳酸盐有机质演化理论，此时干酪根的生烃潜力应已大部分耗尽，只能由包裹有机质和部分束缚有机质继续提供烃类来源（李延钧等，1999）。但实际上，本次研究中白云质烃源中的绿藻（杜氏藻）来源的干酪根生烃温度较高，并且碱类碳酸盐矿物的吸附作用形成超压，延滞生烃，形成第二期生油高峰，此期原油生烃期可延续到烃源岩镜质组反射率为 1.5% 左右。

第三阶段发生在深成岩至变质作用阶段，为裂解气阶段，在烃源岩镜质组反射率为 2.0% 左右达到生气高峰期，有机质处于过成熟演化阶段。由于原始有机质类型以 Ⅰ 型为主，残余的干酪根热裂解生气潜力弱，高成熟阶段主要为液态烃热裂解形成湿气。

4.6　玛湖凹陷油气来源与成因

4.6.1　原油地球化学与来源

1. 原油地球化学特征

1）原油物性

储层中的原油是烃源岩在热演化过程中经生、排、运、聚等变化后，最终形成的烃类与非烃的混合物，后期的改造和降解等次生变化，使得现存油藏流体呈现出不同物理化学特征（程克明等，1987；陈建平等，2016a）。原油物性是原油化学组成的综合表现，在一定程度上可以反映原油的成因。不同地区、不同层位，甚至同一层位不同构造部位的原油，其物理性质也可能有明显区别。

以玛湖地区主力油层三叠系百口泉组为例，其原油密度为 0.80~0.96g/cm³，以 0.84~0.9g/cm³ 为主，黏度主要为 10~50mPa·s，含蜡量为 2%~7%（图 4.70），整体以含蜡、正常黏度、轻质-中质原油为主，具有典型的陆相成熟-高成熟原油特征。

原油密度和黏度在纵向上的分布特征可在一定程度上反映原油类型及储层油气保存情况。由图 4.71 可见，三叠系百口泉组原油密度与二叠系风城组和下乌尔禾组原油随深度的分布规律基本一致，暗示 3 个组原油可能具有相同的来源。

2）原油碳同位素

原油碳同位素与烃源岩母质类型和演化阶段密切相关，其值越轻代表生油母质类型越好，并随烃源岩演化程度提高，其产物的碳同位素越轻（Peters et al.，2005）。本区全油碳同位素值为 –30.0%~–27.5‰，其中饱和烃碳同位素值最低，为 –31.0%~–28.0%，芳香烃、非烃、沥青质同位素值依次增高，符合有机质中碳同位素演化趋势。

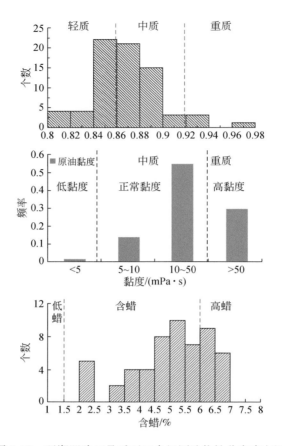

图 4.70 玛湖凹陷三叠系百口泉组原油物性分布直方图

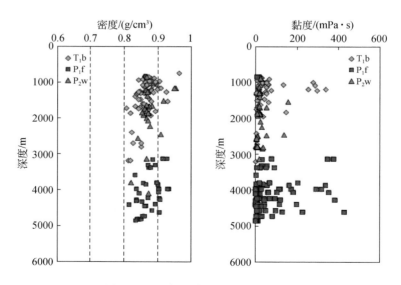

图 4.71 玛湖凹陷原油物性纵向分布

3）原油轻烃

轻烃是石油和天然气的重要组成部分。轻烃组分在原油中含量较高，由于其分析速度较快、成本较低，并能反映油气的成熟度、母质类型、沉积环境及油气保存条件等重要信息，因而是全烃地球化学研究中的重要技术。其中，C_7 系列轻烃化合物是判断母质来源和沉积环境的重要参数，包括 3 类：甲基环己烷（MCC_6）、二甲基环戊烷（$DMCC_5$）和正庚烷（nC_7）。甲基环己烷来自高等植物木质素、纤维素和糖类，热力学性质相对稳定，是反映陆源母质类型的重要参数；二甲基环戊烷主要来自水生生物的类脂化合物，受成熟度影响，大量存在是腐泥型成因油气的标识；正庚烷主要来自藻类和细菌，是良好的油气成熟度指标。

通过原油轻烃组成三角图（图 4.72）可以看出，生成玛湖凹陷斜坡带原油的烃源岩相对富含高等植物，而断裂带原油母源相对富含藻类和细菌，说明其母源上可能存在一定差异，或者是成熟度影响所致。Thompson（1983）提出用石蜡指数和庚烷值来研究原油成熟度。通过用程克明（1987）定义的成熟区间作图 4.73 可知，玛湖凹陷斜坡带原油与断裂带相比成熟度更高，普遍处于高熟区间，说明凹陷斜坡带油气演化程度高。

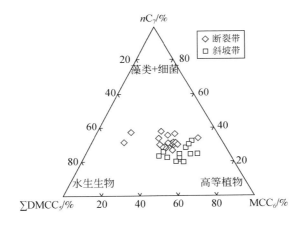

图 4.72　玛湖凹陷原油轻烃 C_7 系列化合物三角图

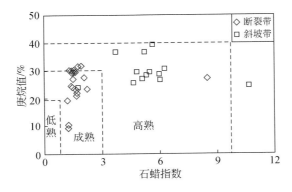

图 4.73　玛湖凹陷原油轻烃成熟度参数散点图

4）原油生物标志物

原油生物标志物蕴含着有机母质类型、沉积环境和成熟度等多方面信息。其中，正构烷烃是饱和烃的主要组成部分，其分布能直观提供有关有机质生源构成及成熟度等方面信息（Moldowan et al.，1986；Peters et al.，2005）。通常情况下，碳数小于 C_{22} 的正构烷烃大多来源于菌藻类低等水生生物中的脂肪酸，所以在以腐泥组分为主的烃源岩中，常富含低分子量正构烷烃；碳数较高的正构烷烃大都来源于陆地高等植物，所以若正构烷烃分别以 C_{27}、C_{29} 或 C_{31} 为主峰且该区间具有明显奇偶优势，则一般来源于高等植物的蜡（Peters et al.，2005）。玛湖凹陷原油类型以轻质-中质原油为主，其饱和烃气相色谱特征差异总体不明显。

类异戊二烯烃是以异戊间二烯为基本结构单元的链状支链烷烃，在原油中植物烷系列是主要的类异戊二烯烃（王作栋等，2010）。其中，Pr/Ph 是一项用于判断有机质沉积氧化还原性的地球化学指征。玛湖凹陷原油正构烷烃系列分布完整，Pr、Ph 特征存在差异，个别样品高于其附近的正构烷烃（图 4.74）。原油主峰碳大都为 C_{17}、C_{19}，个别为 C_{21}、

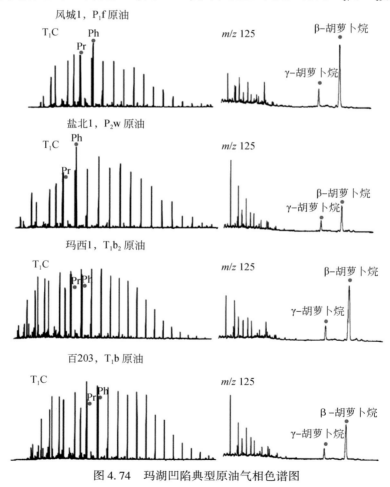

图 4.74　玛湖凹陷典型原油气相色谱图

C_{23}，母质来源为低等水生生物与高等植物混源。与西北缘绝大多数原油一样，玛湖凹陷大部分原油样品里均含有丰富的 β-胡萝卜烷，但不同样品含量存在一些差异，反映原油母质来源不同。

原油 C_{27}—C_{29} 规则甾烷的分布反映了源岩有机质特征。不同碳数规则甾烷的相对丰度可以反映沉积有机质来源（Huang and Meinshein，1979；Czochanska et al.，1988；Peters et al.，2005）。一般认为，C_{27} 甾烷来源于浮游生物，C_{29} 甾烷主要来源于高等植物。由图 4.75 可见，玛湖凹陷原油甾烷特征变化较大，大部分呈轻微上升型，个别有偏向 C_{27} 和 C_{29} 规则甾烷端元的样点，且本区个别样品孕甾烷含量较高，反映一些原油样品成熟度较高。

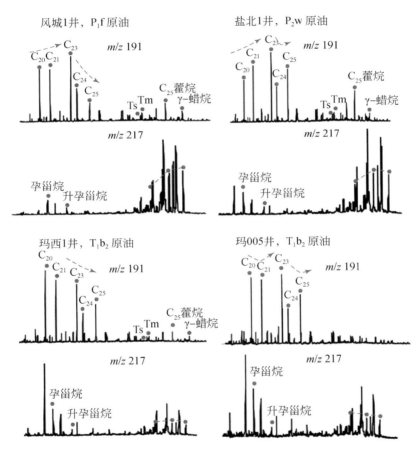

图 4.75　玛湖凹陷典型原油色谱-质谱图

对于萜烷类，通常认为藿烷主要来源于细菌，在一些蕨类植物中也有其先质；三环萜烷则主要来源于微生物，因而它们之间的相对含量能反映各类生物对沉积有机质的贡献（Seifert et al.，1980）。玛湖凹陷研究区原油中三环萜烷含量丰富，五环萜烷含量较少（图 4.75），且有一定含量伽马蜡烷；在碳数分布上，各样品中该系列生物标志物主峰存在变化，一些样品的 C_{21}、C_{22} 和 C_{23} 萜烷呈上升型，也有呈下降型和山谷型，部分样品 C_{25} 三环萜烷含量较高。五环萜烷中 C_{30} 霍烷为主峰，其中一些样品伽马蜡烷较高，$18\alpha(H)-22$、29、30 三降霍烷（Ts）/$17\alpha(H)-22$、29、30 三降霍烷（Tm）与 22S/22R–C_{31}H 值变化相对较小，整体显示原油成熟度较高。

2. 原油分类与来源

1）原油分类

根据原油地球化学特征特别是生物标志物特征，可将玛湖地区原油类型划分为三大类 5 亚类。

（1）A_1 类原油：总离子流图表现为 Ph/nC_{18} 大于 1，C_{20}—C_{22} 三环萜烷表现为上升型，C_{24}、C_{25} 含量较低，伽马蜡烷及 β-胡萝卜烷含量高，Ts/Tm 较小，孕甾烷、升孕甾烷含量低，C_{27}—C_{29} 甾烷表现为 C_{29} 占优势（图 4.76）。这些特征反映原油来源于高盐、还原环境的碳酸盐沉积物，且陆源有机质较多。此类原油主要分布于风城及风南地区。

（2）A_2 类原油：C_{20}—C_{22} 三环萜烷也表现为上升型，C_{25} 三环萜烷含量较高，伽马蜡烷及 β-胡萝卜烷含量相对 A_1 类较低，三环萜烷/霍烷较大，孕甾烷、升孕甾烷含量较高，C_{27}—C_{29} 甾烷中 C_{29} 较低（图 4.77）。这些特征说明原油来源于低盐、弱还原环境的泥岩沉积物，且有机质以水生藻类为主。此类原油主要分布于玛东及玛北地区。

（3）B 类原油：C_{20}—C_{22} 三环萜烷表现为下降型，伽马蜡烷及 β-胡萝卜烷含量较低，三环萜烷/霍烷较大，补身烷/升补身烷较高，C_{27}—C_{29} 甾烷表现为 C_{27} 或 C_{28} 占优势（图 4.78）。这些特征说明原油来源于低盐、弱氧化环境的泥岩沉积物，陆源有机质较少。此类原油主要分布于玛西及玛北地区。

（4）C_1 类原油：C_{20}—C_{22} 三环萜烷表现为山谷型，C_{25} 三环萜烷含量较高，伽马蜡烷及 β-胡萝卜烷含量相对较低，三环萜烷/霍烷较大，C_{27}—C_{29} 甾烷含量较低，表现为下降型或山峰型（图 4.79）。这类原油主要分布于玛北地区。

（5）C_2 类原油：C_{20}—C_{22} 三环萜烷表现为山峰型，伽马蜡烷及 β-胡萝卜烷含量相比前一类较高，三环萜烷/霍烷较大，孕甾烷、升孕甾烷含量较少，C_{27}—C_{29} 甾烷表现为 C_{28} 较高，形成山峰型分布（图 4.80）。这类原油主要分布于玛西及玛西南地区。

为了更加清楚地阐释不同种类原油之间差异，对具有生源意义的生物标志物做了散点图（图 4.81），从图中可以看出，5 类原油中 C_2 类原油成熟度较大，Pr/nC_{17}、Ph/nC_{18} 参数较小，而 A_1 类原油则成熟度相对较低，反映其生成时间相对较早；而通过三环萜烷比值的差异，5 类原油的区分也较为明显，其中 A_1、A_2 原油 C_{23}/C_{21}、C_{21}/C_{20} 较大，B 类较小，C_1 和 C_2 两种混源油介于其间。

对原油全油、饱和烃、芳香烃、非烃等组分的碳同位素研究发现，5 亚类原油同位素特征区分相对明显，其中 A_2、B、C_1 类原油相对区别较小；从 Sofer 图上可以看出 A_2、B、C_1 类较为接近，混源作用对原油碳同位素有一定影响（图 4.82），表明在研究区原油成因类型划分中，相对而言，碳同位素没有生物标志物的区分明显。

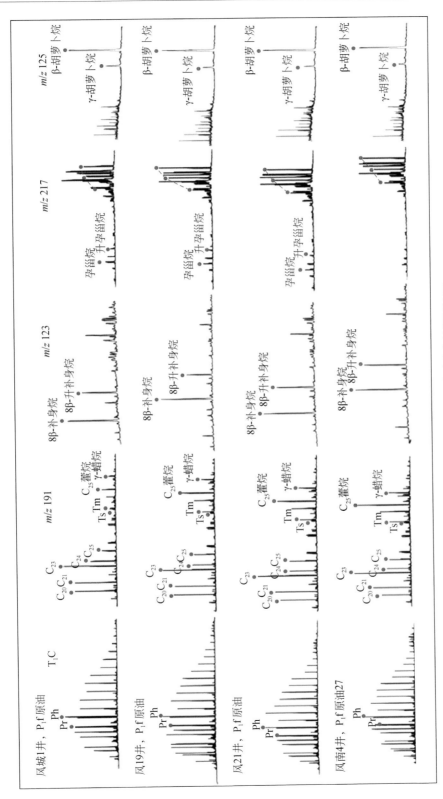

图4.76 玛湖凹陷A₁类典型原油生标谱图特征

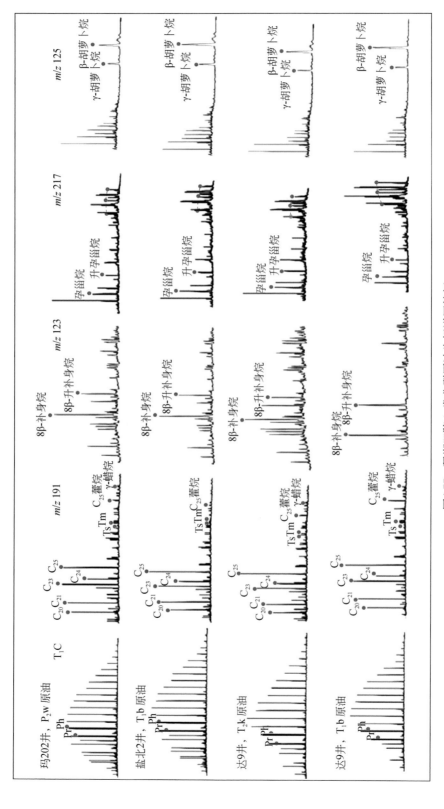

图4.77　玛湖凹陷A₃类典型原油生标谱图特征

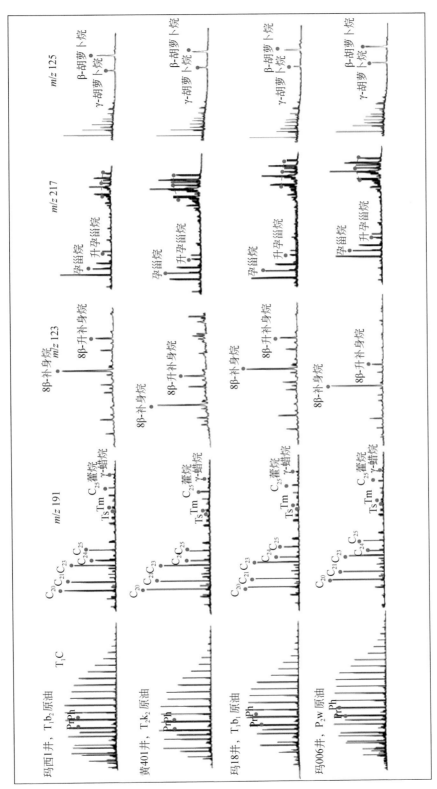

图4.78　玛湖凹陷B类典型原油生标谱图特征

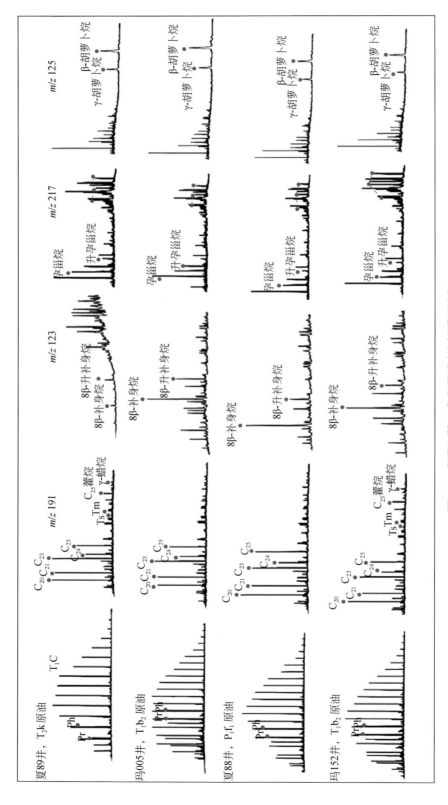

图4.79　玛湖凹陷C₁类典型原油生标谱图特征

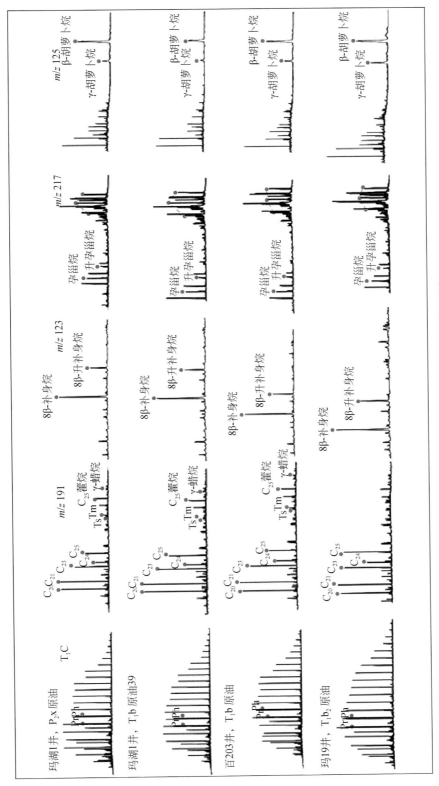

图4.80　玛湖凹陷C₂类典型原油生标谱图特征

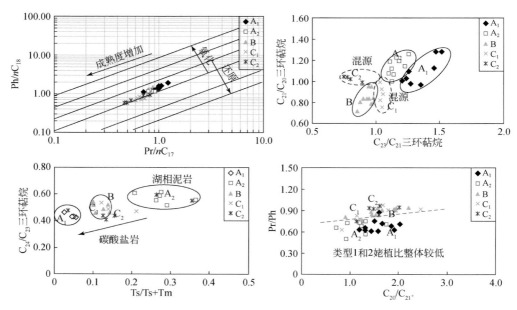

图 4.81 玛湖凹陷不同类型原油生物标志物特征参数散点图

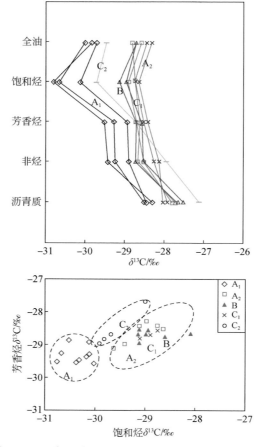

图 4.82 玛湖凹陷不同类型原油碳同位素分布散点图

2）原油来源

上述 5 类原油在分布上具有一定规律性。从垂向上看（图 4.83），A_1 类原油主要分布于 P_1f 及 P_2x 内，三叠系百口泉组基本未发现；A_2 类原油主要分布于 T_1b 及 T_2k 内；B 类原油主要在中二叠统下乌尔禾组以上地层分布；而 C_1、C_2 类原油主要也分布于百口泉组内。由此可见，三叠系百口泉组原油类型多样、分布较为复杂。

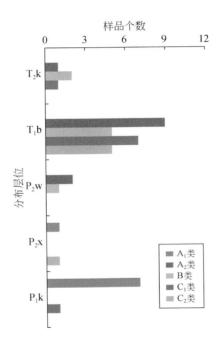

图 4.83　玛湖凹陷不同类型原油垂向分布

在横向上（图 4.84），如前所述，A_1 类原油主要分布于风南和乌尔禾地区，A_2 类原油主要分布于玛东及玛北地区，B 类原油主要分布于玛湖及玛西地区，C_1 类原油主要在玛北地区，C_2 类原油主要在玛西南地区。对比烃源岩的分布（图 4.39～图 4.41），似乎 4 套烃源岩皆有可能，且最为可能的是风城组。因此，需要从烃源岩基础地球化学和生物标志物地球化学特征上来进行原油的确切来源。

从烃源岩地球化学特征上看，最有可能的烃源岩应为二叠系风城组。其他 3 套烃源岩要么热演化程度过高，要么有机质类型较差，因而不可能是已发现原油的主要来源，甚至完全与主要油藏原油无关。

从地质背景分析，主要分布于风南和乌尔禾地区的 A_1 类原油应来自二叠系风城组泥质白云岩，主要分布于玛东及玛北地区的 A_2 类原油来自风城组白云质泥岩，主要分布于玛湖及玛西地区的 B 类和 C_1 类原油来自于风城组白云质岩，而 C_2 类原油来自风城组泥岩。

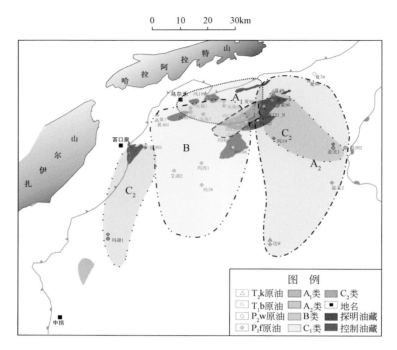

图 4.84　玛湖凹陷不同类型原油平面分布

4.6.2　天然气地球化学与来源

目前玛湖凹陷已发现天然气聚集成藏的区域主要位于中拐北坡。相比而言，山前断裂带与凹陷区的天然气往往以溶解气形式与原油伴生产出。垂向上天然气主要产于中深层（2000～5000m），平均深度2223m，浅层气（<2000m）所占比例小，含气层整体表现出越靠近凹陷中心深度越大的趋势，可能反映烃源岩热演化对天然气聚集成藏的控制。层位上天然气层（藏）主要分布于石炭系、二叠系与中—下三叠统，其中，中拐北坡与克百断裂带天然气主要聚集在石炭系与中—下二叠统，而乌夏断裂带与玛湖斜坡区的天然气在中—下三叠统也有分布。

1. 天然气组分

天然气化学组分包括烃类气体和非烃类气体两类，各组分气体所占比例不仅受其自身成因制约，也与后期天然气运移、生物降解和混合等地质作用有关（Behar et al., 1992；戴金星，1992；Chen et al., 2000），因此研究天然气组分特征对于分析其成因及气藏形成规律等都具有实际意义。由表4.12可见，玛湖凹陷天然气以烃类气体为主（平均相对含量95.3%），其中甲烷相对含量平均为84.8%，干燥系数（$C_1/\sum C_1-C_5$）平均为0.89，总体表现为湿气特征，但不同地区甲烷相对含量存在一定差异，如中拐北坡甲烷平均相对含量为89.5%，在研究区最高，其次分别为玛湖斜坡区（平均相对含量83.9%）、乌夏断裂带（平均相对含量 82.7%）、克百断裂带（平均相对含量 81.3%）。可见，这 4 个地区甲烷相对含量具有中拐北坡>玛湖斜坡带>乌夏断裂带>克百断裂带的特征。

对于有机成因的烷烃气，通常随成熟度增加，其甲烷相对含量或干燥系数（$C_1 / \sum C_1 - C_5$）也逐渐增大（Stahl and Carey，1975；James，1983；Prinzhofer et al.，2000）。因此，可以推断，研究区自断裂带—玛湖斜坡区—中拐北坡，天然气成熟度总体呈逐渐增大趋势。这种天然气成熟度在空间上的变化往往主要与天然气源岩性质及运移作用有关。其中天然气源岩性质的差异表现在两个方面：一是源岩演化程度差异；二是腐泥型有机质和腐殖型有机质生成的两类天然气组分本身存在差异。研究表明，以缩合多环结构化合物为主的腐殖型有机质由于带有较短侧链，生成的甲烷含量要大于以长链结构为主的腐泥型有机质。由煤型气和油型气甲烷相对含量与深度相关关系图（图 4.85）可见，煤型气甲烷平均相对含量（90.9%）的确大于油型气（82.1%），原因既与两类有机质本身性质差异有关，也与煤型气源岩热演化程度普遍大于油型气源岩有关。此外，两类天然气的甲烷相对含量在深度上都具有自下而上逐渐增高的趋势，表明运移过程对研究区天然气组分有明显影响。由于甲烷分子量小，因此运移更快更远，导致上部地层天然气相对更加富集甲烷。

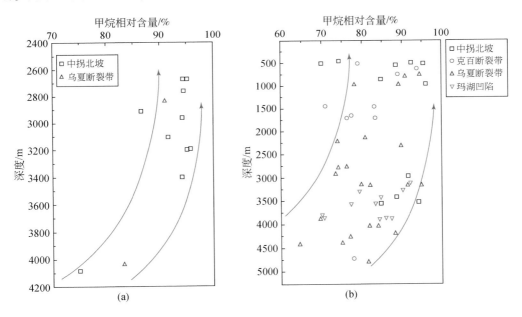

图 4.85　环玛湖凹陷天然气组分特征图

（a）煤型气 CH_4–深度相关图；（b）油型气 CH_4–深度相关图

2. 天然气稳定碳同位素

天然气稳定碳同位素组成对其母质类型和成熟度等具有重要的指示意义（James，1973；Stahl and Carey，1975；Clayton，1991；Galimov，2006），因而是鉴别天然气成因最常用的指标之一。通常，天然气碳同位素会随成熟度增大而逐渐变重，而且处于相似演化阶段的煤型气碳同位素一般要明显重于油型气。对于常用的 C_1—C_4 系列碳同位素，重碳同位素（$\delta^{13}C_2$、$\delta^{13}C_3$、$\delta^{13}C_4$）具有较强的原始母质继承性，往往是识别天然气母质类型的有效指标（James，1973；Faber，1987），而甲烷碳同位素受成熟度影响较大，主要应用于区分相同类型不同成熟度阶段的天然气（戴金星等，2005）。

1）$\delta^{13}C_1$

环玛湖凹陷地区天然气 $\delta^{13}C_1$ 值总体为 −54.38‰ ~ −26.60‰（表 4.12），且由断裂带—玛湖斜坡带—中拐北坡天然气 $\delta^{13}C_1$ 值呈逐渐增大趋势（图 4.86）。这与天然气甲烷相对含量的变化特征类似，反映天然气组分和碳同位素主要受源岩成熟度控制。

表 4.12　玛湖凹陷天然气组分与碳同位素数据

地区	地层	井号	深度/m	天然气组分/%							干燥系数	$\delta^{13}C$/‰，VPDB			
				CH_4	C_2H_6	C_3H_8	C_4H_{10}	C_5H_{12}	N_2	CO_2		CH_4	C_2H_6	C_3H_8	C_4H_{10}
中拐北坡	P_2w	克82	3548	84.33	5.91	3.11	0	0	2.65	0	0.90	−38.5	−31.84	−30.66	−30.64
		克75	2672	95.06	3.11	0.75	0	0	0.55	0	0.96	−31.69	−26.49	−24.74	—
		克75	2672	94.4	3.11	0.77	0	0	1.15	0	0.96	−35.07	−26.94	−23.96	−24.52
		克76	2964.6	91.52	4.78	1.76	0	0	0.82	0	0.93	−40.48	−29.77	−30.5	−29.34
		克76	2964.6	94.27	2.83	0.9	0	0	1.34	0	0.96	−32.5	−26.11	−22.45	—
		克77	2763	94.49	3.13	0.92	0	0	1.08	0	0.96	−32.93	−26.41	−23.97	−24.83
		克78	3264	92.89	3.37	1.12	0	0	1.99	0	0.95	−35.68	−28.18	−28.58	−28.44
		克79	3521	94.08	2.46	0.85	0	0	1.76	0	0.97	−37.43	−29.11	−29.44	−28.33
		克001	2913	86.61	5.62	3.34	0	0	1.19	0	0.91	−33.04	−27.49	−28.31	−29.38
		克004	3195	95.63	2.1	0.49	0	0	1.59	0	0.97	−33.91	−27.3	−25.36	−25.96
		克009	3408	88.48	4.6	2.22	0	0	1.55	0	0.93	−37.27	−29.7	−28.04	−29.42
	P_1j	克007	3109	91.52	4.78	1.76	0	0	0.82	0	0.93	−34.73	−27.48	−26.69	−27.88
		克82	4084	74.9	11.01	4.49	0	0	4.59	0.52	0.83	−29.65	−22.98	−20.12	−20.02
	C	克305	3200	95.06	1.77	0.39	0.16	0.03	2.45	0.09	0.98	−28.37	−24.95	—	—
		克305	3403	94.05	2.14	0.45	0.19	0.05	2.47	0.1	0.97	−26.6	−24.7	−20.92	—
		克108	546	88.61	3.26	2.79	2.34	1.08	0.89	0.22	0.90	−45.19	−30.29	−29.27	−30.05
		克110	456	74.44	8.31	7.24	5.45	1.94	1.24	0.33	0.76	−45.83	−30.07	−27.67	−29.37
		克112	520	69.98	11.31	9.12	6.31	2.09	0.19	0.13	0.71	−43.23	−31.16	−28.89	−29.11
		克113	980	96.11	1.2	0.17	0.26	0.03	1.97	0.18	0.96	−42.66	−43.21	−26.88	−22.26
		克116	524	95.28	2	1.16	0.62	0.16	0.57	0	0.96	−49.13	−31.94	−30.73	−29.74
		克120	516	92.3	3.41	1.22	0.56	0.15	1.99	0.29	0.95	−45.71	−32.24	−31.13	−29.63
		克127	870	84.85	6.96	3.29	2.18	0.94	1.03	0.05	0.86	−39.24	−29.81	−28.9	−28.95
克百断裂带	P_1f	百泉1	4724	77.99	9.34	5.35	3.2	1.53	1.19	0.08	0.80	−52.79	−36.22	−32.65	−31.69
	C	克94	1440	71.05	12.42	7.02	4.71	1.93	1.47	0.07	0.73	−45.9	−34.04	−31.71	−31.04
		白1	1458	83.08	6.27	3.71	2.84	1.2	1.93	0.25	0.86	−42.43	−32.13	−30.18	−29.79
		白17	1694	83.44	7.13	3.2	2.07	0.98	2.26	0.07	0.86	−44.45	−33.69	−31.61	−31.06

地区	地层	井号	深度/m	天然气组分/%							干燥系数	$\delta^{13}C/‰$，VPDB			
				CH_4	C_2H_6	C_3H_8	C_4H_{10}	C_5H_{12}	N_2	CO_2		CH_4	C_2H_6	C_3H_8	C_4H_{10}
克百断裂带	C	白18	1712	76.33	10.08	4.92	2.8	1.18	3.73	0.03	0.80	−47.94	−33.32	−31.25	−31.66
		白3	629	94	2.72	0.52	0.29	0.11	1.99	0.28	0.96	−45.64	−31.46	−29.15	−28.26
		白4	756	88.84	2.55	4.7	2.37	0.7	0.34	0.07	0.90	−43.13	−32.18	−29.98	−29.77
		白7	1656	77.57	8.1	5.16	3.52	1.44	3.1	0.08	0.81	−40.07	−33.36	−30.63	−31.12
		克92	524	79.29	8.55	5.44	3.67	1.24	1.08	0.09	0.81	−40.93	−30.4	−29	−28.29
乌夏断裂带	T_2k	乌002	795	90.8	2.26	1.31	1.02	0.61	3.21	0.14	0.95	−45.37	−31.74	−30	−29.65
		乌005	967.5	89.19	3.15	1.84	1.68	0.82	1.95	0.74	0.92	−44.84	−31.21	−28.25	−29.02
		乌33	749	94.47	1.54	0.65	0.35	0.12	1.95	0.85	0.97	−45.08	−31.85	−29.93	−29.77
	T_1b	夏91-H	2796	74.24	7.52	4.35	3.52	1.65	6.95	0.43	0.81	−44.45	−33.59	−32.09	−30.29
		夏93	2680~2712	90.38	3.08	0.94	0.86	0.42	2.49	1.35	0.94	−41.98	−28.27	−27.02	−26.84
		夏94	2835	91.02	2.7	0.85	0.97	0.76	1.88	0.77	0.95	−42.02	−27.42	−26.67	−26.54
	P_2x	风南052	2205.5	74.11	4.61	3.34	2.8	2.5	2.25	4.19	0.85	−46.25	−34.54	−31.21	−34.16
		乌35	2152	80.9	7.6	3.63	2.07	0.93	4.15	0.28	0.85	−49.22	−35.03	−33.5	—
		乌35	2778	76.51	9.48	4.99	2.75	1.1	3.94	0.53	0.81	−47.62	−32.12	−29.38	—
		乌35	2927	73.4	9.75	5.6	3.16	1.38	4.93	0.44	0.79	−48.41	−32.34	−29.17	—
		乌27	2311	89.81	3.13	2.11	0	0	0.23	1.92	0.94	−48.93	−35.4	−32.91	−31.92
	P_1f	风501	972	78.36	6.65	5.88	3.54	1.75	2.5	0	0.81	−52.98	−40.85	−37.7	−34.55
		风7	3153.5	79.83	4.51	2.1	0	0	11.53	0	0.92	−43.27	−34.45	−32.84	—
		风7	3153.5	81.84	4.91	2.07	0	0	9.69	0	0.92	−42.85	−33.44	−31.31	—
		风7	3153.5	94.6	3.91	0.43	0	0	0.39	0	0.96	−36.96	−30.53	−25.61	—
		风7	3153.5	91.23	1.48	0.24	0	0	6.63	0.09	0.98	−36.15	−29.24	—	—
		风城1	3855	69.89	5.52	2.56	1.45	1.65	11.5	4.04	0.86	−52.66	−37.5	−34.01	−33.62
		风城1	4193.9	88.22	5.28	2.08	1.49	0.64	1.47	0.22	0.90	−50.17	−32.8	−31.89	−30.15
		风南2	4037.8	83.96	6.96	2.96	0	0	4.49	0	0.89	−52.47	−39.58	−35.02	−33.16
		风南2	4037.8	82.06	8.98	3.99	0	0	2.71	0	0.86	−51.52	−38.67	−34.54	−31.79
		风南2	4037.8	81.84	4.91	2.07	0	0	9.69	0	0.92	−47.05	−34.34	−27.78	−21.28
		风南2	4037.8	83.25	5.39	2.22	0	0	7.66	0	0.92	−41.37	−25.14	−21.98	−24.28
		风南5	4394.2	75.24	11.27	6.91	3.44	1.46	0.61	0.16	0.77	−54.38	−38.6	−35.05	−33.49
		风南5	4418	64.68	10.2	7.21	4.38	3.28	2.02	0.35	0.72	−54.23	−37.9	−34.46	−36.82
		风南7	4296	77.13	11	4.97	2.36	1.04	2.68	0	0.80	−52.11	−37.31	−35.13	−34.01
		夏69	1468	93.78	2.5	0.68	0	0	2.19	0.03	0.97	−40.96	−28.89	−27.57	−27.26
		夏72	4808	81.56	6.48	3.31	2.7	1.6	3.39	0.03	0.85	−46.44	−32.9	−31.82	−31.28

续表

地区	地层	井号	深度/m	天然气组分/%							干燥系数	$\delta^{13}C/‰$, VPDB			
				CH_4	C_2H_6	C_3H_8	C_4H_{10}	C_5H_{12}	N_2	CO_2		CH_4	C_2H_6	C_3H_8	C_4H_{10}
玛湖斜坡区	T_1b	玛13	3106	92.18	3.04	0.83	0.64	0.32	2.56	0.12	0.95	-42.9	-29.2	-27.38	-26.38
		玛134	3169	89.9	3.18	1.01	1.06	0.71	3.02	0.32	0.94	-41.99	-27.52	-27.19	-26.04
		玛2	3425	84.75	6.81	3.12	0	0	2.09	0	0.90	-46.93	-31.3	-28.52	-27.78
		玛6	3880	84.38	6.23	3.1	3.39	1.56	0.7	0.09	0.86	-46.84	-31.87	-28.74	-28.71
		玛湖1	3284~3310	79.52	8.91	3.38	1.6	0.42	5.52	0.21	0.85	-45.95	-30.83	-29.67	-28.75
		艾湖011	3848	85.93	5.06	2.18	2.06	0.89	3.14	0.22	0.89	-43.11	-31.01	-29.17	-28.25
		艾湖013	3798	70.23	7.7	5.23	5.13	2	6.47	1.46	0.78	-40.36	-31.44	-30.15	-29.36
		艾湖1	3848	70.65	7.99	5.2	5.51	2.47	4.8	1.87	0.77	-39.26	-30.94	-29.52	-29.03
		玛139	3261	90.39	2.82	0.79	0.79	0.5	3.82	0.37	0.95	-43.60	-29.50	-27.56	-26.47
		玛154	3026	92.74	2.84	0.83	0.82	0.54	1.38	0.43	0.95	-43.28	-28.81	-27.69	-28.58
		玛18	3854	86.08	5.23	2.29	2.14	0.76	2.19	0.78	0.89	-42.83	-30.82	-28.58	-27.73
		玛18	3854	87.34	4.3	1.78	1.52	0.61	3.15	0.87	0.91	-43.00	-30.79	-28.68	-27.50
	P_2w	玛006	3544	83.4	5.2	1.85	1.32	0.56	7.24	0.1	0.90	-48.82	-29.7	-30.28	-29.99
		玛2	3561	77.5	8.74	4.68	0	0	2.23	0	0.85	-47.83	-30.5	-29.5	-29.05

注："—"表示无测试数据。

对于天然气成因判别来说，$\delta^{13}C_1$ 在区分有机成因气与无机成因气方面表现明显，通常认为除过成熟煤型气以外，有机成因天然气 $\delta^{13}C_1$ 值往往小于-30‰，而无机成因天然气 $\delta^{13}C_1$ 值绝大部分大于-30‰，另外，负碳同位素序列也是识别无机成因气的一个典型标志（戴金星，1992；戴金星等，2005）。如表 4.12 所示，研究区天然气 $\delta^{13}C_1$ 值绝大部分小于-30‰，且无负碳同位素序列，反映出有机成因天然气特征。虽然有部分中拐北坡 P_1j 天然气样品 $\delta^{13}C_1$ 值较重（-29.65‰~-26.60‰），但这类天然气并不属于无机成因，证据在于其系列碳同位素并未出现负碳序列，且组分特征显示，其 C_1/C_{2+3} 为 4.8~44，远小于无机成因气的 C_1/C_{2+3} 值（可达到 10^3 以上）（戴金星，1992；Wehlan，1987）。因此，这部分较重的 $\delta^{13}C_1$ 值最可能的解释是代表了过成熟煤型气特征，此外还可能与部分细菌降解作用有关（参见后文分析）。

对于有机成因天然气，依据成熟度由低到高还可划分为生物气、热解气与裂解气 3 类。其中，生物气以高甲烷含量（$CH_4>97\%$）与低 $\delta^{13}C_1$ 值（$\delta^{13}C_1<-55‰$）为特征；热解气 $\delta^{13}C_1$ 值均大于-55‰，重烃气含量较高（一般大于 5%），其中油型热解伴生气 $\delta^{13}C_1$ 值范围在-55‰~-37‰，煤型热解气 $\delta^{13}C_1$ 值范围在-42‰~-35‰；裂解气重烃气含量极低（小于 2%），其中油型裂解气 $\delta^{13}C_1$ 值范围在-37‰~-30‰，煤型裂解气 $\delta^{13}C_1$ 值范围在-35‰~-20‰（戴金星，1992；Tissot and Welte，1984）。由表 4.12 和图 4.86 可见，玛湖凹陷乌夏断裂带 P_1f 大量天然气样品 $\delta^{13}C_1$ 值接近-55‰，但这些样品中重烃气所占比例较高，干燥系数均小于 0.9，因此排除了生物气的可能，仅说明其成熟度较低。另由

图 4.86 可知，研究区油型气基本以热解伴生气为主，而煤型气则以裂解气为主，反映源岩性质差异对油气产量与性质的控制。

2）$\delta^{13}C_2$ 和 $\delta^{13}C_3$

烷烃气中的 $\delta^{13}C_2$ 与 $\delta^{13}C_3$ 具有较强的原始母质继承性，且受成熟度影响较小，因此通常被用作识别天然气成因类型的重要指标。戴金星（2014）综合中国以及国外 7 个盆地已明确成因类型的烷烃气数据，编制了 $\delta^{13}C_1$-$\delta^{13}C_2$-$\delta^{13}C_3$ 的 "V" 形鉴别图，用以区分天然气成因类型。将玛湖凹陷天然气分析数据投入图版中发现，$\delta^{13}C_2$ 和 $\delta^{13}C_3$ 所指示的天然气类型表现出较高一致性：克百断裂带天然气样全部表现为油型气，乌夏断裂带与玛湖斜坡区天然气也以油型气为主，混有少量煤型气和混合气；相比而言，中拐北坡天然气类型多样，其中 C 天然气样为油型气、P_1j 天然气样为煤型气、P_2w 天然气样具有煤型气、油型气、混合气 3 类（图 4.86）。

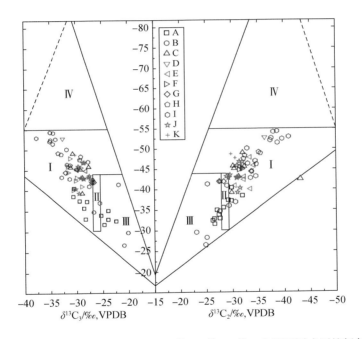

图 4.86　准噶尔盆地环玛湖凹陷天然气 $\delta^{13}C_1$-$\delta^{13}C_2$-$\delta^{13}C_3$ 有机不同成因烷烃气鉴别图

黑色点代表中拐北坡样品；红色点代表克百断裂带样品；紫色点代表乌夏断裂带样品；绿色点代表玛湖斜坡区样品。A. 中拐北坡，P_2w；B. 中拐北坡，P_1j；C. 中拐北坡，C；D. 克百断裂带，P_1f；E. 克百断裂带，C；F. 乌夏断裂带，T_2k；G. 乌夏断裂带，T_1b；H. 乌夏断裂带，P_2x；I. 乌夏断裂带，P_1f；J. 玛湖斜坡带，T_1b；K. 玛湖斜坡带，P_2w。

Ⅰ. 油型气区；Ⅱ. 煤型气和（或）油型气区；Ⅲ. 煤型气区；Ⅳ. 生物气和亚生物气区，下同

进一步根据国内常用的天然气 $\delta^{13}C_1$-R_o 关系回归方程（煤型气：$\delta^{13}C_1 \approx 14.12\lg R_o - 34.39$；油型气：$\delta^{13}C_1 \approx 15.80\lg R_o - 42.20$）（戴金星，1992），结合 $\delta^{13}C_2$ 与 $\delta^{13}C_3$ 特征，可确定出不同类型天然气的热演化程度。由图 4.87 可知，研究区油型气成熟度总体在成熟−高熟之间，其中成熟样品占多数，说明油型气以伴生气为主；相比而言，煤型气成熟度较

高，总体在成熟–过成熟之间，中拐北坡 P_1j 天然气 $\delta^{13}C_1$ 值 （–29.65‰ ~ –26.60‰） 即表现出过成熟特征 （R_o = 2.17% ~ 3.56%）。

3）碳同位素系列组成

天然气的碳同位素系列组成具有重要的地质地球化学指示意义。原生有机成因烷烃气碳同位素值通常会随碳分子数增加而有序增大 （$\delta^{13}C_1 < \delta^{13}C_2 < \delta^{13}C_3 < \delta^{13}C_4$） （戴金星，1992；Boreham and Edwards，2008），但混源和次生作用会破坏此规律，使天然气发生碳同位素倒转。而负的碳同位素系列 （$\delta^{13}C_1 > \delta^{13}C_2 > \delta^{13}C_3 > \delta^{13}C_4$） 通常是无机成因气的特征 （戴金星等，2003）。

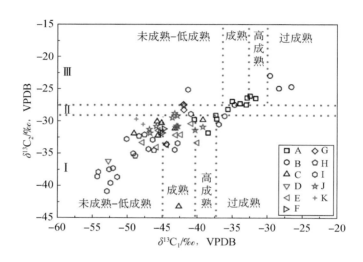

图 4.87　准噶尔盆地环玛湖凹陷天然气 $\delta^{13}C_1$-$\delta^{13}C_2$ 相关关系图

由表 4.12 和图 4.88 可见，玛湖凹陷天然气碳同位素系列普遍存在倒转现象，尤以中拐北坡最为普遍，特别是中拐北坡 P_2w 和 C 气样发生碳同位素倒转的比例分别为 73% 与 71%。总体而言，这些倒转以 $\delta^{13}C_1 < \delta^{13}C_2 > \delta^{13}C_3 < \delta^{13}C_4$ 与 $\delta^{13}C_1 < \delta^{13}C_2 < \delta^{13}C_3 > \delta^{13}C_4$ 为主。综合前文对天然气类型分析，中拐北坡 P_2w 煤型气和油型气的普遍混合是导致其碳同位素倒转的主要原因；相比而言，中拐北坡石炭系发现的均为油型气，不存在煤型气混入，考虑到该区烃源岩发育背景，认为同源不同期油型气混合可能是导致中拐北坡石炭系天然气碳同位素倒转的重要原因。另据后文分析，中拐北坡存在的生物降解作用可能也是造成其碳同位素发生倒转的一个因素 （参见后文）。

4）天然气轻烃

轻烃是原油与天然气非常重要的组成部分，一般指分子碳数为 C_5—C_7 的化合物，其组成蕴含着丰富的母质来源、热成熟度及次生作用信息 （Thompson，1979；Peters et al.，2005）。轻烃中 C_7 系列的相对含量是研究天然气母质来源的重要指标，C_7 轻烃包括 3 类：正庚烷 （nC_7）、甲基环己烷 （MCH） 以及各种结构的二甲基环戊烷 （$\sum$ DMCP）。其中，nC_7 主要来自藻类和细菌，受成熟度影响较大；MCH 主要来自高等植物木质素、纤维素和醇类等，热力学性质相对稳定，是指示陆源母质的良好参数，较高的 MCH 含量是煤成气轻烃的一个特点（李国荟，1992）；而各种结构的 DMCP 主要来自水生生物的类脂化合物，受成熟度影响（胡国艺等，2007），其大量出现是油型气轻烃的一个特点。

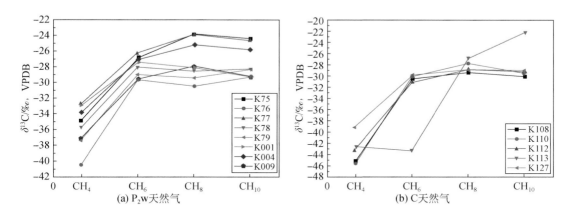

图 4.88　中拐北坡天然气碳同位素倒转现象

由图 4.89 和表 4.13 可见，玛湖凹陷天然气 C_7 轻烃中以 nC_7 相对含量为最高，为 12.8%~64.29%，平均为 44.59%，表明藻类与细菌是天然气主要母质来源，天然气以油型气为主；而中拐北坡 P_1j 天然气样品 MCH 相对含量较高，平均为 74.66%，是煤型气的典型特征，这与前文烷烃气碳同位素特征分析的结论一致。

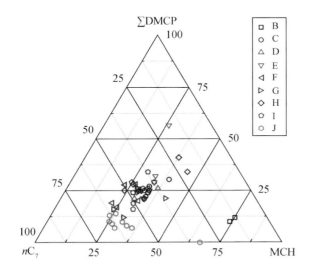

图 4.89　环玛湖凹陷天然气 C_7 系列化合物三角图

表 4.13 玛湖凹陷天然气与凝析油轻烃参数

地区	地层	井号	深度/m	庚烷值/%	异庚烷值	nC_7/%	MCH/%	$\sum$DMCP/%
中拐北坡	P_1j	克305	3200	7.51	1.61	15.86	73.75	10.39
		克305	3403	6.52	1.00	12.80	75.57	11.62
	C	克108	546	20.00	1.46	40.11	33.38	26.51
		克108	746	22.09	1.63	41.64	34.46	23.90
		克110	456	18.62	1.30	37.00	33.73	29.27
		克110	456	20.84	1.55	41.88	33.82	24.30
		克112	520	22.43	1.58	43.42	31.73	24.85
		克113	980	14.01	1.52	30.48	39.04	30.48
		克127	870	23.88	1.62	44.30	33.98	21.72
克百断裂带	P_1f	克88	3206	27.51	1.84	48.88	29.96	21.16
		百泉1	4724	19.24	1.08	37.01	36.55	26.44
	C	白1	1458	10.71	0.36	17.24	26.41	56.35
		白17	1694	25.02	1.65	46.29	29.40	24.32
		白3	629	20.09	0.95	35.00	32.62	32.38
		白4	756	18.62	1.30	37.00	33.73	29.27
		白7	1656	23.43	1.61	43.93	30.88	25.19
		克92	507.64	24.85	1.68	45.11	33.42	21.47
		克92	524	21.33	1.53	41.39	33.92	24.69
		克92	576	24.13	1.67	44.61	33.95	21.44
		克94	1440	23.25	1.64	44.93	28.75	26.32
乌夏断裂带	T_2k	乌002	795	23.82	1.61	44.51	30.34	25.15
		乌32	1952	26.90	3.76	59.23	21.74	19.03
		乌33	749	25.56	2.04	47.85	31.78	20.37
		乌003	1032	21.29	1.51	40.75	32.96	26.30
		乌005	967.5	23.71	1.65	44.66	30.40	24.94
		乌33	749	24.11	1.43	45.33	26.67	28.00
		夏18	1565	27.20	2.21	49.62	22.64	27.74
		夏77	1612	27.39	3.69	57.67	25.10	17.22
	T_1b	夏91-H	2796	25.42	2.12	45.45	28.28	26.26
		夏93	2680~2712	26.10	4.88	57.89	30.08	12.03
		夏94	2835	26.89	4.53	60.17	23.73	16.10
		乌002	1013	21.03	1.45	36.26	42.30	21.45
	P_2x	乌27	2311	10.17	1.22	20.83	45.22	33.95
		乌35	2152	25.19	1.36	46.05	26.27	27.68
		乌35	2778	25.12	1.44	45.52	29.59	24.90

续表

地区	地层	井号	深度/m	庚烷值/%	异庚烷值	nC_7/%	MCH/%	$\sum$DMCP/%
乌夏断裂带	P_2x	乌 35	2927	27.49	1.70	50.61	24.33	25.06
		风南 052	2205.46	9.26	1.10	20.96	38.32	40.72
	P_1f	夏 69	1468	24.47	3.46	50.80	30.66	18.53
		夏 72	4808	23.67	1.98	44.95	34.44	20.61
		风 501	972	21.34	1.64	40.95	34.29	24.75
		风城 011	3852	24.37	3.56	51.79	32.14	16.07
		风城 1	3855	24.04	1.91	46.45	24.52	29.03
		风城 1	4193.97	24.00	2.42	48.00	28.00	24.00
		风南 5	4394.19	24.06	1.35	43.41	30.68	25.91
		风南 5	4418	24.17	1.31	42.99	30.77	26.24
		风南 7	4296	20.55	0.86	36.59	29.27	34.15
玛湖斜坡区	T_1b	玛 13	3106	30.38	5.00	63.16	23.68	13.16
		玛 134	3169	28.29	4.80	59.72	26.39	13.89
		玛湖 1	3284 ~ 3310	23.53	1.55	45.45	29.55	25.00
		艾湖 011	3848 ~ 3882	25.00	9.00	58.33	33.33	8.33
		艾湖 013	3798 ~ 3816	9.09	0	33.33	66.67	0
		艾湖 1	3848 ~ 3862	30.28	5.43	64.18	25.37	10.45
		玛 139	3261 ~ 3277	30.00	10.00	64.29	28.57	7.14
		玛 154	3026 ~ 3037	25.93	10.00	63.64	27.27	9.09
		玛 18	3854 ~ 3871	25.23	7.33	59.57	30.85	9.57
		玛 18	3854 ~ 3871	22.86	11.00	57.14	35.71	7.14

Thompson（1983）指出，轻烃中的庚烷值（庚烷/异庚烷）可用来指示其成熟度与生物降解作用，当庚烷值为 18 ~ 30 时，被认为是正常成熟油气；当庚烷值大于 30 时，被认为是过成熟油气；而当庚烷值小于 18 时，往往指示了生物降解作用，生物降解甚至会导致庚烷值降低至零。此外，需要注意的是，未经生物降解的低熟油气庚烷值也会低至 12 左右。由图 4.90 可见，中拐北坡 P_1j 天然气的轻烃庚烷值在 7 左右，显示了细菌降解特征，除轻烃证据外，储层中也广泛保存了其他表明存在生物降解作用的证据。如图 4.88 所示，在高 $\delta^{13}C_1$ 值井（克 82 井）产气段的岩石抽提物生物标志化合物中，正构烷烃严重缺失，藿烷类、规则甾烷与重排甾烷受到严重侵蚀，而三环萜烷、孕甾烷与升孕甾烷由于具有较强抗生物降解能力而得以保存（Reed，1977；Connan et al.，1980）。由此推断，中拐北坡 P_1j 存在生物降解作用，这会使得甲烷碳同位素有所变重（戴金星等，2003）。在高演化与生物降解共同作用下，天然气表现出很高的 $\delta^{13}C_1$ 值。

在以油型气为主的地区（克百断裂带、乌夏断裂带、玛湖斜坡区、中拐北坡石炭系），其天然气轻烃显示的成熟度普遍大于碳同位素显示的成熟度（图 4.86、图 4.90），尤其是乌夏断裂带 P_1f 天然气，其 $\delta^{13}C_1$ 值与对应轻烃值存在很大差异（表 4.13、表 4.14），表现

在由 $\delta^{13}C_1$ 计算出的油型气成熟度为未熟或低熟,而轻烃则表现为成熟或高成熟特征。许多学者认为,天然气碳同位素与轻烃估算出的热演化程度分别反映了轻质组分(CH$_4$)和重质组分(C$_{5+}$)的热演化程度,如若两者反映出的成熟度不一致,则表明可能是多期成藏或混合成藏造成的(陈践发等,2010;Cao et al.,2012)。由于以上这些地区地层均以油型气为主,混源特征不明显,表明这类油型气可能为同源不同期气混合的产物。

3. 天然气成因分类

根据上文对天然气组分、稳定碳同位素以及轻烃等地球化学特征分析结果,结合研究区烃源岩发育地质背景,可将环玛湖凹陷研究区天然气划分为 4 种成因类型(表 4.14)。依据目前勘探所发现的天然气分布情况,其来源比重从高到低依次为 P_1f 来源油型气、C-P_1j 来源煤型气、P_2w 来源煤型气和二叠系来源混合气。其中克百断裂带、玛湖斜坡区和乌夏断裂带天然气主要为油型气,中拐凸起北坡天然气则既有油型气也有煤型气。

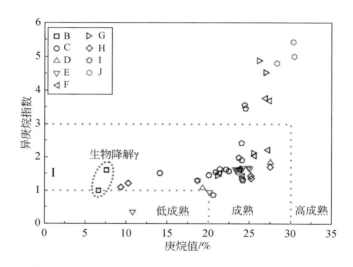

图 4.90　环玛湖凹陷天然气庚烷值与异庚烷值相关关系图

表 4.14　玛湖凹陷天然气类型和主要地球化学特征

成因类型	成因	分布	天然气干燥系数	碳同位素	轻烃	生物标志化合物
I	P_1f 来源油型气	盆地西北缘	0.71~0.98	$\delta^{13}C_1 = -55‰ \sim -37‰$ $\delta^{13}C_2 = -40‰ \sim -30‰$ $\delta^{13}C_3 = -38‰ \sim -27‰$	MCH<40%	三环萜烷 $C_{20} < C_{21} < C_{23}$
II	C-P_1j 来源煤型气	中拐凸起北坡	0.90~0.99	$\delta^{13}C_1 = -35‰ \sim -30‰$ $\delta^{13}C_2 = -27.5‰ \sim -23‰$ $\delta^{13}C_3 = -25‰ \sim -20‰$	MCH≈75%	三环萜烷 $C_{20} > C_{21} > C_{23}$

续表

成因类型	成因	分布	天然气干燥系数	碳同位素	轻烃	生物标志化合物
III	P_2w 来源煤型气	中拐凸起北坡	0.90 ~ 0.97	$\delta^{13}C_1 = -37‰ \sim -32‰$ $\delta^{13}C_2 = -27.5‰ \sim -25.5‰$ $\delta^{13}C_3 = -25‰ \sim -22.5‰$	MCH>50%	三环萜烷 $C_{20} < C_{21} > C_{23}$
IV	二叠系来源混合气	玛湖斜坡区及乌夏断裂带	0.90 ~ 0.95	$\delta^{13}C_1 = -45‰ \sim -40‰$ $\delta^{13}C_2 = -27.5‰ \sim -25‰$ $\delta^{13}C_3 = -26‰ \sim -22‰$	/	三环萜烷以 $C_{20} > C_{21} < C_{23}$ 为主

注："/" 为无分析数据。

1）下二叠统风城组来源油型气

该类天然气在研究区分布最为广泛，是克百断裂带、玛湖斜坡区及乌夏断裂带天然气的主要类型。从烃源岩发育背景看，以上 3 个地区距 P_1f 烃源岩的沉积中心最近（图 4.91），因此 P_1f 来源油型气就近运聚，在这 3 个地区天然气中所占比例最大；相比而言，玛湖凹陷西南缘的中拐北坡则远离 P_1f 烃源岩沉积中心，因而 P_1f 油型气在该地区所占比例相对较小。

克82井，4084.6m，P_1j，泥岩

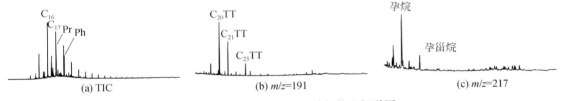

图 4.91　中拐北坡 P_1j 岩石抽提物生标谱图

该类天然气的典型地球化学特征是 $\delta^{13}C_2$ 值分布在 $-40‰ \sim -30‰$，$\delta^{13}C_3$ 值分布在 $-38‰ \sim -27‰$，且 $\delta^{13}C_2$ 与 $\delta^{13}C_3$ 特征有较高一致性，反映出典型油型气特征。同样，其轻烃 C_7 系列化合物中 MCH 相对含量基本小于 40%，说明陆源母质贡献小，也指示了油型气特征。$\delta^{13}C_1$ 值跨度较大，在 $-55‰ \sim -37‰$，且自断裂带—玛湖斜坡区—中拐北坡方向，油型气 $\delta^{13}C_1$ 值呈增大趋势（图 4.86）。参考 P_1f 烃源岩发育背景，发现天然气成熟度在空间上的这种变化规律与其运聚距离有关，距离源岩越近，早期与低熟原油伴生的天然气聚集成藏保留下来的越多，而晚期成熟度较高的油型气因其轻质成分所占比例增大，从而进行了较远距离运移。

此外还有一个值得注意的现象，即距离 P_1f 烃源岩沉积中心最近的天然气样品来自乌夏断裂带 P_1f，其 $\delta^{13}C_1$ 值范围远大于其他地区，油型气中 $\delta^{13}C_1$ 值最轻（$-54.38‰$）与最重（$-36.15‰$）的样品均采自该层位（图 4.87）。用油型气 $\delta^{13}C_1$-R_o 回归方程计算最重的 $\delta^{13}C_1$ 值（$-36.15‰$）对应的 R_o 为 2.4%，且其干燥系数达 0.98，反映出一些油型裂解气特征（戴金星，1992），可能表明 P_1f 烃源岩有部分已进入高-过成熟演化阶段，但由于此类高-过熟油型气生成时间短、数量少，因此未进行长距离运移而只滞留在 P_1f 地层中。

上述碳同位素倒转、$\delta^{13}C_1$ 值与对应轻烃值所反映的成熟度差异等表明，P_1f 油型气可

能存在着多期成藏。为进一步查证此认识，对与天然气共生的原油/储层抽提物进行了生物标志化合物特征分析，分别选取了中拐凸起北坡、克百断裂带、乌夏断裂带、玛湖斜坡区各2件原油/储层抽提物样品。由图4.92可见，在典型反映油源与成熟度的萜烷质谱图（$m/z=191$）中，C_{20}、C_{21}、C_{23}三环萜烷（TT）均呈上升型分布，且Ts含量极低，代表P_1f来源烃类的典型特征（王绪龙，2001）。至于反映成熟度的三环萜烷与藿烷（H）类相对丰度比，4个地区中第2类烃类成熟度均大于第1类，显示出至少存在2期P_1f来源烃类的充注，分别形成了成熟、高熟油型气，可能还存在少量过成熟油裂解气。

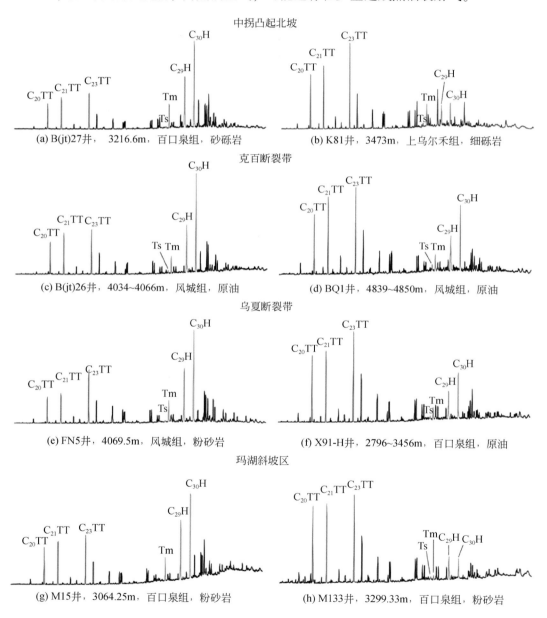

图 4.92　玛湖凹陷原油 $m/z=191$ 色质图

2）石炭系与下二叠统佳木河组来源煤型气

这类天然气样品主要分布于中拐凸起北坡的 P_2w 与 P_1j。从地震地层资料来看，C 与 P_1j 在整个准噶尔盆地西北缘地区广泛分布，但在玛湖凹陷区内埋深较大，因此目前钻揭的 C、P_1j 烃源岩主要位于中拐凸起。考虑到目前发现的这类煤型气通常是源内或近源成藏，因此推断这类煤型气的分布应不只局限于中拐北坡，在玛湖凹陷，尤其是位于 C、P_1j 烃源岩沉积中心的山前部位深层很有可能存在这类煤型气的纯气藏。

该类天然气典型地球化学特征是 $\delta^{13}C_2$ 值为 $-27.5‰ \sim -23‰$、$\delta^{13}C_3$ 值为 $-25‰ \sim -20‰$、$\delta^{13}C_1$ 值为 $-35‰ \sim -30‰$，MCH 相对含量在 75% 左右，属于成熟–高熟煤型气。气源精确判定利用了克 75 井与克 77 井凝析油样品的生物标志物特征。根据前人研究，划分准噶尔盆地西北缘烃源岩与油源最显著的生物标志物指标是三环萜烷（TT）的分布形态，典型的 C/P_1j 烃源岩具有相似或接近的特征，即 C_{20}、C_{21}、C_{23} 三环萜烷呈下降型分布，Pr/Ph 值分别接近 1.5 与 2.0，C_{27}—C_{29} 规则甾烷呈递增或不对称 "V" 形分布（王绪龙和康素芳，2001；Cao et al.，2006）。如图 4.93 所示，克 75 井凝析油 C_{20}、C_{21}、C_{23} 三环萜烷呈下降型分布，C_{27}—C_{29} 规则甾烷呈递增趋势分布，Pr/Ph 值为 1.94，这与 P_1j 烃源岩的生物标志物特征非常吻合。另有克 77 井（2763m）凝析油样品因成熟度高而未检出甾烷，但其 C_{20}、C_{21}、C_{23} 三环萜烷呈下降型分布，Pr/Ph 值为 1.32，与石炭系烃源岩生物标志物特征吻合。

克75井，2604~2672m，下乌尔禾组，凝析油

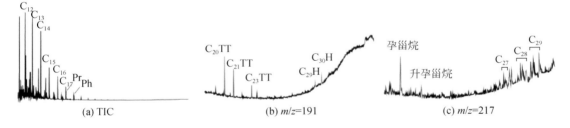

图 4.93　中拐凸起北坡克 75 井凝析油主要生物标志物参数

3）中二叠统下乌尔禾组来源煤型气

这类天然气在中拐北坡煤型气中占有一定比例，其典型特征是 $\delta^{13}C_2$ 值为 $-27.5‰ \sim -25.5‰$、$\delta^{13}C_3$ 值为 $-25‰ \sim -22.5‰$、$\delta^{13}C_1$ 值为 $-37‰ \sim -32‰$，MCH 相对含量大于 50%，属于成熟煤型气。

作为气源判定的凝析油样品来自克 301 井。由图 4.94 可见，克 301 井 C_{20}、C_{21}、C_{23} 三环萜烷丰度较高，且呈山峰型分布，具有准噶尔盆地西北缘典型的 P_2w 烃源岩特征，此外 Pr/Ph 值为 1.23，具有低丰度的 Ts 值，伽马蜡烷/C_{30} 藿烷值为 0.43，C_{27}、C_{28}、C_{29} 规则甾烷呈递增趋势分布，也符合 P_2w 烃源岩特征（王绪龙和康素芬，2001；Cao et al.，2006）。C_{29} 甾烷 20S/（20S+20R）值为 0.46，C_{29} 甾烷 ββ/（ββ+αα）值为 0.56，指示了成熟凝析油特征（Curiale et al.，2005），这与天然气 $\delta^{13}C$ 所反映的成熟度特征吻合。

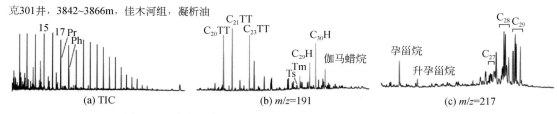

图 4.94　中拐凸起北坡克 301 井凝析油主要生物标志物参数

4）二叠系来源混合型天然气

这类天然气在准噶尔盆地西北缘所占比例最小，在玛湖斜坡区以及乌夏断裂带见有少量，且表现为煤型气与混合气特征，典型特征是 $\delta^{13}C_2$ 值为 $-29‰\sim-25‰$、$\delta^{13}C_3$ 值为 $-27‰\sim-22‰$、$\delta^{13}C_1$ 值为 $-45‰\sim-40‰$。

由于缺少凝析油样品，因此利用储层抽提物的生物标志物特点对该类天然气进行了来源推断，样品取自与天然气同层的储层抽提物。对这些储层抽提物生物标志物特征进行研究发现，典型的烃源判识指标 C_{20}、C_{21}、C_{23} 三环萜烷有上升型、下降型、山峰型和山谷型，分别对应了 P_1f、C-P_1j、P_2w 以及二叠系混合型烃源岩特征，其中又以 C_{20}、C_{21}、C_{23} 三环萜烷山谷型分布为主。图 4.95 给出一个典型的色质谱图，说明该地区不同来源油气混合情况普遍，与天然气 $\delta^{13}C$ 所表现的特征相符。

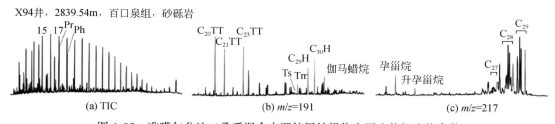

图 4.95　准噶尔盆地二叠系混合来源储层抽提物主要生物标志物参数

4.6.3　玛湖凹陷油气成因分析

玛湖凹陷已发现油气在石炭系—白垩系均有分布，以三叠系百口泉组和二叠系上乌尔禾组、下乌尔禾组最为广泛，储量规模也最大。近年来，二叠系主力烃源岩风城组勘探也取得重要突破。就油气性质而言，玛湖凹陷目前发现的主要为油藏原油性质变化较大，气藏发现较少，主要见于二叠系上乌尔禾组局部地区。故以下重点就该凹陷原油成因加以分析和讨论。

1. 玛湖凹陷油气来源

由前文油气源对比可知，玛湖凹陷已发现油藏的原油主要来自二叠系风城组碱湖优质烃源岩；而天然气存在多种来源，其中油型气（伴生气为主）主要源自风城组烃源岩，煤型气主要来自石炭系、下二叠统佳木河组及中二叠统下乌尔禾组烃源岩。

根据生物标志物等油源对比结果，玛湖凹陷原油主要来源于下二叠统风城组（P_1f）

优质碱湖烃源岩。油源对比的典型指标，即 C_{20}、C_{21}、C_{23} 三环萜烷的峰型分布（Peters et al.，2005），在玛湖凹陷存在上升型、山峰型、下降型、山谷型多种类型，但主力油层三叠系百口泉组原油以上升型为主，其次为山谷型 [图 4.96（b）]。特别是密度小于 $0.83g/cm^3$ 的轻质原油，其 C_{20}、C_{21}、C_{23} 三环萜烷峰型更以上升型占绝对优势。由图 4.96（a）和图 4.97 可见，玛湖凹陷石炭系—二叠系 4 套烃源岩中，P_1f 烃源岩 C_{20}、C_{21}、C_{23} 三环萜烷峰型基本以上升型（$C_{20}>C_{21}>C_{23}$）和山谷型（$C_{20}<C_{21}>C_{23}$）为主；P_2w 烃源岩 C_{20}、C_{21}、C_{23} 三环萜烷峰型基本表现为下降型；而 C、P_1j 烃源岩 C_{20}、C_{21}、C_{23} 三环萜烷峰型涵盖了所有 4 种类型，但上升型所占比例很小。

与三叠系储层原油相比，石炭系—二叠系原油生物标志物比较复杂 [图 4.96（a）]。就分析样品较多的二叠系风城组原油与石炭系原油而言，表征风城组油源的 C_{20}、C_{21}、C_{23} 三环萜烷仍以上升型为主，次为山谷型，反映其为风城组"自生自储"原油；而石炭系原油则以山峰型为主，其次为上升型和山谷型，反映其来源比较复杂，除风城组源岩外，其他几套烃源岩特别是石炭系源岩本身可能亦有贡献。

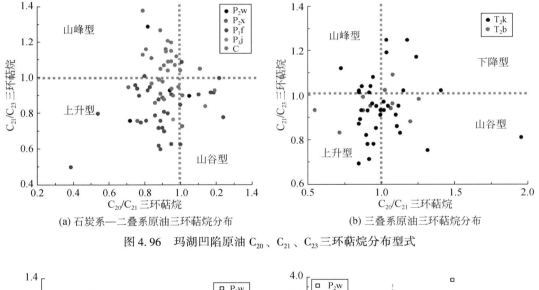

图 4.96　玛湖凹陷原油 C_{20}、C_{21}、C_{23} 三环萜烷分布型式

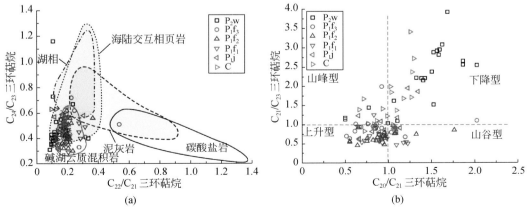

图 4.97　玛湖凹陷烃源岩 C_{22}/C_{21} 三环萜烷-C_{24}/C_{23} 三环萜烷和 C_{20}/C_{21} 三环萜烷-C_{21}/C_{23} 三环萜烷相关图

可见，二叠系风城组烃源岩是玛湖地区最主要的油源所在，其所生油气在玛湖凹陷广泛分布。

2. 玛湖凹陷轻质油与中质油成因

1）原油性质变化主要受控于烃源岩成熟度变化

从原油性来看，玛湖凹陷已发现主要油藏的原油以轻质油和中质油为主，另有少量重质油。其中三叠系百口泉组油藏原油密度分布范围为 $0.7887 \sim 0.8759 g/cm^3$，平均为 $0.8378 g/cm^3$，主要分布在 $0.82 \sim 0.86 g/cm^3$，占 81%，以轻质油为主，少量中质油；二叠系上乌尔禾组油藏原油密度分布在 $0.807 \sim 0.9456 g/cm^3$，平均为 $0.8618 g/cm^3$，主要分布在 $0.84 \sim 0.88 g/cm^3$，以中质油为主，次为轻质油，极少重质油；下乌尔禾组油藏原油密度分布在 $0.7574 \sim 0.9363 g/cm^3$，平均为 $0.8538 g/cm^3$，主要为 $0.83 \sim 0.87 g/cm^3$，占 72%，亦以轻质油为主、次为中质油、极少重质油。

原油成熟度及成藏分析表明，玛湖凹陷各层系原油密度的变化主要与主力烃源岩风城组热演化程度有关。特别是三叠系所发现的大量轻质油具有明显的高成熟特征，是风城组烃源岩热演化较高阶段的产物。表现在一方面，三叠系百口泉组原油密度随深度增大有规律减小 [图4.98（b）]；另一方面，生物标记化合物等分析表明其原油成熟度较高，如夏盐2井百口泉组油层（$4335 \sim 4405 m$）原油密度较轻（$0.83 g/cm^3$），显微镜下观测到亮黄色荧光烃类，分子化合物中三环萜烷相对于五环三萜烷的丰度高，包裹体均一温度发现为一期高成熟油气充注（雷德文等，2017a），说明其油气演化已达到高成熟阶段。

二叠系原油密度总体亦随深度增加而减小 [图4.98（a）]，但规律性略差于三叠系百口泉组原油变化，反映原油性质主要也受烃源岩成熟度控制，但可能还叠加了其他因素影

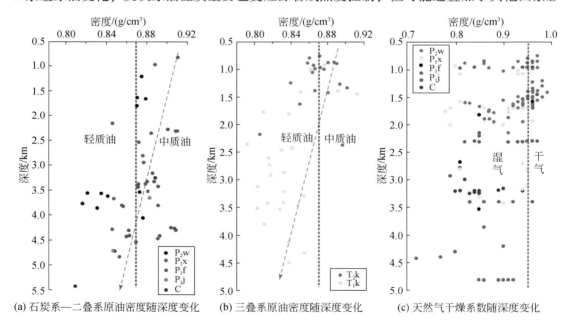

(a) 石炭系—二叠系原油密度随深度变化　　(b) 三叠系原油密度随深度变化　　(c) 天然气干燥系数随深度变化

图4.98　玛湖凹陷油气基本性质随深度变化

响。至于二叠系特别是上乌尔禾组原油密度总体高于三叠系百口泉原油密度，应与二者分布区风城组烃源岩成熟度不同有关。百口泉组油藏主要分布于玛湖凹陷中北部，那里风城组烃源岩热演化程度高，现今已达高成熟阶段；而上乌尔禾组油藏主要分布于玛南斜坡和中拐凸起北斜坡，该区风城组烃源岩热演化程度相对较低，主体处于成熟阶段，从而形成上乌尔禾组以中质油为主、轻质油为辅的特点。

2）两期原油充注为生烃不同阶段幕式排烃产物

成藏期分析表明，玛湖地区存在 3 个成藏时期：晚三叠世、早侏罗世和早白垩世（详见 5.3.2 节）。其中，晚三叠世因区域盖层上三叠统白碱滩组尚未形成，因而是一次无效成藏；早侏罗世成藏时因玛湖凹陷三叠系百口泉组、二叠系上乌尔禾组等扇三角洲平原相砂砾岩储层尚未致密，从而在储层上倾方向未形成有效遮挡，导致该期油气由玛湖凹陷一直向西北缘断裂带高部位运移成藏，而凹陷内普遍未能成藏；直到早白垩世成藏期，玛湖凹陷才具备了良好的圈闭条件，从而使该期成为凹陷区最主要的成藏时期。换言之，玛湖凹陷及其邻近的准噶尔盆地西北缘断裂带存在 2 期有效成藏，即早侏罗世和早白垩世，前者主要形成正常成熟度的中质油，后者主要形成高熟轻质油（伴有湿气），部分成熟度适中地区亦以形成中质油为主（详见第 5 章有关部分）。

那么，玛湖凹陷及其邻近地区几期成藏是什么因素造成的？由前文对主力烃源岩二叠系风城组生烃模式分析可知（图 4.64），该套烃源岩油气生成具有双峰式特点，生油高峰 R_o 为 0.8%~1.3%。实际上，在二叠系风城组烃源岩进入生油窗后，其生油量随埋深增加一直在不断增大，直到其集聚的动力超过烃源岩破裂压力后即发生排烃及运移成藏。由三叠系和二叠系主要含油层现今仍普遍分布超压分析，来自风城组的油气应是在超压驱动下向这些储层发生运移和充注的，超压形成的原因为生烃增压（详见 5.3.3 节）。由此推断，风城组烃源岩在生成油气过程中产生了超压，当形成的超压一旦突破了岩石破裂压力，就会产生排烃和成藏，因而具有幕式排烃、幕式成藏的特点，玛湖凹陷几期成藏很可能就是风城组烃源岩幕式排烃的结果。其中，早侏罗世时尽管风城组烃源岩尚未达到生油高峰，但已处于生烃量快速增大阶段，因而可能产生了引起排烃的超压，从而形成一期成藏。到了早白垩世，风城组烃源岩进入生烃高峰期，超压再次增大，从而形成了现今玛湖凹陷最主要的成藏时期。

3）优越的保存条件是原油性质较好的另一重要因素

玛湖凹陷普遍为轻质油和中质油，其较好的原油性质除了主要受烃源岩成熟度影响，从另一个角度也说明成藏后保存条件很好。由于保存条件好，原油基本未发生降解破坏，因而使得成藏时较好的原油性质未发生明显改变。

正是由于优越的保存条件，不仅使得玛湖凹陷形成了优质的油品，更重要的是使得玛湖大油区得以形成。

4.7　勘　探　意　义

玛湖凹陷主力烃源岩二叠系风城组为碱湖沉积，是迄今为止全球所发现最古老的碱湖优质烃源岩，其发现具有十分重要的勘探意义。

4.7.1 碱湖优质烃源岩生烃产率高，预示玛湖凹陷资源丰富，勘探潜力大

玛湖凹陷风城组发育独特的嗜碱绿藻门、蓝细菌生油母质，是形成稀缺环烷基原油的物质基础。而且，其生烃产率远高于普通湖相烃源岩，是后者的数倍之多，预示着玛湖凹陷资源潜力很大，从而为在该凹陷寻找规模储量提供了依据，进而坚定了在玛湖凹陷寻找大油田的信心。玛湖大油区的发现，也反过来证实了二叠系风城组巨大的生烃潜力和资源潜力。根据碱湖生烃新模式对玛湖凹陷重新进行资源评价，结果得到风城组烃源岩生油量达 $142.66 \times 10^8 t$，比原三次资评提高 25%；总地质资源量达 $46.66 \times 10^8 t$，提高 53%；重新评价凹陷区剩余资源量由 $4.3 \times 10^8 t$ 增加到 $27.3 \times 10^8 t$，预示该凹陷还有很大勘探潜力。

4.7.2 优质烃源岩的发现预示着风城组致密油和页岩油勘探前景良好

玛湖凹陷风城组厚度为 $300 \sim 1500 m$，其中烃源岩厚度为 $50 \sim 400 m$，优质烃源岩分布面积达 $3800 km^2$（雷德文等，2017a），生油强度平均为度为 $300 \times 10^4 t/km^2$，凹陷中心超过 $800 \times 10^4 t/km^2$，排油效率 60%。因此，玛湖凹陷二叠系风城组优质烃源岩的发现，除了为源外大油区形成奠定了雄厚物质基础外，也预示着其源内致密油和页岩油勘探也具有很大潜力。风城组发育砂砾岩、白云质岩和火山岩 3 类致密油储层，呈互补发育特征，其中以白云质岩致密储层为主，是风城组致密油勘探的主体。白云质岩储层厚度为 $300 \sim 500 m$，具有全层段含油特征，分布面积达 $6700 km^2$；其中白云质岩含量较高，脆性好，储层集中发育，天然裂缝也较发育，从而有利于大型压裂改造。砂砾岩储层与白云质岩呈互补发育特征，厚度为 $500 \sim 1000 m$，分布稳定，面积达 $1700 km^2$，由于裂缝发育且油质轻，勘探潜力较大。一方面，火山岩主要分布在乌夏地区风城组风一段，现已取得勘探突破；另一方面，作为主力生油岩的白云质泥岩、泥质岩等烃源岩本身，其勘探潜力也值得关注。

第5章 玛湖砾岩大油区成藏模式与富集高产规律

大油区是指同一大型构造背景上由相似成藏条件决定、以某一种类型油藏为主，纵向上相互叠加、横向上复合连片，由多个油藏（田或带）构成和含油区（赵政璋等，2011），一般具有 10×10^8 t 以上的可探明储量（邹才能和陶士振，2007）。截至 2019 年，玛湖凹陷先后在石炭系，二叠系佳木河组、风城组、夏子街组、下乌尔禾组和上乌尔禾组，三叠系百口泉组、克拉玛依组、侏罗系八道湾组、三工河组等多套层系发现商业油气资源，获得三级石油地质储量 15.6×10^8 t。尤其是在三叠系百口泉组和二叠系上乌尔禾组发现了七大油藏群，形成了 10.8×10^8 t 规模的南、北两大油区。另外，二叠系下乌尔禾组也获得重要勘探突破。上述三套主要含油层系在成藏特征、成藏模式与成藏主控因素等方面具有很大的相似性，但也存在一定差异。本章在前文沉积条件、储层条件与烃源条件研究的基础上，分析了玛湖凹陷源上砾岩大油区形成条件、不同层位的油藏类型及成藏特征、源上砾岩大油区成藏模式，以及源上砾岩大油区成藏主控因素与富集高产规律，以便为今后勘探提供依据。

5.1 玛湖凹陷源上砾岩大油区形成条件

研究表明，我国陆相盆地大面积油气藏形成需具备以下四大基本条件：稳定-宽缓的构造背景、大面积分布的优质烃源岩、大面积分布的非均质致密储层、源储紧邻接触与短距离运移聚集（赵政璋等，2012）。对准噶尔盆地玛湖凹陷源上砾岩大油区形成条件的分析表明，其与其他盆地大面积油气藏的形成条件既有相似性，也存在一定差异。玛湖凹陷源上砾岩大油区的形成，是由于具备以下 5 方面的条件：稳定宽缓的构造背景、满凹沉积的浅水扇三角洲砂砾岩体、碱湖优质烃源岩、多期通源断裂连通储层和致密砂砾岩与泥岩立体封堵。

5.1.1 稳定宽缓的构造背景

构造演化与沉积特征分析表明，玛湖凹陷中二叠统下乌尔禾组、上二叠统上乌尔禾组和下三叠统百口泉组自沉积以来，特别是晚二叠世以来，一直为一稳定宽缓的凹陷构造背景，为玛湖凹陷源上砾岩大油区形成提供了有利的构造环境。

早二叠世初期，西准噶尔褶皱带强烈隆升并向准噶尔地块冲断推覆，在造山带前缘与地块缝合带附近形成大型前陆盆地，其前缘带则为现今的玛湖凹陷，沉积中心位于西北缘逆冲断裂带发育地区。海西运动晚期，由于西侧逆冲断裂带的推覆作用，石炭-二叠纪地层向盆地大规模推覆，同时中拐凸起持续隆升，中拐-玛南地区中—下二叠统遭受强烈剥蚀,凸起高部位二叠系风城组、夏子街组和下乌尔禾组几乎剥蚀殆尽。晚二叠世早期,中拐凸起开始沉降,玛南地区构造运动减弱,上乌尔禾组开始沉积,披覆于石炭系及中—下二叠统之上,分布在玛湖凹陷南部和中拐地区,由南向北地层厚度逐渐减薄,在中拐凸起及克百断裂带附近形成地层超覆带,仅分布上乌三段。印支运动时期,构造沉降相对稳定,玛湖凹陷地区统一接受三叠纪沉积,凹陷内部沉积连续,层序完整,靠近凹陷边部发育微弱背斜、鼻状构造。上三叠统白碱滩组沉积了较大厚度泥岩,成为优质区域盖层,也反映古地貌较为平缓。侏罗纪—早白垩世时期,区域内构造格局发生变化,玛湖凹陷斜坡背景上的背斜、鼻凸隆升有所显现,且一直保持到现今。现今三叠系百口泉组、二叠系上乌尔禾组和二叠系下乌尔禾组均为宽缓的斜坡构造特征,如三叠系百口泉组构造海拔为-5000~-2000m,由凹陷的西部、北部和东部向凹陷中心海拔逐渐降低(图5.1)。

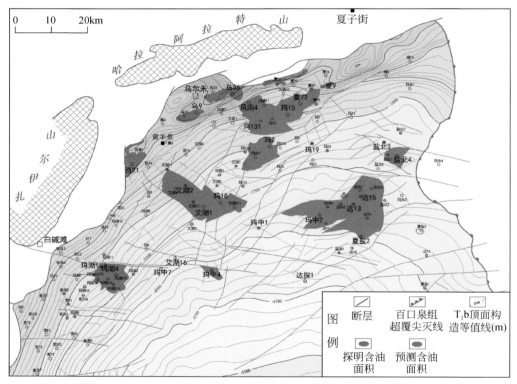

图5.1　玛湖凹陷三叠系百口泉组顶面构造等值线图

在稳定宽缓的斜坡背景上发育多个坡折带和平台区,其上均有商业油气聚集发现,已发现多个岩性油气藏群,如玛湖凹陷斜坡区过百21—玛东3井地震剖面可见玛西斜坡陡坡区(百21—艾湖2井)、玛18井平台区、玛中陡坡带(玛中1井)、玛中平台区、达巴松平台区(达11—达13井)和玛东斜坡陡坡区(盐北2井),其中除玛中1井仅见油显示外,其余位置的探井均钻遇工业油层(图5.2)。目前,三叠系百口泉组在玛北斜坡、玛西斜坡、玛东斜坡、玛南斜坡以及玛中地区已发现了5个岩性油藏群,二叠系上乌尔禾组在玛南斜坡和中拐北斜坡发现了玛南、中拐两个岩性油气藏群,二叠系下乌尔禾组在玛南斜坡发现了玛南油气藏群等。

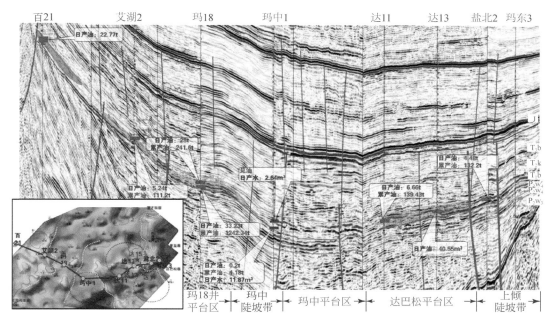

图 5.2　玛湖凹陷过百 21—玛东 3 井地震地质解释剖面图

5.1.2　满凹沉积的浅水扇三角洲砂砾岩体

　　玛湖凹陷源上砾岩大油区油层集中分布在区域断-拗转换期不整合面之上的下三叠统和其下的中—上二叠统超覆砂砾岩沉积中。受盆地边缘老山构造抬升影响，形成了多个物源体系充足的沉积物源，从而在玛湖地区形成了中拐、白碱滩、克拉玛依、夏子街、夏盐、达巴松等多个扇体。由于水系稳定、湖盆面广、水浅坡缓，以及多期湖侵等因素的影响，形成了满凹沉积的浅水扇三角洲前缘亚相沉积砂砾岩体，每个扇体的砂砾岩体错落叠置，形成相互搭接连片分布（图 2.69），其分布均在数百平方千米，为玛湖凹陷源上砾岩大油区的形成提供了良好的储集条件。

　　其中三叠系百口泉组为明显的水进砂退响应特征，如玛北斜坡过玛 17—夏 74 井百口泉组顺物源方向（图 5.3），横向上，由凹陷边缘（夏 74 井）向凹陷中部（玛 17 井），百口泉组逐渐由扇三角洲平原亚相过渡到扇三角洲前缘亚相，再到滨浅湖相。纵向上，百一段和百二段下部二砂组主要为水上沉积环境的扇三角洲平原亚相，百二段上部一砂组则是以水下环境的扇三角洲前缘亚相为主，百三段以水下沉积环境的扇三角洲前缘亚相、滨浅湖为主。油气显示和试油成果分析发现，油气主要集中在扇三角洲前缘亚相沉积的砂砾岩储层。

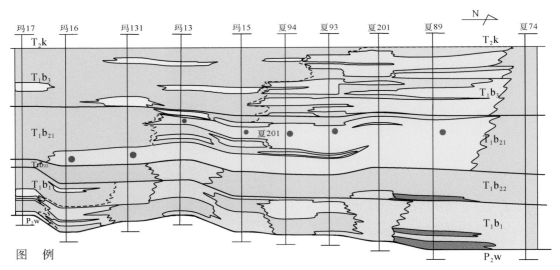

图例

☐ 扇三角洲平原分流河道 ■ 扇三角洲平原泥石流 ☐ 扇三角洲平原河道间 ☐ 扇三角洲前缘水下河道
☐ 扇三角洲前缘碎屑流 ☐ 扇三角洲前缘分流间湾 ☐ 扇三角洲前缘远砂坝 ☐ 滨浅湖滩坝 ☐ 滨浅

图 5.3　玛北斜坡过玛 17—夏 74 井三叠系百口泉组顺物源方向沉积相剖面图

上乌尔禾组总体亦表现为退覆式沉积。在过金 120—玛湖 16 井上的剖面上（图 5.4），可见凹陷边缘砂砾岩体厚度较薄，凹陷中部砂砾岩体厚度增加；纵向上自下而上形成砂砾岩厚层、砂泥互层和薄层砂砾岩的有序分布特征。其中上乌一段处于古地貌填平补齐阶段的凹槽区，为扇三角洲主体发育阶段，沉积砂砾岩厚度大，形成块状低饱和岩性油藏（玛湖16 井、玛湖 8 井）；上乌二段在古凸起与古凹槽控制下，受到持续湖进作用的影响，发育

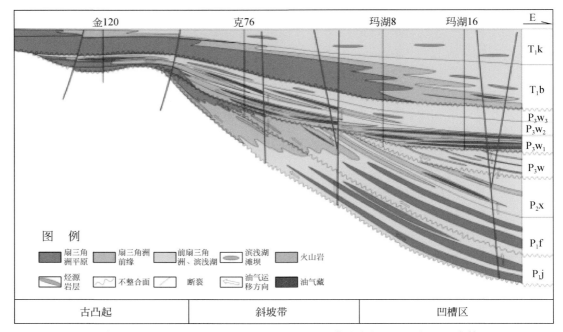

图 5.4　玛湖凹陷中拐凸起北斜坡二叠系上乌尔禾组油藏分布剖面图（据杜金虎等，2019）

砂砾岩与泥岩互层分布特征，形成较高饱和度纯油层岩性油藏（克 76 井）；上乌三段主要为滨浅湖沉积体系，主要为泥岩沉积，局部分布透镜状砂砾岩沉积，形成"泥包砂"型高饱和度薄层油藏（金 120 井）。

5.1.3　碱湖优质烃源岩

玛湖凹陷为准噶尔盆地六大生烃凹陷之一，发育有下二叠统风城组、佳木河组及中二叠统下乌尔禾组 3 有效烃源岩。其中，二叠系风城组为主力烃源岩，属咸水碱湖还原环境沉积，微生物发育，其生烃潜力远高于一般淡水湖相烃源岩。碱湖环境沉积的优质烃源岩为三叠系百口泉组、二叠系上乌尔禾组和下乌尔禾组，以及其他层系大面积油气藏的形成奠定了良好的物质基础。

下二叠统风城组碱湖烃源岩分布面积广，超过 5000km²，烃源岩厚度 0 ~ 300m（图 5.5）。其中在靠近西北部前陆冲断带的乌尔禾地区厚度最大，超过 275m，向东、西和南侧逐渐减薄，在南部靠近达巴松凸起带厚度最小，小于 50m。风城组烃源岩有机碳含量为 0.5% ~ 3.5%，平均为 2.19%，具有中部大，向四周逐渐减小的特征，中部玛 18 井附近最大，超过 3%，玛东斜坡部分小于 0.5%。烃源岩热解氢指数为 23 ~ 626mg/g，主要分布范围 100 ~ 500mg/g，其中氢指数为 200 ~ 400mg/g 的样品占 80%，大于 400mg/g 的样品

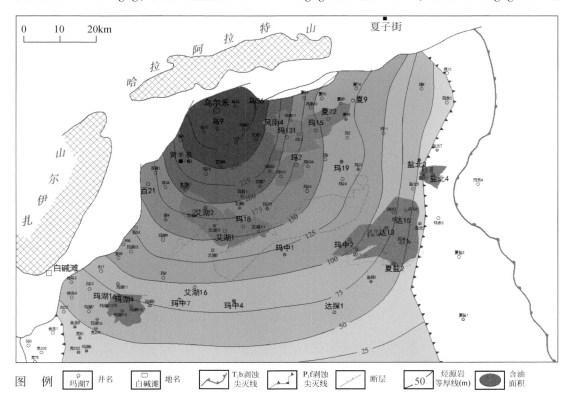

图 5.5　玛湖凹陷二叠系风城组烃源岩厚度等值线图

占 14%。干酪根氢碳原子比为 1.0 ~ 1.4，平均为 1.17，表现出 Ⅱ 型干酪根占优势。干酪根碳同位素值分布范围为 −28.16‰ ~ −20.83‰，平均为 −24.81‰。从热演化程度分析，风城组烃源岩 R_o 普遍超过 0.6%，平均为 1.4%，且自北向南、由凹陷边缘向凹陷中心逐渐增大（图 5.6），凹陷中南部超过 1.6%。总体而言，凹陷大部分地区已进入高成熟阶段，生成轻质油为主，仅在西侧和东侧靠近凹陷边缘一带生成成熟油。整个玛湖凹陷风城组烃源岩的生烃强度平均为 $300×10^4 t/km^2$，凹陷中心超过 $800×10^4 t/km^2$，向四周逐渐降低，凹陷东部和西部小于 $100×10^4 t/km^2$（图 5.7）。

下二叠统佳木河组烃源岩岩性主要为凝灰质泥岩，总有机碳含量为 0.08% ~ 19.84%，平均为 2.53%；生烃潜量（S_1+S_2）为 0.01 ~ 19.31 mg/g，平均为 2.44 mg/g；沥青 "A" 含量为 0.004% ~ 0.453%，平均为 0.054%，有机质类型以偏腐殖型的 Ⅲ 型为主，成熟度普遍达到成熟−高熟阶段。需要指出的是，佳木河组烃源岩总有机碳含量虽然较高，但生烃潜量普遍较低，其生烃中心位于玛湖凹陷南部−中拐凸起北斜坡地区，目前中拐地区所发现的气藏多与佳木河组源岩密切相关（王屿涛等，1997；杨海风等，2010；高岗等，2012b；王绪龙等，2013；杨镱婷等，2017）。除此之外，中二叠统下乌尔禾组也具有一定的生烃能力（雷德文等，2017a）。

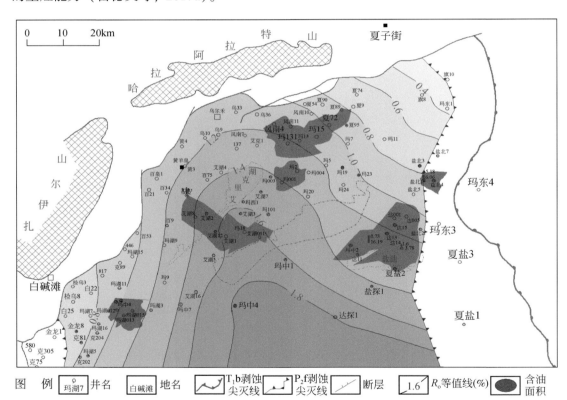

图 5.6　玛湖凹陷二叠系风城组烃源岩 R_o 等值线图

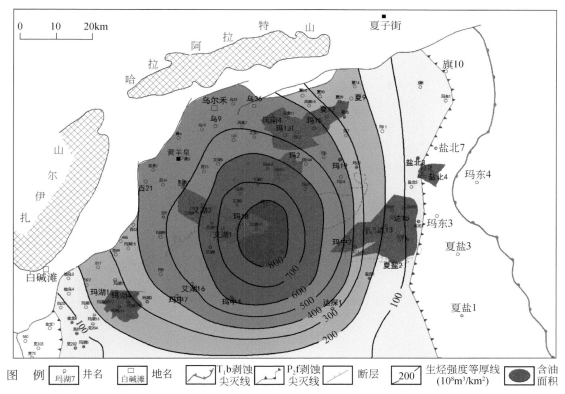

图 5.7　玛湖凹陷二叠系风城组烃源岩生烃强度等值线图

5.1.4　多期通源断裂连通储层

　　源储相邻或源储邻近以及运移距离短是致密砂岩油气藏典型的成藏特征，如鄂尔多斯盆地长 6、长 7、长 8 致密砂岩储层与长 7 烃源岩、松辽盆地扶余油层、高台子油层与青山口组烃源岩均为源储直接接触或源储邻近关系。而玛湖凹陷源上致密砾岩大油区则属于油气自风城组等深部烃源岩向上跨层运聚成藏的结果。其中主力烃源层二叠系风城组埋藏深度为 4000～7000m，其上覆地层依次为夏子街组、下乌尔禾组、上乌尔禾组、百口泉组、克拉玛依组、白碱滩组、八道湾组等，其中多个层系中已发现了规模油气储量。在主力烃源岩上覆诸含气油层系中，三叠系百口泉组是最上部的一个主力含油层系，埋藏深度为 2000～4000m，其与主力烃源岩垂向跨度为 2000～4000m，且中间相隔的夏子街组、下乌尔禾组、上乌尔禾组发育多套厚度不等的泥岩和致密砂砾岩等封隔层沉积，因此风城组等深部烃源岩所生成的油气必须跨越多套层系才能运移至百口泉组储层中聚集成藏。在此情况下，玛湖凹陷广泛分布的沟通烃源岩与储集层的通源断裂无疑为油气向上大规模跨层运移提供了良好输导条件。

　　研究表明（详见 5.3.1 节），玛湖凹陷地区发育 3 期 3 类断裂，即海西-印支期逆断裂、印支-喜马拉雅期走滑断裂和燕山-喜马拉雅期正断裂，断开层位分别为石炭系-克拉玛依组、风城组–克拉玛依组和百口泉组–白垩系。其中印支–喜马拉雅期走滑断裂和海西期–印支期逆断裂为直接沟通烃源岩与储层的通源断裂，是油气垂向穿层运移的主要输导体系，为烃源岩生成的油气快速、高效进入上覆砂砾岩储层，从而形成玛湖凹陷源上砾岩大油区创造了关键条件，如中拐北斜坡及玛南斜坡区发育大型走滑断裂体系直接沟通油源，从而形成岩性油藏。在过拐 8—夏 79 井的地震剖面上（图 5.8），可见除在中拐凸起（拐 8 井）位置烃源岩与源上储层直接接触外，二者在玛南斜坡（白 823 井）、玛西斜坡黄羊泉位置（艾湖 12 井、玛 6 井）和玛北斜坡（玛 2 井、玛 134 井、夏 9 井）均未直接接触，而是通过高角度逆断裂和走滑断裂相连通，且源–储跨度越来越大，最大超过 3000m。

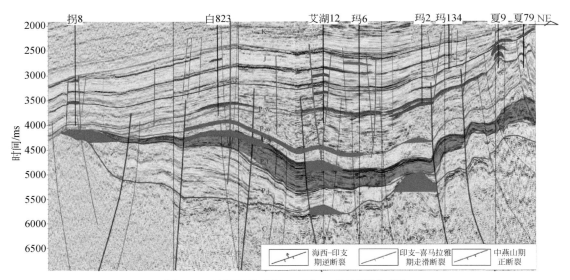

图 5.8　玛湖凹陷过拐 8—夏 79 井地震剖面图

5.1.5　致密砂砾岩与泥岩立体封堵

　　玛湖大油区已发现的主力油层均主要为岩性油藏，储层主要为扇三角洲前缘砂砾岩沉积。其中，三叠系百口泉组—克拉玛依组、二叠系上乌尔禾组和下乌尔禾组顶部发育厚度稳定的滨浅湖相泥岩，构成形成岩性油气藏所需要的良好的上部遮挡（盖层）条件；侧向遮挡条件为滨浅湖相泥岩与主槽或者古凸起扇三角洲平原亚相致密砂砾岩；油藏底板为致密砂砾岩和泥岩。上述条件遮挡对进入扇三角洲前缘亚相砂砾岩储层的油气构成了良好的立体封堵，其与扇三角洲前缘为主的储集体构成了良好的储封一体结构，是大面积岩性油藏群得以形成的另一关键因素。这种良好的储封一体结构，使得每个扇三角洲体形成了一个岩性油藏群体。

　　下乌尔禾组亦具有储封一体结构特征，其油藏顶部和底部主要为泥岩封闭条件，侧向上为扇三角洲平原亚相致密砂砾岩层，二者共同构成了立体封堵体系，如玛湖凹陷玛南斜坡过金龙 8—玛湖 073 井下乌三段油层分布剖面（图 5.9），玛湖 27 井下乌尔禾组储层

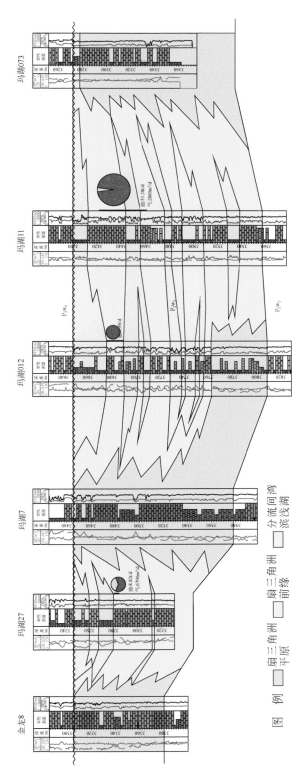

图 5.9　玛南油藏群过金龙8—玛湖073井二叠系下乌三段油层遮挡条件剖面图

为扇三角洲前缘亚相砂砾岩层，试油成果为油气同层，侧向上受金龙8井和玛湖7井扇三角洲平原亚相富泥砂砾岩层的遮挡作用以及顶部分流间湾泥岩的封盖作用，形成了玛湖27井下乌三段岩性油藏；玛湖012井和玛湖11井下乌尔禾组油藏发育扇三角洲前缘亚相优质储层，试油成果均为纯油层，侧向上为玛湖7井和玛湖073井扇三角洲平原亚相富泥砂砾岩遮挡，顶部为泥岩遮挡，构成岩性圈闭，形成玛湖012—玛湖11井下乌三段油藏。

玛湖凹陷西斜坡以过克81—夏74井百口泉组油层分布剖面为例（图5.10），油藏底板包括斜坡中部（玛18井、玛6井）底部的二叠系下乌尔禾组泥岩和靠近凹陷边缘（夏91井、夏9井）底部的扇三角洲平原亚相致密砂砾岩，顶板为百三段和克拉玛依组泥岩，侧向遮挡包括凹陷边缘高部位的扇三角洲平原亚相致密砂砾岩（夏74井）和斜坡中部的滨浅湖相泥岩（玛15井、玛9井），三者构成了该区岩性圈闭的立体封挡体系，为下乌尔禾组油气藏形成创造了良好条件。

正是以上五大要素的存在及其良好耦合，使得玛湖源上砾岩大油区得以形成。

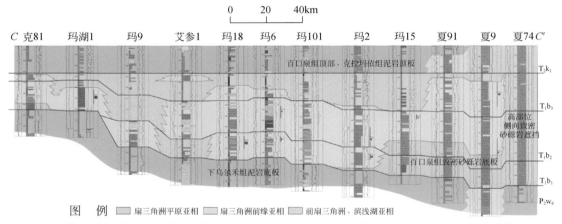

图5.10　玛湖凹陷三叠系百口泉组油藏顶板、底板和侧向遮挡条件分布剖面示意图（据支东明等，2016）

5.2　玛湖凹陷源上砾岩大油区成藏特征与成藏模式

玛湖凹陷源上砾岩大油区目前已发现的油气藏主要富集在三叠系百口泉组、二叠系上乌尔禾组和下乌尔禾组，形成百口泉组北部大油区、上乌尔禾组南部大油区以及下乌尔禾组环凹油区。截至2019年，北部大油区三叠系百口泉组已落实三级石油地质储量为$4.67×10^8$t；南部大油区二叠系上乌尔禾组已落实三级石油地质储量为$6.12×10^8$t；环凹油区下乌尔禾组上交控制储量和探明储量为$1.62×10^8$t。这3个层位在沉积背景、储层条件、遮挡条件、原油性质、成藏特征等方面既有共性，也存在一定差异性。

5.2.1　北部大油区致密轻质岩性油藏为主，主槽遮挡，大面积分布

北部大油区主要成藏于三叠系百口泉组。玛湖凹陷在三叠纪处于拗陷发展阶段，在宽

缓构造背景下发育了北部夏子街扇、西部黄羊泉扇、南部克拉玛依扇、东部盐北扇和达巴松扇等五大扇体，由凹陷边缘到凹陷中心依次发育扇三角洲平原亚相、扇三角洲前缘亚相和滨浅湖相，分别形成了玛北油藏群、黄羊泉油藏群、玛南油藏群、玛东油藏群及玛中油藏群等五大油藏群（图 5.11）。含油层位主要为百二段，其次为百一段，局部为百三段。相对于以断层油气藏和断层–岩性油气藏为主的盆地西北缘断裂带来说，玛湖凹陷三叠系百口泉组油藏主要为岩性油藏，其次为断层–岩性油藏。

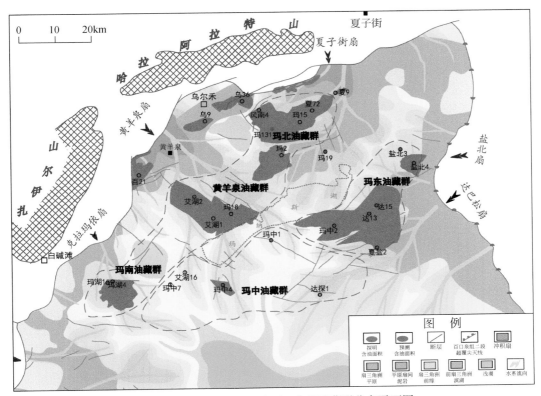

图 5.11 玛湖凹三叠系陷百口泉组油藏群分布平面图

百口泉组油藏群储层主要为扇三角洲前缘亚相沉积的砂砾岩体，其分布受不同扇三角洲沉积体系控制，但均具有储层致密、岩性油藏为主、无统一油水界面和压力系统、无明显边底水、油质轻的特点。而且，这些油藏在分布上表现为纵向叠置、横向连片、大面积分布的特征。

1. 储层致密，且"先致密后成藏"

1）百口泉组储层主要为致密储层

玛湖凹陷三叠系百口泉组储层主要为致密储层。根据玛湖凹陷百口泉组储层物性统计结果（$N = 1228$），孔隙度分布范围为 $0.7\% \sim 21.8\%$，平均值和中值分别为 7.8% 和 7.7%；渗透率为 $(0.01 \sim 834) \times 10^{-3} \mu m^2$，平均为 $10.20 \times 10^{-3} \mu m^2$，中值为 $1.10 \times 10^{-3} \mu m^2$，因而主体属致密储层。

　　区域上，玛湖凹陷斜坡区不同区块百口泉组储层物性存在差异。玛西斜坡黄羊泉扇孔隙度最高，其次为玛北斜坡和玛东斜坡，玛南斜坡最低；而储层渗透率则以靠近西北缘断裂带的玛西斜坡黄羊泉扇和玛南斜坡最高，玛东斜坡距离断裂带最远，且附近大型断裂发育少，渗透率最低。玛西斜坡黄羊泉扇储层孔隙度主要分布范围为 $6\% \sim 12\%$（$N=253$），平均为 10.23%，中值为 8.68%；渗透率分布范围为 $(0.01 \sim 1043.02) \times 10^{-3} \mu m^2$（$N=219$），平均为 $2.26 \times 10^{-3} \mu m^2$，中值为 $1.65 \times 10^{-3} \mu m^2$，其中大于 $1 \times 10^{-3} \mu m^2$ 的样品超过 50%，大于 $10 \times 10^{-3} \mu m^2$ 的样品约占 30%。玛北斜坡储层孔隙度主要分布范围在 $4\% \sim 12\%$（$N=682$），平均 8.03%，渗透率分布在 $(0.01 \sim 396.28) \times 10^{-3} \mu m^2$（$N=623$），平均为 $1.04 \times 10^{-3} \mu m^2$，中值为 $0.77 \times 10^{-3} \mu m^2$。玛东斜坡储层孔隙度主要分布范围为 $6\% \sim 12\%$（$N=159$），平均 8.77%，中值为 7.82%；渗透率主要分布在 $(0.01 \sim 25.35) \times 10^{-3} \mu m^2$（$N=147$），平均为 $0.29 \times 10^{-3} \mu m^2$，中值为 $0.2 \times 10^{-3} \mu m^2$，其中大于 $1 \times 10^{-3} \mu m^2$ 的样品小于 30%。玛南斜坡储层孔隙度主要分布范围为 $4\% \sim 14\%$（$N=135$），平均为 8.2%，中值为 6.85%；渗透率主要分布范围为 $(0.1 \sim 45) \times 10^{-3} \mu m^2$（$N=129$），平均为 $1.97 \times 10^{-3} \mu m^2$，中值为 $1.29 \times 10^{-3} \mu m^2$。

　　就百口泉组油层（以百二段为主）物性的横向变化来看，其单砂体孔隙度分布范围为 $4.2\% \sim 12.2\%$，主要分布范围为 $7\% \sim 11\%$，油层孔隙度除玛湖凹陷黄羊泉地区乌 10 井较高外，总体上具有自凹陷边缘向凹陷中心略有增大的趋势（图 5.12），如通过过百202—

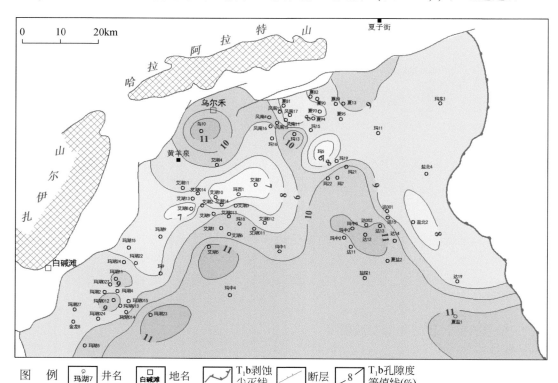

图 5.12　玛湖凹陷三叠系百口泉组油层孔隙度分布平面图

玛中 1 井油藏物性剖面分析（图 5.13），西北缘断裂带百 202 井的孔隙度为 18.51%，渗透率为 $46.8 \times 10^{-3} \mu m^2$；玛湖凹陷高部位的艾湖 11 井、艾湖 13 井、艾湖 9 井的孔隙度明显减小，为 7.1% ~ 8.41%；而低部位玛 18 井和玛中 1 井的孔隙度明显增大，分别为 10.17% 和 9.89%，并没有随埋藏深度的增加而减小。

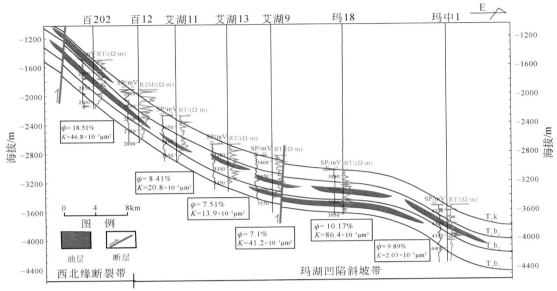

图 5.13　过百 202—玛中 1 井油藏物性分布剖面图

就油层物性的纵向变化而言，百口泉组油层孔隙度、渗透率大致以埋藏深度 3500m 为界，呈不同变化趋势（图 5.14）。当埋藏深度小于 3500m 时，油层孔隙度和渗透率均随埋深增加而略有减小。而当埋深大于 3500m 时，油层孔隙度略有增大，但油层渗透率分布范围较宽，为 $(0.1 \sim 90) \times 10^{-3} \mu m^2$，明显大于 3500m 以上的分布范围为 $(1 \sim 20) \times 10^{-3} \mu m^2$，反映渗透率随埋深有减小亦有增大。

造成百口泉组油层物性呈上述变化趋势的因素主要有以下 4 个。

（1）储层沉积环境与岩性差异。在浅水退覆式扇三角洲砂体沉积过程中，靠近凹陷中心为牵引流，砂砾岩分选相对较好，岩性相对更细更纯，泥质含量相对较少，因而原生孔隙度相对较高且能够较好保存下来。而靠近凹陷边缘主要为三角洲平原相沉积和相对较粗的三角洲前缘沉积，砂砾岩分选相对较差，岩性相对较粗，泥质含量相对较高，因而物性较差。

（2）烃源岩成熟度及其与储层距离的差异。深部烃源岩热演化程度高，产生的有机酸相对更多，储层距离烃源岩又更近，加之地层温度较高，因而来自下部烃源岩的有机酸更易于大量进入深部储层，造成深部储层的溶蚀作用强于浅部储层，从而导致深部储层孔隙度和渗透率反而呈增大趋势。

（3）断裂发育程度的差异。深部断裂体系相对浅部发育，这一方面可在一定程度上直接改善储层，更重要的是为深部溶蚀作用创造了有利条件。

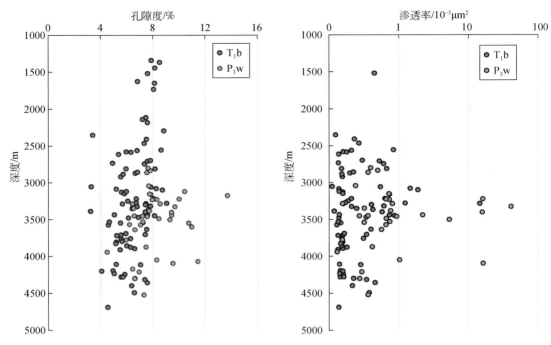

图 5.14　玛湖凹陷油层物性随深度变化关系图

（4）超压强度的差异。由凹陷边缘到中心，储层压力系数呈现出明显的增大趋势，深部地层压力系数最大可达 1.8（瞿建华等，2019），可能是储层孔隙保存的一个有利因素。

2）储层致密时间总体早于油气成藏时间

对玛湖凹陷百口泉组有试油成果的油层（压前不出和压前出油）、水层和干层的孔隙度和渗透率统计分析发现，原油密度不同，现今油层物性下限也不相同。当原油密度大于 $0.85 \mathrm{g/cm^3}$ 时，油层（压前不出和压前出油）基本上都处于孔隙度大于 8%，渗透率大于 $0.2 \times 10^{-3} \mu\mathrm{m}^2$ 的区域（图 5.15）；当原油密度小于 $0.85 \mathrm{g/cm^3}$ 时，油层的孔隙度和渗透率界限下移，分别为 4.5% 和 $0.02 \times 10^{-3} \mu\mathrm{m}^2$（图 5.16）。

那么，上述现今油层物性下限能否代表或近似代表成藏时的物性？或者换言之，现今致密的油层在成藏时是否就已经致密抑或是尚未致密、而处于常规储层状态？

对百口泉组储层致密与成藏耦合关系的研究表明，储层中泥质含量的不同将导致储层孔隙演化历史存在差异。通过贫泥砂砾岩（<3%）、含泥砂砾岩（3%~5%）和富泥砂砾岩（>5%）的储层孔隙演化曲线，结合烃源岩热成熟度（TTI 值），确定出不同泥质含量的砂砾岩在生油门限和生油高峰时分别对应的孔隙度（图 5.17）。其中，贫泥砂砾岩在生烃门限（TTI=15）时所对应的孔隙度为 13.8%，生油高峰（TTI=75）时为 11.6%；含泥砂砾岩在生烃门限所对应的孔隙度为 11.2%，生油高峰为 8.2%；富泥砂砾岩所对应的储层孔隙度为 8.5%，生油高峰时为 5.5%。这些数据表明，当烃源岩进入生油门限时，贫泥砂砾岩（主要为扇三角洲前缘亚相砂体）尚未致密化（>12%），含泥砂砾岩和富泥砂砾岩（主要为扇三角洲平原亚相砂体）已经处于致密状态（<12%）；而当烃源岩进入生

油高峰时，3 种类型的砂砾岩储层均已经进入致密状态。可见，在成藏高峰时，玛湖凹陷三叠系百口泉组储层总体已经达到致密化。

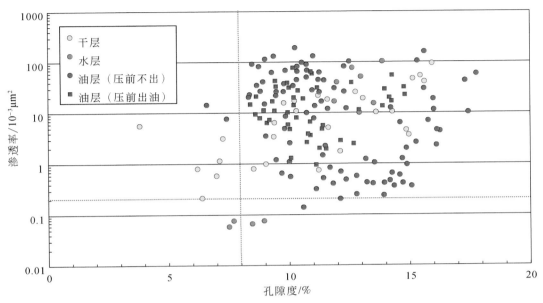

图 5.15　百口泉组不同试油成果的孔渗交会图（$\rho_o > 0.85\text{g/cm}^3$）

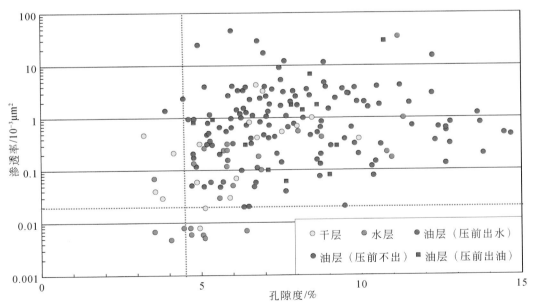

图 5.16　百口泉组不同试油成果的孔渗交会图（$\rho_o < 0.85\text{g/cm}^3$）

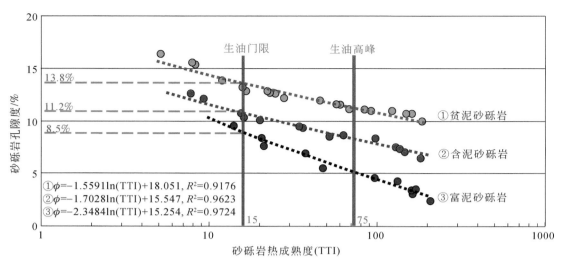

图 5.17 玛湖凹陷砂砾岩孔隙度与热成熟度关系图

储层埋藏史与成藏期的进一步分析亦证明玛湖凹陷百口泉组储层"先致密后成藏"的特点。根据成藏期分析结果（见 5.3.2 节），玛湖凹陷百口泉组的主要成藏期为早白垩世中—晚期，以高成熟轻质油充注成藏为主，其次为早侏罗世的成熟原油充注。此时玛湖凹陷斜坡区百口泉组储层埋藏深度为 2600～3200m，孔隙度主体小于 10%，反映百口泉组储层在成藏时已经致密。

结合前述分析结论（当原油密度大于 0.85g/cm³，油层孔隙度基本上都大于 8%，渗透率大于 0.2×10⁻³μm²；当原油密度小于 0.85g/cm³，油层的孔隙度和渗透率下限分别为 4.5% 和 0.02×10⁻³μm²），可以看出无论是高成熟的轻质油还是正常成熟的中质油，二者均可充注至成藏时已经致密化的百口泉组储层中聚集成藏，而且密度小的轻质油可以充注到更加致密的储层中，从而有利于致密砂砾岩储层的大面积成藏。

2. 油藏类型主要为岩性油藏，无明显边底水，油质较轻

1）岩性油藏为主，具有"一砂一藏、一扇一田"特征

北部大油区三叠系百口泉组目前已发现玛北油藏群、黄羊泉油藏群、玛南油藏群、玛东油藏群以及玛中油藏群等五大油藏群。对各油藏群构造特征、油藏类型、原油性质、地层压力及边底水特征分析表明，北部大油区油藏类型主要为岩性油藏，局部存在断层-岩性油藏，油藏分布基本不受构造控制，而主要受扇三角洲沉积控制。每个扇三角洲体就是一个自储自封、封储一体的圈闭体，其中的储层由若干个砂砾岩体构成，油藏分布具有"一砂一藏、一扇一田"特征，亦即一个砂体往往就形成了一个岩性油藏，一个扇体就会形成一群岩性油藏。因此，北部大油区目前所发现的五大扇三角洲体就形成了五大油藏群。

A. 玛北油藏群

玛北油藏群位于玛湖凹陷北部斜坡区（图 5.11），其砂体展布主要受凹陷北部夏子街

扇沉积体系控制，含油层位主要为百二段。玛13井区–夏72井区油藏位于玛北油藏群中部，被玛13井北断裂、夏93井断裂和玛005井北断裂体系所夹持，可分为玛13井区、玛1井区和夏72井区油藏，百二段顶面为一北东倾的单斜构造（图5.18），构造海拔为–3200～–1900m，地层倾角为4°～6°，断裂断开层位自二叠系风城组到三叠系克拉玛依组，断距自下而上逐渐减小，三叠系百口泉组断距为10～20m，断层倾角为60°～80°，属于高角度断裂体系。油藏储层砂体为浅水退覆式的夏子街扇三角洲前缘亚相砂砾岩体，纵向上多层叠置分布，累计厚度分布在10～56m，平均34m，侧向上和垂向上为扇三角洲平原亚相富泥砂砾岩及湖相泥岩遮挡，与储层共同构成了储封一体式扇体岩性圈闭，一个扇体就是一个岩性圈闭群。由于断层在百口泉组断距约为10m，小于砂砾岩体厚度，垂向上不能完全错开砂体；同时，走滑断裂性质主要表现为水平位移，并非垂向位移，因而更难以形成断层封堵。因此，百口泉组断层普遍对其两侧储层起不到有效遮挡作用，因而形成的油气藏主要为岩性油藏，断层圈闭的油藏极少（图5.19）。但在靠近砂体尖灭线处，当断层断距大于储层厚度时，断层可以起到遮挡作用，形成局部分布的断层–岩性油藏。

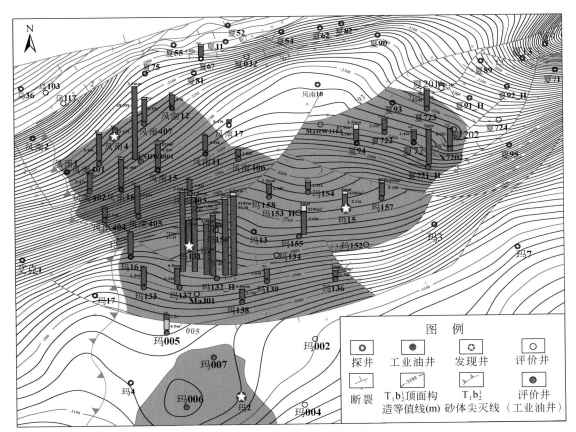

图5.18　玛北斜坡区三叠系百二段顶界构造与含油面积图

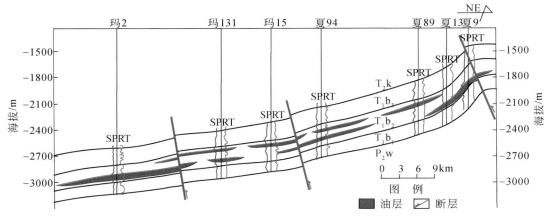

图 5.19　玛北油藏群过玛 2—夏 9 井三叠系百二段油藏剖面图

另一方面，玛 131 井区–夏 72 井区百口泉组各砂体油藏的压力系数、原油密度和气油比均存在差异。其中，玛 131 井区（玛 133 井）油藏压力系数为 1.079，原油密度平均为 0.8293g/cm³，气油比为 140m³/t；玛 15 井区（玛 15 井）油藏压力系数为 1.268，原油密度平均为 0.8174g/cm³，气油比为 235m³/t；夏 72 井区（X7202 井）油藏压力系数为 0.956，原油密度平均为 0.8374g/cm³，气油比为 91m³/t。可见，3 个井区油藏的压力系数、原油密度和气油比均相差较大，不存在统一的压力系统，且砂体多为透镜体状，说明油藏由多个相对独立的岩性油藏或者断层–岩性油藏构成，含油砂体连通性较差，具有"一砂一藏"的特征，油藏不存在统一的压力系统和油水界面（图 5.20、图 5.21）。

B. 黄羊泉扇油藏群

黄羊泉扇油藏群位于玛湖凹陷西部斜坡区（图 5.11），其砂体展布主要受黄羊泉扇三角洲沉积体系控制，含油层位包括百一段和百二段。黄羊泉扇油藏群百一段顶面构造为一向东南倾的平缓单斜构造（图 5.22），局部发育低幅度平台、鼻状构造。断层较为发育，包括艾湖 2 井北断裂、艾湖 11 井断裂、百 65 井北断裂、艾湖 1 井西断裂等断裂体系，断层断开层位自二叠系风城组到三叠系克拉玛依组，断层断距分布在 0～20m，主体小于 10m，百口泉组断层倾角为 60°～85°，属于高角度断裂。结合构造特征、砂体沉积特征和试油成果，黄羊泉扇油藏群百口泉组油藏分布基本不受构造控制（图 5.22）。油藏储层砂体为浅水退覆式扇三角洲前缘亚相砂砾岩体，纵向上多层叠置分布，累计厚度较大，为 32～61m，侧向上和垂向上为扇三角洲平原亚相富泥砂砾岩及湖相泥岩遮挡，三者共同构成了一个储封一体式扇体岩性圈闭群，进而形成一群岩性油藏（图 5.23），如油藏上倾方向的百 64 井和侧向上的百 65 井百口泉组仅发育扇三角洲平原亚相富泥砂砾岩，试油成果为干层，形成侧向遮挡条件。通过岩心观察，黄羊泉扇油藏群百一段和百二段储层砂砾岩层的荧光含油级别显示长度分别为 15～48m 和 12～36m，平均为 31.3m 和 23.4m，明显大于断层断距（约为 10m），反映断层不能完全错开两侧砂体而起到遮挡作用。但当断层靠近砂砾岩尖灭线、断层断距大于储层厚度时，断层可构成遮挡条件而形成断层–岩性油藏。

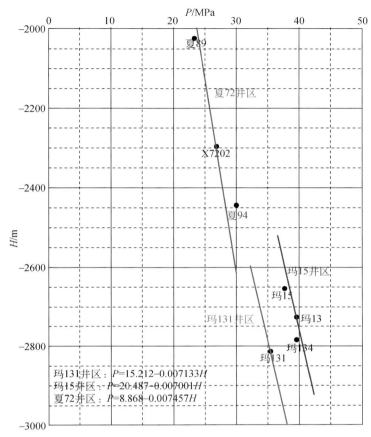

图 5.20　玛北油藏群玛 131 井区–玛 15 井区–夏 72 井区百口泉组油

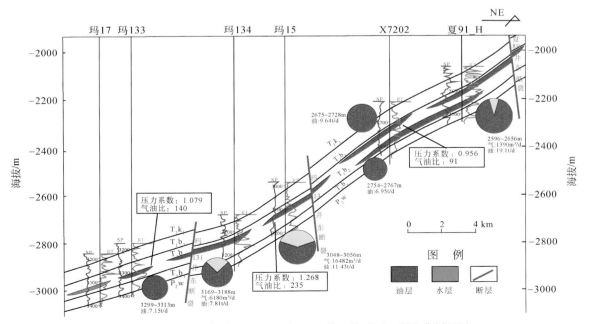

图 5.21　玛北油藏群过玛 17—夏 91_H 井三叠系百二段油藏剖面图

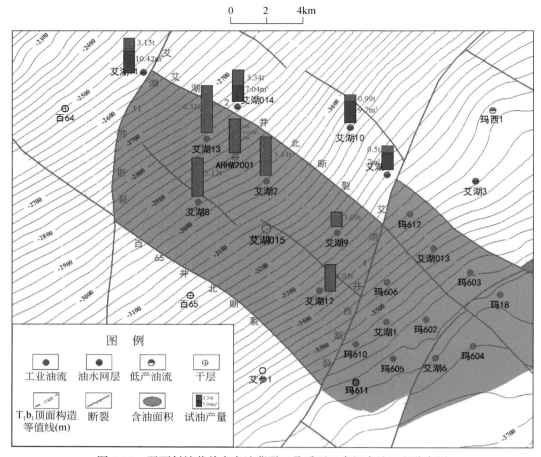

图 5.22　玛西斜坡黄羊泉扇油藏群三叠系百口泉组含油面积分布图

　　对比黄羊泉扇油藏群中各井区原油密度、黏度和压力系数，显示构造低部位原油密度小、压力系数大，而构造高部位原油密度大、压力系数小（图 5.23），即由构造低部位到高部位的原油密度呈现增大趋势、压力系数呈减小趋势，如低部位玛 18 井原油密度为 0.8219g/cm^3、黏度为 12.35mPa·s、压力系数为 1.74；中间部位艾湖 2 井原油密度为 0.8299g/cm^3、黏度为 20.48mPa·s、压力系数为 1.19；而位于艾湖 2 井西北部高部位的百 12 井原油密度为 0.8518g/cm^3、黏度为 12.35mPa·s、压力系数为 1.08。这说明这些井区油藏不存在统一的油水界面和压力系统，其油层互不连通，表现出"一砂一藏"的特征，反映单个砂体可以独立成藏。

　　C. 玛东油藏群

　　玛东油藏群位于玛湖凹陷东部斜坡区（图 5.11），其砂体展布受夏盐扇和达巴松扇沉积体系控制，含油层位为百二段。百二段顶面构造总体上为一西南倾单斜，局部见低幅度鼻状构造和小型背斜（图 5.24）。该区百口泉组地层发育齐全，断裂相对较为发育，包括盐北 5 井南断裂、达 13 井北断裂、达 13 井南断裂、夏盐 2 井南断裂和达 11 井西断裂，断层断距在百口泉组普遍小于 15m。

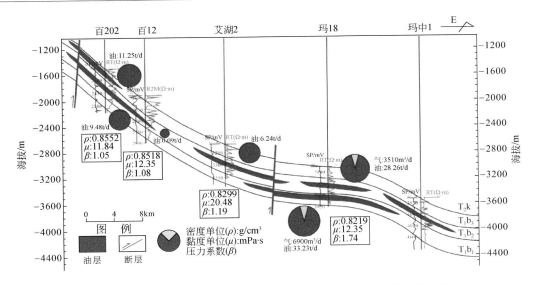

图 5.23 黄羊泉油藏群过百 202—玛中 1 井三叠系百口泉组油藏剖面图

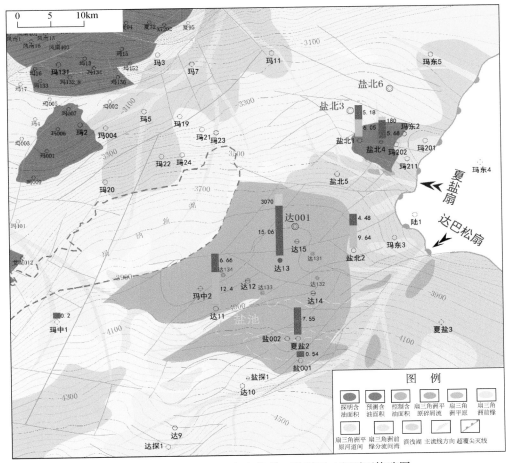

图 5.24 玛东斜坡区玛东油藏群三叠系百二段顶面构造图

结合构造特征、砂体沉积特征和试油成果，玛东油藏群百口泉组油藏分布基本不受构造控制（图5.24）。其储层砂体为浅水退覆式的达巴松扇和盐北扇三角洲前缘亚相砂砾岩体，纵向上多层叠置分布，受岩性尖灭线控制，侧向上和垂向上为扇三角洲平原亚相富泥砂砾岩及湖相泥岩遮挡，构成了一个储封一体式扇体岩性圈闭群，进而形成岩性油藏（图5.25）。

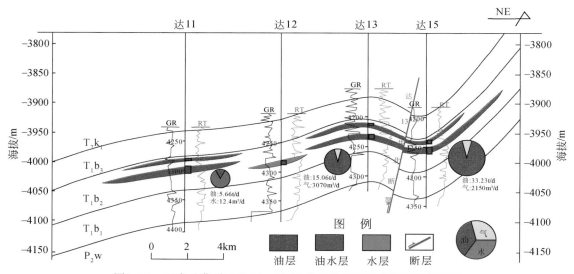

图5.25 玛东油藏群过达11—达15井三叠系百口泉组油藏剖面图

岩心观察表明，荧光含油级别砂体厚度为6~48m，平均30.1m，明显大于断层断距，说明大部分断层不能起到分隔油气藏的作用。就原油性质对比而言，自东北向西南方向，原油密度具有降低趋势（图5.25、图5.26），玛东3井原油密度为0.8454g/cm³，盐北5井为0.8459g/cm³，达15井为0.8278g/cm³，达13井为0.8156g/cm³，达11井为0.8327g/cm³，说明玛东油藏群由多个油藏构成，各砂体油层互不连通，具有"一砂一藏"特征。

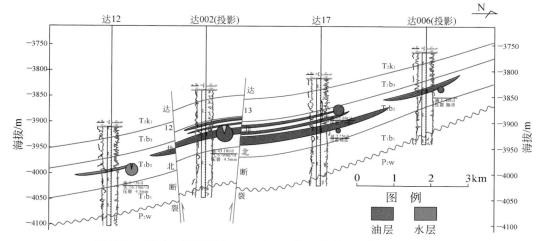

图5.26 玛东油藏群过达12—达006井三叠系百口泉组油藏剖面图

2）油藏无明显边底水

总体上，北部大油区三叠系百口泉组试油结果表明，其产层主要为纯油层和油水同层，水层仅在局部存在，且分布在相对较高部位。因此，百口泉组不存在明显的边底水特征。具体存在以下 4 种情况。

A. 试油结果几乎均为纯油层或者含气油层，未见水层

玛北油藏群百口泉组试油结果多为纯油层和油气同层，未见水层分布，如风南 4 井区风南 16 井试油为纯油层，密度为 0.8401g/cm³，风南 15 井发育油层和油气同层，下部油气同层与玛 16 井油层密度相近，为同一套油层，而较低部位的风南 11 井油层密度为 0.8241g/cm³，为单独的透镜体油层，风南 17 井试油为干层，可见油花，整个剖面未见边水或底水（图 5.27）。玛 131—夏 72 井区自夏 91_H 井到玛 133 井试油均为油层、油气同层（图 5.21），且油层与油气同层的分布并不受构造控制，而是呈现出交替出现的分布特征，说明油层之间不相连通，具有单独分布的特点；在低部位玛 17 井钻遇薄层透镜体砂层，试油成果为干层。同样的，玛南油藏群玛湖 1 井区油藏亦由多个透镜状油层组成，试油结果均为油层，未见水层（图 5.28）。

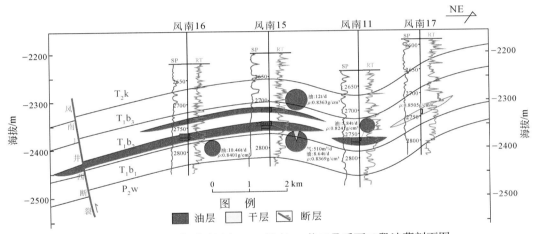

图 5.27　玛北油藏群过风南 16—风南 17 井三叠系百二段油藏剖面图

B. 试油结果主要为纯油层或者含气油层，水层分布在较高部位

黄羊泉扇油藏群百口泉组试油结果主要为纯油层，其次为油气同层和油水同层，纯水层少见。由黄羊泉扇百口泉组试油成果平面分布特征可以看出（图 5.22），含油面积内试油多为纯油层，油水同层（含油水层）主要分布在含油面积的上倾方向，而在低部位未见边底水。在过艾湖 11—玛 602 井的油藏剖面上（图 5.29），高部位的艾湖 11 井为含油水层，低部位艾湖 13 井、艾湖 2 井、艾湖 9 井均为纯油层，玛 602 井为含气油层，各油藏均为孤立的透镜状分布，并未与高部位产油层相连通。

玛南油藏群百口泉组试油结果多为纯油层和含气油层，局部见水层（图 5.30），如高部位白 22 井和玛湖 2 井位于玛南油藏群百口泉组油藏的上倾方向，受储层岩性（扇三角洲平原亚相砂体）和物性控制，试油结果为水层，产水量分别为 11.07m³/d 和 14.32m³/d，而在油藏下倾方向的探井试油至今未见水层，说明油藏不存在边底水。

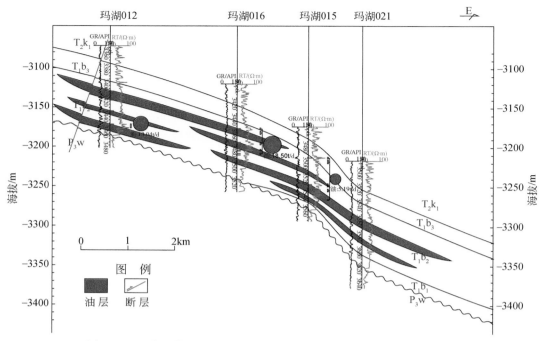

图 5.28 玛南油藏群过玛湖 012—玛湖 021 井三叠系百二段油藏剖面图

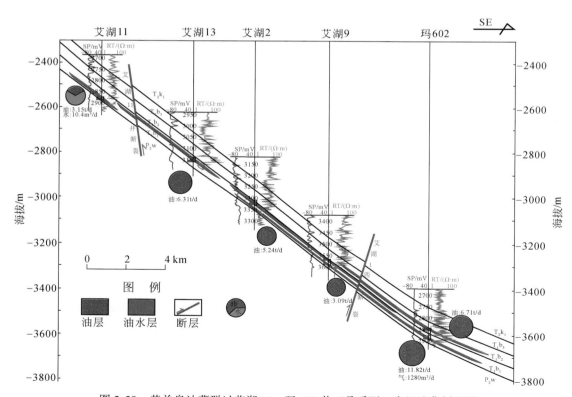

图 5.29 黄羊泉油藏群过艾湖 11—玛 602 井三叠系百口泉组油藏剖面图

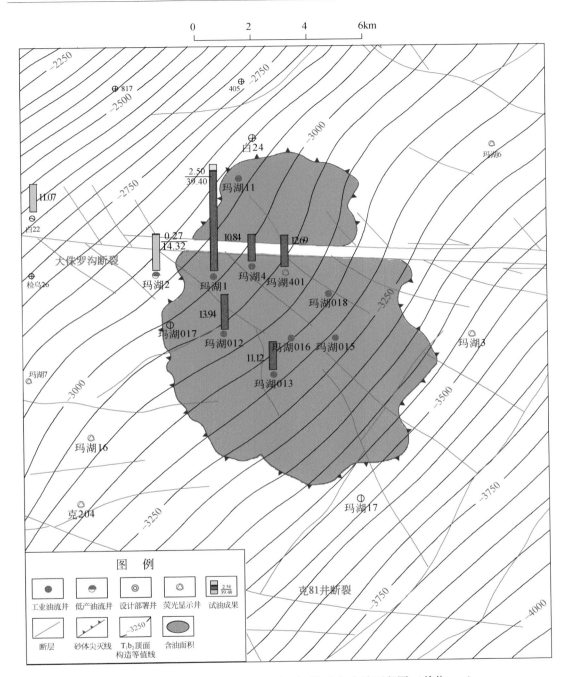

图 5.30　玛南油藏群三叠系百二段顶面构造与含油面积图（单位：m）

C. 试油结果主要为纯油层或含气油层，水层分布在构造低部位，为孤立透镜体状分布

玛东油藏群百口泉组油藏含油面积上倾方向的盐北 2 井试油为油水同层（图 5.24），为孤立透镜状油层，说明玛东油藏群百口泉组油藏油层、水层和油水层之间不连通，且不

受构造控制，不具有边底水特征。在过达 11—达 15 井百口泉组油藏剖面上（图 5.25），相对高部位的达 15 井和达 13 井试油均为含气油层，为一套含油砂体，中部达 12 井试油为水层，低部位达 11 井为含油水层，两口井砂体并未连通，分别为孤立透镜状砂体。

　　D. 油层下部储层地层水主要为束缚水，并非自由水

　　对玛北油藏群玛 131 井百口泉组测井精细解释分析表明（图 5.31），该井在百口泉组

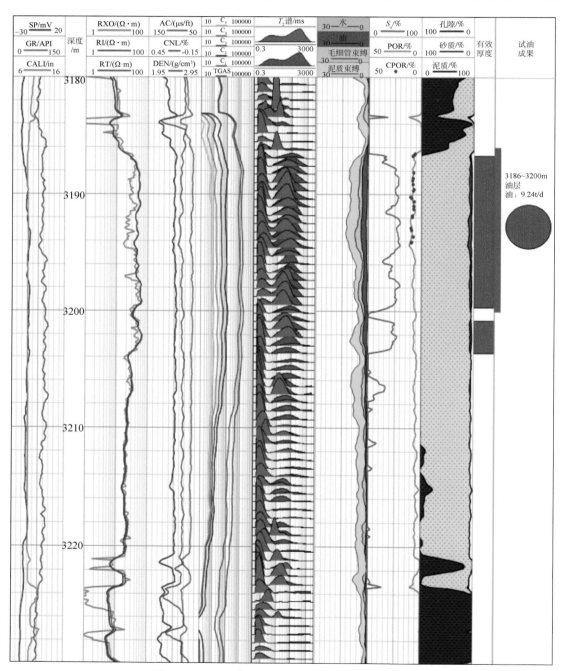

图 5.31　玛 131 井三叠系百口泉组测井解释成果图

3186～3220.5m 发育 34.5m 砂砾岩体，在上部 3186～3200m 处射孔试油，获日产油 9.24t，试油期间累计产油 590.4t，而在 3203.5m 以下井段未试油，那么该部分储层是否存在边水、底水呢？从测井结果分析，该储层上部电阻率曲线明显高于下部，在 3204m 以上电阻率50～60Ω·m，以下明显降低，约 20Ω·m，说明该井段可能不是油层，而可能为水层或干层。通过储层物性分析，上部砂体孔隙度约 10%，明显高于下部的 5%～7%，也说明下部砂体可能为水层或干层。通过核磁共振测井分析，上部油层包括自由水、油、毛细管束缚水和泥质束缚水，而下部主要为泥质束缚水，局部存在毛细管束缚水和油，说明下部储层不发育自由水。综合以上分析，该储层上部为油层，下部为干层，主要为泥质束缚水，无自由水存在，即不存在边底水。

玛南油藏群玛湖 1 井百口泉组测井精细解释分析表明（图 5.32），该井在百口泉组3284～3316m 共解释出多套含油砂体，均为纯油层，百二段射孔未经压裂，3.5mm 油嘴试产，日产油 39.4t、日产气 $0.25×10^4m^3$，最高日产油达 58.59t，累计产油达 1527.44t，成为当时斜坡区自然产量最高的直井。通过核磁共振分析，油层解释含有毛细管水和自由水，但自由水含量少，与原油同层混储，未形成边底水。

黄羊泉油藏群玛 18 井在百口泉组 3897～3924m 处测井解释油层 7 层，累计厚度为26.5m（图 5.33），于 3898～3920m 试油，压裂前获日产油 10t，采用常规压裂、3mm 油嘴试产获日产油 33.23t、日产气 6900m³，最高日产油达 58.3t，累计产油达 1242.34t。核磁共振分析表明，玛 18 井百口泉组未见边底水，油层中含有自由水、泥质束缚水和毛细管束缚水，油水同层混储，但自由水饱和度低，因而试采过程中未见出水。

3）原油主要为轻质油

百口泉组探井原油性质分析表明，原油密度分布范围为 0.7887～0.8759g/cm³（$N=$88），平均为 0.8378g/cm³，主要分布在 0.82～0.86g/cm³，占 81%；50℃黏度分布范围为0.89～43.26mPa·s（$N=78$），平均为 8.08mPa·s，主峰分布在 2～18mPa·s；凝固点温度分布在 -29.98～30℃（$N=88$），平均为 7.68℃；含蜡量为 0.95%～16.51%，平均为6.55%。而且，百口泉组原油密度随深度增加呈现出逐渐减小趋势 [图 5.34（a）]。当埋藏深度小于 2500m，原油密度为 0.84～0.87g/cm³，而当埋藏深度大于 2500m，原油密度低值降至 0.82g/cm³；在大约 3300m 处，原油密度高值明显减低，由 0.87g/cm³ 降低到0.84g/cm³。原油黏度具有随深度增加呈现出先增加后减小趋势 [图 5.34（b）]，凝固点温度随深度增加呈现增加趋势 [图 5.34（c）]。

平面上，百口泉组原油密度具有由凹陷边缘向中心降低的趋势（图 5.35）。玛南油藏群、黄羊泉扇油藏群、玛东油藏群均表现出凹陷边缘高，向凹陷中心原油密度变低的特征。凹陷边缘原油密度最大，单井原油密度平均超过 0.86g/cm³，部分超过 0.87g/cm³，向南逐渐减小，在凹陷南部玛中 4 井、达 9 井、玛湖 23 井和玛湖 16 井降至 0.82g/cm³。

上述原油性质的变化与烃源岩成熟度可能有较大关系。由于主力烃源岩在玛湖凹陷深埋区已达到高成熟，向凹陷边缘成熟度降低，从而形成了以三叠系百口泉组轻质油为主、原油密度向凹陷边缘增大的特征。

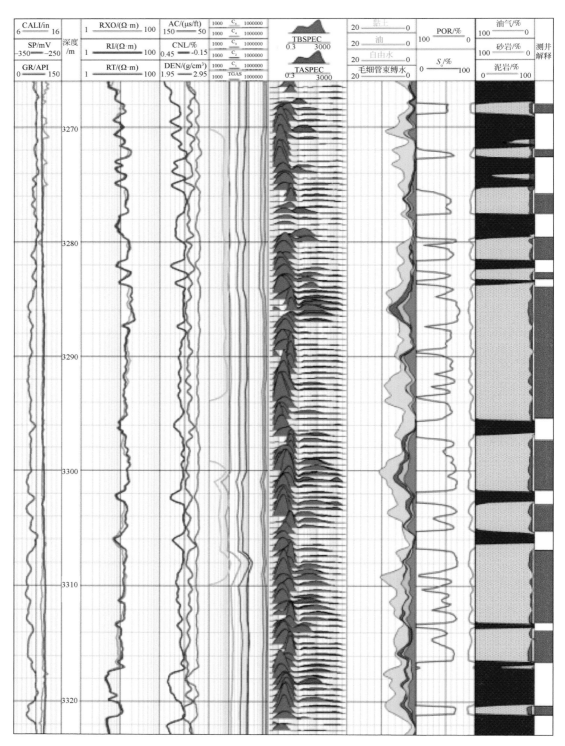

图 5.32　玛湖 1 井三叠系百口泉组测井解释成果图

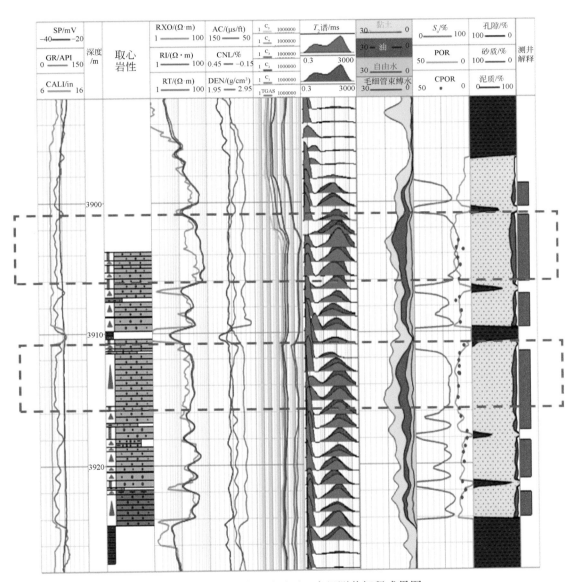

图 5.33　玛 18 井三叠系百口泉组测井解释成果图

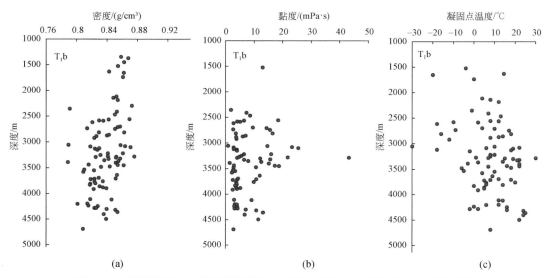

图 5.34 玛湖凹陷百口泉组原油密度、黏度和凝固点温度随深度变化关系图

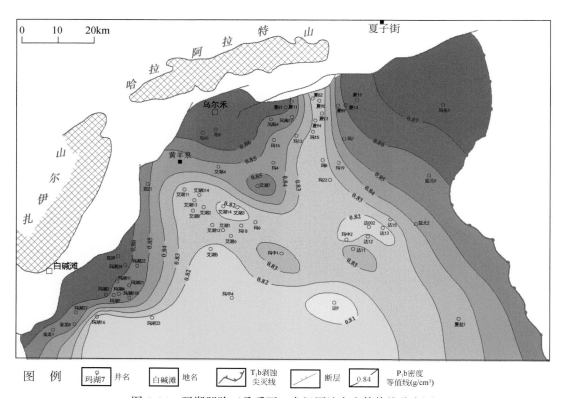

图 5.35 玛湖凹陷三叠系百口泉组原油密度等值线分布图

3. 北部大油区成藏模式：主槽遮挡，"一砂一藏、一扇一田"

1）主槽遮挡，自储自封，储封一体

如前所述，三叠系百口泉组油藏的顶板为湖泛泥岩，底板为扇三角洲平原亚相成岩致密砾岩，侧向上为滨浅湖相泥岩与主槽带沉积的扇三角洲平原亚相富泥砂砾岩，具有泥质杂基含量相对较高及泥砂质支撑的特征，从而构成对进入扇三角洲前缘亚相砂砾岩储层中的油气的立体封堵。可以说，受扇三角洲沉积特征控制，每个扇三角洲体就是一个自储自封、储封一体的成藏圈闭体，其中发育多个砂砾岩单砂体，每个单砂体构成一个独立的岩性圈闭，从而使得已发现的油气藏具有"一砂一藏、一扇一田"、大面积分布的成藏特征。

以玛湖凹陷玛北油藏群百口泉组为例（图1.32），其东侧以主槽带致密砂砾岩遮挡，西侧以泥岩分割带遮挡，垂向上油藏底部发育二叠系下乌尔禾组泥岩与百口泉组平原亚相致密砂砾岩底板，顶部发育百三段和克拉玛依组泥岩顶板，侧向上在构造高部位邻近物源区发育主槽带致密砂砾岩遮挡，从而与储层构成一个储封一体的岩性油藏群，如位于凹陷边缘高部位扇三角洲平原亚相的夏74井和夏9井砂砾岩就具有分选性差、泥质含量高、物性差的特征，测井解释孔隙度分别为2.8%和3.2%，渗透率大多小于$0.1 \times 10^{-3}\ \mu m^2$，从而构成良好的侧向遮挡条件（图5.10）。

A. 纵向上顶、底板泥岩发育

百三段和克拉玛依组一段处于湖盆晚期，发育稳定分布的泥质岩类，可作为百口泉组油藏的有效盖层。该套泥质岩类地层厚度为40~290m，主体分布范围在100~250m，表现出自玛湖凹陷边部向凹陷中心厚度增大的趋势（图5.36），其中玛湖凹陷北斜坡厚度较小，小于70m，玛湖凹陷玛中1井地区厚度最大，超过250m。二叠系上乌尔禾组和下乌尔禾组顶部的泥岩厚度稳定，可以作为百口泉组油藏的底板条件。

B. 侧向上主槽致密带、扇间泥岩及断裂组合遮挡

百口泉组油藏侧向遮挡包括滨浅湖相泥岩和主槽带扇三角洲平原亚相砂砾岩层，以及部分断裂体系。泥岩在作为盖层条件的同时，靠近凹陷中心的泥岩还可以作为油藏侧向遮挡条件（图5.37），如艾湖8井百一段油藏。扇三角洲平原亚相砂砾岩体相对靠近扇源发育，厚度变化大，由凹陷周缘到凹陷中心逐渐减薄，主要分布范围在0~150m，构成扇三角洲前缘亚相的上倾遮挡，如玛西1井百二段发育厚层扇三角洲平原亚相砂砾岩层，使得艾湖10井百二段油藏得以形成（图5.37）。

结合成岩史与油气成藏期分析可知，晚侏罗世时，扇三角洲平原亚相砂砾岩层具有良好的储集物性，能够形成油气聚集的场所，但受泥质含量和后期成岩作用影响，扇三角洲平原亚相砂砾岩层在早白垩世主要成藏期已经致密化，形成成岩致密带。扇三角洲平原亚相与前缘亚相在成岩演化和泥质含量方面的差异，导致二者在晚期油气成藏中所扮演的角色迥然不同。平原亚相沉积多为主槽带，靠近物源，搬运距离短，泥质含量较高（大于8%），属于富泥砂砾岩，颗粒之间为杂基支撑，非砾岩支撑，物性相对较差，孔隙度普遍小于5%，且砂砾岩经历早成岩阶段压实作用和胶结减孔作用后进入致密状态；进入中成岩阶段后，高泥质杂基含量和低结构成熟度的平原亚相砂砾岩也难以形成次生溶蚀发育的

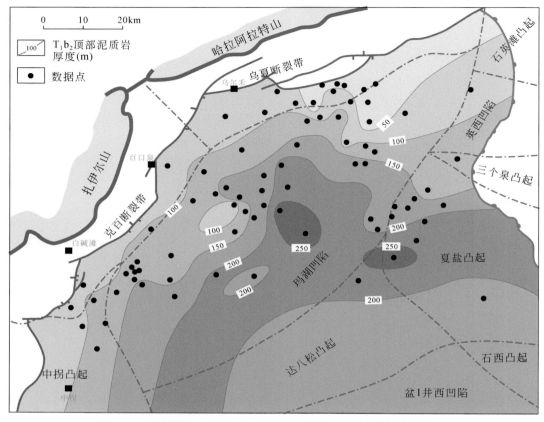

图 5.36 玛湖凹陷三叠系百口泉组油藏顶部泥质岩类厚度等值线图

储层。因此，平原亚相含油气显示差，试油成果多为干层。而前缘亚相则主要发育于主槽带侧翼的平台区，泥质含量少，颗粒较纯，为砾岩支撑，压实作用和胶结作用较弱，易形成次生孔隙发育的优质储层，因而含油显示好，试油产量高。

以玛北斜坡为例，在平行物源方向玛 2—夏 9 井连井剖面上（图 5.38），玛 2 井、玛134 井和玛 15 井百口泉组储层发育次生孔隙，孔隙度较高，分布范围为 7.3%~10%，试油结果为纯油层；而侧向上夏 89 井和夏 13 井在百一段和百二段底部发育成岩致密带，储层孔隙度较低，小于 5%，构成上倾方向遮挡条件。在垂直物源方向、横跨玛西黄羊泉扇、玛北夏子街扇的艾参 1—玛中 1 井连井剖面上（图 5.39），玛 18 井、玛 001 井、玛 19 井分别位于坡折带平台、鼻状构造脊部和鼻状构造翼部，次生孔隙比较发育，储层物性好，孔隙度均大于 7.7%，且与通源断裂相沟通，为良好的含油气储层；而艾参 1 井、玛 101 井、玛 5 井和玛 11 井百口泉组为扇三角洲平原亚相，岩性致密，储层物性差，孔隙度小于 7%，多数小于 5%，成为油气运移遮挡层。同时，含油气储层底部发育的薄层成岩致密带，为形成油气藏提供了良好的底板遮挡条件。

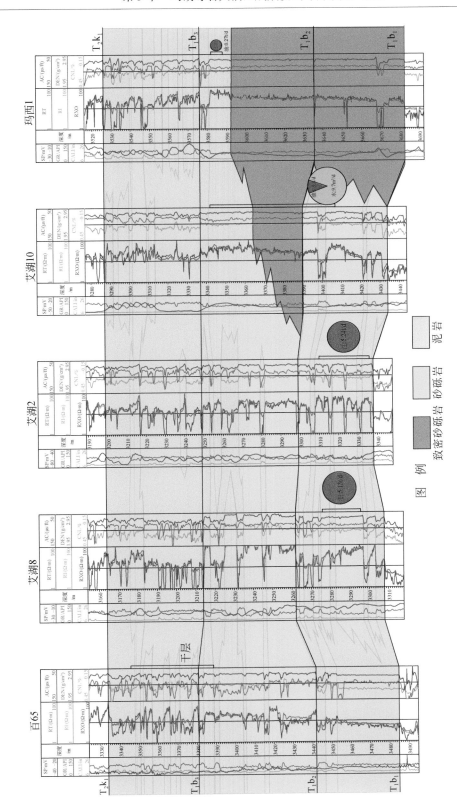

图5.37　黄羊泉扇油藏群过百65—玛西1井三叠系百口泉组油气分布剖面图

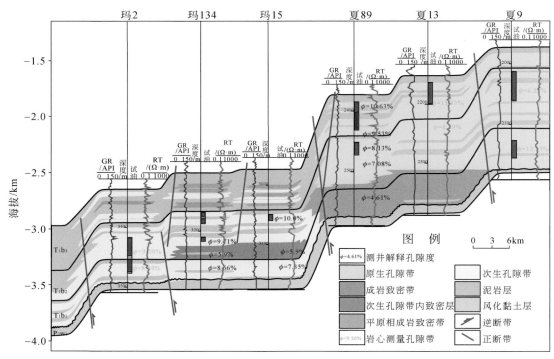

图 5.38　玛北斜坡区三叠系百口泉组成岩圈闭剖面（顺物源方向）（据潘建国等，2015b）

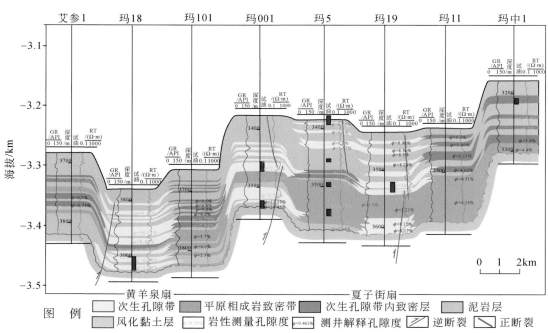

图 5.39　玛北斜坡区三叠系百口泉组成岩圈闭剖面（垂直物源方向）（据潘建国等，2015b）

不同时期油气充注记录也证实了扇三角洲平原亚相富泥砂砾岩主要扮演遮挡条件的角色。依据是：扇三角洲前缘亚相储层次生孔隙中主要为晚期高成熟原油充注，为蓝白色荧光；而扇三角洲平原亚相致密带仅充注有早期沥青和早期成熟油，呈现黄色荧光。原油色谱–质谱分析也进一步证明了平原亚相与前缘亚相原油充注时间的不同，扇三角洲前缘亚相原油在总离子流图上呈现为前峰型，三环/五环萜烷高（1.36），为高成熟油；而扇三角洲平原亚相呈现出后峰型，三环/五环萜烷高（0.51），为成熟阶段原油。这说明在高成熟油充注前，扇三角洲平原亚相砂砾岩层可作为含油气储层，但由于经过后期成岩作用后演变为成岩致密层，因而油气难以在其中大量充注成藏，而构成前缘相油气藏的侧向遮挡。

C. 扇体控藏，"一砂一藏、一扇一田"

受湖侵作用影响，三叠系百口泉组扇三角洲为退积沉积特征，呈现出纵向叠置、横向连片的砂体分布特征，扇三角洲前缘亚相为物性较好的贫泥型砂砾岩层，主槽带扇三角洲平原亚相成岩致密带与泥岩作为良好的盖层和侧向封闭条件，扇三角洲各亚相在圈闭和油藏形成过程中"各司其职"，形成岩性圈闭和岩性油藏。事实上，每个扇三角洲体就是一个自储自封的圈闭体，其中发育多个单个岩性圈闭，因此百口泉组扇三角洲沉积的成藏就具有储封一体、"一砂一藏、一扇一田"的特征，从而使每一个扇三角洲体就形成一个油藏群。

2) 断裂输导，跨层运移，大面积成藏

对于百口泉组源上储层而言，断裂输导是其成藏的关键。而二叠系风城组烃源岩生烃产生的超压（详见 5.3.3 节）则构成油气向上沿断裂跨层垂向运移的强大动力。通过断裂向上运移进入百口泉组储层的油气又发生一定的侧向运移，直到遇到百口泉组上部盖层及侧向上主槽带成岩致密带和泥岩的遮挡作用，才最终在百口泉组储封一体的岩性圈闭群或断层–岩性圈闭中群聚集起来，形成一个个受扇三角洲沉积体控制的油藏群（图 5.40）。其后，由于晚白垩世以来区域构造活动相对较弱，断裂开始封闭，使得油气不易再次运移而发生调整、逸散，从而使已形成的油藏得以很好的保存至今。

总之，由于北部大油区三叠系百口泉组油藏的形成和分布除了受断裂等因素控制外，主要受扇三角洲沉积控制，因而其形成的油藏就具有"一砂一藏、一扇一田"的分布特点，即一个扇体就是一个油藏群，每一个油藏群就是一个准连续型油气聚集（详见 5.3.4 节）。正因为如此，扇体的大小就决定了油藏分布面积和储量规模的大小。由于缓坡背景下形成的扇三角洲体分布面积普遍较大，因而造就了三叠系百口泉组大面积成藏的特点。

3) 轻质油聚集为主，成藏期主要在早白垩世

根据包裹体等研究结果（见 5.3.2 节），玛湖凹陷及周围地区三叠系百口泉组存在晚三叠世、早侏罗世和早白垩世 3 期油气充注，但不同时期油气充注对凹陷区成藏贡献不同：

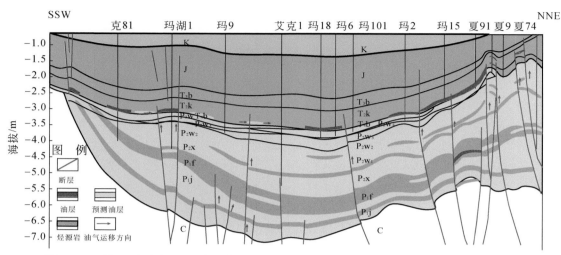

图 5.40　玛湖凹陷过克 81—夏 74 井三叠系百口泉组油气成藏模式图（据雷德文等，2014）

A. 晚三叠世主要为低熟油充注，数量少，成藏条件差

晚三叠世油气充注时，百口泉组埋藏深度浅，小于 600m，其区域盖层上三叠统白碱滩组厚层泥岩尚未沉积，来自二叠系风城组的低成熟油充注进入三叠系百口泉组储层后，由于缺乏有效的盖层条件而大量散失，致使储层原生孔隙、微裂缝中残留大量固体沥青。由于数量少、成藏条件差，该期油气充注在百口泉组、上乌尔禾组等凹陷区储层普遍未能成藏，对现今凹陷区油藏基本无贡献。

B. 早侏罗世成熟油主要在凹陷周缘断裂带成藏，凹陷内成藏规模较小

早侏罗世油气充注时，玛湖地区百口泉组整体埋藏深度为 500~1200m，处于早成岩阶段，储集空间主要为原生孔隙，储层古孔隙度为 17%~26%，未进入致密状态，因而属良好的储层和输导层。在此背景下，二叠系主力烃源岩生成的原油沿着通源断裂运移至百口泉组后，主要向凹陷边缘构造高部位的克-乌断裂带方向运移聚集，从而形成克拉玛依大油田。在凹陷内部，油气向古鼻状构造等构造相对高部位运移聚集，在玛北、玛东［夏盐 2 井，含油包裹体丰度（GOI）= 5.6%］和玛西（玛 18 井，GOI = 5.5%~5.6%）发育的岩性圈闭和低幅度构造-岩性圈闭中形成油藏（图 5.41）。该期原油包裹体在紫外线激发下显黄色荧光，广泛分布于玛东夏盐-达巴松扇体、玛北夏子街扇体、玛西黄羊泉扇体和玛南 201 扇体的扇三角洲前缘亚相和部分扇三角洲平原亚相沉积，是凹陷区次要的成藏时期。

C. 早白垩世高成熟轻质油主要在凹陷内成藏

成藏期研究表明，早白垩世是玛湖凹陷高成熟轻质油的主要成藏时期。该时期玛湖凹陷斜坡区百口泉组储层埋藏深度为 2100~3700m，处于中成岩演化阶段。受储层沉积特征和成岩作用共同控制，不同岩相的储层物性发生了差异变化。扇三角洲前缘亚相贫泥砂砾岩成岩作用较弱，溶蚀作用较强，储层孔隙度大于 8%，局部大于 10%，为相对较好的储层；而扇三角洲平原亚相富泥砂砾岩胶结作用较强，溶蚀作用较弱，储层孔隙度小于 8%，多数小于 6%，成为成岩致密带，从而构成大面积分布的岩性圈闭的遮挡条件。在此背景

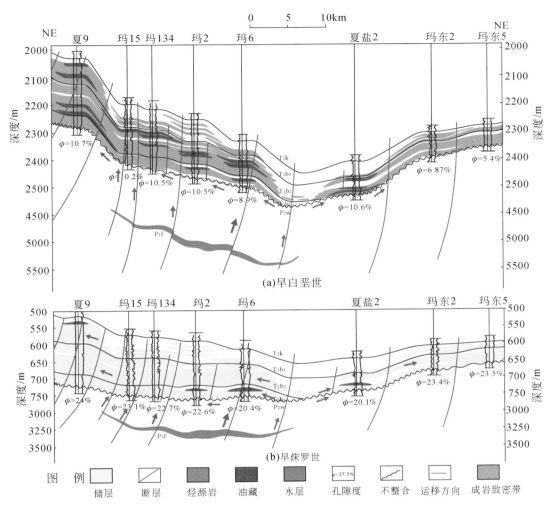

图 5.41　玛湖凹陷玛北-玛东地区三叠系百口泉组成藏演化剖面图

下，二叠系风城组为主的高成熟优质烃源岩在早白垩世时期所生成的高成熟油气沿着多期断裂跨层强力运移至百口泉组砂砾岩中聚集成藏，从而在玛湖凹陷内形成广泛分布的轻质油藏。该时期原油包裹体在紫外线激发下显示为蓝白色荧光，在玛湖凹陷斜坡带广泛分布，是凹陷区油气藏形成的主要时期。

5.2.2　南部大油区致密中质岩性油藏为主，古凸起遮挡，大面积有序分布

南部大油区主要成藏于上二叠统上乌尔禾组。由于准噶尔盆地西部断裂带和达巴松凸起的夹持作用，上乌尔禾组仅分布在玛湖凹陷南部和中拐地区，分别与下伏中二叠统下乌尔禾组、上覆下三叠统百口泉组构成区域性不整合接触关系。受中拐扇、白碱滩扇、夏子

街扇和达巴松扇四大物源体系控制，上乌尔禾组发育了广覆式大面积分布的扇三角洲相带沉积砂砾岩体，其在上乌三段湖泛泥岩和古凸起的封堵作用下，形成了古地貌背景下大面积分布的岩性油气藏群。截至 2019 年，已在玛湖凹陷西南部和中拐凸起地区发现上乌尔禾组油气藏，形成了玛南油气藏群和中拐扇油气藏群（图 5.42）。其油气藏类型主要为岩性油气藏，其次为断层–岩性油气藏，具有储层致密、无统一油水界面和统一压力系统、油质中等特征。含油气层位主要分布在上乌一段和上乌二段，局部分布在上乌三段，且自构造低部位向高部位呈现出厚层–互层–薄层油层有序分布特征。

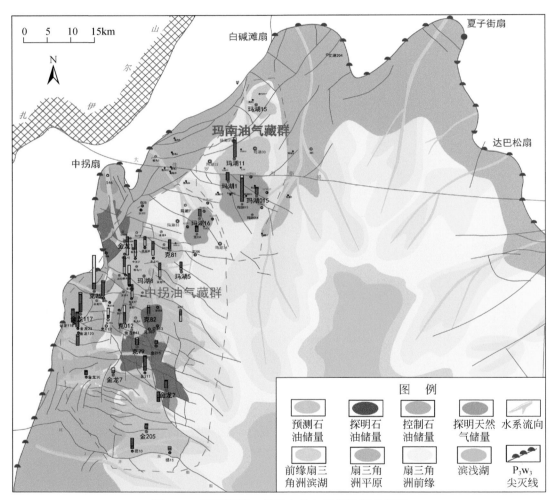

图 5.42　玛湖凹陷二叠系上乌尔禾组勘探成果图

1. 储层致密，具有"先致密后成藏"特征

1）上乌尔禾组储层主要为致密储层

与北部大油区三叠系百口泉组类似，南部大油区二叠系上乌尔禾组砂砾岩储层亦主要为致密储层。根据上乌尔禾组 1108 块样品储层物性实测结果统计，储层孔隙度分布范围

为 0.7% ~ 17.9%，平均值和中值分别为 7.72% 和 7.6%，属低孔储层；渗透率范围为 $(0.017 ~ 748) \times 10^{-3} \mu m^2$，平均为 $16.39 \times 10^{-3} \mu m^2$，中值为 $2.43 \times 10^{-3} \mu m^2$。其中，上乌一段储层孔隙度分布范围为 3.2% ~ 17.9%（$N = 624$），平均值和中值分别为 8.17% 和 7.9%；渗透率为 $(0.022 ~ 584) \times 10^{-3} \mu m^2$（$N = 451$），平均为 $21.76 \times 10^{-3} \mu m^2$，中值为 $4.29 \times 10^{-3} \mu m^2$。上乌二段储层孔隙度分布范围为 2.3% ~ 16.4%（$N = 476$），平均和中值分别为 7.44% 和 7.6%，属低孔储层；渗透率分布范围为 $(0.023 ~ 265) \times 10^{-3} \mu m^2$（$N = 378$），平均为 $11.13 \times 10^{-3} \mu m^2$，中值为 $2.84 \times 10^{-3} \mu m^2$。上乌三段（金龙 23 井区）储层孔隙度分布范围为 7.9% ~ 14.7%，平均为 10.4%，渗透率分布范围为 $(0.07 ~ 12.6) \times 10^{-3} \mu m^2$，平均为 $4.25 \times 10^{-3} \mu m^2$，中值为 $1.97 \times 10^{-3} \mu m^2$。总体上，上乌尔禾组为低渗透-致密储层，以致密储层为主。

对上乌尔禾组油层物性的统计表明，其单砂体孔隙度分布范围为 4.1% ~ 15.8%，主要分布范围为 6% ~ 11%，渗透率分布范围为 $(0.4 ~ 80) \times 10^{-3} \mu m^2$。对上乌尔禾组油层物性随深度变化关系分析可知（图 5.43），其孔隙度和渗透率大约以 3500m 埋深为界出现上下不同的变化特征，尤以孔隙度变化最为明显。当埋深小于 3500m 时，孔隙度和渗透率均随埋深增加而减小；当埋深大于 3500m，出现孔隙度和渗透率不降反增的现象。这说明当埋藏深度增加到一定程度后，储层质量反而有所改善，可能与地温升高、有机质成熟度增加，溶蚀作用增强有关。另外，还可能与深部断裂较浅部发育有关，深部断裂发育程度的增强不仅可以直接改善储层的渗透率，更重要的是为深部溶蚀作用创造了良好的流体迁移和物质搬运条件。

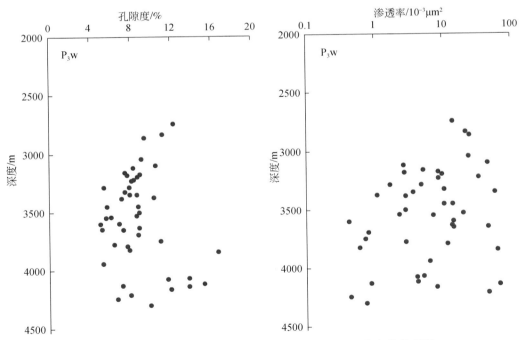

图 5.43　玛湖凹陷二叠系上乌尔禾组油层物性随深度变化关系图

2）上乌尔禾组储层致密时间总体早于主要成藏期

上乌尔禾组储层成岩演化序列研究表明，在早成岩阶段 B 期末期，其孔隙度已降至12%，对应的地质时期为早侏罗世末期，说明储层大部分已进入致密状态。由于主要成藏时期为晚侏罗世和早白垩世，因此同三叠系百口泉组一样，上乌尔禾组储层也具有"先致密后成藏"的特点。

2. 岩性油气藏为主，无明显边底水，原油主要为中质油

1）油气藏类型主要为岩性油气藏，具有"一砂一藏、一扇一田"特征

玛湖南部上乌尔禾组大油区目前发现的玛南和中拐两大油气藏群与北部大油区三叠系百口泉组油藏群相似，其油气藏类型亦主要为岩性油气藏，局部存在断层–岩性油气藏，油气藏形成和分布除局部地区外，也基本不受构造控制，而主要受扇三角洲沉积特征控制，每个扇三角洲体就是一个自储自封、储封一体的圈闭体，其中发育多个砂砾岩储集体，每个砂砾岩体构成一个独立的岩性圈闭，从而使得已发现的油气藏具有一砂一藏、一扇一田的成藏特征。而且，每个扇体内不同砂体的油藏并无统一的压力系统，也无明显的边底水。

A. 玛南油气藏群

玛南油气藏群上乌尔禾组储层主要受白碱滩扇三角洲沉积体系控制，含油气层位包括上乌二段和上乌一段。上乌一段顶面构造整体为一东南倾单斜特征，具有西北高、东南低特点（图 5.44）。地层发育齐全，地层厚度由凹陷边缘向凹陷中心逐渐增厚，地层倾角为3°~5°。根据断裂形成时期和规模，玛南油气藏群发育 3 级断裂（表 5.1，图 5.44）。其中，Ⅰ级断裂为区域大断裂，位于西北缘断裂带，断距相对较大，主要为南白碱滩断裂和256 井西断裂，控制整体构造格局。Ⅱ级断裂为近东西向走滑断裂和北东向逆断裂，走滑断裂自北向南依次为大侏罗沟断裂、玛湖 7 井北断裂和克 81 井南断裂，上乌尔禾组断距为 5~30m，受压扭剪切应力作用而形成，断面较陡直；逆断裂为玛湖 24 井北断裂，为南白碱滩断裂逆冲作用的伴生断裂。Ⅲ级断裂主要为近东西向的走滑断裂所伴生的羽状或平行状断裂，断裂断距相对较小，延伸长度也较短，地震剖面上不易识别。

表 5.1 玛南油气藏二叠系上乌尔禾组断裂发育要素表

断裂级别	断裂名称	断裂性质	断开层位	上乌尔禾组断距/m	断裂产状		
					走向	倾向	延伸长度/km
Ⅰ级	南白碱滩断裂	逆	C—J$_2$x	>800	北东–南西	北西	>32.2
	256 井西断裂	逆	P$_1$j—T$_3$b	20~80	北东–南西	北西	24.8
Ⅱ级	大侏罗沟断裂	走滑	P$_1$f—K	5~30	东西	南	>31.7
	玛湖 7 井北断裂	走滑	P$_1$f—K	10~30	东西	北	20.9
	克 81 井南断裂	走滑	P$_2$x—K	5~25	东西	南	>35.3
	玛湖 24 井北断裂	逆	P$_1$f—T$_2$k$_2$	10~30	北东–南西	北北西	22.5

　　综合构造特征、砂体沉积特征和试油成果分析，玛南油藏群上乌尔禾组油藏基本上不受构造控制（图5.44）。油藏储层砂体为白碱滩扇三角洲前缘亚相砂砾岩体，纵向上多层叠置分布，累计厚度较大，分布在40～70m，侧向和垂向上受扇三角洲平原亚相富泥砂砾岩及湖相泥岩遮挡，共同构成了岩性圈闭，从而形成岩性油藏（图5.45）。断裂垂向断距较小，大多对油藏起不到遮挡作用，故断层油气藏少见，仅在砂体尖灭线附近断层可起到遮挡作用，形成局部分布的断层–岩性油气藏。

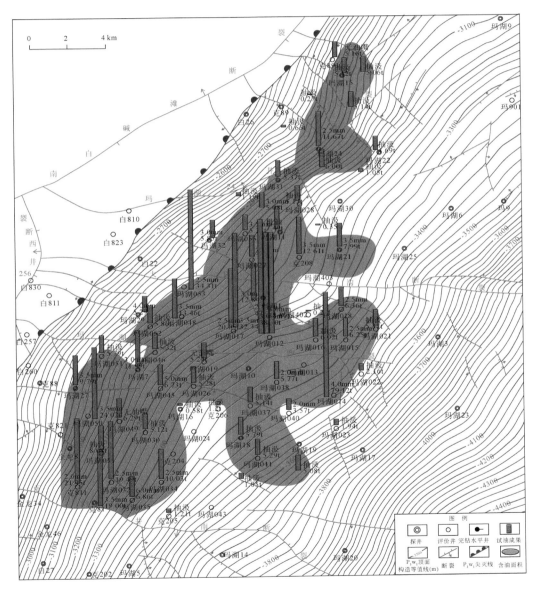

图5.44　玛南油气藏群上二叠系乌一段油藏顶面构造与含油面积图

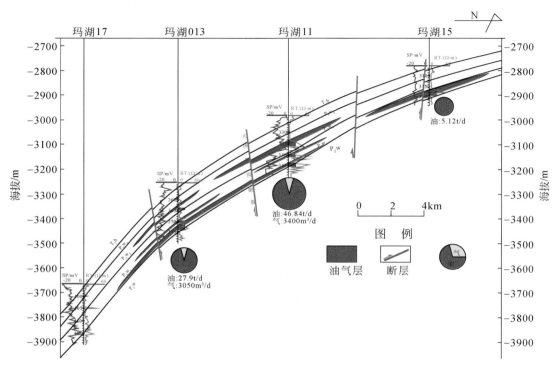

图 5.45 玛南油藏群过玛湖 17—玛湖 15 井二叠系上乌尔禾组油藏剖面图

通过地震波阻抗反演剖面和地震属性剖面分析（图 5.46、图 5.47），北部玛湖 15 井区上乌尔禾组发育一个透镜状砂体，其在地震剖面上连续性较好，为中强振幅的中频波峰反射特征，特征清楚，岩性圈闭边界可清晰识别。中部玛湖 1 井区与玛湖 15 井区类似，主要受岩性尖灭线控制，地震属性剖面上为典型的岩性圈闭特征（图 5.47）。结合油藏剖面（图 5.45），油藏储层由多套砂体在纵向上叠置分布、横向上连片形成，各单个油层之间互不连通，表现为"一砂一藏、一扇一田"特征。

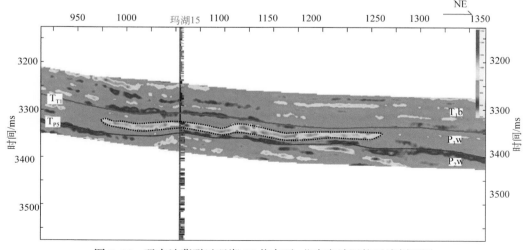

图 5.46 玛南油藏群过玛湖 15 井南西–北东向波阻抗反演剖面图

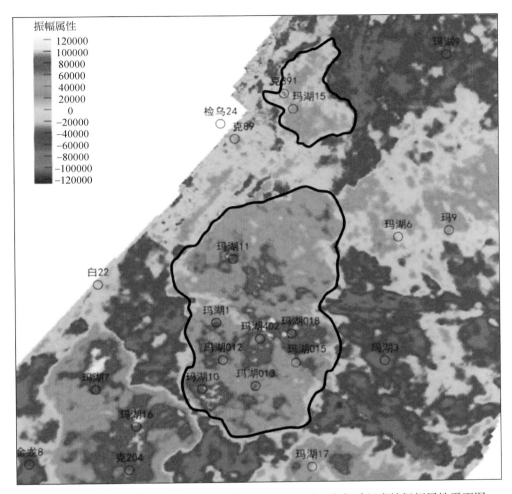

图 5.47　玛南油藏群玛湖 15 井区与玛湖 1 井区二叠系上乌尔禾组岩性振幅属性平面图

B. 中拐油气藏群

中拐油气藏群位于玛湖凹陷南部和中拐凸起北斜坡位置，其构造形态总体为一向东南倾单斜特征，具有西北高、东南低特点，构造海拔分布范围为 -4000 ~ -2000m（图 5.48）。受古地貌背景影响，上乌尔禾组凹槽区中心沉积地层齐全，且上乌二段、上乌一段厚度较大，仅在凹陷边缘剥蚀地区分布有上乌三段。断裂相对较发育，发育逆断裂、走滑断裂和次一级调节断裂，断裂规模相对较小，断距大多小于 10m。

综合构造特征、砂体沉积特征和试油成果分析，中拐扇上乌尔禾组油气藏分布基本不受构造控制（图 5.48），而主要受扇三角洲沉积体系控制。其油藏储层砂体为中拐扇三角洲前缘亚相砂砾岩体，纵向上多层叠置分布，累计厚度大，侧向上和垂向上受古凸起、扇三角洲平原亚相富泥砂砾岩和湖相泥岩遮挡，共同构成了岩性圈闭，形成纵向多油层分布的岩性油气藏群（图 5.49）。对过玛湖 7—玛湖 16 井地震解释和地震振幅剖面分析（图 5.50、图 5.51），玛湖 16 井区油藏的玛湖 7 井和玛湖 16 井上乌二段储层为一透镜状砂砾岩体，具有中强振幅、中频波峰反射特征，边界较为清晰，岩性特征明显，为一岩性圈闭；上乌一段也断续发育透镜状砂砾岩体，形成多层叠置分布的岩性圈闭特征。中拐扇油气藏群上乌三段油藏则主要为"泥包砂型"薄层岩性油藏。在过克 021—金龙 20 井上乌三段地震剖面上（图 5.52），上乌三段分别与下伏石炭系、上覆三叠系克拉玛依组为不整合接触，岩性主要为泥岩，在克 021 井、克 022 井、金龙 23 井和金龙 20 井处发育薄层砂体，形成透镜体岩性圈闭。

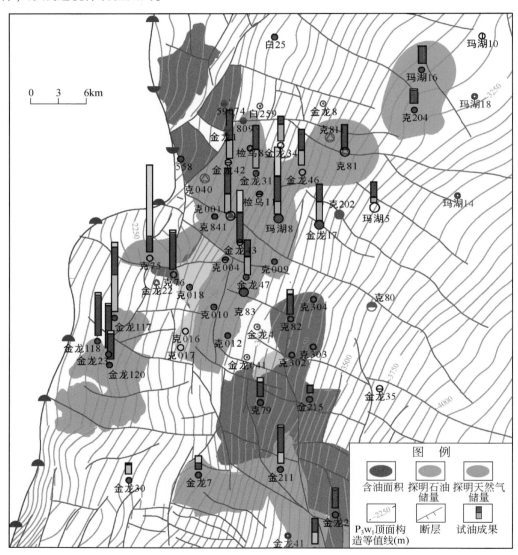

图 5.48　中拐油气藏群二叠系上乌一段顶面构造与含油面积分布图

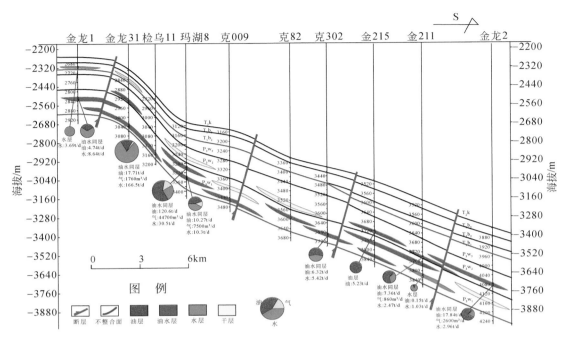

图 5.49　玛湖凹陷二叠系上乌尔禾组油气藏剖面图

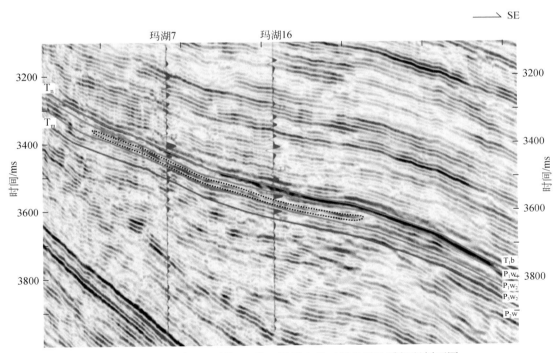

图 5.50　过玛湖 7—玛湖 16 井二叠系上乌二段地震地质解释剖面图

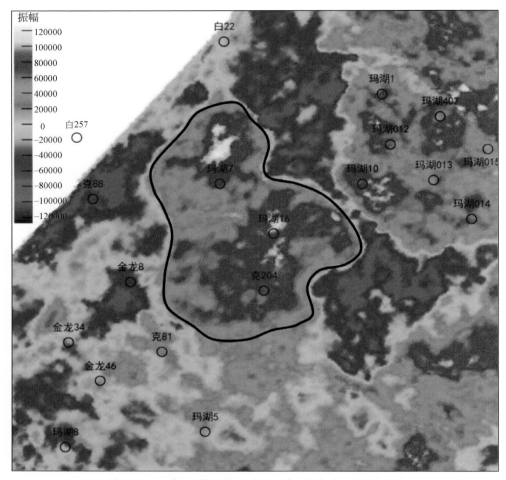

图 5.51　玛湖 16 井区块二叠系上乌二段振幅属性平面图

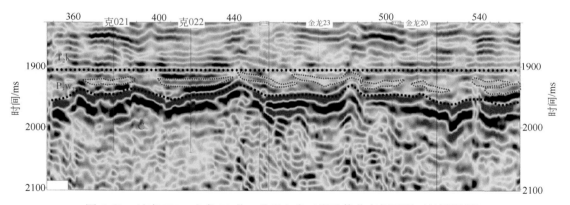

图 5.52　过克 021—金龙 20 井二叠系上乌三段砂体分布剖面图（地震解释）

在中拐油气藏群克 82 井区过克 013—克 303 井地震剖面上（图 5.53），上倾方向克

013 井钻遇低产含油水层，原油密度为 $0.8997g/cm^3$，黏度为 $738.4mPa \cdot s$，中质偏稠油，中部克 82 井钻遇油层 1 层，油水同层 1 层，原油密度为 $0.8875g/cm^3$，黏度为 $59.84mPa \cdot s$，油藏底部的克 303 井钻遇油水同层 1 层、含油水层 1 层，原油密度为 $0.8621g/cm^3$，黏度为 $21.85mPa \cdot s$，可见原油性质差异较大，且向上倾方向原油密度逐渐增大。这说明上述 3 口井钻遇的含油砂体并非同一砂体，而是不相连通的不同砂体，三者不具有统一的油水界面，表现出"一砂一藏"特征。在过克 79—克 101 井地震剖面上（图 5.54），可见克 79 井和克 101 井在上乌尔禾组发育两个独立的透镜状砂体，试油成果均为油水同层，同样表现为"一砂一藏"特征。

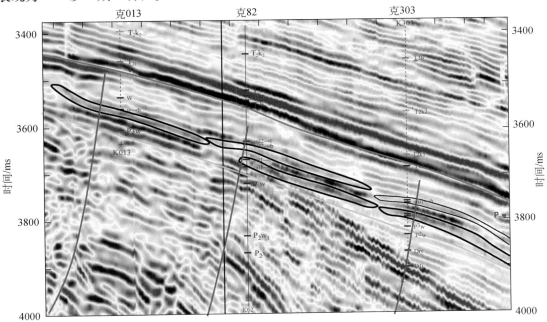

图 5.53　过克 013—克 303 井二叠系上乌尔禾组地震地质解释剖面图

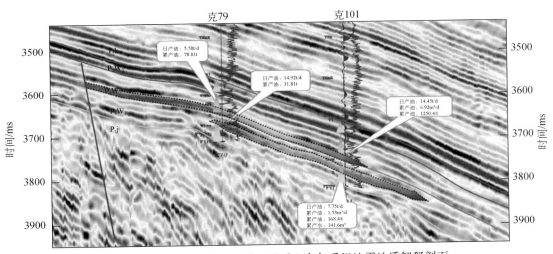

图 5.54　过克 79—克 101 井二叠系上乌尔禾组地震地质解释剖面

2）油藏无明显边底水

二叠系上乌尔禾组储层试油结果存在以下 3 种情况。

A. 试油结果多为纯油层，无水层分布

玛南油藏群上乌尔禾组试油结果为纯油层和含气油层，未钻遇水层，如在过克 81—玛湖 31 井上乌尔禾组油藏剖面上（图 5.55），从西南部克 81 井、玛湖 032 井一直到东北部玛湖 054 井、玛湖 31 井，试油结果均为纯油层，未见水层分布。

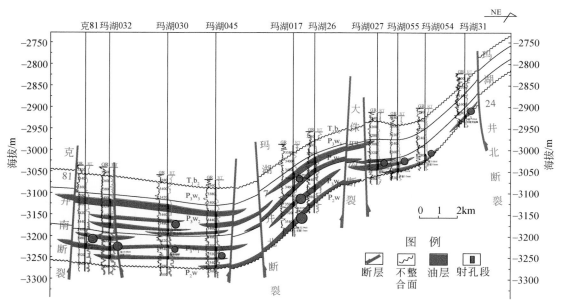

图 5.55　玛南油藏群过克 81—玛湖 31 井二叠系上乌尔禾组油藏剖面图

B. 试油结果多样，油层、油水同层、水层均有发现

由上乌尔禾组构造特征和试油成果可以看出（图 5.48），构造高部位 558 井为纯油层，中部克 841 井、金龙 31 井等试油为油水同层，玛湖 8 井、金龙 43 井等试油为油水同层，而西侧克 75 井、克 017 井为纯气层，构造低部位的克 79 井、金龙 2 井等为纯油层，这与正常的油气水分布明显不同，说明中拐油气藏群上乌尔禾组油藏无明显边底水。

在过白 258—玛湖 8 井油藏剖面上（图 5.56），试油结果除金龙 42 井上乌二段发育纯油层外，上乌一段 4 口井均主要为油气水同层，说明上乌一段各井钻遇砂体均为孤立透镜状岩性圈闭，彼此之间互不连通，更不可能具有统一的油水界面，也无明显边底水，油藏形成和分布同样具有"一砂一藏、一扇一田"特征。但在过玛湖 8 井的另一条剖面上（图 5.57），构造高部位（克 011 井）和低部位（白 27 井）均以产水为主，产油微量（克 011 井）甚至完全无油产出（白 27 井），说明其分别为微含油水层和水层，亦即基本上均属于水层。而中间的玛湖 8 井两个砂体均为油气水同产，反映其与上下两口井砂体可能不连通，为油气水同层混储，因而同储同出；下部白 27 井与上部克 011 井钻遇的含水砂体可能为孤立水层。由此可见，玛湖 8 井上乌尔禾组油气藏应无明显边底水，属于典型的非常规致密岩性油气藏。

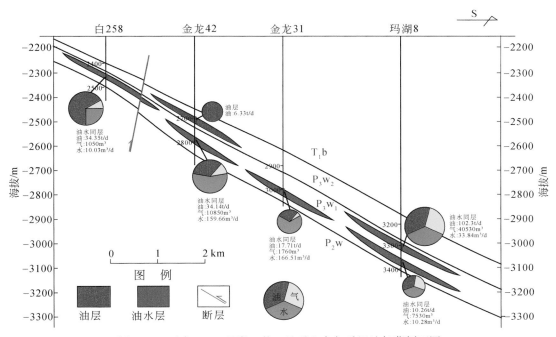

图 5.56　过白 258—玛湖 8 井二叠系上乌尔禾组油气藏剖面图

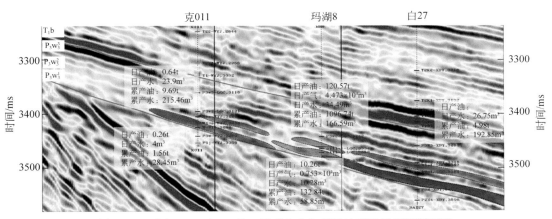

图 5.57　过克 011—白 27 井二叠系上乌尔禾组地震地质解释剖面图

　　过金 208—金 213 井上乌尔禾组地震剖面上的各井试油结果则反映油水分布具有受构造一定控制的特征（图 5.58），表现在构造高部位为纯油层和油水同层，低部位为含油水层或干层，但各井之间的连通情况尚不清楚，如位于构造高部位的金 208 井钻遇两套含油层，上部砂体为油水同层，日产油 10.64t、日产水 2.15m³，原油密度为 0.8644g/cm³，黏度为 20.19mPa·s；下部为纯油层，日产油 11.37t，原油密度为 0.8259g/cm³。下倾方向金 216 井钻遇两套含油水层，上部砂体日产油 1.34t、日产水 8.55m³，原油密度为 0.9059g/cm³，黏度为 140.49mPa·s；下部日产油 2.29t、日产水 15.97m³。而金 209 井钻遇油气水同层 1 层，日产油 13.01t、日产水 3.89m³、日产气 3500m³，原油密度为 0.8915g/cm³，黏度为 60.04mPa·s。金 201 井也钻遇油气水同层 1 层，日产油 5.29t、日产水 3.84m³、日产气 27270m³，原油密度为 0.7764g/cm³，黏度为 1.02mPa·s。金 213 井钻遇两套砂体，上部砂体为干层，日产油为 0.14t；下部为含油水层，日产油 0.47t、日产水 1.17m³，原油密度为 0.917g/cm³，黏度为 461.3mPa·s。

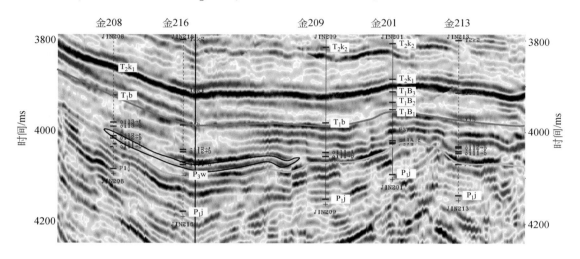

图 5.58 过金 208—金 213 井二叠系上乌尔禾组地震地质解释剖面图

C. 单井中地层水主要为束缚水，可能局部存在毛细管水和自由水

由前面分析可以看出，上乌尔禾组储层可见纯油层、油水同层和水层，但其水层基本上都不具备明显的边底水特征，而为孤立含水砂体。为了进一步明确上乌尔禾组油气藏是否存在边底水，还需要对有关单井进行精细分析。玛湖 8 井是最能反映研究区上乌尔禾组是否存在边底水的实例之一，故在此加以重点分析。该井在上乌二段 3320~3380m 处钻遇一套连续厚度达 60m 的巨厚砂砾岩体（图 5.59），其上部 3320~3360m 处射孔试油获日产油 10.26t、日产气 0.753×10³m³、日产水 10.28m³，而在 3360m 以下 20m 厚的砂体并未试油，那么该部分砂体究竟是与上面连续的油层，还是水层或干层？这个问题决定了对该井油藏是否存在边水或底水的判断。测井精细解释分析可见，该套砂体在电阻率测井曲线上面变化不大，但在烃含量曲线上存在差异，含油层高于下部未试油段砂体；测井解释为油层的储层孔隙度为 10%~15%，而下部未试油砂体的孔隙度小于 10%；上部解释油层的含油饱和度达 60%，下部则明显偏低。更重要的是，核磁测井显示整个砂体的地层水类型主要为黏土束缚水，毛细管束缚水较少，自由水更少。由此判断，该井应无边底水，其产出水可能为油水同层中少量的自由水或毛细管水。

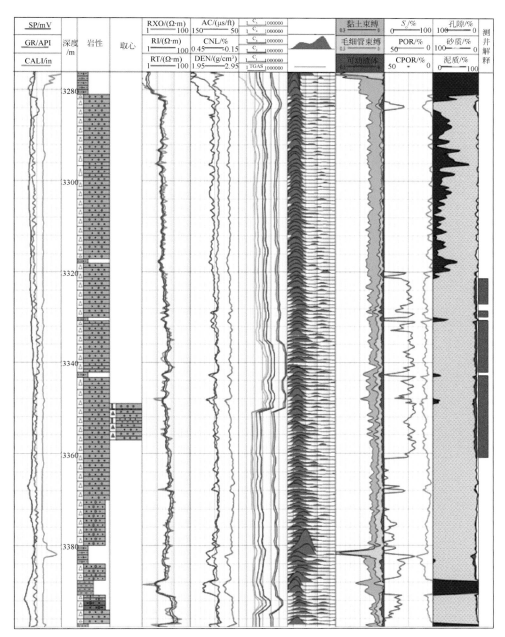

图 5.59　玛湖 8 井二叠系上乌二段测井解释图

3）原油主要为中质油

与北部大油区三叠系百口泉组以轻质油为主不同，南部大油区二叠系上乌尔禾组原油性质主要为中质油，轻质油相对较少。其原油密度为 $0.807 \sim 0.9456\text{g/cm}^3$，平均为 0.8618g/cm^3，主要分布在 $0.84 \sim 0.88\text{g/cm}^3$。其中，上乌一段原油密度与上乌二段相当，上乌一段原油密度分布范围为 $0.829 \sim 0.9046\text{g/cm}^3$，平均为 0.8625g/cm^3，上乌二段原油密度分布范围为 0.807 ~ 0.9456g/cm³，平均为 0.8606g/cm³。而且原油密度和黏度随埋藏深度变化更加复杂（图 5.60），反映可能受到多种因素的影响。

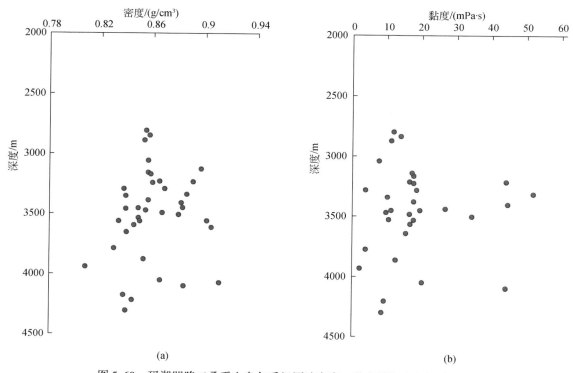

图 5.60　玛湖凹陷二叠系上乌尔禾组原油密度、黏度随深度变化关系图

3. 油藏纵向上具有厚层、互层、薄层有序分布特征

二叠系上乌尔禾组时期，在玛南斜坡和中拐北斜坡区的古沟槽和古凸起控制下发育大面积浅水退覆式扇三角洲沉积体系。在湖侵作用下，沉积相带由上乌一段扇三角洲平原和前缘水下分流河道沉积过渡为上乌二段和上乌三段的扇三角洲前缘水下分流河道沉积和滨浅湖沉积，砂体由下部凹槽区厚层砂砾岩、砾岩为主逐渐过渡为中部斜坡带互层砂砾岩与粉细砂岩、泥岩，再到上部超覆带"泥包砂型"薄层砂砾岩层（图 5.61）。受此影响，相应形成了凹槽区厚层低饱和油藏、斜坡区互层纯油藏和古凸起薄砂层油藏的有序分布。

以中拐凸起北斜坡上乌尔禾组油藏分布为例（图 5.62），该区在古凸起背景下，下部凹槽区发育低位体系域厚层砂砾岩，累计厚度为 50 ~ 100m，最厚在 100m 以上，砂地比为 70% ~ 95%，试油结果为油水同层，属于厚层状低饱和岩性油藏，如玛湖 8 井、玛湖 16 井上乌一段。中部斜坡带发育湖侵体系域中期砂泥互层沉积，钻井揭示上乌尔禾组砂体累计厚度为 30 ~ 60m，砂地比为 30% ~ 60%，试油结果为纯油层，属于互层状岩性油藏，如克 76 井上乌二段。上部地层超覆带的古凸起上发育湖侵体系域晚期薄层砂体，上乌尔禾组砂砾岩累计厚度均在 30m 以下，砂地比在 20% 左右，试油结果为纯油层，属于"泥包砂"型高饱和薄层岩性油藏，如金 120 井上乌三段。

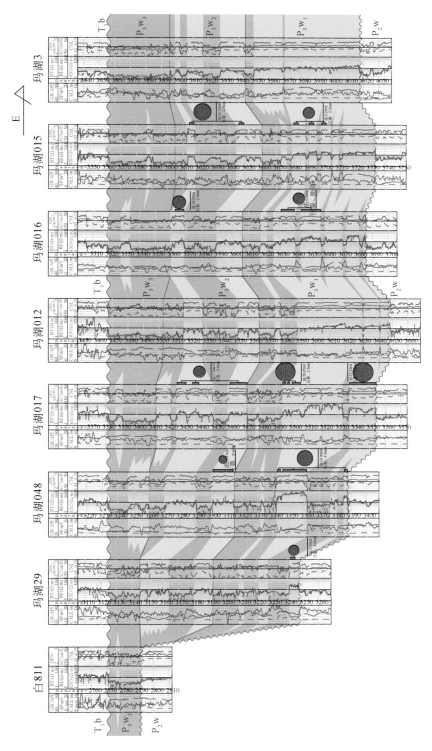

图 5.61　玛湖凹陷玛南斜坡过白 811—玛湖 3 井二叠系上乌尔禾组顺物源砂体分布剖面图

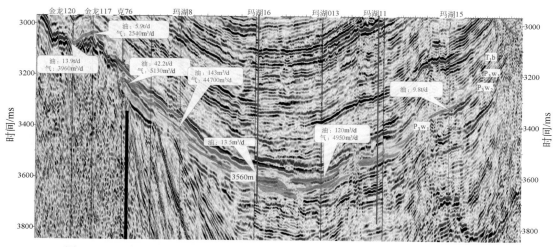

图 5.62　玛湖凹陷过金龙 120—玛湖 15 井二叠系上乌尔禾组油气分布地震剖面图

1）凹槽区上乌一段低饱和岩性油藏

受古地貌背景控制，上乌一段沉积过程位于低位体系域，为古地貌填平补齐阶段，凹槽区为扇三角洲主体发育区，坡折下部平台区为扇三角洲沉积砂体主要的卸载场所，砂砾岩沉积厚度大，向古凸起带沉积厚度减薄。

凹槽区上乌一段储层为厚层砂砾岩层，试油结果多为油水同出，即油藏为低饱和油藏，如克 009 井和玛湖 8 井在上乌一段试油均为厚层油气水同层（图 5.63）。之所以形成低饱和油藏，主要是由于凹槽区砂砾岩储层连续厚度太大，加之储层致密，非均质性强，从而造成油气充注数量相对不足，难以将储层中的自由水完全排出，因而导致试油结果普遍出现油水同出。事实上，凹槽区厚层砂砾岩为多期不同沉积相带砂体的叠置，砂砾岩层岩性、泥质含量变化大，且储层致密，微细孔喉发育，排驱压力大。因此，当原油进入储层中驱替地层水时，首先沿高渗带驱替运移，进而形成含油饱和度高的岩性段和含油饱和度低的岩性段互层分布，而压裂射孔井段厚度一般较大，往往涉及多个含油饱和度高低不等的储层，从而最终造成油水同出，如金龙 31 井上乌尔禾组测井解释有油层和油水同层，多层合试为含油水层（图 5.64）。

2）斜坡区上乌二段互层纯油层岩性油藏

上乌二段沉积为湖侵体系域中期，古地貌未发生较大变化。在湖侵作用及古凸起与古凹槽控制下，中拐扇上乌二段较好继承了上乌一段主河道走向与扇体规模，沉积了一套以砂砾岩、含砾砂岩为主的扇三角洲前缘水下分流河道砂体。由于水体持续上升，上乌二段在斜坡区发育多期砂体叠置分布，形成砂砾岩层与泥岩层互层分布，但砂砾岩体规模和厚度均小于上乌一段，砂地比在 40% 以上，最高达 70%。试油成果表明，上乌二段多为纯油层。过江 172—玛湖 15 井油藏剖面很好地反映了上乌一段与上乌二段油藏的区别（图 5.65）。其中克 79 井和克 82 井上乌一段砂体厚度大，试油结果为油水同层和油层，而克 79 井、克 204 井和玛湖 15 井上乌二段试油结果为油层。过金龙 120—玛湖 15 井上

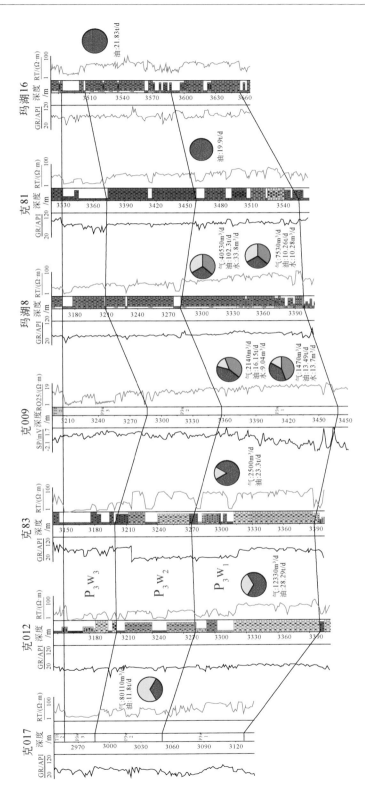

图 5.63　中拐扇油气藏群过克017—玛湖16井二叠系上乌尔禾组油气分布剖面图

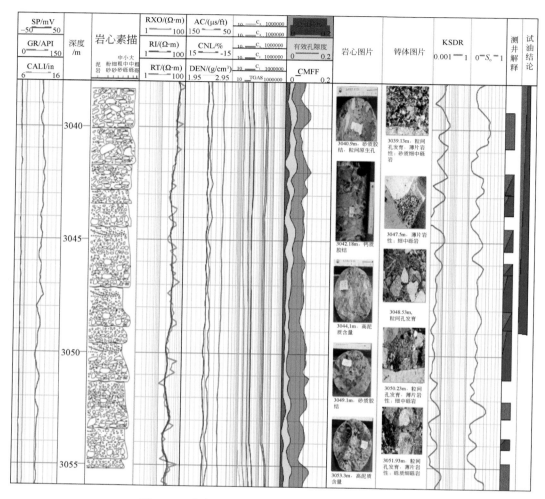

图 5.64　金龙 31 井二叠系上乌尔禾组四性关系图

乌尔禾组油层分布剖面（图 5.66）同样反映了这一成藏差别，其中玛湖 8 和金龙 1 井在上乌一段试油均为油水同层，而玛湖 16 井、玛湖 24 井和玛湖 15 井则在上乌二段试油获纯油层。

3）古凸起上乌三段薄层"泥包砂"岩性油藏

上乌三段沉积期为湖泛超覆沉积阶段，湖平面进一步扩大，水体变得更深，以滨浅湖泥岩沉积为主，中拐扇地区发育大套厚度较大的灰色泥岩，仅在靠近剥蚀区的局部地区发育薄层砂岩、砂砾岩，在地层超覆带的古凸起上形成"泥包砂型"薄层岩性油藏。该类油藏含油丰度较高，整体不含水，如过金龙 24—金龙 117 井上乌三段油藏剖面（图 5.67），油藏位于上乌尔禾组地层西南端超覆带，含油层位仅为上乌三段，含油砂体受古凸起控制，由多个薄层透镜体砂体组成，油藏顶底板条件好，物性较好，具有埋深浅、产量高、含油饱和度高、不含水的特征。

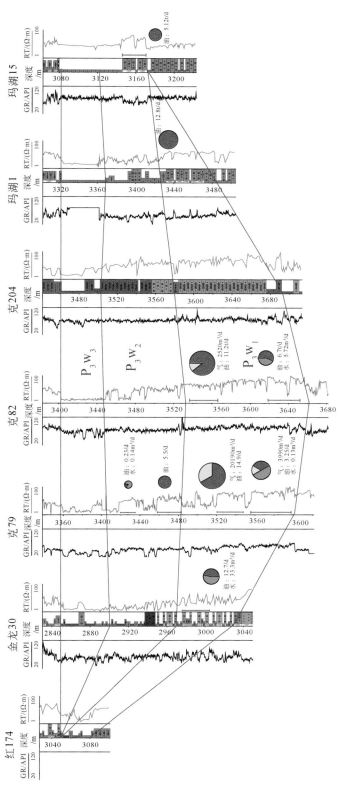

图5.65　过红174—玛湖15井二叠系上乌尔禾组油气分布剖面图

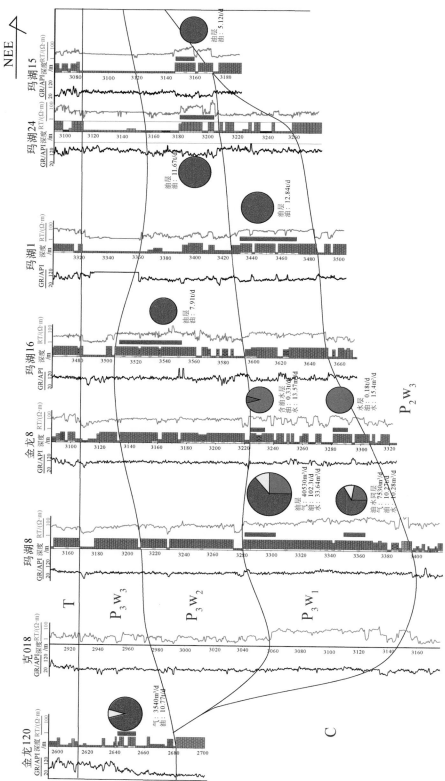

图5.66　过金龙120—玛湖15井二叠系上乌尔禾组试油成果剖面图

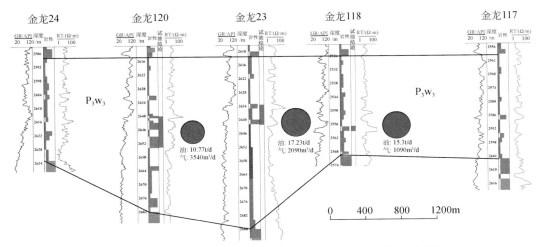

图 5.67　过金龙 24—金龙 117 井二叠系上乌三段油气分布剖面图

目前在上乌尔禾组所发现的 3 种类型岩性油气藏，上乌二段互层状砂砾岩油藏含油饱和度较高，油气资源占比最高，占上乌尔禾组的 58.6%；上乌一段厚层砂砾岩油藏的含油饱和度最低，油气资源规模占 37.4%；上乌三段"泥包砂型"岩性油藏具有埋深浅、顶底板条件好、不含水的特征，属于受古凸起控制的薄层高饱和岩性油藏，但分布面积有限，油气资源规模仅占 4%。

4. 南部大油区成藏模式：古凸起遮挡，"一砂一藏、一扇一田"

1）古凸起遮挡，自储自封，储封一体

二叠系上乌尔禾组整体为湖侵水进沉积过程，自身在纵向上形成一套完整储-封组合。上乌一段和上乌二段分别为早期低位体系域（LST）和水进体系域（TST），岩性主要为扇三角洲沉积砂砾岩；上乌三段为高位体系域（HST）沉积，岩性为稳定分布的细粒泥质岩，可作为良好封盖层和侧向遮挡条件，其沉积主要受古凸起地貌特征影响，如在过拐26—金 208 井地震剖面上，上乌一段低位体系域沉积砂砾岩体的分布明显受古凸起地貌影响（图 5.68），上乌二段和上乌三段发育两期区域性湖泛泥岩，与古凸起形成侧向和垂向上的封盖组合。可以说，受扇三角洲沉积特征控制，每个扇三角洲体就是一个储封一体的圈闭体，其中发育多个砂砾岩储集体，每个砂砾岩体构成一个独立的岩性圈闭，从而使得已发现的油气藏具有"一砂一藏、一扇一田"、大面积分布的成藏特征。

其中，上乌尔禾组油气藏的盖层和侧向遮挡条件主要为泥质岩类、扇三角洲平原亚相富泥砂砾岩，局部为断层侧向封堵。上乌尔禾组油藏顶部泥质岩类厚度分布稳定，一般为20~60m（图 5.69），由剥蚀区边部逐渐向凹陷中心增加，在上乌尔禾组沉积区西部厚度较大，超过 60m。

上乌尔禾组扇三角洲前缘亚相沉积的砂砾岩泥质含量低，储集物性较好，其前端发育前三角洲亚相泥质岩类沉积，可以起到侧向遮挡作用。在靠近冲积扇源附近，由于搬运距离较近，扇三角洲平原亚相沉积砂砾岩具有较高泥质含量，其后经压实作用和胶结作用储

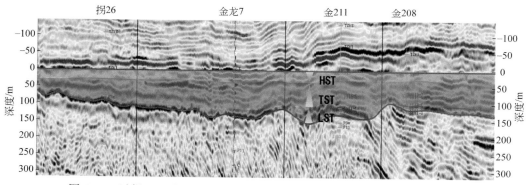

图 5.68　过拐 26—金 208 井二叠系上乌尔禾组顶拉平地震地质解释剖面图

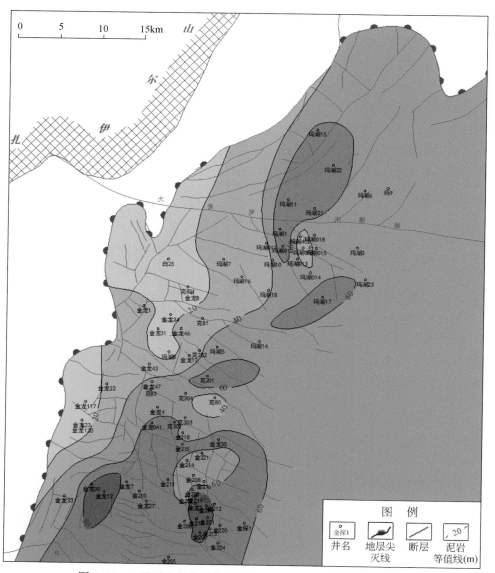

图 5.69　二叠系上乌尔禾组顶部泥质岩类盖层厚度平面分布图

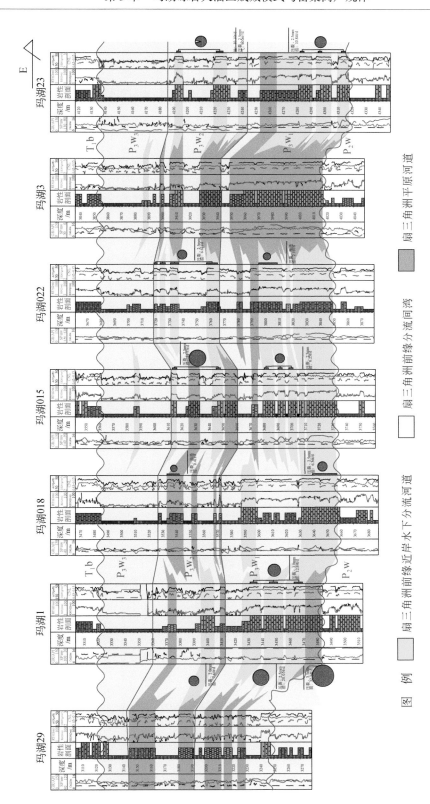

图 5.70　过玛湖29井—玛湖23井三叠系上乌尔禾组沉积相剖面图

层原生孔隙消失，并难以形成发育的溶蚀孔隙，因而成为成藏有利的遮挡条件，如玛湖 29
井上乌一段和上乌二段，发育扇三角洲平原亚相富泥砂砾岩，形成侧向遮挡条件；玛湖 3
井上乌二段和上乌一段发育厚度较大的扇三角洲平原亚相砂体致密带，具有侧向遮挡作
用。由于沉积特征和位置的不同，二叠系上乌尔禾组分别在上乌一段形成厚层块状储层
（图 5.70）、上乌二段砂泥互层状储层和上乌三段透镜体状储层，与垂向和侧向遮挡条件
相结合，分别形成了中拐地区南部上乌一段厚层块状岩性圈闭、上乌二段砂泥互层状岩性
圈闭和地层超覆带上乌三段"泥包砂型"岩性圈闭 3 种圈闭类型，并相应形成了上乌一段
低饱和岩性油藏、上乌二段互层状岩性油藏以及上乌三段"泥包砂"型高饱和薄层岩性
油藏。

2）断裂输导，跨层运移，大面积成藏

早二叠世末期，中拐凸起持续隆升，使得二叠系沿中拐凸起与玛湖凹陷结合部超覆尖
灭，形成了平行于中拐凸起的尖灭带。晚二叠世，准噶尔盆地西北缘南段沉降，发生大规
模湖侵作用，此时沉积的上乌尔禾组在中拐凸起北斜坡一带与中—下二叠统呈角度不整合
接触关系，形成了上乌尔禾组与二叠系风城组主力烃源层直接接触的有利条件。但在玛湖
凹陷地区，上乌尔禾组与风城组烃源岩之间还隔有下乌尔禾组、夏子街组，成为风城组烃
源岩向上运移的重要屏障。在此情况下，断裂的垂向输导就变得不可或缺，特别是高角度
走滑断裂和逆断裂对油气自下部烃源岩向上进入上乌尔禾组储层中聚集成藏起了关键
作用。

根据油气运移路径以及源储接触关系，可将上乌尔禾组油气藏形成分为 3 种成藏模式
（图 5.71）。

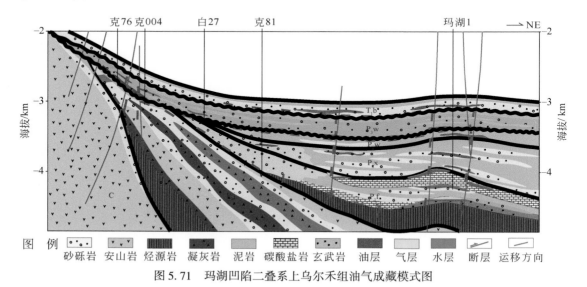

图 5.71　玛湖凹陷二叠系上乌尔禾组油气成藏模式图

A. 下生上储–通源断层垂向输导–砂体侧向运移聚集成藏模式

这种成藏模式见于玛湖凹陷斜坡区和凹陷中心。该处二叠系风城组和佳木河组烃源岩
生成的油气沿着通源断层强力运移到上乌尔禾组砂砾岩储层，然后沿着砂体发生侧向运

移，直到遇到合适的侧向遮挡条件而聚集成藏。

B. 下生上储-砂体+不整合面侧向运移聚集成藏模式

主要见于玛湖凹陷斜坡区靠近中拐凸起位置。靠近中拐凸起带的二叠系风城组和佳木河组烃源岩所生成的油气沿着上乌尔禾组砂体和不整合面进行侧向凸起高部位运移，遇到侧向遮挡而聚集成藏。

C. 源储直接接触成藏模式

这种油气成藏模式见于靠近中拐凸起的位置。该区二叠系风城组、佳木河组烃源岩与上乌尔禾组直接接触，生成的油气直接进入上乌尔禾组砂砾岩圈闭中形成油气藏。尤其是佳木河组的偏腐殖型干酪根，生成的天然气可直接或者短距离进入上乌尔禾组储层中形成天然气藏。

无论是上述何种成藏模式，其在二叠系上乌尔禾组形成的油气藏都具有与北部大油区三叠系百口泉组相似的油气藏形成和分布特征，即油气藏类型主要为岩性油气藏，具有"一砂一藏、一扇一田"的分布特点，一个扇体就是一个油气藏群，每一个油气藏群就是一个准连续型油气聚集。正因为如此，扇体的大小就决定了油气藏分布面积和储量规模的大小。由于缓坡背景下形成的扇三角洲体分布面积普遍较大，因而造就了上乌尔禾组大面积成藏的特点。所不同的是，二叠系上乌尔禾组大油区是在地层不整合背景下形成的以中质油为主的一个大油区，而三叠系百口泉组大油区则是以轻质油为主的大油区。

5.2.3　环凹油区致密岩性轻质油藏为主，平原亚相遮挡，大面积分布

环玛湖凹陷油区指中二叠统下乌尔禾组油藏分布区。该组目前勘探程度还很低，但初步分析认为是玛湖凹陷继三叠系百口泉组、二叠系上乌尔禾组之后又一个具有较大油气勘探潜力的层位。近两年围绕玛湖凹陷下乌尔禾组地层超削带整体布控，重点在玛南斜坡、玛北斜坡和玛东斜坡，2018 年获得预测石油地质储量为 1.5×10^8 t，2019 年玛南斜坡上交控制石油地质储量为 1.1×10^8 t，呈现出满凹全面开花局面，逐步成为继百口泉组、上乌尔禾组之后又一重要勘探领域。

二叠系下乌尔禾组分布在整个玛湖凹陷，受西部断裂带挤压作用和中拐凸起抬升作用，在中拐地区未见该套地层沉积。受白碱滩扇、黄羊泉扇、夏子街扇和达巴松扇等扇体控制，发育扇三角洲沉积体系背景下的优质砂砾岩储层，形成玛南、玛北和玛东等岩性油藏群（图 5.72）。油藏类型主要为岩性油藏，其次为断层-岩性油藏，含油层位主要为下乌三段和下乌四段。

1. 储层致密，且"先致密后成藏"

玛湖凹陷二叠系下乌尔禾组储层物性与三叠系百口泉组相当，属于低渗透-致密储层。其中，玛北油藏群（玛 2 井区）储层孔隙度分布范围为 4.1%～14.23%（$N = 105$），平均为 8.12%，中值为 8.15%；渗透率分布范围为（0.02～944.11）$\times 10^{-3}$ μm^2（$N = 104$），平均为 18.88×10^{-3} μm^2，中值为 3.28×10^{-3} μm^2。玛西斜坡玛西 1 井区孔隙度分布范围为 2.9%～13.38%（$N = 80$），平均为 7.35%，中值为 7.45%；渗透率为（0.024～1480）×

$10^{-3}\mu m^2$（$N=70$），平均为 $84.8\times10^{-3}\mu m^2$，中值为 $5.93\times10^{-3}\mu m^2$。玛东油藏群（玛东 2 井区）孔隙度分布范围为 $3.49\%\sim11.58\%$（$N=87$），平均为 7.25%，中值为 7.28%；渗透率分布范围为（$0.02\sim1390$）$\times10^{-3}\mu m^2$（$N=80$），平均为 $36.35\times10^{-3}\mu m^2$，中值为 $3.85\times10^{-3}\mu m^2$。玛南油藏群（玛湖 1 井区）下乌三段储层孔隙度范围为 $2.11\%\sim18.11\%$（$N=166$），平均为 9.23%，中值为 8.83%；渗透率分布范围为（$0.02\sim84.41$）$\times10^{-3}\mu m^2$（$N=139$），平均为 $1.35\times10^{-3}\mu m^2$，中值为 $0.33\times10^{-3}\mu m^2$。油层段物性明显优于储层段，孔隙度范围为 $7.0\%\sim18.1\%$，平均为 12.0%，中值为 11.1%；渗透率范围为（$0.11\sim48.11$）$\times10^{-3}\mu m^2$，平均为 $4.35\times10^{-3}\mu m^2$，中值为 $1.91\times10^{-3}\mu m^2$，属于低渗透–致密储层。

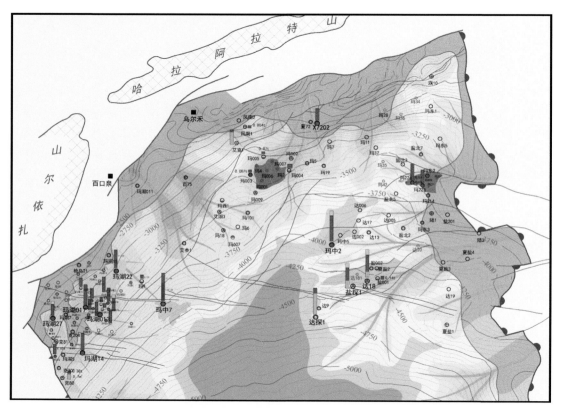

图 5.72　玛湖凹陷二叠系下乌尔禾组油气分布平面图（2019 年）

图例参见图 5.42

对下乌尔禾组储层成岩历史的研究目前还比较薄弱。根据其成藏特征，可以反推其同前述北部大油区三叠系百口泉组及南部大油区二叠系上乌尔禾组一样，具有"先致密后成藏"的特点。

2. 岩性油藏为主，无明显边底水，油质较轻

1）油藏类型主要为岩性油藏，具有"一砂一藏、一扇一田"特征

与北部大油区三叠系百口泉组、南部大油区二叠系上乌尔禾组类似，环玛湖凹陷二叠

系下乌尔禾组油区已发现的油藏同样主要为岩性油藏，且也表现为"一砂一藏、一扇一田"特征，亦即一个砂体一般就是一个岩性油藏，一个扇体就是一个岩性油藏群。

以目前勘探程度最高、油气最丰富的玛南油藏群为例，其下乌尔禾组顶面构造整体为一东南倾单斜（图5.73），发育低幅度鼻凸，地层倾角平均为3°～5°。该地层自下而上分为下乌一段、下乌二段和下乌三段，缺失下乌四段，与上覆上乌尔禾组不整合接触，含油层位主要为下乌三段。断裂相对较为发育，由北向南依次发育大侏罗沟断裂、金龙8井南

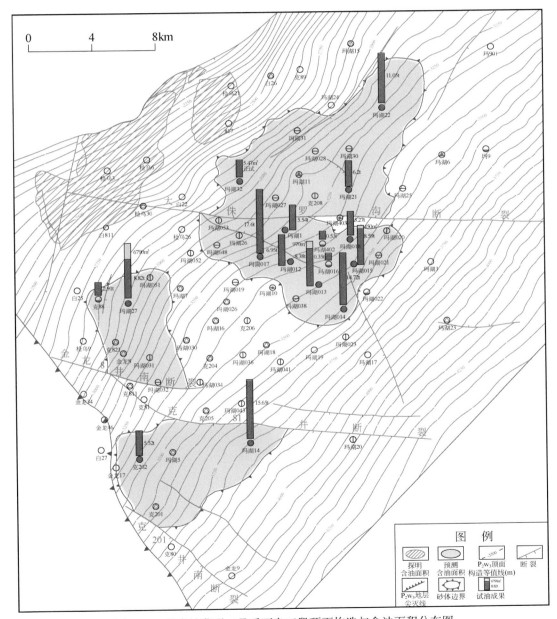

图 5.73　玛南油藏群二叠系下乌三段顶面构造与含油面积分布图

断裂、克81井断裂和克201井南断裂（表5.2）。其中，大侏罗沟断裂以走滑性质为主，断开层位为二叠系风城组至白垩系，断距为10~30m。金龙8井南断裂为东西走向逆断裂，倾向向南，断开层位为二叠系风城组至三叠系百口泉组，剖面上具有上陡下缓逆断裂特征，下乌尔禾组断距为10~20m，延伸长度约9.9km。克81井断裂为走滑断裂，近东西走向，断开层位为二叠系风城组至白垩系，下乌尔禾组断距为10~20m，延伸长度约26.6km。克201井南断裂为南东走向逆断裂，倾向北东，延伸长度约9.8km，断开层位为二叠系风城组至三叠系百口泉组，下乌尔禾组断距为10~20m（表5.2）。

表5.2 玛南油藏群下乌尔禾组油藏主要断裂要素表

断层序号	断层名称	断层性质	断开层位	下乌尔禾组断距/m	断层产状			
					走向	倾向	倾角/(°)	延伸长度/km
1	大侏罗沟断裂	走滑	P_1f—K	10~30	东西	南	70~85	31
2	金龙8井南断裂	逆	P_1f—T_1b	10~20	东西	南	60~75	9.9
3	克81井断裂	走滑	P_1f—K	10~20	东西	北	75~85	26.6
4	克201井南断裂	逆	P_1f—T_1b	10~20	南东	北东	60~75	9.8

综合试油成果等分析表明，玛南油藏群下乌尔禾组油气分布基本不受构造控制（图5.73）。下乌三段砂体主要受白碱滩扇三角洲沉积控制，多为透镜体状分布，纵向上呈多层叠置分布（图5.74），油藏类型主要为岩性油藏，局部分布岩性−断层油藏，具有"一砂一藏、一扇一田"特征（图5.75）。其中玛湖1井区的玛湖013井和玛湖015井下乌三段试油均为油气层，日产气分别为970m³和450m³，且处于构造相对低部位；而构造高部位的玛湖017井、玛湖012井均为纯油层，说明砂体之间不连通，分别为相互独立的油气藏，无统一的油水界面。

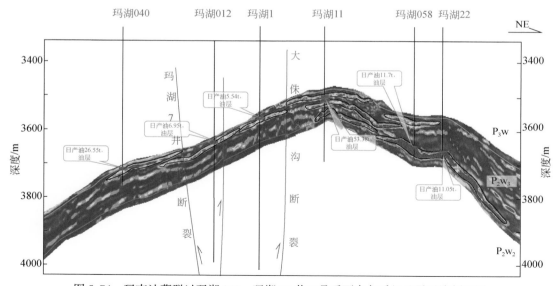

图5.74 玛南油藏群过玛湖040—玛湖22井二叠系下乌尔禾组地震反演剖面图

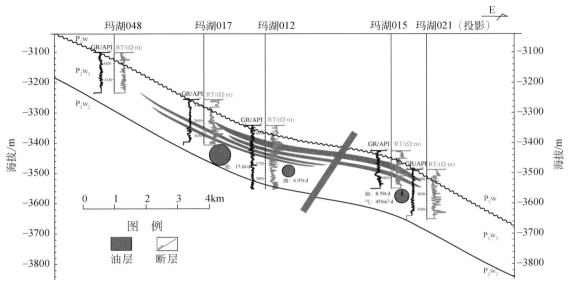

图 5.75　玛南油藏群过玛湖 048—玛湖 021 井二叠系下乌尔禾组油藏剖面图

2）油藏无明显的边底水

A. 试油成果多为纯油层，未见水层

玛北油藏群玛 2 井区二叠系下乌尔禾组顶部构造形态为一陡缓不等的南倾鼻状凸起，其上发育着玛 006 井低幅度背斜，断层相对不发育，地层发育齐全，自下而上依次为下乌一段、下乌二段、下乌三段和下乌四段。储层砂体主要受夏子街扇三角洲沉积控制，厚度为 3~10m，具有纵向叠置、横向连片的分布特征，油藏主要为岩性油藏和断层-岩性油藏，如玛 2 井和玛 4 井下乌四段试油为油层和含油层，未见边底水，油藏均为岩性油藏（图 5.76、图 5.77）。

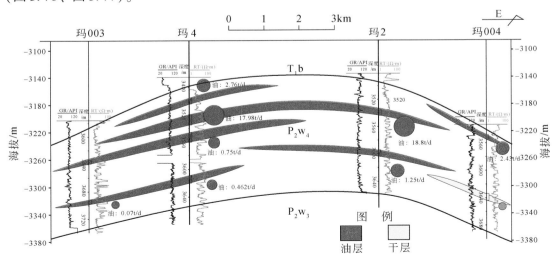

图 5.76　玛 2 井区过玛 003—玛 004 井二叠系下乌尔禾组油藏剖面图

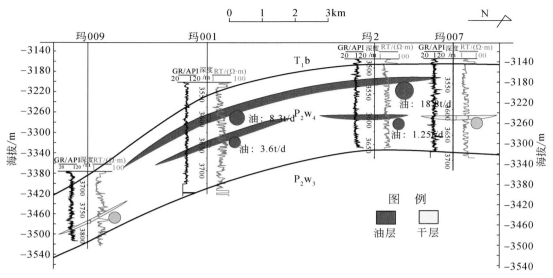

图 5.77　玛 2 井区玛 009—玛 007 井二叠系下乌尔禾组油藏剖面图

B. 试油成果主要为纯油层或者含气油层，水层分布在低部位，为孤立透镜体水

玛东斜坡区构造相对简单，总体上呈现出东北高、西南低的单倾特征。由于断层的切割作用，中部局部发育鼻状构造和低隆背斜。地层厚度向北东方向逐渐减薄，其中下乌一段、下乌二段向构造高部位超覆尖灭，下乌三段和下乌四段在构造高部位削蚀尖灭。盐北 4 井区–玛东 2 井区储层砂体主要受达巴松扇沉积控制，油藏位于玛东斜坡东北部，其北部、南部受玛东 2 井北断裂和玛 211 井南断裂控制，上倾北东方向受下乌尔禾组地层超覆线控制，其顶面形态为一西南倾单斜，发育鼻凸构造（图 5.78）。根据地震解释、储层物性、试油成果等资料综合分析，盐北 4 井区–玛东 2 井区下乌四段砂体分布具有"泥包砂"特点，油藏类型属于岩性油藏（图 5.79）。

3）原油性质主要为轻质油

玛湖凹陷下乌尔禾组油藏原油性质主要为轻质油，局部分布中质油。其原油密度分布在 $0.7574 \sim 0.9363 \text{g/cm}^3$（$N=97$），平均为 0.8538g/cm^3，主要为 $0.83 \sim 0.87 \text{g/cm}^3$，占到 72%；50℃黏度分布范围为 $0.67 \sim 337.4 \text{mPa} \cdot \text{s}$（$N=92$），平均为 $29.42 \text{mPa} \cdot \text{s}$，主峰分布范围为 $7 \sim 30 \text{mPa} \cdot \text{s}$；凝固点温度分布在 $-29.98 \sim 29$℃（$N=97$），平均为 16.5℃；含蜡量为 $0.3\% \sim 25.39\%$，平均为 10.52%。

下乌尔禾组原油密度和黏度随埋藏深度增加呈现出逐渐减小趋势（图 5.80）。随着埋藏深度增加，原油密度由 0.88g/cm^3 下降到 0.79g/cm^3，黏度由 $30 \text{mPa} \cdot \text{s}$ 下降到 $5 \text{mPa} \cdot \text{s}$。但在 $3400 \sim 3700 \text{m}$，出现原油密度、黏度高值区，这些井为风 10 井、克 78 井、克 79 井和金龙 17 井，主要分布在剥蚀面附近，可能与后期次生改造有关。

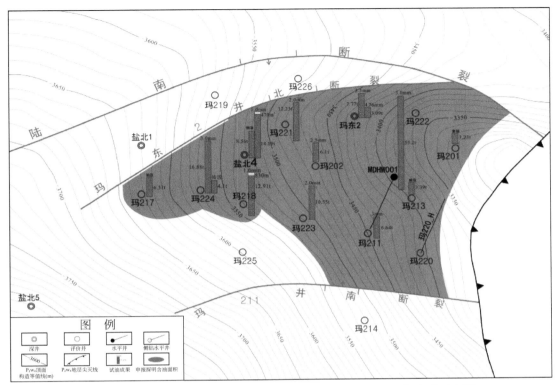

图 5.78　盐北 4 井区—玛东 2 井区二叠系下乌四段顶面构造与含油面积图

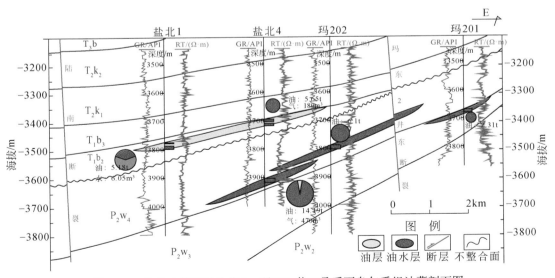

图 5.79　盐北 4 井区过盐北 1—玛 201 井二叠系下乌尔禾组油藏剖面图

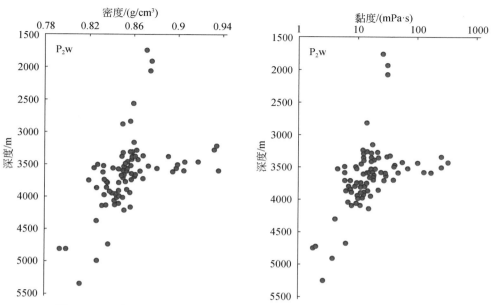

图 5.80　玛湖凹陷二叠系下乌尔禾组原油密度和黏度随深度变化关系图

3. 环凹油区成藏模式：储封一体、"一砂一藏、一扇一田"

1）自储自封，储封一体

二叠系下乌尔禾组油藏顶部发育湖泛泥岩，侧向为滨浅湖相泥岩与扇三角洲平原亚相致密砾岩，对进入扇三角洲前缘亚相砂砾岩优质储层的油气构成了立体封堵，形成纵向上多层叠置的以岩性油气藏为主的油藏群，如在过检乌 26—玛湖 3 井下乌三段油藏剖面图上（图 5.81），玛南油藏群玛湖 017 井发育扇三角洲前缘亚相砂砾岩层，试油成果为油层，侧向上受检乌 26 井扇三角洲平原亚相富泥砂砾岩以及玛湖 012 井顶部泥岩遮挡，形成玛湖 017 井下乌三段岩性油藏。靠近凹陷中心的玛湖 012 井和玛湖 015 井下乌尔禾组发育优质储层，侧向上和纵向上受泥岩遮挡，分别形成玛湖 012—玛湖 015 井下乌三段油藏。

2）断裂输导，跨层运移，大面积成藏

玛湖凹陷下乌尔禾组油气成藏期主要为两期，分别为早侏罗世和早白垩世。其中早侏罗世，玛湖凹陷西侧位于沉积中心，二叠系风城组烃源岩进入成熟阶段，开始大量生排烃，形成较大面积分布的油气藏；玛中地区二叠系风城组烃源岩埋藏深度稍浅，刚开始进入排烃阶段。因此，玛湖凹陷北斜坡、西斜坡风城组烃源岩生成的成熟油开始规模充注，形成成熟油油藏。而玛东斜坡区烃源岩埋藏深度浅，烃源岩未进入成熟阶段，未能形成油气藏［图 5.82（a）］。

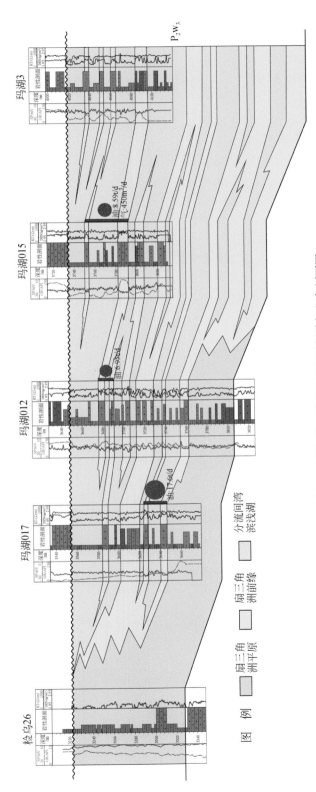

图5.81　过检乌26—玛湖3井二叠系下乌尔禾组油气分布剖面图

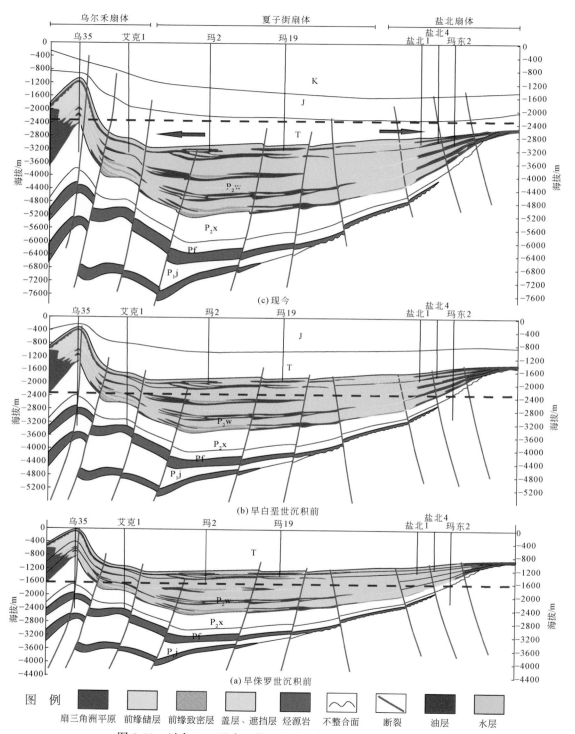

图 5.82　过乌 35—玛东 2 井二叠系下乌尔禾组油气成藏剖面图

早白垩世，整个玛湖凹陷二叠系风城组进入高成熟油生、排烃阶段，下乌尔禾组普遍接受来自风城组高成熟油的充注；同时，二叠系佳木河组和下乌尔禾组烃源岩亦进入成熟阶段，生成的油气也有充注到下乌尔禾组储层中，从而在该组形成混源油气藏［图 5.82（b）］。油源对比表明，玛湖凹陷二叠系下乌尔禾组油藏的原油来源于多套烃源层系，是风城组、佳木河组和下乌尔禾组不同成熟阶段源岩生成油气的混合（王绪龙和康素芳，2001；王绪龙等，2013；雷德文等，2017a）。受喜马拉雅期构造运动影响，玛湖凹陷西部和北部发生构造抬升作用，油藏发生调整定型，凹陷斜坡带以及多个鼻凸构造高部位成为油气的最终运移指向区［图 5.82（c）］。

总体来说，玛湖凹陷西斜坡具有多期规模成藏，而东斜坡为晚期成藏。

无论是多期还是晚期成藏，环玛湖凹陷油区二叠系下乌尔禾组形成的油气藏都具有与前述北部大油区三叠系百口泉组、南部大油区上乌尔禾组相似的油气藏形成和分布特征，即油气藏类型主要为岩性油气藏，具有"一砂一藏、一扇一田"的分布特点，一个扇体就是一个油气藏群，每一个油气藏群就是一个准连续型油气聚集。正因为如此，扇体的大小就决定了油气藏分布面积和储量规模的大小。由于缓坡背景下形成的扇三角洲体分布面积普遍较大，因而造就了下乌尔禾组大面积成藏的特点。

5.3　玛湖凹陷源上砾岩大油区大面积准连续型成藏模式

研究表明，玛湖凹陷源上砾岩大油区属于大面积准连续型油气成藏模式，具有断层输导、超压驱动、扇体控藏、储封一体、"一砂一藏、一扇一田"、大面积准连续分布的特征。

5.3.1　高角度断裂垂向跨层供烃，砂体和不整合面侧向运聚

源上跨层输导供烃是玛湖凹陷源上砾岩大油区形成的一个重要特征。高角度走滑断裂体系、多层叠置砂砾岩体和不整合面共同构成了玛湖凹陷源上砾岩大油区成藏的立体输导体系。其中断裂主要起着垂向跨层供烃的作用，而砂体与不整合则起着侧向运移聚集的作用，二者的相互耦合，为玛湖源上大面积成藏创造了条件。

1. 高角度断裂垂向跨层供烃

根据断层展布与烃源岩的接触关系，可将断层分为通源断层和非通源断层。其中通源断层是指沟通成熟烃源岩和储层，且在成藏期活动开启的断层，是油气运移输导的重要通道。玛湖凹陷源上砾岩大油区与下部二叠系风城组主力烃源岩的垂向距离为 1000 ~ 4000m，两套地层之间发育多套泥岩和致密砂砾岩层，因此深部烃源岩生成的油气只有借助通源断裂才能实现向上跨层运移，从而形成源上大油区。

在准噶尔盆地演化过程中，在玛湖凹陷形成了"3期3级"断裂（图5.83）。"3期"断裂分别为海西–印支期逆断裂、印支–喜马拉雅期走滑断裂和燕山–喜马拉雅期正断裂，断开层位分别为石炭系—中三叠统克拉玛依组、下二叠统风城组—中三叠统克拉玛依组以

及下三叠统百口泉组—白垩系。"3 级"断裂主要指断裂发育规模，其中Ⅰ级断裂主要发育于断裂带与凹陷带、凸起带与凹陷带的衔接处，平面上呈环形带状分布；Ⅱ级断裂多为近东西向高角度走滑断裂体系，主要发育于凹陷斜坡带，如大侏罗沟断裂；Ⅲ级断裂为逆断裂和走滑断裂的伴生断裂体系。这些断裂体系的组合样式及其展布规律控制了玛湖凹陷各个层位油气的纵向运移与聚集。其中，印支-喜马拉雅期走滑断裂和海西-印支期逆断裂活动时间由二叠纪一直持续到三叠系克拉玛依组，部分延续到白垩纪，沟通着源上砾岩储层与二叠系风城组烃源岩，成为源上砾岩大油区油藏形成的主要通源断裂。

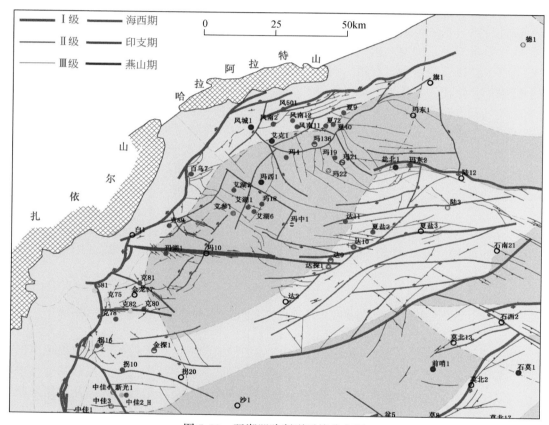

图 5.83 玛湖凹陷断裂系统分布图

1）印支-喜马拉雅期走滑断裂输导体系

印支-喜马拉雅期走滑断裂是形成三叠系百口泉组、二叠系上乌尔禾组和下乌尔禾组油气藏的主要垂向输导体系，该断裂系主要受达尔布特断裂走滑作用控制（邵雨等，2011；杨庚等，2011；吴孔友等，2017）。走滑断裂系垂向上自二叠系风城组一直上延到三叠系百口泉组—克拉玛依组，下部层位断层倾角小、断距较大，上部百口泉组—克拉玛依组倾角超过 65°，甚至达到 85°，可作为油气垂向运移的高效输导体系（图 5.84）。同时，在走滑断裂活动期间，二叠系风城组烃源岩生成的油气也可沿走滑断裂面进行横向运移，然后再垂向运移至源上砂砾岩储层中聚集成藏。因此，走滑断裂体系的形成机理、发育特征对研究玛湖凹陷源上砾岩油气藏的形成十分重要。

　　A. 走滑断裂形成机理

　　达尔布特断裂紧邻玛湖凹陷西侧，与盆地西北缘走向平行，中间隔有扎伊尔山和哈拉阿拉特山，二者相距约达 30km，断裂延伸长度约 400km，走向约 53°NE；其性质和活动影响着准噶尔盆地西北部构造形成及演化，也是控制凹陷印支–喜马拉雅期走滑断层的右行走滑断裂，最终导致玛湖凹陷西斜坡发育了大量高角度走滑断裂（陶国亮等，2006；徐怀民等，2008；杨庚等，2009）。

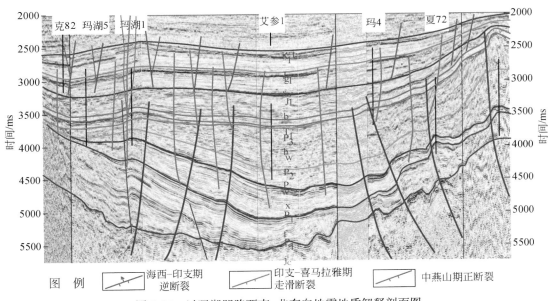

图 5.84　过玛湖凹陷西南–北东向地震地质解释剖面图

　　走滑断裂及周边构造的形成可通过纯剪模式（库仑–安德森模式）或者单剪模式来解释，Sylvester（1998）对走滑断裂形成机理进行了详细总结。结合准噶尔盆地西北缘以及玛湖凹陷断层平面组合关系，单剪模式可以较好地解释玛湖凹陷高角度断裂体系的分布与成因（图 5.85）。根据 Sylvester 单剪模式，主位移带（PDZ）活动早期将发育两组共轭剪切破裂面，分别为同向或羽状走滑断层或里德尔剪切断层（R）和反向或共轭走滑断层（R′）。其中，R 剪切面与主位移带夹角小（$\Phi/2$，Φ 为内摩擦角），R′ 剪切面与主位移带夹角大（$90°-\Phi/2$）。断裂活动中期发育一组与 R 剪切面对称的剪切破裂（P），晚期，R、P 断层逐渐归于主断层，形成大型走滑断裂带，同时也出现雁列式派生构造。达尔布特断裂为主走滑带，其平移错动过程中派生出了两侧一系列呈不同角度相交的断层。玛湖凹陷发育的大量高角度走滑断裂（包括大侏罗沟断裂）相当于剪切面 R′。

　　B. 走滑断裂物理模拟

　　为进一步验证玛湖凹陷西斜坡高角度断裂的成因机理，探讨达尔布特断裂带走滑活动对玛湖凹陷斜坡带断裂构造样式的影响，利用中国石油大学（华东）山东省油气地质重点实验室压扭性构造物理模拟系统，对准噶尔盆地西北缘断裂体系形成机理进行物理模拟。模拟材料主要包括石英砂、黏土和水，按一定比例调试好后，制成 5cm 左右厚的地质体，

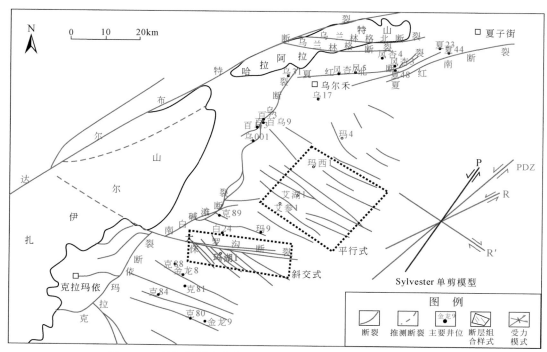

图 5.85　高角度断层形成机理力学分析图（据吴孔友等，2017）

阴干成半塑性状态，开始施加压扭应力。实验开始，首先形成平行于造山带的低角度断层（逆掩断层）[图 5.86（a）]，包括克拉玛依断裂、南白碱滩断裂等；继续施加压力，山前逆断层规模逐渐变大，形成冲断带，同时近垂直造山带和逆掩断裂的高角度断层开始形成，并且高角度断层侧翼出现分支断裂 [图 5.86（b）]。模拟进一步证实高角度断层的形成受达尔布特断裂带走滑活动控制，同时西斜坡山前逆断层也受达尔布特断裂带活动影响，后期演化成达尔布特断裂的"花状"分支体系。

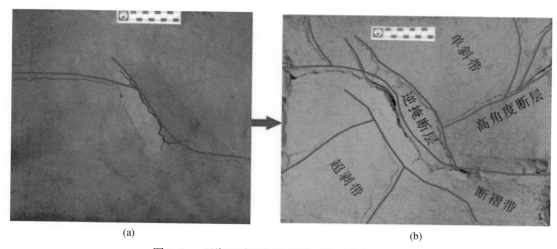

图 5.86　玛湖凹陷西斜坡断裂系统形成物理模拟

大侏罗沟断裂位于玛湖凹陷西斜坡中部，是达尔布特断裂剪切压扭作用产生的近东西向走滑断裂体系，其平面延伸长度大于 30km，在走滑错动过程中，产生次级应力场，形成相对应的雁列式派生构造。地震资料解释显示，大侏罗沟断裂主走滑位移带附近发育众多小规模断层，两侧近对称，呈羽状相交，构成典型的走滑断裂体系。为进一步验证主断层与分支断层之间的伴生关系，采用特制的走滑构造模拟仪进行物理模拟。模拟材料主要采用石英砂与黏土，根据准噶尔盆地西北缘三叠系和侏罗系砂泥比设置实验模型。实验模拟过程开始阶段，大侏罗沟断层形成伊始，仅产生 1 条分支断层［图 5.87（a）］，随着走滑错动的不断持续进行，两侧不断派生出多条分支断层［图 5.87（b）］，形成走滑构造体系，也进一步证实了大侏罗沟断层的走滑性质（吴孔友等，2014）。

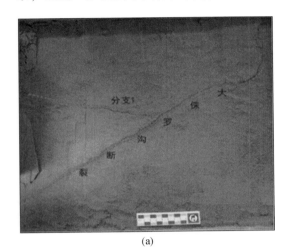 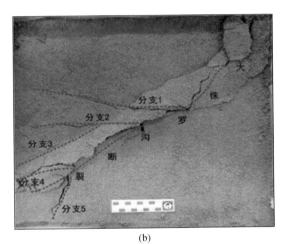

（a）　　　　　　　　　　　　　　　　　（b）

图 5.87　大侏罗沟断层体系物理模拟

C. 走滑断裂分布特征

大型走滑断层常产生一系列有规律的派生构造，形成复杂的断裂系统（Sylvester，1988；朱志澄和宋鸿林，1990；Harding，1990；徐嘉炜，1995；漆家福等，2006），如大侏罗沟断裂体系。因此，走滑断裂体系在剖面上和平面上可以表现出不同的断裂构造样式。

a. 剖面特征

在走滑断裂形成过程中，断裂规模强度、压扭性程度的不同，形成不同走滑样式（图5.88）。当走滑规模较大、压扭性强烈时，形成的高角度断层常常具有分支断层，在地震剖面上表现为"花状"复合型断裂构造；而在走滑规模较小、压扭性较弱条件下形成的高角度断层常常单独存在，构成单一型断裂构造（陶国亮等，2006）。

在高角度断裂解释过程中，复合型在剖面上密集发育在较窄区域内，其中有一条切穿深、断距大、同相轴破碎明显、断面倾角近于90°的主断层，其余断层规模小，上部断面陡，倾角大于75°，下部产状变缓，并相交于主断层上，近于对称，构成剖面上的"正花状构造"［图 5.88（a）］，证实玛湖凹陷发育的高角度断裂体系具有扭动性质。张越迁等（2011）、邵雨等（2011）、徐怀民等（2008）通过对准噶尔盆地西北缘地震资料解释，分

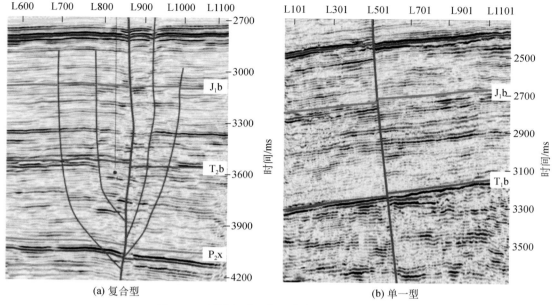

(a) 复合型　　　　　　　　　　　　　　(b) 单一型

图 5.88　玛湖凹陷西斜坡高角度断层剖面特征

别证实了"花状构造"的存在。大侏罗沟断层横向切穿整个凹陷西斜坡，根据其断点组合分析与闭合校正，在剖面上解释出明显"花状构造"，且"花枝"较多、产状陡、同相轴错动规模小、多具逆断层特征，发育在三叠系和侏罗系，向下汇聚于二叠系。其中，主断层地震反射清楚、近于直立、同相轴错动明显，切穿深度大，从二叠系切至白垩系，其两侧分支断层倾向相反，整体显示"正花状构造"特征 [图 5.89（a）、（b）]，与区域压扭性应力场相吻合。平面上（时间切片上），大侏罗沟断层派生出多条断层，组成断裂体系，分支断层位于主断层两侧，呈羽状，两侧不对称 [图 5.89（c）]，且由西北向东南次级断层数目不断增加。结合地震反射特征，进一步判定大侏罗沟断层为走滑断裂体系，且活动强度较大。

单一型断裂是另一种构造样式，在玛湖凹陷地震剖面解释中部分高角度断层不成簇状，而仅发育一条单一的高角度断层。该样式的断裂垂向位移量较小，断裂两侧同相轴仅发生挠曲，或地层产状发生变化，深层可见波阻错断，浅层波阻较连续，没有明显断点。断面附近往往会形成一条较窄的杂乱反射带，断面倾角大于 75° [图 5.88（b）]，且倾向随位置不同，略有变化。

b. 平面特征

平面上断裂组合包括斜交式和平行式两种样式。斜交式以一条断层为主，其侧翼发育一系列与之羽状伴生断裂体系，如玛湖 1 井区三维工区解释出的高角度断层规模较大，以大侏罗沟断裂为主断层，其余断层均与其斜交，构成"青鱼骨刺状"组合（图 5.85）。平行式则为多条断裂近平行分布，如玛西 1 井区三维工区解释出的高角度断层主要为平行式组合，局部存在规模较小的斜交式（图 5.85）。

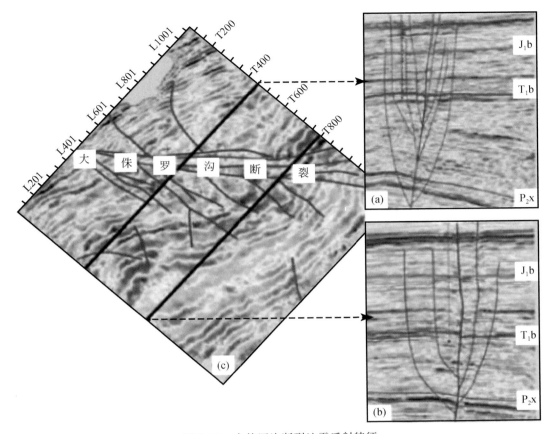

图 5.89　大侏罗沟断裂地震反射特征

　　平面上斜交式组合的断层，在剖面上多为"花状"，就构成了复合型断裂样式，如大侏罗沟断裂，在平面上呈现出"青鱼骨刺状"组合，且派生小断层数目由西北向东南逐渐增多，过断裂带剖面上呈现明显"正花状构造"。而平面上平行式组合的断层，剖面上则多为单一型断裂样式 ［图 5.88 （b）］。

　　D. "花状"断裂输导体系

　　利用高密度宽方位三维地震资料获知，玛湖凹陷斜坡带多发育Ⅱ级走滑断裂和Ⅲ级派生小断裂，但同一剖面不同深度或同一断层不同剖面上同相轴时断时续。这些断裂的普遍特征是断距小，有的甚至无断距，断面陡直，倾角大于 65°，有的接近直立。断层切割深度大，从二叠系切至白垩系，如过玛中 4—达 13 井地震剖面上，玛中 4 井大侏罗沟断裂为主断裂，周边发育多条次级派生小断裂，组成"花状"构造（图 5.90）。结合纵向切割层位来看，高角度断裂体系应形成于三叠纪至侏罗纪，与二叠系风城组主力烃源岩生烃期相对应。因此，走滑断裂向下切穿以风城组为主的优质烃源岩系，向上与三叠系百口泉组砂砾岩层、不整合面相沟通，油气沿着走滑断裂带在垂向和侧向上进行跨层运移聚集，最终形成玛湖大油区。

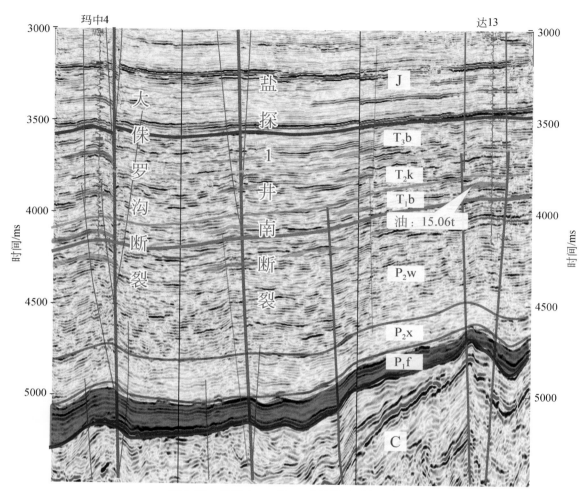

图 5.90　过玛中 4—达 13 井地震地质解释剖面

2）海西-印支期断裂输导体系

海西-印支期逆断裂也是玛湖凹陷源上大油区形成的通源断裂输导体系，该期断裂在玛湖凹陷断开的最高层位多为三叠系百口泉组（图 5.91）。盆地构造演化历史分析，早石炭世—二叠纪前陆隆起时期，盆地受挤压应力影响发育了一系列大型逆断裂，逆断裂持续发育至早中三叠世停止。逆断裂在压扭构造环境中，普遍下切至二叠系烃源岩，并一直持续活动至白垩纪之后，成为油气由二叠系烃源岩向源上砾岩储层运移的良好通道（支东明等，2016）。但由于该断裂体系主要分布在凹陷边缘，导致其重要性不如走滑断裂体系。

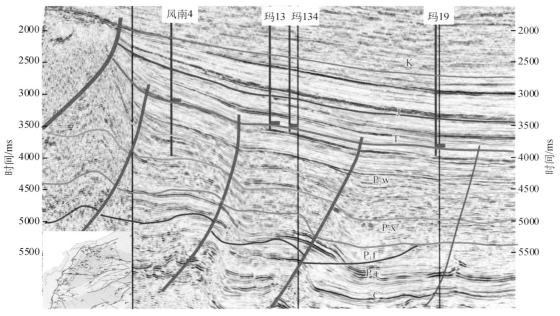

图 5.91　过风南 4—玛 19 井地震地质解释剖面图

2. 多层叠置砂砾岩体侧向运移

受浅水退积型大型粗粒扇三角洲沉积控制，玛湖凹陷三叠系百口泉组、二叠系上乌尔禾组等由物源区到凹陷中心依次发育冲积扇、扇三角洲平原亚相和扇三角洲前缘亚相，沉积了满凹分布的砂砾岩体，其在凹陷内呈现出多层叠置、横向连片、大面积分布特征。这些大面积分布的砂砾岩体不仅是形成源上大油区的良好储层，而且大多可以作为油气侧向运移的有效输导体。

1）百口泉组

三叠系百口泉组沉积了大面积成片分布、多层叠置的扇三角洲前缘亚相砂砾岩体，是三叠系百口泉组的主要储层，也是油气藏形成的主要侧向运移通道。百口泉组一段、二段沉积时期，随湖岸线逐步由湖盆中心逐级跨越坡折向盆地周缘拓展，多期扇三角洲前缘亚相砂砾岩在凹陷中心及斜坡区呈现出大面积纵向叠置、横向连片分布特征。百三段继续发生湖侵作用，凹陷大面积发育湖泛泥岩，砂砾岩仅在扇体根部发育，砂体规模明显变小。在玛东斜坡垂直物源方向的达 11—达 006 井百口泉组沉积相剖面上（图 5.92），可见整个百口泉组表现出明显的水进砂退响应特征。百一段和百二段下部主要为水上沉积环境的扇三角洲平原亚相，局部发育扇三角洲前缘亚相沉积；百二段中部则主要为水下环境的扇三角洲前缘亚相沉积，其次为扇三角洲平原亚相；百二段上部和百三段主要为滨浅湖泥岩沉积。根据油气显示分析和试油结果，高产油气层主要集中在扇三角洲前缘亚相储层，扇三角洲平原亚相储层油气产量较低，且多为油水层。由此判断，含油性好的扇三角洲前缘砂砾岩体既是油气成藏的主要储层，也是油气侧向运移的主要输导层。

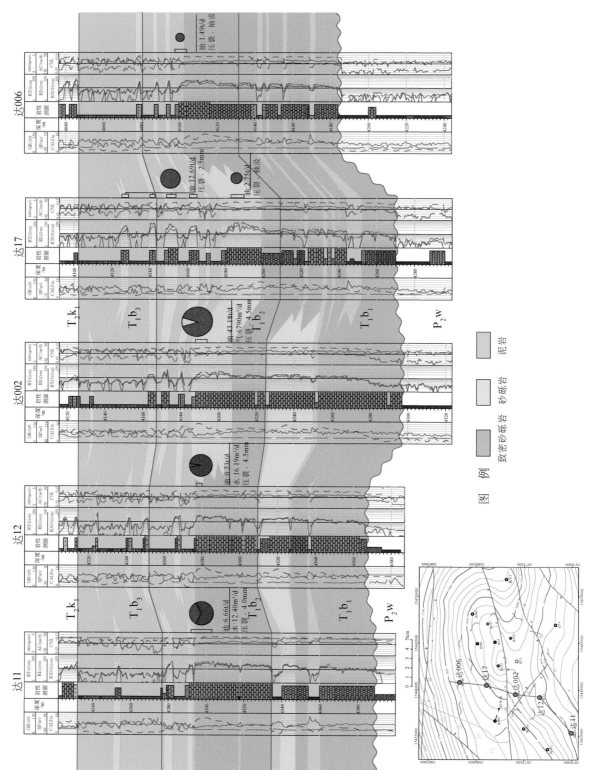

图5.92　玛东斜坡达11—达006井三叠系百口泉组垂直物源方向沉积相剖面图

2）上乌尔禾组

上乌尔禾组沉积时，玛湖凹陷西南部形成了两个不同推进方向和规模的扇体-中拐扇和白碱滩扇，这两个扇体均由北向南延伸至凹陷中心，在两大扇体交汇处呈现前积叠置现象，且中拐扇规模大于白碱滩扇体，其储层厚度大于后者。其中上乌一段和上乌二段主要为扇三角洲沉积体系，上乌三段主要为滨浅湖沉积体系。上乌尔禾组含油气层主要分布在上乌一段和上乌二段（图 5.93）。上乌一段厚度为 0 ~ 130m，砂砾岩层为 70 ~ 100m；上乌二段厚度为 0 ~ 80m，砂砾岩厚度为 40 ~ 60m。巨大的砂砾岩体规模为大面积油气侧向运移和大规模聚集成藏提供了优越条件，其与通源断裂输导体系相沟通成就了源上大油区大面积油气成藏。

上乌尔禾组原油性质的变化佐证了油气在该组曾发生过侧向运移。其原油相对密度总体上由构造低部位向构造高部位逐渐增大，构造低部位原油相对密度一般为 0.84 ~ 0.88g/cm³，高部位则普遍在 0.86g/cm³ 以上，最高达 0.96g/cm³（陈新发等，2014）。这说明成熟度相对较低、密度相对较高的早期原油沿着砂体或不整合面先期充注，后期较高成熟度、较低密度原油的继续充注形成了构造高部位原油密度大于低部位原油密度的分布特征。

3）下乌尔禾组

二叠系下乌尔禾组沉积时期，凹陷边缘主要发育中拐、黄羊泉、夏盐、达巴松等 4 个扇体，不同扇体沉积的砂砾岩体在靠近凹陷中心交汇，从而形成了环凹大面积分布的砂砾岩储层。相比于上乌尔禾组和百口泉组的砂体规模和连通性，下乌尔禾组砂砾岩体要差一些。在平行物源的玛湖 32—玛湖 060 井下乌尔禾组砂体展布剖面上（图 5.94），靠近物源的玛湖 32井发育扇三角洲平原亚相和前缘亚相砂砾岩体，砂体厚度稳定，厚度大；中部玛湖 055 井和玛湖 11 井主要为扇三角洲前缘亚相砂体，砂体厚度明显变小，与滨浅湖泥岩呈现出互层分布特征；远端的玛湖 21 井和玛湖 060 井扇三角洲前缘亚相砂体继续减薄，泥岩厚度逐渐增加。根据试油成果，油气分布在多套砂体中，砂体之间连通性差，可作为油气短距离侧向运移的输导体系。在垂直物源方向的北东向金龙 51—玛湖 25 井砂体分布剖面上（图 5.95），可见砂体分布层数多、侧向延伸距离较短，因而该方向上油气侧向运移的距离也相应较短。

3. 多期不整合面侧向运移

不整合在空间上一般具有 3 层结构，分别为不整合上部的底砾岩层、不整合下部的风化黏土层和风化淋滤层。其中，底砾岩层是风化壳粗碎屑残积物在发生水进时原地沉积的产物，多发育粒间孔、粒间溶孔等孔隙，颗粒较粗，砾石磨圆度差。风化黏土层为位于不整合下部、风化壳最上部的古土壤层，为生物、化学风化作用下改造形成的细粒残积物；受岩性、气候、暴露时间等因素影响，其厚度范围为数米至几十米，总体上表现为凸起区厚度薄、凹陷区厚度大的特征。不整合下部风化淋滤层则位于风化黏土层之下，主要孔隙为淋滤带的溶蚀孔-洞-缝系统。一般认为，不整合对地层圈闭的形成，以及油气运移、聚集成藏和分布规律等具有十分重要的控制作用，尤其是中国活动强烈的渤海湾盆地、塔里木盆地和准噶尔盆地（陈建平等，2000；吴伟涛等，2010；高长海等，2013；韩宝等，2017）。

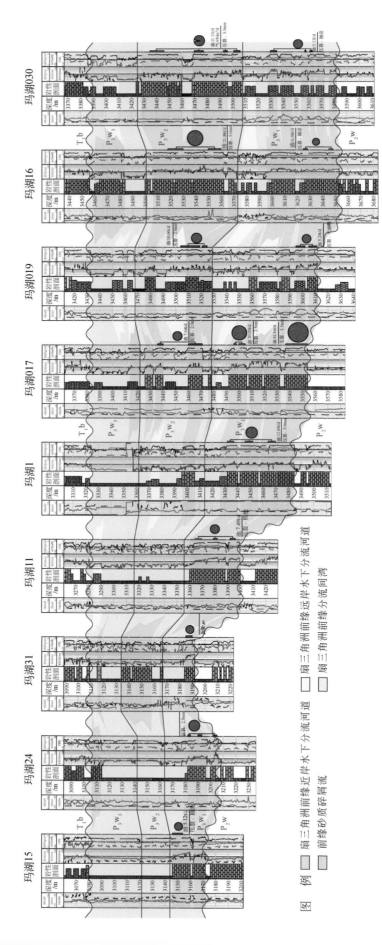

图5.93　过玛湖15—玛湖030井二叠系上乌尔禾组油气分布剖面图

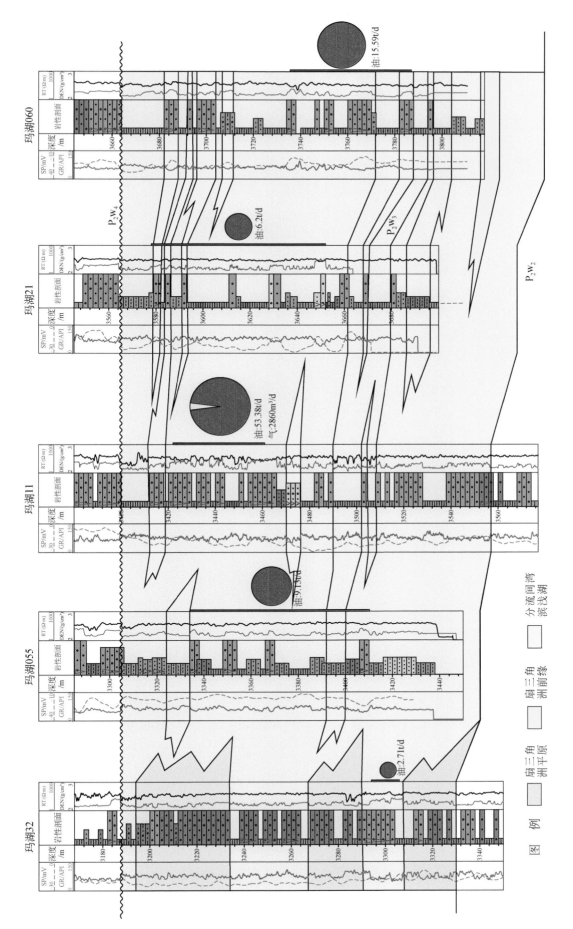

图5.94 过玛湖32—玛湖060井二叠系下乌尔禾组顺物源方向砂体展布剖面图

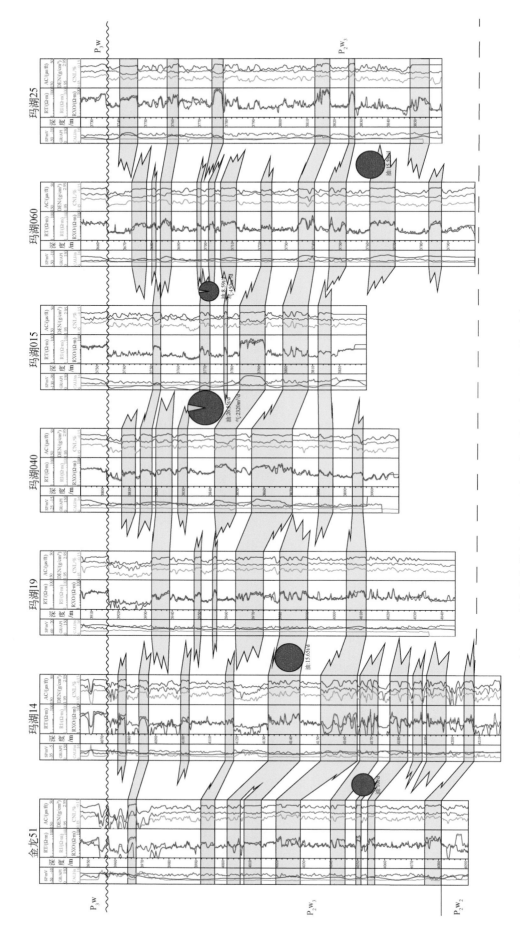

图 5.95　玛南油藏群过金龙 51—玛湖 25 井二叠系下乌尔禾组砂体分布剖面图

玛湖凹陷存在多期不整合，包括二叠系与石炭系、三叠系与二叠系两大区域不整合，以及二叠系内部的局部不整合（图 5.96），其上下地层表现出多种不整合接触样式，如下超、削截等。

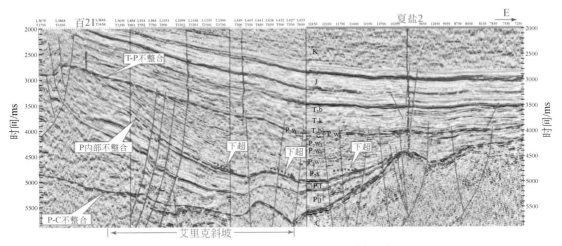

图 5.96　艾里克斜坡地震地质解释剖面图

就区域性分布的三叠系–二叠系不整合面而言，其上覆三叠系百口泉组多为扇三角洲平原亚相沉积的致密砂砾岩，物性差，难以形成有效的侧向运移通道。油气勘探表明，玛湖凹陷百口泉组油气主要分布在百二段，仅在黄羊泉油藏群中发育百一段油气藏，因此三叠系–二叠系不整合面上覆地层作为油气侧向运移的输导作用明显弱于沉积相控制的砂砾岩输导体系。就三叠系–二叠系不整合面的下伏地层上乌尔禾组而言，其顶部为一套稳定分布的风化黏土层（图 5.97），纵向上主要分布在上乌三段和上乌二段上部，横向上大部分地区均有分布，仅北部靠近剥蚀线地区（玛湖 9 井）主要为扇三角洲平原亚相致密砂岩。该风化黏土层厚度较大，分布范围在 20~60m，从而使得三叠系–二叠系不整合面之下伏地层同样难以成为油气运移的有效通道。事实上，二叠系顶部稳定分布且厚度较大的黏土层（即湖相泥岩）非但不可能是油气运移的有效输导层，反而是形成三叠系百口泉组大面积分布油藏的良好底板。

就上二叠统上乌尔禾组与下伏地层之间的不整合而论，由于受构造运动强烈程度影响，其结构及对油气运移的影响比较复杂。早二叠世晚期，受扎伊尔山北西向和阿尔泰山北东向构造应力共同作用，玛湖凹陷北部、中拐凸起及五区发生掀斜运动，盆地边缘区隆升幅度逐渐加大，导致中—下二叠统下乌尔禾组、夏子街组、风城组、佳木河组及石炭系由东向西逐层遭受削蚀。晚二叠世时期，隆升幅度变缓，湖盆面积扩大，上乌尔禾组超覆沉积了一套水进体系扇三角洲与湖泊相地层，扇三角洲沉积砂体下超现象十分明显。由于构造运动的复杂性，二叠系上乌尔禾组与下伏地层的接触关系既有平行不整合，也有角度不整合；与上乌尔禾组直接接触的下伏地层也因不同地区而不同，包括二叠系下乌尔禾组、风城组、佳木河组及石炭系等。其中上乌尔禾组–下乌尔禾组不整合的一个显著特征是其上、下地层接触关系由凸起、斜坡区的削蚀–上超型转变为下倾方向的削蚀–下超型，

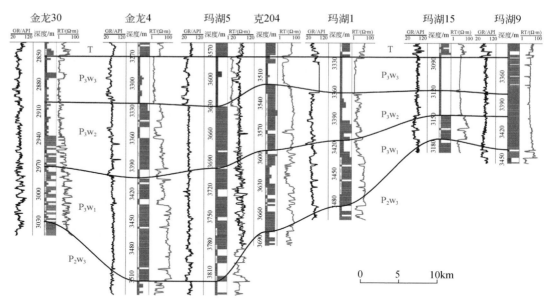

图 5.97　玛湖凹陷二叠系上乌尔禾组顶部风化黏土层分布剖面图

再向凹陷区逐渐变为整合接触关系。上乌尔禾组沉积之后，盆地发生了抬升，导致玛湖凹陷斜坡区上乌尔禾组遭受剥蚀，仅分布在玛湖凹陷南部和中拐地区，向西、北、东超覆尖灭，顶部地层被剥蚀。

5.3.2　早白垩世高成熟轻质油为主，其次为中质油

玛湖凹陷源上砾岩大油区不同层系油气藏形成时间具有较好的一致性。以下以三叠系百口泉组为例来分析玛湖凹陷油气充注时间。根据储层流体包裹体、游离烃、固体沥青分布特征等综合分析，玛湖凹陷百口泉组油气运移充注存在晚三叠世、早侏罗世和早白垩世3期，其中晚三叠世主要表现为储层沥青，早侏罗世主要为成熟油运移充注期，早白垩世为高成熟轻质油和天然气的运移充注期，也是玛湖凹陷油气成藏的主要时期。

1. 包裹体、游离烃与储层沥青岩相学的差异性

偏光–荧光显微镜下观察发现，玛湖凹陷玛东、玛北、玛西和玛南地区在包裹体、游离烃和储层固体沥青的特征上并不完全相同（齐雯等，2015）。

1）包裹体

镜下观察发现，玛湖凹陷斜坡区百口泉组烃类包裹体荧光颜色主要呈蓝色和黄–深黄色，前者见于长石颗粒溶蚀孔内，后两者的主要宿主矿物为石英颗粒（图 5.98）。各斜坡带包裹体特征如下：

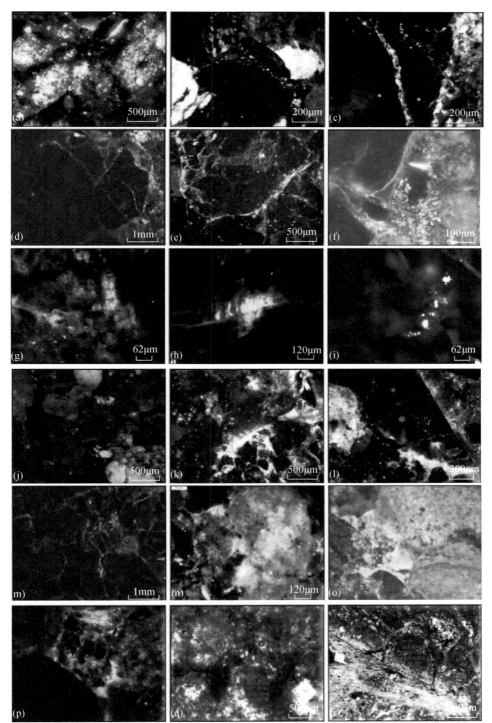

图 5.98 玛湖凹陷斜坡区三叠系百口泉组储层岩相学特征（据齐雯等，2015）

（a）达 9 井，4724.7m，×50. UV，长石溶蚀孔中的烃包裹体呈蜂窝状分布，发蓝色荧光；（b）夏盐 2 井，4407.2m，×50. UV，石英颗粒内愈合裂隙中的烃包裹体发黄色荧光；（c）夏 90 井，2612.4m，×50. UV，石英颗粒内愈合裂隙中分布烃包裹体，发黄色荧光；（d）夏 90 井，2612.4m，×50. UV，穿石英颗粒愈合裂隙中分布烃包裹体，发黄色荧光；（e）夏 94 井，2916.4m，×50. UV，发深黄色荧光的包裹体于石英颗粒上呈泼溅状分布；（f）夏 761 井，1358.0m，×200. UV，发蓝色荧光的烃包裹体产于长石溶蚀孔中；（g）玛 18 井，3812.8m，×100. UV，长石溶蚀孔中的烃包裹体呈蜂窝状分布，发蓝色荧光；（h）玛 18 井，3876.12m，×100. UV，液态烃呈腔式充填于长石溶蚀孔内；（i）玛 18 井，3917.7m，×100. UV，石英颗粒裂隙中捕获的烃包裹体，发亮黄色荧光；（j）夏盐 2 井，4407.2m，×50. UV，颗粒间孔隙、基质、胶结物中充填发黄色荧光的游离烃；（k）达 9 井，4724.7m，×100. UV，颗粒间孔隙、基质、胶结物中充填发蓝白色荧光的游离烃；（l）夏 94 井，2916.4m，×100. UV，颗粒间孔隙被烃类充填发黄色荧光，基质和（或）胶结物被烃类浸染发深黄色荧光；（m）玛 132 井，3261.1m，×50. UV，裂缝中充填液态游离烃，发黄色荧光；（n）百 202 井，1358.0m，×200. UV，颗粒被发黄色荧光的烃类浸染，基质被发蓝白色荧光的烃类浸染；（o）百 25 井，2811m，×200. UV，部分颗粒及颗粒间胶结物被烃类浸染，发蓝白色荧光；（p）玛湖 2 井，3210.3m，×50. UV，部分颗粒被浸染，发黄色荧光，同时可见微裂缝中充填烃类；（q）达 9 井，4724.7m，×50. BL，黑色沥青脉不连续，部分沥青被溶蚀，溶蚀区重结晶形成亮晶矿物；（r）夏 72 井，2725.1m，×50. BL，部分黑色沥青脉被溶蚀，溶蚀区重结晶形成亮晶矿物

（1）玛东地区达 9 井和夏盐 2 井包裹体薄片观察发现，蓝色荧光的烃包裹体大量发育，呈蜂窝状产出于长石颗粒溶蚀孔内［图 5.98（a）］；亮黄色荧光的烃包裹体分布于石英颗粒内愈合裂隙中［图 5.98（b）］，个体较小，一般为 1~2μm，透射光下无色透明或褐色。

（2）玛北地区包裹体可见 3 种荧光颜色，发黄色荧光的包裹体产出于石英颗粒内［图 5.98（c）］和穿石英颗粒的愈合裂隙中［图 5.98（d）］，发深黄色荧光的包裹体呈泼溅状分布于石英颗粒内［图 5.98（e）］，发蓝色荧光的包裹体同样见于长石颗粒溶蚀孔内［图 5.98（f）］，其中发黄色荧光的包裹体较为多见。

（3）玛西地区产出的包裹体可见蓝色和亮黄色荧光两种，前者如玛东地区和玛北地区仅见于长石颗粒溶蚀孔内，以蜂窝状产出［图 5.98（g）］，还可在部分薄片中观察到一类特殊的"包裹体"，呈腔式充填于长石溶蚀区［图 5.98（h）］，无包裹体形状，无气泡；后者则见于石英颗粒内裂纹中［图 5.98（i）］。

2）游离烃

玛湖凹陷斜坡区百口泉组游离烃在不同的地区具有差异性。

（1）玛东地区广泛发育发黄色荧光的游离烃，大量产出于颗粒间孔隙或浸染整个矿物颗粒、基质和胶结物［图 5.98（j）］，仅在达 9 井观察到发蓝色荧光的游离烃浸染基质和胶结物［图 5.98（k）］。

（2）玛北地区的游离烃呈现黄色和深黄色 2 种荧光颜色［图 5.98（l）］，并以黄色荧光为主，赋存于颗粒间孔隙、基质和（或）胶结物中，还可见于穿颗粒裂纹中，裂纹宽10~20μm［图 5.98（m）］。

（3）玛西地区观察到同一视域下颗粒被发黄色荧光烃类浸染，基质被发蓝白色荧光烃类浸染［图 5.98（n）］。

（4）玛南地区可观察到蓝色［图 5.98（o）］和黄色荧光［图 5.98（p）］的游离烃。百 25 井部分颗粒及颗粒间杂基被烃类浸染，发蓝色荧光［图 5.98（o）］。玛湖 2 井基质和微裂缝中蓝色和黄色荧光均可见到［图 5.98（p）］。

3）储层固体沥青

储层沥青是指储层岩石中溶于有机溶剂的可溶有机质，是原油二次运移或经受后生变异的产物。

玛湖凹陷斜坡区均可见无荧光黑色固体沥青（脉），但玛东地区和玛北地区沥青（脉）后期改造痕迹明显，部分沥青（脉）被溶蚀，在溶蚀区重结晶形成亮晶矿物［图5.98（q）、（r）］。

2. 包裹体均一温度反映运移充注期主要为早侏罗世和早白垩世

通过对与不同荧光颜色烃包裹体相伴生的盐水包裹体实测发现，与发黄色荧光烃包裹体相伴生的盐水包裹体的均一温度分布范围为 70~90℃，与发蓝色荧光烃包裹体相伴生的盐水包裹体的均一温度集中分布于 100~120℃（图 5.99）。结合埋藏史-热史分析可知，上述两类包裹体均一温度代表的时间分别为早侏罗世和早白垩世（图 5.100）。

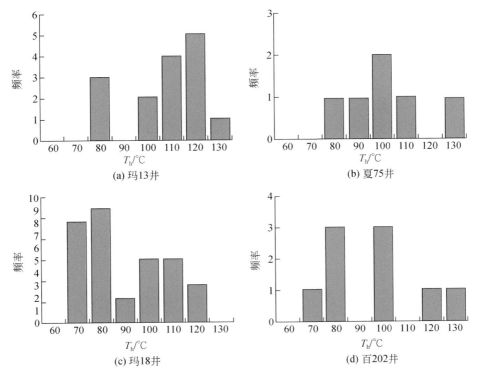

图 5.99　玛湖地区百口泉组储层原油充注同期盐水包裹体均一温度直方图（据齐雯等，2015）

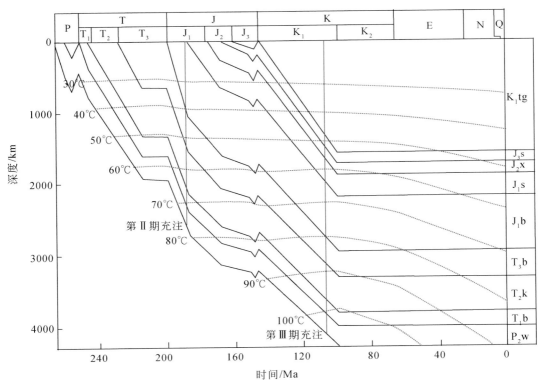

图 5.100　玛 18 井三叠系百口泉组油气充注期次–埋藏史图

3. 源上砾岩油气成藏期主要为早白垩世，其次为早侏罗世

1）油气运移充注期次

玛湖凹陷三叠系百口泉组黑色无荧光的固体沥青呈脉状产出且后期被改造痕迹明显；发黄、深黄色荧光的液态烃或包裹体主要赋存于颗粒间孔隙、裂缝和石英颗粒内；而发蓝白色荧光的烃类则主要见于长石颗粒溶蚀孔中。因此，百口泉组碎屑岩储层中以不同产状赋存的固体沥青，以及黄色和蓝色荧光液态烃或包裹体应是不同油气演化阶段的产物，代表着 3 期油气运移充注。

2）油气运移充注史分析

玛东、玛北、玛西和玛南地区均可见以脉状产出的无荧光黑色固体沥青，其中玛东地区包裹体薄片中可见沥青脉明显被改造的痕迹，表现在沥青脉不连续，部分沥青脉被溶蚀，在溶蚀区重结晶形成亮晶矿物，与周围矿物区别明显，具有明显的后期成岩改造特征，表明黑色固体沥青脉形成时间早。从盆地演化看，三叠纪无地层抬升剥蚀存在（图 5.100），固体沥青的存在说明该期油气运移充注到百口泉组后由于普遍缺乏保存条件而未得到保存，据此推断油气运移充注最晚可能发生在晚三叠世白碱滩组厚层区域泥岩盖层沉积之前。

玛 15 井 3064.68m 百口泉组中砂岩粒间孔隙中不含油，无荧光显示，但该部分粒间孔隙中充填第 I 期深褐、黑褐色固体沥青，无荧光显示。除此之外还发育两期油气包裹体（图 5.101），其中第 II 期油气包裹体发育于砂岩石英颗粒次生加大早中期，丰度较高（GOI 为 4%±），包裹体多环石英颗粒加大边内侧成线状、带状分布，均为呈褐、深褐色的重质油包裹体，均一温度为 70~90℃。第 III 期油气包裹体发育于砂岩石英颗粒成岩次生加大晚期及其后，丰度低（GOI 为 1%±），包裹体多沿切穿石英颗粒的微裂隙成线状、带

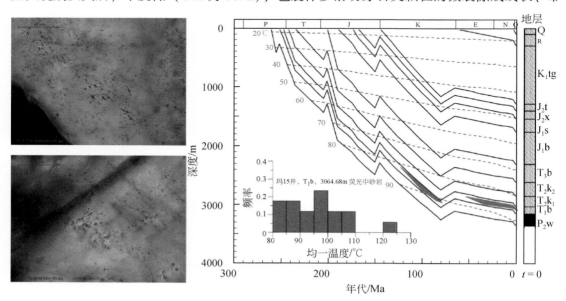

图 5.101 玛 15 井 3064.68m 三叠系百口泉组流体包裹体与成藏期次分析图

状分布，其中液态烃包裹体占 35%±，呈淡黄、黄、黄绿色荧光，气态烃包裹体占 30%±，呈灰色、深灰色，均一温度为 100~120℃。

　　油源对比表明，发蓝色荧光和黄色荧光的烃类均来自二叠系风城组烃源岩，如玛东地区达 9 井与玛北地区玛 131 井原油甾烷和萜烷系列化合物相似，C_{20}、C_{21}、C_{22} 甾烷均呈"/"型分布（图 5.102）。但前者成熟度高于后者，达 9 井原油密度为 $0.7985 g/cm^3$，$\alpha\beta\beta C_{29}/\sum C_{29}$ 值大于 0.80，$\alpha\alpha\alpha C_{29} 20S/(20S+20R)$ 值大于 0.5；玛 131 井原油密度为 $0.8622 g/cm^3$，$\alpha\beta\beta C_{29}/\sum C_{29}$ 值和 $\alpha\alpha\alpha C_{29} 20S/(20S+20R)$ 值均小于达 9 井。两类烃的存在表明二叠系风城组烃源岩先后经历了成熟和高成熟两期生排烃过程，从而在百口泉组储层中形成以黄色荧光为代表的成熟油和以蓝色荧光为代表的高熟油（图 5.103）。

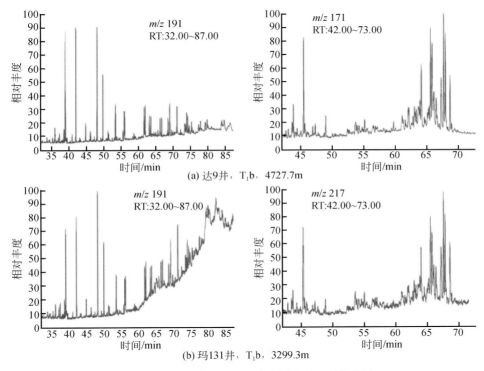

图 5.102　达 9 井和玛 131 井原油色谱–质谱特征

3）成藏期确定

　　综合分析认为，晚三叠世前第Ⅰ期油气运移充注在玛湖凹陷未得到保存，原油蚀变为固体沥青，并遭受后期成岩作用改造，现今储层中仅见有残留沥青；早侏罗世为第Ⅱ期油气运移充注期，以黄色荧光为显著特征的风城组成熟原油包裹体等在研究区分布普遍，玛东、玛北、玛西和玛南地区均可见及；早白垩世中—晚期为第Ⅲ期油气运移充注期，发蓝白色荧光的风城组高成熟原油包裹体等在玛湖凹陷分布广泛。显然，早侏罗世（第Ⅱ期）与早白垩世（第Ⅲ期）Ⅲ期是玛湖凹陷油气运移充注的主要时期。结合玛湖凹陷三叠系百口泉组已发现油藏主要为高成熟轻质油的特点综合判断，早白垩世是玛湖凹陷油气成藏的主要时期，其次为早侏罗世。

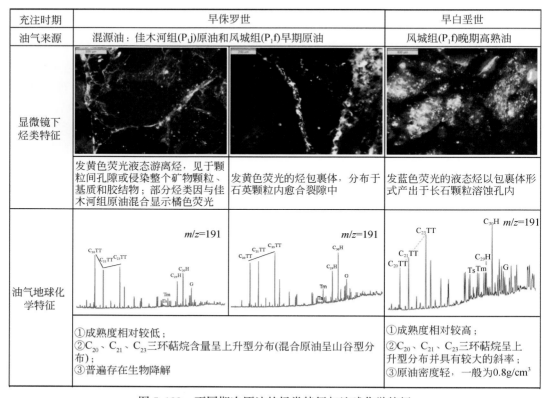

充注时期	早侏罗世		早白垩世
油气来源	混源油：佳木河组(P_1j)原油和风城组(P_1f)早期原油		风城组(P_1f)晚期高熟油
显微镜下烃类特征	发黄色荧光液态游离烃，见于颗粒间孔隙或侵染整个矿物颗粒、基质和胶结物；部分烃类因与佳木河组原油混合显示橘色荧光	发黄色荧光的烃包裹体，分布于石英颗粒内愈合裂隙中	发蓝色荧光的液态烃以包裹体形式产出于长石颗粒溶蚀孔内
油气地球化学特征	①成熟度相对较低；②C_{20}、C_{21}、C_{23}三环萜烷含量呈上升型分布(混合原油呈山谷型分布)；③普遍存在生物降解		①成熟度相对较高；②C_{20}、C_{21}、C_{23}三环萜烷呈上升型分布并具有较大的斜率；③原油密度轻，一般为0.8g/cm³

图 5.103　不同期次原油的烃类特征与地球化学特征

5.3.3　生烃超压是源上砾岩大油区成藏的主要动力

勘探实践表明，玛湖凹陷砾岩大油区具有储层物性差、油藏大面积分布、超压分布普遍等特征（冯冲等，2014；阿布力米提·依明等，2016；支东明，2016；支东明等，2018；雷德文等，2017b；瞿建华等，2019；唐勇等，2019），总体属于低渗透-致密砾岩大油区。与以往广泛发现的源储邻近分布型致密油气聚集不同，玛湖凹陷砾岩大油区主要含油气层系百口泉组和上乌尔禾组与主力烃源岩风城组之间被分布有多层泥质岩的夏子街组、下乌尔禾组所分隔，两者相距2000~4000m。因此，油气垂向跨层运移的动力学机制便成为玛湖源上砾岩大油区成藏过程与油藏富集规律研究的关键问题之一。

研究表明，玛湖凹陷源上砾岩大油区形成的主要动力应为二叠系风城组烃源岩中产生的超压，超压是控制源上砾岩大油区成藏的一个重要因素。然而，对于风城组烃源岩中产生的超压为何种成因，以往因钻井资料所限而尚未开展研究。就凹陷内三叠系百口泉组和二叠系上乌尔禾组、下乌尔禾组储层中所发现超压的成因而言，目前研究还比较薄弱，尚未开展深入系统研究。现有研究存在以下问题：①超压成因判识主要采用传统方法，测井曲线组合分析法、鲍尔斯法（加载-卸载曲线法）、声波速度-密度交会图法、孔隙度对比法、压力计算反推法等国际上近年广泛应用并使得超压成因认识取得重要进展的实证判识方法尚未见有应用；②就超压形成机制而言，仅个别学者应用声波时差曲线、盆地模拟等进行了分析，认为超压主要由不均衡压实作用引起，生烃增压作用贡献小，断裂活动对凹陷边缘断裂带附近超压的形成具有重要贡献（冯冲等，2014）；③勘探表明，源上砾岩大油区油气分布与超压关系密切（阿布力米提·依明等，2016；支东明，2016；支东明等，2018；雷德文等，2017b；瞿建华等，2019；唐勇等，2019），盆地南缘近期高探 1 井重大发现亦是如此（杜金虎等，2019），但超压形成演化在油气成藏过程中的作用机制和耦合关系未见深入分析。本节拟就玛湖大油区超压成因及其与油气藏形成和分布的关系加以分析，以期为油气成藏模式建立和富集高产规律揭示奠定基础。

1. 超压分布广泛

钻探表明，玛湖凹陷砾岩大油区超压分布十分广泛，除凹陷边缘邻近断裂带附近为常压外，凹陷内部普遍见有超压。

纵向上，超压多发育于 3000m 以下地层，主要包括三叠系百口泉组（T_1b）以及二叠系上乌尔禾组（P_3w）、下乌尔禾组（P_2w），压力系数主要为 1.2~2.0，最高可达 1.93（图 5.104）。其中，上三叠统白碱滩组（T_3b）是由正常压力向超压过渡的压力转换带。

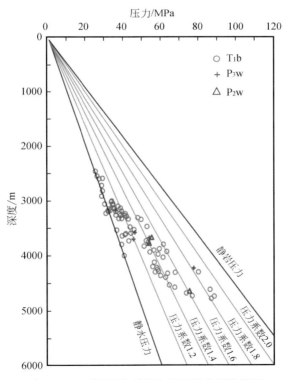

图 5.104　玛湖凹陷砾岩大油区压力系统特征

平面上，下三叠统百口泉组（T_1b）在靠近准噶尔盆地西北缘断裂带一侧的玛湖凹陷边缘地区主要为常压，向玛湖凹陷斜坡及中心地区逐渐转变为超压，东部达巴松凸起、夏盐凸起局部压力系数可达 1.8 以上，总体上以超压为主（图 5.105）。二叠系上乌尔千组（P_3w）、下乌尔禾组（P_2w）目前勘探成果主要集中在玛湖凹陷西南部，超压的分布亦以该区为主。

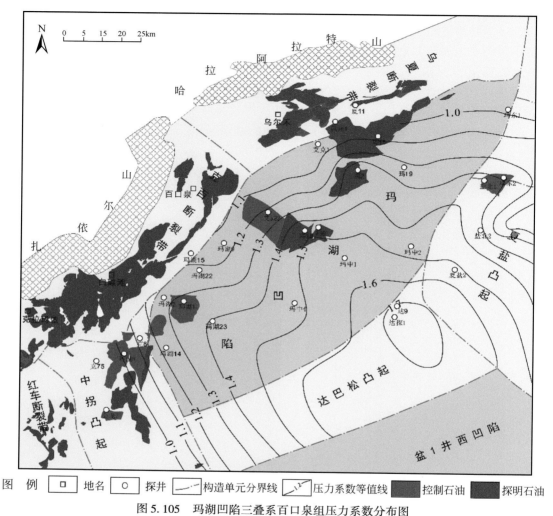

图 例　□ 地名　○ 探井　——— 构造单元分界线　压力系数等值线　■ 控制石油　■ 探明石油

图 5.105　玛湖凹陷三叠系百口泉组压力系数分布图

2. 多实证方法表明超压为传导成因

多超压成因实证判识方法包括测井曲线组合分析法、鲍尔斯法（加载–卸载曲线法）、声波速度–密度交会图法、孔隙度对比法、压力计算反推法等（赵靖舟等，2017b）。对于上述超压成因判识实证方法而言，超压点落在正常压实趋势与否是其区分不同成因超压的重要依据。因此，就某一地区超压成因判识而言，必须首先搞清研究区的正常压实趋势及压实模式，再据此选择相应压实模式下的超压成因判识标准。

1）玛湖凹陷泥页岩发育线性两段式和指数式两种正常压实模式

通过对玛湖凹陷100余口探井的测井曲线特征分析和20余口重点探井泥岩压实剖面图的详细编制分析表明，泥页岩正常压实特征在不同地区存在差异，至少可识别出两种正常压实模式。

A. 夏盐凸起和达巴松凸起区指数压实模式

前人研究表明，指数压实模式是泥岩最常见的正常压实模式，即在正常压实情况下，随着深度增加，泥岩孔隙度呈指数降低。

玛湖凹陷东部夏盐凸起和达巴松凸起区在从地表至埋深 3500m 左右的下侏罗统八道湾组中部地层，随着埋深增加泥页岩孔隙度、声波时差呈指数降低，密度呈指数增加，电阻率亦呈增加之势；但在埋深 3500m 左右以下的上三叠统白碱滩组、中三叠统克拉玛依组、下三叠统百口泉组、上二叠统上乌尔禾组及中二叠统下乌尔禾组等地层，随着埋深增加，声波时差、电阻率和密度测井曲线表现为不同程度的偏离正常压实趋势而出现反转的现象，并伴随着超压的发育（图 5.106）。

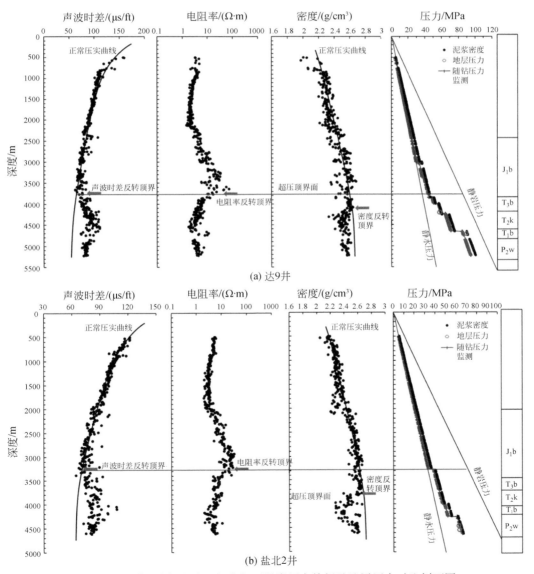

图 5.106　夏盐凸起和达巴松凸起区泥岩压实特征及地层压力对比剖面图

夏盐凸起和达巴松凸起区泥页岩的这种压实特征应属于典型的指数压实模式。其中3500m 左右以下地层出现的测井曲线反转现象可能与超压形成有关（详见后文）。

　　B. 玛湖凹陷斜坡及中心区线性两段式压实模式

与东部夏盐凸起和达巴松凸起区不同，玛湖凹陷西部、北部、南部斜坡及凹陷中心区泥页岩压实特征有别于常见的指数压实模式，而呈现线性两段式特征。第一阶段主要分布在埋深为 2000～2500m 的下侏罗统八道湾组中下部以上地层，表现为随着埋深增加，泥页岩孔隙度、声波时差呈线性降低，密度呈线性增加，电阻率正常增加；第二阶段主要分布在埋深为 2000～2500m 的下侏罗统八道湾组中下部至中二叠统下乌尔禾组等地层，表现为随着埋深增加，泥页岩孔隙度、声波时差、密度基本不变而保持恒定状态（图 5.107）。超压多发育于 3000m 以下的三叠系克拉玛依组、百口泉组以及二叠系上乌尔禾组、下乌尔禾组等地层（图 5.108）。超压发育层位与泥页岩第二压实阶段并不一致，超压顶界面通常低于泥页岩第二阶段顶界面 500～1000m，显然泥页岩第二压实阶段并不能简单解读为不均衡压实成因。

　　事实上，除了常见的指数压实模式外，线性两段式压实模式也是沉积盆地泥岩正常压实的一种重要形式（Powley，1993；Hunt et al.，1998），即泥页岩的压实分为深部和浅部两个埋藏阶段：在浅部埋藏阶段，随着埋深增加，泥页岩孔隙度以及声波速度、密度呈线性递增；到了深部从某一埋深开始，泥页岩孔隙度，以及声波速度、密度基本保持不变（图 5.108）。泥页岩的线性两段式压实模式在 20 世纪 30 年代就已经被发现，90 年代 Hunt（1998）详细讨论了美国湾岸地区泥页岩的线性两段式压实模式。Hunt 等（1998）研究表明，美国湾岸地区部分井的页岩正常压实甚至可以表现为 3 段式，孔隙度大于 30% 时符合指数递减模式，孔隙度小于 30% 时先是随深度增加线性递减，然后转为随深度增加恒定不变。

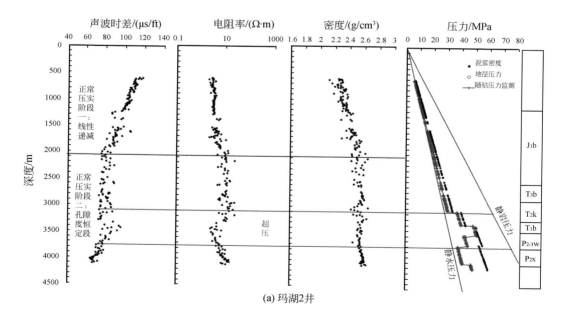

(a) 玛湖2井

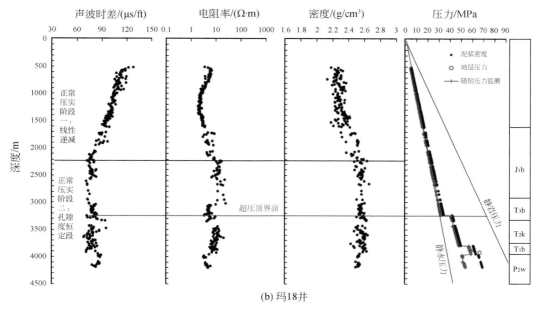

图 5.107　玛湖凹陷斜坡及中心区泥岩两段式压实特征及地层压力对比剖面

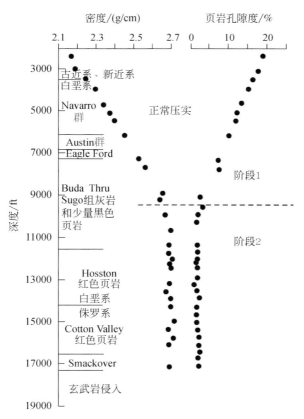

图 5.108　得克萨斯州 Frio 县 Amoco Lena Buerger 井常压页

1ft＝3.048×10⁻¹ m

值得注意的是，按照传统的指数压实模式，线性两段式压实模式的第二阶段（恒定段）很容易被误认为泥页岩不均衡压实作用发生的表现，继而认为不均衡压实超压的存在。事实上，线性两段式压实模式第二阶段同样属于正常压实阶段，是机械压实作用停止的体现，代表了化学压实占主导的阶段，而与超压形成无必然联系，因而不能简单地将其作为不均衡压实超压发育的依据。图 5.108 展示的得克萨斯州 Frio 县 Amoco Lena Buerger 井就无超压存在。

2）测井曲线组合分析法

测井曲线组合分析法（Fertl and Timko，1972；Fertl，1976；Hermanrud et al.，1998；Bowers and Katsube，2002；赵靖舟等，2017a）是沉积盆地超压成因判识的基本方法，同时也是较为可靠的重要方法之一。通常，超压段测井曲线会偏离正常压实趋势而出现反转特征，但不同成因超压所表现出的特征存在不同，而不同测井曲线的反转组合特征差异正是其超压成因判识的主要依据。而且不同正常压实模式下，不同成因超压的测井曲线组合判识标准亦存在差异。在应用测井曲线组合分析法分析超压成因时，必须至少应用声波、电阻率、密度测井 3 条曲线的组合特征（赵靖舟等，2017a）。

A. 夏盐凸起和达巴松凸起区超压成因

夏盐凸起和达巴松凸起泥页岩正常压实模式符合泥岩指数压实模式。以往建立的超压成因测井曲线组合分析法主要基于这种正常压实模式。

夏盐凸起和达巴松凸起区超压段测井曲线表现为较为明显的反转特征，似乎具有不均衡压实特征。但仔细分析发现，虽然超压段声波时差、电阻率和密度测井曲线均出现反转，但三者反转深度并不一致，密度曲线反转深度明显滞后于声波时差、电阻率曲线反转深度（图 5.106）。以达 9 井和盐北 2 井为例，其声波时差、电阻率曲线分别在 3800m、3300m 左右出现反转，密度曲线反转深度则分别在约 4100m、3800m，两口井密度曲线反转深度相对声波时差、电阻率曲线反转深度分别低了 300m 和 500m（图 5.106）。由此可知，玛湖凹陷夏盐凸起和达巴松凸起区超压段声波时差、电阻率曲线和密度曲线具有明显的反转不同步特征。

赵靖舟等（2017a）、Li 等（2019）根据前人研究成果（Fertl and Timko，1972；Fertl，1976；Hermanrud et al.，1998；Bowers，2002）和国内外大量超压地球物理测井响应调研分析，结合其团队近年对中国塔里木盆地、鄂尔多斯盆地、四川盆地、松辽盆地和东海盆地超压成因测井响应的研究表明：若超压段随埋深增加，声波时差小幅度增大或速度小幅度降低，密度不变或略有降低，其开始降低的深度大于声波时差发生反转的深度（即二者反转不同步），则超压可能为生烃增压等流体膨胀成因或者压力传导成因。

由此可知，玛湖凹陷夏盐凸起和达巴松凸起区超压段测井曲线反转不同步的特征表明超压应属传导型或者流体膨胀成因超压。同时，鉴于流体膨胀成因超压主要发育于烃源岩层及油藏原油发生裂解形成天然气藏的储层段，而玛湖地区主力烃源岩位于下二叠统风城组，三叠系百口泉组等超压储层又主要为油藏，因此以三叠系百口泉组以及二叠系上乌尔禾组、下乌尔禾组等为主的储层中的超压应属压力传导成因超压。

B. 玛湖凹陷斜坡及中心区超压成因

与夏盐凸起和达巴松凸起区不同，玛湖凹陷斜坡及中心区泥页岩则符合线性两段式压实模式。而正如前文所述，以往建立的超压成因测井曲线组合分析法主要基于泥页岩指数压实模式。鉴于此，有必要首先搞清泥页岩线性两段式压实模式下不同成因超压的测井曲线组合特征及其判识方法。

a. 线性两段式压实模式不同成因超压测井曲线组合特征

对于泥页岩线性两段式压实模式下超压成因的测井曲线组合分析，目前无论是国内还是国际上都少有报道。鉴此，笔者拟根据不同成因超压形成机制和已报道的全球泥页岩线性两段式压实模式下的超压电性响应特征（Hunt，1996，1998），结合泥页岩指数压实模式下不同成因超压的测井曲线组合特征及判识方法分析（Bowers，2002；赵靖舟等，2017a；Li et al.，2019），尝试建立泥页岩线性两段式压实模式下不同成因超压的测井曲线组合判识图（图 5.109）。初步认识如下：

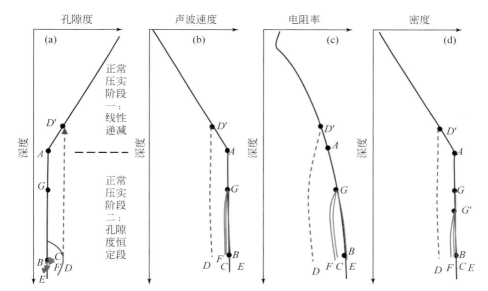

图 5.109　泥页岩线性两段式压实模式下不同成因超压测井曲线组合特征及成因判识方法
A. 孔隙度线性递减段与恒定段转换点；B. 正常压实/常压；C. 黏土矿物转化超压；D. 不均衡压实超压；
D′. 不均衡压实等效深度；E. 构造挤压超压；F. 流体膨胀（生烃增压等）/传导超压；
G. 非不均衡压实成因超压开始发育深度；G′. 非不均衡压实成因超压密度反转滞后深度

（1）对于不均衡压实成因超压而言，根据不均衡压实作用发育的典型特征——大量孔隙度得以保存，即超压段孔隙度应明显大于正常压实段，超压段应表现为声波时差显著增加或声波速度、电阻率、密度显著降低。

（2）对于非不均衡压实成因超压而言，由于流体膨胀（生烃增压）/压力传导成因超压主要改变岩石的孔隙连通属性（如喉道等变宽），而对体积属性无影响或者影响很小，因此可能导致声波时差增加，而密度略有降低或不变，其降低深度明显滞后于声波时差增大的深度（即二者不同步反转）；构造挤压发生时，压实作用多已停止，侧向加载造成的压实效应弱或者无，因此构造挤压成因超压表现为声波时差、电阻率和密度曲线符合正常压实趋势或者相对正常压实略强的压实趋势；蒙脱石–伊利石转化成因超压则表现为声波时差增大或速度降低，密度增大。

需要指出的是，应用测井曲线组合分析法进行泥页岩线性两段式压实模式下的超压成因判识时，应根据超压发育的深度分成种情况，当超压发生在孔隙度线性递减的第一阶段时，其判识方法与指数压实模式下的方法基本相同；本书所指的超压成因判识方法少有报道的情况应该主要指的是第二种情况，即超压发生在孔隙度恒定段的情况，上述鉴别方法亦主要针对此种情况。

b. 玛湖凹陷斜坡及中心区超压段测井曲线组合特征及超压成因判识

玛湖凹陷西部、北部、南部斜坡及凹陷中心地区超压主要发育于第二正常压实阶段（埋深 3000m 以下）的三叠系克拉玛依组至二叠系下乌尔禾组等地层。

对该区超压段测井曲线组合特征的深入分析表明，除了电阻率曲线存在小幅降低之外，声波时差和密度测井曲线基本保持不变或者略有偏离正常压实趋势（图 5.107）。此种测井曲线组合特征与上文分析的流体膨胀/传导型超压特征相似，而与不均衡压实成因超压明显不符。

3）鲍尔斯法（Bowers 法）和声波速度-密度交会图法

Bowers（1994）研究表明，超压段声波速度和垂直有效应力的不同变化轨迹（即加载-卸载曲线图版）可用来判识不同成因的超压。该图版被广泛应用于超压成因研究，并且取得了良好的应用效果，获得了普遍认同（如 Lahann et al.，2001；Yassir and Addis，2002；Katahara，2003；Hoseni，2004；Tingay et al.，2007，2009，2013；Guo et al.，2010；Opara，2011；Lahann and Swarbrick，2011；赵靖舟等，2017a）。

在 Bowers 图版中，不均衡压实成因超压落在加载曲线上；与之相反，流体膨胀、压力传导成因超压则落在卸载曲线上。Bowers（1994，2002）认为，典型的卸载曲线特征应表现为随着有效应力的降低，声波速度、密度变化较小或保持恒定。因此，为了有效判识超压成因，在应用 Bowers 法时，还应编制声波速度-密度交会图版和有效应力-密度关系图版。声波速度-密度交会图法近年来在国际上也得到广泛应用，并取得了良好效果（如 Bowers，2001；Lahann et al.，2001；Hoseni，2004；Lahann and Swarbrick，2011；O'Conner et al.，2011；Tingay et al.，2013；Dasgupta et al.，2016）。但国内目前仅少数学者使用了该方法，如赵靖舟等（2017a）对松辽盆地青山口组超压和东海西湖凹陷超压成因的研究、Li 等（2019）对鄂尔多斯盆地上古生界古超压成因的研究。除此之外，该方法在我国其他沉积盆地超压成因研究中还鲜有应用。

A. 夏盐凸起和达巴松凸起区超压成因

如前所述，夏盐凸起和达巴松凸起区泥页岩符合指数压实模式，其超压成因判识方法与目前广泛应用的鲍尔斯法和声波速度-密度交会图法判识依据一致。

本书应用 Tingay 等（2003）上覆地层压力计算方法和 Terzaghi 方程对玛湖凹陷夏盐凸起和达巴松凸起区重点探井的垂向有效应力进行了计算，并编制了声波速度-有效应力、声波速度-密度交会图版和有效应力-密度关系图版。在垂向有效应力-声波速度（Bowers 法）和垂向有效应力-密度交会图中，夏盐凸起和达巴松凸起区超压点均落在了卸载曲线上（图 5.110），表明研究区超压为流体膨胀/压力传导成因。

在密度-声波速度交会图中，夏盐凸起和达巴松凸起区超压点亦落在了加载曲线之外的流体膨胀/传导等非不均衡压实成因超压区域（图 5.110）。在声波速度-密度交会图版中，非不均衡压实成因超压均会偏离正常压实段所在的加载曲线，但不同成因的非不均衡压实超压存在差异：①流体膨胀/压力传导成因超压表现为随着超压强度增加，声波速度降低，密度保持恒定或微弱减小（Hoesni，2004）；②蒙脱石伊利石化等黏土矿物转化成因超压表现为随着超压强度增加，密度增加，声波速度保持恒定或微弱减小（Lahann and Swarbrick，2011；O'Conner et al.，2011）；③负荷转移成因超压以及复合成因超压表现为随着超压强度增加，声波速度减小而密度增大（赵靖舟等，2017a）。据此，综合分析认为玛湖凹陷夏盐凸起和达巴松凸起区超压为传导型超压。

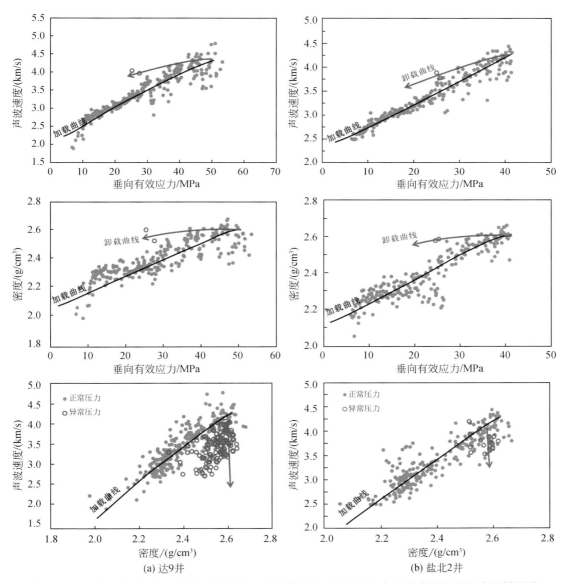

图 5.110　玛湖凹陷达巴松凸起和夏盐凸起区鲍尔斯法和声波速度–密度交会图法超压成因判识图

B. 玛湖凹陷斜坡及中心区超压成因

a. 泥页岩线性两段式压实模式下的鲍尔斯法和声波速度–密度交会图法超压成因判识图版建立

需要指出的是，与测井曲线组合分析法一样，前文所述的近年被广泛应用并取得良好应用效果的鲍尔斯法和声波速度–密度交会图法也主要针对指数压实模式下的泥页岩而言，而有关线性两段式压实模式下的加载–卸载曲线特征，以及不同成因超压的判识方法目前讨论较少。对于玛湖凹陷超压成因判识而言，鲍尔斯法和声波速度–密度交会图法对研究区东部的夏盐凸起和达巴松凸起是适用的，而对于玛湖凹陷西部、北部、南部斜坡带及凹陷中心地区超压成因的判识则还需首先搞清线性两段式压实模式下的加载–卸载曲线特征，以及不同成因超压的判识方法。

通过对不同成因超压形成机制和已报道全球泥页岩线性两段式压实模式下超压电性响应特征，以及指数压实模式与线性两段式压实模式的差异对比分析，认为线性两段式压实模式下的加载曲线亦由两段组成（图 5.111）。其中第一段与指数压实模式相似，随着垂向有效应力增加，声波速度、密度也相应增大；第二段在 Bowers 图版中表现为随着垂向有效应力的增加，声波速度保持恒定，出现了一个"平台"，在声波速度–密度交会图版中则表现为声波速度、密度停滞在线性递减段与恒定段的转换点及其附近。与指数压实模式下不同，由于不均衡压实作用会导致地层孔隙度显著增加、声波速度显著降低，因此不均衡压实成因超压仅位于加载曲线的第一段（孔隙度线性递减段）而不会位于第二段（孔隙度恒定段）。

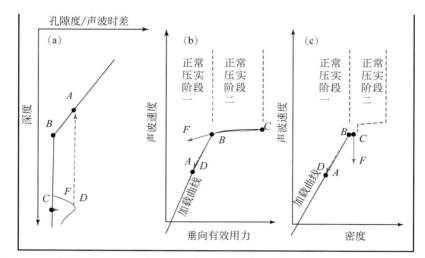

图 5.111　泥页岩线性两段式压实模式下加载、卸载曲线特征及超压成因判识方法

A. 不均衡压实等效深度；*B*. 线性递减段与恒定段的转换点；*C*. 正常压实/常压；
D. 不均衡压实超压；*F*. 流体膨胀（生烃增压等）/传导超压

在 Bowers 图版中，流体膨胀/传导型等非不均衡压实成因超压仍然位于卸载曲线上，但需要注意的是其卸载曲线与加载曲线在正常压实的第二阶段（孔隙度恒定段）往往十分接近，甚至完全重合，因此如果不进行仔细分析，很容易将位于加载曲线第二段上的非不均衡压实成因超压根据指数压实模式超压成因判识方法误判为不均衡压实成因（图 5.111）。

就流体膨胀/传导型等非不均衡压实成因超压在卸载曲线上的位置而言，这取决于超压的强度，当剩余压力与 BC 段静水柱压力之和小于 BC 段地层产生的负荷压力时，超压点便会落在与正常压实的第二段（孔隙度恒定段）加载曲线十分接近甚至完全重合的卸载曲线段。在声波速度–密度交会图版中，流体膨胀/传导型等非不均衡压实成因超压与指数压实模式相似，密度基本保持恒定，声波速度视超压成因不同而发生不同程度降低（图 5.111）。

b. 玛湖凹陷斜坡及中心区超压成因

玛湖凹陷西部、北部、南部斜坡带及凹陷中心区泥页岩符合线性两段式压实模式。以玛湖 2 井和玛 18 井为例，在垂向有效应力–声波速度（Bowers 法）和垂向有效应力–密度交会图中，超压点落在与正常压实第二段（孔隙度恒定段）加载曲线十分接近甚至完全重合的卸载曲线段（图 5.112）。根据前文论述的泥页岩线性两段式压实模式下的超压判识依据，玛湖 2 井和玛 18 井超压应为流体膨胀/传导成因，而非不均衡压实成因。在密度–声波速度交会图中，玛湖 2 井和玛 18 井超压点落在了加载曲线之外的流体膨胀/传导成因超压趋势上（图 5.112）。综合分析认为玛湖凹陷斜坡带及凹陷中心区超压亦为传导型超压。

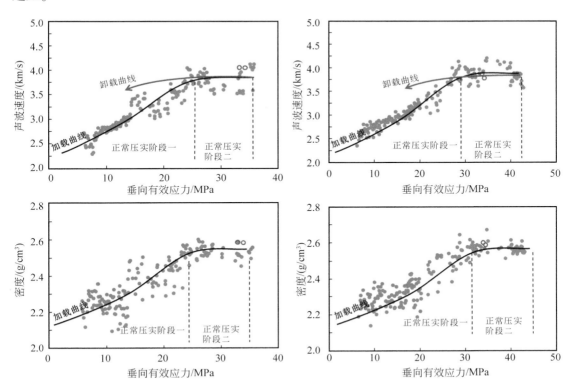

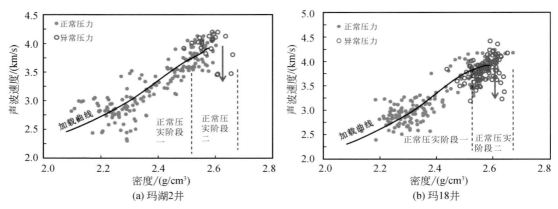

图 5.112　玛湖凹陷斜坡及中心区鲍尔斯法（Bowers 法）、垂向有效应力–密度和
密度–声波速度交会图法超压成因判识图

4）孔隙度对比法

A. 孔隙度对比法超压成因判识原理

泥岩的孔隙空间可根据其孔隙高宽比分为连通型孔隙和储集型孔隙两类（Bowers，2001，2002），前者相当于通常所指的喉道及微裂缝等，主要反映岩石的传导属性，后者相当于通常所指的孔隙，主要反映岩石的体积属性。Bowers 和 Katsube（2002）研究表明，不均衡压实作用通常会导致大量的原生孔隙得到保存，因此不均衡压实成因超压通常会造成岩石体积属性及反映体积属性的测井参数发生显著改变；而对于流体膨胀/传导型非不均衡压实成因超压而言，反映体积属性的孔隙大小不会发生显著变化，超压层位有效应力的减小一般只可导致反映连通属性的连通孔隙变宽。鉴于此，可应用超压层位连通型孔隙和储集型孔隙的变化差异判识超压成因，具体方法即孔隙度对比法。

对于泥页岩而言，实测孔隙资料通常是非常有限的。但 Hermanrud 等（1998）、Bowers（2001）、Bowers 和 Katsube（2002）研究认为，中子和密度测井反映的是体积属性，而声波速度与电阻率测井则反映岩石的传导属性。因此可以应用不同测井参数计算超压段不同类型孔隙的大小，并通过对比法分析确定超压成因。Hermanrud 等（1998）、Teige 等（1999）、Tingay 等（2009）等使用了该方法，并取得良好的应用效果。

B. 玛湖凹陷孔隙度对比法超压成因判识

本书首先应用 Tingay 等（2009）的方法根据声波测井和密度测井资料分别计算了反映岩石传导属性的声波孔隙度和体积属性的密度孔隙度，然后编制了声波孔隙度和密度孔隙度随深度变化图，并对超压层段不同类型孔隙度特征进行了详细对比分析。结果表明，玛湖凹陷斜坡带及凹陷中心地区超压段泥岩的密度计算孔隙度基本位于正常压实孔隙度递减趋势上，反映无孔隙度（体积属性）异常，声波时差计算的孔隙度则略大于密度计算孔隙度而偏离正常压实孔隙度变化趋势（图 5.113）。

同样，玛湖凹陷夏盐凸起和达巴松凸起区超压段泥岩密度计算孔隙度也基本符合正常压实孔隙度递减趋势，或者略高于正常压实趋势孔隙度，但声波时差计算孔隙度明显偏离正常压实孔隙度变化趋势（图 5.114）。

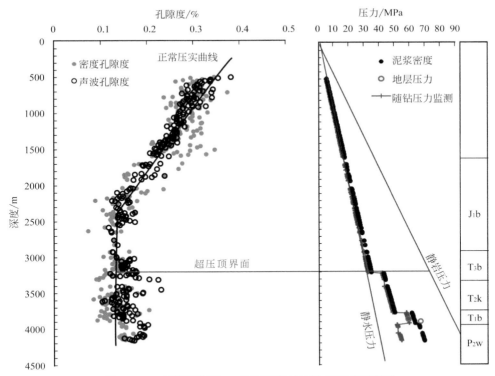

图 5.113 玛湖凹陷玛 18 井孔隙度对比法超压成因判识

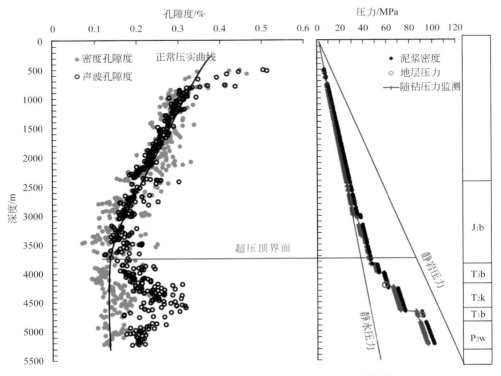

图 5.114 玛湖凹陷达 9 井孔隙度对比法超压成因判识

综上，玛湖凹陷超压段密度计算孔隙度相对正常压实孔隙度不存在明显的增加，说明超压并未显著改变所发育层位岩石的体积属性，但声波时差计算孔隙度相对正常压实孔隙度有所增加，尤其是东部夏盐凸起和达巴松凸起区，反映超压对所发育层段岩石的传导属性存在较明显改变。据此，本书认为玛湖凹陷超压应为流体膨胀/压力传导等非不均衡压实成因。东部夏盐凸起和达巴松凸起区声波孔隙度变偏大可能与压力系数较高（超压强度较大）有关（达9井百口泉组压力系数大于1.8），较大的剩余压力导致喉道及微裂缝等连通孔隙宽度显著增加，同时也可能导致小幅度的扩容效应。

3. 传导性超压源自烃源岩生烃增压

综合上述超压成因实证方法分析结果认为，玛湖凹陷源上砾岩大油区主要含油气层系三叠系百口泉组和二叠系上乌尔禾组、下乌尔禾组超压为压力传导成因。对于压力传导成因超压而言，其超压来源（生压机制）是什么？前人研究认为，玛湖凹陷所在的准噶尔盆地可能的超压来源主要为泥岩不均衡压实、构造挤压和生烃作用（查明等，2000；李忠权等，2001；冯冲等，2014；Guo et al.，2019）。是否如此？以下从不均衡压实、构造挤压和生烃作用等不同方面分别就玛湖凹陷超压来源做进一步分析探讨。

1）不均衡压实超压地质响应不明确、形成条件亦不充分

如前所述，玛湖凹陷已发现的超压主要分布于埋深3000m以下，包括源上的三叠系和二叠系上乌尔禾组、下乌尔禾组等地层，而主力烃源层（下二叠统风城组）本身目前钻遇的井很少，故而暂时无法对其超压（推测有）成因进行直接分析。根据前文对源上地层（包括泥岩）的超压成因分析，已经排除了不均衡压实形成的可能性。进一步分析证明了上述结论的可靠性。

A. 作为不均衡压实作用存在主要证据的高孔隙度异常不存在

大量原生孔隙得到保存从而导致孔隙度异常增大是泥岩不均衡压实作用存在的主要证据，其在电测曲线上通常表现为声波时差，尤其是反映岩石体积属性的密度测井曲线将显著偏离正常压实趋势。由前文对玛湖凹陷重点探井泥岩压实剖面的分析可知，超压段泥岩的密度测井曲线并无显著偏离正常压实趋势的现象，而表现为声波测井曲线和密度测井曲线的不同步反转（图5.106、图5.107）。

就超压段的储层而言，玛湖凹陷三叠系百口泉组和二叠系上乌尔禾组、下乌尔禾组储层物性差，为低渗透-致密储层，而且次生孔隙占有较大比例，反映储层超压同样与不均衡压实无关。原因是，若储层超压来源于泥岩的不均衡压实，则储层超压理应形成较早，在此情况下，超压对储层保存有利，从而使得储层原生孔隙得以大量保存下来。

B. 基于不均衡压实理论的超压预测结果与实际资料不符

目前常用的平衡深度法等压力预测方法多基于相应的超压成因理论，如平衡深度法就是基于不均衡压实超压成因理论。反过来，可以根据超压预测结果的准确性验证其所依据的超压成因的可行性。徐宝荣等（2015）应用平衡深度法、伊顿法、Fillippone公式法等对玛南斜坡区二叠系和三叠系超压进行了预测，预测结果反映平衡深度法预测的压力系数与实测压力系数误差最大，尤其是在上三叠统白碱滩组以下主要超压分布层系，二者误差最大。这一预测结果间接说明玛湖凹陷超压形成与分布可能与不均衡压实无关。

C. 不均衡压实作用产生的沉积沉降条件不充分

不均衡压实成因超压通常形成于沉积沉降快的中新生代特别是新生代细粒沉积物中。事实上,玛湖凹陷的沉积速率并不高,其中心部位玛湖 3 井沉积速率为 50~170m/Ma（冯冲等,2014）,凹陷斜坡及边缘沉积速率更低,明显低于莺歌海盆地（龚再升,1997）、渤海湾盆地（张启明和董伟良,2000）等新生代盆地的沉积速率。而即使是在这些高沉积速率盆地,近年来的实证法分析结果也表明其超压并非完全由不均衡压实作用导致,甚至完全不是不均衡压实成因超压。

2）构造挤压与超压强度分布不匹配

构造挤压形成的侧向加载也是一种重要的增压机制。综合分析表明,尽管玛湖凹陷所在的准噶尔盆地西北缘地区存在较强的构造挤压,但玛湖凹陷源上砾岩大油区百口泉组以和上乌尔禾组、下乌尔禾组储层超压由构造挤压成因超压传导的可能性亦很小,证据是,该凹陷区实测压力系数分布规律与构造挤压强度分布趋势恰恰相反,即构造挤压最强的地区压力系数反而最低。构造挤压强度在西北缘断裂带最强,由西北缘断裂带向玛湖凹陷边缘、斜坡区逐渐减弱,玛湖凹陷中心构造挤压最弱。但主力产油层三叠系百口泉组压力系数由西北缘断裂带及玛湖凹陷边缘向玛湖凹陷中心逐渐增大（图 5.105）,如斜坡边缘玛湖 2 井压力系数为 1.24,斜坡区玛湖 1 井压力系数为 1.32,凹陷中部玛 18 井压力系数大于 1.47,与区域上构造挤压强度变化趋势刚好相反。

3）超压与生烃作用关系密切

尽管由于钻遇井少而无法直接分析玛湖凹陷主力烃源岩二叠系风城组的超压成因,但对源上三叠系百口泉组和二叠系上乌尔禾组、下乌尔禾组储层超压与二叠系下乌尔禾组特别是风城组主力烃源岩二者关系的分析发现,目前源上地层所发现的超压与主力烃源岩有着十分密切的联系。主要表现在以下 3 方面。

A. 超压发育深度与烃源岩大量生排烃深度一致

玛湖凹陷主力烃源岩位于下二叠统风城组,局部中二叠统下乌尔禾组也具有一定生烃潜力。风城组烃源岩埋深较百口泉组储层埋深普遍大于 1000m,最大可达 4000m。由前文超压深度介绍可知,百口泉组储层超压顶面位于埋深 3000m 左右,因此其对应的风城组烃源岩埋深应大于 4000m。烃源岩成熟度剖面显示,埋深 4000m 左右对应的风城组烃源岩成熟度镜质组反射率（R_o）大于 0.8%（图 5.115）,表明风城组烃源岩已经处于成熟大量生烃阶段。

进一步分析表明,埋深 4000m 是研究区烃源岩生烃的高峰时期（图 5.116）,自此向下,风城组及下乌尔禾组烃源岩总有机碳、生烃潜量（S_1+S_2）以及游离烃含量与生烃潜量比值 $[S_1/(S_1+S_2)]$ 开始降低,说明超压与烃源岩大量生烃可能存在密切联系。

B. 超压强度主要受烃源岩成熟度控制

对玛湖凹陷超压分布与风城组烃源岩厚度和成熟度关系的分析发现,后者特别是烃源岩成熟度的与超压关系同样十分密切。即随着烃源岩成熟度增加,地层压力系数也增加。需要说明的是,尽管目前尚未获得凹陷内部及中心区风城组烃源岩大量的实测成熟度资料,但由于玛湖凹陷油气主要沿断层垂向运移,运移距离较短（一般在 2000m 左右）,运移分馏效应小，因此原油密度等参数可以间接反映烃源岩的成熟度。对原油密度与压力系数相关性分析表明，两者呈明显负相关关系（图 5.117），进一步证明超压大小与烃源岩成熟度密切相关。

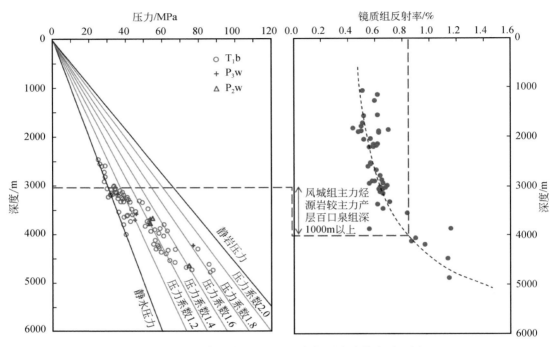

图 5.115 玛湖凹陷超压顶界面与烃源岩成熟度对比图

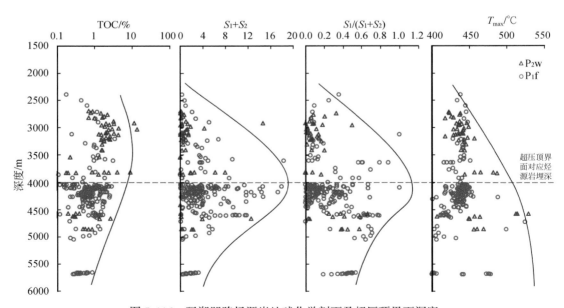

图 5.116 玛湖凹陷烃源岩地球化学剖面及超压顶界面深度

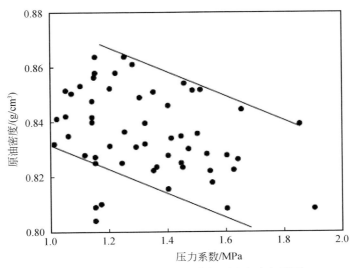

图 5.117　玛湖凹陷压力系数与原油密度相关图

　　另外，盆地模拟结果显示从玛湖凹陷西部斜坡区向凹陷中心区，烃源岩热演化阶段由成熟向高–过成熟转变，百口泉组储层剩余压力也逐渐增加，由小于 20MPa 逐渐增加到 50MPa 左右（冯冲等，2014）。

　　C. 超压分布与主成藏期通源断裂分布密切相关

　　玛湖凹陷发育 3 期 3 种断层，分别为海西–印支期逆断层、印支–喜马拉雅期走滑断层和中燕山期正断层（吴孔友等，2017），其中海西–印支期逆断层主要控制古凸起和台阶展布，主要断开层位为石炭系—三叠系，是油气垂向运移的重要通道之一，主要分布在盆地西北缘逆冲断裂带和夏盐、达巴松凸起（支东明等，2018；唐勇等，2019）。受盆缘山前海西–喜马拉雅期，尤其是印支–喜马拉雅期逆冲推覆作用影响，玛湖凹陷发育一系列具有调节性质，近东西向、北西–南东向的走滑断层（支东明等，2018）。这些走滑断层断距不大，断面陡倾，大多断开二叠系—三叠系百口泉组；断裂数量较多，平面上成排、成带发育，与主断裂相伴生，直接沟通下部烃源岩，是玛湖凹陷风城组烃源岩生成油气垂向运移进入上乌尔禾组、下乌尔禾组、百口泉组储层的主要通道（支东明，2016；支东明等，2018；雷德文等，2017a；瞿建华等，2019）。中燕山期形成的正断层主要控制侏罗系油气运移聚集，对二叠系—三叠系油气藏形成与分布影响较小。

　　对玛湖凹陷不同类型断层及其相关油气藏压力系统的详细分析表明，超压分布与印支–喜马拉雅期形成的近东西向、北西–南东向展布走滑断层分布关系十分密切（图 5.118），反映这类断层可能不仅是风城组油气垂向运移进入上乌尔禾组、下乌尔禾组、百口泉组储层的主要输导通道，还是风城组烃源岩生烃增压的垂向传导通道，亦是生烃增压作为油气沿断层垂向运移之主要驱动力的重要体现。海西–印支期逆断层主要分布在盆地西北缘逆冲断裂带，主要控制古凸起和台阶展布，相关油气藏及圈闭主要发育常压，但在凹陷区相关油气藏也发育超压，说明该期断层同样是重要的与油气运移密切相关的压力传导通道。

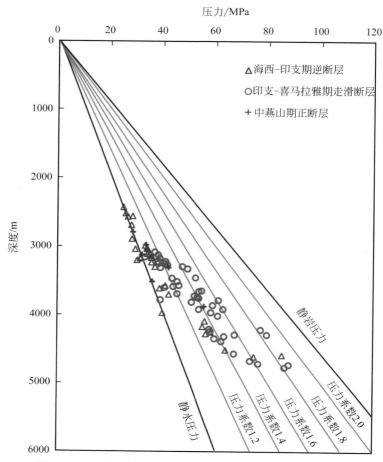

图 5.118　玛湖凹陷不同类型断裂相关油气藏压力系统特征

　　根据以上分析可以基本确定，玛湖凹陷超压应来源于烃源岩的生烃作用，而非来自不均衡压实或构造挤压成因超压。由于生烃作用一般发生在烃源岩埋深较大的成岩作用中晚期，明显晚于不均衡压实作用发生的时间，因此发育生烃来源超压的地层，无论是储层还是泥岩，其一般都经历了较充分的压实过程，因而超压段通常不会出现明显的孔隙度增大异常，除非发生溶蚀作用或者因压力传导形成超压的地层尚处于成岩较早时期。

　　由于超压来自于烃源岩生烃作用，这便为烃源岩生成的油气沿断裂向上运移提供了强大动力，从而使得大量油气得以在源上储层中聚集而形成玛湖大油区。

5.3.4　玛湖大油区为源上跨层运移形成的大面积准连续型油气聚集

1. 大面积油气成藏的基本类型

油气藏的形成和分布具有不同规模大小。油气藏形成的规模大小应指由同一油气源在大致同一时期、同一区域形成的油气藏或油气藏群的分布规模，它可以指单个油气藏的规模，也可以指由多个相邻且相似油气藏组成的油气藏群的分布规模。根据油气藏的聚集样式或分布特征，赵靖舟等（2016，2017a）将油气聚集分为连续型、准连续型和不连续聚集3种类型，并认为三者在纵向上具有有序分布的特征（图5.119、图5.120）。其中，连续型和准连续型油气聚集类型具有大面积分布特征，而不连续型聚集（即常规油气藏）尽管也存在大面积分布的实例，但总体上不如连续型和准连续型聚集分布的面积大（Zhao et al.，2019a，2019b）。因此，目前全球发现的大面积油气聚集主要为连续型和准连续型油气藏。

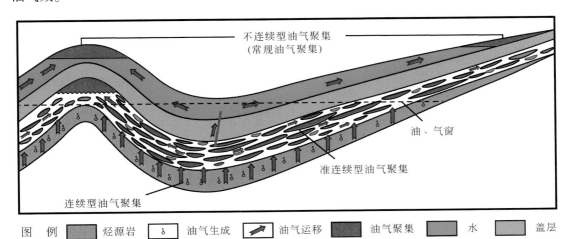

图 5.119 连续型、准连续型和不连续型油气藏形成与分布模式图（据赵靖舟等，2017a）

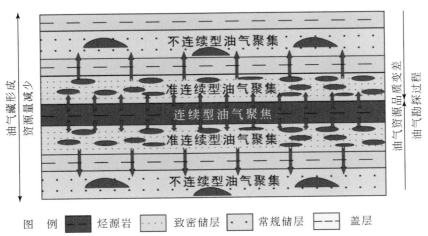

图 5.120 连续型、准连续型和不连续型纵向油分布示意图（据赵靖舟等，2017a）

就连续型和准连续型油气藏而言，尽管二者都具有大面积分布的特征，但在油气水分布、源储关系、储层条件、运移距离与通道、运移方式、圈闭及聚集机理、油气富集主控因素、油气富集位置、资源特点等多个方面仍存在一定甚至明显差异（赵靖舟等，2012，

2016，2017a）。

1）连续型油气聚集

"连续型聚集"概念最早由美国地质调查局在 20 世纪 90 年代中期提出（Schmoker，1995），是指空间分布范围大、无清晰边界的油气聚集，且其或多或少不依赖于水柱（边、底水）而存在。Schmoker（1995，2002）认为，一个连续型油气藏，实际上就是一个单个区域性分布的、不受水柱显著影响的大型油气田，其形成并不直接受天然气在水中的浮力控制，也不是由下倾油气水界面所界定的若干个分散的油气田组成。按照 Schmoker（1995，2002）的看法，连续型聚集属于非常规油气藏，包括煤层气、盆地中心气、致密气、页岩气和天然气水合物等。但赵靖舟等（2012，2013）认为，真正的连续型聚集应是在烃源岩内形成的油气聚集，其典型代表为页岩油气、煤层气等，尽管并非所有的页岩油气藏和煤层气藏均为连续型聚集；而 Schmoker（1995，2002）列举的盆地中心气、致密气实际上并非连续型聚集，而主要为准连续型聚集，其次为不连续型（常规圈闭型）聚集（赵靖舟等，2012，2013，2016，2017a）。

典型的连续型聚集具有以下主要特征，即油气聚集发生于烃源岩内，源储一体，油气主要为原位聚集或就近聚集成藏，无需经过显著运移；储层致密–超致密，渗透率在纳达西–毫达西之间；油气大面积连续分布，一个连续型聚集实际上仅由一个油气藏构成，缺乏明确边界，不存在边水和底水；油气聚集基本不受圈闭控制，但受"甜点"控制（赵靖舟等，2016）。

2）准连续型油气聚集

准连续型油气聚集是指由多个相互邻近的中小型油气藏所构成的油气藏群，油气藏呈准连续分布，无明确的油气藏边界（赵靖舟等，2012，2013）。由于组成准连续型聚集的众多油气藏在纵向上相互叠置、在平面上复合连片，因而平面上往往表现为"连续"分布面貌，而剖面上则呈不连续分布特征。亦即，油气藏平面上"连续"、剖面上不连续，故称之为准连续（赵靖舟等，2016，2017a；Zhao et al.，2019a）（图 5.119）。准连续型油气聚集的典型代表为致密油气藏，研究表明，致密油气藏（包括致密砂岩和致密碳酸盐岩油气藏）主要即为准连续型聚集。但并非所有的致密油气均为准连续型聚集；除准连续型聚集外，致密油气还存在不连续型聚集（赵靖舟，2012；赵靖舟等，2013，2016，2017a）。

赵靖舟等（2017a）、Zhao 等（2019a）提出准连续型油气聚集具有以下十大特征，可作为其鉴别依据：

（1）油气分布面积较大，无明确边界；

（2）油气呈准连续分布，一个准连续聚集由多个相邻的中小型油气藏组成；

（3）油气水分布复杂，无区域性油气水倒置，边、底水无或仅局部分布；

（4）源储邻近，大面积分布；

（5）油气为大面积弥漫式充注，初次运移直接成藏和短距离二次运移成藏；

（6）油气运移聚集为非浮力驱动，非达西流运移为主；

（7）储层致密，且多"先致密后成藏"；

（8）油气藏多具异常压力，且压力系统复杂；

（9）油气聚集主要受非背斜圈闭控制，背斜圈闭基本不起控制作用；

（10）油气藏形成和分布于平缓凹陷和斜坡地区，烃源、储层及封盖层是其主要控制因素。

可以看出，准连续型与连续型聚集的区别在于：油气聚集主要形成于邻近烃源岩的致密储层中，油气须经过初次运移或短距离二次运移才能聚集成藏；油气呈大面积准连续分布，一个准连续聚集由多个彼此相邻的中小型油气藏组成；油气聚集基本不受背斜圈闭控制，而主要受非背斜圈闭特别是岩性圈闭控制。

2. 玛湖源上砾岩大油区为跨层型准连续型成藏模式

研究表明，玛湖凹陷源上砾岩大油区成藏具有源储分离、油气强力充注、断裂高效输导、油气跨层运移、岩性圈闭成藏、油藏大面积准连续分布的特征（图 5.121、图 5.122），属于准连续型油气聚集（支东明，2016）

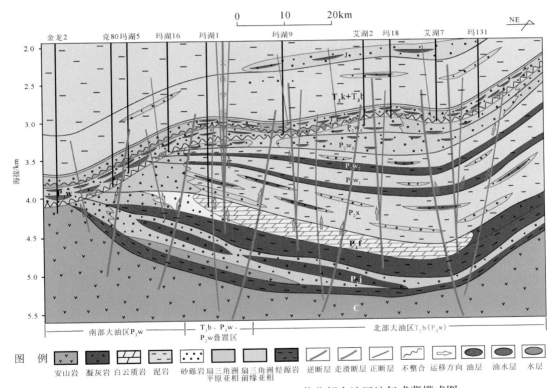

图 5.121　玛湖凹陷过金龙 2—玛 131 井北部大油区油气成藏模式图

1）断裂强力输导，源上跨层运移

玛湖凹陷源上砾岩大油区主要含油气层位三叠系百口泉组、二叠系上乌尔禾组等普遍存在异常高压，地层压力系数在凹陷东南部和达巴松扇凸起超过 1.7，个别井超过 1.9。其压力系数变化主要受二叠系风城组等烃源岩生烃增压等因素控制，在生烃增压产生的强大超压驱动下，烃源岩生成的油气沿着通源断裂向上跨层运移至源上砂砾岩储层中聚集成

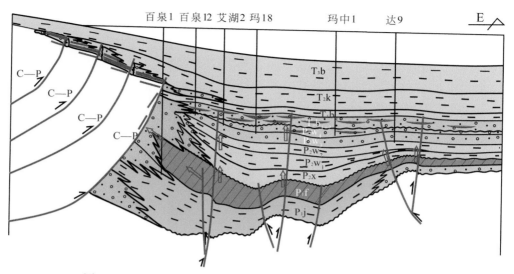

图 5. 122　玛湖凹陷过百泉 1—达 9 井北部大油区油气成藏模式图

藏。多期多类通源断裂的广泛分布，为源上大面积成藏提供了高效供烃通道。其中，三叠系百口泉组和中二叠统下乌尔禾组油气来自风城组为主的高成熟烃源岩（阿布力米提等，2015；雷德文等，2017），形成北部大油区和环凹油区；二叠系上乌尔禾组油气主要来自风城组和佳木河组烃源岩，还包含下乌尔禾组和石炭系，这些烃源岩生成的油气通过多种方式进入储层中，并在古凸起、成岩致密带以及泥岩的遮挡作用下，形成南部大油区。

　　与源储相邻的典型准连续型成藏模式相比，玛湖源上砾岩大油区油气藏为源–储间隔型或跨层型准连续型成藏模式，其主要储层与主力烃源岩二叠系风城组垂向跨度为 1000 ~ 4000m。因此，玛湖凹陷源上砾岩大油区是一种源储分离、跨层运移形成的准连续型油气聚集。这种源储分离、跨层成藏、准连续型分布油藏的发现，是对准连续型油气成藏模式的一个重要补充，从而进一步丰富了对油气成藏模式的认识，有利于指导今后玛湖凹陷源上致密砾岩油气藏勘探，同时对于其他类似致密盆地油气勘探也具有借鉴意义。

　　2）储封一体、"一砂一藏、一扇一田"、大面积准连续分布

　　由于玛湖凹陷二叠系风城组优质烃源岩的大面积分布、通源断裂的广泛分布、源上浅水扇三角洲沉积的满凹分布，三大成藏要素的广泛分布及其有效耦合决定了玛湖源上砂砾岩储层普遍具有大面积成藏特征。而且，受扇三角洲沉积相带控制，每个扇三角洲体本身就是一个自储自封、储封一体的圈闭体，其中发育多个砂砾岩储集体，每个砂砾岩体构成一个独立的岩性圈闭，从而使得已发现的油气藏具有"一砂一藏、一扇一田"、大面积分布的成藏特征。但玛湖源上砂砾岩储层大面积成藏并非如页岩油气那种典型源储一体型连续型聚集，而属于准连续型成藏模式。这在源上分布的百口泉组、上乌尔禾组及下乌尔禾组 3 个主要含油气层系中均有明显体现。

　　A. 三叠系百口泉组大面积准连续型油藏

　　玛湖凹陷百口泉组油气分布主要集中在斜坡位置，具有分布面积广、储量规模大的特

点。其中百一段扇三角洲前缘亚相砂砾岩体分布面积为 3570km², 百二段为 4740km², 百三段为 2750km², 叠合面积约为 5000km², 有利勘探面积为 4200km²。截至 2019 年, 在玛北斜坡、玛西斜坡、玛东斜坡和玛南斜坡发现了多个岩性油藏群, 百口泉组已落实三级石油地质储量为 4.67×10⁸t。

　　玛湖凹陷百口泉组发育 5 个退覆式浅水扇三角洲前缘亚相沉积体, 形成纵向上多层叠置、横向上复合连片的砂体分布特征, 其周围被扇三角洲平原亚相富泥砂砾岩和滨浅湖相泥岩封堵, 从而形成大面积分布的岩性圈闭体, 油藏类型普遍以岩性油藏为主。而且, 同一地区各砂体的原油性质、压力系统存在一定差异, 说明各砂体油藏之间相互独立, 具有一砂一藏、准连续分布特征, 形成北部大油区扇控大面积分布的岩性油藏群 (图 5.123、图 5.124)。

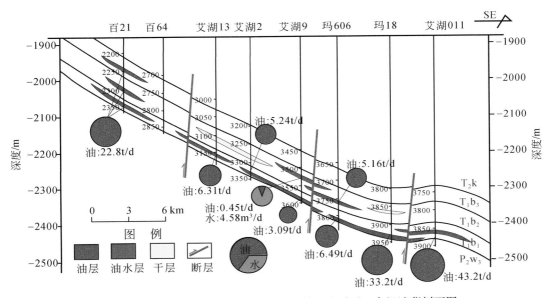

图 5.123　玛西斜坡过百 21—艾湖 011 井三叠系百口泉组油藏剖面图

B. 上乌尔禾组大面积准连续油气藏

　　玛湖凹陷二叠系上乌尔禾组目前所发现的油气藏主要分布在中南部斜坡位置, 在中拐凸起北斜坡和玛湖凹陷南斜坡形成两个大型油气藏群。截至 2018 年, 已落实三级石油地质储量为 6.12×10⁸t。该两大油气藏群的原油和天然气分别主要来自二叠系风城组腐泥型烃源岩和二叠系佳木河组偏腐殖型烃源岩, 由于两套烃源岩特别是风城组油源岩在中拐凸起北斜坡和玛湖凹陷南斜坡一带演化程度不如凹陷中北部高, 因而形成二叠系上乌尔禾组两大油气藏群以中质油为主、轻质油为辅的特点。

　　玛湖凹陷二叠系上乌尔禾组油气藏群主要受中拐扇和白碱滩扇两大物源体系控制, 形成广覆式分布的扇三角洲前缘沉积砂砾岩体。这些砂砾岩体也具有纵向叠置、横向连片的分布特征, 油气藏分布亦表现为一砂一藏、准连续分布 (图 5.125)。虽然目前多口井试油出现油水层或者水层, 但并未发现明显的边底水, 且除局部地区外, 构造对油水分布大多无明显控制作用。受储层致密、非均质性强的影响, 单个油藏的油气水表现为同层混储特点，因而试油结果表现为油水同出。

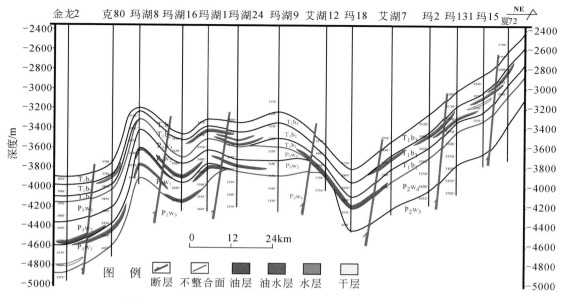

图 5.124　玛湖凹陷斜坡带过金龙 2—夏 72 井油气藏剖面图

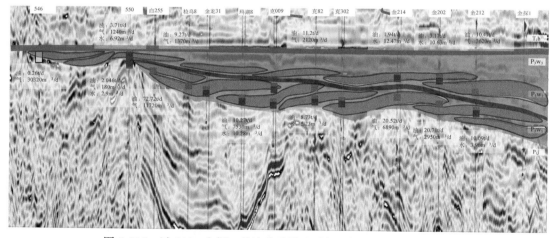

图 5.125　过 546—金探 1 井连井地震地质解释剖面（沿 T_1b 拉平）

C. 下乌尔禾组大面积准连续型油气藏

玛湖凹陷下乌尔禾组已发现玛南油藏群、玛北油藏群和玛东油藏群 3 个岩性油藏群，分别位于玛南斜坡、玛北斜坡和玛东斜坡。其砂体主要受白碱滩扇、夏子街扇、夏盐扇和达巴松扇等浅水扇三角洲沉积控制，储层为多期扇三角洲前缘亚相沉积砂体，表现出纵向叠置、横向连片分布特征，其间为泥岩和扇三角洲平原亚相致密砾岩分隔，从而形成上述岩性油藏群。其中玛南油藏群下乌尔禾组目前已发现亿吨级储量规模，试油结果多为纯油层和含油层，油水层较少，未见纯水层，未见边底水。玛北油藏群试油结果见纯油层、含油层、油水层、水层和干层，但水层均为孤立透镜体状砂体，未与油层相连通。玛东油藏群砂体为透镜体状分布，亦未见边底水分布。

下乌尔禾组目前勘探程度总体较低，但对玛湖凹陷源上砾岩油气成藏条件对比分析表明，下乌尔禾组具有与百口泉组、上乌尔禾组相似的成藏条件，勘探潜力较大。如下乌尔禾组亦发育退覆式浅水扇三角洲沉积，优质储层为扇三角洲前缘亚相贫泥砂砾岩体，其上为扇三角洲前缘亚相分流间湾或滨浅湖相泥岩盖层，侧向上在靠近物源方向有扇三角洲平原亚相成岩致密砂砾岩作为遮挡条件，从而形成良好的储封配置关系。每个扇三角洲体就是一个自储自封、封储一体的圈闭体，其中具有多个岩性圈闭，从而形成"一砂一藏、一扇一田"、准连续分布的成藏特征。而且，其油气同样主要来自于风城组烃源岩，其次为佳木河组、下乌尔禾组和石炭系烃源岩。更为有利的是，相对于三叠系百口泉组、二叠系上乌尔禾组储层来说，下乌尔禾组与烃源岩层系距离更短，具有"近水楼台先得月"的优势。这些优越条件为下乌尔禾组大面积成藏提供了可能。

5.4　玛湖凹陷源上砾岩大油区成藏主控因素与富集规律

玛湖凹陷源上砾岩大油区三叠系百口泉组、二叠系上乌尔禾组和下乌尔禾组大面积油气藏的形成和富集高产主要受"坡、扇、断、源、压"五大要素控制，即弱变形缓坡背景、储封一体的扇三角洲沉积、广布的通源断裂、优质烃源岩条件及超压强度大小，油气主要富集于弱变形缓坡背景之上、有通源断裂与主力烃源岩相沟通的扇三角洲前缘亚相砂砾岩储层中，而且在超压强度大（压力系数大于 1.4）和油质轻（密度小于 0.83g/cm³）条件下往往形成高产与稳产。

5.4.1　弱变形缓坡背景

1. 弱变形缓坡背景有利于浅水扇三角洲沉积满凹分布

一方面，自二叠纪沉积以来，玛湖凹陷构造背景整体较为稳定，构造活动微弱，从而为玛湖凹陷浅水扇三角洲满盆沉积及源上大油区形成创造了优越条件。根据对玛北斜坡构造演化剖面分析（图 5.126），三叠系克拉玛依组（T_2k）沉积前，百口泉组自西南向东北方向构造起伏微弱；侏罗系八道湾组（J_1b）沉积前，百口泉组继承了克拉玛依组时期的构造特征，构造起伏相对较为明显，尤其是凹陷边部夏 9 井附近，可见到微弱背斜构造特征；白垩系（K）沉积前，前期构造格局得到继承性发展，构造幅度明显增强，发育较为明显的缓坡背景，在靠近斜坡边缘处发育较为明显的背斜、鼻凸构造。

另一方面，由于边缘逆冲断层活动影响，玛湖凹陷斜坡区发育多期坡折，形成斜坡背景上的平台区。对二维、三维连片地震资料精细分析发现，斜坡区发育多条大型逆断层，主要发育时期为二叠纪风城组—下乌尔禾组沉积期，其中三叠纪是断裂活动的调整期，断层倾角大，断层断距明显变小，但对沉积环境与沉积相发育依然具有控制作用。这些断层使得玛湖凹陷斜坡区发育多坡折、多平台构造格局。纵向上，随着早三叠世湖平面上升，受坡折带和平台区坡度变化影响，扇体自下而上逐级跨越坡折向盆地周缘拓展（图5.127），其中缓坡坡折区以重力流沉积为主，发育扇三角洲平原亚相沉积砂体，平台区则主要为牵引流，形成纵向叠置的扇三角洲前缘砂砾岩体，如在过百75—玛中1井的剖面，可见3期坡折，形成了自西向东分布的两个平台区，且在平台区形成纵向叠置的多套砂体（图5.127）。

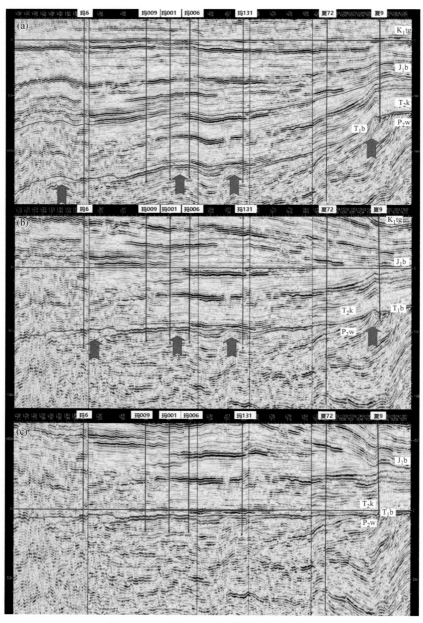

图 5.126　过玛 6—夏 9 井构造演化剖面

（a）K 拉平构造演化剖面；（b）J₁b 拉平构造演化剖面；（c）T₂k 拉平构造演化剖面

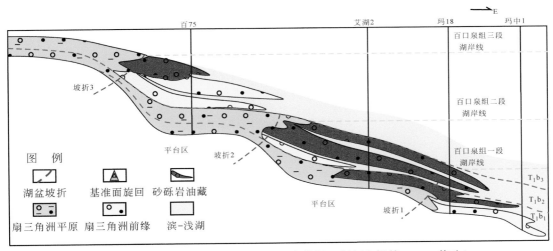

图 5.127　玛湖凹陷斜坡区多级坡折分布特征（据赵文智等，2019 修改）

　　缓坡构造背景及坡折带和平台区的发育，为玛湖凹陷大面积储层沉积及相带分异创造了条件。以玛东斜坡区百口泉组为例，该区百口泉组发育 2 级坡折带，分别控制着扇三角洲平原亚相、扇三角洲前缘亚相及过渡相带的分布范围（图 5.128、图 5.129）。其中一级坡折线主要沿玛东 2—玛东 3 井一线分布（图 5.128），该线以东主要为扇三角洲平原亚相；二级坡折线主要沿盐北 5—达 14 井北一线分布，该线以西主要为扇三角洲前缘亚相；两级坡折带之间为扇三角洲平原亚相与前缘亚相的过渡相带。对储层物性及含油气性分析

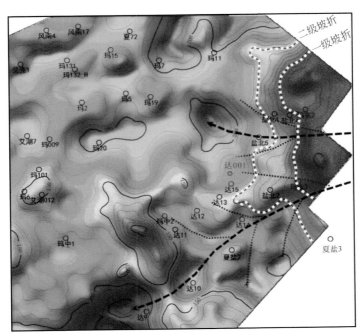

图 5.128　玛东斜坡三叠系百口泉组残余厚度图

表明，由扇三角洲平原亚相过渡到前缘亚相，储层物性、含油性明显变好，即一级坡折以下地区为储层发育区，如达 13 井三叠系百口泉组砂体为扇三角洲前缘亚相砂砾岩储层，百二段试油获得高产，日产油 15.06t。

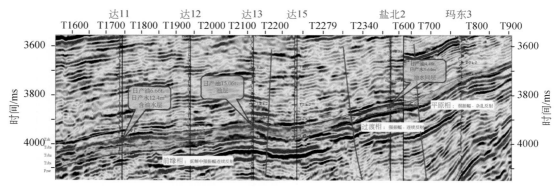

图 5.129　过达 11—玛东 3 井连井地震地质解释剖面

2. 弱变形缓坡背景有利于大面积成藏

前已述及，玛湖凹陷油气成藏时间主要为 3 期，分别为晚三叠世、早侏罗世和早白垩世，其中以早白垩世最为重要。通过地震剖面精细解释和平衡剖面法恢复，玛湖凹陷 3 个主力含油层位的古构造分布特征均具有凹陷边缘高、凹陷中心低的特征，并在凹陷边缘地区发育多个鼻凸带，这些鼻凸带控制着斜坡带油气藏的分布。

三叠系百口泉组古构造在凹陷东部、西部和南部边缘均为构造高部位（图 5.130），向南部构造海拔逐渐递减，且在凹陷周边发育多个继承性鼻凸带，包括玛湖 1 井鼻凸带、黄羊泉鼻凸带、玛北鼻凸带、夏盐鼻凸带、达巴松鼻凸带等。这些斜坡带上的鼻凸带对已发现百口泉组油气藏具有明显的控制作用，从而相应地形成了黄羊泉油藏群、玛南油藏群、玛北油藏群、玛东油藏群等。

二叠系上乌尔禾组古构造总体上呈现出凹陷西部高、东部低的特征，但海拔最低部位位于沉积地区中南部（图 5.131）。玛湖凹陷西部发育两个鼻凸带，分别为玛湖 1 井鼻凸带和中拐鼻凸带，其对上乌尔禾组油气藏形成和分布也具有明显控制作用。目前已发现的上乌尔禾组两大油气藏群玛南油气藏群和中拐油气藏群分别分布于玛湖 1 井鼻凸带和中拐鼻凸带。

二叠系下乌尔禾组古构造亦具有凹陷边缘高、中心低特征，但与上乌尔禾组古构造有一定差异。表现为凹陷北部和东部海拔高、南部低，沉积中心位于中南部（图 5.132）。凹陷内发育多个鼻凸带，包括玛湖 1 井鼻凸带、黄羊泉鼻凸带、玛中-玛北鼻凸带、盐北鼻凸带、夏盐鼻凸带和达巴松鼻凸带。由于勘探程度较低，目前仅发现玛南油藏群、玛北油藏群和玛东油藏群，其分布与鼻凸带形成良好的匹配关系，说明鼻凸起对下乌尔禾组油气藏同样具有控制作用。

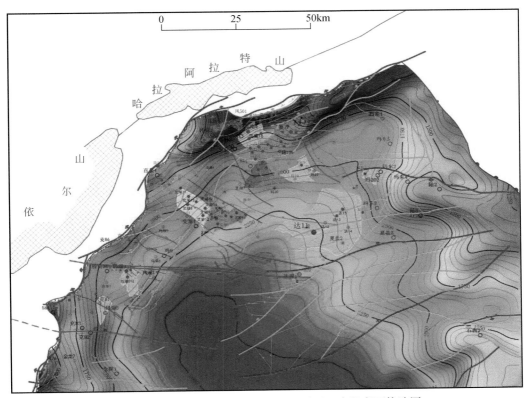

图 5.130　白垩纪末期玛湖凹陷三叠系百口泉组底面构造图

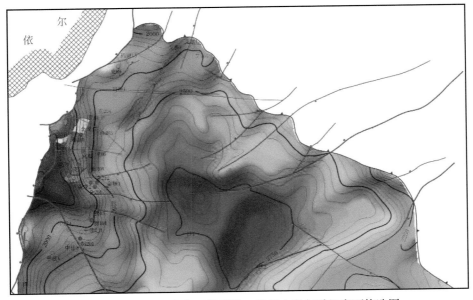

图 5.131　白垩纪末期玛湖凹陷二叠系上乌尔禾组底面构造图

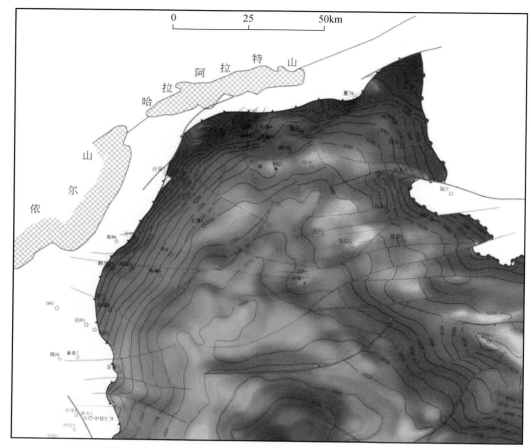

图 5.132　白垩纪末期玛湖凹陷二叠系下乌尔禾组顶面构造图

3. 弱变形缓坡背景有利于油气藏保存

如果说弱变形且相对平缓的古构造背景有利于浅水扇三角洲满凹沉积与油气大面积成藏的话，那么现今弱变形平缓构造背景则有利于大面积油气藏的保存。

玛湖凹陷三叠系百口泉组和二叠系上乌尔禾组、下乌尔禾组现今构造即为一相对简单的平缓斜坡构造，构造变形相对较弱，仅断裂相对发育，但目的层位断距不大。其中，三叠系百口泉组各大扇体坡度倾角较小，如黄羊泉扇坡度倾角为 1.15°、克拉玛依扇坡度倾角为 0.84°、夏盐扇坡度倾角为 2.86°。这种现今缓坡构造背景的存在有利于在致密储层中形成的大面积油气藏的保存。这对于玛湖大油区的形成同样十分重要。可以说正是由于成藏后直到现今持续存在的平缓弱变形构造格局，才使得玛湖大油区不仅油气藏的分布格局基本上保存了下来，而且原油性质也未发生大的变化，从而形成现今广布于凹陷斜坡及中部平台区的优质大油区。

5.4.2　储封一体的扇三角洲

1. 自储自封、封储一体的扇三角洲沉积

1）封储一体的扇三角洲体

玛湖凹陷三叠系百口泉组和二叠系上乌尔禾组、下乌尔禾组沉积期发育多个山口、沟槽、古鼻凸、坡折及平台区，形成坡折与平台相间分布的地貌特征。其中，山口、沟槽为沉积物搬运、快速卸载堆积提供了有利通道和场所，两翼古鼻状凸起影响着沟槽发育走向，控制着扇体的主槽走向（图 5.133），不同扇体沿着主槽（黑色粗虚线）方向沉积，形成扇三角洲平原亚相砂砾岩体，而主槽侧翼的平台区则发育扇三角洲前缘亚相砂体。扇三角洲平原亚相砂体运移距离较短，砂砾岩分选差，泥质含量高，往往形成富泥砂砾岩体，物性总体相对较差，大多难以成为有效储层，但却构成了良好的侧向遮挡条件，其与扇体周围及扇体顶部的滨浅湖相泥岩共同构成了玛湖凹陷扇三角洲油藏的封盖条件（图 5.134）。而位于沟槽两翼平台区大面积沉积的扇三角洲前缘亚相砂砾岩由于搬运距离远、分选较好、泥质含量较低，且有利于溶蚀孔发育，是玛湖扇三角洲沉积中最有利的储集相带，因而成为源上大油区油气藏形成和富集的主要部位。

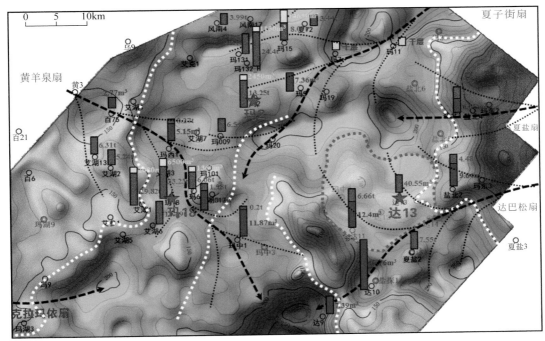

图 5.133　玛湖凹陷斜坡区三叠系百口泉组沉积前古地貌三维可视化图

可见，玛湖凹陷三叠系百口泉组和二叠系上乌尔禾组、下乌尔禾组扇三角洲沉积体系发育的不同相带在成藏中"各司其职"，形成良好的储封配置关系。可以说，每个扇三角

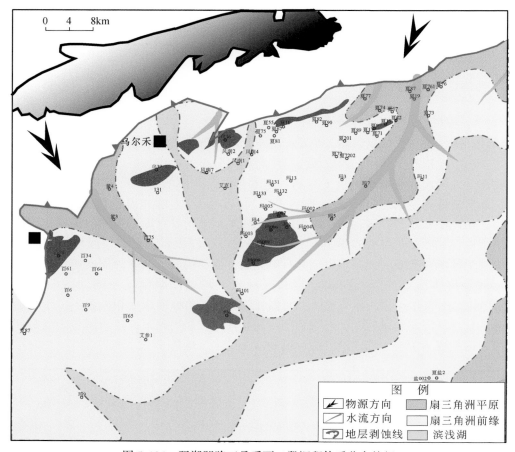

图 5.134　玛湖凹陷三叠系百二段沉积体系分布特征

洲体就是一个自储自封、封储一体的圈闭体，其中具有多个岩性圈闭，从而形成"一砂一藏、一扇一田"、准连续分布的成藏特征（图 5.135）。

2）底板质量评价

对玛湖凹陷扇三角洲油气藏形成而言，除了储层条件十分重要外，封盖条件同样非常重要。其中位于储层上方及扇三角洲体周围的滨浅湖泥岩作为良好封盖条件一般无多大问题，而常常作为底板的扇三角洲平原砂砾岩是否具有良好封堵条件则需要慎重分析和仔细评价。鉴此，利用电阻率和密度相对变化率对底板质量进行了定量表征和分类评价，并建立相应的分类标准。

定义电阻率相对变化率（σ_{RT}）为油层电阻率与底板电阻率的差值除以油层电阻率，即

$$\sigma_{RT} = \frac{RT_o - RT_i}{RT_o} \times 100 \qquad (5.1)$$

式中，RT_o 为油层电阻率测井值，常数；RT_i 为底板电阻率测井值。

定义密度相对变化率（σ_{DEN}）为底板密度测井值与油层密度测井值的差值除以油层密

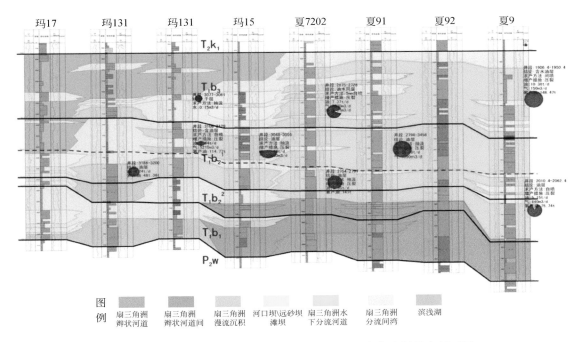

图 5.135　过玛 17—夏 9 井三叠系百口泉组沉积相与产量叠合剖面图

度测井值，同时为了与 σ_{RT} 在同一数量级，将其值乘以 1000，即

$$\sigma_{DEN} = \frac{DEN_j - DEN_o}{DEN_o} \times 1000 \tag{5.2}$$

式中，DEN_o 为油层密度测井值，常数；DEN_j 为底板密度测井值；

通过对已有井底板分类并计算相应的电阻率和密度相对变化率（图 5.136），可看出电阻率和密度相对变化率能较好区分达 13 井区底板类型。

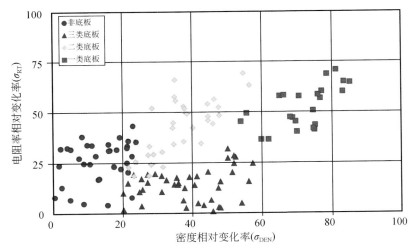

图 5.136　达 13 井区百二段电阻率变化率（σ_{RT}）与密度相对变化率（σ_{DEN}）交会图

为了更加直观定量表征底板质量和分类评价，综合考虑电阻率与密度相对变化率对底板分类的影响，提出了底板质量评价因子 Q_f，即

$$Q_f(k) = \lambda_1 \times \sigma_{RT}(k) + \lambda_2 \times \sigma_{DEN}(k) \tag{5.3}$$

式中，λ_1、λ_2 分别为电阻率相对变化率 σ_{RT} 和密度相对变化率 σ_{DEN} 的权系数，由 σ_{RT} 和 σ_{DEN} 与底板分类的相关系数确定，即

$$\lambda_1 = \frac{\mu_1}{\mu_1 + \mu_2} \tag{5.4}$$

$$\lambda_2 = \frac{\mu_2}{\mu_1 + \mu_2} \tag{5.5}$$

式中，μ_1、μ_2 分别为电阻率相对变化率 σ_{RT} 和密度相对变化率 σ_{DEN} 与底板分类相关系数，经过分析，得到 $\mu_1 = 0.547$，$\mu_2 = 0.826$，代入式（5.4）和式（5.5），得到 $\lambda_1 = 0.398$，$\lambda_2 = 0.602$，代入式（5.3），即可得到底板质量评价因子 Q_f 的计算公式，并代入底板分类样品点，得到底板质量分类标准，其中 Ⅰ 类底板：$Q_f \geqslant 52$；Ⅱ 类底板：$34 \leqslant Q_f < 52$；Ⅲ 类底板：$22 \leqslant Q_f < 34$；非底板（储层）$Q_f < 22$。

结合试油结论，对玛东斜坡百二段 6 口井储层与底板质量配置关系进行评价（图 5.137，表 5.3），达 11 井和盐北 2 井油藏底板为 Ⅱ 类，储层分类分别为 Ⅱ 类和 Ⅲ 类，试油结论均为含油水层。以此为标准，评价达 13 井百口泉组油藏储层为 Ⅰ 类，底板为 Ⅱ 类，预测流体与试油结论相符，均为油层；达 15 井百口泉组油藏储层为 Ⅰ 类，底板为 Ⅰ 类，预测流体与试油结论相符，均为油层；达 12 井百口泉组油藏储层为 Ⅱ 类，底板为 Ⅲ 类，预测流体与试油结论相符，均为含油水层；达 14 井百口泉组油藏储层为 Ⅲ 类，底板为 Ⅰ 类，预测流体与试油结论相符，均为含油水层。

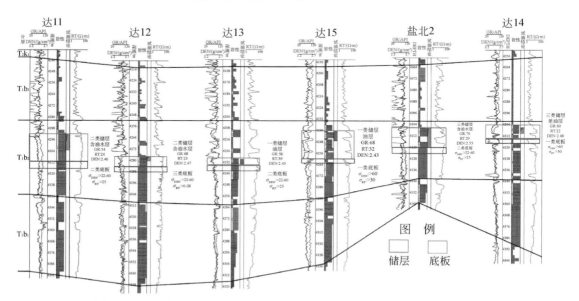

图 5.137　玛东斜坡区三叠系百口泉组不同类型储层与底板质量配置剖面图

表 5.3　玛东斜坡区百口泉组不同类型储层与底板质量配置统计表

井号	标定井		验证井			
	达 11	盐北 2	达 13	达 15	达 12	达 14
底板分类	Ⅱ 类	Ⅱ 类	Ⅱ 类	Ⅰ 类	Ⅲ 类	Ⅰ 类
储层分类	Ⅱ 类	Ⅲ 类	Ⅰ 类	Ⅰ 类	Ⅱ 类	Ⅲ 类
预测流体类型	—	—	油层	油层	含油水层	差油层
试油结论	含油水层	含油水层	油层	油层	含油水层	含油层

　　另外，储封配置关系也影响着圈闭的有效性。通过储层孔隙结构与围岩孔隙结构特征分析认为，当储层孔喉半径与围岩孔喉半径比值大于 8 时，圈闭能聚集油气；当两者比值小于 8 时，圈闭不能聚集油气，如玛北斜坡带玛 139—玛 20 井百口泉组剖面上存在多个圈闭（图 5.138，表 5.4），其中①号圈闭和⑥号圈闭的储层孔喉半径与围岩孔喉半径比值小于 8，圈闭为空圈闭，未能形成油气聚集；其他圈闭的比值大于 8，测井解释为油层或者含油水层，圈闭有效。

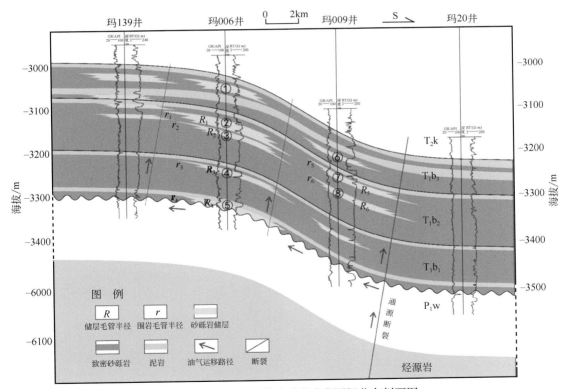

图 5.138　玛北斜坡带砂砾岩成岩圈闭分布剖面图

表 5.4 玛北斜坡区砂砾岩成岩圈闭数据统计表

圈闭代号	毛细管半径比值	含油饱和度	试油成果	圈闭有效性
①	$R_1/r_1 = 4.2$	无	无	无效
②	$R_2/r_2 = 323.3$	高（63%）	油层	有效
③	$R_3/r_3 = 199.4$	高（61%）	油层	有效
④	$R_4/r_4 = 8.5$	低（27%）	含油水层	有效
⑤	$R_5/r_5 = 266.6$	高（64%）	油层	有效
⑥	$R_6/r_6 = 7.6$	低（21%）	水层	无效
⑦	$R_7/r_7 = 763.9$	高（58%）	油层	有效
⑧	$R_8/r_8 = 47.7$	中（45%）	油水同层	有效

2. 扇三角洲前缘亚相油气最为富集

玛湖凹陷二叠系下乌尔禾组—三叠系百口泉组潜在储集层发育于扇三角洲前缘和扇三角洲平原沉积环境，岩性主要为扇三角洲平原亚相褐色砂砾岩、褐色砾岩和扇三角洲前缘亚相水下分流河道微相灰色砂砾岩、砾岩。

1）百口泉组

砂砾岩储集体的岩石类型、分选性、泥质杂基含量以及溶蚀孔隙发育程度是影响储层优劣的主要因素。以玛湖凹陷斜坡带三叠系百口泉组为例，扇三角洲前缘亚相水下分流河道、河道间湾等微相中的灰色砂砾岩，特别是处于主河道中的砂体，水动力条件强，受河水及湖水淘洗作用相对充分，泥质含量低，分选性和孔隙结构相对较好，颗粒溶蚀孔隙广泛发育，因而储集性能相对较好（图 5.139）。相比而言，发育于扇三角洲平原亚相的褐

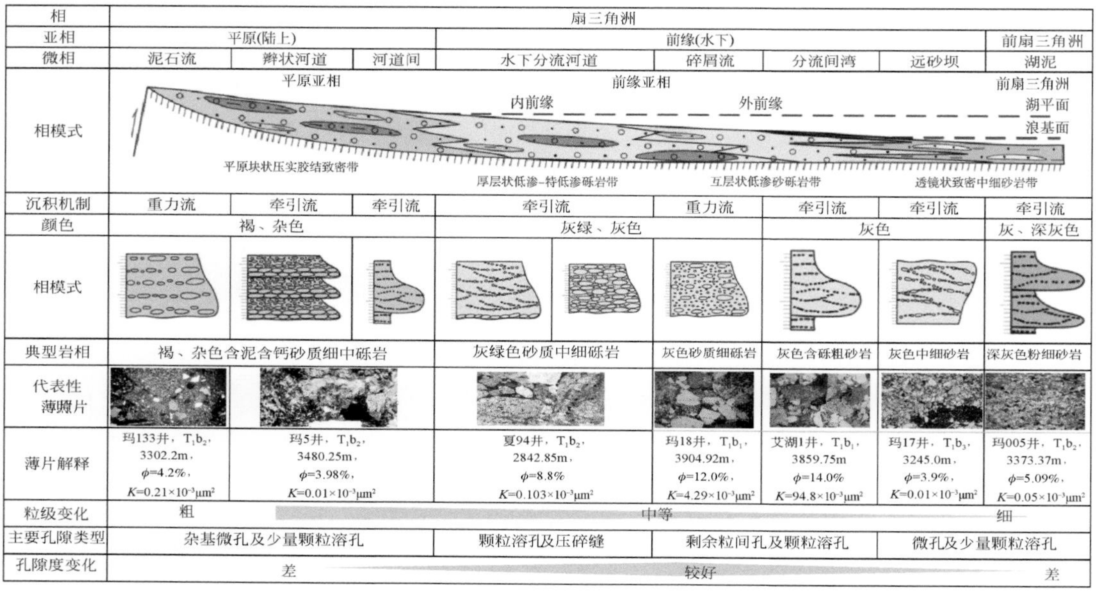

图 5.139 玛湖凹陷三叠系百口泉组扇三角洲不同沉积相带沉积特征对比

色砂砾岩、褐色泥质砾岩，分选相对较差，泥质杂基含量高，砂、泥、砾石大小混杂堆积，孔隙结构及连通性差，颗粒溶孔局部发育，因而储集性能相对较差。因此，百口泉组有效储层主要为扇三角洲前缘水下分流河道微相沉积的灰色砂砾岩、砾岩，而扇三角洲平原亚相的褐色砂砾岩、砾岩大多为非储集层。目前发现的油气高产区均位于扇三角洲前缘亚相砂体。

在扇三角洲前缘亚相中，以水下分流河道微相储集性为最好，油气也最为富集。根据离物源远近，玛北斜坡夏子街扇西翼扇三角洲前缘亚相可划分为 3 个井区（图 5.135），分别为外扇玛 131 井区（玛 17 井、玛 131 井）、中扇玛 15 井区（玛 13 井、玛 15 井）和内扇夏 72 井区（夏 7202—夏 9 井）。该扇三角洲西翼自外扇至内扇含油层位变新。其中，中扇玛 15 井区位于扇三角洲前缘中部地区，一般位于水道之间或者水道前部，发育前缘亚相分流河道砂体，含油层位为百二段一砂组，产量高，该井区平均产量为 13.99t/d；外扇玛 131 井区多发育前缘亚相和滨浅湖相，仅发育下部砂层，砂砾岩厚度明显变薄，泥质含量相对较高，含油层位为百二段一砂组下段，产量相对较高，为 8.14t/d；内扇夏 72 井区主要为扇三角洲平原亚相和前缘亚相，一般发育大套砂砾岩，由于搬运距离短，分选较差，储层物性较低，产量相对较低，为 5.52t/d，但该类储层通过水平井改造，仍可以获得较高产量。

2）上乌尔禾组

玛湖凹陷上乌尔禾组地层在平面上呈"半环带"状向西、北、东超覆尖灭，发育中拐、克拉玛依、白碱滩、达巴松等一系列向凹陷延伸的扇三角洲沉积体。由于受勘探程度限制，目前发现的油气主要集中在中拐扇和白碱滩扇。其中扇三角洲前缘亚相主河道、分支河道水动力强，泥质杂基含量低，多为颗粒支撑砾岩，成岩过程中储层抗压能力强，因而压实作用和胶结作用弱，有利于原生孔隙保存，进而有利于油气富集高产。目前发现的上乌尔禾组油气主要即分布于扇三角洲前缘亚相砂砾岩体（图 5.140）。其储层孔隙度平均为 8.07%（$N=641$），主峰分布为 5%~10%，占总数的 72%，渗透率平均为 $7.02×10^{-3}$ μm^2（$N=618$），局部发育高渗透支撑砾岩，可达 $100×10^{-3}$ μm^2。统计发现，扇三角洲前缘水下主分流河道含油性最好，试油多为油层，而分支河道试油结果多为含油层，其余砂体的含油性则明显变差。而扇三角洲平原亚相主要为泥质含量相对较高的富泥砂砾岩，孔隙度平均 5.6%（$N=231$），渗透率平均为 $1.12×10^{-3}$ μm^2（$N=225$），明显低于扇三角洲前缘亚相储层，因而含油性也较差。

3）下乌尔禾组

与三叠系百口泉组和二叠系上乌尔禾组相似，下乌尔禾组扇三角洲前缘亚相储层物性好于扇三角洲平原亚相，且普遍发育次生溶蚀孔隙。通过玛东斜坡区下乌尔禾组达探 1—夏盐 4 井连井剖面对比分析（图 5.141），夏盐 3 井和夏盐 4 井下乌尔禾组发育扇三角洲平原亚相砂砾岩，储层孔隙度分布范围为 4%~9%，平均为 5.92%，岩心观察几乎不含油；而夏盐 2 井和盐 001 井发育扇三角洲前缘亚相河道砂砾岩，储集孔隙度分布范围为 7.2%~13.5%，平均为 9.67%，试油结果为含油层。除此之外，盐北地区盐北 4 井和玛中 2 井下乌尔禾组发育扇三角洲前缘亚相沉积砂岩，储层物性普遍较好，储层孔隙度最高可达 13.6%，

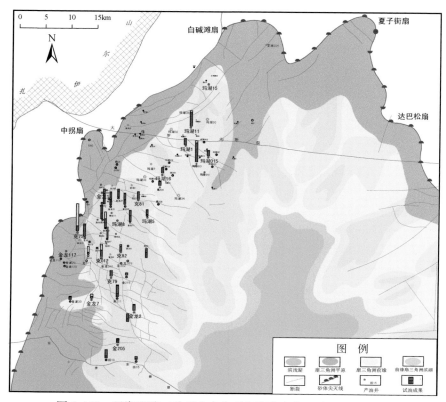

图 5.140　玛湖凹陷二叠系上乌尔禾组沉积相与试油成果交会图

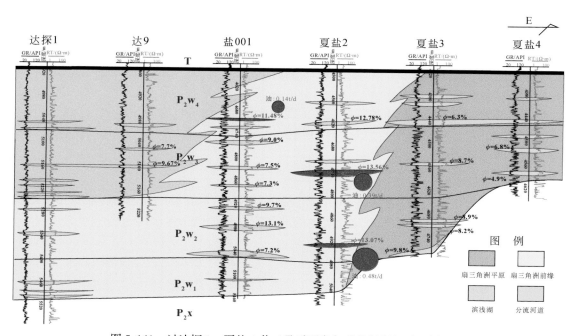

图 5.141　过达探 1—夏盐 4 井二叠系下乌尔禾组沉积相对比剖面图

试油结果为油层。

3. 储层条件的控制作用

1）百口泉组

对百口泉组不同含油级别储层的黏土矿物含量与孔隙度关系分析表明（图 5.142），二者具有明显的负相关性，随着黏土含量减少，孔隙度以指数方式增大，岩心含油级别明显变好。当黏土含量大于 7%，储层孔隙度小于 6% 时，岩心含油级别主要为无显示、荧光和部分油迹；当黏土含量小于 7%，储层孔隙度大于 6% 时，含油级别主要为油迹和油斑；黏土含量小于 6%，孔隙度大于 8% 时，含油级别显示多为油斑及部分油浸以上级别，黏土含量小于 5% 时，孔隙度大于 10% 时，含油级别有油浸和富含油级别。

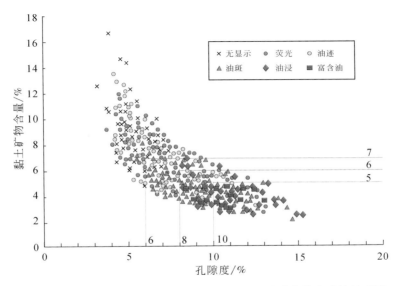

图 5.142　玛湖凹陷三叠系百口泉组黏土含量、孔隙度的含油性关系图

就百口泉组不同含油级别储层的孔隙度与渗透率关系而言，二者具有较好的正相关性（图 5.143），随着储层孔隙度增加，渗透率也逐渐增加，含油级别也呈现出明显变好趋势。当孔隙度小于 6%，渗透率小于 $0.1\times10^{-3}\,\mu m^2$ 时，岩心含油级别为无显示、荧光和油迹；当孔隙度为 6%~8%，渗透率分布在 $(0.1\sim1)\times10^{-3}\,\mu m^2$ 时，无显示含油级别明显减少，主要为荧光、油迹和油斑；当孔隙度为 8%~10%，渗透率分布在 $(1\sim5)\times10^{-3}\,\mu m^2$ 时，含油级别主要为油斑；当孔隙度大于 10%，渗透率大于 $5\times10^{-3}\,\mu m^2$ 时，含油级别主要为油斑及以上级别显示。

在玛湖凹陷斜坡区三叠系百口泉组储层岩性、物性、含油性、储集空间等研究的基础上，结合试油成果，评价了百口泉组砂砾岩储层，并将其划分为 4 种类型（表 5.5）。其中：

Ⅰ类储层岩性主要为灰色含砾粗砂岩及灰色砂质细砾岩，孔隙度大于 10%，渗透率大于 $5\times10^{-3}\,\mu m^2$，黏土矿物含量小于 5%，含油饱和度为 55%~80%，排驱压力小于

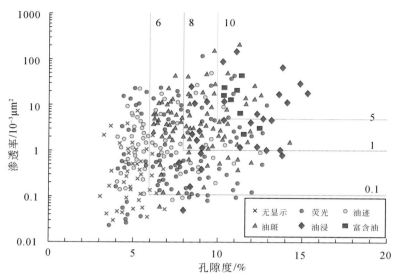

图 5.143　玛湖凹陷三叠系百口泉组渗透率、孔隙度与含油性关系图

0.2MPa，平均毛细管半径大于1.3μm，分选性好，泥质含量低，粒间孔和粒间溶蚀孔隙发育，可获得高产，产量大于10t/d。

Ⅱ类储层岩性主要为灰绿色细砾岩、小中砾岩和大中砾岩，孔隙度为8%~10%，渗透率为（1~5）×10⁻³μm²，黏土矿物含量为5%~6%，含油饱和度为50%~70%，排驱压力为0.2~0.4MPa，平均毛细管半径为0.5~1.3μm，分选中等，填隙物含量高，粒间孔和粒间溶蚀孔隙较为发育，通常可达到工业油流，产量为6~10t/d。

Ⅲ类储层岩性主要为灰色中细砾岩、灰绿色大中砾岩，孔隙度为6%~8%，渗透率为（0.1~1）×10⁻³μm²，黏土矿物含量为6%~7%，含油饱和度为40%~60%，排驱压力为0.4~1.3MPa，平均毛细管半径为0.4~0.5μm，储集空间主要为微孔和颗粒溶孔，可获得低产油气流，产量小于6t/d。

Ⅳ类储层岩性主要为钙质砾岩、褐-杂色泥质大中砾岩、粗砂岩，孔隙度小于6%，渗透率小于0.1×10⁻³μm²，黏土矿物含量大于7%，含油饱和度小于40%，排驱压力大于1.3MPa，平均毛细管半径小于0.4μm，分选性差，孔隙类型主要为微孔隙，往往为非储层。

储层中黏土矿物类型的不同，油气富集程度也存在差异。对玛北斜坡区百口泉组不同试油结果的储层自生高岭石和伊利石体积分数含量统计分析（图5.144），含油储层中的高岭石含量较高，分布范围主体为20%~55%，尤其是油层主体范围为30%~55%，伊利石含量低，主体分布范围小于20%；而水层的高岭石含量低，基本上小于20%，伊利石含量为15%~40%。百口泉组中富含自生高岭石的储层原生粒间孔隙较发育，烃源岩生烃前排出的有机酸对长石、岩屑颗粒内不稳定组分进行溶蚀扩孔作用，增加了此类储层的渗流优势。后期烃源岩生烃排出的油气在二次运移过程中沿渗流优势通道优先进入储层，油气的注入使该类储层中孔隙水被驱出，且改变了储层原有的富碱性成岩介质环境，而转化

表 5.5　玛湖凹陷斜坡区三叠系百口泉组储层分类标准

储层类型	典型岩性	孔隙度/%	渗透率/10⁻³ μm²	黏土含量/%	含油饱和度/%	排驱压力/MPa	平均毛细管半径/μm	压汞曲线	铸体薄片	产量/(t/d)	储层评价
I	灰色含砾粗砂岩、砂质细砾岩	>10	>5	<5	55~80	<0.2	>1.3			>10	较好
II	灰绿色细砾岩、小中砾岩、大中砾岩	8~10	1~5	5~6	50~70	0.2~0.4	0.5~1.3			6~10	中等
III	灰色含中细砂岩、灰绿色大中砾岩	6~8	0.1~1	6~7	40~60	0.4~1.3	0.4~0.5			<6	较差
IV	钙质砾岩、褐、杂色泥质大中砾岩、粗砾岩	<6	<0.1	>7	<40	>1.3	<0.4				非储层

为酸性环境，抑制了自生高岭石向伊利石的转变。而含水储层中高岭石和蒙脱石在富碱性还原环境中继续转化为伊利石，生成的丝发状伊利石在颗粒之间搭桥成纤维状网络，增大了油气注入的毛细管阻力，严重阻碍了油气充注。

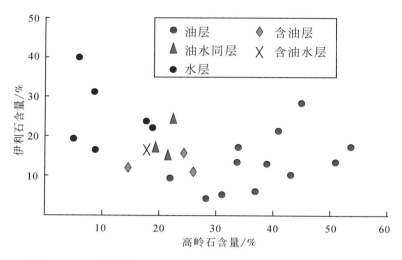

图 5.144　玛北斜坡区三叠系百口泉组不同含油性的自生高岭石、
伊利石体积分数交会图（据孟祥超等，2014）

对百口泉组储层孔隙度、渗透率与试油产量关系分析表明（图 5.145），储层孔隙度、渗透率与试油产量总体上存在正相关趋势。对百口泉组油层物性与测井解释含油饱和度关系分析可知（图 5.146），孔隙度与含油饱和度变化关系不明显，含油饱和度分布范围在 24.4%~66.3%，平均为 46.4%，对应的孔隙度主要分布在 6%~12%；而渗透率与含油饱和度有一定正相关性。

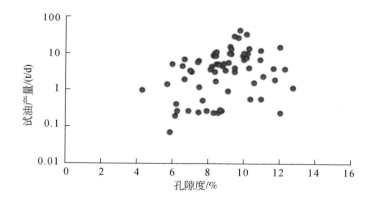

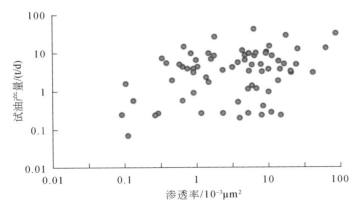

图 5.145　三叠系百口泉组储层孔隙度、渗透率与试油产量交会图

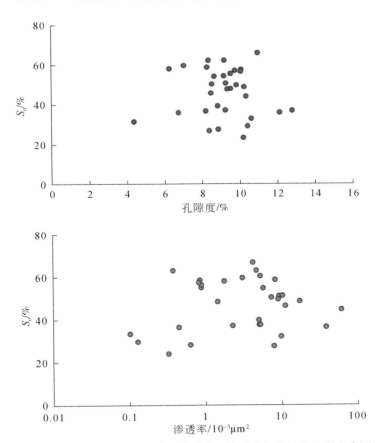

图 5.146　三叠系百口泉组储层孔隙度、渗透率与含油饱和度交会图

2）上乌尔禾组

对上乌尔禾组不同亚相泥质含量及其与试油结果关系的分析表明，扇三角洲前缘亚相主河道泥质含量最低，小于 3%，岩性为贫泥砂砾岩，其孔隙度均大于 8%，最高可达

18%，试油结果为油层；其次为扇三角洲前缘亚相分支河道，泥质含量为3%~5%，对应孔隙度为5%~9%，试油结果为含油层；部分扇三角洲平原亚相河道的试油结果也为含油层，但数据偏少；扇三角洲前缘亚相河道间、平原亚相分支河道和平原亚相河道间储层泥质含量多数大于5%，即为富泥砂砾岩，孔隙度小于8%，平均约5.4%，试油成果为干层。

　　然而，对上乌尔禾组储层物性与试油结果关系的分析表明（图5.147），储层物性与试油产量关系不明显，油层物性与测井解释的含油饱和度也仅具微弱正相关关系（图5.148），说明储层物性对上乌尔禾组油气富集高产控制作用不明显，暗示其他因素可能对该组油气藏形成和分布具有更大影响。

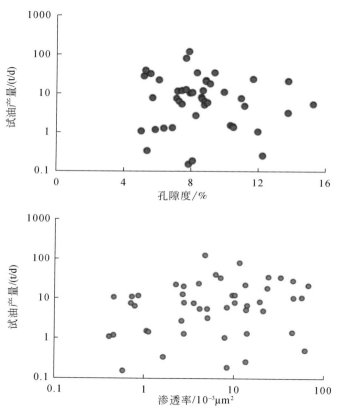

图5.147　二叠系上乌尔禾组储层物性与试油成果交会图

3）下乌尔禾组

　　玛湖凹陷下乌尔禾组油层也主要分布在扇三角洲前缘亚相分流河道砂砾岩中，砂砾岩厚度分布范围为0~30m。优质储层主要分布在河道主沟槽中，主沟槽内砂体厚度大、物性好，而主沟槽外砂体薄、物性差。

　　储层岩石成分中刚性颗粒、泥质杂基含量的差异对储层物性的影响主要体现在成岩过程中孔隙演化的差异。刚性颗粒含量高、泥质杂基含量低，储层结构好，储层毛细管半径较大，往往对应高产油气层；相反，储层刚性颗粒含量低、泥质杂基含量高，储层分选

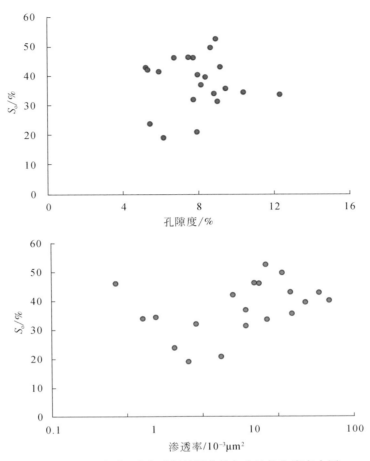

图 5.148　二叠系上乌尔禾组储层物性与含油饱和度交会图

差、结构较差，储层毛细管半径较小，多为低产油气层。

A. 刚性颗粒

储层中刚性颗粒有效抑制着压实过程中的减孔作用，其含量高则储层中剩余粒间孔比例高，如盐北 4 井和玛东 2 井区高产段储层的刚性颗粒含量占 18%~24%（图 5.149），剩余粒间孔比例可达 20%；而低产或干层段岩石的刚性颗粒含量极低（1%~2%）（图 5.149），因而几乎不发育剩余粒间孔。原生粒间孔隙的大量保留有利于粒间胶结物的沉淀和溶蚀，也有利于粒间浊沸石溶蚀孔隙发育，进而使得油气容易进入孔隙，形成高产含油层。另外由图 5.149 可以看出，塑性颗粒的增加不利于储层孔隙发育，如盐北 2 井和玛东 2 井低产油层的塑性颗粒含量超过 90%，而高产油层的塑性颗粒分布在 72%~76%。

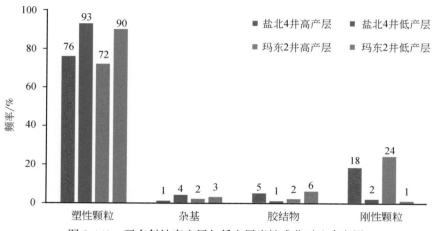

图 5.149　玛东斜坡高产层与低产层岩性成分对比直方图

B. 泥杂基含量

对玛东斜坡下乌尔禾组不同试油结果储层的泥杂基含量与孔隙度关系分析表明（图 5.150），泥杂基含量与平均毛细管半径呈负相关趋势，孔隙度随泥杂基含量增大而呈现减小趋势。与此相对应，高产油流井泥杂基含量明显低于低产油流井，前者泥杂基含量主体范围为 0～3%，而后者为 3%～12%。

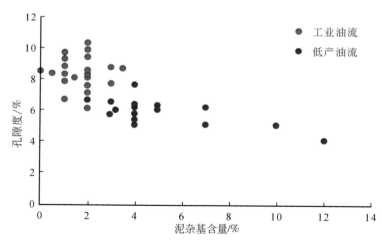

图 5.150　玛东斜坡二叠系下乌尔禾组泥杂基含量与孔隙度交会图

C. 孔隙喉道半径

对玛东斜坡下乌尔禾组不同试油结果储层的平均毛细管半径与孔隙度关系分析表明（图 5.151），孔隙度与平均毛细管半径呈正相关趋势，孔隙度随平均毛细管半径增加而增加。高产油井的平均毛细管半径和孔隙度明显高于低产油流井，前者的平均毛细管半径多大于 0.5μm，后者大多小于 0.5μm。相应地，高产油流井的孔隙度一般大于 7%，而低产油流井多小于 7%。

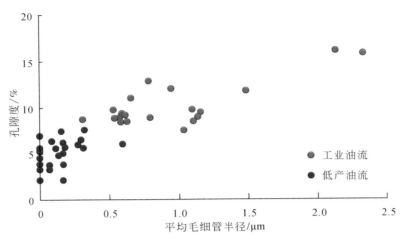

图 5.151　玛东斜坡二叠系下乌尔禾组平均毛细管半径与孔隙度交会图

D. 粒度

粒度也是控制储层含油气性的关键因素之一。通过不同粒度岩性的含油级别分析（图 5.152），细砾岩为主的中-细砾岩和砂质细砾岩含油性好，油浸厚度大，约占到 30%，油浸+油斑含油级别占到 50%~70%；细-中砾岩含油性次之，具有分选性相对较差，强非均质性特点；而砂岩为主的中粗砂岩和中细砂岩的含油级别主要为荧光，超过 85%，主要可能由于其孔喉较细小，物性较差。

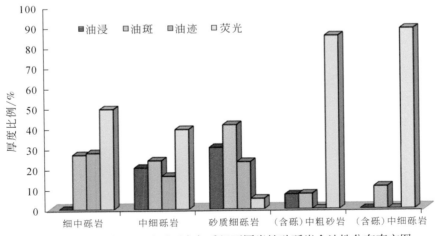

图 5.152　玛东斜坡二叠系下乌尔禾组不同岩性砂砾岩含油性分布直方图

E. 失利井分析

对下乌尔禾组试油成果为干层的探井失利原因分析表明，储层不发育和储层物性差是两个主要因素。

储层不发育的井表现为泥岩厚度大、砂岩厚度小，其代表井包括金探 1 井、玛 19 井、盐北 2 井等。其中金探 1 井钻遇下乌尔禾组地层厚度为 108m，录井岩屑显示岩性主要为灰色泥质粉砂岩、灰绿色粉砂质泥岩，荧光显示厚度为6m，取心0.54m，为深灰色泥岩，无显示；而该井上覆上乌尔禾组和下伏佳木河组均见活跃油气显示。玛19井钻遇下乌尔禾组四段地层厚160m，岩性主要为厚层褐色泥岩夹薄层褐灰色砂砾岩（2~4m），呈现"泥包砂"特征，录井油气显示差。盐北2井储层岩性特征与玛19井类似，为厚层泥岩与薄层含砾细砂岩互层。

　　储层物性差的典型井包括玛西1井、艾克1井、玛湖7井等。玛西1井钻遇二叠系下乌四段和下乌三段顶部地层厚度共计270m，下乌尔禾组顶部发育粉砂质泥岩盖层，对油气成藏起到重要封堵作用，与其下砂砾岩可形成有效储盖组合；其中，下乌四段3728~3762m以灰色砂砾岩为主，录井与取心见到较好油气显示，取心井段含油级别主要为油斑，孔隙度分布范围为2.9%~5.4%，平均为5.28%，渗透率为（0.01~98.5）×$10^{-3}\mu m^2$，中值为0.17×$10^{-3}\mu m^2$，为低孔、特低渗储层（图5.153、图5.154）；从微观孔隙结构来看，孔隙类型主要为微裂缝。艾克1井钻遇下乌二段、下乌三段及下乌一段共计厚度900m，岩性主要为泥岩、砂质泥岩、细砂岩及薄层砂砾岩互层，录井显示差，仅在下乌二段中部及下乌一段底部有荧光显示，井段3436~3474m井壁取心3颗，实测孔隙度

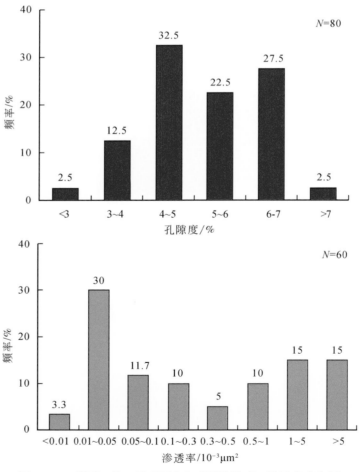

图5.153　玛西1井二叠系下乌尔禾组孔隙度、渗透率直方图

平均 6.3%（$N=3$），渗透率均小于 $0.01×10^{-3}\ \mu m^2$，平均为 $0.0066×10^{-3}\ \mu m^2$（图 5.154），为低孔、特低渗储层。玛湖 7 井钻遇下乌尔禾组厚度为 222m，岩性以褐灰色砂砾岩为主，录井及井壁取心油气显示差，储层孔隙度平均为 5.7%（$N=4$），渗透率平均为 $0.108×10^{-3}\ \mu m^2$（图 5.154），储层物性较差，测井解释均为干层。

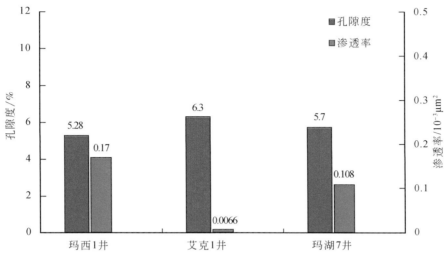

图 5.154　二叠系下乌尔禾组典型失利井储层物性直方图

以上分析表明，扇三角洲储层的发育情况是控制玛湖凹陷源上大油区油气富集高产的一个重要因素。但也存在储层条件好而含油气性差的情况，说明储层并非影响玛湖源上大油区油气富集高产的唯一因素。

5.4.3　广布的通源断裂

通源断裂是源上油气成藏的必要条件。玛湖凹陷斜坡区断裂数量多，平面上成排、成带发育。研究表明，由二叠系深部向上延伸至三叠系的海西-印支期逆断裂和走滑断裂是沟通深层油源与源上储层的主要垂向输导通道，特别是与主断裂相伴生的羽状断裂，与主断裂共同构成了分布广泛、密如蛛网的垂向输导通道，为油气自烃源岩向上跨层运聚创造了良好条件。

对玛东斜坡区百口泉组 13 口井试油成果与附近逆断裂距离统计分析表明（图 5.155），各探井日产油量与距逆断裂距离呈现明显负相关关系，即距海西-印支期逆断裂越近，探井日产量越高。这种负相关关系佐证了逆断裂带对油气的垂向输导作用，也证明了断裂的控藏作用。值得注意的是，图中达 12 井可能是个例外，该井百二段测井解释孔隙度达 9%~10%，且解释油层 2 层共 5.3m，含油水层 1 层 3.2m，钻井取心测得百二段有效孔隙度为 8%~10%，岩心出筒时油气味较浓，且在百二段取心获油斑级岩心 1.67m，油迹级岩心 5.23m，荧光级岩心 0.54m，证明百口泉组储层物性、孔隙结构及含油气性较好，但试油结果并不理想，推测可能与其他因素有关。

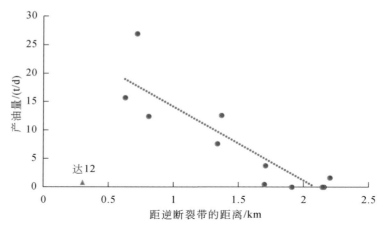

图 5.155　琜-玛中地区三叠系百口泉组试气产量与距逆断层距离交会图（据周路等，2019）

　　按照走滑断裂的构造样式，可以将油气沿断裂运移分为花状构造运移模式和墙角状构造运移模式（图 5.156）。花状运移模式是指油气沿复合型高角度断层由下向上呈发散式运移，聚集在主断层与分支断层间的夹块中，油气藏形成的含油面积范围较大，如大侏罗沟断裂输导体系为典型的花状运移模式，风城组烃源岩生成的油气通过断层运移，在下乌尔禾组、上乌尔禾组、百口泉组以及上部侏罗系中均分别形成了亿吨级储量区。墙角状运移模式是指油气沿单一型高角度断层运移，在上倾方向受近平行于造山带的逆冲断层遮挡，聚集在呈墙角式断夹块中，油气运移效率较高，如玛北油藏群百口泉组油藏的形成。这两种运移模式在凹陷中大面积分布，从而共同组成了运移输导体系的主干网络，为油气大面积充注提供了可能。

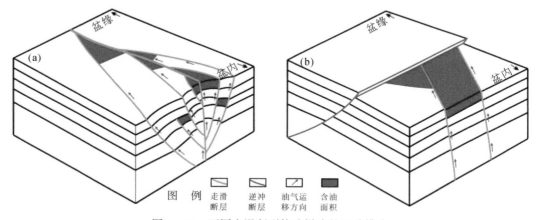

图 5.156　不同走滑断裂构造样式的运移模式

　　上乌尔禾组在玛南斜坡区主要发育 3 组断裂，即海西期北东向逆断裂、海西晚期北西向逆断裂和燕山期近东西向走滑断裂和逆断裂。从断裂分布情况，上乌尔禾组南部中拐地区的走滑断裂明显多于北部地区，油水井主要分布在走滑断层和逆断层分布密度大的地区（图 5.137）。

　　下乌尔禾组断裂主要有两类，一类是走滑断裂为主，主要形成于印支期，燕山期和喜马拉雅期均活动，另一类断裂为逆断裂，主要形成于海西期，部分断裂在燕山期活动。上述两类断裂是玛湖凹陷下乌尔禾组最重要的通源断裂，其分布控制了下乌尔禾组油气的分布与富集，如玛东 2 井区玛 202 井油藏、玛 201 井油藏（图 5.157）。相反，通源断裂不发育，导致烃源岩与储层之间没有良好的油气运移通道，是导致玛湖凹陷二叠系下乌尔禾组部分钻井失利的因素之一，如玛东 5 井。该井钻探目的为落实陆南断裂北部三叠系百口泉组、二叠系下乌尔禾组的含油气性，钻探结果全井段无油气显示。钻后分析认为，玛东 5 井储层局部物性较好，实测孔隙度为 8%～13.3%，渗透率为（0.1～30.5）×10^{-3} μm^2，由此判断通源断裂不发育是导致该井失利的主要原因（图 5.158）。

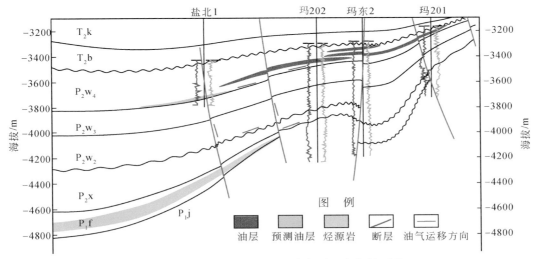

图 5.157　玛东 2 井二叠系下乌尔禾组成藏剖面图

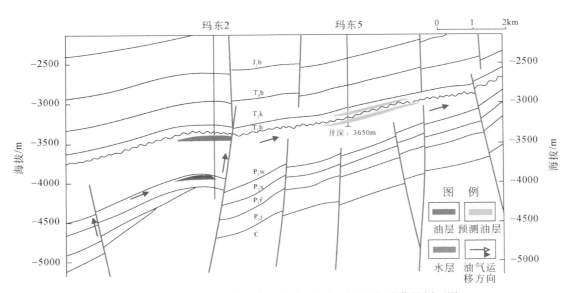

图 5.158　玛东 2—玛东 5 井二叠系下乌尔禾组油气成藏的剖面图

5.4.4 优质烃源岩分布

1. 烃源岩条件

二叠系风城组烃源岩为玛湖凹陷源上砾岩大油区的主力烃源岩。对烃源岩热演化程度、生烃强度与三叠系百口泉组和二叠系上乌尔禾组、下乌尔禾组试油产量、含油饱和度的关系分析表明（图5.159～图5.162），烃源条件对试油产量、含油饱和度具有一定控制作用。其中烃源岩热演化程度与试油产量关系不大；但与含油饱和度具有较明显的正相关性。风城组烃源岩生烃强度不仅与含油饱和度具有较明显的正相关性（图5.161），而且与试油产量也具有一定正相关性，尤其是当生烃强度大于$300×10^4t/km^2$时，试油产量增加明显（图5.162）。可见，生烃强度是影响源上储层富集高产的又一个重要因素。

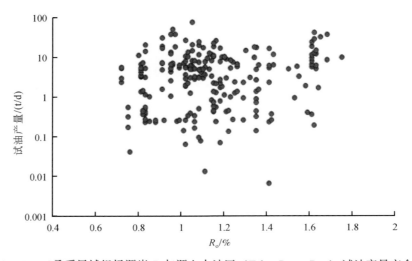

图5.159 二叠系风城组烃源岩 R_o 与源上大油区（T_1b、P_3w、P_2w）试油产量交会图

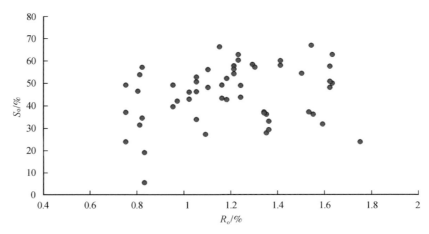

图5.160 二叠系风城组烃源岩 R_o 与源上大油区（T_1b、P_3w、P_2w）含油饱和度交会图

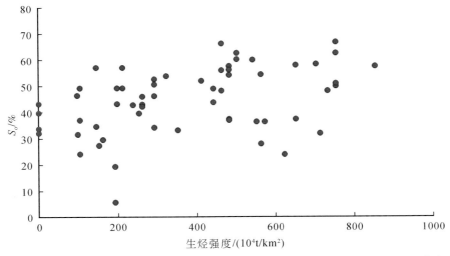

图 5.161　二叠系风城组烃源岩生烃强度与源上大油区（T_1b、P_3w、P_2w）含油饱和度交会图

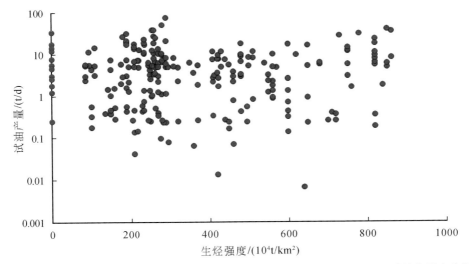

图 5.162　二叠系风城组烃源岩生烃强度与源上大油区（T_1b、P_3w、P_2w）试油产量交会图

值得注意的是，图 5.162 显示当生烃强度小于 $300×10^4t/km^2$ 时，仍有许多井试油产量较高，甚至高于生烃强度更高的井的产量，说明生烃强度并非控制源上储层油气富集高产的唯一因素。显然，储层和运移条件等也是源上油气富集高产的重要控制因素。

2. 高熟轻质油

油质轻且含有一定量溶解气的原油有利于原油在储层中渗流，是低孔渗储层能否形成富集高产的另一重要因素。油气勘探结果表明，玛湖凹陷百口泉组油气藏具有油质轻、成熟度高、普遍含气的特点。其中百口泉组原油密度为 $0.8137 \sim 0.8562g/cm^3$，主体分布在 $0.83 \sim 0.85g/cm^3$，反映油质较轻，为成熟至高成熟油；而至玛湖深凹陷区，原油密度大多在 0.83g/cm³ 之下，最低可至 0.8g/cm³（如达 10 井），油质很轻，且基本为高成熟油。可见，从玛湖凹陷斜坡区向凹陷深部，即随着埋藏深度增加，气油比增加，原油密度呈降低趋势。而且，原油密度分布趋势与下伏二叠系风城组等有效烃源岩的分布和热演化趋势相一致（图 5.163），反映烃源岩热成熟度对油气分布具有明显控制作用。同时，百口泉组油藏中天然气样品的相对密度平均为 0.7566g/cm³（$N=34$），甲烷含量平均为 77.07%，乙烷含量平均为 7.34%，丙烷含量平均为 4.25%，含氮量平均为 5.25%，反映出油溶气的特征。前已述及，当原油密度大于 0.85g/cm³ 时，所能够充注的储层物性下限约为 8%，而当原油密度小于 0.85g/cm³ 时，所对应的储层孔隙度下限为 4.5%，说明高熟轻质油更容易进入较低储层物性中形成油气藏。可见，油质较轻且普遍含气是玛湖凹陷百口泉组富集高产的一个重要因素。

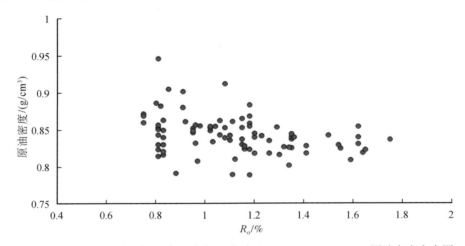

图 5.163　二叠系风城组烃源岩 R_o 与源上大油区（T_1b、P_3w、P_2w）原油密度交会图

对二叠系风城组烃源岩生烃强度与原油密度关系分析表明（图 5.164），随烃源岩生烃强度增大，源上砾岩大油区原油密度呈现出明显的降低趋势，说明高生烃强度烃源岩提供的原油主要是轻质油。结合烃源岩分布及其成熟度分布特征分析，高生烃强度烃源岩应是埋深大、成熟度高、有机质丰度也较高的地区。

对原油密度与含油饱和度关系分析可知（图 5.165），二者似乎亦具有一定负相关性，即随着原油密度增大，源上砾岩大油区储层含油饱和度似有降低趋势，这可能与轻质油更容易注入致密储层有关，从而形成相对较高的含油饱和度。

5.4.5　超压强度大小

如前所述，玛湖凹陷源上大油区主要含油层位三叠系百口泉组和二叠系上乌尔禾组、下乌尔禾组超压分布普遍，超压成因为烃源岩生烃作用，生烃超压是油气自深部烃源岩向上跨层运移进入源上储层形成大油区的主要动力。烃源岩生烃史、流体包裹体定年等综合分析结果表明，玛湖凹陷大部分地区风城组烃源岩在三叠纪开始成熟生烃，但百口泉组砾

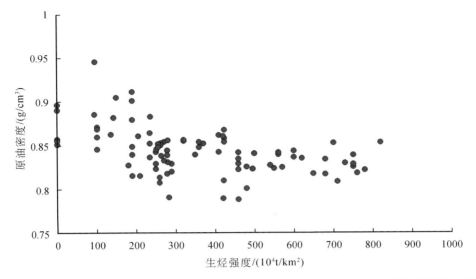

图 5.164　二叠系风城组烃源岩生烃强度与源上大油区（T_1b、P_3w、P_2w）原油密度交会图

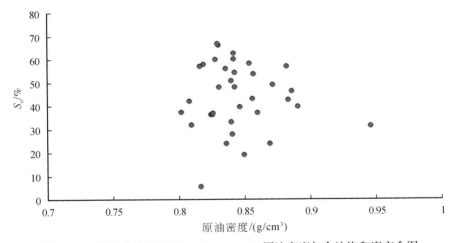

图 5.165　源上大油区（T_1b、P_3w、P_2w）原油密度与含油饱和度交会图

岩储层油气运移聚集成藏则主要发生在早白垩世以来，局部地区甚至主要在古近纪及其之后的新生代（雷德文等，2016）。据此可以判断，玛湖凹陷百口泉组、上乌尔禾组和下乌尔禾组超压的形成演化可以分为白垩纪之前的常压阶段和白垩纪以来油气充注成藏与压力聚集和超压形成两个阶段（图 5.166）。因此，超压可能主要对玛湖凹陷晚期油气成藏具有较大贡献，这也是源上砾岩大油区形成的主要时期。

　　由于研究区超压主要因生烃增压引起，因此超压强度的大小既是烃源岩生烃能力的体现，也是运移动力强弱和保存条件优劣的一个重要指标。较大的压力系数可能反映一个地区经历了较强的油气充注且聚集的油气得到了较好保存。这一推论目前在玛湖凹陷已经得到勘探证实，如玛南斜坡区玛湖 1 井、玛湖 2 井和玛湖 3 井百口泉组压力系数分别为

1.53、1.35 和 1.19，超压的玛湖 1 井测试日产油 39.4t、日产气 2500m³，玛湖 2 井也存在油气充注成藏的证据，而常压的玛湖 3 井油气显示差，分析认为油气充注强度低、甚至尚未充注是玛湖 3 井百口泉组钻探失利的主要原因（支东明等，2016；雷德文等，2016）。玛西斜坡区油气分布与地层压力系统关系亦十分密切。

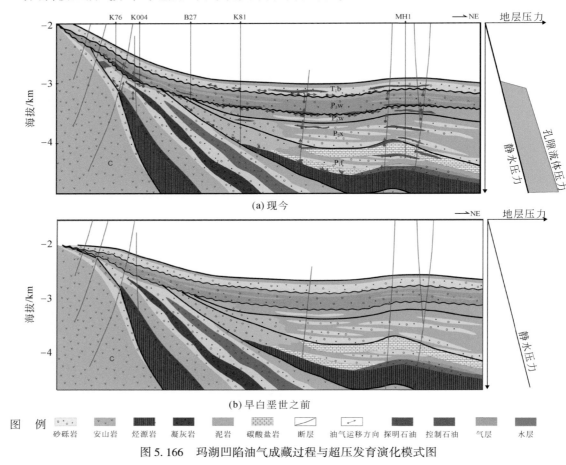

图 5.166　玛湖凹陷油气成藏过程与超压发育演化模式图

对玛湖凹陷全区试油成果统计分析表明，当地层压力系数大于 1.4 时，测试基本不产水，且随着压力系数增加，日产油量及每米产油量均不断增大（图 5.167、图 5.168）。另外，当地层压力系数大于 1.4 时，随压力系数增加，油藏水油比逐渐降低（图 5.168），表明油气充注强度随超压强度增大而增大。

如玛湖凹陷西斜坡上斜坡带百 12 井区油藏为常压（压力系数 1.0），压力系数为 1.05 ~ 1.08，此处产量相对低；至下斜坡带玛 18 井，地层压力系数约为 1.7，属于异常高压，油质开始变轻、物性较好、产量明显增加。玛南斜坡区玛湖 1 井、玛湖 2 井和玛湖 3 井百口泉组的压力系数分别为 1.53、1.35、1.19，此外高压的玛湖 1 井与玛湖 2 井都有过油气充注的证据，而常压的玛湖 3 井油气显示差。

油气井产量之所以与地层压力系数存在良好的正相关性，是由于较高的压力系数一方面反映油气来源比较充足，另一方面则还为油气井高产提供了重要动力，从而可以弥补储

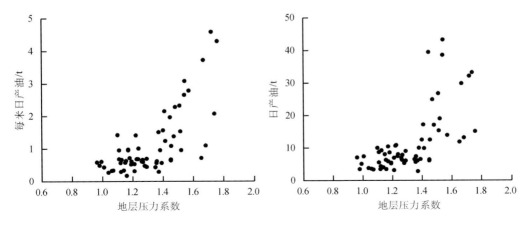

图 5.167　玛湖凹陷油气藏地层压力系数与试油产量相关图

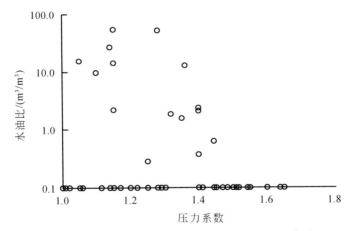

图 5.168　玛湖凹陷油气藏压力系数与水油比相关图

层物性差的不足。另外，异常高压可能有利于原生孔隙和早期次生孔隙的保存和微裂缝的形成，从而增强孔隙连通性与渗流能力，如常压区夏 74 井和夏 72 井百口泉组油藏压力系数约为 1.05，孔隙度为 7.1%~7.6%；玛 131 井油藏压力系数约为 1.15，孔隙度为 9.0%；玛 18 井油藏压力系数约为 1.73，孔隙度为 10.9%；达探 1 井油藏压力系数约为 1.82，孔隙度为 12.6%。

　　以上分析了玛湖源上砾岩大油区油气富集高产的主要控制因素，可以看出，弱变形缓坡背景、储封一体的扇三角洲沉积、广布的通源断裂、优质烃源岩条件及超压强度大小，既是玛湖源上砾岩大油区的形成条件，也是玛湖源上大油区富集高产的主要控制因素。"坡、扇、断、源、压"五大要素的叠加耦合，决定了大型油气聚集区的形成与分布，因而对于今后准噶尔盆地乃至其他类似盆地或地区油气勘探具有重要的指导意义。

5.5 勘探意义

玛湖凹陷源上砾岩大油区的发现是砾岩油藏成藏理论认识取得重大突破的结果，源上跨层大面积准连续成藏模式的建立是对致密油气成藏模式的重要补充和发展，因而具有十分重要的勘探意义。主要体现在以下 3 个方面。

（1）突破传统构造圈闭找油和岩性圈闭找油认识，构建大面积岩性成藏理论。提出玛湖凹陷三叠系和二叠系扇三角洲油气藏主要为岩性油气藏，具有扇体控藏、储封一体、"一砂一藏、一扇一田"、大面积分布的成藏特征，从而指导油气勘探由准噶尔盆地西北缘断裂带以构造勘探为主转移至凹陷内部以岩性圈闭勘探为主，由寻找单个岩性圈闭勘探转向整个有利相带岩性圈闭群勘探，进而发现了玛湖凹陷三叠系百口泉组北部岩性大油区、二叠系上乌尔禾组南部岩性大油区和下乌尔禾组环凹岩性油区，落实三级石油地质储量超过 $15 \times 10^8 t$。在这一认识指导下，玛湖凹陷勘探成果持续扩大。

（2）突破"源储一体"大面积成藏认识，创建源储分离、源上跨层大面积成藏新模式。认为多期发育的通源断裂是沟通深部烃源岩与源上储层的高效运移通道，生烃成因超压是油气向上跨层运移的重要动力，因而来自二叠系主力烃源岩的油气在超压驱动下得以向源上跨层强力运移，并在源上广覆式分布的扇三角洲沉积储层中大面积成藏。由于所形成的油气藏具有源储分离、超压驱动、断裂输导、跨层运移、大面积成藏、准连续分布、无明显边底水等特点，因而为一种新型大面积准连续成藏模式，其分布受"坡、扇、断、源、压"五大要素共同控制，即弱变形缓坡背景、储封一体的扇三角洲沉积、广布的通源断裂、优质烃源岩分布及超压强度大小等控制了源上大面积油气藏形成和分布。源上跨层大面积成藏模式的提出，为在富烃凹陷通源断裂发育区源上寻找规模储量提供了依据，也使得烃源岩深埋凹陷区中浅层效益勘探成为可能。在该模式指导下，玛湖凹陷源上油气勘探不断取得新突破，探井成功率也由 35% 提升到 63%。预计玛湖凹陷除下三叠统百口泉组与上二叠统上乌尔禾组等主力含油层外，中二叠统下乌尔禾组等其他源上层系也具有较大勘探潜力。另外，源上跨层大面积成藏模式的创建，也为准噶尔盆地其他富烃凹陷以及其他盆地源上规模勘探提供了借鉴。

（3）突破凸起或断裂带高位找油思维，证实富烃凹陷区存在巨大勘探潜力。在玛湖大油区发现前，准噶尔盆地油气勘探长期主要集中于源边与源外正向构造单元及其周缘，形成了西北缘断阶带、腹部古梁、东部古凸等三大正向构造油气生产基地，支撑了千万吨油田建成。然而，经过近半世纪勘探开发，三大油气生产基地持续发展举步维艰，正向构造规模储量发现难度逐年增加。玛湖大油区的发现表明，富烃凹陷内照样可形成大规模油气聚集，其资源潜力甚至更大。特别是靠近主力烃源岩的储层乃至主力烃源岩本身，油气资源大多十分丰富，是寻找规模储量的重要接替领域。近年来玛湖凹陷二叠系风城组、吉木萨尔凹陷芦草沟组等凹陷区主力烃源层油气勘探的重要突破，证明准噶尔盆地大型富烃凹陷具有巨大勘探潜力，有望成为今后增储上产的主要领域。

第6章　玛湖大油区发现的地质理论创新及应用

6.1　玛湖大油区发现的地质理论创新及其意义

6.1.1　玛湖大油区发现的地质理论创新

准噶尔盆地玛湖凹陷为一富烃凹陷，面积近5000km²。1955年，在玛湖凹陷烃源区外与源边克-乌断裂带发现了新中国第一个大油田——克拉玛依油田，经过60年勘探开发形成了15亿吨级克-乌百里油区，探明石油储量占全盆地65%。源外与源边油气如此富集，源区内即玛湖凹陷主体区勘探潜力理应不小。经过30多年不懈探索，特别是通过近年来的整体研究与加快勘探，玛湖大油区终于得以发现并持续取得突破。

玛湖砾岩大油区的发现是勘探思想转变、石油地质理论创新及关键技术取得重要突破的结果。其主要创新点包括：创建了大型退覆式浅水扇三角洲砾岩满凹沉积模式、发现了下二叠统风城组碱湖烃源岩高效生油模式，以及创建了凹陷区源上砾岩大面积成藏模式，攻克了低渗砾岩勘探三项技术瓶颈，实现了高效勘探与效益建产。

1. 创新点1：创建了大型退覆式浅水扇三角洲砾岩满凹沉积模式

1）突破砾岩沿盆缘断裂带分布传统认识，发现凹陷区发育大型浅水扇三角洲砾岩沉积

开展多学科攻关，通过野外露头和室内岩心观测以及测井和地震沉积学研究发现，玛湖凹陷内发育大型浅水扇三角洲，扇体呈长轴状分布，粗粒沉积物以泥石流、高密度洪流、牵引流3种形式搬运至凹陷区，扇三角洲平原发育高密度洪流、主槽内充填泥石流，其两侧发育牵引流朵叶体。从西南至玛湖凹陷北东，依次发育中拐扇、克拉玛依扇、黄羊泉扇、夏子街扇、玛东扇、夏盐扇六大扇体，单个扇体分布面积可达上千平方千米，多个扇体搭接连片，从而形成大面积分布。纵向上，各扇体均不同程度表现为退覆式迁移特点，形成扇三角洲平原、扇三角洲前缘、前扇三角洲3种亚相。有别于传统断陷湖盆扇三角洲坡陡、短轴、相带窄、规模小沉积特征，以牵引流搬运为主的扇三角洲前缘砾岩在玛湖凹陷区广覆式分布，从而形成满凹含砾。

2）揭示拗陷湖盆砾岩满凹沉积的动力学机制

在古地理背景分析基础上，通过大型水槽模拟实验，揭示了玛湖凹陷湖盆砾岩广覆式沉积的动力学机制，即断拗转换时期山高源足、势能大，粗粒沉积物可直达湖盆中心；固

定山口形成稳定水系，扇体可持续建造，多期叠置；水浅坡缓有利于砾石远距离搬运、大面积分布；持续湖侵背景下扇体由湖盆中心向物源方向退覆式搭接连片，满凹分布。明确了物源、山口、坡降、水深、坡折五大因素控制扇体走向、形态、规模和相带展布。据此建立了大型退覆式浅水扇三角洲砾岩满凹沉积模式，在这一砾岩沉积新模式指导下，勘探领域由盆缘拓展到凹陷区。

3）揭示前缘亚相贫泥砾岩发育深埋优质储层的成因机理，开辟有效勘探面积 6800km²

通过工业 CT 表征和酸溶模拟实验，首次发现支撑砾岩高产储层新类型，提出黏土含量控制储层物性和含油性，认为扇三角洲前缘牵引流搬运形成的贫泥砾岩为规模优质储层，具有抗压能力强、压实作用弱的特点，从而使原生孔隙不仅可得到有效保存，也为晚期流体交换提供通道，因而有利于长石大规模溶蚀和次生孔隙发育。因此，5000m 以下仍发育有效储层。这一认识指导勘探领域从中浅层延伸到中深层，开辟有效勘探面积 6800km²。

2. 创新点 2：发现了下二叠统风城组碱湖烃源岩高效生油模式

1）首次发现下二叠统风城组发育全球迄今最古老碱湖优质烃源岩

基于岩石矿物学鉴定，首次在玛湖凹陷下二叠统风城组烃源岩中发现了天然碱、硅硼钠石等典型碱类矿物，再结合有机和无机化学成分比对，提出风城组为碱湖沉积环境，有别于早期硫酸盐湖的认识，其时代比典型的美国古近纪绿河页岩碱湖沉积要老 2×10^8 多年。强成碱期在碱湖中心区发育优质烃源岩，面积达 3800km²，岩性以混积岩为主，有机质丰度高（TOC>1.0%），类型倾油（I–II₁）。风城组沉积期玛湖地区为封闭前陆凹陷，气候干旱，蒸发强烈，周缘火山灰提供了丰富的 Na^+、Ca^{2+}、Mg^{2+} 和 HCO_3^-，不仅使湖泊水体变成独特的碱性，也为大量嗜碱生物提供了营养物质，从而造就了玛湖凹陷独特的碱湖环境及其优质烃源岩沉积。

2）揭示碱湖烃源岩独特的生烃母质是生成稀缺环烷基原油的基础

玛湖凹陷二叠系风城组碱湖烃源岩生烃母质具有细菌发育、藻类丰度高、缺乏高等植物的特点，特别是嗜碱蓝细菌，发育生长纹层和生物席。发现的藻类类型多样，包括杜氏藻、褶皱藻、沟鞭藻以及宏观底栖藻类的红藻等，成因复杂，有内源和外源。由于嗜碱蓝细菌和多种藻类存在，为生成国防和航空航天领域所需要的稀缺环烷基原油奠定了生物母质基础，这有别于常见的石蜡基原油生油母质。此外，细菌将藻类改造成无定形体，是碱湖烃源岩显微组分区别于其他湖相烃源岩的最根本特点，决定其以生油为主，且产油率高。

3）建立风城组碱湖烃源岩生烃模式与评价标准，重新评价石油资源量从 30.5×10⁸t 增加到 46.7×10⁸t

基于烃源岩的自然、人工剖面综合研究，揭示了风城组碱湖烃源岩生油模式，其生油窗主体位于 $R_o = 0.7\% \sim 1.5\%$，生油高峰 R_o 在 1.1% 左右，产油率最高可达 800mg/g TOC，是常见湖相烃源岩的两倍多。在此基础上，建立了风城组碱湖烃源岩评价新标准。重新评价玛湖凹陷区石油资源量从 30.5×10^8 t 提高到 46.7×10^8 t，资源量较第三次油气资源评价提高了 53%；剩余资源量由 4.3×10^8 t 增加到 27.3×10^8 t，奠定了砾岩大油区形成的资源基础。

3. 创新点 3：创建了凹陷区源上砾岩大面积成藏模式

1）揭示储层的致密性质与"先致密后成藏"特征

大量实验测试分析与成岩演化史研究表明，玛湖凹陷三叠系百口泉组、二叠系上乌尔禾组和下乌尔禾组储层主体为致密储层，部分为低渗透-特低渗透储层，平均孔隙度普遍小于 10%，渗透率中值大多小于 2×10^{-3} μm^2，并具有"先致密后成藏"特点。晚三叠世至早侏罗世，凹陷区砾岩埋深小于 3500m，不具备封堵能力，而以输导层形式将成熟原油运移至盆地西北缘断裂带砾岩中，从而形成克拉玛依大油区。早白垩世凹陷主体埋深大于3500m，抗压能力弱的平原相及主槽富泥砾岩致密化，形成上倾及侧向遮挡带，与顶、底板湖泛泥岩共同构成三面遮挡和立体封堵。此时高熟轻质为主的大量原油经广泛分布的通源断裂向上运移并聚集于各大扇体前缘亚相砂砾岩储层中，从而形成凹陷区大面积分布的油藏群。

2）发现凹陷区高角度走滑断裂是油气垂向跨层运移的重要通道

玛湖凹陷发育 3 期 3 类断裂，即海西-印支期逆断裂、印支-喜马拉雅期走滑断裂、中燕山期正断裂，其垂向断距普遍较小（多小于 20m），往往小于储层厚度，因而大多难以形成圈闭遮挡条件，但由于与生烃高峰期匹配良好，因而在凹陷区油气藏形成中均起着重要运移通道作用。特别是印支-喜马拉雅期发育的走滑断裂，是玛湖凹陷源上大油区形成的主要运移通道。根据自主研发的高密度地震资料属性融合和正反演技术，首次发现玛湖凹陷区存在两组隐蔽性高角度断裂体系，其内部伴生的诱导裂缝带沟通垂向相距 2000～4000m 的碱湖烃源岩与砾岩储层，构成了源上跨层高效运移输导体系。

3）证实三叠系和二叠系分布的超压主要为生烃膨胀成因，超压是油气运移的主要动力

泥岩压实研究发现，玛湖凹陷存在线性两段式与指数压实两种压实模式。应用测井曲线组合分析法、鲍尔斯法（加载-卸载曲线法）、声波速度-密度交会图法、孔隙度对比法和综合分析法等多方法研究认为，玛湖凹陷三叠系和二叠系源上储层中发育的超压主要为压力传导成因，超压源为主力烃源岩二叠系风城组生烃膨胀形成的超压。烃源岩生成的油气在生烃增压驱动下沿断裂向上运移进入源上储层，从而形成三叠系和二叠系超压油气藏。超压的形成与分布主要受源岩厚度和成熟度以及印支-喜马拉雅期走滑断层控制。超压是玛湖大油区油气运移的主要动力，因此来自二叠系风城组的油气得以沿断裂向源上储层强力跨层运移，形成玛湖源上大油区。

4）创建凹陷区源上砾岩大面积成藏模式，有效指导了勘探部署

玛湖凹陷地层平缓，构造变形相对较弱，扇三角洲沉积广覆式分布，储盖组合良好，且储层致密，岩性圈闭发育，加之主力烃源岩二叠系风城组分布广、品质优，又有密集分

布且断距较小的通源断裂与源上储层广泛沟通，因而完全具备形成大面积岩性油气藏的优越条件。勘探证实，玛湖凹陷区源上砾岩储层主要形成岩性油藏或断层-岩性油藏，油气藏形成和分布基本不受背斜等局部构造控制，而主要受扇三角洲沉积控制，每个扇体就是一个自储自封、储封一体的圈闭体，其中包含多个岩性圈闭，因而油气藏形成往往具有"一砂一藏、一扇一田"、大面积分布的特征，从而形成玛湖源上大油区。而且，已发现的油藏缺乏边底水或者边底水仅局部分布。上述特征使得玛湖大油区既不同于传统的构造油气藏或岩性油气藏成藏模式，也不同于典型的源储一体式"连续型"油气藏形成模式，而属于准连续型油气成藏模式。所不同的是，典型的准连续型成藏模式多为源储相邻，而玛湖大油区主要含油层系三叠系百口泉组和上乌尔禾组等则与主力烃源岩之间相隔 2000 ~ 4000m，因而玛湖源上大油区是一种源储分离、源上跨层运移的新型准连续型大面积成藏模式，其发现是对大面积油气成藏模式一个重要补充。在该模式指导下，勘探部署由单个圈闭转向整个前缘相带，探井成功率由 35% 提高至 63%，实现了储量跨越式增长。

5）揭示玛湖大油区富集高产规律，明确了今后勘探方向

提出玛湖砾岩大油区形成和富集高产主要受"坡、扇、断、源、压"五大要素控制，即弱变形缓坡背景、扇三角洲分布、广布的通源断裂、优质烃源岩分布及超压大小；油气主要富集于弱变形缓坡背景、有通源断裂与二叠系风城组主力烃源岩沟通的扇三角洲前缘相砂砾岩储层中，而且在超压强度大（压力系数>1.4）、油质轻（密度<0.83g/cm³）和气油比高（>100）条件下往往形成高产和稳产。这一认识为玛湖凹陷及其他类似地区油气勘探开发提供了重要的理论指导。

4. 创新点4：攻克了低渗砾岩勘探三项技术瓶颈，实现了高效勘探与效益建产

1）攻克扇体刻画技术，研发了双参数储层及流体一体化地震预测技术，"甜点"钻遇率由 53% 提高到 87%

在国内率先实施 13 块 3831km² 连片高密度宽方位三维地震，创新 OVT 域各向异性偏移等关键处理技术，有效频带拓宽 15Hz，主频提高 8Hz，为扇体刻画及储层描述提供了高品质叠前地震资料。首次建立了多级颗粒支撑砂质充填的非均质砾岩岩石物理模型，攻克了横波速度准确计算难题，预测与实测误差由 10.2% 降至 2.8%。首次建立了双参数（纵横波速度比、纵波阻抗）5 维识别图版，解决了储层黏土含量、孔隙度、含油饱和度及流体性质有效判识难题。据此研发了双参数储层及流体叠前一体化预测技术，不仅实现了贫泥、含泥、富泥 3 类储层有效划分，也有效解决了砾岩物性和含油气性定量预测难题，"甜点"储层钻遇率提高了 34%。

2）揭示低渗砾岩储层孔隙中不同流体核磁弛豫机理，研发了低渗砾岩储层黏土含量、孔隙度与流体性质核磁共振测井表征技术系列，解释符合率由 43% 提高到 92% 以上

黏土含量是决定砾岩物性、含油性一个关键参数，但国内外尚无成熟定量计算技术。基于不同类型含结晶水黏土矿物物理化学差异性，使用中子孔隙度与核磁总孔隙度之差计算结晶水含量，利用结晶水含量与黏土含量多元交汇模型，实现了黏土含量准确求取，解

释符合率由 45.9% 提高到 93.7%。针对低渗砾岩储层微细孔隙和黏土束缚水孔隙重叠、难以用一个起算时间准确求取有效孔隙度难题，通过实验建立了黏土束缚水孔隙度与黏土含量关系，据此研发出不依靠起算时间的有效孔隙度核磁计算新方法，计算符合率由 64.6% 提高到 96%。发现低渗砾岩泥浆滤液难以侵入，含轻质油后，导致 T2 时间波谱右移，在 100ms 之后出现波谱，利用这一核磁波谱分布规律，研发了流体性质识别及饱和度计算新方法，油层解释符合率提高了 49%。

3）揭示砾岩储层人工裂缝起裂扩展力学机制及延伸规律，创新了水平井细分切割绕砾压裂技术，解决了砾岩油藏高效勘探及有效动用难题

凹陷区砾岩储层天然裂缝不发育，岩石脆性不强，两向应力差大，采用常规大间距分段压裂难以形成复杂缝网，增产效果差、费用高。基于岩石力学实验与砾岩破裂数值仿真，发现绕砾扩展是形成复杂次生裂缝的主要机制，可通过细分切割缩短段簇间距，增强应力干扰、强化绕砾扩展程度，实现裂缝沿井轴方向连片成网。首建"四参数五区域"裂缝系统评判图版，实施"一井一策、一段一案"个性化压裂设计，实现了水平井由分段压裂向体积改造转变，单井产量较直井提高 7 倍以上。自主研制裸眼封隔器、速钻桥塞和低伤害低成本压裂液体系，实现了水平井压裂关键技术国产化。单井成本降低 35%。水平井细分切割绕砾压裂技术成为有效动用主体技术，已建产能 605×10^4 t。

6.1.2　玛湖大油区发现的启示及其地质理论创新意义

1. 玛湖大油区发现的启示

玛湖大油区的发现，在理念上发端于 20 世纪 80 年代末期提出的"跳出断裂带，走向斜坡区"的重大勘探方向转移，战略上坚定于 90 年代中期开辟的"胸怀大气度，敢冒大风险，立足大凹陷，寻找大油田"的宽广视野，认识上得益于"砾岩满凹沉积模式、碱湖烃源岩高效生油模式、凹陷区源上砾岩大面积成藏模式"等三项石油地质理论创新，技术上突破了常规砂岩勘探技术、集成创新了"双参数地震预测技术、核磁共振测井表征技术、细分切割绕砾压裂技术"三项砾岩勘探配套技术。

玛湖大油区的发现，主要带来以下 4 点启示。

1）转变勘探思路、勇于探索、敢于坚持是实现新区勘探大突破的关键

新的发现和突破是勘探工作者永恒的追求，但突破和发现往往以勘探思路转变、地质认识创新为前提，认识的盲区就是勘探的禁区。一方面，玛湖大油区的发现再次证明，老的找油思路尽管可以在新油区指导勘探发现，但却难以在老油区取得找油突破；老油区的勘探，必须要有新的找油思路！另一方面，勇于探索也是勘探家所应具备的一个重要品质。油气藏深埋于地下，看不见、摸不着，这就要求勘探家们在大量地质地球物理分析的基础上，敢于大胆假设、精于小心求证、及时果断决策。否则，便可能贻误勘探战机。

玛湖大油区的发现首先就归功于勘探思路的两大转变与勘探家们勇于探索、敢于坚持的精神。两大勘探思路的转变即"跳出断裂带，走向斜坡区"与由构造圈闭找油向岩性圈

闭找油的转变。20 世纪 90 年代以前，准噶尔盆地油气勘探主要围绕盆地边缘展开（张国俊，1993），在西北缘地区陆续发现并探明了百口泉、克拉玛依、红山嘴、乌尔禾、风城、夏子街和车排子等油田，油藏分布主要受控于断层展布，从而在西北缘沿断裂带带状分布。然而，经过 30 多年勘探开发，位于西北缘断裂带的克拉玛依油田出现了剩余可采储量不足、产量难以为继的尴尬局面，国防稀缺环烷基原油供给也因此面临窘境；若勘探再无突破，就难以满足战略资源的持续供给。鉴此，80 年代末，经过宏观地质研究，勘探家们大胆提出了"跳出断裂带、走向斜坡区"的勘探思路（唐勇等，2019），但当时仍以构造找油思路为指导。按照构造找油思路，1992 年在西北缘断裂带东南侧玛湖凹陷北斜坡发现了玛北油田。然而，由于玛湖凹陷斜坡区正向构造不发育，随后 10 余年勘探并未获得大的发现。在此情况下，提出勘探重心向岩性圈闭转移，从而发现了玛湖凹陷大面积分布的岩性油藏（图 6.1），玛湖大油区由此发现。

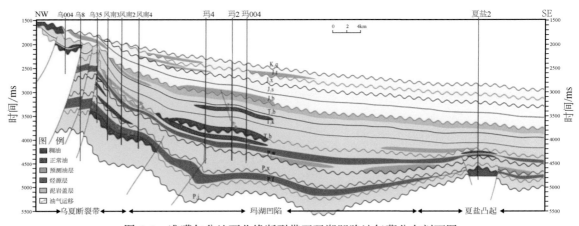

图 6.1　准噶尔盆地西北缘断裂带至玛湖凹陷油气藏分布剖面图

除了及时转变勘探思路、勇于探索外，勘探突破还贵在坚持。特别是在勘探遇挫时，不要轻言放弃，而应坚持不懈，持续探索。要在坚持中求变，在变化中坚持；坚持的是信念，变化的是思路，如玛东斜坡历经 5 年持续探索，2016 年以扇控大面积成藏认识指导部署，达 13 井首获重大突破，盐北 4 井又获工业油流，落实三级石油地质储量 $1.4 \times 10^8 t$。

2）创新地质理论认识是勘探获得新发现的源泉

油气勘探，贵在创新。玛湖大油区之所以能够发现，除了转变勘探思路、勇于探索、敢于坚持外，还离不开三大地质理论认识创新，即浅水扇三角洲沉积理论、碱湖烃源岩高效生排烃理论与源上砾岩大面积成藏理论。一方面，2005 年以来，通过重新认识玛湖地区油气成藏条件，突破了砾岩沿盆缘断裂带分布的传统观念，提出并建立了大型退覆式浅水扇三角洲砾岩沉积新模式，否定了传统认为凹陷区不发育砾岩储层的错误认识，从而开辟有效勘探面积 $6800 km^2$，指导勘探领域由盆缘拓展到凹陷内。另一方面，烃源岩研究突破了长期以来一直坚持的玛湖凹陷风城组烃源岩属于典型咸水湖相烃源岩认识，发现风城组为碱湖沉积，其不仅发育国防稀缺的环烷基原油的生油母质，而且生烃潜力大，重新评价石油资源量由 $30.5 \times 10^8 t$ 提高到 $46.7 \times 10^8 t$（杜金虎等，2018），预示玛湖凹陷具有广阔的勘探前景。在成藏模式研究方面，突破了源储一体、源储相邻的传统致密油成藏模式，提出了源上跨层大面积成藏模式，从而指导油气勘探由单个圈闭向整个有利相带勘探转变（唐勇等，2014；支东明，2016）。在源上跨层大面积成藏理论指导下，玛湖凹陷区探井成功率由 35% 提高到 63%。

上述三大地质理论的突破，支撑了玛湖大油区发现和勘探持续突破，揭示了满凹含油的大场面，现已发现玛湖南、北两大油区和 7 个油藏群。

3）突破制约发现的技术瓶颈是实现战略发现的保障

对于地质条件复杂的地区，强化地质研究并结合先进工程技术的应用是获得突破的重要保证。在高密度三维地震资料支撑下，玛湖地区扇体刻画技术从"相面法"刻画亚相到"线、面、体"多技术综合分析，再到古地貌指导下的朵叶体刻画技术，相带预测符合率从 50% 提高到 83%。依据砾岩孔隙类型多样和复模态分布的特点，首次建立了基于多级颗粒支撑砂质充填的非均质砾岩岩石物理模型，攻克了该区砾岩横波速度准确计算难题，预测与实测平均相对误差由 10.2% 降低到 2.8%。从常规压裂到二次加砂压裂再到套管分层压裂，实现了直井商业油流关的突破；水平井从常规分段压裂到细分割体积压裂，成本降低了 35%，实现了低渗砾岩油藏有效开发。

4）地质工程一体化是实现效益勘探的必由之路

针对玛湖低渗砾岩油藏高产、稳产开发需要，形成了四项关键技术：

一是以地质模型为核心，井筒、地震、三维建模相结合，形成水平井提高油层钻遇率技术；

二是以工程甜点评价为核心，形成力学参数及测井地应力评价技术；

三是水平井完钻后，形成水平段地质甜点与工程甜点测井选层技术；

四是针对储层改造，形成细分割绕砾低渗砾岩水平井压裂改造技术。

上述技术的有效开发和大规模应用，为玛湖油区快速建产提供了重要保障。

2. 玛湖大油区发现的地质理论创新意义

玛湖大油区发现的地质理论创新，具有两方面的重要意义。

1）开辟了凹陷区砾岩油藏勘探的全新领域，证明富烃凹陷具有良好的勘探前景

玛湖大油区的发现，开辟了凹陷区砾岩油藏这一全新勘探领域，为准噶尔盆地其他类似富烃凹陷，以及国内类似盆地或凹陷油气勘探提供了地质理论依据，同时也为世界资源潜力巨大的凹陷区砾岩油气勘探提供了"中国理论"和"中国技术"。

2）丰富和发展了石油地质科学理论

玛湖大油区发现取得的有关成果丰富和发展了陆相生油、粗粒沉积学、岩性油气藏成藏理论，以及低渗透-致密油气藏成藏理论，从而推动了石油地质科学的发展。

退覆式浅水扇三角洲砾岩满凹沉积理论、碱湖烃源岩高效生烃理论、源上跨层大面积成藏理论的提出，均是对石油地质科学理论的重要丰富和发展。特别是源外跨层大面积砾岩岩性油藏群的发现，是对准连续型致密油气成藏理论的重要补充，也是对岩性油气藏理论的丰富和完善。以往发现的大面积致密油气藏普遍为邻源成藏，亦即储层与烃源岩相邻

接，且储层主要为砂岩。玛湖源外跨层砾岩大油区之所以能够形成，得益于连通烃源岩和储层的断裂的发育。通过高密度宽方位三维地震勘探，发现玛湖凹陷区高角度断裂与走滑派生断裂相互交织，构成了大面积充注的"花状"输导模式，从而为源上大面积成藏创造了重要条件。因此，玛湖大油区发现为在断裂发育区寻找源外跨层大面积油气藏提供了成功范例。

6.2 准噶尔盆地未来油气勘探方向与勘探领域

6.2.1 富烃拗陷中下组合是未来油气勘探的主要方向

准噶尔盆地 2000 年前的油气勘探主要集中在正向构造单元及其周缘（源边与源外），发现了三大正向构造油气聚集带（西北缘断阶带、腹部古梁和东部古凸），相应形成了三大油气生产基地，支撑了千万吨油田建成。但随后在正向构造单元的油气勘探突破不大，规模储量发现难度逐年增加。

近年来，随着地质认识和储层改造技术进步，逐步认识到上三叠统区域盖层之下的中、下组合纵向及平面上更贴近主力烃源层，整体勘探程度低，剩余资源丰富，是获得规模储量的主要战略接替层系，应成为主攻领域。玛湖大油区的发现，证明了凹陷区具有良好的勘探前景。

事实上，位于玛湖凹陷以南的沙湾凹陷、盆 1 井西凹陷具备与玛湖凹陷相似的构造格局和沉积背景，三者构成准噶尔盆地中央拗陷西部油气富集的有利地区，其百口泉组和上乌尔禾组为统一的湖盆沉积（图 6.2）。其中沙湾凹陷与玛湖凹陷具有相似的地层结构、油源条件和构造特征，是玛湖凹陷向南勘探重要的接替领域。近期沙探 1 井二叠系上乌尔禾组喜获工业油流，标志着盆地上乌尔禾组向南拓展出现新领域。除上乌尔禾组外，沙探 1 井在三叠系百口泉组、克拉玛依组、侏罗系八道湾组也钻遇良好油气显示，表明沙湾凹陷具备多层系聚集成藏条件。沙探 1 井的突破是在风险勘探引领下，玛湖砾岩满凹含油模式向沙湾、盆 1 井西凹陷扩展取得的巨大突破，有望形成大凹陷满凹含油的全新格局。

实际上，准噶尔盆地目前已进入富烃凹陷中下组合规模勘探的新阶段。特别是玛湖凹陷区勘探取得重要突破后，逐步加大了富烃凹陷中下组合勘探力度：在平面上由源边正向构造单元（三大老油区）下凹勘探到源内主体区，在纵向上由源上远源组合逐步逼近二叠系主力烃源层。由于以玛湖和吉木萨尔为代表的富烃凹陷勘探上连获新发现，储量呈规模增长，中下组合巨大勘探潜力开始逐步显现。

近 5 年来，富烃凹陷油气持续发现已成为准噶尔盆地储量增长主体（共计 6.2×10^8 t，占三级储量 78%），而且储量占比逐年提高，标志着盆地已进入富烃凹陷中下组合勘探的新时代。

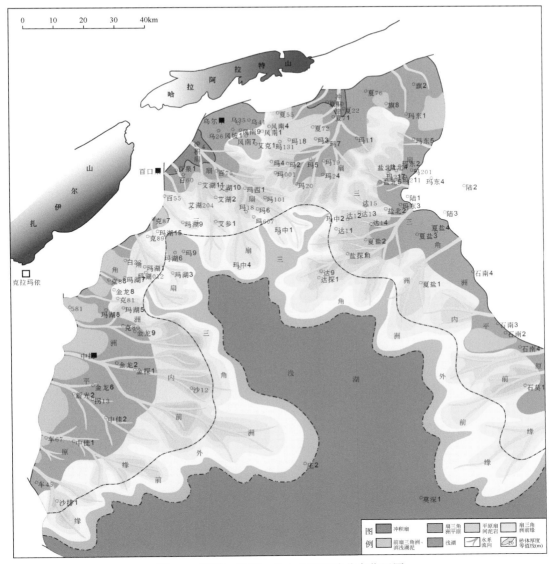

图 6.2　玛湖、沙湾、盆 1 井西凹陷分布位置图

6.2.2　大面积地层岩性油气藏是今后勘探的主要目标

晚二叠世—早三叠世，在东西两大隆起夹持作用下，准噶尔盆地西北部玛湖地区形成浅水湖盆，湖盆内发育广覆式扇三角洲砂砾岩沉积，具备形成大油区的储集条件。其中三叠系百口泉组发育五大扇体，前缘相带面积为 4300km²；二叠系上乌尔禾组发育四大扇体，前缘相带面积为 2600km²。

百口泉组与上乌尔禾组发育大型退积型扇三角洲，晚期湖泛泥岩与早期厚层砂砾岩良好配置，为大油区形成创造了良好封盖条件，因此凹陷区具备形成大面积岩性油气藏群的沉积条件。

其中上乌尔禾组具有主槽区富集特点，晚期上乌三段湖侵泥岩构成盖层，周围被古凸环绕围堵（泥岩围堵带），储封配置优越（图6.3）。

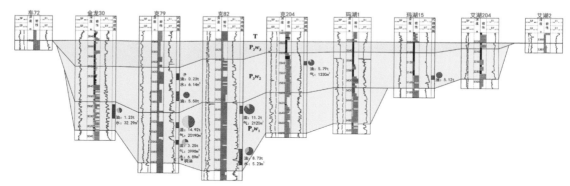

图6.3　二叠系上乌尔禾组沉积背景与成藏关系图

百口泉组则具有主槽两翼平台区易大面积成藏特点，其顶板为晚期湖泛泥岩，底板为早期平原亚相泥石流致密砾岩，侧向为扇间湖相泥岩与主槽致密砾岩，三者对前缘亚相贫泥砾岩储层构成立体封堵，从而在前缘相大面积成藏。

6.2.3　中央拗陷区西部"六金领域"是未来油气勘探的主战场

中央拗陷区西部包括玛湖、盆1井西及沙湾3个富烃凹陷，是准噶尔盆地具有良好勘探前景的地区，目前盆地已发现的油气藏主要即围绕中央拗陷及其周缘分布。总体评价，以下"六金"领域是中央拗陷西部最具勘探潜力的区域，应成为未来勘探的主战场。

1. 领域一（"金镶玉"）：百口泉组玛中平台区扇控型前缘相大面积岩性油气藏群

"金镶玉"系指玛中平台区（图6.4），面积为2307km²。其周围分别为玛湖西百里油区，即玛湖凹陷西环带，面积为1543km²；东百里油区，即玛湖凹陷东环带，面积为740km²；西金边：中拐凸起东斜坡-沙湾凹陷西北斜坡，面积为2159km²；东金边：盆一井西凹陷东北环带，面积为2853km²。从湖盆中心到凹陷边缘，油藏由百一段逐步向百二、百三段过渡，已落实三级储量4.1×10⁸t，以百二段油藏为主。其中，探明储量为1.98×10⁸t，控制储量为0.86×10⁸t，预测储量为1.28×10⁸t。

1）百口泉组勘探现状

准噶尔盆地西北缘三叠系百口泉组油气勘探始于20世纪60年代，陆续于玛湖凹陷边缘断裂带发现了百21井区、百31井区三叠系克拉玛依组、百口泉组和二叠系夏子街组油藏。之后相继钻探黄3井、百65井、玛6井和百75井，除玛6井外均未获得突破。玛6井限于当时试油工艺及地质认识，储量未进一步升级，从而使斜坡区长期以来成为西北缘的"勘探禁区"。2012～2015年在源外大面积成藏理论指导下，玛湖凹陷西斜坡区百口泉组相继发现了玛 131 井油藏、玛 18 井区油藏、艾湖 2 井区油藏等多个亿吨级油藏，初步形成了玛湖西斜坡新的百里油区。目前，玛湖凹陷西斜坡和北斜坡百口泉组勘探程度较高，玛东斜坡特别是玛中平台区还有较大勘探潜力。

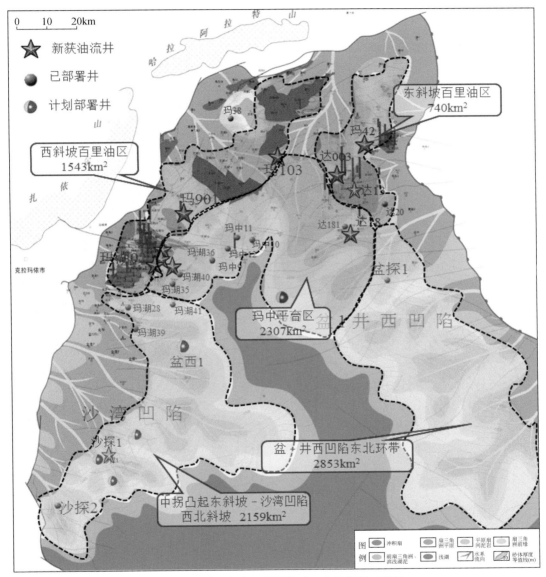

图 6.4　玛湖–沙湾凹陷周缘百口泉组勘探成果图

A. 玛东斜坡

玛东斜坡达巴松扇三叠系百口泉组发育两级坡折，分别控制着扇三角洲平原相、扇三角洲前缘相及过渡相的分布。其中，二级坡折位于隆起附近，主要沿夏盐 4–陆 1 井一带展布，坡折之上坡度相对较陡；一级坡折主要沿盐北 1–盐北 2–夏盐 3 井一带展布，坡折之下地层平缓（图 6.5）。优质储层在一级坡折之下的前缘亚相大面积发育，越向斜坡区储层物性及含油性越好；而且由于构造平缓，碎屑颗粒经过较强淘洗，泥质含量低，岩性以含砾中粗砂岩与砂质细砾岩为主，含油气性较好。一级坡折之上主要为扇三角洲平原亚相沉积，发育块状褐色致密砂砾岩，泥质杂基含量高，含油气性差，具有混杂堆积无分选特点，在上倾北东物源方向形成岩性致密遮挡。实钻及试油情况表明，玛东 3 井百二段为褐色块状砂砾岩，储层不发育，盐北 2 井底部为块状褐色砂砾岩，局部发育前缘相，试油结果为含油水层，而位于达巴松北翼平台区的达 13 井、达 15 井试油均获高产工业油流，进一步证实坡折对相带及成藏的控制作用。

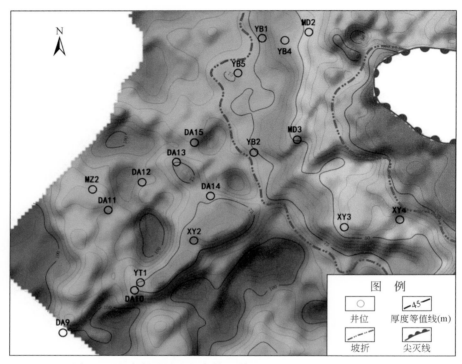

图 6.5　玛东斜坡达巴松扇体北翼三叠系百口泉组残余厚度图

B. 玛中平台区

玛湖凹陷的勘探工作长期主要集中于斜坡区，近年来随着勘探进程加快，逐渐从斜坡区向玛湖凹陷中心区拓展。玛中平台区是玛湖扇体前缘有利相带的交汇区，低位扇广泛发育，是勘探的有利区。玛中平台区周边从 2011 ~ 2015 年先后部署实施多口探井，多口井在百口泉组试油获低产油流，分析认为古构造与相带不匹配为主要原因。通过对玛中地区精细研究，在玛中平台区构造有利的扇三角洲前缘鼻凸带，分别部署了玛中 1、玛中 2 和玛中 5 等井。其中玛中 2 井于 2016 年 11 月 6 日完钻，完钻井深 4530，在三叠系百口泉组一段 4274 ~ 4281m 试油，压裂后 2.5mm 油嘴自喷日产油 10.19t、日产水 8.67m³。在三叠系百口泉组二段 4195 ~ 4203m 试油，压裂后 2.5mm 油嘴自喷日产油 10.07t、日产水 16.07m³。玛中 5 井在三叠系百口泉组二段 4159 ~ 4164m 试油，压裂后 4mm 油嘴自喷日产油 3.96t、日产水 4.72m³。玛中平台区勘探的突破，表明该区具有良好勘探前景。

2) 百口泉组勘探方向

从百口泉组目前勘探结果来看，构造、坡折、沉积相及断裂共同控制了其油气富集与高产。其中低幅度鼻凸及宽缓构造平台区是油气运移的有利指向区，宏观上控制着油气聚集；坡折控制着沉积相分布，进而控制着砂体展布，一级坡折之上为致密平原相，形成良好岩性遮挡条件，一级坡折之下发育贫泥优质砂砾岩；断裂是油气垂向运移的主要通道，同时对各含油气单元具有重要控制作用。因此，下一步百口泉组勘探应进一步围绕已发现扇体向湖盆中心方向推进，特别是广大的玛中地区，是百口泉组多个扇体汇聚区，储盖条件优越，应作为百口泉组近期勘探的重点地区之一。与此同时，应进一步加强扇体刻画和储层预测，落实各扇体与各油气藏群的边界，扩大含油气范围和储量规模。其次，由于百口泉组断层断距较小，往往小于储层厚度，因此断层对油气藏大多不能起到有效遮挡或圈闭作用，岩性圈闭才是控制百口泉组大面积油气藏群形成和分布的主要圈闭类型，因此要突破以往的断层圈闭认识，进一步落实油气藏类型，应不断创新勘探思路，拓宽勘探领域。另外，要加强压裂工艺技术攻关，进一步提升低渗透–致密砂砾岩层的出油关和提产关，为勘探领域进一步拓展与勘探成果不断扩大提供有力技术保障。

2. 领域二（"金月牙"）：中央拗陷西北环带上乌尔禾组古地貌控制下岩性油气藏群

"金月牙"即中央拗陷的西北环带（图 6.6），是目前在玛湖凹陷发现的一个二叠系上乌尔禾组油气富集区。目前，玛南斜坡上乌尔禾组构建大面积含油新模式实现整体突破，已展现 6 亿吨级规模储量区。其中凹陷西侧上斜坡已落实三级储量 3.6×10^8 t，2019 年整体落实探明 2.56×10^8 t。西侧下斜坡外甩勘探已获突破，有利面积 850km^2，预计可再落实储量 2×10^8 t。2019 年部署预探井 11 口，继玛湖 23 井获突破之后，玛湖 35、玛湖 40 等井再钻遇良好油气显示，展示新的储量规模区。

1) 上乌尔禾组勘探现状

二叠系上乌尔禾组在玛湖凹陷分布于玛南地区，向北尖灭，因而油气勘探以往主要集中在玛南斜坡区。该区上乌尔禾组油气勘探始于 20 世纪 60 年代，2017 年获得重大突破，在中拐扇上交控制预测储量 9437×10^4 t，在白碱滩扇体西翼上交控制预测储量 1.1×10^8 t，从而成为玛湖地区继三叠系百口泉组之后所发现的又一大油气区，为新疆油田公司增储上产提供了新的有力支撑。

玛南斜坡上乌尔禾组地层平缓，主要发育中拐扇和白碱滩扇两大物源体系。同时，受东西两大隆起夹持作用，凹陷西部形成浅水湖盆区，湖盆内发育广泛分布的扇三角洲沉积体系。由于大型退积型扇三角洲沉积特点，晚期湖泛泥岩与早期厚层砂砾岩配置良好，为大油区形成创造了良好圈闭条件和优越封盖条件。其中，上乌尔禾组一段和二段储层发育，三段主要为一套稳定泥岩，二者形成了良好储盖组合。上乌尔禾组向凹陷周缘下超上削，因而地层圈闭也比较发育。另外，区内断裂体系发育，其与广泛分布的前缘相砂砾岩体和区域性不整合一起为油气成藏提供了良好的运移通道，使该区具备大面积成藏的优越地质条件。

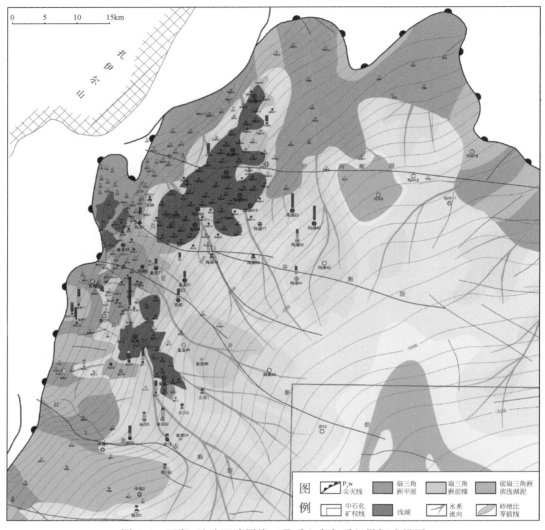

图 6.6 玛湖–沙湾凹陷周缘二叠系上乌尔禾组勘探成果图

2017 年在中国石油股份公司大力支持下，围绕中拐扇和白碱滩扇两大扇群，按照"新井部署和老井复试、拓展与甩开结合"原则整体部署，快速落实规模储量。具体部署分 3 个层次：①拓展中拐扇，开展领域性老井复查，优选 16 井恢复试油，新老井结合，新获工业油气流 17 井 20 层，从而取得了当年部署、当年上交储量的重大突破性成果，2017 年 10 月上交控制预测储量 9604×10^4 t；②探索白碱滩扇，2017 年甩开部署探井 9 口，试油 4 井均获工业油流，2017 年 10 月上交控制预测储量 1.1×10^8 t；③甩开勘探，在中拐扇和白碱滩扇结合部甩开部署，在白碱滩扇体东翼进行探索，寻求勘探新领域。随着勘探逐步深入，在玛南斜坡初步落实有利区面积近 2600km^2 大油区，展现 5×10^8 t 勘探大场面。

A. 中拐扇区

截止到 2016 年，围绕中拐扇二叠系上乌尔禾组探明含油面积 87.24km²，探明石油地质储量 6045.93×10⁴t；探明上乌尔禾组含气面积 18.21km²（克 75 井区、金龙 2 井区、金 202 井区、八 2 西井区），探明天然气地质储量 69.61×10⁸m³；控制含油面积 13.3km²，控制石油地质储量 713×10⁴t。中拐扇体发现的所有探明储量油气藏均平行于中拐凸起呈南北向条带状分布，探明油藏之间有大量出油井，所有试油井均见油流，但普遍油水同出，其他未试油老井也都见有良好显示。为此，通过重新解剖已开发油藏，大胆构想，构建大面积油气成藏模式。立足已知油藏，为这一地区油藏构建了多期退积型砂体搭接连片形成大面积分布的低饱和岩性油气藏群成藏模式。以油藏为单元，新老井结合整体布控。具体做法为：验证油藏类型，选取低部位玛湖 5 井恢复试油，试油后获工业油流；为了重新认识油层下限，选择物性较差的克 81 井恢复试油，也获得工业油流；验证上部低阻段含油气性，选择玛湖 8 井恢复试油，获日产 143m³ 高产油流。同时，在控制程度较低的区域部署了新井，其中金龙 42 井、金龙 43 井、金龙 46 井、金龙 47 井均获得工业油气流。2017 年通过一系列老井恢复试油和探井布控，发现了玛湖 8 井、金龙 43 井、克 83 井、玛湖 16 井区块上乌尔禾组油气藏。2017 年 10 月申报了玛湖 8 井区块上乌尔禾组一段油藏、金龙 43 井区块上乌二段油藏、克 83 井区块上乌二段油气藏及玛湖 16 井区块上乌二段油藏的石油天然气地质储量，4 个油气藏纵向叠置、横向连片，叠合含油面积 98.0km²，含气面积 11.2km²，控制石油地质储量 3988×10⁴t，预测石油地质储量 5616×10⁴t，气顶气地质储量 19.79×10⁸m³。

B. 白碱滩扇区

2016 年以前北部上乌尔禾组勘探程度很低，前期钻探的克 89 井、白 22 井以及玛 9 井油气显示较差，认为北部优质储层不发育，因此该区上乌尔禾组勘探多年以来一直处于停滞状态。

2017 年按照新疆油田公司"水区"找油、老区新探和盲区外探 3 个勘探层次整体推进勘探部署。针对中拐扇体快速落实规模控制储量的同时，针对白碱滩扇体甩开勘探，寻求新的储量接替区。通过开展整体研究，重新认识沉积相带对储层的控制作用，认为前缘相带是油气运聚有利区。玛湖 013 井、玛湖 11 井和玛湖 15 井都先后在上乌尔禾组获得工业油气流，2017 年重新对玛湖 1 井进行老井复试，在上乌尔禾组 3432～3470m 获得日产油 12.84t。2017 年白碱滩扇体上交预测、控制储量 10843×10⁴t。其中玛湖 013 井区上乌二段含油面积 47.8km²，控制地质储量 5449×10⁴t；玛湖 11 井区块上乌一段和上乌二段两层含油面积 40km²，预测地质储量 4667×10⁴t；玛湖 15 井区块上乌二段含油面积 14km²，预测地质储量 717×10⁴t。白碱滩扇体西翼低勘探区的重大突破使之成为储量重要接替区。

白碱滩扇体西翼的玛湖 013 井、玛湖 11 井以及玛湖 15 井区块二叠系上乌二段油藏在地震剖面上由不同砂体岩性控制，平面上乌二段砂体在空间上相互叠置，平面上连片分布，反映白碱滩扇体西翼上乌二段很可能是大面积成藏又一有利区域。由于该区勘探程度相对较低，勘探潜力巨大，将成为继中拐扇之后另一重要的储量接力区。

2）上乌尔禾组勘探方向

在中拐扇和白碱滩扇体西翼相继获得重大突破之后，为进一步深化中拐扇上乌尔禾组油气勘探，加快落实白碱滩扇低勘探区及甩开勘探新领域，新疆油田公司勘探决策层批准部署一大批主探上乌尔禾组的井位，潜在资源量超过 $2×10^8$t。今后除继续加大中拐扇特别是白碱滩扇体的外甩勘探力度外，需加强斜坡下倾方向乃至向东更大范围的储层研究与含油气情况探索。从沉积背景来看，玛南斜坡下倾部位应不乏扇三角洲前缘相储层和良好封盖条件，岩性圈闭也应当比较发育。而且上乌尔禾组顶部与三叠系百口泉组为剥蚀不整合接触，可在上乌尔禾组形成较发育的地层圈闭，且又有断裂与油源沟通，因此斜坡下倾方向理应具备规模油气聚集的良好条件。

除玛湖凹陷外，沙湾凹陷西斜坡与盆 1 井西凹陷东北斜坡是下一步重大接替领域，部署风险探井沙探 1 井获得突破，勘探前景广阔。其中，玛湖凹陷白碱滩扇东翼勘探面积 2500km²，盆 1 井西凹陷东北斜坡勘探面积 1000km²，沙湾凹陷西斜坡勘探面积 1200km²。

3. 领域三（"金腰带"）：中二叠统环凹大型地层背景下岩性油气藏

"金腰带"即指玛湖-盆 1 井西凹陷周缘环凹分布的中二叠统下乌尔禾组地层岩性目标区带（图 6.7）。近两年围绕环二叠系大型地层超削带整体布控，35 口井获得工业油流，玛湖 1 井区下乌尔禾组落实 $7000×10^4$t 储量。目前，下乌尔禾组已展现出点多面广的含油气特点，显示其具有较大的勘探潜力。

1）下乌尔禾组勘探概况

玛湖凹陷二叠系下乌尔禾组油藏首先发现于玛北油田，发现井为玛 2 井。该井是玛北油田第一口预探井，1992 年 1 月 23 日开钻，同年 7 月 25 日完钻。完钻后于 1992 年 8 月 28 日射开下乌尔禾组 3538～3561m，压裂后用 3mm 油嘴试油，获日产油 16.7t、日产气 2668m³。1994 年探明储量报告中指出在二叠系下乌尔禾组油藏内，获工业油流 5 井 8 层，产量最高为玛 006 井（24.9t/d），最低为玛 001 井（6.21t/d）。随后于 1997 年发现了玛东地区玛东 2 井区块，发现井为玛东 2 井。该井于 1996 年 3 月 5 日开钻，1996 年 8 月 20 日完钻，1997 年 5 月 5 日射开二叠系下乌尔禾组 3753～3768m，压裂后折算 3.5mm 油嘴日产油 7.77t，油压为 0.9～0.8MPa，套压为 4～3.4MPa，试产至 1997 年 8 月 21 日累产油 566.95t。1997 年 9 月 1 日玛东 2 井射开二叠系下乌尔禾组 3732～3742.5m，压裂后折算 4.5mm 油嘴日产油 3.09t，试产至 1999 年 11 月 29 日累产油 578.48t。为了评价玛东 2 井区块储量规模，1998 年 2 月 15 日在玛东 2 井东部构造上倾方向钻探了玛 201 井，该井于 1998 年 6 月 21 日完钻，1998 年 8 月 5 日射开二叠系下乌三段 3648～3665m，压裂后初期 3.5mm 油嘴日产油 1.93t、日产水 1.24m³，经过冬休关井后，最初几天见少量水，之后不再出水，日产油为 0.4～4.34t，试产至 1999 年 11 月 29 日累产油 427.89t。虽然该区油气显示好，井井出油，但由于产量低，后续评价工作未能展开。随着储层改造技术改进及准噶尔盆地勘探难度加大，玛东 2 井区由于其相对优越的成藏条件，后续评价工作再次展开。2011 年 9 月利用新处理的连片三维地震资料，通过构造精细解释、储层预测，在玛东

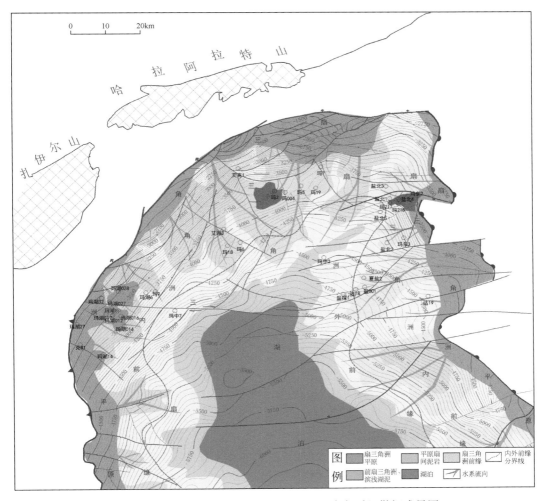

图 6.7　玛湖-盆 1 井西凹陷周缘二叠系下乌尔禾组勘探成果图

2 井西南构造下倾方向 1.5km 处部署上钻了玛 202 井，该井在二叠系下乌四段 3778～3802m 井段压裂，获工业油流，2.5mm 油嘴自喷试产第 55 天时，折算日产油 6.1t，累产油 497.32t。2012 年申报玛东 2 井区块二叠系下乌尔禾组油藏新增控制含油面积 17.0km²，石油地质储量为 1139×10⁴t。2015 年 9 月 29 日射开盐北 4 井下乌四段下部含油砂层 3904～3917m，压裂后 2mm 油嘴日产油 29.06m³、日产气 457m³，截止到 2015 年 10 月 18 日，累产油 409.79m³、累计产气 4110m³。2015 年申报盐北 4 井区块二叠系下乌四段油藏预测含油面积为 58.8km²，预测石油地质储量为 2591×10⁴t。2016 年下乌四段新增含油面积为 11.8km²，提交控制石油地质储量为 582×10⁴t，技术可采储量为 69.8×10⁴t。2017 年玛湖东斜坡盐探 1 井和玛中 2 井在下乌尔禾组试油获得高产工业油流，表明玛东斜坡区二叠系下乌尔禾组勘探潜力大。除上述区块外，在环玛湖斜坡区二叠系下乌尔禾组还有多个出油气点，反映玛湖凹陷区二叠系下乌尔禾组具有良好的勘探前景。

2）下乌尔禾组勘探潜力与勘探方向

下乌尔禾组在玛湖地区分布广泛，且油气显示普遍，呈现出满凹全面开花新局面，逐步成为继百口泉组、上乌尔禾组之后又一全新规模领域。其中：玛南立体勘探整体部署，储量快速落实，已有 10 井 11 层新获工业油流，累计 23 井 24 层获工业油流，落实控制储量 7004×10^4 t，基本探明；玛北甩开勘探与滚动评价取得新进展。玛页 1 井钻遇厚储层，油气显示好，规模勘探潜力初现。玛 103 井下乌尔禾组钻遇油层，进一步拓展了玛 2 油藏。

综合分析认为，下乌尔禾组勘探潜力较大，应引起今后勘探重视。其中玛湖北斜坡有利勘探面积 1700km²，玛湖东斜坡有利勘探面积 1400km²，玛湖南斜坡有利勘探面积 950km²。依据如下：

（1）储盖组合好，岩性圈闭发育。一方面，与三叠系百口泉组和上二叠统上乌尔禾组类似，玛湖凹陷斜坡区中二叠统下乌尔禾组同样发育退覆式浅水扇三角洲沉积，优质储层主要发育在扇三角洲前缘相带，且各前缘相储层均被前缘分流间湾相或湖湘泥岩所覆盖，在靠近物源方向又有扇三角洲平原相致密砂砾岩沉积构成上倾侧向遮挡，从而形成与三叠系百口泉组和二叠系上乌尔禾组可媲美的封盖条件。另一方面，下乌尔禾组储层相对较薄，且横向变化较大，因而岩性圈闭发育，具备形成大面积岩性油气藏的基本条件。需要指出的是，下乌尔禾组储层条件相对较差，与百口泉组大致相当，根据玛东地区下乌尔禾组四段 180 块样品孔隙度分析表明，储层段孔隙度为 5%～18.7%，平均为 9.04%；根据 157 块样品渗透率分析表明，渗透率为 $(0.01 \sim 806) \times 10^{-3}$ μm²，平均为 1.33×10^{-3} μm²，属于低孔特低渗–致密储层。成岩研究认为，下乌尔禾组普遍发育次生溶蚀孔隙（浊沸石溶蚀孔为主）。综合预测下乌尔禾组（二—四段）Ⅰ类有利储层面积累计达 6600km²，因而勘探潜力较大。

（2）通源断裂发育。环玛湖凹陷斜坡区二叠系下乌尔禾组位于主力烃源岩风城组以及次要烃源岩佳木河组烃之上，输导体系是成藏的关键因素，断裂是最主要的输导体系。研究表明，斜坡区发育众多断穿二叠系底部断裂，这些断裂沟通烃源岩与储层，并在生排烃高峰期持续活动，是油气运移的主要通道。例如，玛东 2 井区附近的陆南断裂、玛西艾里克湖断裂和玛湖 1 井区的大侏罗沟断裂，为油气垂向运移提供了重要通道。

（3）具备鼻状构造背景。从已发现的油气藏来看，基本上都集中在有构造背景的区域，如玛 2 井区二叠系下乌尔禾组油藏，现今存在低幅度构造背景，玛东 2 井下乌尔禾组油藏也存在一个鼻凸背景。因此，鼻状构造背景是二叠系下乌尔禾组成藏的一个重要条件。研究表明，环玛湖斜坡区存在七大鼻状构造，分别是中拐凸起、201 鼻隆、百口泉鼻隆、乌尔禾鼻凸、夏子街鼻隆、玛东鼻隆和夏盐鼻隆，斜坡区继承性鼻凸构造带发育面积为 5800km²，其中百口泉、夏子街、乌尔禾、玛东、夏盐五大鼻凸与 P_1f、P_1j 烃源岩空间配置良好，面积达 3800km²。这些鼻状构造两翼及其向盆地延伸区域是下一步勘探的重点。

以上重点分析了三叠系百口泉组和二叠系上乌尔禾组、下乌尔禾组大面积岩性油气藏勘探前景和方向。事实上，垂向上距离主力烃源岩二叠系风城组更近的二叠系夏子街组可能也具有一定甚至较大的勘探潜力，亦应引起今后勘探研究的重视。

4. 领域四（"金碟子"）：玛湖西斜坡风城组致密油气与页岩油气大面积油气藏

"金碟子"即指玛湖凹陷西斜坡二叠系风城组有利勘探区带（图6.8）。一方面，风城组系玛湖凹陷主力烃源岩（杨斌等，1991；王屹涛等，1994；王屹涛，1995；王绪龙和康素芳，1999；王绪龙等，2008，2013；陈建平等，2016b；雷德文等，2017b），但其岩性复杂，有白云岩类（主要为泥质白云岩）、泥质岩类（主要为白云质泥岩），以及由火山碎屑、碳酸盐矿物、碎屑物质等构成的混积岩，以混积岩最为普遍。另一方面，风城组还发育有致密砂砾岩及火山岩（图6.9）。这就决定了玛湖凹陷下二叠统风城组致密油气聚集独具特色（匡立春等，2012）。其不仅有致密油气聚集，而且页岩油气可能也具有良好勘探潜力。其中致密油气成藏模式为大面积分布的准连续型，而页岩油气在风城组的成藏模式可能主要为大面积分布的连续型聚集模式。另外，风城组还可能存在局部分布的类似常规油气藏那样的油气聚集。这与国内外烃源岩层系油气成藏基本特征是一

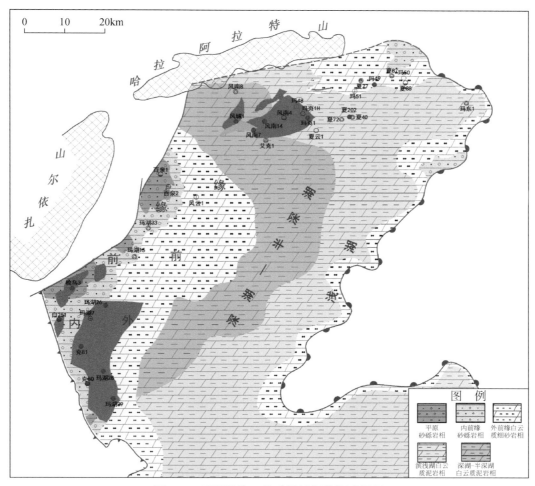

图6.8　玛湖凹陷二叠系风城组勘探成果图

致的。根据对国内外致密油气、页岩油气和常规油气藏形成特点与分布规律研究表明，典型的连续型聚集应是形成于烃源岩内的油气聚集，如页岩油和页岩气；而典型的准连续型油气聚集则是形成于烃源岩外致密储层中的油气聚集（赵靖舟等，2016，2017a；Zhao et al., 2019a）。

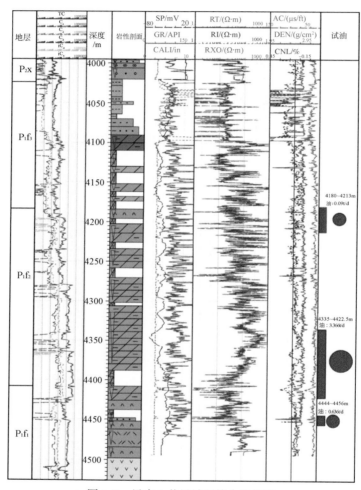

图 6.9　风南 1 井风城组综合柱状图

1）风城组致密油气和页岩油气形成条件

综合分析认为，玛湖凹陷二叠系风城组具有优越的致密油气和页岩油气形成条件，表现在：

A. 风城组为凹陷主力烃源岩，油气源供给充足

烃源岩评价及油源对比表明，风城组为玛湖凹陷及准噶尔盆地西北缘一带的主力源岩。可能是由于目前凹陷区钻遇风城组的井主要位于斜坡较浅部位的缘故，其有机质丰度并不算高，但生烃潜力大，加之分布广，整个玛湖凹陷均有分布，而且厚度大，地层厚度为 300 ~ 1500m，因而对于致密油气和页岩油气富集十分有利。

B. 储层分布广、类型多

玛湖凹陷风城组发育白云质岩（大于 200m）、砂砾岩（大于 600m）、火山岩（10 ~ 40m）3 类规模储层。其中以泥质白云岩、白云质粉砂岩和白云质泥岩等组成的白云质岩分布最广，包括山前风一段、风二段底部以及凹陷大部分地区，面积约为 6698km²，5500m 以浅面积约 2265km²；砂砾岩分布在山前断裂带风城组三段及风城组二段中、上部，面积约 1720km²；火山岩主要分布在乌夏地区风一段，面积约 1677km²。

白云质岩储层厚度大（300 ~ 500m），分布广，其分布受沉积旋回控制，在不同相区，白云质岩分布的位置不同，如在碱类矿物发育的风南 5–风南 7 井区，白云质岩主要分布在碱类沉积发育段（风城组二段）的顶底板；相比而言，过渡区主要分布在风城组二段、风城组三段下部及风城组一段上部；其他地区主要分布在风城组二段；而在受陆源碎屑影响较小的湖泊边缘及湾区，整个风城组均富含白云质岩。

除白云质岩外，砂砾岩是风城组另一个重要储层，其厚度大（500 ~ 1000m），分布稳定。

C. 储层物性差，但含油普遍，油质轻

无论是白云质岩还是砂砾岩，其物性普遍较差，属于典型的致密油储层。但两类储层无论物性如何，均普遍含油，录井常见连续油气，气测异常明显，具有典型的致密油或页岩油特征，如风南 2 井区 6 口井取心见富含油岩心 0.74m，油浸级岩心 2.67m，油斑级岩心 31.59m，油迹级岩心 10.71m，录井油气显示纵向上跨度可达 500m，表现为整体含油特征。再如百泉 1 井砂砾岩含油性好，跨度达 700m。而且油藏边界不清，缺乏明显的油气水界面。对玛湖凹陷风城组 21 个试油层段分析认为，仅 2 层产水，表明该区风城组地层水不活跃。

其中白云质岩具有全层段、满坡含油特征，属典型的大面积分布的连续型或准连续型油气藏。其储层优势岩性为白云质粉砂岩、泥质白云岩，储集空间以中–小孔为主，大孔相对不发育，不同物性的储层均具有较好的含油性（图 6.10）。相比较而言，白云质粉砂岩含油性最好，其次是白云质泥岩、泥质白云岩和白云岩（图 6.11）。

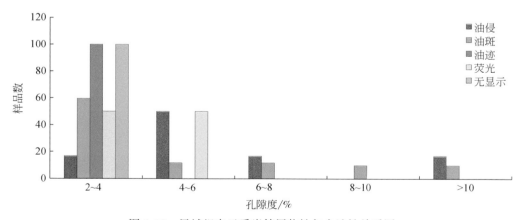

图 6.10　风城组白云质岩储层物性与含油性关系图

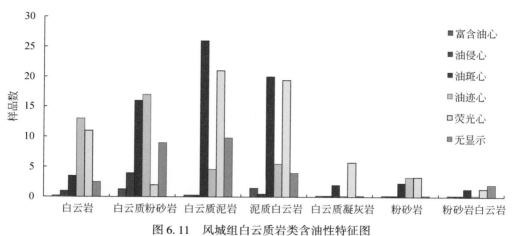

图 6.11　风城组白云质岩类含油性特征图

D. 储层脆性好，裂缝发育

与吉木萨尔凹陷芦草沟组和沙帐断褶带平地泉组致密油和页岩油储层相比，玛湖凹陷风城组白云质岩由于白云质含量相对较高，故储层脆性好（图 6.12）。同时，岩心、测井、地震预测均揭示裂缝较发育，岩心见直劈、斜交等各种产状裂缝，成像测井揭示有大量裂缝发育（吴采西等，2013）。储层较好的脆性和大量发育的裂缝，具有可以进行高效压裂改造的先天条件，适合水平井体积压裂和直井分段压裂，因而规模开发条件优越。

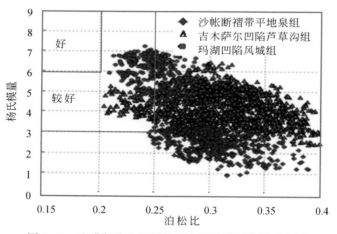

图 6.12　准噶尔盆地不同地区致密油岩石脆性对比图

E. 异常高压有利于富集高产

国内外超压成因研究表明，生烃膨胀是含油气盆地最普遍、最重要的超压形成机制（赵靖舟等，2017a）。一方面，对玛湖凹陷超压成因的最新研究（见第 5 章）也表明，尽管三叠系百口泉组和二叠系上乌尔禾组、下乌尔禾组超压主要为压力传递成因，但压力源为烃源岩生烃膨胀。因此，作为玛湖凹陷的主力烃源岩，风城组本身极易形成异常高压，这是油气井高产的一个有利条件。另一方面，由于生烃膨胀可能是风城组超压的主要成因,风城组源岩中超压的强度也往往反映油气在烃源岩中的滞留量大小。通常,超压强度越大,预示着烃源岩中滞留的油气数量越多,或排出油气比例越低。因此,可以通过超压成因和预测研究,对风城组内部油气资源规模及分布做出评价和预测。在此基础上,结合通源断裂发育程度和延伸层位等,对源上层系油气聚集规模及分布做出预测。

2)风城组致密油气和页岩油气勘探潜力与方向

由前面介绍可以看出,玛湖凹陷二叠系风城组具有优越的致密油气和页岩油气形成条件。而且由于风城组在玛湖凹陷一带埋深差异大,因而除致密油和页岩油外,凹陷深部可能更富集致密气与页岩气资源。

勘探表明,玛湖凹陷二叠系风城组具有纵向大跨度、横向大面积整体成藏特征。已发现油藏南北跨度 42km,单井纵向油气显示跨度达 818m,探明油藏之外已有 18 井 20 层获工业油流,已发现三级地质储量为 $2.7×10^8$t,是盆地最有可能成为继中组合之后的下个大油区。其有利勘探区包括:玛北斜坡火山岩+白云质岩,有利勘探面积为 1600km^2;克百-玛南砂砾岩+火山岩,有利勘探面积为 1580km^2。其中:

玛南斜坡整体发育两大沟槽,控制中拐、八区两大物源体系,八区扇高部位已探明规模油藏,斜坡区大面积发育扇三角洲前缘沉积,前缘相有利勘探面积为 800km^2。受中拐凸起、克百断裂带控制,玛南风城组"北断南超",整体为大型地层-断层背景。目前玛南斜坡已有 18 井 20 层获工业油流,初步落实 2 个砂砾岩油藏和 1 个火山岩油藏,储量规模预计为 $1.47×10^8$t。高部位发现八区油藏,探明 6900×10^{4}t;斜坡区发育厚层砂砾岩,纵向分为 3 个亚段,见大套连续油气显示(显示海拔跨度 2000m),具备规模成藏潜力;风二段顶部发育大面积火山岩,横向展布稳定,普遍见油气显示。其中砂砾岩储层前期高部位已探明八区油藏,低部位多井出水,重新构建与上乌尔禾组类似的大型退覆式沉积模式,向斜坡区大胆外甩部署,逐层相继获新突破,玛湖 26 等多井获纯油,初步形成规模储量区。现已在风一、风二、风三段均获油气发现,2019 年 5 井 5 层新获工业油流,近 3 年累获工业油流 16 井 16 层。另外,火山岩勘探 20 世纪 90 年代发现克 80 火山岩油藏,因低部位出水未能拓展。近年重新认识,火山岩具有多期叠置、横向连片特征,岩性主要为玄武岩,厚 10~20m,横向分布稳定。在油藏低部位部署金龙 51 井获高产油流,储层为气孔状玄武岩。近 3 年火山岩储层累计 4 井 4 层获工业油流,落实储量 4161×10^{4}t。

另外,试油结果表明,玛湖凹陷二叠系风城组不少井不采取改造措施即可见油,常规小型压裂后产量提升明显,改造提产潜力大。直井小型压裂后日产量与吉木萨尔凹陷二叠系芦草沟组直井分段大型压裂后日产量相当,直井大规模压裂后提产空间大。由于目前大型压裂技术已比较成熟,若采用致密油和页岩油压裂工艺,风城组致密油与页岩油可获高产。因此,无论是致密油气还是页岩油气,玛湖凹陷风城组均展现出良好的勘探开发前景。

根据资源评价结果,玛湖凹陷风城组埋深小于 5500m 有利储层分布面积为 2265km^2,资源量为 $26.2×10^8$t(表 6.1)。除致密油和页岩油外,风城组致密气和页岩气可能也具较大资源潜力,特别是埋深超过 5000m 地区。因此,今后应进一步加大对玛湖凹陷二叠系风城组致密油气与页岩油气富集规律攻关研究与勘探力度,力争早日取得风城组致密油气和页岩油气勘探更大突破。

表 6.1　玛湖凹陷二叠系风城组致密油资源估算表

计算单元		A_o/km^2	h/m	Φ/f	$S_o/\%$	B_{oi}	$\rho_o/(\text{g/cm}^3)$	$N/10^8\text{t}$
白云质岩	风三段	510	40	0.05	0.45	1.196	0.86	3.3
	风二段	643	45	0.05	0.45	1.196	0.86	4.7
	风一段	1052	30	0.05	0.45	1.196	0.86	5.1
砂砾岩	风三段	860	50	0.04	0.45	1.196	0.85	5.5
	风二段	729	40	0.04	0.45	1.196	0.85	3.7
火山岩		673	15	0.12	0.45	1.196	0.86	3.9
合计		—	—	—	—	—	—	26.2

注：按埋深 5500m 以浅计算，面积按岩性分布面积的 1/2 取值。

5. 领域五（"金元宝"）：下二叠统—石炭系组合大构造油气藏

玛湖凹陷二叠系—石炭系贴近烃源层或处于源内，勘探程度低，发育大型构造圈闭、火山岩与白云质岩双重介质储层、高熟油气、异常高压，成藏条件优越，是准噶尔盆地另一战略接替领域。

1）大构造油气藏群形成条件

与前面介绍的三叠系百口泉组，二叠系上乌尔禾组、下乌尔禾组及风城组油气藏均主要表现为准连续型或连续型不同，玛湖凹陷石炭系—下二叠统主要发育构造型圈闭，尽管这一领域目前勘探和研究程度较低，但预测具备形成大油气田的四大有利条件：发育规模构造圈闭、存在两类特殊储层、紧临高熟烃源岩和发育异常高压，而且与前述层系以原油勘探为主不同的是，深层大构造因烃源岩热演化程度高，因此勘探目标除了油还有气。

A. 大型构造圈闭发育，形成时间早

首先是深层石炭系—下二叠统发育规模构造圈闭。石炭纪—二叠纪是准噶尔盆地形成的雏形期，属于前陆盆地演化阶段（贾承造等，2005；曲国胜等，2009）。由于构造活动强烈，形成了大量的大型构造圈闭，具备形成规模油气藏圈闭条件（图 6.13）。这些大型构造圈闭因形成期早（早二叠世），远早于油气大量生成期，因此匹配关系良好，属于有效圈闭（雷德文等，2017b）。

B. 发育两类特殊储层

玛湖凹陷石炭系—下二叠统深大构造位处深层，因此储层是否发育比较关键。研究发现，该领域发育两类特殊储层，具有良好的储层条件。这两类特殊储层即石炭系和下二叠统佳木河组火山岩，以及下二叠统风城组白云质岩，其储层物性受埋深影响小（赵文智等，2009；张静等，2010）。除了这两类受埋深影响较小的特殊储层发育外，研究区二叠系各组之间还整体表现为逐层超覆沉积，在凹陷边缘各组之间均存在沉积间断，发育不整合及风化壳，有利于储层改善与形成。而构造高部位断裂、裂缝发育，也可有效改善储层，具备形成油气高产的储层条件（何登发等，2010）。

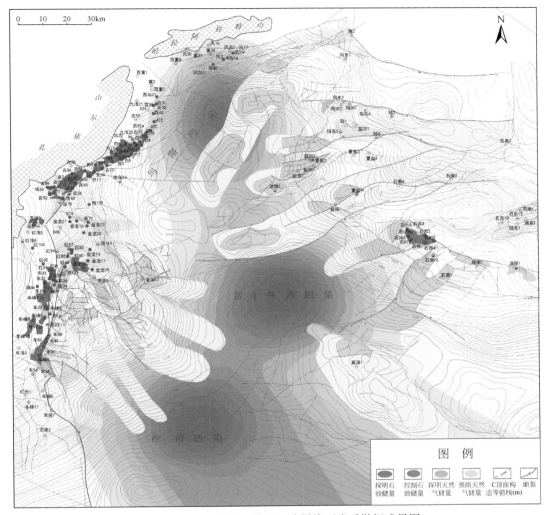

图 6.13　环玛湖–盆 1 井西凹陷周缘石炭系勘探成果图

C. 紧临高熟烃源岩

中央拗陷西部发育 $C—P_1j$、P_1f、P_2w 3 套烃源岩，存在自生自储、新生古储两种成藏组合，下组合发育凝析油-高熟气、煤型气。石炭系及下二叠统佳木河组为煤系烃源岩，以生气为主，分布于断陷槽内；下二叠统风城组为优质碱湖烃源岩，生油能力强，厚度大，分布面积广；中二叠统下乌尔禾组为湖相烃源岩，既生油又生气，厚度大，分布面积广。其中玛湖凹陷下组合以 P_1f 为主要源岩，可能存在 $C—P_1j$ 贡献；盆 1 井西凹陷下组合 3 套烃源岩均可供烃。

玛湖凹陷主力烃源岩风城组地层埋深普遍超过 5000m，烃源岩演化程度高，因此所生油气高熟轻质。根据实际样品分析，风城组烃源岩热解分析 T_{max} 值为 425～451℃，R_o 为 0.56%～1.02%，考虑到这些样品主要位于凹陷边缘地层埋深相对较浅区域，通过盆地模拟推演凹陷区内风城组烃源岩热演化程度更高，模拟显示其 R_o 平均可达 1.4%，在中心区甚至超过 1.6%，有机质已达到高成熟演化阶段。据此可以推断，风城组所生原油必然高熟轻质，且普遍含气。根据前人模拟实验结果，原油裂解气发生的温度为 160℃（Tissot and Welte，1984）。据第三次资源评价，准噶尔盆地玛湖凹陷及周缘现今地温梯度为 2.3℃/100m，平均地表温度为 15℃，据此计算玛湖凹陷及周缘原油裂解深度界限大约为 6200m，理论上 6200m 深的地层中烃类相态以气相为主；达 1 井背斜各目的层埋深均小于原油裂解深度 6200m，原油未发生裂解，玛南背斜主要目的层埋深均大于 6200m，早期充注原油应该裂解为天然气（卫延召等，2016）。加上石炭系和下二叠统佳木河组为腐殖型气源岩，因此可以认为，玛湖凹陷深层石炭系—下二叠统油气相态以轻质油-天然气为主，包括高熟轻质油、干酪根裂解气和可能的油裂解气，因此对储层要求相对较低，有利于高产（张鸾沣等，2015）。

　　D. 深层发育异常高压

　　异常高压的发育有利于油气保存与高产（王屿涛等，1994；查明等，2000）。在玛湖凹陷研究区，不同地区超压顶面出现的层位不同，在凹陷西北部侏罗系及以上地层多未出现超压，而在凹陷东南部和达巴松凸起区，侏罗系就开始出现超压。由此说明超压分布与层位关系不大，而更可能与深度关系较大（雷德文等，2017b），反映当地层埋藏到一定深度后，保存条件变好，地层流体不宜开放性流动，引起地层超压，如达 9 井在百口泉组实测地层压力为 89MPa，压力系数高达 1.925，预计百口泉组之下地层的压力系数超过 2.0。因此，玛湖凹陷石炭系—下二叠统可能普遍为高压-超高压地层，异常高压的存在，为油气保存和高产提供了动力。

　　2）大构造油气藏群勘探潜力与方向

　　根据初步研究结果，石炭系—下二叠统构造圈层面积合计超过 5000km²，包括背斜圈闭 9 个，圈层面积为 2200km²，断块、断鼻及断层-地层圈闭 27 个，面积为 2816km²。其中风城组背斜圈闭 5 个，面积为 298km²；断块、断鼻及断层地层 6 个，面积为 744km²。佳木河组背斜 6 个，面积为 890km²；断块、断鼻及断层-地层圈闭 14 个，面积为 1743km²。石炭系背斜圈闭 9 个，面积为 1013km²；断块、断鼻圈闭 3 个，面积为 327km²。圈闭资源量天然气 $2.4 \times 10^{12} m^3$、石油 $5.84 \times 10^8 t$。

　　值得注意的是，由于石炭系—下二叠统埋深大，勘探成本高，因此为了提高勘探成功率，今后应加强该层系大构造圈闭成藏条件的深入研究，为勘探部署提供充足依据。

6. 领域六（"金豆子"）：玛湖地区中浅层薄互层高效岩性油气藏

　　玛湖地区主探中组合的同时兼顾中浅层，近两年在 4 个层组（J_1s、J_1b、T_3b、T_2k）湖泛面附近砂层中 56 井 66 层获发现，2019 年计划原油产量 $10 \times 10^4 t$。

　　今后尤其应重视三叠系白碱滩组和克拉玛依组有利区勘探，力争围绕 5 个成藏有利区（658km²）落实 $2000 \times 10^4 t$ 高效储量（图 6.14）。

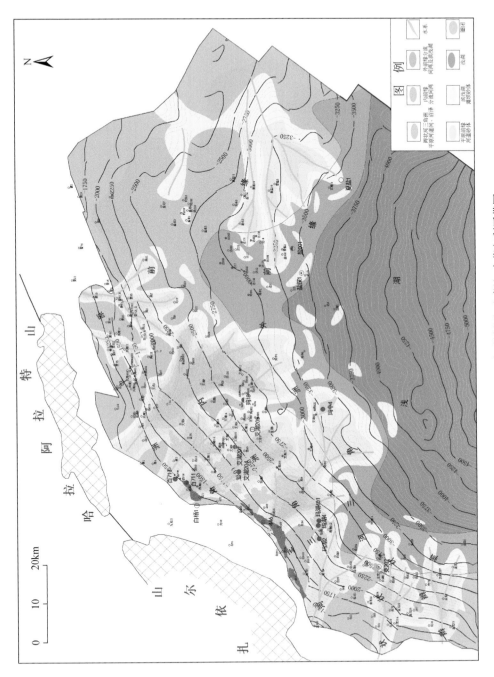

图6.14 玛湖地区三叠系白碱滩组沉积相与成藏有利区带图

6.3 玛湖砾岩大油区地质理论在国内外油气勘探中的应用

6.3.1 玛湖砾岩大油区地质理论在准噶尔盆地油气勘探中的应用

玛湖大油区地质理论是在准噶尔盆地玛湖地区油气勘探的探索实践中形成的，又及时用于指导玛湖地区后续油气勘探。在源上砾岩大油区形成的地质理论的指导下，在三项砾岩勘探开发技术一体化的支撑下，玛湖地区油气勘探持续取得新突破和新发现，相继实现了玛北斜坡突破、凹陷北部百口泉组整体推进和南部上乌尔禾组大油区快速落实，连续 7 年持续发现，现已发现七大油藏群，形成南、北两个大油区。截至 2019 年 11 月，玛湖地区新增三级石油地质储量为 15.4×10^8 t，其中探明石油地质储量为 6.4×10^8 t。由此形成了继西北缘断裂带之后准噶尔盆地又一个 10 亿吨级大油区，奠定了其全球最大陆相砾岩油区地位。

与此同时，玛湖地区增储与产能建设一体化快速推进，低渗透砾岩实现整体有效动用，形成玛北、玛东、玛南 3 个亿吨级规模建产区，已建产能 605×10^4 t。其中玛 131、玛 18 井区块将建成凹陷区首个百万吨油田，玛 18 井区块被列为中国石油 2016 年石油单项产能建设最大项目。其他区块开发试验进展顺利，后续还将新建产能 877×10^4 t。新技术的突破也带动了老油田玛 2 井和玛东 2 井区等低品位储量的动用。

至此，玛湖地区已成为新疆油田规模增储和上产的石油新基地，有力推动了"新疆地区 5000 亿吨级大油气区"建设。

与此同时，玛湖大油区地质理论也促进了整个准噶尔盆地油气勘探。借鉴该理论，中国石化准噶尔探区发现了春晖油田和阿拉德油田。

6.3.2 玛湖砾岩大油区地质理论在国内外其他盆地的应用

玛湖砾岩大油区地质理论以广覆式浅水湖盆扇三角洲沉积理论、碱湖烃源岩高效生烃理论、源上砾岩大面积成藏理论为核心，适用于以挤压构造背景为主的陆相湖盆油气勘探。应当说，对于挤压背景形成的陆相湖盆的油气勘探，玛湖砾岩大油区地质理论与技术体系可借鉴复制。事实上，玛湖砾岩大油区地质理论不仅对于玛湖凹陷和整个准噶尔盆地油气勘探起到了重要的指导作用，而且对于塔里木、柴达木、吐哈等我国中西部陆相含油气盆地及国外类似粗碎屑沉积盆地油气勘探也具有重要的借鉴意义。

我国东部渤海湾、南襄、二连、松辽等盆地，以及国外不少拉张型盆地砾岩沉积发育，对于这类盆地，玛湖大油区地质理论可能并不完全适用，但玛湖大油区的发现证明陆相砾岩储层同样可以形成超大型油田。因此，玛湖大油区地质理论对陆相砾岩油气勘探无疑具有重要意义。

6.3.3　玛湖大油区发现的经济社会效益

1. 经济效益

在凹陷区源上砾岩大油区成藏模式指导下，在砾岩勘探开发核心技术的支撑下，玛湖地区勘探相续实现了玛北斜坡突破、凹陷北部百口泉组整体推进和南部上乌尔禾组大油区快速落实等一系列重大突破。截至 2019 年 11 月，玛湖地区共新增三级石油地质储量 $15.4 \times 10^8 t$，已建产能 $605 \times 10^4 t$。2018 年又新增三级石油地质储量 $3.3 \times 10^8 t$，从而使玛湖大油区三级石油地质储量累计超过 $15 \times 10^8 t$，取得了巨大经济效益。

2. 社会效益

玛湖特大油区的发现也产生了巨大社会效益，主要表现在以下五个方面。

1）保障了国防军工稀缺原油持续供给

由于玛湖地区环烷基原油持续供给，克拉玛依石化公司已成为年加工 $600 \times 10^4 t$ 稀缺油品的重要炼化企业，为国防安全做出了突出贡献。

2）提高了国内原油自给能力

近年来，我国原油对外依存度快速攀升。为此，中国石油"十三五"做出"新疆 5000 亿吨级大油气区"战略部署，玛湖地区持续上产已成为国内原油生产新的增长一极。

3）推动了新疆"一带一路"建设

对于全力打造"丝绸之路经济带核心区"的石油中心、建设油气生产炼油化工基地以及保障新疆作为国家能源安全陆上大通道战略地位具有重大意义。

4）促进了新疆经济发展和社会稳定

石油工业是新疆经济发展的重要支柱，玛湖大油区的发现推动了资源优势向经济优势转化，促进了新疆经济发展和社会稳定。

5）建成了国际一流勘探创新人才培养基地

打造了产、学、研、用多学科协同创新团队，培养了大批富有创新能力的领军人才，包括获国务院政府津贴、长江学者、黄汲清奖及中国石油集团专家等数十名，引领了砾岩油气勘探发展方向。

总之，玛湖砾岩大油区的发现，标志着我国砾岩油藏地质研究水平与勘探技术已进入国际前列，也预示着砾岩油气勘探今后应引起更广泛重视。相信在玛湖大油区发现启发下，国内外砾岩油气勘探有望不断取得新的突破，这也是我们编写本书的根本初衷。

参 考 文 献

阿布力米提·依明，曹剑，陈静，等.2015.准噶尔盆地玛湖凹陷高成熟油气成因与分布.新疆石油地质，36(4)：379-384.

阿布力米提·依明，唐勇，曹剑，等.2016.准噶尔盆地玛湖凹陷下三叠统百口泉组源外"连续型"油藏成藏机理与富集规律.天然气地球科学，27(2)：241-250.

白玉彬，赵靖舟，方朝强，等.2012.优质烃源岩对鄂尔多斯盆地延长组石油聚集的控制作用.西安石油大学学报：自然科学版，27(2)：1-5.

曹慧缇，张义纲，徐翔，等.1990.碳酸盐岩生烃机制的新认识.石油实验地质，(3)：222-237.

曹剑，雷德文，李玉文，等.2015.古老碱湖优质烃源岩：准噶尔盆地下二叠统风城组.石油学报，36(7)：781-790.

曹耀华，赖志云，刘怀波，等.1990.沉积模拟实验的历史现状及发展趋势.沉积学报，8(1)：143-146.

陈刚强，安志渊，阿布力米提，等.2014.玛湖凹陷及其周缘石炭–二叠系油气勘探前景.新疆石油地质，35(30)：259-263.

陈建平，查明，柳广弟，等.2000.准噶尔盆地西北缘斜坡区不整合面在油气成藏中的作用.石油大学学报(自然科学版)，24(4)：75-78.

陈建平，邓春萍，王汇彤，等.2006.中国西北侏罗纪煤系显微组分热解油生物标志物特征及其意义.地球化学，35(2)：141-150.

陈建平，孙永革，钟宁宁，等.2014.地质条件下湖相烃源岩生排烃效率与模式.地质学报，88(11)：2005-2032.

陈建平，王绪龙，邓春萍，等.2016a.准噶尔盆地烃源岩与原油地球化学特征.地质学报，90(1)：37-67.

陈建平，王绪龙，邓春萍，等.2016b.准噶尔盆地油气源、油气分布与油气系统.地质学报，90(3)：421-450.

陈践发，苗忠英，张晨，等.2010.塔里木盆地塔北隆起天然气轻烃地球化学特征及应用.石油与天然气地质，31(3)：271-276.

陈洁，鹿坤，冯英，等.2012.东濮凹陷不同环境烃源岩评价及生排烃特征研究.断块油气田，19(1)：35-38.

陈磊，杨海波，钱永新，等.2007.准噶尔盆地西北缘中拐—五八区二叠系天然气有利成藏条件及主控因素分析.中国石油勘探，(5)：22-25.

陈磊，丁靖，潘伟卿，等.2012.准噶尔盆地玛湖凹陷西斜坡二叠系风城组云质岩优质储层特征及控制因素.中国石油勘探，17(3)：8-11.

陈新，卢华夏，舒良树，等.2002.准噶尔盆地构造演化分析新进展.高校地质学报，8(3)：257-267.

陈新发，杨学文，薛新克，等.2014.准噶尔盆地西北缘复式油气成藏理论与精细勘探实践.北京：石油工业出版社.

陈业全，王伟锋.2004.准噶尔盆地构造动力学过程.地质力学学报，10(2)：155-164.

程克明，金伟明，何忠华，等.1987.陆相原油及凝析油的轻烃单体组成特征及地质意义.石油勘探与开发，1：34-43.

戴金星.1992.各类烷烃气的鉴别.中国科学(B辑)，(2)：185-193.

戴金星，夏新宇，秦胜飞，等.2003.中国有机烷烃气碳同位素系列倒转的成因.石油与天然气地质，24(1)：1-6.

戴金星，秦胜飞，陶士振，等.2005.中国天然气工业发展趋势和天然气地学理论重要进展.天然气地球科学, 16(2): 127-142.

戴金星, 倪云燕, 胡国艺, 等. 2014. 中国致密砂岩大气田的稳定碳氢同位素组成特征. 中国科学: 地球科学, (44): 563-578.

邓宏文, 钱凯. 1990. 深湖相泥岩的成因类型和组合演化. 沉积学报, 8(3): 1-21.

董田, 何生, 林社卿. 2013. 泌阳凹陷核桃园组烃源岩有机地化特征及热演化成熟史. 石油实验地质, 35(2): 187-194.

杜宏宇, 王鸿雁, 徐宗谦. 2003. 马朗凹陷芦草沟组烃源岩地化特征. 新疆石油地质, 24(4): 302-305.

杜金虎, 张健, 张义杰, 等. 2018. 发现大油气田. 北京: 石油工业出版社, 137-194.

杜金虎, 支东明, 唐勇, 等. 2019. 准噶尔盆地上二叠统风险领域分析与沙湾凹陷战略发现. 中国石油勘探, 24(1): 24-35.

杜贤樾, 孙焕泉, 郑和荣. 1999. 胜利油田勘探开发论文集(第二辑). 北京: 地质出版社, 11-12.

段毅, 赵阳, 姚泾力, 等. 2014. 轻烃地球化学研究进展及发展趋势. 天然气地球科学, 25(12): 1875-1887.

冯冲, 姚爱国, 汪建富, 等. 2014. 准噶尔盆地玛湖凹陷异常高压分布和形成机理. 新疆石油地质, 35(6): 640-645.

冯有良, 张义杰, 王瑞菊, 等. 2011. 准噶尔盆地西北缘风城组白云岩成因及油气富集因素. 石油勘探与开发, 38(6): 685-692.

冯有良, 王瑞菊, 吴卫安, 等. 2013. 准噶尔盆地西北缘二叠纪古构造对层序地层建造及沉积体系的控制. 山东科技大学学报: 自然科学版, 32(5): 42-52.

冯子辉, 霍秋立, 王雪, 等. 2015. 青山口组一段烃源岩有机地球化学特征及古沉积环境. 大庆石油地质与开发, 34(4): 1-7.

付金华, 李士祥, 徐黎明, 等. 2018. 鄂尔多斯盆地三叠系延长组长7段古沉积环境恢复及意义. 石油勘探与开发, 45(6): 936-946.

付瑾平, 刘玉浩. 1998. 箕状凹陷陡坡带砂砾岩扇体空间展布及成藏规律——以东营凹陷为例. 复式油气田, 3: 8-11.

付锁堂, 马达德, 陈琰, 等. 2016. 柴达木盆地油气勘探新进展. 石油学报, 37(S1): 1-10.

高长海, 彭浦, 李本琼. 2013. 不整合类型及其控油特征. 岩性油气藏, 25(6): 1-7.

高岗, 柳广弟, 付金华, 等. 2012a. 确定有效烃源岩有机质丰度下限的一种新方法——以鄂尔多斯盆地陇东地区上三叠统延长组湖相泥质烃源岩为例. 西安石油大学学报(自然科学版), 27(2): 22-26.

高岗, 王绪龙, 柳广弟, 等. 2012b. 准噶尔盆地西北缘克百地区天然气成因与潜力分析. 高校地质学报, 18(2): 307-317.

高岗, 杨尚儒, 陈果, 等. 2017. 确定烃源岩有效排烃总有机碳阈值的方法及应用. 石油实验地质, 39(3): 397-408.

龚再升. 1997. 中国近海大油气田. 北京: 石油工业出版社.

郭福生, 严兆彬, 杜杨松. 2003. 混合沉积、混积岩和混积层系的讨论. 地学前缘, 10(3): 68.

郭小文, 何生, 宋国奇, 等. 2011. 东营凹陷生油增压成因证据. 地球科学, 36(6): 1085-1093.

韩宝, 王昌伟, 盛世锋, 等. 2017. 准噶尔盆地中拐—五区二叠系不整合面对油气成藏控制作用. 天然气地球科学, 28(12): 1821-1828.

郝芳等. 2005. 超压盆地生烃作用动力学与油气成藏机理. 北京: 科学出版社.

何登发, 陈新发, 张义杰, 等. 2004. 准噶尔盆地油气富集规律. 石油学报, 25(3): 1-8.

何登发, 陈新发, 况军, 等. 2010. 准噶尔盆地石炭系油气成藏组合特征及勘探前景. 石油学报, 31(1): 1-11.

何自新. 2003. 鄂尔多斯盆地演化与油气. 北京：石油工业出版社.

侯国伟, 尹太举, 樊中海, 等. 2001. 赵凹油田安棚区核三下段的沉积模式. 沉积与特提斯地质, (4)：47-53.

侯启军, 冯志强, 冯子辉. 2009. 松辽盆地陆相石油地质学. 北京：石油工业出版社.

胡国艺, 李剑, 李谨, 等. 2007. 判识天然气成因的轻烃指标探讨. 中国科学（D 辑）, 37(S2)：111-117.

胡见义, 黄第藩. 1991. 中国陆相石油地质理论基础. 北京：石油工业出版社, 196-200.

黄第藩, 李晋超. 1982. 中国陆相油气生成. 北京：石油工业出版社.

黄第藩, 李晋超, 周翥虹, 等. 1984. 陆相有机质演化和成烃机理. 北京：石油工业出版社.

黄瑞芳, 孙卫东, 丁兴, 等. 2016. 橄榄石和橄榄岩蛇纹石化过程中气体形成的对比研究. 中国科学：地球科学, 46(1)：97-106.

黄杏珍, 邵宏舜, 顾树松. 1993. 柴达木盆地的油气形成与寻找油气田方向. 兰州：甘肃科学技术出版社.

姬玉婷, 杨洪. 1994. 克拉玛依油田与麦克阿瑟河油田砾岩油藏钻井工艺技术对比与分析. 新疆石油科技, 2(4)：1-5.

贾承造, 宋岩, 魏国齐, 等. 2005. 中国中西部前陆盆地的地质特征及油气聚集. 地学前缘, 12(3)：3-13.

江继纲. 1981. 江汉盆地咸水湖相潜江组油、气的生成. 石油学报, 2(4)：83-92.

江继纲, 张谦. 1982. 江汉盆地潜江期盐湖沉积石油的形成与演化. 石油与天然气地质, 3(1)：1-15.

姜素华, 林红梅, 王永诗. 2003. 陡坡带砂砾岩扇体油气成藏特征——以济阳坳陷为例. 石油物探, 42(3)：313-317.

姜在兴, 李华启. 1996. 层序地层学原理及应用. 北京：石油工业出版社, 18-33.

金强, 朱光有, 王娟. 2008. 咸化湖盆优质烃源岩的形成与分布. 中国石油大学学报（自然科学版）, 32(4)：19-23.

孔凡仙. 2000. 东营凹陷北带砂砾岩扇体勘探技术与实践. 石油学报, 21(5)：27-31.

匡立春, 吕焕通, 齐雪峰, 等. 2005. 准噶尔盆地岩性油气藏勘探成果和方向. 石油勘探与开发, 32(6)：32-37.

匡立春, 唐勇, 雷德文, 等. 2012. 准噶尔盆地二叠系咸化湖相云质岩致密油形成条件与勘探潜力. 石油勘探与开发, 39(6)：657-667

匡立春, 胡文瑄, 王绪龙, 等. 2013. 吉木萨尔凹陷芦草沟组致密油储层初步研究：岩性与孔隙特征分析. 高校地质学报, 19(3)：529-535.

匡立春, 唐勇, 雷德文, 等. 2014. 准噶尔盆地玛湖凹陷斜坡区三叠系百口泉组扇控大面积岩性油藏勘探实践. 中国石油勘探, 19(6)：14-23.

赖锦, 王贵文, 王书南, 等. 2013. 碎屑岩储层成岩相研究现状及进展. 地球科学进展, 328(1)：3950.

赖世新, 黄凯, 陈景亮, 等. 1999. 准噶尔晚石炭世、二叠纪前陆盆地演化与油气聚集. 新疆石油地质, 20(4)：293-297.

赖志云, 周维. 1994. 舌状三角洲和鸟足状三角洲形成及演变的沉积模拟实验. 沉积学报, 12(2)：37-41.

雷德文, 阿布力米提, 唐勇, 等. 2014. 准噶尔盆地玛湖凹陷百口泉组油气高产区控制因素与分布预测. 新疆石油地质, 35(5)：495-500.

雷德文, 阿布力米提·依明, 秦志军, 等. 2016. 准噶尔盆地玛湖凹陷碱湖轻质油气成因与分布. 北京：科学出版社.

雷德文, 阿布力米提·依明, 秦志军, 等. 2017a. 准噶尔盆地玛湖凹陷碱湖轻质油气成因与分布. 北京：

科学出版社．

雷德文，陈刚强，刘海磊，等．2017b．准噶尔盆地玛湖凹陷大油（气）区形成条件与勘探方向研究．地质学报，91（7）：1604-1619．

雷德文，王小军，唐勇，等．2018．准噶尔盆地玛湖凹陷三叠系百口泉组砂砾岩储层形成与演化．北京：科学出版社．

李广之，胡斌，邓天龙，等．2007．不同赋存状态轻烃的分析技术及石油地质意义．天然气地球科学，18（1）：111-116．

李国荟．1992．罐装岩屑轻烃和碳同位素在油气勘探中的应用．石油勘探与开发，19（3）：26-32．

李国山，王永标，卢宗盛，等．2014．古近系湖相烃源岩形成的地球生物学过程．中国科学：地球科学，44（6）：1206-1217．

李军，邹华耀，张国常，等．2012．川东北地区须家河组致密砂岩气藏异常高压成因．吉林大学学报（地球科学版），42（3）：624-633．

李联五．1997．中国油藏开发模式丛书——双河油田砂砾岩油藏．北京：石油工业出版社，1-5．

李庆昌，吴虻，赵立春，等．1997．中国油田开发丛书——砾岩油田开发．北京：石油工业出版社，213-229．

李术元，林世静，郭绍辉，等．2002．无机盐类对干酪根生烃过程的影响．地球化学，31（1）：15-20．

李水福，胡守志，孙玉梅，等．2016．中国东部富烃凹陷烃源岩特征类比与综合评价．武汉：中国地质大学出版社．

李思田．1988．含能源盆地沉积体系研究．武汉：中国地质大学出版社．

李延钧，陈义才，杨远聪，等．1999．鄂尔多斯下古生界碳酸盐烃源岩评价与成烃特征．石油与天然气地质，20（4）：349-353．

李忠权，陈更生，郭冀义，等．2001．准噶尔盆地南缘西部地层异常高压基本地质特征．石油实验地质，23（1）：47-51．

刘成林，李剑，郭泽清，等．2018．咸化湖盆烃源岩地球化学特征与油气成藏机制．北京：科学出版社．

刘传虎．2014．准噶尔盆地隐蔽油气藏类型及有利勘探区带．石油实验地质，36（1）：25-32．

刘福宁，杨计海，温伟明．1994．琼东南盆地地压场与油气运移．中国海上油气（地质），8（2）：363-376．

刘全有，刘文汇，宋岩，等．2004．塔里木盆地煤岩显微组分热模拟实验中液态烃特征研究．天然气地球科学，15（3）：297-301．

刘政，何登发，童晓光，等．2011．北海盆地大油气田形成条件及分布特征．新疆石油科技，31（3）：31-43．

柳广弟，杨伟伟，冯渊，等．2013．鄂尔多斯盆地陇东地区延长组原油地球化学特征及成因类型划分．地质前缘，20（2）：109-115．

卢双舫，李娇娜，刘绍军，等．2009．松辽盆地生油门限重新厘定及其意义．石油勘探与开发，36（2）：166-173．

罗贝维，魏国齐，杨威，等．2013．四川盆地晚震旦世古海洋环境恢复及地质意义．中国地质，40（4）：1099-1111．

罗晓容，肖立新，李学义，等．2004．准噶尔盆地南缘中段异常压力分布及影响因素．地球科学，29（4）：404-412．

马晋文，刘忠保，尹太举．2012．须家河组沉积模拟实验及大面积砂岩成因机理分析．沉积学报，30（1）：101-110．

马新民，王建功，石亚军，等．2018．古近纪高丰度烃源岩：柴达木盆地西南部富油坳陷成藏之本．地质科技情报，37（6）：96-104．

马哲，宁淑红，姜莉．1998．准噶尔盆地烃源岩生烃模型．新疆石油地质，19(4)：278-280．

马中良，郑伦举，李志明，等．2013．盐类物质对泥质烃源岩生排烃过程的影响．西南石油大学学报(自然科学版)，35(1)：43-51．

孟祥超，斯春松，王小军，等．2014．MB 斜坡区 T₁b 组自生黏土矿物分布特征及油气勘探意义．东北石油大学学报，38(1)：17-24．

潘建国，谭开俊，王国栋，等．2015a．准噶尔盆地玛湖富烃凹陷源外近源油气藏内涵与特征．天然气地球科学，天然气地球科学，26(增刊1)：1-10．

潘建国，王国栋，曲永强，等．2015b．砂砾岩成岩圈闭形成与特征——以准噶尔盆地玛湖凹陷三叠系百口泉组为例．天然气地球科学，26(增刊1)：41-49．

潘元林，宗国洪，郭玉新，等．2003．济阳断陷湖盆层序地层学及砂砾岩油气藏群．石油学报，24(3)：16-23．

彭威龙，胡国艺，刘全有，等．2018．热模拟实验研究现状及值得关注的几个问题．天然气地球科学，29(9)：1252-1263．

漆家福，夏义平，杨桥．2006．油区构造解析．北京：石油工业出版社．

齐雯，潘建国，王国栋，等．2015．准噶尔盆地玛湖凹陷斜坡区百口泉组储层流体包裹体特征及油气充注史．天然气地球科学，26(增刊1)：64-71．

秦建中，刘宝泉，国建英，等．2004．关于碳酸盐烃源岩的评价标准．石油实验地质，26(3)：281-285．

秦志军，陈丽华，李玉文，等．2016．准噶尔盆地玛湖凹陷下二叠统风城组碱湖古沉积背景．新疆石油地质，37(1)：1-6．

邱楠生，王绪龙，杨海波．2001．准噶尔盆地地温分布特征．地质科学，36(3)：350-358．

邱楠生，杨海波，王绪龙．2002．准噶尔盆地构造-热演化特征．地质科学，37(4)：423-429．

曲国胜，马宗晋，陈新发，等．2009．论准噶尔盆地构造及演化．新疆石油地质，30(1)：1-5．

瞿建华，杨荣荣，唐勇．2019．准噶尔盆地玛湖凹陷三叠系源上砂砾岩扇—断—压三控大面积成藏模式．地质学报，93(4)：915-927．

任江玲，靳军，马万云，等．2017．玛湖凹陷早二叠世咸化湖盆风城组烃源岩生烃潜力精细分析．地质论评，63(增刊)：51-52．

沙庆安．2001．混合沉积和混积岩的讨论．古地理学报，3(3)：63-66．

单玄龙，张俊锋，罗洪浩．2011．尤因塔盆地 P.R. 泉始新统油砂成藏条件及成藏模式．世界地质，30(2)：224-230．

邵雨，汪仁富，张越迁，等．2011．准噶尔盆地西北缘走滑构造与油气勘探．石油学报，32(6)：976-985．

邵雨，李学义，于兴河，等．2017．玛湖凹陷百口泉组粗粒三角洲成因机制与展布规律．北京：科学出版社．

石占中，纪友亮．2002．湖平面频繁变化环境下的扇三角洲沉积．西安石油学院学报，17(1)：24-27．

史基安，邹妞妞，鲁新川，等．2013．准噶尔盆地西北缘二叠系云质碎屑岩地球化学特征及成因机理研究．沉积学报，31(5)：898-906．

宋国奇，郝雪峰，刘克奇．2014．箕状断陷盆地形成机制、沉积体系与成藏规律——以济阳坳陷为例．石油与天然气地质，35(3)：303-310．

隋风贵．2003．断陷湖盆陡坡带砂砾岩扇体成藏动力学特征——以东营凹陷为例．石油与天然气地质，24(4)：335-340．

孙镇城，杨藩，张枝焕，等．1997．中国新生代咸化湖泊沉积环境与油气生成．北京：石油工业出版社．

唐勇，徐洋，瞿建华，等．2014．玛湖凹陷百口泉组扇三角洲群特征及分布．新疆石油地质，35(6)：

628-635.

唐勇，尹太举，覃建华，等 . 2017. 大型浅水扇三角洲发育的沉积物理模拟实验研究 . 新疆石油地质，38(3)：253-263.

唐勇，徐洋，李亚哲，等 . 2018. 玛湖凹陷大型浅水退覆式扇三角洲沉积模式及勘探意义 . 新疆石油地质，39(1)：16-22.

唐勇，郭文建，王霞田，等 . 2019. 玛湖凹陷砾岩大油区勘探新突破及启示 . 新疆石油地质，40(2)：127-137.

陶国亮，胡文瑄，张义杰，等 . 2006. 准噶尔盆地西北缘北西向横断层与油气成藏 . 石油学报，27(4)：23-28.

陶国亮，刘鹏，钱门辉，等 . 2019. 潜江凹陷潜江组盐间页岩含油性及其勘探意义 . 中国矿业大学学报，48(6)：1256-1265.

妥进才，邵宏舜，黄杏珍 . 1993. 柴达木盆地大柴旦盐湖现代沉积物中的生物标志化合物分布特征 . 沉积学报，(2)：118-123.

王铁冠 . 1995. 细菌在板桥凹陷生烃机制中的作用 . 中国科学：化学生命科学地学，(8)：100-107，116.

王万春，徐永昌，Manfred S，等 . 1997. 不同沉积环境及成熟度干酪根的碳氢同位素地球化学特征 . 沉积学报，15(1)：133-137.

王小军，王婷婷，曹剑 . 2018. 玛湖凹陷风城组碱湖烃源岩基本特征及其高效生烃 . 新疆石油地质，39(1)：9-15.

王修垣 . 1997. 高产烃的丛粒藻研究概况 . 微生物学报，37：405-409.

王绪龙，康素芳 . 1999. 准噶尔盆地腹部及西北缘斜坡区原油成因分析 . 新疆石油地质，20(2)：108-112.

王绪龙，康素芳 . 2001. 准噶尔盆地西北缘玛北油田油源分析 . 西南石油学院学报，23(6)：6-8.

王绪龙，支东明，王屿涛，等 . 2013. 准噶尔盆地烃源岩与油气地球化学 . 北京：石油工业出版社 .

王永诗，王勇，朱德顺，等 . 2016. 东营凹陷北部陡坡带砂砾岩优质储层成因 . 中国石油勘探，21(2)：28-36.

王屿涛 . 1995. 玛 2 井油气成因及西北缘斜坡区勘探前景 . 天然气地球科学，6(1)：9-16.

王屿涛，范光华，蒋少斌 . 1994. 准噶尔盆地腹部高压和异常高压对油气生成及聚集的影响 . 石油勘探与开发，21(5)：1-7.

王屿涛，丁安娜，惠荣耀 . 1997. 准噶尔盆地西北缘二叠系稠油地化特征及成因探讨 . 石油实验地质，19(2)：158-163.

王震亮，孙明亮，耿鹏，等 . 2003. 准南地区异常地层压力发育特征及形成机理 . 石油勘探与开发，30(1)，32-34.

王作栋，孟仟祥，房嬛，等 . 2010. 低演化烃源岩有机质微生物降解的生标组合特征 . 沉积学报，28(6)：1244-1249.

卫延召，陈刚强，王峰，等 . 2016. 准噶尔盆地玛湖凹陷及周缘深大构造有效储层及烃类相态分析 . 中国石油勘探，21(1)：53-60.

魏东岩 . 1999. 略论中国碳酸钠矿床 . 化工矿产地质，21(2)：69-75.

吴采西，周基爽，张磊，等 . 2013. 白云质岩储集层特征及裂缝带地震多属性预测 . 新疆石油地质，34(3)：328-330.

吴朝东，张元元，王家林，等 . 2018. 准噶尔盆地基底构造及其周缘盆山演化 . 北京：北京大学 .

吴崇筠，薛叔浩 . 1992. 中国含油气盆地沉积学 . 北京：石油工业出版社 .

吴孔友，查明，王绪龙，等 . 2005. 准噶尔盆地构造演化与动力学背景再认识 . 地球学报，26(3)：

217-222.

吴孔友，瞿建华，王鹤华．2014．准噶尔盆地大侏罗沟断层走滑特征、形成机制及控藏作用．中国石油大学学报（自然科学版），38(5)：41-47.

吴孔友，刘波，刘寅，等．2017．准噶尔盆地中拐凸起断裂体系特征及形成演化．地球科学与环境学报，39(3)：406-418.

吴萍，杨振强．1979．中南地区白垩纪—第三纪岩相古地理．见：国家地质总局宜昌地质矿产研究所三室红层组．中南地区白垩纪—第三纪岩相古地理及含矿性．北京：地质出版社．

吴庆福．1985．哈萨克斯坦板块准噶尔盆地板片演化探讨．新疆石油地质，6(1)：1-7.

吴庆余，刘志礼，盛国英，等．1990．晚元古代蓝藻干酪根与现代蓝藻热模拟类干酪根对比研究．石油学报，11：1-8.

吴伟涛，高先志，卢学军，等．2011．冀中坳陷潜山油气输导体系及与油气藏类型的匹配关系．地球科学与环境学报，33(1)：78-83.

鲜本忠，王永诗，周廷全，等．2007．断陷湖盆陡坡带砂砾岩体分布规律及控制因素——以渤海湾盆地济阳坳陷车镇凹陷为例．石油勘探与开发，34(4)：429-436.

谢小敏，腾格尔，秦建中，等．2013．贵州遵义寒武系底部硅质岩中细菌状化石的发现．地质学报，87(1)：20-28.

解习农，李思田，葛立刚，等．1996．琼东南盆地崖南凹陷海湾扇三角洲体系沉积构成及演化模式．沉积学报，(3)：66-73.

徐宝荣，许海涛，于宝利，等．2015．异常地层压力预测技术在准噶尔盆地的应用．新疆石油地质，36(5)：597-601.

徐昶．1993．我国盐湖粘土矿物研究进展．盐湖研究，1(2)：72-77.

徐怀民，徐朝晖，李震华，等．2008．准噶尔盆地西北缘走滑断层特征及油气地质意义．高校地质学报，14(2)：217-222.

徐嘉炜．1995．走滑断层作用的几个主要问题．地学前缘，2(2)：125-136.

徐守余，李学艳．2005．胜利油田东营凹陷中央隆起带断层封闭模式研究．地质力学学报，11(1)：19-24.

绪龙，高岗，杨海波，等．2008．准噶尔盆地西北缘五八区二叠系原油特征与成藏关系探讨．高校地质学报，14(2)：256-261.

薛良清，Galloway W E．1991．扇三角洲、辫状三角洲与三角洲体系的分类．地质学报，2：141-153.

薛耀松，唐天福，俞从流．1984．鸟眼构造的成因及其环境意义．沉积学报，2(1)：84-95.

杨斌，蒋助生，李建新，等，1991．准噶尔盆地西北缘油源研究．见：新疆石油管理局，中国科学院资源环境科学局．准噶尔盆地油气地质综合研究．兰州：甘肃科技出版社，97-109

杨海风，柳广弟，雷德文，等．2008．噶尔盆地西北缘中拐、五、八开发区佳木河组天然气与石油成藏差异性研．高校地质学报，14(2)：262-268.

杨海风，柳广弟，杨海波，等．2010．准噶尔盆地中拐——五、八区天然气地球化学特征及分布规律．天然气工业，30(8)：13-16.

杨华，张文正．2005．论鄂尔多斯盆地长7段优质油源岩在低渗透油气成藏富集中的主导作用：地质地球化学特征．地球化学，34(2)：147-154.

杨江海，易承龙，杜远生，等．2014．泌阳凹陷古近纪含碱岩系地球化学特征对成碱作用的指示意义．中国科学：地球科学，44(10)：2172-2181.

杨清堂．1987．我国首次发现的碳氢钠石．岩石矿物学杂志，6(1)：87-91.

杨清堂．1996．内蒙古伊盟地区现代碱湖地质特征和形成条件分析．化工矿产地质，18(1)：31-38.

杨镱婷，陈群福，陈磊，等．2017．准噶尔盆地中拐地区佳木河组致密砂岩气成因类型及气源．新疆石油天然气，13（3）：6-10．

姚益民，梁鸿德，蔡治国，等．1994．中国油气区第三系（Ⅳ）渤海湾盆地油气区分册．北京：石油工业出版社．

叶爱娟，朱杨明．2006．柴达木盆地第三系咸水湖相生油岩古沉积环境地球化学特征．海洋与湖沼，37（5）：472-480．

于昇松．1984．柴达木盆地盐湖水化学特征．海洋与湖沼，15（4）：341-359．

于兴河，李顺利，谭程鹏，等．2018．粗粒沉积及其储层表征的发展历程与热点问题探讨．古地理学报，20（5）：713-736．

袁选俊，谯汉生．2002．渤海湾盆地富油气凹陷隐蔽油气藏勘探．石油与天然气地质，23（2）：130-133．

查明，张卫海，曲江秀．2000．准噶尔盆地异常高压特征、成因及勘探意义．石油勘探与开发，27（2）：31-35．

詹家祯，甘振波．1998．新疆独山子泥火山溢出物中的孢子花粉．新疆石油地质，19（1）：57-60．

詹家祯，师天明，周春梅，等．2007．新疆准噶尔盆地芳3井晚白垩世孢粉组合的发现及其地质意义．微体古生物学报，24（1）：15-27．

张爱卿．2004．砾岩油藏的开发地质研究——以克拉玛依油田下乌尔禾组砾岩油藏为例．北京：中国石油勘探开发研究院．

张斌，何媛媛，陈琰，等．2017．柴达木盆地西部咸化湖相优质烃源岩地球化学特征及成藏意义．石油学报，38（10）：1158-1167．

张国防，吴德云，马金钰．1993．盐湖相石油的早期生成．石油勘探与开发，20（5）：42-48．

张国俊．1993．中国石油地质志（卷十五）：新疆油气区（上册）．北京：石油工业出版社，42-56．

张静，胡见义，罗平，等．2010．深埋优质白云岩储集层发育的主控因素与勘探意义．石油勘探与开发，37（2）：203-210．

张凯．1989．新疆三大盆地边缘古推覆体的形成演化与油气远景．新疆石油地质，10（1）：7-15．

张林晔，孔祥星，张春荣，等．2003．济阳坳陷下第三系优质烃源岩的发育及其意义．地球化学，32（1）：35-42．

张鸾沣，雷德文，唐勇，等．2015．准噶尔盆地玛湖凹陷深层油气流体相态研究．地质学报，89（5）：957-969．

张彭熹．2000．沉默的宝藏－盐湖资源．北京：清华大学出版社．

张启明，董伟良．2000．中国含油气盆地中的超压体系．石油学报，21（6）：2-11．

张顺存，黄治赳，鲁新川，等．2015a．准噶尔盆地西北缘二叠系砂砾岩储层主控因素．兰州大学学报（自然科学版），51（1）：20-30．

张顺存，邹妞妞，史基安，等．2015b．准噶尔盆地玛北地区三叠系百口泉组沉积模式．石油与天然气地质，36（4）：640-650．

张文正，杨华，彭平安，等．2009．晚三叠世火山活动对鄂尔多斯盆地长7优质烃源岩发育的影响．地球化学，38（6）：573-582．

张义杰．2010．准噶尔盆地断裂控油特征与油气成藏规律．北京：石油工业出版社．

张永刚，蔡进功，许卫平，等．2007．泥质烃源岩中有机质富集机制．北京：石油工业出版社．

张元元，李威，唐文斌．2018．玛湖凹陷风城组碱湖烃源岩发育的构造背景和形成环境．新疆石油地质，39（1）：48-54．

张越迁，汪新，刘继山，等．2011．准噶尔盆地西北缘乌夏走滑构造及油气勘探意义．新疆石油地质，32（5）：447-450．

张志杰，袁选俊，汪梦诗，等. 2018. 准噶尔盆地玛湖凹陷二叠系风城组碱湖沉积特征与古环境演化. 石油勘探与开发，45(6)：972-984.

赵澄林. 2001. 沉积学原理. 北京：石油工业出版社.

赵澄林，朱筱敏. 2001. 沉积岩石学(第三版). 北京：石油工业出版社，93-96.

赵靖舟. 2003. 前陆盆地天然气成藏理论及应用. 北京：石油工业出版社，121-153.

赵靖舟，白玉彬，曹青，等. 2012. 鄂尔多斯盆地准连续型低渗透–致密砂岩大油田成藏模式. 石油与天然气地质，34(5)：573-583.

赵靖舟，李军，曹青，等. 2013. 论致密大油气田成藏模式. 石油与天然气地质，34(5)：573-583.

赵靖舟，曹青，白玉彬，等. 2016. 油气藏形成与分布：从连续到不连续——兼论油气藏概念及分类. 石油学报，37(2)：145-159.

赵靖舟，付金华，曹青，等. 2017a. 致密油气成藏理论与评价技术. 北京：石油工业出版社.

赵靖舟，李军，徐泽阳. 2017b. 沉积盆地超压成因研究进展. 石油学报，38(9)：973-998.

赵文智，邹才能，李建忠，等，2009. 中国陆上东、西部地区火山岩成藏比较研究与意义. 石油勘探与开发，36(1)：1-11.

赵文智，胡素云，郭绪杰，等. 2019. 油气勘探新理念及其在准噶尔盆地的实践成效. 石油勘探与开发，46(5)：1-9.

赵政璋，杜金虎，邹才能，等. 2011. 大油气区地质勘探理论及意义. 石油勘探与开发，38(5)：513-522.

郑绵平. 2001. 论中国盐湖. 矿床地质，20(2)：181-189.

郑绵平，刘文高，向军，等. 1983. 论西藏的盐湖. 地质学报，57(2)：185-194.

郑绵平，赵元艺，刘俊英. 1998. 第四纪盐湖沉积与古气候. 第四纪研究，14(4)：298-307.

支东明. 2016. 玛湖凹陷百口泉组准连续型高效油藏的发现与成藏机制. 新疆石油地质，37(4)：373-382.

支东明，曹剑，向宝力，等. 2016. 玛湖凹陷风城组碱湖烃源岩生烃机理及资源量新认识. 新疆石油地质，37(5)：499-506.

支东明，唐勇，郑孟林，等，2018. 玛湖凹陷源上砾岩大油区形成分布与勘探实践. 新疆石油地质，39(1)：1-8，22.

周路，朱江坤，宋永，等. 2019. 玛湖凹陷玛中–玛东地区三叠系百口泉组断裂特征及控藏作用分析. 地学前缘，26(1)：248-261.

朱光有，金强，戴金星，等. 2004. 东营凹陷油气成藏期次及其分布规律研究. 石油与天然气地质，25(2)：209-215.

朱世发，朱筱敏，刘英辉，等. 2014. 准噶尔盆地西北缘北东段下二叠统风城组白云质岩岩石学和岩石地球化学特征. 地质论评，60(5)：1113-1122.

朱水安，徐世荣，朱绍壁，等. 1981. 河南泌阳凹陷的石油地质特征. 石油学报，2(2)：21-27.

朱杨明，苏爱国，梁狄刚，等. 2003. 柴达木盆地咸湖相生油岩正构烷烃分布特征及其成因. 地球化学，32(2)：117-123.

朱志澄，宋鸿林. 1990. 构造地质学. 武汉：中国地质大学出版社.

宗丽平，马秀伟，郑庆兰，等，2005. 碳酸盐岩油藏表面活性剂驱的润湿性改变. 国外油田工程，(8)：6-11.

邹才能，陶士振. 2007. 中国大气区和大气田的地质特征. 中国科学 D 辑：地球科学，37（增刊Ⅱ）：12-28.

邹才能，陶士振，周慧，等. 2008. 成岩相的形成、分类与定量评价方法. 石油勘探与开发，(5)：

526-540.

邹才能, 陶士振, 侯连华, 等. 2013. 非常规油气地质(第二版). 北京: 地质出版社.

Adepoju Y O, Ebeniro J O. 2013. Unloading mechanism indications in overpressure: a Niger Delta example, ASSN Field. SEG Houston 2013 Annual Meeting, 3031-3035.

Ahmed R A, He M, Aftab R A, et al. 2017. Bioenergy application of Dunaliella salina SA 134 grown at various salinity levels for lipid production. Sci Rep, 7: 1-10.

Amaefule J O, Altunbay M, Tiab D, et al. 1993. Enhanced reservoir description: Using core and log data to identify hydraulic (flow) units and predict permeability in uncored intervals/wells. SPE Annual Technical Conference and Exhibition, Houston, Texas, 205-220.

Azambuja Filho N C, Abreu C J, Horschutz P M, et al. 1980. Estudo sedimentologico, faciologico e diagenetico dos conglomerados do campo petrolifero de Carmopolis. XXXI Congresso Brasileiro de Geologia, Camburiu, Anais, 1: 240-250.

Baas J H, Van Kesteren W, Postma G. 2004. Deposits of depletive high density turbidity currents: a flume analogue of bed geometry, structure, texture. Sedimentology, 51: 1053-1088.

Behar F, Kressmann S, Rudkiewicz J L, et al. 1992. Experimental simulation in a confined system and kinetic modeling of kerogen and oil cracking. Organic Geochemistry, 19(1): 173-189.

Boreham C J, Edwards D S. 2008. The Australian tariff: an economic inquiry by Melbourne University Press. Organic Geochemistry, 39(5): 550-566.

Bowers G L. 1994. Pore pressure estimation from velocity data: accounting for overpressure mechanisms besides undercompaction. International Journal of Rock Mechanics & Mining Science & Geomechanics, 10(2): 89-95.

Bowers G L. 1995. Pore pressure estimation from velocity data: accounting for overpressure mechanisms besides undercompaction. IADC/SPE 27488, IADC/SPE Drilling Conference, 515-530.

Bowers G L. 2001. Determining an appropriate pore-pressure estimation strategy: OTC 13042. Offshore Technology Conference, 1-14.

Bowers G L. 2002. Detecting high overpressure. Leading Edge, 21(2): 174-177.

Bowers G L, Katsube T J. 2002. The role of shale pore structure on the sensitivity of wire-line logs to overpressure. In: Huffman A R, Bowers G L (eds). Pressure Regimes in Sedimentary Basins and Their Prediction. AAPG Memoir, 76: 43-60.

Brian K H, James G S. 1996. Sedimentology of a lacustrine fan-delta system, Miocene Horse Camp Formation, Nevada, USA. Sedimentology, 43(1): 133-155.

Bridge J S. 1981. Hydraulic interpretation of grain-sized distributions using a physical model for bedload transport. Journal of Sedimentary Petrology, 51(4): 1109-1124.

Brocks J J, Jarrett A J M, Sirantoine E, et al. 2017. The rise of algae in Cryogenian oceans and the emergence of animals. Nature, 548(7669): 578-581.

Bull W B. 1977. The alluvial-fan environment. Progress in Physical Geography, 1(2): 222-270.

Cao J, Yao S P, Jin Z J, et al. 2006. Petroleum migration and mixing in the northwestern Junggar Basin (NW China): constraints from oil-bearing fluid inclusion analyses. Organic Geochemistry, 37(7): 827-846.

Cao J, Wang X L, Sun P A, et al. 2012. Geochemistry and origins of natural gases in the central Junggar Basin, northwest China. Organic Geochemistry, 53: 166-176.

Carroll A R. 1998. Upper Permian lacustrine organic facies evolution, southern Junggar Basin, NW China. Orgainc Geochemistry, 28(11): 649-667.

Carvalho A D S G, Ros L F D. 2015. Diagenesis of Aptian sandstones and conglomerates of the Campos

Basin. JPSE, 125: 189-200.

Cazanacli D, Paola C, Parker G. 2002. Experimental steep, braided flow: application to flooding risk on fans. Journal of Hydraulic Engineering, 128(3): 322-330.

Chakhmakhehev A, Suzuki N, Suzuki M, et al. 1996. Biomarker distributions in oils from the Akita and Niigata Basins, Japan. Chemical Geology, 133(1-4): 1-14.

Chen J F, Xu Y C, Huang D F. 2000. Geochemical characteristics and origin of natural gas in Tarim Basin, China. AAPG Bulletin, 84(5): 591-606.

Chen Z H, Cao Y C, Ma Z J, et al. 2014. Geochemistry and origins of natural gases in the Zhongguai area of Junggar Basin, China. Journal of Petroleum Science & Engineering, 119: 17-27.

Clayton C. 1991. Carbon isotope fractionation during natural gas generation from kerogen. Marine & Petroleum Geology, 8(2): 232-240.

Colella A. 1988. Fault controlled marine Gilbert-type fan deltas. Geology, 16(11): 1031-1034.

Connan J, Restle A, Albrecht P. 1980. Biodegradation of crude oil in the Aquitaine basin. Physics & Chemistry of the Earth, 12(79): 1-17.

Connan J, Bouroullec J, Dessort D, et al. 1986. The microbial input in carbonate-anhydrite facies of a sabkha palaeoenvironment from Guatemala: a molecular approach. Organic Geochemistry, 10 (1-3): 29-50.

Cornford C. 2018. Petroleum systems of the South Viking Graben. In: Turner C C, Cronin B T (eds). Rift-related coarse-grained submarine fan reservoirs, the Brae Play, South Viking Graben, North Sea. AAPG Memoir, 115: 453-542.

Curiale J, Lin R, Decker J. 2005. Isotopic and molecular characteristics of Miocene-reservoired oils of the Kutei Basin, Indonesia. Organic Geochemistry, 36(3): 405-424.

Czochanska Z, Gilbert T D, Philp R P, et al. 1988. Geochemical application of sterane and triterpene biomarkers to a description of oils from the Taranaki Basin in New-Zealand. Organic Geochemistry, 12(2): 123-135.

Dasgupta S, Chatterjee R, Prasad Mohanty S. 2016. Magnitude, mechanisms, and prediction of abnormal pore pressure using well data in the Krishna-Godavari Basin, east coast of India. AAPG Bulletin, 100 (12): 1833-1855.

Debelius C A. 1974. Environmental impact statement, offshore oil and gas development in Cook Inlet, Alaska (final): Alaska District. Corps of Engineers, 446.

Degens E T, Epstein S. 1984. Oxygen and carbon isotope ratios in coexisting calcites and dolomites from recent and ancient sediments. Geochimica et Cosmochimica Acta, 28(1): 23-44.

Deocampo D M, Renaut R W. 2016. Geochemistry of African Soda Lakes. In: Schagerl M (ed). Sode Lakes of East Africa. Cham: Springer International Publishing, 77-95.

Didyk B M, Simoneit B R T, Brassell S C, et al. 1978. Organic geochemical indicators of palaeo environmental conditions of sedimentation. Nature, 272: 216-222.

Diver C J, Hart J W. 1975. Performance of the Hemlock Reservoir McArthur River Field. SPE, 5530.

Douglas W W, 周中毅. 1981. 石油形成的时间和温度: 洛帕廷方法在石油勘探中的应用. 地质地球化学, (8): 9-16.

Ethridge F G, Wescott W A. 1984. Tectonic setting, recognition and hydrocarbon reservoir potential of fan-delta deposits. Sedimentology of Gravels and Conglomerates-Memori, 10: 217-235.

Eugster H P. 1980. Hypersaline Brines and Evaporitic Environments. New York: Amsterdam Oxford.

Evans R, Kirkland D W, 1988. Evaporitic environments as a source of petroleum. In: Schreiber B C (ed.). Evaporites and Hydrocarbons. New York: Columbia University Press, 256-299.

Faber E. 1987. Zur Isotopengeochemie gasförmiger Kohlenwasserstoffe. Erdöl, Erdgas, Kohle, 103: 210-218.

Fan C, Wang Z, Wang A, et al. 2016. Identification and calculation of transfer overpressure in the northern Qaidam Basin, northwest China. AAPG Bulletin, 100(1): 23-39.

Fedele J J, Garcia M H. 2009. Laboratory experiments on the formation of subaqueous depositional gullies by turbidity currents. Marine Geology, 258(1-4): 48-59.

Fertl W H. 1976. Abnormal Formation Pressure, Implication to Exploration, Drilling, and Production of Oil and Gas Reservoirs. Amsterdam: Elsevier, 382.

Fertl W H, Timko D H. 1972. How down hole temperature, pressure affect drilling, part 3: overpressure detection from wireline methods. World Oil, 8: 36-66.

Fletcher K J. 2003. The South Brae Field, Blocks 16/07a, 16/07b, UK North Sea. In: Gluyas J G, Hichens H M (eds). United Kingdom Oil and Gas Fields, Commemorative Millennium Volume. London: Geological Society, Memoirs, 20, 211-221.

Francavilla M, Kamaterou P, Intini S, et al. 2015. Cascading microalgae biorefinery: fast pyrolysis of Dunaliella tertiolecta lipid extracted-residue. Algal Res, 11: 184-193.

French K L, Birdwell J E, Berg V. 2020. Biomarker similarities between the saline lacustrine Eocene Green River and the Paleoproterozoic Barney Creek Formations. Geochim Cosmochim Acta, 274: 228-245.

Friedman G M, Sanders J E. 1978. Principles of Sedimentology. New York: Wiley.

Fuex A N. 1977. The use of stable carbon isotopes in hydrocarbon exploration. Journal of Geochemical Exploration, 7(77): 155-188.

Galimov E M. 2006. Isotope organic geochemistry. Organic Geochemistry, 37(10): 1200-1262.

Galloway W E. 1976. Sediments and stratigraphic framework of the Copper River fandelta, Alaska. J Sediment Petrol, 46: 726-737.

Galloway W E, Hobday D K. 1983. Terrigenous Clastic Depositional Systems: Applications to Petroleum, Coal, and Uranium Exploration. Berlin: Springer Science & Business Media.

Gilbert G K. 1985. The topographic features of Lake Shores. Us Geol Surv Ann Rept, 34(873): 269-270.

Gluyas J G, Hichens H M. 2003. United Kingdom Oil and Gas Fields, Commemorative Millennium Volume. London: Geological Society, Memoir, 20(vii), 1006.

Golyshev S I, Verkhovskaya N A, Burkova V N, et al. 1991. Stable carbon isotopes in source-bed organic matter of West and East Siberia. Organic Geochemistry, 14: 277-291.

Guo X, Sheng H, Liu K, et al. 2010. Oil generation as the dominant overpressure mechanism in the Cenozoic Dongying depression, Bohai Bay Basin, China. AAPG Bulletin, 94(12): 1859-1881.

Guo X, He S, Liu K, et al. 2019. Generation and evolution of overpressure caused by hydrocarbon generation in the Jurassic source rocks of the central Junggar Basin, northwestern China. AAPG Bulletin, 103(7): 1553-1574.

Hao F, Zhang Z H, Zou H Y, et al. 2011. Origin and mechanism of the formation of the low-oil-saturation Moxizhuang field, Juggar Basin, China: implication for petroleum exploration in basins having complex histories. American Association of Petroleum Geologists Bulletin, 95(6): 983-1008.

Harding T P. 1990. Identification of wrench faults using subsurface structural data: Criteria and it falls. AAPG Bulletin, 75(11): 1779-1788.

Harvey H R, Macko S A. 1997. Catalysts or contributors? Tracking bacterial mediation of early diagenesis in the marine water column. Organic Geochemistry, 26(9-10): 531-544.

Hermanrud C, Wensaas L, Teige G M G, et al. 1998. Shale porosities from well logs on Haltenbanken (offshore mid- Norway) show no influence of overpressuring. In: Law B E, Ulmishek G F, Slavin V I (eds) . Abnormal Pressures in Hydrocarbon Environments. AAPG Memoir, 70: 65-85.

Hite D M, Stone D M. 2013. A history of oil and gas exploration, discovery and future potential: Cook Inlet Basin, South-Central Alaska. In: Hite D M, Stone D M (eds) . Oil and Gas Fields of the Cook Inlet Basin, Alaska. AAPG Memoir, 104: 1-35.

Hite R J, Anders D E. 1991. Petroleum and evaporites. In: Melvin J (ed) . Evaporites Petroleum and Mineral Resources. Elseviser Science Publishers, 349-411.

Hoesni J. 2004. Origins of overpressure in the Malay Basin and its influence on petroleum systems. PhD thesis, Durham: University of Durham, 268.

Holmes A. 1965. Principles of Physical Geology, 2nd ed. New York: The Roland Press Co.

Horsfield B, Curry D J, Bohacs K, et al. 1994. Organic geochemistry of freshwater and alkaline lacustrine sediments in the Green River Formation of the Washakie Basin, Wyoming, U. S. A. Organic Geochemistry, 22: 415-440.

Huang W Y, Meinshein W G. 1979. Sterols as ecological indicators. Geochimica et Cosmochimica Acta, 43: 739-745.

Hunt J M. 1996. Petroleum Geology and Geochemistry, 2nd ed. San Francisco: Freeman Company.

Hunt J M, Whelan J K, Eglinton L B, et al. 1998. Relation of shale porosities, gas generation, and compaction to deep overpressures in the U. S. Gulf Coast. In: Law B E, Ulmishek G F, Slavin V I (eds) . Abnormal Pressures in Hydrocarbon Environments. AAPG Memoir, 70: 87-104.

Imin A, Tang Y, Cao J, et al. 2016. Accumulation mechanism and controlling factors of the continuous hydrocarbon plays in the Lower Triassic Baikouquan Formation of the Mahu Sag, Junggar Basin, China. Journal of Natural Gas Geoscience, 1(4): 309-318.

James A T. 1983. Correlation of natural gas by use of carbon isotopic distribution between hydrocarbon components. AAPG Bulletin, 67(7): 1176-1191.

Jones M A, Cronin B T, Allerton S. 2018. A depositional model for the T-Block Thelma field, UKCS Block 16/ 17. In: Turner C C, Cronin B T (eds) . Rift- related Coarse- grained Submarine Fan Reservoirs: the Brae Play, South Viking Graben, North Sea. AAPG Memoir, 115: 307-338.

Jones P J, Philp R P. 1990. Oils and source rocks from Pauls Valley, Anadarko Basin, Oklahoma, USA. Applied Geochemistry, 5: 429-448.

Kaeng G C, Sausan S, Simatupang Z. 2016. Overpressure mechanisms in compressional tectonic Borneo deepwater fold- thrust belt. Proceedings, Indonesian Petroleum Association Fortieth Annual Convention & Exhibition, 1-9.

Kane I A, Mccaffrey W D, Peakall J, et al. 2010. Submarine channel levee shape and sediment waves from physical experiments. Sedimentary Geology, 223: 75-85.

Katahara K W. 2003. Analysis of overpressure on the Gulf of Mexico shelf. Offshore Technology Conference, Paper 15293, 10.

Katahara K W, Corrigan J D. 2002. Effect ofgas on poroelastic response to burial or erosion. In: Huffman A R, Bowers G L (eds) . Pressure Regimes in Sedimentary Basins and Their Prediction. AAPG Memoir, 76: 73-78.

Katz B J. 1988. Clastic and carbonate lacustrine systems: an organic geochemical comparison(green river formation and east african lake sediments) . Geological Society London Special Publications, 40(1): 81-90.

Katz B J. 1995. The Green River Shale: an Eocene Carbonate Lacustrine Source Rock. Berlin: Springer Berlin Heidelberg.

Keevil G M, Peakall J, Best J L, et al. 2006. Flow structure in sinuous submarine channels: velocity and turbulence structure of an experimental submarine channel. Marine Geology, 229: 241-257.

Kelts K. 1988. Environments of deposition of lacustrine petroleum source rocks: An introduction. In: Fleet A J, Kelts K, Talbot M R (eds). Lacustrine petroleum source rocks. Spec Publ Geol Soc London, 40: 3-26.

Keith M L, Weber. 1964. Carbon and oxygen isotopic composition of selected limestones and fossils. Geochimica et Cosmochimica Acta, 28: 1786-1816.

Kidder D L, Worsley T R. 2004. Causes and consequences of extreme Permo-Triassic warming to globally equable climate and relation to the Permo- Triassic extinction and recovery. Palaeography, Palaeoclimatology, Palaeoecology, 203(3): 207-237.

Kiehl J T, Shields C A. 2005. Climate simulation of the latest Permian: implications for mass extinction. Earth and Planetary Science Letters, 256(3): 295-313

Kowalewska A, Cohen A S. 1998. Reconstruction of paleoenvironment of the Great Salt Lake Basin during the Cenozoic. Journal of Paleolimnology, 20: 381-407.

Kragel A H, Reddy S G, Wittes J T, et al. 1990. Morphometric analysis of the composition of coronary arterial plaques in isolated unstable angina pectoris with pain at rest. Am J Cardiol, 66: 562-567.

Krienitz L, Schagerl M. 2016. Tiny and tough: microphytes of East African Soda Lakes. In: Schagerl M (ed). Soda Lakes of East Africa. Cham: Springer International Publishing, 149-178.

Kyle M S, Paola P, Kim W, et al. 2013. Experimental investigation of sediment dominated vs. tectonics dominated sediment transport systems in subsiding basins. Journal Of Sedimentary Research, 83: 1162-1180.

Lahann R W, Swarbrick R E. 2011. Overpressure generation by load transfer following shale framework weakening due to smectite diagenesis. Geofluids, 11(4): 362-375.

Lahann R W, Conoco Mccarty D K, Hsieh J C C. 2001. Influence of clay diagenesis on shale velocities and fluid-pressure. Offshore Technology Conference Proceedings, 1-7.

Land L S. 1985. The origin of massive dolomite. Journal of Geological Education, 33(2): 112-125.

Li J, Zhao J Z, Wei X S, et al. 2019. Origin of abnormal pressure in the Upper Paleozoic shale of the Ordos Basin, China. Marine and Petroleum Geology, 110: 162-177.

Lopez-Garcia P, Kazmierczak J, Benzerara K, et al. 2005. Bacterial diversity and carbonate precipitation in the giant microbialites from the highly alkaline Lake Van, Turkey. Extremophiles, 9: 263-274.

Magoon L B. 1994. Tuxedni-Hemlock(!) petroleum system in Cook Inlet, Alaska, USA. In: Magoon L B, Dow W G (eds). The Petroleum System—from Source to Trap. AAPG Memoir, 60: 329-338.

Magoon L B, Dow W G. 1994. The petroleum system: Chapter 1: Part I, Introduction. AAPG A077.

Magoon L B, Kirschner C E. 1990. Alaska onshore national assessment program- geology and petroleum resource potential of six onshore Alaska provinces. U. S. G. 5. Open- File Report 88-450T, 47.

Magoon L B, Valin Z C. 1994. Overview of petroleum system case studies. AAPG Memoir, 60: 329-338.

McGowen J H. 1971. Gum Hollow fan delta, Nueces Bay, Texas. Rep Invest Bur Econ Geol Univ Texas, 69: 91.

McPherson J G, Shanmugam G, Moiola R J. 1987. Fan- deltas and braid deltas: varieties of coarse- grained deltas. Geological Society of America Bulletin, 99(3): 331-340.

McPherson J G, Shanmugam G, Moiola R J. 1988. Fan deltas and braid deltas: conceptural problems. In: Nemec W, Steel R J (eds). Fan Deltas: Sedimentology and Tectonic Settings. London: Blackie and Son, 14-22.

Melack J M, Peter K. 1974. Photosynthetic rates of phytoplankton in East African alkaline, saline lakes. Limnology and Oceanography, 19(5): 743-755.

Mello M R, Mohriak W U, Koutsoukos E A M, et al. 1994. Selected petroleum systems in Brazil. AAPG Memoir, 60: 499-512.

Mezzomo R F, Luvizotto J M, Palagi C L. 2000. Improved oil Recovery in carmópolis field R&D and field implementations. SPE, Oklahoma, 3-5 April, 1-18.

Michaelsen P, Henderson R A. 2000. Facies relationships and cyclicity of high-latitude, Late Permian coal measures, Bowen Basin, Australia. International Jouranl of Coal Geology, 44(1): 19-48.

Minowa T, Yokoyama S Y, Kishimoto M, et al. 1995. Oil production from algal cells of Dunaliella tertiolecta by direct thermochemical liquefaction. Fuel, 74: 1735-1738.

Moldowan J W, Seifert W K, Gallegos E J. 1985. Relationship between petroleum composition and depositional environment of petroleum source rocks. American Association of Petroleum Geologists Bulletin, 69: 1255-1268.

Moldowan J M, Sundararaman P, Schoell M. 1986. Sensitivity of biomarker properties to depositional environment and/or source input in the Lower Toarcian of SW-Germany. Organic Geochemistry, 10: 915-926.

Morton A C, Whitham A G, Fanning C M. 2005. Provenance of Late Cretaceous to Paleocene submarine fan sandstones in the Norwegian Sea: integration of heavy mineral, mineral chemical and zircon age data. Sedimentary Geology, 182: 3-28.

Nemec W, Steel R J. 1988. Fan Deltas: Sedimentology and Tectonic Settings. London: Blackie.

Noffke N, Gerdes G, Klenke T, et al. 2001. Microbially induced sedimentary structures: a new category within the classification of primary sedimentary structure. Journal of Sedimentary Research, 71: 649-656.

Nordgård Bolås H M, Hermanrud C, Teige G M G. 2004. Origin of overpressures in shales: constraints from basin modeling. Aapg Bulletin, 88(2): 193-211.

Opara A I. 2011. Estimation of multiple sources of overpressures using vertical effective stress approach: a case study of the Niger delta. Nigeria: Petroleum & Coal, 53(4): 302-314.

O'Conner S, Swarbrick R, Lahann R. 2011. Geologically-driven pore fluid pressure models and their implications for petroleum exploration. Introduction to thematic set. Geofluids, 11(4): 343-348.

Peachey B. 2014. Mapping Unconventional Resource Industry in the Cardium Play Region. Cardium Tight Oil Play Backgrounder Report, 1-15.

Peter D F, Rebecca J D. 1998. Rapid development of gravelly highdensity currents in marine Gilvert-type fan deltas, Loreto Basin, Baja California Sur, Mexica. Sedimentology, 45(2): 331-349.

Peters K E, Moldowan J M. 1993. The Biomarker Guide: Interpreting Molecular Fossils in Petroleum and Ancient Sediments. New York: Prentice Hall.

Peters K E, Kontorovich A E, Moldowan J W, et al. 1993. Geochemistry of selected oils and rocks from the central portion of the West Siberian Basin, Russia. American Association of Petroleum Geologists Bulletin, 77: 863-887.

Peters K E, Walters C C, Moldowan J M. 2005. The Biomarker Guide, Vol. 2: Biomarkers and Isotopes in the Petroleum Exploration and Earth History, (2nd edition). Cambridge: Cambridge University Press.

Pittman E D, Larese R E. 1991. Compaction of lithic sands: Experi- mental results and applications. AAPG Bulletin, 75(8): 1279-1299.

Powley D E. 1993. Shale compaction and its relationship to fluid seals. Section III, Quarterly report, Jan. 1993-Apr. Oklahoma State University to the Gas Research Institute, G R I, Contract, 5092-2443.

Prinzhofer A, Mello M R, Takaki T. 2000. Geochemical characterization of natural gas: a physical multivariable approach and its applications in maturity and migration estimates. AAPG Bulletin, 84: 1152-1172.

Pye M. 2018, The discovery and development of the Brae area fields, U. K. South Viking Graben. In: Turner C C, Cronin B T (eds). Rift- related Coarse-grained Submarine fan Reservoirs: The Brae Play, South Viking Graben, North Sea. AAPG Memoir, 115: 155-162.

Ramdhan A M, Goulty N R. 2018. Two-step wireline log analysis of overpressure in the bekapai field, lower kutai basin, Indonesia. Petroleum Geoscience, 24(2): 208-217.

Reed W E. 1977. Molecular composition of weathered petroleum and comparison with its possible source. Geochimica et Cosmochimica Acta, 41(2): 237-247.

Retallack G J, Krull E S. 1999. Landscape ecological shift at the Permian- Trassic boundary in Antarctica. Australian Journal of Earth Sciences, 46(5): 785-812.

Rodriguez A, Maraven S A. 1993. Facies modeling and the flow unit concept as a sedimentological tool in reservoir description. SPE181541988: 465.

Rogers J P. 2007. New reservoir model from an old oil field: garfield conglomerate pool, Pawnee County, Kansas. AAPG Bulletin, 91(10): 1349-1365.

Rohrssen M, Love G D, Fischer W, et al. 2013. Lipid biomarkers record fundamental changes in the microbial community structure of tropical seas during the Late Ordovician Hirnantian Glaciation. Geology, 41: S127-130.

Rooksby S K. 1991. The Miller Field, Blocks 16/7B, 16/8B, UK North Sea. In: Abbotts I L (ed). United Kingdom Oil and Gas Fields, 25 Years Commemorative Volume. Geological Society Memoir No. 14, 159-164.

Ruble T E. 2001. New insights on the Green River petroleum system in the Uinta Basin from hydrous pyrolysis experiments. AAPG Bulletin, 85(8): 1333-1371.

Schmoker J W. 1995. Method for assessing continuous-type (unconventional) hydrocarbon accumulations. In: Gautier D L, Dolton G L, Takahashi K I, et al (eds). 1995 National Assessment of United States Oil and Gas Resources Results, Methodology, and Supporting Data. US Geological Survey Digital Data Series DDS-30.

Schmoker J W. 2002. Resource- assessment perspectives for unconventional gas systems. AAPG Bulletin, 86(11): 1993-1999.

Seifert W K, Moldowan J M, Jones R W. 1980. Application of biological marker chemistry to petroleum exploration. In: Proceedings of the Tenth World Petroleum Congress, Heyden & Son, Inc, Philadelphia, PA.

Shang X D, Moczydłowska M, Liu P H, et al. 2018. Organic composition and diagenetic mineralization of microfossils in the Ediacaran Doushantuo chert nodule by Raman and petrographic analyses. Precambrian Res, 314: 145-159.

Sinninghe Damsté J S, Schouten S. 1997. Is there evidence for a substantial contribution of prokaryotic biomass to organic carbon in Phanerozoic carbonaceous sediments? Organic Geochemistry, 26: 517-530.

Sinninghe Damsté J S, Kening F, Koopmans M P, et al. 1995. Evidence for gammacerane as an indicator of water- column stratification. Geochimica et Cosmochimica Acta, 59: 1895-1900.

Spencer R J, Baedecker M J, Eugster H P. 1984. Great Salt Lake, and precursors, Utah: the last 30000 years. Mineralogy and Petrology, 86: 321-334.

Stahl W J, Carey B D. 1975. Source- rock identification by isotope analyses of natural gases from fields in the Val Verde and Delaware basins, west Texas. Chemical Geology, 16(4): 257-267.

Sylvester A G. 1988. Strike- slip faults. Geol Soc Am Bull, 100: 1666-1703.

Teige G M G, Hermanrud C, Wensaas L, Nordgård Bolas H M. 1999. The lack of relationship between overpressure and porosity in North Sea and Haltenbanken shales. Marine and Petroleum Geology, 16(4): 321-335.

Thompson K F M. 1979. Light hydrocarbon in subsurface sediments. Geochimica Et Cosmochimica Acta, 43(5): 657-672.

Thompson K F M. 1983. Classification and thermal history of petroleum based on light hydrocarbons. Geochimica Et Cosmochimica Acta, 47(2): 303-316.

Tingay M R P, Hillis R R, Morley C K, et al. 2003. Variation in vertical stress in the Baram Basin, Brunei: tectonic and geomechanical implications. Marine & Petroleum Geology, 20(10): 1201-1212.

Tingay M R P, Hillis R R, Swarbrick R E, et al. 2007. "Vertically transferred" overpressures in Brunei: Evidence for a new mechanism for the formation of high- magnitude overpressure. Geology, 35 (11): 1023-1026.

Tingay M R P, Swarbrick R E, Morley C K, et al. 2009. Origin of overpressure and pore-pressure prediction in the Baram province, Brunei. AAPG Bulletin, 93(1): 51-74.

Tingay M R P, MorleyK C, Laird A, et al. 2013. Evidence for overpressure generation by kerogen-to-gas maturation in the northern Malay Basin. AAPG Bulletin, 97(4): 639-672.

Tissot B P, Welte D H. 1984. Petroleum Formation and Occurrence. New York, Tokyo: Spring-Verlag, Berlin Heidelberg.

Turner C C, Cronin B T. 2018. The Brae Play, South Viking Graben, North Sea. In: Turner C C, Cronin B T (eds). Rift- related Coarse- grained Submarine Fan Reservoirs: the Brae Play, South Viking Graben, North Sea. AAPG Memoir, 115: 1-8.

Turner C C, Bastidas R E, Connell E R, et al. 2018a. Proximal submarine fan reservoir architecture and development in the Upper Jurassic Brae Formation of the Brae fields, South Viking Graben, U. K. North Sea. In: Turner C C, Cronin B T (eds). Rift- related Coarse-grained Submarine Fan Reservoirs: the Brae Play, South Viking Graben, North Sea. AAPG Memoir, 115: 213-256.

Turner C C, Cronin B T, Riley L A, et al. 2018b. The South Viking Graben: overview of Upper Jurassic rift geometry, biostratigraphy, and extent of Brae Play submarine fan systems. In: Turner C C, Cronin B T (eds). Rift-related Coarse-grained Submarine Fan Reservoirs: the Brae Play, South Viking Graben, North Sea. AAPG Memoir, 115: 9-38.

Urien C M, Zambrano J J. 1994. Petroleum systems in the Neuquen Basin, Argentina. AAPG Memoir, 60: 513-534.

Vandenbroucke M, Largeau C. 2007. Kerogen origin, evolution and structure. Organic Geochemistry, 38(5): 719-833.

Visher G S. 1969. Grain size distribution and depositional process. Journal of Sedimentray Petrology, 39: 1074-1106.

Wehlan J K. 1987. Light hydrocarbon gases in Guaymas basin hydrothermal fluids: thermogenic versus abiogenic origin. AAPG Bulletin, 71(71): 215-223.

Weill P. 2014. Experimental investigation on self- channelized erosive gravity currents. Journal of Sedimentary Research, 84(6): 487-498.

Wescott W A, Ethridge F G. 1980. Fan- delta sedimentology and tectonic setting- Yallahs fan delta, Southeast Jamaica. AAPG Bulletin, 64: 374-399.

Wescott W A, Ethridge F G. 1990. Fan delta- alluvial fans in coastal settings. In: Rachocki A H, Church M (eds). Alluvial Fans: A Field Approach. New York: John Wiley & Sons.

Wignall P B, Twitchett R J. 1996. Oceanic anoxia and the end Permian mass extinction. Science, 272 (5265): 1155.

Yassir N, Addis M A. 2002. Relationships between pore pressure and stress in different tectonic settings. In: Huffman A R, Bowers G L (eds). Pressure regimes in sedimentary basins and their prediction. AAPG Memoir, 76: 79-88.

Zhao J Z, Li J, Cao Q, et al. 2019a. Quasi- continuous hydrocarbon accumulation: an alternative model for the formation of large tight oil and gas accumulations. Journal of Petroleum Science and Engineering, 174: 25-39.

Zhao J Z, Li J, Wu W T, et al. 2019b. The petroleum system: a new classification scheme based on reservoir qualities. Petroleum Science, 16: 229-251.

Zumberge J A, Rocher D, Love G D. 2019. Free and kerogen- bound biomarkers from late Tonian sedimentary rocks record abundant eukaryotes in mid- Neoproterozoic marine communities. Geobiology, 18(3): 326-347.